COURS

D'ALGÈBRE SUPÉRIEURE

PAR

JOSEPH CARNOY

Docteur en Sciences physiques et mathématiques;
Professeur à la Faculté des sciences de l'Université de Louvain;
Membre de l'Académie pontificale des *Nuovi Lincei*, de l'Académie royale de Lisbonne, etc.

PRINCIPES DE LA THÉORIE DES DÉTERMINANTS;
THÉORIE DES ÉQUATIONS;
INTRODUCTION A LA THÉORIE DES FORMES ALGÉBRIQUES.

LOUVAIN
A. UYSTPRUYST, LIBRAIRE
RUE DE NAMUR, 11

PARIS
GAUTHIER-VILLARS & Fils, LIBRAIRES
QUAI DES GRANDS AUGUSTINS, 55

1892

COURS
D'ALGÈBRE SUPÉRIEURE

Gand, impr. C. Annoot-Braeckman, Ad. Hoste. succr.

AVERTISSEMENT.

Nous étudions successivement dans notre cours les déterminants, la résolution des équations et les formes algébriques. L'expérience nous a appris qu'il est avantageux de commencer par la théorie des déterminants; celle-ci constitue une algèbre à part formant un tout homogène et qui n'exige d'autre connaissance que celle des premiers éléments de l'algèbre ordinaire. Or, les déterminants se présentent à chaque instant dans la théorie des équations; il est indispensable d'en connaitre les propriétés principales pour donner à certaines questions tous les développements qu'elles comportent.

Dans la seconde partie, il nous a paru utile et intéressant de traiter d'une manière assez étendue divers problèmes sur la transformation des équations et d'exposer les différents genres de méthodes employées par les géomètres pour résoudre algébriquement les équations des quatre premiers degrés. Dans un dernier chapitre, nous nous occupons des fractions continues périodiques, des produits infinis et des propriétés des nombres entiers. Si l'on n'expose pas ces diverses questions dans le cours d'algèbre, les jeunes gens pourraient ne pas les rencontrer dans la suite de leurs études; ce qui serait une lacune regrettable.

Nous avons consulté spécialement sur la théorie des équations les ouvrages de J. Serret, Matthiessen, Petersen, Wertheim, Herr, etc. Des exercices suffisamment nombreux accompagnent toutes les théories importantes.

La dernière partie a pour but d'initier les jeunes gens à la théorie des formes algébriques. Guidé par les travaux de Faà De Bruno, Clebsch, Gordan, Kerschensteiner, etc., nous avons développé suffisamment les méthodes en usage dans l'étude des formes binaires, en insistant particulièrement sur la méthode symbolique allemande qui constitue définitivement l'instrument le plus commode et le plus avantageux de cette algèbre nouvelle. Il est temps que la jeunesse belge se familiarise avec ces théories devenues classiques dans d'autres pays. C'est de ce côté qu'il faut tendre; le champ est vaste et bien des problèmes demandent encore une solution définitive.

TABLE DES MATIÈRES

PREMIÈRE PARTIE.

Principes de la théorie des déterminants.

DEUXIÈME PARTIE.

Théorie des équations.

CHAPITRE I.

Introduction.

CHAPITRE II.

Propriétés générales des équations.

CHAPITRE III.

Résolution des équations numériques a une inconnue.

CHAPITRE IV.

Résolution des équations a plusieurs inconnues.

CHAPITRE V.

Transformation des équations.

CHAPITRE VI.

Equations susceptibles d'abaissement.

CHAPITRE VII.

Résolution algébrique des équations.

CHAPITRE VIII.

Questions spéciales.

TROISIÈME PARTIE.

Introduction à la théorie des formes algébriques.

CHAPITRE I.

Formes linéaires et quadratiques. — Formes canoniques.

CHAPITRE II.

Invariants et covariants.

CHAPITRE III.

Méthodes diverses pour la formation des invariants et des covariants. — Application aux formes binaires.

CHAPITRE IV.

Principes de la méthode symbolique allemande.

CHAPITRE V.

Formes binaires du second, du troisième et du quatrième degré.

ERRATA.

Pages	Lignes	Au lieu de	Lire
18	24	$b_1 B_4$,	$b_1 B_1$,
24	21	de la classe $n-p$,	de l'ordre $n-p$,
25	22	a_{p_n},	a_{pp},
53	7	les mineurs de Δ,	les mineurs de Δ^2,
167	27	$F''(x) = 6x^2 - 8$,	$F''(x) = 6x - 8$,
169	3	$F''(0,9) = 2,6$,	$F''(0,9) = -2,6$,
169	23	$F(1,1) = -0,0029$,	$F(1,1) = -0,029$,
225	31	s^3,	s_3,
327	30	entre α et α_1,	entre α_1 et $\alpha_1 + 1$.
384	32	prixemer	exprimer,
486	32	$a_1 = b_1^3$	$a_1^3 = b_1^3$,
499	32	$(ab)^k a^{m-k} b^{n-k}$	$(ab)^k a_x^{m-k} b_x^{n-k}$.

PRINCIPES

DE LA

THÉORIE DES DÉTERMINANTS.

PRINCIPES

DE LA

THÉORIE DES DÉTERMINANTS.

§ 1.

DÉFINITIONS, PROPRIÉTÉS ET DÉVELOPPEMENTS DES DÉTERMINANTS.

1. Lorsqu'on échange de toutes les manières possibles les lettres d'un produit de n facteurs

$$abc \ldots kl,$$

on obtient un nombre de permutations égal à

$$1 \cdot 2 \cdot 3 \ldots n = n!$$

Elles se distinguent les unes des autres par la disposition des lettres, mais elles ont la même valeur algébrique. Ecrivons, dans chacune d'elles et toujours suivant l'ordre naturel, les indices $1, 2, 3, \ldots n$; ces permutations où la succession des lettres change de l'une à l'autre formeront des produits différents. D'un autre côté, étant donnée l'une d'elles, par exemple, $b_1c_2a_3 \ldots l_n$, en disposant les lettres dans l'ordre alphabétique, il vient : $a_3b_1c_2 \ldots l_n$, et les indices ne sont plus dans l'ordre naturel des nombres; à toute permutation entre les lettres, en correspond une autre entre les indices. Il en résulte qu'en partant du produit

$$a_1b_2c_3d_4 \dots l_n,$$

où les indices et les lettres se présentent dans l'ordre normal, on trouve les mêmes résultats en permutant les lettres sans toucher aux indices ou en permutant les indices en laissant les lettres dans l'ordre alphabétique. Cela étant, nous appellerons permutations du produit de n éléments

$$a_1b_2c_3 \dots k_{n-1}l_n,$$

tous ces résultats différents provenant soit de l'échange des lettres, soit de l'échange des indices.

Quand deux lettres ne se trouvent pas dans l'ordre alphabétique dans une permutation, on dit qu'elles présentent une *inversion;* il en est de même pour deux indices qui ne sont pas dans l'ordre naturel des nombres. On détermine les inversions d'un produit en comparant le premier élément à tous ceux qui le suivent, le second à tous ceux qui le suivent etc. Ainsi, dans le produit $c_1d_2f_3a_4e_5b_6$, il y a huit inversions savoir : *ca*, *cb*, *da*, *db*, *fa*, *fe*, *fb*, *eb*; le produit $a_4b_3c_1d_2$ n'offre pas d'inversions par rapport aux lettres, mais il en présente cinq par rapport aux indices ; ce sont : 43, 41, 42, 31, 32.

On partage les permutations en deux classes, les *permutations paires* et les *permutations impaires.* Une permutation est paire ou impaire suivant qu'elle présente un nombre pair ou impair d'inversions. Dans les six permutations

$$abc, \quad cab, \quad bca,$$
$$acb, \quad bac, \quad cba,$$

les trois premières sont paires et les trois autres impaires; la première n'a pas d'inversions; on regarde zéro comme faisant partie des nombres pairs.

Dans la théorie des déterminants, il est utile de considérer comme positives les permutations paires, et comme négatives les permutations impaires; dans ce qui va suivre, les expressions « permutations paires et impaires, » « permutations positives et négatives » auront la même signification.

On distingue encore les permutations *circulaires;* on appelle ainsi celles que l'on obtient avec un produit donné, en plaçant successivement au dernier rang le premier élément sans toucher aux autres. Ainsi

$$abcde, \quad bcdea, \quad cdeab, \quad deabc, \quad eabcd,$$

sont des permutations circulaires.

2. *Une permutation change de classe par l'échange de deux éléments.*

Supposons d'abord que deux éléments a et b soient consécutifs, et considérons la permutation

$$(\alpha) \qquad MabN$$

où M et N représentent respectivement l'ensemble des éléments qui précèdent a et qui suivent b; par l'échange des lettres a et b, elle devient

$$(\alpha') \qquad MbaN.$$

S'il n'y a pas d'inversion entre a et b dans (α), il y en aura une dans (α'), et réciproquement; mais les éléments de M et de N conservent la même relation avec a et b; il en résulte que les permutations (α) et (α') sont nécessairement de classe différente.

Supposons, en second lieu, que les éléments a et b soient quelconques; on peut représenter, dans ce cas, la permutation par

$$(\beta) \qquad MaPbN,$$

P désignant l'ensemble des p éléments qui séparent a et b. Par p échanges d'éléments consécutifs, elle deviendra

$$(\beta') \qquad MabPN,$$

et par $p+1$ échanges analogues, l'on aura :

$$(\beta'') \qquad MbPaN.$$

On doit donc faire $2p+1$ échanges consécutifs de deux éléments pour passer de (β) à (β''); donc la classe de la permutation nouvelle est différente de la première.

Il résulte de cette propriété que les permutations paires et impaires d'un produit sont en même nombre; car à une permutation renfermant deux éléments a et b dans l'ordre $\dots a \dots b \dots$, en correspond une autre où ces éléments sont dans l'ordre inverse $\dots b \dots a \dots$, et on vient de démontrer qu'elles sont de classe différente.

Nous ferons encore remarquer que deux permutations circulaires

$$abc \dots l, \quad bc \dots la$$

de n éléments seront de même classe ou de classe différente suivant que $n - 1$ sera pair ou impair; on passe, en effet, de l'une à l'autre par $n - 1$ échanges de deux éléments consécutifs.

3. *Première définition d'un déterminant.* Un déterminant de l'ordre n est la somme algébrique des permutations d'un produit de n éléments

$$a_1b_2c_3 \ldots k_{n-1}l_n$$

obtenues, soit par l'échange des lettres, soit par l'échange des indices. On rencontre des expressions semblables dans la résolution algébrique des équations du premier degré à un nombre quelconque d'inconnues. Pour les équations

$$a_1x + b_1y + c_1z = d_1,$$
$$a_2x + b_2y + c_2z = d_2,$$
$$a_3x + b_3y + c_3z = d_3,$$

on sait que le dénominateur commun des inconnues est :

$$a_1b_2c_3 - a_1b_3c_2 + a_2b_3c_1 - a_2b_1c_3 + a_3b_1c_2 - a_3b_2c_1.$$

Cette expression algébrique se déduit du produit $a_1b_2c_3$ en permutant les indices ou en permutant les lettres. Dans le premier cas, on écrit successivement chaque chiffre et, à côté, les permutations des deux autres; ce qui donne

$$123,\quad 132,\quad 213,\quad 231,\quad 312,\quad 321;$$

on laisse les lettres dans l'ordre alphabétique, et on leur donne respectivement pour indices les nombres de ces diverses permutations; il vient ainsi :

$$a_1b_2c_3,\quad a_1b_3c_2,\quad a_2b_1c_3,\quad a_2b_3c_1,\quad a_3b_1c_2,\quad a_3b_2c_1.$$

Enfin, on attribue le signe $+$ aux permutations paires 1, 4, 5, et le signe $-$ aux permutations impaires 2, 3, 6.

Si on opère sur les lettres, on écrit successivement chacune d'elles, et, à côté, les permutations des deux autres; on obtient alors

$$abc,\quad acb,\quad bac,\quad bca,\quad cab,\quad cba.$$

On donne aux lettres de chaque groupe les indices 1, 2, 3 dans le même ordre; on trouve de cette manière

$$a_1b_2c_3,\quad a_1c_2b_3,\quad b_1a_2c_3,\quad b_1c_2a_3,\quad c_1a_2b_3,\quad c_1b_2a_3.$$

Il reste à attribuer aux permutations paires 1, 4, 5 le signe $+$, et aux permutations impaires 2, 3, 6 le signe — pour obtenir le déterminant du troisième ordre.

Il est souvent avantageux de prendre pour les coefficients une même lettre affectée de deux indices; le système des équations est alors

$$a_{11}x + a_{12}y + a_{13}z = d_{14},$$
$$a_{21}x + a_{22}y + a_{23}z = d_{24},$$
$$a_{31}x + a_{32}y + a_{33}z = d_{34}.$$

Le dénominateur des inconnues est toujours la somme algébrique des permutations du produit $a_{11}a_{22}a_{33}$ des éléments disposés en diagonale aux premiers membres. On les trouve, soit en permutant les premiers indices sans toucher aux seconds, soit en permutant les seconds sans toucher aux premiers. Il vient ainsi les deux expressions identiques

$$a_{11}a_{22}a_{33} - a_{11}a_{32}a_{23} - a_{21}a_{12}a_{33} + a_{21}a_{32}a_{13} + a_{31}a_{12}a_{23} - a_{31}a_{22}a_{13},$$
$$a_{11}a_{22}a_{33} - a_{11}a_{23}a_{32} - a_{12}a_{21}a_{33} + a_{12}a_{23}a_{31} + a_{13}a_{21}a_{32} - a_{13}a_{22}a_{31}.$$

Lorsqu'on forme les diverses permutations du produit $a_1b_2c_3$, chaque lettre reçoit successivement les indices 1, 2, 3; le déterminant du troisième ordre renferme donc les $3^2 = 9$ quantités

$$a_1,\ b_1,\ c_1,$$
$$a_2,\ b_2,\ c_2,$$
$$a_3,\ b_3,\ c_3,$$

et, sous la seconde forme,

$$a_{11},\ a_{12},\ a_{13},$$
$$a_{21},\ a_{22},\ a_{23},$$
$$a_{31},\ a_{32},\ a_{33};$$

ce sont les coefficients des inconnues dans les équations. Considérons le cas général d'un système de n équations à n inconnues,

$$a_1x + b_1y + \cdots + l_1v = p_1,$$
$$a_2x + b_2y + \cdots + l_2v = p_2,$$
$$\cdots\cdots\cdots\cdots$$
$$\cdots\cdots\cdots\cdots$$
$$a_nx + b_ny + \cdots + l_nv = p_n.$$

Le dénominateur commun des inconnues est la somme algébrique des permutations du produit $a_1b_2c_3 \ldots l_n$ des éléments de la diagonale des premiers membres; c'est un déterminant de l'ordre n renfermant les n^2 quantités

$$\begin{matrix} a_1 & b_1 & \ldots & l_1 \\ a_2 & b_2 & \ldots & l_2 \\ \cdot & \cdot & \cdot & \cdot \\ \cdot & \cdot & \cdot & \cdot \\ a_n & b_n & \ldots & l_n \end{matrix}$$

qui, dans le cas général, doivent être considérées comme différentes. On peut le former en permutant les lettres et en conservant les indices dans leur ordre naturel, ou bien en permutant les indices et en écrivant les lettres dans l'ordre alphabétique. Avec la notation à deux indices, il faudrait permuter une série d'indices en laissant l'autre invariable.

4. *Deuxième définition et notation particulière d'un déterminant.* Nous venons de voir qu'un déterminant renferme un nombre carré d'éléments; de plus, l'ensemble des premiers membres des équations offre l'aspect d'un carré; on est ainsi amené à une notation en carré entre deux traits verticaux pour représenter une telle expression algébrique, savoir :

$$\Delta = \begin{vmatrix} a_1 & b_1 & c_1 & \ldots & l_1 \\ a_2 & b_2 & c_2 & \ldots & l_2 \\ a_3 & b_3 & c_3 & \ldots & l_3 \\ \cdot & \cdot & \cdot & \cdot & \cdot \\ a_n & b_n & c_n & \ldots & l_n \end{vmatrix}.$$

Il est à remarquer que les éléments du produit $a_1b_2c_3 \ldots l_n$ dont les diverses permutations constituent le déterminant sont disposés sur la diagonale qui réunit le premier élément au dernier.

Avec la notation à deux indices, le tableau précédent serait :

$$\Delta = \begin{vmatrix} a_{11} & a_{12} & a_{13} & \ldots & a_{1n} \\ a_{21} & a_{22} & a_{23} & \ldots & a_{2n} \\ a_{31} & a_{32} & a_{33} & \ldots & a_{3n} \\ \cdot & \cdot & \cdot & \cdot & \cdot \\ a_{n1} & a_{n2} & a_{n3} & \ldots & a_{nn} \end{vmatrix}.$$

On appelle éléments *conjugués* ceux qui occupent le même rang horizontalement et verticalement, par exemple, a_{12} et a_{21}, a_{13} et a_{31}, a_{23} et a_{32}, etc. Lorsque les éléments conjugués sont égaux, on dit que le déterminant est symétrique; ce qui aura lieu pour le déterminant qui précède avec la condition $a_{rs} = a_{sr}$. Enfin, si l'on pose $a_{11} = a_{22} = \cdots = a_{nn} = 0$, le carré ne renferme que des zéros sur la diagonale principale; on dit alors que Δ est un déterminant à diagonale vide.

Cette notation conduit à une deuxième définition d'un déterminant : étant données n^2 quantités

$$\begin{matrix} a_1 & b_1 & \dots & l_1 \\ a_2 & b_2 & \dots & l_2 \\ a_3 & b_3 & \dots & l_3 \\ \cdot & \cdot & \cdot & \cdot \\ a_n & b_n & \dots & l_n \end{matrix}$$

disposées sous la forme d'un carré ayant n lignes horizontales et verticales, on fait le produit des éléments de la diagonale auquel on attribue le signe $+$; le déterminant de ces quantités est la somme algébrique des produits n à n obtenus en prenant de toutes les manières possibles un élément et un seul dans chaque ligne, les produits de même classe que celui des éléments de la diagonale étant affectés du signe $+$ et les autres du signe $-$.

Le terme provenant du produit des éléments de la diagonale se nomme *terme principal.*

D'après cette définition, chaque terme d'un déterminant contiendra sans répétition et dans un certain ordre tous les indices $1, 2, 3, \dots n$; ce sera une permutation du produit $a_1b_2c_3 \dots l_n$, et tous les produits n à n représenteront l'ensemble des permutations du terme principal.

Il n'est pas nécessaire pour que la notation en carré représente un déterminant que les éléments soient des lettres affectées d'indices, et dans l'ordre que l'on vient d'indiquer; ces éléments sont des quantités quelconques pouvant se suivre de n'importe quelle manière. Ainsi les expressions

$$\begin{vmatrix} a & b & c \\ b & c & a \\ c & b & a \end{vmatrix}; \quad \begin{vmatrix} 1 & 1 & 1 \\ \alpha & \beta & \gamma \\ \alpha^2 & \beta^2 & \gamma^2 \end{vmatrix}, \quad \begin{vmatrix} 1 & -1 & 0 \\ 2 & 3 & -1 \\ -2 & 5 & 3 \end{vmatrix}$$

sont des déterminants du troisième ordre. On les fait rentrer dans la définition précédente, en assimilant par la pensée leurs éléments à ceux du déterminant type du troisième ordre

$$\begin{vmatrix} a_1 & b_1 & c_1 \\ a_2 & b_2 & c_2 \\ a_3 & b_3 & c_3 \end{vmatrix}.$$

Il est inutile de se préoccuper comment on pourrait former sans se tromper tous les produits n à n conformes à la définition; on trouvera plus loin des formules commodes pour calculer un déterminant sans qu'il soit nécessaire de déterminer séparément toutes les permutations du terme principal.

La notation en carré pour représenter un déterminant est très heureuse; elle met devant les yeux l'ensemble des quantités qu'il renferme, et elle se prête très bien à l'étude des propriétés de cette expression algébrique; elle n'a qu'un inconvénient c'est de tenir beaucoup de place; aussi on emploie souvent les notations abrégées

$$\Sigma \pm a_1 b_2 c_3 \ldots l_n, \quad (a_1 b_2 c_3 \ldots l_n), \quad [a_1 b_2 c_3 \ldots l_n]$$

pour désigner un déterminant; c'est le terme principal seul entre parenthèses ou accompagné de Σ. On peut même parfois sans inconvénient supprimer les indices et écrire $\Delta = (abc \ldots l)$.

5. Nous pouvons déjà signaler quelques conséquences immédiates de la définition précédente. On emploie généralement le mot *ligne* pour indiquer la disposition horizontale des éléments et le mot *colonne* pour la disposition verticale. Cela étant, *un déterminant ne change pas lorsqu'on substitue les colonnes aux lignes*. Ainsi l'on a :

$$\begin{vmatrix} a_1 & b_1 & c_1 \\ a_2 & b_2 & c_2 \\ a_3 & b_3 & c_3 \end{vmatrix} = \begin{vmatrix} a_1 & a_2 & a_3 \\ b_1 & b_2 & b_3 \\ c_1 & c_2 & c_3 \end{vmatrix}.$$

En effet, les déterminants ayant le même terme principal, ils seront identiques d'après la manière dont on en déduit tous les autres.

Avec la notation à deux indices, on peut écrire

$$\begin{vmatrix} a_{11} & a_{12} & a_{13} \\ a_{21} & a_{22} & a_{23} \\ a_{31} & a_{32} & a_{33} \end{vmatrix} = \begin{vmatrix} a_{11} & a_{21} & a_{31} \\ a_{12} & a_{22} & a_{32} \\ a_{13} & a_{23} & a_{33} \end{vmatrix}$$

et l'on voit que la substitution des colonnes aux lignes revient à échanger les indices dans chaque élément.

En second lieu, *un déterminant change seulement de signe lorsqu'on permute deux lignes ou deux colonnes*. On a, par exemple,

$$\begin{vmatrix} a_1 & b_1 & c_1 \\ a_2 & b_2 & c_2 \\ a_3 & b_3 & c_3 \end{vmatrix} = - \begin{vmatrix} a_2 & b_2 & c_2 \\ a_1 & b_1 & c_1 \\ a_3 & b_3 & c_3 \end{vmatrix} = - \begin{vmatrix} b_1 & a_1 & c_1 \\ b_2 & a_2 & c_2 \\ b_3 & a_3 & c_3 \end{vmatrix};$$

car cette modification revient à échanger l'indice 1 avec l'indice 2 ou la lettre a avec la lettre b dans les différents termes du déterminant; or, on sait que, dans ce cas, la permutation correspondante change de signe; tous les termes des deux derniers déterminants auront la même valeur absolue que ceux du premier, mais leurs signes seront différents.

Si un déterminant renferme deux lignes ou deux colonnes identiques, leur échange est indifférent; d'un autre côté, comme cette opération change le signe, on devrait avoir $\Delta = -\Delta$; par suite $\Delta = 0$. Ainsi, l'on a :

$$\begin{vmatrix} a_1 & b_1 & c_1 \\ a_1 & b_1 & c_1 \\ a_3 & b_3 & c_3 \end{vmatrix} = 0, \quad \begin{vmatrix} a_1 & a_1 & c_1 \\ a_2 & a_2 & c_2 \\ a_3 & a_3 & c_3 \end{vmatrix} = 0.$$

6. *Déterminants mineurs*. En vertu de la notation en carré d'un déterminant de l'ordre n, il est évident que la suppression de p lignes et de p colonnes laissera un carré ne renfermant plus que $n-p$ lignes et $n-p$ colonnes. On peut ainsi obtenir une série de déterminants d'ordre moins élevé que l'on appelle *mineurs* du déterminant primitif. Soit

$$\Delta = \begin{vmatrix} a_1 & b_1 & c_1 & \dots & k_1 & l_1 \\ a_2 & b_2 & c_2 & \dots & k_2 & l_2 \\ a_3 & b_3 & c_3 & \dots & k_3 & l_3 \\ \cdot & \cdot & \cdot & \cdot & \cdot & \cdot \\ a_n & b_n & c_n & \dots & k_n & l_n \end{vmatrix};$$

supprimons, par exemple, la ligne et la colonne qui renferment l'élément a_1; il viendra le déterminant de l'ordre $n-1$

$$A_1 = \begin{vmatrix} b_2 & c_2 & \dots & k_2 & l_2 \\ b_3 & c_3 & \dots & k_3 & l_3 \\ \cdot & \cdot & \cdot & \cdot & \cdot \\ \cdot & \cdot & \cdot & \cdot & \cdot \\ b_n & c_n & \dots & k_n & l_n \end{vmatrix} = \Sigma \pm b_2 c_3 \dots l_n,$$

qui s'appelle *premier mineur* ou *mineur de la première classe* de Δ par rapport à l'élément a_1. Comme on peut répéter cette opération sur chaque élément, un déterminant de l'ordre n possède autant de mineurs de la première classe qu'il renferme d'éléments. On les désigne généralement par les grandes lettres A, B, C, ..., portant le même indice que l'élément correspondant. En les réunissant dans l'ordre des éléments, ils formeraient le tableau suivant :

$$\begin{matrix} A_1 & B_1 & C_1 & \dots & K_1 & L_1 \\ A_2 & B_2 & C_2 & \dots & K_2 & L_2 \\ \cdot & \cdot & \cdot & \cdot & \cdot & \cdot \\ \cdot & \cdot & \cdot & \cdot & \cdot & \cdot \\ A_n & B_n & C_n & \dots & K_n & L_n. \end{matrix}$$

Si l'on prend la notation à deux indices,

$$\Delta = \begin{vmatrix} a_{11} & a_{12} & a_{13} & \dots & a_{1n} \\ a_{21} & a_{22} & a_{23} & \dots & a_{2n} \\ \cdot & \cdot & \cdot & \cdot & \cdot \\ \cdot & \cdot & \cdot & \cdot & \cdot \\ a_{n1} & a_{n2} & a_{n3} & \dots & a_{nn} \end{vmatrix}$$

les premiers mineurs se désignent par

$$\begin{matrix} A_{11} & A_{12} & A_{13} & \dots & A_{1n} \\ A_{21} & A_{22} & A_{23} & \dots & A_{2n} \\ \cdot & \cdot & \cdot & \cdot & \cdot \\ \cdot & \cdot & \cdot & \cdot & \cdot \\ A_{n1} & A_{n2} & A_{n3} & \dots & A_{nn}. \end{matrix}$$

Lorsqu'on supprime deux lignes et deux colonnes quelconques, le déterminant de l'ordre $n - 2$ restant s'appelle *second mineur* ou mineur de la *seconde classe* du déterminant primitif. En laissant, par exemple, les deux premières lignes et les deux premières colonnes, on trouve le déterminant

$$\begin{vmatrix} c_3 & d_3 & \dots & l_3 \\ c_4 & d_4 & \dots & l_4 \\ \cdot & \cdot & \cdot & \cdot \\ \cdot & \cdot & \cdot & \cdot \\ c_n & d_n & \dots & l_n \end{vmatrix};$$

les lignes et les colonnes supprimées ont en commun les éléments du déterminant

$$\begin{vmatrix} a_1 & b_1 \\ a_2 & b_2 \end{vmatrix},$$

et le déterminant de l'ordre $n - 2$ qui précède est le second mineur de Δ par rapport à ce déterminant du second ordre.

En général, par la suppression de p lignes et de p colonnes, on trouve un déterminant de l'ordre $n - p$ que l'on appelle mineur de la $p^{ième}$ classe de Δ correspondant au déterminant de l'ordre p formé par les éléments communs des lignes et des colonnes supprimées.

7. ***Développement d'un déterminant suivant les éléments d'une ligne et d'une colonne.*** Soit le déterminant de l'ordre n

$$\Delta = \begin{vmatrix} a_1 & b_1 & c_1 & \dots & l_1 \\ a_2 & b_2 & c_2 & \dots & l_2 \\ a_3 & b_3 & c_3 & \dots & l_3 \\ . & . & . & . & . \\ . & . & . & . & . \\ a_n & b_n & c_n & \dots & l_n \end{vmatrix} = \Sigma \pm a_1 b_2 c_3 \dots k_{n-1} l_n.$$

Les différents termes de Δ qui renferment l'élément a_1 s'obtiennent en permutant de toutes les manières possibles les autres éléments ; ce qui donne le déterminant de l'ordre $n - 1$, $\Sigma \pm b_2 c_3 \dots l_n$ résultant de la suppression de la première ligne et de la première colonne. Le déterminant Δ renfermera donc une première série de termes ayant a_1 en facteur représentés par

$$a_1 \Sigma \pm b_2 c_3 d_4 \dots l_n.$$

En échangeant a et b, il vient

$$- b_1 \Sigma \pm a_2 c_3 d_4 \dots l_n$$

pour l'ensemble des termes renfermant b_1 ; il faut le signe — à cause de la permutation de a en b. La somme désigne le déterminant obtenu en laissant la première ligne et la deuxième colonne.

En changeant b en c, on trouve également l'expression

$$c_1 \Sigma \pm a_2 b_3 d_4 \dots l_n,$$

qui représentera la suite des termes ayant c_1 en facteur ; la somme désigne encore le déterminant provenant de la suppression de la première ligne et de la troisième colonne; ainsi de suite. L'ensemble des termes contenant l_1 sera représenté par

$$(-1)^n l_1 \Sigma \pm a_2 b_3 c_4 \dots k_{n-1}.$$

Or, par définition, les sommes qui accompagnent les éléments a_1, $-b_1$, $+c_1$, $\cdots (-1)^n l_1$ sont les mineurs de la première classe par rapport à ces éléments. Il en résulte que nous aurons la formule suivante :

$$\Delta = a_1 A_1 + b_1 B_1 + c_1 C_1 + \cdots + l_1 L_1,$$

avec cette condition que, d'après la composition du déterminant, il faut attribuer aux mineurs des signes alternativement positifs et négatifs. Le second membre de cette égalité renferme un nombre de termes représentés par

$$n(1.2.3\dots n-1) = n!$$

comme le déterminant Δ.

En suivant le même raisonnement et en permutant successivement les indices deux à deux, on arrive aussi à la relation

$$\Delta = a_1 A_1 + a_2 A_2 + a_3 A_3 + \cdots + a_n A_n$$

où l'on doit donner aux mineurs des signes alternativement positifs et négatifs. C'est la formule qui donne le développement de Δ suivant les éléments de la première colonne.

Il est évident qu'il existe un développement semblable pour chaque ligne et pour chaque colonne. Afin de fixer le signe des mineurs dans chaque formule, on ramène la ligne ou la colonne que l'on considère à la première place par des permutations de lignes et de colonnes, en observant que le déterminant change seulement de signe par un nombre impair de ces permutations, tandis qu'il conserve le même signe pour un nombre pair. Ainsi l'on aurait

$$\Delta = a_2 A_2 + b_2 B_2 + c_2 C_2 + \cdots + l_2 L_2,$$
$$\Delta = a_3 A_3 + b_3 B_3 + c_3 C_3 + \cdots + l_3 L_3;$$

dans la première formule, on alternera les signes en commençant par le signe — pour A_2; car, pour ramener la seconde ligne à la première place, il suffit d'un échange de deux lignes; dans la seconde formule, il faudra commencer par le signe + pour A_3, puisqu'il faut deux échanges de lignes pour ramener la troisième au premier rang; et ainsi de suite.

Appliquons ces principes au déterminant du troisième ordre

$$\Delta = \begin{vmatrix} a_1 & b_1 & c_1 \\ a_2 & b_2 & c_2 \\ a_3 & b_3 & c_3 \end{vmatrix}.$$

En mettant le signe des mineurs en évidence, l'on aurait :

$$\Delta = a_1A_1 - b_1B_1 + c_1C_1 = -a_2A_2 + b_2B_2 - c_2C_2 = a_3A_3 - b_3B_3 + c_3C_3,$$

$$\Delta = a_1A_1 - a_2A_2 + a_3A_3 = -b_1B_1 + b_2B_2 - b_3B_3 = c_1C_1 - c_2C_2 + c_3C_3,$$

ou bien, en remplaçant les mineurs par leurs valeurs

$$\begin{aligned}
\Delta &= a_1\begin{vmatrix} b_2 & c_2 \\ b_3 & c_3 \end{vmatrix} - b_1\begin{vmatrix} a_2 & c_2 \\ a_3 & c_3 \end{vmatrix} + c_1\begin{vmatrix} a_2 & b_2 \\ a_3 & b_3 \end{vmatrix}, \\
&= -a_2\begin{vmatrix} b_1 & c_1 \\ b_3 & c_3 \end{vmatrix} + b_2\begin{vmatrix} a_1 & c_1 \\ a_3 & c_3 \end{vmatrix} - c_2\begin{vmatrix} a_1 & b_1 \\ a_3 & b_3 \end{vmatrix}, \\
&= a_3\begin{vmatrix} b_1 & c_1 \\ b_2 & c_2 \end{vmatrix} - b_3\begin{vmatrix} a_1 & c_1 \\ a_2 & c_2 \end{vmatrix} + c_3\begin{vmatrix} a_1 & b_1 \\ a_2 & b_2 \end{vmatrix}, \\
&= a_1\begin{vmatrix} b_2 & c_2 \\ b_3 & c_3 \end{vmatrix} - a_2\begin{vmatrix} b_1 & c_1 \\ b_3 & c_3 \end{vmatrix} + a_3\begin{vmatrix} b_1 & c_1 \\ b_2 & c_2 \end{vmatrix}, \\
&= -b_1\begin{vmatrix} a_2 & c_2 \\ a_3 & c_3 \end{vmatrix} + b_2\begin{vmatrix} a_1 & c_1 \\ a_3 & c_3 \end{vmatrix} - b_3\begin{vmatrix} a_1 & c_1 \\ a_2 & c_2 \end{vmatrix}, \\
&= c_1\begin{vmatrix} a_2 & b_2 \\ a_3 & b_3 \end{vmatrix} - c_2\begin{vmatrix} a_1 & b_1 \\ a_3 & b_3 \end{vmatrix} + c_3\begin{vmatrix} a_1 & b_1 \\ a_2 & b_2 \end{vmatrix}.
\end{aligned}$$

En vertu des explications précédentes, on peut opérer comme suit pour trouver le signe d'un mineur par rapport à un élément quelconque. Afin de fixer les idées, proposons-nous de trouver le signe du mineur de d_4 dans un déterminant de l'ordre n. Admettons que l'on marche sur la première ligne à partir de a_1, en alternant les signes jusqu'à ce qu'on parvienne à la ligne des éléments d; on arrivera sur d_1 avec le signe —; on descend ensuite sur la ligne des éléments d en changeant le signe chaque fois qu'on traverse une ligne; on tombe de cette manière avec le signe + sur d_4; donc le mineur de d_4 doit être affecté du signe positif.

Soit encore le déterminant représenté par

$$\Delta = \begin{vmatrix} a_{11} & a_{12} & . & . & . & . & . & a_{1n} \\ a_{21} & a_{22} & . & . & . & . & . & a_{2n} \\ . & . & . & . & . & . & . & . \\ a_{k_1} & a_{k_2} & \dots & a_{kl} & \dots & a_{kn} \\ . & . & . & . & . & . & . & . \\ a_{n1} & a_{n2} & . & . & . & . & . & a_{nn} \end{vmatrix}$$

et cherchons le signe du mineur relatif à l'élément a_{kl}; dans ce but, l'on doit par des échanges de lignes et de colonnes ramener cet élément à la première place; par $l - 1$ échanges de deux colonnes consécutives, l'élément a_{kl} occupera le premier rang de la $k^{ième}$ ligne horizontale; ensuite par $k - 1$ échanges de lignes, cet élément prendra la première place. Toutes ces opérations reviennent à multiplier le déterminant par $(-1)^{k+l-2}$ ou $(-1)^{k+l}$. Le signe du mineur A_{kl} sera donc positif, si la somme des indices de l'élément a_{kl} est paire, et négatif dans le cas contraire. Il est utile d'observer que les premiers mineurs des éléments de la diagonale sont tous positifs.

8. Les développements qui précèdent conduisent à des conséquences importantes que nous allons signaler. 1° *Quand tous les éléments d'une ligne ou d'une colonne sont nuls, le déterminant est égal à zéro.* Ainsi

$$\begin{vmatrix} a_2 & b_2 & c_2 \\ a_3 & b_3 & c_3 \\ 0 & 0 & 0 \end{vmatrix} = 0, \quad \begin{vmatrix} 0 & b_1 & c_1 \\ 0 & b_2 & c_2 \\ 0 & b_3 & c_3 \end{vmatrix} = 0, \quad \begin{vmatrix} a_1 & 0 & c_1 \\ a_2 & 0 & c_2 \\ a_3 & 0 & c_3 \end{vmatrix} = 0;$$

car tous les termes du développement suivant les éléments de ces lignes s'annulent par la présence du facteur zéro.

2° *Quand tous les éléments d'une ligne ou d'une colonne sont nuls excepté l'un d'eux, l'ordre du déterminant s'abaisse d'une unité.* On a, par exemple,

$$\begin{vmatrix} a_1 & 0 & 0 \\ a_2 & b_2 & c_2 \\ a_3 & b_3 & c_3 \end{vmatrix} = a_1A_1 + 0 \,.\, A_2 + 0 \,.\, A_3 = a_1 \begin{vmatrix} b_2 & c_2 \\ b_3 & c_3 \end{vmatrix}.$$

De même

$$\begin{vmatrix} 0 & b_1 & 0 \\ a_2 & b_2 & c_2 \\ a_3 & b_3 & c_3 \end{vmatrix} = -b_1 \begin{vmatrix} a_2 & c_2 \\ a_3 & c_3 \end{vmatrix}; \quad \begin{vmatrix} a_1 & b_1 & 0 \\ a_2 & b_2 & 0 \\ a_3 & b_3 & c_3 \end{vmatrix} = c_3 \begin{vmatrix} a_1 & b_1 \\ a_2 & b_2 \end{vmatrix}.$$

3° *Un déterminant se réduit à son terme principal, quand tous les éléments d'un même côté de la diagonale sont nuls.* En effet, pour un déterminant du 4me ordre, par exemple, on a successivement

$$\begin{vmatrix} a_1 & 0 & 0 & 0 \\ a_2 & b_2 & 0 & 0 \\ a_3 & b_3 & c_3 & 0 \\ a_4 & b_4 & c_4 & d_4 \end{vmatrix} = a_1 \begin{vmatrix} b_2 & 0 & 0 \\ b_3 & c_3 & 0 \\ b_4 & c_4 & d_4 \end{vmatrix} = a_1 b_2 \begin{vmatrix} c_3 & 0 \\ c_4 & d_4 \end{vmatrix} = a_1 b_2 c_3 d_4.$$

4° *Pour multiplier un déterminant par p, il suffit de multiplier les éléments d'une ligne ou d'une colonne par ce facteur.* On a :

$$p.\Delta = pa_1 A_1 + pb_1 B_1 + pc_1 C_1 = \begin{vmatrix} pa_1 & pb_1 & pc_1 \\ a_2 & b_2 & c_2 \\ a_3 & b_3 & c_3 \end{vmatrix}.$$

5° *Si les éléments de deux lignes ou colonnes ne diffèrent que par un facteur constant, le déterminant est égal à zéro.* Car il vient :

$$\begin{vmatrix} pa_1 & a_1 & c_1 \\ pa_2 & a_2 & c_2 \\ pa_3 & a_3 & c_3 \end{vmatrix} = p \begin{vmatrix} a_1 & a_1 & c_1 \\ a_2 & a_2 & c_2 \\ a_3 & a_3 & c_3 \end{vmatrix} = 0.$$

6° *Si, dans l'un des développements*

$$a_1 A_1 + b_1 B_1 + c_1 C_1 + \cdots + l_1 L_1,$$

on remplace les éléments qui s'y trouvent par ceux d'une autre ligne quelconque, le résultat est nul; il en est de même si, dans l'une des expressions

$$a_1 A_1 + a_2 A_2 + a_3 A_3 + \cdots + a_n A_n,$$

on remplace les éléments par ceux d'une autre colonne. En effet, en substituant, par exemple, aux éléments $a_1, b_1, \ldots l_1$, ceux de la seconde ligne $a_2, b_2, \ldots, l_2$, l'expression

$$a_2 A_1 + b_2 B_1 + c_2 C_1 + \cdots + l_2 L_1$$

représente le déterminant obtenu par cette substitution, les coefficients

$A_1, B_1 \ldots L_1$ étant toujours les mineurs de la première ligne; or, ce déterminant est nul puisqu'il renferme deux lignes identiques.

Avec la notation à deux indices, pour un déterminant de l'ordre n, cette propriété s'exprime ainsi : *Les développements*

$$a_{1j}A_{1i} + a_{2j}A_{2i} + \cdots + a_{nj}A_{ni},$$
$$a_{j1}A_{i1} + a_{j2}A_{i2} + \cdots + a_{jn}A_{in}$$

représentent le déterminant Δ *lorsque* j *est un nombre de la suite* $1, 2, 3 \ldots n$, *et égal à* i; *tandis que si* j *est différent de* i, *ils s'annulent.*

Pour un déterminant du troisième ordre, on aurait les douze relations

$$\begin{aligned}
a_2A_1 + b_2B_1 + c_2C_1 &= 0, & a_3A_1 + b_3B_1 + c_3C_1 &= 0;\\
a_1A_2 + b_1B_2 + c_1C_2 &= 0, & a_3A_2 + b_3B_2 + c_3C_2 &= 0;\\
a_1A_3 + b_1B_3 + c_1C_3 &= 0, & a_2A_3 + b_2B_3 + c_2C_3 &= 0;\\
b_1A_1 + b_2A_2 + b_3A_3 &= 0, & c_1A_1 + c_2A_2 + c_3A_3 &= 0;\\
a_1B_1 + a_2B_2 + a_3B_3 &= 0, & c_1B_1 + c_2B_2 + c_3B_3 &= 0;\\
a_1C_1 + a_2C_2 + a_3C_3 &= 0, & b_1C_1 + b_2C_2 + b_3C_3 &= 0.
\end{aligned}$$

7° *On peut toujours élever l'ordre d'un déterminant sans changer sa valeur.* Ainsi, d'après les propriétés précédentes, on a les égalités

$$\begin{vmatrix} a_1 & b_1 \\ a_2 & b_2 \end{vmatrix} = \begin{vmatrix} 1 & 0 & 0 \\ x & a_1 & b_1 \\ y & a_2 & b_2 \end{vmatrix} = \begin{vmatrix} 1 & x & y \\ 0 & a_1 & b_1 \\ 0 & a_2 & b_2 \end{vmatrix} = \begin{vmatrix} 1 & 0 & 0 & 0 \\ x & 1 & 0 & 0 \\ y & t & a_1 & b_1 \\ z & u & a_2 & b_2 \end{vmatrix} = \begin{vmatrix} 1 & x & y & z \\ 0 & 1 & t & u \\ 0 & 0 & a_1 & b_1 \\ 0 & 0 & a_2 & b_2 \end{vmatrix}.$$

Ainsi de suite. Les éléments x, y, z, t, u sont des quantités quelconques.

9. La formule fondamentale

$$\Delta = a_1A_1 + b_1B_1 + c_1C_1 + \cdots l_1L_1$$

permet de remplacer un déterminant de l'ordre n par une expression ne renfermant que des déterminants de l'ordre $n - 1$; dans cette dernière, on peut substituer à A_1, $B_1 \ldots$ des expressions ne renfermant que des déterminants de l'ordre $n - 2$; en continuant ainsi on arrive finalement à la valeur du déterminant Δ. Il est nécessaire de donner quelques applications pour indiquer la marche à suivre dans les différents cas qui peuvent se présenter.

Remarquons d'abord que les déterminants du second ordre se calculent immédiatement. On a :

$$\begin{vmatrix} a_1 & b_1 \\ a_2 & b_2 \end{vmatrix} = a_1b_2 - a_2b_1, \quad \begin{vmatrix} 1 & -2 \\ 2 & 3 \end{vmatrix} = 1.3 - 2.-2 = 7, \quad \begin{vmatrix} 1 & 0 \\ 2 & 3 \end{vmatrix} = 3.$$

Pour un déterminant du troisième ordre dont tous les éléments sont différents de zéro, on prendra, par exemple, la formule

$$\begin{vmatrix} a_1 & b_1 & c_1 \\ a_2 & b_2 & c_2 \\ a_3 & b_3 & c_3 \end{vmatrix} = a_1 \begin{vmatrix} b_2 & c_2 \\ b_3 & c_3 \end{vmatrix} - a_2 \begin{vmatrix} b_1 & c_1 \\ b_3 & c_3 \end{vmatrix} + a_3 \begin{vmatrix} b_1 & c_1 \\ b_2 & c_2 \end{vmatrix}.$$

On trouve de cette manière :

(*a*)
$$\begin{vmatrix} 1 & 2 & 3 \\ 2 & 3 & 4 \\ 3 & 4 & 5 \end{vmatrix} = \begin{vmatrix} 3 & 4 \\ 4 & 5 \end{vmatrix} - 2 \begin{vmatrix} 2 & 3 \\ 4 & 5 \end{vmatrix} + 3 \begin{vmatrix} 2 & 3 \\ 3 & 4 \end{vmatrix} = -1 - 2(-2) + 3(-1) = 0.$$

(*b*)
$$\begin{vmatrix} 3 & 2 & 1 \\ 5 & 6 & 7 \\ 2 & 1 & 4 \end{vmatrix} = 3 \begin{vmatrix} 6 & 7 \\ 1 & 4 \end{vmatrix} - 5 \begin{vmatrix} 2 & 1 \\ 1 & 4 \end{vmatrix} + 2 \begin{vmatrix} 2 & 1 \\ 6 & 7 \end{vmatrix} = 3(17) - 5(7) + 2(8) = 32.$$

(*c*)
$$\begin{vmatrix} x_1 & y_1 & 1 \\ x_2 & y_2 & 1 \\ x_3 & y_3 & 1 \end{vmatrix} = x_1 \begin{vmatrix} y_2 & 1 \\ y_3 & 1 \end{vmatrix} - x_2 \begin{vmatrix} y_1 & 1 \\ y_3 & 1 \end{vmatrix} + x_3 \begin{vmatrix} y_1 & 1 \\ y_2 & 1 \end{vmatrix} = x_1(y_2 - y_3) + x_2(y_3 - y_1) + x_3(y_1 - y_2).$$

(*d*)
$$\begin{vmatrix} a & b & e \\ b & c & f \\ e & f & g \end{vmatrix} = a \begin{vmatrix} c & f \\ f & g \end{vmatrix} - b \begin{vmatrix} b & e \\ f & g \end{vmatrix} + e \begin{vmatrix} b & e \\ c & f \end{vmatrix} = acg - af^2 - ce^2 - gb^2 + 2bef.$$

(*e*)
$$\begin{vmatrix} 1 & a & -b \\ -a & 1 & c \\ b & -c & 1 \end{vmatrix} = \begin{vmatrix} 1 & c \\ -c & 1 \end{vmatrix} + a \begin{vmatrix} a & -b \\ -c & 1 \end{vmatrix} + b \begin{vmatrix} a & -b \\ 1 & c \end{vmatrix} = 1 + a^2 + b^2 + c^2.$$

Dans les exemples où certains éléments sont nuls, on doit opérer le développement suivant la ligne qui renferme le plus d'éléments nuls. On obtient ainsi :

(*f*)
$$\begin{vmatrix} 1 & 0 & 3 \\ 2 & 1 & 1 \\ 2 & 1 & 4 \end{vmatrix} = \begin{vmatrix} 1 & 1 \\ 1 & 4 \end{vmatrix} + 3 \begin{vmatrix} 2 & 1 \\ 2 & 1 \end{vmatrix} = 3.$$

(*g*)
$$\begin{vmatrix} 1 & 2 & 0 \\ 4 & 1 & 0 \\ 1 & 3 & 2 \end{vmatrix} = 2 \begin{vmatrix} 1 & 2 \\ 4 & 1 \end{vmatrix} = -14, \quad \begin{vmatrix} 1 & -3 & 2 \\ 0 & 0 & 4 \\ 1 & 2 & 3 \end{vmatrix} = -4 \begin{vmatrix} 1 & -3 \\ 1 & 2 \end{vmatrix} = -20.$$

(*h*) $\begin{vmatrix} 2 & 1 & 3 & 0 \\ 0 & -1 & 2 & 1 \\ 0 & 0 & 1 & 3 \\ 0 & 2 & 1 & 4 \end{vmatrix} = 2 \begin{vmatrix} -1 & 2 & 1 \\ 0 & 1 & 3 \\ 2 & 1 & 4 \end{vmatrix} = 2\left[-\begin{vmatrix} 1 & 3 \\ 1 & 4 \end{vmatrix} + 2 \begin{vmatrix} 2 & 1 \\ 1 & 3 \end{vmatrix} \right] = 18.$

(*i*) $\begin{vmatrix} 2 & 3 & 0 & 2 \\ 0 & 1 & 4 & 0 \\ 0 & 3 & 1 & -1 \\ 1 & 2 & 0 & 1 \end{vmatrix} = 2 \begin{vmatrix} 1 & 4 & 0 \\ 3 & 1 & -1 \\ 2 & 0 & 1 \end{vmatrix} - \begin{vmatrix} 3 & 0 & 2 \\ 1 & 4 & 0 \\ 3 & 1 & -1 \end{vmatrix} = -4.$

(*k*) $\begin{vmatrix} 1 & 0 & 0 & 0 \\ 2 & 3 & 0 & 0 \\ 4 & 5 & 6 & 0 \\ 1 & 2 & 3 & 4 \end{vmatrix} = 1.3.6.4 = 72.$

(*l*) $\begin{vmatrix} 0 & a & b \\ c & 0 & d \\ e & f & 0 \end{vmatrix} = bcf + ade;\quad \begin{vmatrix} 0 & a & b \\ a & 1 & \cos\alpha \\ b & \cos\alpha & 1 \end{vmatrix} = 2ab\cos\alpha - a^2 - b^2.$

Il existe des formules plus avantageuses pour calculer les déterminants d'un ordre plus élevé que le troisième, comme on le verra dans ce qui va suivre.

10. *Développement d'un déterminant suivant les éléments de deux lignes ou de deux colonnes.* Soit le déterminant de l'ordre n

$$\Delta = \begin{vmatrix} a_1 & b_1 & c_1 & \dots & l_1 \\ a_2 & b_2 & c_2 & \dots & l_2 \\ a_3 & b_3 & c_3 & \dots & l_3 \\ a_4 & b_4 & c_4 & \dots & l_4 \\ \cdot & \cdot & \cdot & \cdot & \cdot \\ a_n & b_n & c_n & \dots & l_n \end{vmatrix}.$$

Considérons le terme particulier $a_1 b_2 c_3 d_4 \dots l_n$ de Δ ; à ce terme, en correspond un autre $- a_2 b_1 c_3 d_4 \dots l_n$ provenant de la permutation des lettres a et b ; en les réunissant, il vient :

$$\begin{vmatrix} a_1 & b_1 \\ a_2 & b_2 \end{vmatrix} c_3 d_4 \dots l_n.$$

Laissons a et b fixes, et permutons les lettres $c, d, \ldots l$ de toutes les manières possibles; les termes de Δ qui auront en facteur le déterminant (a_1b_2) seront représentés par

$$(a_1b_2)\Sigma \pm c_3d_4e_5 \ldots l_n.$$

Le coefficient de (a_1b_2) est donc le second mineur de Δ obtenu en supprimant les lignes et les colonnes qui renferment ses éléments. On arrive à une conclusion analogue pour les coefficients des déterminants du second ordre

$$(a_1b_3)(a_1b_4) \ldots (a_1b_n), (a_2b_3) \ldots (a_{n-1}b_n)$$

qui résultent des combinaisons deux à deux des éléments des deux premières colonnes de Δ. En appelant ces seconds mineurs B_{12}, B_{13}, B_{14} etc., on trouve le développement suivant :

$$\Delta = (a_1b_2)B_{12} + (a_1b_3)B_{13} + \ldots + (a_1b_n)B_{1n} + (a_2b_3)B_{23} + \ldots (a_{n-1}b_n)B_{n-1n}.$$

Le nombre de termes du second membre est représenté par

$$2.\frac{n(n-1)}{1.2}(1.2.3 \ldots n-2) = n!$$

comme cela doit être.

Il importe de remarquer que, dans la formule précédente, il est nécessaire d'attribuer aux seconds mineurs un signe convenable et en rapport avec la valeur de Δ. En premier lieu, le second mineur B_{12} doit avoir le signe positif. Afin de fixer le signe des autres, il faut par des échanges de lignes ramener les coefficients du déterminant du second ordre aux deux premières places, en conservant toujours l'ordre des indices. Ainsi, le second mineur B_{13} sera négatif, parce qu'il faut un échange de deux lignes pour amener a_3, b_3 à la place de a_2, b_2; le mineur B_{23} sera positif; il faut un échange pour amener a_2, b_2 à la première ligne et un autre pour amener a_3, b_3 à la seconde ligne. Ainsi de suite pour les autres. Développons d'après ces principes le déterminant du 5e ordre

$$\Delta = \begin{vmatrix} a_1 & b_1 & c_1 & d_1 & e_1 \\ a_2 & b_2 & c_2 & d_2 & e_2 \\ a_3 & b_3 & c_3 & d_3 & e_3 \\ a_4 & b_4 & c_4 & d_4 & e_4 \\ a_5 & b_5 & c_5 & d_5 & e_5 \end{vmatrix}$$

suivant les éléments des deux premières colonnes. Il viendra, avec la notation abrégée,

$$\Delta = (a_1b_2)(c_3d_4e_5) - (a_1b_3)(c_2d_4e_5) + (a_1b_4)(c_2d_3e_5) - (a_1b_5)(c_2d_3e_4)$$
$$+ (a_2b_3)(c_1d_4e_5) - (a_2b_4)(c_1d_3e_5) + (a_2b_5)(c_1d_3e_4)$$
$$+ (a_3b_4)(c_1d_2e_5) - (a_3b_5)(c_1d_2e_4)$$
$$+ (a_4b_5)(c_1d_2e_3).$$

Si, maintenant, nous écrivons verticalement les lignes horizontales de Δ, en appliquant la même règle, nous aurons le développement de Δ suivant les éléments des deux premières lignes; ce sera :

$$\Delta = (a_1b_2)(c_3d_4e_5) - (a_1c_2)(b_3d_4e_5) + (a_1d_2)(b_3c_4e_5) - (a_1e_2)(b_3c_4d_5)$$
$$+ (b_1c_2)(a_3d_4e_5) - (b_1d_2)(a_3c_4e_5) + (b_1e_2)(a_3c_4d_5)$$
$$+ (c_1d_2)(a_3b_4e_5) - (c_1e_2)(a_3b_4d_5)$$
$$+ (d_1e_2)(a_3b_4c_5).$$

Le même mode de développement existe relativement à deux lignes ou deux colonnes quelconques; il faudra préalablement les ramener aux deux premiers rangs par des échanges de lignes ou de colonnes et appliquer ensuite la formule.

Le développement qui précède est celui qui convient le mieux pour le calcul d'un déterminant du quatrième ordre, car il ne renfermera que des déterminants du second ordre. On a :

$$\begin{vmatrix} a_1 & b_1 & c_1 & d_1 \\ a_2 & b_2 & c_2 & d_2 \\ a_3 & b_3 & c_3 & d_3 \\ a_4 & b_4 & c_4 & d_4 \end{vmatrix} = (a_1b_2)(c_3d_4) - (a_1c_2)(b_3d_4) + (a_1d_2)(b_3c_4) + (b_1c_2)(a_3d_4) - (b_1d_2)(a_3c_4) + (c_1d_2)(a_3b_4).$$

Soit à calculer

$$\Delta = \begin{vmatrix} 3 & 1 & 1 & 2 \\ 1 & 5 & 0 & 3 \\ 2 & -2 & 1 & 6 \\ 0 & 4 & -5 & 3 \end{vmatrix}.$$

Il viendra

$$\Delta = \begin{vmatrix} 3 & 1 \\ 1 & 5 \end{vmatrix} \cdot \begin{vmatrix} 1 & 6 \\ -5 & 3 \end{vmatrix} - \begin{vmatrix} 3 & 1 \\ 1 & 0 \end{vmatrix} \cdot \begin{vmatrix} -2 & 6 \\ 4 & 3 \end{vmatrix} + \begin{vmatrix} 3 & 2 \\ 1 & 3 \end{vmatrix} \cdot \begin{vmatrix} -2 & 1 \\ 4 & -5 \end{vmatrix}$$
$$+ \begin{vmatrix} 1 & 1 \\ 5 & 0 \end{vmatrix} \cdot \begin{vmatrix} 2 & 6 \\ 0 & 3 \end{vmatrix} - \begin{vmatrix} 1 & 2 \\ 5 & 3 \end{vmatrix} \cdot \begin{vmatrix} 2 & 1 \\ 0 & -5 \end{vmatrix} + \begin{vmatrix} 1 & 2 \\ 0 & 3 \end{vmatrix} \cdot \begin{vmatrix} 2 & -2 \\ 0 & 4 \end{vmatrix},$$

ou bien

$$\Delta = 14.33 - 30 + 7.6 - 5.6 - 7.10 + 24 = 398.$$

On trouve également

$$\begin{vmatrix} 1 & 2 & -1 & 0 \\ 2 & 1 & 2 & 0 \\ 0 & 3 & 5 & 2 \\ 1 & 0 & 1 & 2 \end{vmatrix} = \begin{vmatrix} 1 & 2 \\ 2 & 1 \end{vmatrix} . \begin{vmatrix} 5 & 2 \\ 1 & 2 \end{vmatrix} - \begin{vmatrix} 1 & -1 \\ 2 & 2 \end{vmatrix} . \begin{vmatrix} 3 & 2 \\ 0 & 2 \end{vmatrix} + \begin{vmatrix} 2 & -1 \\ 1 & 2 \end{vmatrix} . \begin{vmatrix} 0 & 2 \\ 1 & 2 \end{vmatrix}$$

$$= (-3)(8) - (4)(6) + (5)(-2) = -58.$$

On en déduit aussi les relations suivantes :

$$\begin{vmatrix} a_1 & b_1 & 0 & 0 \\ a_2 & b_2 & 0 & 0 \\ a_3 & b_3 & c_3 & d_3 \\ a_4 & b_4 & c_4 & d_4 \end{vmatrix} = (a_1b_2)(c_3d_4),$$

$$\begin{vmatrix} a_1 & b_1 & c_1 & d_1 \\ 0 & b_2 & c_2 & 0 \\ a_3 & b_3 & c_3 & d_3 \\ 0 & b_4 & c_4 & 0 \end{vmatrix} = \begin{vmatrix} a_1 & d_1 & b_1 & c_1 \\ 0 & 0 & b_2 & c_2 \\ a_3 & d_3 & b_3 & c_3 \\ 0 & 0 & b_4 & c_4 \end{vmatrix} = - \begin{vmatrix} 0 & 0 & b_2 & c_2 \\ 0 & 0 & b_4 & c_4 \\ a_1 & d_1 & b_1 & c_1 \\ a_3 & d_3 & b_3 & c_3 \end{vmatrix} = -(b_2c_4)(a_1d_3).$$

11. ***Développement d'un déterminant suivant les éléments de p lignes ou de p colonnes.*** Étant donné le déterminant

$$\Delta = \begin{vmatrix} a_1 & b_1 & c_1 & d_1 & e_1 & \dots & l_1 \\ a_2 & b_2 & c_2 & d_2 & e_2 & \dots & l_2 \\ a_3 & b_3 & c_3 & d_3 & e_3 & \dots & l_3 \\ a_4 & b_4 & c_4 & d_4 & e_4 & \dots & l_4 \\ a_5 & b_5 & c_5 & d_5 & e_5 & \dots & l_5 \\ \cdot & \cdot & \cdot & \cdot & \cdot & \cdot & \cdot \\ a_n & b_n & c_n & d_n & e_n & \dots & l_n \end{vmatrix};$$

proposons-nous de le développer suivant les éléments des trois premières colonnes. En combinant trois à trois et sans répétition les éléments de ces colonnes, on obtient les déterminants du 3e ordre $(a_1b_2c_3)$, $(a_1b_2c_4)$ ... $(a_1b_2c_n)$; $(a_1b_3c_4)$, $(a_1b_3c_5)$ etc. Cela étant, considérons le terme $a_1b_2c_3d_4e_5$ ... l_n de Δ et permutons de toutes les manières possibles les indices 1, 2, 3 en laissant les autres invariables; nous formerons les six termes du déterminant $(a_1b_2c_3)$ qui seront multipliés par $d_4e_5 \ldots l_n$. Tous les termes de Δ qui renfermeront en facteur $(a_1b_2c_3)$ s'obtiendront en permutant les indices 4, 5, 6 ... n du produit $d_4e_5 \ldots l_n$; ils seront représentés par

$$(a_1b_2c_3)\ \Sigma \pm d_4e_5 \ldots l_n.$$

La somme désigne ici le mineur de la troisième classe de Δ provenant de la suppression des trois lignes et des trois colonnes qui ont en commun les éléments du déterminant $(a_1b_2c_3)$. Il est évident que les coefficients des autres déterminants du 3° ordre $(a_1b_3c_4)$, $(a_1b_3c_5)$ ... seront aussi des mineurs de la 3° classe obtenus de la même manière; en les désignant par B_{123}, B_{124} ..., il viendra le développement,

$$\Delta = (a_1b_2c_3)\,B_{123} + (a_1b_2c_4)\,B_{124} + \ldots + (a_{n-2}b_{n-1}c_n)\,B_{n-2\,n-1\,n}.$$

Le nombre de termes du second membre est donné par l'expression

$$1.2.3.\frac{n\,(n-1)(n-2)}{1.2.3}\,(1.2.3\ldots n-3) = n\,!$$

comme dans le déterminant Δ.

Enfin, en continuant le même mode de raisonnement, on arrive à cette conclusion générale : *Un déterminant de l'ordre n peut se développer suivant les éléments de p lignes ou de p colonnes, ce développement renfermant tous les déterminants que l'on peut former en groupant p à p et sans répétition les éléments de ces p lignes ou colonnes, accompagnés des mineurs de la classe $n-p$ correspondants.*

Le nombre de termes que renferme ce développement est représenté par l'expression

$$1.2.3\ldots p\cdot\frac{n(n-1)\ldots(n-p+1)}{1.2.3\ldots p}\cdot 1.2.3\ldots(n-p) = n\,!$$

Les déterminants qui entrent dans ces diverses formules et dont la somme des ordres est n se nomment déterminants complémentaires.

Dans le développement suivant les p premières colonnes, on doit attribuer le signe + au premier mineur de la classe $n-p$; les autres auront le signe + ou le signe — suivant que l'on peut ramener les éléments des déterminants de l'ordre p aux p premières places par un nombre pair ou impair d'échanges de lignes consécutives.

12. Il est nécessaire d'indiquer quelques conséquences importantes qui résultent de cette loi de développement. 1° *Lorsque, dans un déter-*

minant de l'ordre n, les éléments communs à p lignes et à n — p colonnes sont nuls, il se réduit à un produit de deux déterminants dont l'un est de l'ordre p et l'autre de l'ordre n — p.

On a, par exemple,

$$\begin{vmatrix} a_1 & b_1 & 0 & 0 & 0 \\ a_2 & b_2 & 0 & 0 & 0 \\ a_3 & b_3 & c_3 & d_3 & e_3 \\ a_4 & b_4 & c_4 & d_4 & e_4 \\ a_5 & b_5 & c_5 & d_5 & e_5 \end{vmatrix} = \begin{vmatrix} a_1 & b_1 \\ a_2 & b_2 \end{vmatrix} \cdot \begin{vmatrix} c_3 & d_3 & e_3 \\ c_4 & d_4 & e_4 \\ c_5 & d_5 & e_5 \end{vmatrix};$$

et, en général,

$$\begin{vmatrix} a_{11} & a_{12} & \cdots & a_{1p} & 0 & \cdots & 0 \\ a_{21} & a_{22} & \cdots & a_{2p} & 0 & \cdots & 0 \\ \cdot & \cdot & \cdot & \cdot & \cdot & \cdot & \cdot \\ a_{p1} & a_{p2} & \cdots & a_{pp} & 0 & \cdots & 0 \\ a_{p+1,1} & \cdots & \cdots & \cdots & a_{p+1\,p+1} & \cdots & a_{p+1\,n} \\ \cdot & \cdot & \cdot & \cdot & \cdot & \cdot & \cdot \\ a_{n1} & a_{n2} & \cdots & \cdots & \cdots & \cdots & a_{nn} \end{vmatrix}$$

$$= \begin{vmatrix} a_{11} & a_{12} & \cdots & a_{1p} \\ a_{21} & a_{22} & \cdots & a_{2p} \\ \cdot & \cdot & \cdot & \cdot \\ \cdot & \cdot & \cdot & \cdot \\ a_{p1} & a_{p2} & \cdots & a_{pn} \end{vmatrix} \cdot \begin{vmatrix} a_{p+1\,p+1} & a_{p+1\,p+2} & \cdots & a_{p+1\,n} \\ a_{p+2\,p+1} & \cdots & \cdots & a_{p+2\,n} \\ \cdot & \cdot & \cdot & \cdot \\ \cdot & \cdot & \cdot & \cdot \\ a_{n\,p+1} & a_{n\,p+2} & \cdots & a_{nn} \end{vmatrix}$$

En effet, dans ce cas, il ne reste que le premier terme; les autres renferment des déterminants ayant une ligne de zéros pour éléments.

2° *Si, après avoir partagé un déterminant de l'ordre 2n en quatre déterminants de l'ordre n par deux médianes, l'une verticale et l'autre horizontale, tous les éléments de l'un d'eux sont nuls, le déterminant proposé est égal au produit des deux déterminants partiels adjacents à celui où les éléments sont nuls.*

On a :

$$\begin{vmatrix} a_1 & b_1 & 0 & 0 \\ a_2 & b_2 & 0 & 0 \\ a_3 & b_3 & c_3 & d_3 \\ a_4 & b_4 & c_4 & d_4 \end{vmatrix} = \begin{vmatrix} a_1 & b_1 \\ a_2 & b_2 \end{vmatrix} \cdot \begin{vmatrix} c_3 & d_3 \\ c_4 & d_4 \end{vmatrix};$$

$$\begin{vmatrix} a_1 & b_1 & c_1 & 0 & 0 & 0 \\ a_2 & b_2 & c_2 & 0 & 0 & 0 \\ a_3 & b_3 & c_3 & 0 & 0 & 0 \\ a_4 & b_4 & c_4 & d_4 & e_4 & f_4 \\ a_5 & b_5 & c_5 & d_5 & e_5 & f_5 \\ a_6 & b_6 & c_6 & d_6 & e_6 & f_6 \end{vmatrix} = \begin{vmatrix} a_1 & b_1 & c_1 \\ a_2 & b_2 & c_2 \\ a_3 & b_3 & c_3 \end{vmatrix} \cdot \begin{vmatrix} d_4 & e_4 & f_4 \\ d_5 & e_5 & f_5 \\ d_6 & e_6 & f_6 \end{vmatrix};$$

$$\begin{vmatrix} 0 & 0 & 0 & d_1 & e_1 & f_1 \\ 0 & 0 & 0 & d_2 & e_2 & f_2 \\ 0 & 0 & 0 & d_3 & e_3 & f_3 \\ a_4 & b_4 & c_4 & d_4 & e_4 & f_4 \\ a_5 & b_5 & c_5 & d_5 & e_5 & f_5 \\ a_6 & b_6 & c_6 & d_6 & e_6 & f_6 \end{vmatrix} = - \begin{vmatrix} d_1 & e_1 & f_1 \\ d_2 & e_2 & f_2 \\ d_3 & e_3 & f_3 \end{vmatrix} \cdot \begin{vmatrix} a_4 & b_4 & c_4 \\ a_5 & b_5 & c_5 \\ a_6 & b_6 & c_6 \end{vmatrix}.$$

Cette décomposition correspond à $p = n$ pour le déterminant de l'ordre $2n$, et l'on a aussi : $2n - p = n$.

3° *Le produit de deux déterminants d'ordre p et q peut toujours se mettre sous la forme d'un déterminant de l'ordre $p + q$.*

Par la propriété précédente, on a l'égalité

$$\begin{vmatrix} \alpha_1 & \beta_1 \\ \alpha_2 & \beta_2 \end{vmatrix} \cdot \begin{vmatrix} a_1 & b_1 & c_1 \\ a_2 & b_2 & c_2 \\ a_3 & b_3 & c_3 \end{vmatrix} = \begin{vmatrix} \alpha_1 & \beta_1 & 0 & 0 & 0 \\ \alpha_2 & \beta_2 & 0 & 0 & 0 \\ x_1 & y_1 & a_1 & b_1 & c_1 \\ x_2 & y_2 & a_2 & b_2 & c_2 \\ x_3 & y_3 & a_3 & b_3 & c_3 \end{vmatrix}$$

où les quantités x et y sont quelconques.

Si les déterminants sont de l'ordre n, leur produit sera représenté par un déterminant de l'ordre $2n$.

13. *Développement d'un déterminant suivant les éléments de deux*

lignes horizontales et verticales qui se rencontrent sur un élément a_{rs}.
Etant donné le déterminant

$$\Delta = \begin{vmatrix} a_{11} & a_{12} & \dots & a_{1s} & \dots & a_{1n} \\ a_{21} & a_{22} & \dots & a_{2s} & \dots & a_{2n} \\ \cdot & \cdot & \cdot & \cdot & \cdot & \cdot \\ a_{r1} & a_{r2} & \dots & a_{rs} & \dots & a_{rn} \\ \cdot & \cdot & \cdot & \cdot & \cdot & \cdot \\ a_{n1} & a_{n2} & \dots & a_{ns} & \dots & a_{nn} \end{vmatrix},$$

le développement suivant les éléments de la $r^{ième}$ ligne et la $s^{ième}$ colonne qui se coupent sur a_{rs} consiste dans la formule

$$\Delta = a_{rs}A_{rs} - \Sigma_{ik}a_{is}a_{rk}B_{ik},$$

dans laquelle il faut attribuer successivement à i les valeurs $1, 2, 3 \dots n$ excepté la valeur r, et à k les mêmes valeurs excepté la valeur s; de plus, A_{rs} est le premier mineur de Δ par rapport à a_{rs}, tandis que B_{ik} est le premier mineur de A_{rs} qui correspond à l'élément a_{ik}.

En effet, le déterminant Δ renferme d'abord une somme de termes ayant a_{rs} en facteur et représentée par $a_{rs}A_{rs}$; les autres termes de Δ ne renferment plus a_{rs}, et c'est pour ce motif que, dans Σ_{ik}, on exclut pour i la valeur r et pour k la valeur s. Or, un terme de Δ où ne se trouve pas a_{rs} doit renfermer un autre élément de la $s^{ième}$ ligne verticale, par exemple a_{is}, et un autre élément de la $r^{ième}$ ligne horizontale, par exemple a_{rk}; il contiendra donc $a_{is}a_{rk}$ multiplié par un certain coefficient; mais, si on échange les colonnes s et k, $a_{is}a_{rk}$ devient $a_{rs}a_{ik}$, et le coefficient du premier produit sera égal et de signe contraire à celui du second, c'est-à-dire $-B_{ik}$, B_{ik} étant, comme nous l'avons dit, le premier mineur de A_{rs} relatif à l'élément a_{ik}. Donc la formule précédente est exacte.

Comme application, proposons-nous de développer le déterminant du 4e ordre

$$\Delta = \begin{vmatrix} a_{11} & a_{12} & a_{13} & a_{14} \\ a_{21} & a_{22} & a_{23} & a_{24} \\ a_{31} & a_{32} & a_{33} & a_{34} \\ a_{41} & a_{42} & a_{43} & a_{44} \end{vmatrix}$$

suivant les éléments de la première ligne horizontale et verticale qui se rencontrent sur a_{11}. On posera : $r = s = 1$, et la formule deviendra

$$\Delta = a_{11}A_{11} - \Sigma a_{i1}a_{1k}B_{ik}.$$

Dans la somme, on doit attribuer à i et k les valeurs 2, 3, 4, et l'on peut opérer comme suit : on donne d'abord à i la valeur 2 et à k les valeurs 2, 3, 4; ensuite, on fait $i = 3$ et successivement $k = 2, 3, 4$; enfin, on prend $i = 4$ et l'on pose encore $k = 2, 3, 4$. On obtient ainsi la formule développée

$$\Delta = a_{11}A_{11} - a_{21}a_{12}B_{22} - a_{21}a_{13}B_{23} - a_{21}a_{14}B_{24} - a_{31}a_{12}B_{32} - a_{31}a_{13}B_{33} \\ - a_{31}a_{14}B_{34} - a_{41}a_{12}B_{42} - a_{41}a_{13}B_{43} - a_{41}a_{14}B_{44}.$$

En substituant aux mineurs B leurs valeurs prises sur A_{11}, et en tenant compte de leurs signes, on trouve finalement

$$\Delta = a_{11}\begin{vmatrix} a_{22} & a_{23} & a_{24} \\ a_{32} & a_{33} & a_{34} \\ a_{42} & a_{43} & a_{44} \end{vmatrix} - a_{12}a_{21}\begin{vmatrix} a_{33} & a_{34} \\ a_{43} & a_{44} \end{vmatrix} + a_{21}a_{13}\begin{vmatrix} a_{32} & a_{34} \\ a_{42} & a_{44} \end{vmatrix}$$
$$- a_{21}a_{14}\begin{vmatrix} a_{32} & a_{33} \\ a_{42} & a_{43} \end{vmatrix} + a_{31}a_{12}\begin{vmatrix} a_{23} & a_{24} \\ a_{43} & a_{44} \end{vmatrix} - a_{31}a_{13}\begin{vmatrix} a_{22} & a_{24} \\ a_{42} & a_{44} \end{vmatrix} + a_{31}a_{14}\begin{vmatrix} a_{22} & a_{23} \\ a_{42} & a_{43} \end{vmatrix}$$
$$- a_{41}a_{12}\begin{vmatrix} a_{23} & a_{24} \\ a_{33} & a_{34} \end{vmatrix} + a_{41}a_{13}\begin{vmatrix} a_{22} & a_{24} \\ a_{32} & a_{34} \end{vmatrix} - a_{41}a_{14}\begin{vmatrix} a_{22} & a_{23} \\ a_{32} & a_{33} \end{vmatrix}.$$

Le calcul du déterminant du 4me ordre est ainsi ramené à un déterminant du 3me ordre et à une série de déterminants du second ordre.

Ce mode de développement est surtout avantageux lorsqu'on veut calculer des déterminants de la forme

$$\begin{vmatrix} a_{11} & a_{12} & x_1 \\ a_{21} & a_{22} & x_2 \\ x_1 & x_2 & 0 \end{vmatrix}, \quad \begin{vmatrix} a_{11} & a_{12} & a_{13} & x_1 \\ a_{21} & a_{22} & a_{23} & x_2 \\ a_{31} & a_{32} & a_{33} & x_3 \\ x_1 & x_2 & x_3 & 0 \end{vmatrix} \text{ etc.}$$

que l'on appelle quelquefois déterminants *bordés*. On opère le développement suivant la dernière ligne horizontale et verticale. Pour calculer le second, par exemple, on devra poser $r = s = 4$, et comme $a_{44} = 0$, la formule se réduit à

$$\Delta = -\Sigma a_{i4}a_{4k}B_{ik};$$

il faut attribuer à i et k les valeurs 1, 2, 3. On trouve ainsi :

$$\Delta = - a_{14}a_{41}B_{11} - a_{14}a_{42}B_{12} - a_{14}a_{43}B_{13} \\ - a_{24}a_{41}B_{21} - a_{24}a_{42}B_{22} - a_{24}a_{43}B_{23} \\ - a_{34}a_{41}B_{31} - a_{34}a_{42}B_{32} - a_{34}a_{43}B_{33}.$$

Or,

$$a_{14} = a_{41} = x_1, \quad a_{24} = a_{42} = x_2, \quad a_{34} = a_{43} = x_3$$

et, de plus,

$$A_{44} = \begin{vmatrix} a_{11} & a_{12} & a_{13} \\ a_{21} & a_{22} & a_{23} \\ a_{31} & a_{32} & a_{33} \end{vmatrix};$$

par suite, le déterminant proposé a pour valeur

$$\begin{aligned} \Delta = & - [x_1^2(a_{22}a_{33} - a_{23}a_{32}) + x_2^2(a_{11}a_{33} - a_{31}a_{13}) + x_3^2(a_{11}a_{22} - a_{21}a_{12})] \\ & + x_1x_2(a_{21}a_{33} - a_{31}a_{23} + a_{12}a_{33} - a_{32}a_{13}) \\ & - x_1x_3(a_{21}a_{32} - a_{31}a_{22} + a_{12}a_{23} - a_{22}a_{13}) \\ & + x_2x_3(a_{11}a_{32} - a_{31}a_{12} + a_{11}a_{23} - a_{21}a_{13}). \end{aligned}$$

Si on applique la formule générale au déterminant

$$\Delta = \begin{vmatrix} 0 & x & y & z \\ -x & 0 & a & b \\ -y & c & 0 & d \\ -z & e & f & 0 \end{vmatrix}$$

par rapport à la première ligne horizontale et verticale, on trouvera

$$\Delta = dfx^2 + bey^2 + acz^2 - xy(bf + de) - xz(ad + cf) - yz(bc + ae).$$

14. ***Développement d'un déterminant en fonction de déterminants à diagonale vide.*** Soit le déterminant

$$\Delta = \begin{vmatrix} a_{11} & a_{12} & \dots & a_{1n} \\ a_{21} & a_{22} & \dots & a_{2n} \\ . & . & . & . \\ . & . & . & . \\ a_{n1} & a_{n2} & \dots & a_{nn} \end{vmatrix}.$$

Désignons par Δ_0 ce qu'il devient lorsque tous les éléments de la diagonale sont nuls ; on aura

$$\Delta_0 = \begin{vmatrix} 0 & a_{12} & \dots & a_{1n} \\ a_{21} & 0 & \dots & a_{2n} \\ . & . & . & . \\ . & . & . & . \\ a_{n1} & a_{n2} & \dots & 0 \end{vmatrix}.$$

On passe évidemment de Δ à Δ_0 en effaçant les termes qui renferment au moins un élément de la diagonale; les autres termes sont les mêmes de part et d'autre. Cela étant, pour repasser de Δ_0 à Δ, il est nécessaire d'ajouter les termes qui manquent. Représentons par C_i une combinaison i à i des éléments de la diagonale, et par Δ_0^{n-i} le mineur de Δ_0 qui lui correspond. La somme des termes à ajouter pour avoir Δ sera donnée par $\Sigma C_i \Delta_0^{n-i}$ en attribuant successivement à i les valeurs 1, 2, 3 ... n. Il vient ainsi la formule

$$\Delta = \Delta_0 + \Sigma C_1 \Delta_0^{n-1} + \Sigma C_2 \Delta_0^{n-2} + \cdots \Sigma C_{n-2} \Delta_0^2 + C_n.$$

On n'a pas écrit le terme $\Sigma C_{n-1} \Delta_0^1$, parce que $\Delta_0^1 = 0$. On peut aussi remarquer qu'il n'y a qu'une seule combinaison n à n et

$$C_n = a_{11} a_{22} a_{33} \ldots a_{nn}.$$

Pour un déterminant du troisième ordre, on aura

$$\begin{vmatrix} a_{11} & a_{12} & a_{13} \\ a_{21} & a_{22} & a_{23} \\ a_{31} & a_{32} & a_{33} \end{vmatrix} = \begin{vmatrix} 0 & a_{12} & a_{13} \\ a_{21} & 0 & a_{23} \\ a_{31} & a_{32} & 0 \end{vmatrix} + a_{11} \begin{vmatrix} 0 & a_{23} \\ a_{32} & 0 \end{vmatrix} + a_{22} \begin{vmatrix} 0 & a_{13} \\ a_{31} & 0 \end{vmatrix}$$
$$+ a_{33} \begin{vmatrix} 0 & a_{12} \\ a_{21} & 0 \end{vmatrix} + a_{11} a_{22} a_{33}.$$

Supposons maintenant que l'on ait dans le déterminant Δ

$$a_{11} = a_{22} = a_{33} = \cdots a_{nn} = x,$$

les combinaisons des éléments de la diagonale formeront les diverses puissances de x, et la formule précédente devient :

$$\Delta = x^n + x^{n-2} \Sigma \Delta_0^2 + x^{n-3} \Sigma \Delta_0^3 + \cdots + x \Sigma \Delta_0^{n-1} + \Delta_0.$$

Par exemple, on a :

$$\begin{vmatrix} x & a & b \\ c & x & d \\ e & f & x \end{vmatrix} = x^3 - x(ac + be + df) + ade + bcf.$$

et

$$\begin{vmatrix} x & a & b & c \\ -a & x & d & e \\ -b & -d & x & f \\ -c & -e & -f & x \end{vmatrix} = x^4 + x^2(a^2 + b^2 + c^2 + d^2 + e^2 + f^2) + (af - be + cd)^2.$$

15. Il serait intéressant de trouver une formule donnant le nombre de termes d'un déterminant à diagonale vide. Cette question se résoud en cherchant, pour un déterminant Δ à diagonale pleine, le nombre de termes qui renferment au moins un élément de la diagonale. D'après le développement d'un déterminant suivant les éléments d'une ligne, il y a $(n-1)!$ termes ayant l'élément a_{11} en facteur : c'est le nombre de termes du mineur correspondant; de même, il y a $(n-1)!$ termes renfermant l'élément a_{22}, et ainsi de suite. Il en résulte que

$$(\alpha) \qquad n(n-1)!$$

représentera le nombre de termes contenant au moins un élément de la diagonale; seulement, dans ce nombre, il y a des termes qui se répètent et il est nécessaire de les retrancher. Ce sont d'abord les termes où se trouvent au moins deux éléments de la diagonale. Soit, $a_{11}a_{22}\ldots$, un terme de cette espèce; il se trouve une fois dans (α) parce qu'il renferme a_{11}, et une seconde fois parce qu'il renferme a_{22}; on doit donc retrancher leur nombre de (α) pour qu'il ne s'y trouve qu'une seule fois. Mais ce nombre a pour expression

$$\frac{n(n-1)}{1.2}(n-2)!;$$

le premier facteur est le nombre de combinaisons deux à deux des n éléments de la diagonale, et $(n-2)!$ représente le nombre de termes du mineur correspondant. Il vient donc cette seconde formule

$$(\alpha') \qquad n(n-1)! - \frac{n(n-1)}{1.2}(n-2)!.$$

Il faut encore tenir compte des termes répétés. Un terme de Δ où se trouvent trois éléments a_{11}, a_{22}, a_{33} de la diagonale est compris trois fois dans le premier terme de (α'), et aussi trois fois dans le second à cause des combinaisons deux à deux $a_{11}a_{22}$, $a_{11}a_{33}$, $a_{22}a_{33}$ de ces éléments. Il en résulte que le nombre de termes contenant au moins trois éléments de la diagonale ne se trouvent pas dans (α') et on doit l'y ajouter. Ce nombre étant

$$\frac{n(n-1)(n-2)}{1.2.3}(n-3)!,$$

l'expression (α') devient :

$$(\alpha'') \quad n(n-1)! - \frac{n(n-1)}{1.2}(n-2)! + \frac{n(n-1)(n-2)}{1.2.3}(n-3)!.$$

Considérons encore un terme $a_{11}a_{22}a_{33}a_{44}\ldots$ de Δ avec quatre éléments de la diagonale; il est compris quatre fois dans le premier terme de (α''), $\frac{4.3}{2} = 6$ fois dans le second, et $\frac{4.3.2}{1.2.3} = 4$ fois dans le troisième; il s'y trouve donc une fois de trop, et l'on doit retrancher de (α'') le nombre des termes de cette espèce; ce qui donne :

$$n(n-1)! - \frac{n(n-1)}{1.2}(n-2)! + \frac{n(n-1)(n-2)}{1.2.3}(n-3)!$$
$$- \frac{n(n-1)(n-2)(n-3)}{1.2.3.4}(n-4)!$$

En continuant ainsi on arrivera finalement à l'expression suivante :

$$N = n(n-1)! - \frac{n(n-1)}{1.2}(n-2)! + \cdots \mp \frac{n(n-1)\ldots 3.2}{1.2\ldots(n-1)}1!$$
$$\pm \frac{n(n-1)\ldots 3.2.1}{1.2.3\ldots n}0!$$

ou bien

$$N = n!\left(1 - \frac{1}{2!} + \frac{1}{3!} - \frac{1}{4!} + \cdots + \frac{(-1)^{n-1}}{n!}\right).$$

Ce sera le nombre exact de termes du déterminant Δ renfermant au moins un élément de la diagonale, parce que l'on a tenu compte de tous les termes répétés dans l'expression primitive.

Le nombre de termes d'un déterminant de l'ordre n étant $n!$, en retranchant N de ce nombre, il restera le nombre N_0 de termes d'un déterminant de l'ordre n à diagonale vide; ce sera :

$$N_0 = n!\left(\frac{1}{2!} - \frac{1}{3!} + \frac{1}{4!} - \frac{1}{5!} + \cdots + \frac{(-1)^n}{n!}\right).$$

Si $n = 3, 4, 5$ etc, on trouve $N_0 = 2, 9, 44$, etc.

16. *Principe de l'addition des lignes.* Etant donné un déterminant de l'ordre n

$$\Delta = (a_1 b_2 c_3 \ldots l_n)$$

ajoutons aux éléments de la première colonne $n - 1$ quantités $p, q, r \ldots$ comme l'indique le tableau suivant :

$$\Delta' = \begin{vmatrix} a_1 + p_1 + q_1 + r_1 + \cdots & b_1 & c_1 & \ldots & l_1 \\ a_2 + p_2 + q_2 + r_2 + \cdots & b_2 & c_2 & \ldots & l_2 \\ a_3 + p_3 + q_3 + r_3 + \cdots & b_3 & c_3 & \ldots & l_3 \\ \cdot & \cdot & \cdot & \cdot & \cdot \\ a_n + p_n + q_n + r_n + \cdots & b_n & c_n & \ldots & l_n \end{vmatrix}.$$

Les éléments de la première colonne du déterminant Δ' se composent ainsi d'une somme de n termes, et il est facile de montrer que, dans ce cas, Δ' est décomposable en n déterminants à éléments monômes. En effet, en développant suivant cette colonne, on a :

$$\Delta' = (a_1 + p_1 + q_1 + \cdots) A_1 + (a_2 + p_2 + q_2 + \cdots) A_2 + \cdots \\ + (a_n + p_n + q_n + \cdots) A_n,$$

$A_1, A_2, \ldots$ étant toujours les premiers mineurs correspondants aux éléments de la première colonne.

L'égalité précédente peut s'écrire

$$\Delta' = (a_1A_1 + a_2A_2 + \cdots + a_nA_n) + (p_1A_1 + p_2A_2 + \cdots + p_nA_n) + \\ (q_1A_1 + q_2A_2 + \cdots + q_nA_n) + \cdots.$$

ou bien

$$\Delta' = \begin{vmatrix} a_1 & b_1 & \ldots & l_1 \\ a_2 & b_2 & \ldots & l_2 \\ \cdot & \cdot & \cdot & \cdot \\ \cdot & \cdot & \cdot & \cdot \\ a_n & b_n & \ldots & l_n \end{vmatrix} + \begin{vmatrix} p_1 & b_1 & \ldots & l_1 \\ p_2 & b_2 & \ldots & l_2 \\ \cdot & \cdot & \cdot & \cdot \\ \cdot & \cdot & \cdot & \cdot \\ p_n & b_n & \ldots & l_n \end{vmatrix} + \begin{vmatrix} q_1 & b_1 & \ldots & l_1 \\ q_2 & b_2 & \ldots & l_2 \\ \cdot & \cdot & \cdot & \cdot \\ \cdot & \cdot & \cdot & \cdot \\ q_n & b_n & \ldots & l_n \end{vmatrix} + \cdots,$$

puisque les sommes entre parenthèses ne diffèrent de la première que par la substitution des coefficients $p, q, r, \ldots$ aux coefficients a. On a donc une somme de n déterminants de même ordre qui ne diffèrent que par les éléments de la première colonne.

Supposons que les quantités $p, q, r, \ldots$ soient respectivement les éléments des colonnes suivantes; tous ces déterminants, excepté le premier, seront nuls comme renfermant deux colonnes identiques; le déterminant Δ reste alors égal à lui-même. De là, cette propriété : *Un déterminant reste invariable, lorsqu'on ajoute aux éléments d'une colonne ou d'une ligne les éléments des autres colonnes ou des autres lignes.* Il est évident que cette propriété est également vraie, si, au lieu d'ajouter les éléments de toutes les autres lignes on ajoute seulement les éléments d'une ligne, ou de deux, ou de trois, etc.

Le principe de l'addition des lignes est encore plus général; on peut l'énoncer ainsi : *Lorsqu'on ajoute aux éléments d'une ligne respectivement les éléments d'une ou de plusieurs lignes, multipliés par des constantes quelconques positives ou négatives, le déterminant conserve la même valeur.*

En effet, soit le déterminant

$$\Delta = \begin{vmatrix} a_1 & b_1 & c_1 \\ a_2 & b_2 & c_2 \\ a_3 & b_3 & c_3 \end{vmatrix}.$$

Ajoutons, par exemple, aux éléments a les éléments b multipliés par $\pm m$ ainsi que les éléments c multipliés par $\pm n$; il viendra :

$$\Delta' = \begin{vmatrix} a_1 \pm mb_1 \pm nc_1 & b_1 & c_1 \\ a_2 \pm mb_2 \pm nc_2 & b_2 & c_2 \\ a_3 \pm mb_3 \pm nc_3 & b_3 & c_3 \end{vmatrix}.$$

Or, on vient de voir qu'un tel déterminant se décompose en trois autres, savoir :

$$\Delta' = \begin{vmatrix} a_1 & b_1 & c_1 \\ a_2 & b_2 & c_2 \\ a_3 & b_3 & c_3 \end{vmatrix} + \begin{vmatrix} \pm mb_1 & b_1 & c_1 \\ \pm mb_2 & b_2 & c_2 \\ \pm mb_3 & b_3 & c_3 \end{vmatrix} + \begin{vmatrix} \pm nc_1 & b_1 & c_1 \\ \pm nc_2 & b_2 & c_2 \\ \pm nc_3 & b_3 & c_3 \end{vmatrix};$$

les deux derniers étant nuls, comme renfermant deux colonnes qui ne diffèrent que par un facteur constant, on a : $\Delta' = \Delta$. Il est nécessaire ici, pour abréger, d'employer la notation symbolique

$$(abc) = \begin{vmatrix} a_1 & b_1 & c_1 \\ a_2 & b_2 & c_2 \\ a_3 & b_3 & c_3 \end{vmatrix};$$

la propriété précédente est alors exprimée par

$$(a \pm mb \pm nc, b, c) = (abc)$$

et, comme cas particuliers,

$$(a+mb,\,b,\,c)=(abc),\quad (a,\,b+nc,\,c)=(abc),$$
$$(a+b,\,b,\,c)=(abc),\quad (a,\,b,\,b+c)=(abc),$$
$$(a+b+c,\,b,\,c)=(abc),\quad (a+b,\,b,\,b+c)=(abc),$$
$$(a-b-c,\,b,\,c)=(abc),\quad (a-b,\,b,\,c-b)=(abc).$$

Par l'application de la règle précédente, on se rendra compte des égalités suivantes :

$$(a)\quad \begin{vmatrix} 1 & 1 & 1 & 1 \\ 1 & -1 & -1 & 1 \\ 1 & -1 & 1 & -1 \\ 1 & 1 & -1 & -1 \end{vmatrix} = \begin{vmatrix} 4 & 1 & 1 & 1 \\ 0 & -1 & -1 & 1 \\ 0 & -1 & 1 & -1 \\ 0 & 1 & -1 & -1 \end{vmatrix} = 4\begin{vmatrix} -1 & -1 & 1 \\ -1 & 1 & -1 \\ 1 & -1 & -1 \end{vmatrix} = 4\begin{vmatrix} -2 & -1 & 1 \\ 0 & 1 & -1 \\ 0 & -1 & -1 \end{vmatrix} = 16.$$

$$(b)\quad \begin{vmatrix} 2 & 3 & 8 \\ 4 & 6 & 4 \\ 6 & 12 & 4 \end{vmatrix} = 2\cdot 3\cdot 4\begin{vmatrix} 1 & 1 & 2 \\ 2 & 2 & 1 \\ 3 & 4 & 1 \end{vmatrix} = 2\cdot 3\cdot 4\begin{vmatrix} 0 & 1 & 2 \\ 0 & 2 & 1 \\ -1 & 4 & 1 \end{vmatrix} = 72.$$

$$(c)\quad \begin{vmatrix} 1 & 1 & 1 & 4 \\ 2 & 4 & 1 & 8 \\ 4 & 1 & 2 & 13 \\ 2 & 4 & 2 & 11 \end{vmatrix} = \begin{vmatrix} 0 & 0 & 1 & 0 \\ -2 & 3 & 1 & 4 \\ 3 & -1 & 2 & 5 \\ -2 & 2 & 2 & 3 \end{vmatrix} = \begin{vmatrix} -2 & 3 & 4 \\ 3 & -1 & 5 \\ -2 & 2 & 3 \end{vmatrix} = \begin{vmatrix} 1 & 3 & 4 \\ 2 & -1 & 5 \\ 0 & 2 & 3 \end{vmatrix} = \begin{vmatrix} 1 & 3 & 4 \\ 0 & -7 & -3 \\ 0 & 2 & 3 \end{vmatrix} = -15.$$

$$(d)\quad \begin{vmatrix} 2 & 2 & 2 & 10 \\ 1 & -1 & -1 & 5 \\ 3 & -3 & 3 & -15 \\ 1 & 1 & -1 & -5 \end{vmatrix} = \begin{vmatrix} 0 & 0 & 2 & 0 \\ 2 & 0 & -1 & 10 \\ 6 & -6 & 3 & -30 \\ 0 & 2 & -1 & 0 \end{vmatrix} = 2\begin{vmatrix} 2 & 0 & 10 \\ 6 & -6 & -30 \\ 0 & 2 & 0 \end{vmatrix} = 480.$$

$$(e)\quad \begin{vmatrix} a & b & c & d \\ -a & b & \alpha & \beta \\ -a & -b & c & \gamma \\ -a & -b & -c & d \end{vmatrix} = \begin{vmatrix} a & b & c & d \\ 0 & 2b & c+\alpha & d+\beta \\ 0 & 0 & 2c & d+\gamma \\ 0 & 0 & 0 & 2d \end{vmatrix} = 2^3abcd.$$

$$(f)\quad \begin{vmatrix} 0 & 1 & 1 & 1 \\ 1 & 0 & a & b \\ 1 & a & 0 & c \\ 1 & b & c & 0 \end{vmatrix} = \begin{vmatrix} 0 & 0 & 0 & 1 \\ 1 & -b & a-b & b \\ 1 & a-c & -c & c \\ 1 & b & c & 0 \end{vmatrix} = -\begin{vmatrix} 1 & -b & a-b \\ 1 & a-c & -c \\ 1 & b & c \end{vmatrix} = -\begin{vmatrix} 1 & -b & a-b \\ 0 & a+b-c & b-c-a \\ 0 & 2b & b+c-a \end{vmatrix}$$
$$= a^2+b^2+c^2-2bc-2ca-2ab.$$

$$(g)\quad \begin{vmatrix} 0 & a & b & c \\ a & 0 & c & b \\ b & c & 0 & a \\ c & b & a & 0 \end{vmatrix} = -(a+b+c)(b+c-a)(c+a-b)(a+b-c).$$

$$(h)\quad \begin{vmatrix} 1 & 0 & a & a^2 \\ 0 & 1 & b & b^2 \\ 1 & 0 & c & c^2 \\ 0 & 1 & d & d^2 \end{vmatrix} = (a-c)(b-d)(a-b+c-d).$$

$$(k)\quad \begin{vmatrix} 1 & 0 & a & p \\ 0 & 1 & b & q \\ 1 & 0 & a' & p' \\ 0 & 1 & b' & q' \end{vmatrix} = (a-a')(q-q')-(b-b')(p-p').$$

§ 2.

Multiplication des déterminants.

17. *Le produit de deux déterminants de l'ordre n est lui-même un déterminant du même ordre, dont les éléments sont les sommes des produits des éléments de chaque ligne ou colonne du premier par les éléments de chaque ligne ou colonne du second.*

Considérons les deux déterminants du troisième ordre

$$A = \begin{vmatrix} a_1 & b_1 & c_1 \\ a_2 & b_2 & c_2 \\ a_3 & b_3 & c_3 \end{vmatrix}, \quad B = \begin{vmatrix} \alpha_1 & \beta_1 & \gamma_1 \\ \alpha_2 & \beta_2 & \gamma_2 \\ \alpha_3 & \beta_3 & \gamma_3 \end{vmatrix}.$$

Appelons P leur produit; nous avons vu précédemment que l'on a :

$$(\alpha)\quad P = \begin{vmatrix} a_1 & b_1 & c_1 & 0 & 0 & 0 \\ a_2 & b_2 & c_2 & 0 & 0 & 0 \\ a_3 & b_3 & c_3 & 0 & 0 & 0 \\ -1 & 0 & 0 & \alpha_1 & \alpha_2 & \alpha_3 \\ 0 & -1 & 0 & \beta_1 & \beta_2 & \beta_3 \\ 0 & 0 & -1 & \gamma_1 & \gamma_2 & \gamma_3 \end{vmatrix};$$

mais ce déterminant peut s'abaisser au troisième ordre, comme nous allons l'indiquer. Ajoutons à la première ligne la somme des produits des trois dernières respectivement par a_1, b_1, c_1; à la deuxième, la somme des produits des trois dernières par a_2, b_2, c_2; à la troisième, la somme des produits des trois dernières par a_3, b_3, c_3; il viendra :

$$P = \begin{vmatrix} 0 & 0 & 0 & a_1\alpha_1 + b_1\beta_1 + c_1\gamma_1 & a_1\alpha_2 + b_1\beta_2 + c_1\gamma_2 & a_1\alpha_3 + b_1\beta_3 + c_1\gamma_3 \\ 0 & 0 & 0 & a_2\alpha_1 + b_2\beta_1 + c_2\gamma_1 & a_2\alpha_2 + b_2\beta_2 + c_2\gamma_2 & a_2\alpha_3 + b_2\beta_3 + c_2\gamma_3 \\ 0 & 0 & 0 & a_3\alpha_1 + b_3\beta_1 + c_3\gamma_1 & a_3\alpha_2 + b_3\beta_2 + c_3\gamma_2 & a_3\alpha_3 + b_3\beta_3 + c_3\gamma_3 \\ -1 & 0 & 0 & \alpha_1 & \alpha_2 & \alpha_3 \\ 0 & -1 & 0 & \beta_1 & \beta_2 & \beta_3 \\ 0 & 0 & -1 & \gamma_1 & \gamma_2 & \gamma_3 \end{vmatrix}.$$

Or, ce déterminant est égal à — le produit des déterminants du troisième ordre adjacents à celui où les éléments sont nuls; en remarquant que l'un d'eux est égal à — 1, on obtient :

$$P = \begin{vmatrix} a_1\alpha_1 + b_1\beta_1 + c_1\gamma_1 & a_1\alpha_2 + b_1\beta_2 + c_1\gamma_2 & a_1\alpha_3 + b_1\beta_3 + c_1\gamma_3 \\ a_2\alpha_1 + b_2\beta_1 + c_2\gamma_1 & a_2\alpha_2 + b_2\beta_2 + c_2\gamma_2 & a_2\alpha_3 + b_2\beta_3 + c_2\gamma_3 \\ a_3\alpha_1 + b_3\beta_1 + c_3\gamma_1 & a_3\alpha_2 + b_3\beta_2 + c_3\gamma_2 & a_3\alpha_3 + b_3\beta_3 + c_3\gamma_3 \end{vmatrix}. \qquad (\alpha')$$

Les éléments de ce déterminant résultent, comme on le voit, de *la multiplication des éléments de chaque ligne de* A *par les éléments de toutes les lignes de* B.

Le produit des deux déterminants peut encore être représenté par

$$P = \begin{vmatrix} a_1 & b_1 & c_1 & 0 & 0 & 0 \\ a_2 & b_2 & c_2 & 0 & 0 & 0 \\ a_3 & b_3 & c_3 & 0 & 0 & 0 \\ -1 & 0 & 0 & \alpha_1 & \beta_1 & \gamma_1 \\ 0 & -1 & 0 & \alpha_2 & \beta_2 & \gamma_2 \\ 0 & 0 & -1 & \alpha_3 & \beta_3 & \gamma_3 \end{vmatrix}.$$

En effectuant les mêmes multiplications et les mêmes additions que tout-à-l'heure, on trouve cette seconde forme du produit

$$P = \begin{vmatrix} a_1\alpha_1 + b_1\alpha_2 + c_1\alpha_3 & a_1\beta_1 + b_1\beta_2 + c_1\beta_3 & a_1\gamma_1 + b_1\gamma_2 + c_1\gamma_3 \\ a_2\alpha_1 + b_2\alpha_2 + c_2\alpha_3 & a_2\beta_1 + b_2\beta_2 + c_2\beta_3 & a_2\gamma_1 + b_2\gamma_2 + c_2\gamma_3 \\ a_3\alpha_1 + b_3\alpha_2 + c_3\alpha_3 & a_3\beta_1 + b_3\beta_2 + c_3\beta_3 & a_3\gamma_1 + b_3\gamma_2 + c_3\gamma_3 \end{vmatrix}.$$

Ici, les éléments de P s'obtiennent *en multipliant les éléments de chaque ligne de* A *par les éléments de toutes les colonnes de* B.

Enfin, écrivons verticalement les lignes horizontales de A et appliquons ensuite les deux règles précédentes; on arrive encore à deux autres manières pour former le déterminant produit : 1° *En multipliant les éléments de chaque colonne de* A *par les éléments de toutes les lignes de* B; 2° *En multipliant les éléments de chaque colonne de* A *par les éléments de toutes les colonnes de* B.

On voit donc que le déterminant produit est susceptible de prendre quatre formes en général différentes.

Lorsqu'on veut faire le produit de deux déterminants d'ordre différent, on doit préalablement transformer celui qui est d'ordre moins élevé de manière qu'il soit de même ordre que l'autre. Par exemple, on a

$$\begin{vmatrix} a_1 & b_1 & c_1 \\ a_2 & b_2 & c_2 \\ a_3 & b_3 & c_3 \end{vmatrix} \cdot \begin{vmatrix} \alpha_1 & \beta_1 \\ \alpha_2 & \beta_2 \end{vmatrix} = \begin{vmatrix} a_1 & b_1 & c_1 \\ a_2 & b_2 & c_2 \\ a_3 & b_3 & c_3 \end{vmatrix} \cdot \begin{vmatrix} 1 & 0 & 0 \\ 0 & \alpha_1 & \beta_1 \\ 0 & \alpha_2 & \beta_2 \end{vmatrix}$$

$$= \begin{vmatrix} a_1 & b_1\alpha_1 + c_1\beta_1 & b_1\alpha_2 + c_1\beta_2 \\ a_2 & b_2\alpha_1 + c_2\beta_1 & b_2\alpha_2 + c_2\beta_2 \\ a_3 & b_3\alpha_1 + c_3\beta_1 & b_3\alpha_2 + c_3\beta_2 \end{vmatrix}.$$

18. On démontre également la règle de multiplication par la décomposition du déterminant (α') en une somme de déterminants à éléments monômes. En opérant d'abord sur la première colonne sans toucher aux deux autres, il viendra trois déterminants où les éléments de la première colonne seront monômes; dans ces derniers, en faisant la décomposition sur la deuxième colonne, on arrivera à neuf déterminants dans lesquels les éléments des deux premières colonnes seront monômes; enfin, en opérant sur la dernière colonne dans chacun de ceux-ci, on trouve finalement vingt-sept déterminants à éléments simples. Parmi ces déterminants, ceux qui correspondent à une permutation avec répétition des lettres a, b, c tels que

$$\begin{vmatrix} a_1\alpha_1 & a_1\alpha_2 & c_1\gamma_3 \\ a_2\alpha_1 & a_2\alpha_2 & c_2\gamma_3 \\ a_3\alpha_1 & a_3\alpha_2 & c_3\gamma_3 \end{vmatrix}, \quad \begin{vmatrix} a_1\alpha_1 & b_1\beta_2 & b_1\beta_3 \\ a_2\alpha_1 & b_2\beta_2 & b_2\beta_3 \\ a_3\alpha_1 & b_3\beta_2 & b_3\beta_3 \end{vmatrix}$$

sont tous nuls; il ne reste à conserver que les six déterminants renfermant les permutations sans répétition de a, b, c, tels que

$$\begin{vmatrix} a_1\alpha_1 & b_1\beta_2 & c_1\gamma_3 \\ a_2\alpha_1 & b_2\beta_2 & c_2\gamma_3 \\ a_3\alpha_1 & b_3\beta_2 & c_3\gamma_3 \end{vmatrix}, \quad \begin{vmatrix} a_1\alpha_1 & c_1\gamma_2 & b_1\beta_3 \\ a_2\alpha_1 & c_2\gamma_2 & b_2\beta_3 \\ a_3\alpha_1 & c_3\gamma_2 & b_3\beta_3 \end{vmatrix} \text{ etc.}$$

Ils renferment en facteur le déterminant A, et l'on peut écrire

$$P = A \times K,$$

K étant un facteur qui ne dépend que des éléments du déterminant B. Cette relation doit être vraie quels que soient les éléments de A; supposons, dans A, les éléments de la diagonale égaux à l'unité et tous les autres nuls; on aura $A = 1$, tandis que le déterminant P se réduit à B; donc $K = B$; par suite, il vient

$$P = A \times B.$$

Remarque I. Si l'on multiplie P par un troisième déterminant

$$C = \begin{vmatrix} \lambda_1 & \mu_1 & \nu_1 \\ \lambda_2 & \mu_2 & \nu_2 \\ \lambda_3 & \mu_3 & \nu_3 \end{vmatrix},$$

on trouve encore un déterminant du troisième ordre. En général, le produit d'un nombre quelconque de déterminants, dont le plus élevé des ordres est n, est un déterminant de l'ordre n dans lequel les éléments sont des expressions rationnelles et entières des éléments des déterminants facteurs.

Remarque II. Afin de former le carré d'un déterminant, on applique la règle de multiplication aux deux déterminants identiques

$$\begin{vmatrix} a_1 & b_1 & c_1 \\ a_2 & b_2 & c_2 \\ a_3 & b_3 & c_3 \end{vmatrix}, \quad \begin{vmatrix} a_1 & b_1 & c_1 \\ a_2 & b_2 & c_2 \\ a_3 & b_3 & c_3 \end{vmatrix},$$

et il vient :

$$\begin{vmatrix} a_1 & b_1 & c_1 \\ a_2 & b_2 & c_2 \\ a_3 & b_3 & c_3 \end{vmatrix}^2 = \begin{vmatrix} a_1^2+b_1^2+c_1^2 & a_1a_2+b_1b_2+c_1c_2 & a_1a_3+b_1b_3+c_1c_3 \\ a_1a_2+b_1b_2+c_1c_2 & a_2^2+b_2^2+c_2^2 & a_2a_3+b_2b_3+c_2c_3 \\ a_1a_3+b_1b_3+c_1c_3 & a_2a_3+b_2b_3+c_2c_3 & a_3^2+b_3^2+c_3^2 \end{vmatrix}.$$

Donc, le carré d'un déterminant de l'ordre n est un déterminant symétrique du même ordre.

19. Comme application de la règle de multiplication, nous donnerons les exemples suivants :

$$(a)\quad \begin{vmatrix} A & B & C \\ A' & B' & C' \\ A'' & B'' & C'' \end{vmatrix} . \begin{vmatrix} x & y & 1 \\ x' & y' & 1 \\ x'' & y'' & 1 \end{vmatrix}$$

$$= \begin{vmatrix} Ax+By+C & Ax'+By'+C & Ax''+By''+C \\ A'x+B'y+C' & A'x'+B'y'+C' & A'x''+B'y''+C' \\ A''x+B''y+C'' & A''x'+B''y'+C'' & A''x''+B''y''+C'' \end{vmatrix}.$$

$$(b)\quad \begin{vmatrix} -a & b & c & d \\ b & -a & d & c \\ c & d & -a & b \\ d & c & b & -a \end{vmatrix} . \begin{vmatrix} 1 & 1 & 1 & 1 \\ -1 & -1 & 1 & 1 \\ -1 & 1 & -1 & 1 \\ -1 & 1 & 1 & -1 \end{vmatrix}$$

$$= \begin{vmatrix} -a+b+c+d & a-b+c+d & a+b-c+d & a+b+c-d \\ b-a+d+c & -b+a+d+c & -b-a-d+c & -b-a+d-c \\ c+d-a+b & -c-d-a+b & -c+d+a+b & -c+d-a-b \\ d+c+b-a & -d-c+b-a & -d+c-b-a & -d+c+b+a \end{vmatrix}$$

$$= (b+c+d-a)(c+d+a-b)(d+a+b-c)(a+b+c-d) \begin{vmatrix} 1 & 1 & 1 & 1 \\ 1 & 1 & -1 & -1 \\ 1 & -1 & 1 & -1 \\ 1 & -1 & -1 & +1 \end{vmatrix};$$

par suite, on a la relation :

$$\begin{vmatrix} -a & b & c & d \\ b & -a & d & c \\ c & d & -a & b \\ d & c & b & -a \end{vmatrix} = -(b+c+d-a)(c+d+a-b)(d+a+b-c)(a+b+c-d).$$

$$(c)\quad \begin{vmatrix} A-x & B'' & B' \\ B'' & A'-x & B \\ B' & B & A''-x \end{vmatrix} . \begin{vmatrix} A+x & B'' & B' \\ B'' & A'+x & B \\ B' & B & A''+x \end{vmatrix} = \begin{vmatrix} L-x^2 & M'' & M' \\ M'' & L'-x^2 & M \\ M' & M & L''-x^2 \end{vmatrix}$$

$$= -x^6 + x^4(L+L'+L'') - x^2(L'L''-M^2+LL''-M'^2+LL'-M''^2)+K$$

où l'on a :

$$L = A^2 + B''^2 + B'^2, \quad M = B'B'' + B(A' + A''),$$
$$L' = A'^2 + B''^2 + B^2, \quad M' = BB'' + B'(A + A''),$$
$$L'' = A''^2 + B'^2 + B^2; \quad M'' = BB' + B''(A + A');$$

$$K = \begin{vmatrix} L & M'' & M' \\ M'' & L' & M \\ M' & M & L'' \end{vmatrix} = \begin{vmatrix} A & B'' & B' \\ B'' & A' & B \\ B' & B & A'' \end{vmatrix}^2.$$

Par ces valeurs, on voit que les coefficients K et $L + L' + L''$ du polynôme en x sont positifs; il en est de même du coefficient de x^2. Si l'on pose : $x = b\sqrt{-1}$, le polynôme est toujours positif; il ne peut donc s'annuler pour une valeur imaginaire de x.

20. Considérons maintenant les deux systèmes de coefficients

$$\left\| \begin{matrix} a_1 & b_1 & c_1 & \dots & k_1 & l_1 \\ a_2 & b_2 & c_2 & \dots & k_2 & l_2 \end{matrix} \right\| \quad \left\| \begin{matrix} \alpha_1 & \beta_1 & \gamma_1 & \dots & \varkappa_1 & \lambda_1 \\ \alpha_2 & \beta_2 & \gamma_2 & \dots & \varkappa_2 & \lambda_2 \end{matrix} \right\|$$

entre deux traits verticaux pour les distinguer des déterminants. En leur appliquant la règle de multiplication qui précède, il vient le déterminant du second ordre

$$Q = \begin{vmatrix} a_1\alpha_1 + b_1\beta_1 + c_1\gamma_1 + \dots + l_1\lambda_1 & a_1\alpha_2 + b_1\beta_2 + c_1\gamma_2 + \dots + l_1\lambda_2 \\ a_2\alpha_1 + b_2\beta_1 + c_2\gamma_1 + \dots + l_2\lambda_1 & a_2\alpha_2 + b_2\beta_2 + c_2\gamma_2 + \dots + l_2\lambda_2 \end{vmatrix}$$

qui jouit de la propriété de se décomposer en une somme de produits de déterminants du second ordre. En effet, nous avons vu qu'un tel déterminant se ramène à une somme de déterminants du second ordre à éléments monômes. Si une même lettre se répète dans l'un d'eux, le déterminant est nul; en réunissant les autres renfermant respectivement les lettres a et b, a et c, a et d, etc., tels que

$$\begin{vmatrix} a_1\alpha_1 & b_1\beta_2 \\ a_2\alpha_1 & b_2\beta_2 \end{vmatrix}, \quad \begin{vmatrix} b_1\beta_1 & a_1\alpha_2 \\ b_2\beta_1 & a_2\alpha_2 \end{vmatrix}; \quad \begin{vmatrix} a_1\alpha_1 & c_1\gamma_2 \\ a_2\alpha_1 & c_2\gamma_2 \end{vmatrix}, \quad \begin{vmatrix} c_1\gamma_1 & a_1\alpha_2 \\ c_2\gamma_1 & a_2\alpha_2 \end{vmatrix} \quad \text{etc.},$$

chaque groupe renferme respectivement en facteur les déterminants (a_1b_2), (a_1c_2), (a_1d_2), ..., accompagnés de coefficients qui ne dépendent que des éléments du second système. Nous avons donc la relation

$$Q = l(a_1b_2) + m(a_1c_2) + \dots + r(b_1c_2) + \dots + t(k_1l_2).$$

Afin de déterminer $l, m, \dots$, supposons les coefficients a_1, b_2 du premier système égaux à l'unité et tous les autres nuls; les différents termes du second membre s'annulent excepté le premier qui se réduit à l, car $(a_1b_2) = 1$; d'un autre côté le déterminant Q se réduit lui-même à

$$\begin{vmatrix} \alpha_1 & \alpha_2 \\ \beta_1 & \beta_2 \end{vmatrix};$$

donc, $l = (\alpha_1\beta_2)$. L'hypothèse $a_1 = c_2 = 1$ et tous les autres coefficients égaux à zéro donnerait $m = (\alpha_1\gamma_2)$, et ainsi de suite. Il en résulte que le déterminant Q a pour valeur

$$Q = (a_1b_2)(\alpha_1\beta_2) + (a_1c_2)(\alpha_1\gamma_2) + \cdots + (b_1c_2)(\beta_1\gamma_2) + \cdots\cdots + (k_1l_2)(\varkappa_1\lambda_2),$$

ou, d'une manière abrégée,

$$Q = \Sigma\,(ab)\,(\alpha\beta);$$

cette somme s'étend à toutes les combinaisons deux à deux et sans répétition des éléments donnés.

En second lieu, prenons les deux systèmes suivants :

$$\begin{Vmatrix} a_1 & b_1 & c_1 & \ldots & h_1 & k_1 & l_1 \\ a_2 & b_2 & c_2 & \ldots & h_2 & k_2 & l_2 \\ a_3 & b_3 & c_3 & \ldots & h_3 & k_3 & l_3 \end{Vmatrix} \quad \begin{Vmatrix} \alpha_1 & \beta_1 & \gamma_1 & \ldots & \eta_1 & \varkappa_1 & \lambda_1 \\ \alpha_2 & \beta_2 & \gamma_2 & \ldots & \eta_2 & \varkappa_2 & \lambda_2 \\ \alpha_3 & \beta_3 & \gamma_3 & \ldots & \eta_3 & \varkappa_3 & \lambda_3 \end{Vmatrix}.$$

Par la règle de multiplication, on arrive au déterminant du troisième ordre

$$R = \begin{vmatrix} a_1\alpha_1 + b_1\beta_1 + \cdots + l_1\lambda_1 & a_1\alpha_2 + b_1\beta_2 + \cdots + l_1\lambda_2 & a_1\alpha_3 + b_1\beta_3 + \cdots + l_1\lambda_3 \\ a_2\alpha_1 + b_2\beta_1 + \cdots + l_2\lambda_1 & a_2\alpha_2 + b_2\beta_2 + \cdots + l_2\lambda_2 & a_2\alpha_3 + b_2\beta_3 + \cdots + l_2\lambda_3 \\ a_3\alpha_1 + b_3\beta_1 + \cdots + l_3\lambda_1 & a_3\alpha_2 + b_3\beta_2 + \cdots + l_3\lambda_2 & a_3\alpha_3 + b_3\beta_3 + \cdots + l_3\lambda_3 \end{vmatrix}$$

qui est égal à une somme de produits de déterminants du troisième ordre. En effet, en le décomposant en déterminants à éléments monômes, il arrivera qu'une même lettre se répète et, dans ce cas, le déterminant correspondant sera égal à zéro; ensuite, les déterminants renfermant des lettres différentes *abc*, *abd*, ..., auront en facteur respectivement les déterminants $(a_1\,b_2\,c_3)$ $(a_1\,b_2\,d_3)$ ....., multipliés par des coefficients qui ne dépendent que des éléments du second système. Nous pouvons donc écrire

$$R = l'\,(a_1b_2c_3) + m'\,(a_1b_2d_3) + \cdots + r'\,(b_1c_2d_3) + \cdots + t'\,(h_1k_2l_3).$$

Posons maintenant

$$a_1 = b_2 = c_3 = 1$$

et admettons que tous les autres coefficients du premier système soient nuls; le second membre a pour valeur l' tandis que le déterminant R se réduit à

$$\begin{vmatrix} \alpha_1 & \alpha_2 & \alpha_3 \\ \beta_1 & \beta_2 & \beta_3 \\ \gamma_1 & \gamma_2 & \gamma_3 \end{vmatrix};$$

par suite,

$$l' = (\alpha_1\beta_2\gamma_3);$$

avec les valeurs

$$a_1 = b_2 = d_3 = 1$$

et tous les autres coefficients nuls, on trouverait

$$m' = (\alpha_1\beta_2\delta_3);$$

ainsi de suite. On a donc la relation

$$\begin{aligned} R = (a_1b_2c_3)(\alpha_1\beta_2\gamma_3) + (a_1b_2d_3)(\alpha_1\beta_2\delta_3) + \cdots + (b_1c_2d_3)(\beta_1\gamma_2\delta_3) \\ + \cdots (h_1k_2l_3)(\eta_1\varkappa_2\lambda_3), \end{aligned}$$

ou simplement

$$R = \Sigma(abc)(\alpha\beta\gamma),$$

cette somme se composant de toutes les combinaisons trois à trois et sans répétition des éléments donnés.

En continuant ainsi, on arrive à cette proposition générale :

Étant donnés deux systèmes de coefficients de m lignes horizontales et n lignes verticales, m étant plus petit que n,

$$\begin{Vmatrix} a_1 & b_1 & c_1 & \ldots & l_1 \\ a_2 & b_2 & c_2 & \ldots & l_2 \\ \cdot & \cdot & \cdot & \cdot & \cdot \\ a_m & b_m & c_m & \ldots & l_m \end{Vmatrix}, \quad \begin{Vmatrix} \alpha_1 & \beta_1 & \gamma_1 & \ldots & \lambda_1 \\ \alpha_2 & \beta_2 & \gamma_2 & \ldots & \lambda_2 \\ \cdot & \cdot & \cdot & \cdot & \cdot \\ \alpha_m & \beta_m & \gamma_m & \ldots & \lambda_m \end{Vmatrix},$$

par la règle de multiplication, on forme un déterminant S *de l'ordre m ayant pour valeur*

$$S = \Sigma(abc.\ldots)(\alpha\beta\gamma.\ldots),$$

cette somme s'étendant à toutes les combinaisons m à m sans répétition des éléments donnés.

Comme cas particulier, avec les systèmes

$$\begin{Vmatrix} a_1 & b_1 & c_1 \\ a_2 & b_2 & c_2 \end{Vmatrix} \quad \begin{Vmatrix} \alpha_1 & \beta_1 & \gamma_1 \\ \alpha_2 & \beta_2 & \gamma_2 \end{Vmatrix},$$

on aurait l'égalité

$$\begin{vmatrix} a_1\alpha_1+b_1\beta_1+c_1\gamma_1 & a_1\alpha_2+b_1\beta_2+c_1\gamma_2 \\ a_2\alpha_1+b_2\beta_1+c_2\gamma_1 & a_2\alpha_2+b_2\beta_2+c_2\gamma_2 \end{vmatrix} = (a_1b_2)(\alpha_1\beta_2)+(a_1c_2)(\alpha_1\gamma_2) + (b_1c_2)(\beta_1\gamma_2).$$

De même, les deux systèmes

$$\begin{Vmatrix} a_1 & b_1 & c_1 & d_1 \\ a_2 & b_2 & c_2 & d_2 \\ a_3 & b_3 & c_3 & d_3 \end{Vmatrix} \quad \begin{Vmatrix} \alpha_1 & \beta_1 & \gamma_1 & \delta_1 \\ \alpha_2 & \beta_2 & \gamma_2 & \delta_2 \\ \alpha_3 & \beta_3 & \gamma_3 & \delta_3 \end{Vmatrix}$$

conduisent à la relation

$$\begin{vmatrix} a_1\alpha_1+b_1\beta_1+c_1\gamma_1+d_1\delta_1 & a_1\alpha_2+b_1\beta_2+c_1\gamma_2+d_1\delta_2 & a_1\alpha_3+b_1\beta_3+c_1\gamma_3+d_1\delta_3 \\ a_2\alpha_1+b_2\beta_1+c_2\gamma_1+d_2\delta_1 & a_2\alpha_2+b_2\beta_2+c_2\gamma_2+d_2\delta_2 & a_2\alpha_3+b_2\beta_3+c_2\gamma_3+d_2\delta_3 \\ a_3\alpha_1+b_3\beta_1+c_3\gamma_1+d_3\delta_1 & a_3\alpha_2+b_3\beta_2+c_3\gamma_2+d_3\delta_2 & a_3\alpha_3+b_3\beta_3+c_3\gamma_3+d_3\delta_3 \end{vmatrix}$$
$$= (a_1b_2c_3)(\alpha_1\beta_2\gamma_3)+(a_1b_2d_3)(\alpha_1\beta_2\delta_3)+(a_1c_2d_3)(\alpha_1\gamma_2\delta_3)+(b_1c_2d_3)(\beta_1\gamma_2\delta_3).$$

21. Supposons que les deux systèmes d'éléments soient identiques; les formules précédentes donneront pour Q, R, S des déterminants symétriques décomposables en une somme de carrés. Ainsi, avec des systèmes à deux lignes composées des mêmes éléments, l'on a :

$$\begin{vmatrix} a_1^2+b_1^2+\cdots+l_1^2 & a_1a_2+b_1b_2+\cdots+l_1l_2 \\ a_1a_2+b_1b_2+\cdots+l_1l_2 & a_2^2+b_2^2+\cdots+l_2^2 \end{vmatrix}$$
$$= (a_1b_2)^2+(a_1c_2)^2+\cdots=\Sigma(ab)^2.$$

Cette relation exprime cette propriété : *Étant données deux suites de quantités en même nombre $a_1, b_1 \ldots l_1$; $a_2, b_2, \ldots l_2$, l'expression*

$$(a_1^2+b_1^2+\cdots+l_1^2)(a_2^2+b_2^2+\cdots+l_2^2)-(a_1a_2+b_1b_2+\cdots+l_1l_2)^2$$

est toujours décomposable en une somme de carrés

$$(a_1b_2-a_2b_1)^2+(a_1c_2-a_2c_1)^2+(a_1d_2-a_2d_1)^2+\cdots(k_1l_2-k_2l_1)^2$$

obtenus en combinant deux à deux ces quantités.

Les systèmes

$$\begin{Vmatrix} a_1 & b_1 & c_1 & d_1 \\ a_2 & b_2 & c_2 & d_2 \\ a_3 & b_3 & c_3 & d_3 \end{Vmatrix} \quad \begin{Vmatrix} a_1 & b_1 & c_1 & d_1 \\ a_2 & b_2 & c_2 & d_2 \\ a_3 & b_3 & c_3 & d_3 \end{Vmatrix}$$

conduisent également à la relation

$$\begin{vmatrix} a_1^2+b_1^2+c_1^2+d_1^2 & a_1a_2+b_1b_2+c_1c_2+d_1d_2 & a_1a_3+b_1b_3+c_1c_3+d_1d_3 \\ a_1a_2+b_1b_2+c_1c_2+d_1d_2 & a_2^2+b_2^2+c_2^2+d_2^2 & a_2a_3+b_2b_3+c_2c_3+d_2d_3 \\ a_1a_3+b_1b_3+c_1c_3+d_1d_3 & a_2a_3+b_2b_3+c_2c_3+d_2d_3 & a_3^2+b_3^2+c_3^2+d_3^2 \end{vmatrix}$$

$$=(a_1b_2c_3)^2+(a_1b_2d_3)^2+(a_1c_2d_3)^2+(b_1c_2d_3)^2.$$

Enfin, pour terminer, nous ferons encore remarquer que la règle de multiplication appliquée à des systèmes où le nombre de lignes est plus grand que celui des colonnes conduit à des déterminants qui sont nuls. Par exemple, étant donnés les systèmes

$$\begin{Vmatrix} a_1 & b_1 \\ a_2 & b_2 \\ a_3 & b_3 \end{Vmatrix}\quad \begin{Vmatrix} \alpha_1 & \beta_1 \\ \alpha_2 & \beta_2 \\ \alpha_3 & \beta_3 \end{Vmatrix},$$

en leur appliquant la règle de multiplication, on trouve le déterminant du troisième ordre

$$\begin{vmatrix} a_1\alpha_1+b_1\beta_1 & a_1\alpha_2+b_1\beta_2 & a_1\alpha_3+b_1\beta_3 \\ a_2\alpha_1+b_2\beta_1 & a_2\alpha_2+b_2\beta_2 & a_2\alpha_3+b_2\beta_3 \\ a_3\alpha_1+b_3\beta_1 & a_3\alpha_2+b_3\beta_2 & a_3\alpha_3+b_3\beta_3 \end{vmatrix}$$

qui est égal à zéro; car il représente le produit suivant :

$$\begin{vmatrix} a_1 & b_1 & 0 \\ a_2 & b_2 & 0 \\ a_3 & b_3 & 0 \end{vmatrix} \cdot \begin{vmatrix} \alpha_1 & \beta_1 & 0 \\ \alpha_2 & \beta_2 & 0 \\ \alpha_3 & \beta_3 & 0 \end{vmatrix}.$$

§ 3.

DÉTERMINANT ADJOINT; DÉTERMINANT AU PRODUIT DES DIFFÉRENCES; DÉTERMINANTS SYMÉTRIQUES.

22. On sait qu'un déterminant de l'ordre n

$$\Delta=\begin{vmatrix} a_1 & b_1 & c_1 & \dots & l_1 \\ a_2 & b_2 & c_2 & \dots & l_2 \\ a_3 & b_3 & c_3 & \dots & l_3 \\ \cdot & \cdot & \cdot & \cdot\;\cdot\;\cdot & \cdot \\ a_n & b_n & c_n & \dots & l_n \end{vmatrix}$$

possède autant de mineurs de la première classe qu'il renferme d'éléments, et l'on peut former avec ces mineurs le déterminant de l'ordre n

$$\Delta' = \begin{vmatrix} A_1 & B_1 & C_1 & \dots & L_1 \\ A_2 & B_2 & C_2 & \dots & L_2 \\ A_3 & B_3 & C_3 & \dots & L_3 \\ . & . & . & . & . \\ A_n & B_n & C_n & \dots & L_n \end{vmatrix}$$

que l'on appelle déterminant *adjoint* ou *réciproque* du déterminant donné. Nous allons étudier les relations remarquables qui existent entre un déterminant et son réciproque. Nous commencerons par établir la relation

$$\Delta' = \Delta^{n-1}.$$

Si l'on forme le produit de Δ par Δ', on trouve :

$$\Delta\Delta' = \begin{vmatrix} a_1A_1 + b_1B_1 + \dots + l_1L_1 & a_1A_2 + b_1B_2 + \dots + l_1L_2 \dots a_1A_n + b_1B_n + \dots + l_1L_n \\ a_2A_1 + b_2B_1 + \dots + l_2L_1 & a_2A_2 + b_2B_2 + \dots + l_2L_2 \dots a_2A_n + b_2B_n + \dots + l_2L_n \\ . \quad . \quad . & . \quad . \quad . \\ a_nA_1 + b_nB_1 + \dots + l_nL_1 & a_nA_2 + b_nB_2 + \dots + l_nL_2 \dots a_nA_n + b_nB_n + \dots + l_nL_n \end{vmatrix}.$$

Or, nous avons vu que les sommes appartenant à la diagonale, et où les indices sont les mêmes aux petites et aux grandes lettres, ont pour valeur Δ, tandis que toutes les autres sont nulles. Le déterminant qui précède est donc égal à Δ^n, produit des éléments de la diagonale; par suite, l'on a :

$$\Delta \, . \, \Delta' = \Delta^n, \quad \text{ou} \quad \Delta' = \Delta^{n-1}.$$

Ainsi, *le déterminant adjoint d'un déterminant de l'ordre n est égal à la $(n-1)^{ième}$ puissance de ce déterminant.*

23. Les mineurs du déterminant réciproque s'expriment aussi au moyen de Δ, comme nous allons le démontrer sur un déterminant du cinquième ordre seulement, afin de simplifier l'écriture; la démonstration s'étendra d'elle-même à un déterminant de l'ordre n. Soient donc

$$\Delta = \begin{vmatrix} a_1 & b_1 & c_1 & d_1 & e_1 \\ a_2 & b_2 & c_2 & d_2 & e_2 \\ a_3 & b_3 & c_3 & d_3 & e_3 \\ a_4 & b_4 & c_4 & d_4 & e_4 \\ a_5 & b_5 & c_5 & d_5 & e_5 \end{vmatrix}, \quad \Delta' = \begin{vmatrix} A_1 & B_1 & C_1 & D_1 & E_1 \\ A_2 & B_2 & C_2 & D_2 & E_2 \\ A_3 & B_3 & C_3 & D_3 & E_3 \\ A_4 & B_4 & C_4 & D_4 & E_4 \\ A_5 & B_5 & C_5 & D_5 & E_5 \end{vmatrix}.$$

On a la relation

$$\Delta' = \Delta^4.$$

Appelons M_1 le premier mineur de Δ' correspondant à l'élément A_1. On aura

$$M_1 = \begin{vmatrix} B_2 & C_2 & D_2 & E_2 \\ B_3 & C_3 & D_3 & E_3 \\ B_4 & C_4 & D_4 & E_4 \\ B_5 & C_5 & D_5 & E_5 \end{vmatrix} = \begin{vmatrix} 1 & 0 & 0 & 0 & 0 \\ A_2 & B_2 & C_2 & D_2 & E_2 \\ A_3 & B_3 & C_3 & D_3 & E_3 \\ A_4 & B_4 & C_4 & D_4 & E_4 \\ A_5 & B_5 & C_5 & D_5 & E_5 \end{vmatrix}.$$

En multipliant M_1 par Δ, on trouve

$$\Delta \times M_1 = \begin{vmatrix} a_1, & a_1A_2 + b_1B_2 + \cdots, & a_1A_3 + b_1B_3 + \cdots, & a_1A_4 + b_1B_4 + \cdots, & a_1A_5 + b_1B_5 + \cdots \\ a_2, & a_2A_2 + b_2B_2 + \cdots, & a_2A_3 + b_2B_3 + \cdots, & a_2A_4 + b_2B_4 + \cdots, & a_2A_5 + b_2B_5 + \cdots \\ a_3, & a_3A_2 + b_3B_2 + \cdots, & a_3A_3 + b_3B_3 + \cdots, & a_3A_4 + b_3B_4 + \cdots, & a_3A_5 + b_3B_5 + \cdots \\ a_4, & a_4A_2 + b_4B_2 + \cdots, & a_4A_3 + b_4B_3 + \cdots, & a_4A_4 + b_4B_4 + \cdots, & a_4A_5 + b_4B_5 + \cdots \\ a_5, & a_5A_2 + b_5B_2 + \cdots, & a_5A_3 + b_5B_3 + \cdots, & a_5A_4 + b_5B_4 + \cdots, & a_5A_5 + b_5B_5 + \cdots \end{vmatrix}$$

ou bien

$$\Delta \times M_1 = \begin{vmatrix} a_1 & 0 & 0 & 0 & 0 \\ a_2 & \Delta & 0 & 0 & 0 \\ a_3 & 0 & \Delta & 0 & 0 \\ a_4 & 0 & 0 & \Delta & 0 \\ a_5 & 0 & 0 & 0 & \Delta \end{vmatrix} = a_1 \Delta^4;$$

par suite

$$M_1 = a_1 \Delta^3,$$

et, pour un déterminant de l'ordre n

$$M_1 = a_1 \Delta^{n-2}.$$

En second lieu, désignons par M_2 le second mineur de Δ' obtenu par la suppression des deux premières lignes et des deux premières colonnes; on peut écrire

$$M_2 = \begin{vmatrix} C_3 & D_3 & E_3 \\ C_4 & D_4 & E_4 \\ C_5 & D_5 & E_5 \end{vmatrix} = \begin{vmatrix} 1 & 0 & 0 & 0 & 0 \\ 0 & 1 & 0 & 0 & 0 \\ A_3 & B_3 & C_3 & D_3 & E_3 \\ A_4 & B_4 & C_4 & D_4 & E_4 \\ A_5 & B_5 & C_5 & D_5 & E_5 \end{vmatrix}.$$

La multiplication de M_2 par Δ donne :

$$M_2 \times \Delta = \begin{vmatrix} a_1, & b_1, & a_1A_3 + \cdots, & a_1A_4 + \cdots, & a_1A_5 + \cdots \\ a_2, & b_2, & a_2A_3 + \cdots, & a_2A_4 + \cdots, & a_2A_5 + \cdots \\ a_3, & b_3, & a_3A_3 + \cdots, & a_3A_4 + \cdots, & a_3A_5 + \cdots \\ a_4, & b_4, & a_4A_3 + \cdots, & a_4A_4 + \cdots, & a_4A_5 + \cdots \\ a_5, & b_5, & a_5A_3 + \cdots, & a_5A_4 + \cdots, & a_5A_5 + \cdots \end{vmatrix},$$

ou bien

$$M_2 \times \Delta = \begin{vmatrix} a_1 & b_1 & 0 & 0 & 0 \\ a_2 & b_2 & 0 & 0 & 0 \\ a_3 & b_3 & \Delta & 0 & 0 \\ a_4 & b_4 & 0 & \Delta & 0 \\ a_5 & b_5 & 0 & 0 & \Delta \end{vmatrix} = (a_1b_2)\,\Delta^3.$$

Donc,

$$M_2 = (a_1b_2)\,\Delta^2,$$

et, pour un déterminant de l'ordre n,

$$M_2 = (a_1b_2)\,\Delta^{n-3}.$$

En troisième lieu, soit M_3 le troisième mineur de Δ' provenant de la suppression des trois premières lignes horizontales et verticales, on aura :

$$M_3 = \begin{vmatrix} D_4 & E_4 \\ D_5 & E_5 \end{vmatrix} = \begin{vmatrix} 1 & 0 & 0 & 0 & 0 \\ 0 & 1 & 0 & 0 & 0 \\ 0 & 0 & 1 & 0 & 0 \\ A_4 & B_4 & C_4 & D_4 & E_4 \\ A_5 & B_5 & C_5 & D_5 & E_5 \end{vmatrix}.$$

En multipliant encore M_3 par Δ, il vient

$$M_3 \times \Delta = \begin{vmatrix} a_1, & b_1, & c_1, & a_1A_4 + \cdots, & a_1A_5 + \cdots \\ a_2, & b_2, & c_2, & a_2A_4 + \cdots, & a_2A_5 + \cdots \\ a_3, & b_3, & c_3, & a_3A_4 + \cdots, & a_3A_5 + \cdots \\ a_4, & b_4, & c_4, & a_4A_4 + \cdots, & a_4A_5 + \cdots \\ a_5, & b_5, & c_5, & a_5A_4 + \cdots, & a_5A_5 + \cdots \end{vmatrix},$$

c'est-à-dire,

$$M_3 \times \Delta = \begin{vmatrix} a_1 & b_1 & c_1 & 0 & 0 \\ a_2 & b_2 & c_2 & 0 & 0 \\ a_3 & b_3 & c_3 & 0 & 0 \\ a_4 & b_4 & c_4 & \Delta & 0 \\ a_5 & b_5 & c_5 & 0 & \Delta \end{vmatrix} = (a_1 b_2 c_3)\,\Delta^2;$$

par suite,

$$M_5 = (a_1 b_2 c_3)\,\Delta,$$

et, pour un déterminant de l'ordre n,

$$M_5 = (a_1 b_2 c_3)\,\Delta^{n-4}.$$

Nous pouvons maintenant énoncer cette proposition générale : *Tout mineur de la classe n — p ou de l'ordre p du déterminant adjoint est égal au mineur complémentaire correspondant pris sur le déterminant primitif multiplié par la* $(p-1)^{\text{ième}}$ *puissance de ce dernier.*

En réunissant les résultats précédents, on a le tableau suivant qui résume les belles relations entre un déterminant et son réciproque :

$$\begin{aligned}
(A_1 B_2 C_3 \ldots K_{n-1} L_n) &= \Delta^{n-1}, \\
(B_2 C_3 \ldots K_{n-1} L_n) &= a_1 \Delta^{n-2}, \\
(C_3 D_4 \ldots K_{n-1} L_n) &= (a_1 b_2)\Delta^{n-3}, \\
(D_4 \ldots K_{n-1} L_n) &= (a_1 b_2 c_3)\Delta^{n-4}, \\
&\ldots\ldots\ldots\ldots \\
(K_{n-1} L_n) &= (a_1 b_2 c_3 \ldots i_{n-2})\Delta, \\
L_n &= (a_1 b_2 c_3 \ldots k_{n-1}), \\
\Delta &= (a_1 b_2 c_3 \ldots k_{n-1} l_n).
\end{aligned}$$

Remarque I. Dans la démonstration nous avons considéré les mineurs correspondants à la suppression des premières lignes horizontales et verticales ; dans ce cas, les signes sont positifs au second membre. Lorsqu'il s'agit de mineurs quelconques du réciproque, les relations précédentes ont toujours lieu et le second membre aura le signe + ou le signe — suivant le signe du déterminant qui s'y trouve, considéré comme complémentaire du déterminant du premier membre où les grandes lettres sont remplacées par les petites.

Ainsi, pour le déterminant du cinquième ordre qui précède on aura :

$$\begin{vmatrix} A_2 & C_2 & D_2 \\ A_4 & C_4 & D_4 \\ A_5 & C_5 & D_5 \end{vmatrix} = - \begin{vmatrix} b_1 & e_1 \\ b_2 & e_2 \end{vmatrix} \Delta^2.$$

Le déterminant du second membre est le complémentaire de

$$\begin{vmatrix} a_2 & c_2 & d_2 \\ a_4 & c_4 & d_4 \\ a_5 & c_5 & d_5 \end{vmatrix}.$$

En ramenant dans Δ par des échanges de lignes et de colonnes ces éléments à occuper les premières places, on trouve que le complémentaire doit avoir le signe négatif.

On vérifie de la même manière que l'on doit écrire

$$\begin{vmatrix} A_2 & C_2 \\ A_4 & C_4 \end{vmatrix} = \Delta \begin{vmatrix} b_1 & d_1 & e_1 \\ b_3 & d_3 & e_3 \\ b_5 & d_5 & e_5 \end{vmatrix}.$$

Remarque II. Lorsque $\Delta = 1$, le réciproque Δ' est aussi égal à l'unité.

Si $\Delta = 0$, le déterminant réciproque ainsi que ses mineurs des différentes classes sont nuls. En particulier, les mineurs du second ordre donnent les relations

$$A_1B_2 - A_2B_1 = 0, \quad A_1C_2 - A_2C_1 = 0, \quad A_1D_2 - A_2D_1 = 0; \quad \text{etc.}$$

$$A_1B_3 - A_3B_1 = 0, \quad A_1C_3 - A_3C_1 = 0, \quad A_1D_3 - A_3D_1 = 0, \quad \text{etc.}$$

d'où l'on tire

$$\frac{A_1}{A_2} = \frac{B_1}{B_2} = \frac{C_1}{C_2} = \frac{D_1}{D_2} = \cdots$$

$$\frac{A_1}{A_3} = \frac{B_1}{B_3} = \frac{C_1}{C_3} = \frac{D_1}{D_3} = \cdots$$

De même les relations

$$A_1B_2 - A_2B_1 = 0, \quad A_1B_3 - A_3B_1 = 0, \quad A_1B_4 - A_4B_1 = 0, \quad \text{etc.}$$

$$A_1C_2 - A_2C_1 = 0, \quad A_1C_3 - A_3C_1 = 0, \quad A_1C_4 - A_4C_1 = 0, \quad \text{etc.}$$

donnent

$$\frac{A_1}{B_1}=\frac{A_2}{B_2}=\frac{A_3}{B_3}=\frac{A_4}{B_4}=\ldots$$

$$\frac{A_1}{C_1}=\frac{A_2}{C_2}=\frac{A_3}{C_3}=\frac{A_4}{C_4}=\ldots$$

Donc, *lorsqu'un déterminant s'annule, les mineurs de la première classe relatifs aux éléments de deux lignes ou de deux colonnes quelconques sont proportionnels.*

24. *Déterminant au produit des différences.* Soient n quantités quelconques $a, b, c, \ldots k, l$; formons un déterminant renfermant comme lignes les puissances de ces quantités depuis o jusqu'à $n-1$; ce sera

$$\Delta=\begin{vmatrix} 1 & 1 & 1 & \ldots & 1 & 1 \\ a & b & c & \ldots & k & l \\ a^2 & b^2 & c^2 & \ldots & k^2 & l^2 \\ a^3 & b^3 & c^3 & \ldots & k^3 & l^3 \\ . & . & . & . & . & . \\ a^{n-1} & b^{n-1} & c^{n-1} & \ldots & k^{n-1} & l^{n-1} \end{vmatrix}$$

Il jouit de la propriété de s'annuler lorsque deux quelconques des n quantités sont égales, par exemple, si l'on pose :

$$a=b, \quad a=c \ldots, \quad a=l, \quad b=c, \quad b=d, \quad \text{etc.},$$

puisque deux colonnes deviennent identiques. Il en résulte que Δ doit renfermer en facteur toutes les différences que l'on peut former avec la suite

$$a, b, c, \ldots k, l$$

en retranchant de chaque lettre toutes les lettres suivantes. Le produit P de ces différences sera

$$\begin{aligned} P=(a-b)(a-c)(a-d)\ldots(a-k)(a-l) \\ (b-c)(b-d)\ldots(b-k)(b-l) \\ (c-d)\ldots(c-k)(c-l) \\ \ldots\ldots\ldots \\ (h-k)(h-l) \\ (k-l). \end{aligned}$$

Le déterminant Δ est égal à P en valeur absolue. En effet, le degré de Δ par rapport à $a, b, c \ldots l$ est égal à

$$1+2+3+\cdots+n-1=\frac{n(n-1)}{1\cdot 2},$$

comme on le voit d'après son terme principal; c'est aussi le degré du produit P qui renferme $\frac{n(n-1)}{2}$ différences; donc P et Δ ne peuvent différer l'un de l'autre que par un facteur numérique. Afin de déterminer ce facteur, remarquons que le terme principal de Δ a pour expression

$$1 \,.\, b \,.\, c^2 \,.\, d^3 \,.\ldots .\, k^{n-2} \,.\, l^{n-1}.$$

Le terme correspondant du produit P s'obtient en considérant les colonnes, et l'on trouve

$$(-1)\, b \,.\, (-1)^2 c^2 \,.\, (-1)^3 d^3 \ldots .\, (-1)^{n-2} k^{n-2} \,.\, (-1)^{n-1} l^{n-1}.$$

Il a pour coefficient

$$(-1)^{1+2+3+\cdots+n-1}=(-1)^{\frac{n(n-1)}{2}}.$$

Par conséquent, l'on aura

$$\Delta=\pm P,$$

suivant que $\frac{n(n-1)}{2}$ sera pair ou impair.

Cela étant, le carré de Δ représentera le produit des carrés de toutes les différences des n quantités données. En formant ce carré, par la règle connue, on trouve

$$\Delta^2=\begin{vmatrix} 1+1+\cdots, & a+b+\cdots, & a^2+b^2+\cdots & a^{n-1}+b^{n-1}+\cdots \\ a+b+\cdots, & a^2+b^2+\cdots, & a^3+b^3+\cdots & a^n+b^n+\cdots \\ a^2+b^2+\cdots, & a^3+b^3+\cdots, & a^4+b^4+\cdots & a^{n+1}+b^{n+1}+\cdots \\ \cdot\;\cdot\;\cdot & \cdot\;\cdot\;\cdot & \cdot\;\cdot\;\cdot & \cdot\;\cdot\;\cdot \\ a^{n-1}+b^{n-1}\cdots, & a^n+b^n+\cdots, & a^{n+1}+b^{n+1}+\cdots & a^{2n-2}+b^{2n-2}+\cdots \end{vmatrix}.$$

Posons, pour abréger,

$$s_i=a^i+b^i+c^i+\cdots+l^i,$$

il viendra :

$$\Delta^2 = \begin{vmatrix} s_0 & s_1 & s_2 & \cdots & s_{n-1} \\ s_1 & s_2 & s_3 & \cdots & s_n \\ s_2 & s_3 & s_4 & \cdots & s_{n+1} \\ \cdot & \cdot & \cdot & \cdot & \cdot \\ s_{n-1} & s_n & s_{n+1} & \cdots & s_{2n-2} \end{vmatrix}.$$

Les mineurs de Δ s'expriment aussi au moyen des carrés des différences. Considérons, en premier lieu, les deux systèmes identiques

$$\left\| \begin{matrix} 1 & 1 & \cdots & 1 \\ a & b & \cdots & l \end{matrix} \right\| \quad \left\| \begin{matrix} 1 & 1 & \cdots & 1 \\ a & b & \cdots & l \end{matrix} \right\|.$$

Par l'application de la règle de multiplication, il vient :

$$\begin{vmatrix} 1+1+\cdots, & a+b+\cdots \\ a+b+\cdots, & a^2+b^2+\cdots \end{vmatrix} = \begin{vmatrix} s_0 & s_1 \\ s_1 & s_2 \end{vmatrix} = \begin{vmatrix} 1 & 1 \\ a & b \end{vmatrix}^2 + \begin{vmatrix} 1 & 1 \\ a & c \end{vmatrix}^2 + \begin{vmatrix} 1 & 1 \\ a & d \end{vmatrix}^2 + \cdots;$$

par conséquent, l'on a, pour le mineur du second ordre,

$$\begin{vmatrix} s_0 & s_1 \\ s_1 & s_2 \end{vmatrix} = (a-b)^2 + (a-c)^2 + (a-d)^2 + \cdots = \Sigma(a-b)^2$$

ou la somme des carrés de toutes les différences.

En second lieu, les systèmes

$$\left\| \begin{matrix} 1 & 1 & \cdots & 1 \\ a & b & \cdots & l \\ a^2 & b^2 & \cdots & l^2 \end{matrix} \right\| \quad \left\| \begin{matrix} 1 & 1 & \cdots & 1 \\ a & b & \cdots & l \\ a^2 & b^2 & \cdots & l^2 \end{matrix} \right\|$$

conduisent également au déterminant du troisième ordre

$$\begin{vmatrix} 1+1+\cdots, & a+b+\cdots, & a^2+b^2+\cdots \\ a+b+\cdots, & a^2+b^2+\cdots, & a^3+b^3+\cdots \\ a^2+b^2+\cdots, & a^3+b^3+\cdots, & a^4+b^4+\cdots \end{vmatrix}$$

$$= \begin{vmatrix} s_0 & s_1 & s_2 \\ s_1 & s_2 & s_3 \\ s_2 & s_3 & s_4 \end{vmatrix} = \begin{vmatrix} 1 & 1 & 1 \\ a & b & c \\ a^2 & b^2 & c^2 \end{vmatrix}^2 + \begin{vmatrix} 1 & 1 & 1 \\ a & b & d \\ a^2 & b^2 & d^2 \end{vmatrix}^2 + \text{etc.}$$

c'est-à-dire,

$$\begin{vmatrix} s_0 & s_1 & s_2 \\ s_1 & s_2 & s_3 \\ s_2 & s_3 & s_4 \end{vmatrix} = (a-b)^2(a-c)^2(b-c)^2 + (a-b)^2(a-d)^2(b-d)^2 + \cdots$$
$$= \Sigma (a-b)^2(a-c)^2(b-c)^2.$$

Ce mineur du troisième ordre représente donc la somme de tous les produits trois à trois des carrés des différences. En continuant ainsi, on exprimera les mineurs des différents ordres de Δ^2 en fonction des carrés des différences des n quantités données. Toutes ces relations nous seront utiles dans la théorie des équations.

Avant de terminer ce sujet, considérons encore le déterminant

$$\Delta_1 = \begin{vmatrix} 1 & 1 & 1 & \dots & 1 \\ a & b & c & \dots & l \\ a^2 & b^2 & c^2 & \dots & l^2 \\ \cdot & \cdot & \cdot & \cdot & \cdot \\ a^{n-2} & b^{n-2} & c^{n-2} & \dots & l^{n-2} \\ a^r & b^r & c^r & \dots & l^r \end{vmatrix}$$

où nous supposerons r compris entre $n-1$ et $2n$. Il s'annule dans les mêmes conditions que Δ, et il doit renfermer en facteur le produit P, c'est-à-dire que Δ_1 est toujours divisible par Δ. Pour le calculer, on le développe suivant les éléments de la dernière ligne. On a :

$$\Delta_1 = a^r A_r + b^r B_r + c^r C_r + \cdots + l^r L_r$$

A_r, B_r etc. étant les premiers mineurs correspondants à a^r, b^r etc. ; ce sont des déterminants de l'ordre $n-1$ et de la forme de Δ ; on sait écrire immédiatement leurs valeurs.

Il existe une autre méthode de calcul que nous allons indiquer. Soit la relation connue

$$(x-a)(x-b)(x-c)\dots(x-l) = x^n + Px^{n-1} + Qx^{n-2} + Rx^{n-3} + \dots + S$$

où P représente la somme des quantités $a, b, \dots l$, Q la somme des produits deux à deux, R la somme des produits trois à trois, etc. Comme le premier membre s'annule pour $x = a$, l'on doit avoir

$$a^n + Pa^{n-1} + Qa^{n-2} + Ra^{n-3} + \dots + S = 0,$$

ou bien

$$a^n = -Pa^{n-1} - Qa^{n-2} - Ra^{n-3} - \dots - S$$

et on peut écrire une relation analogue avec b, c, ... l. Si on multiplie les deux membres par a^{r-n}, on trouve

$$a^r = -Pa^{r-1} - Qa^{r-2} - \dots - La^{n-2} - Ma^{n-3} - \dots - Sa^{r-n}.$$

Cela étant, dans la dernière ligne de Δ_1, on remplace a^r par cette valeur, et b^r, c^r etc. par des expressions analogues en laissant les parties :

$$-La^{n-2} \dots - Sa^{r-n}, \qquad -Lb^{n-2} \dots - Sb^{r-n} \text{ etc.}$$

car elles contiennent des éléments de Δ_1 multipliés par des constantes, et leur suppression ne change pas la valeur du déterminant.

Par ce procédé, on obtient successivement avec un déterminant du quatrième ordre,

$$\begin{vmatrix} 1 & 1 & 1 & 1 \\ a & b & c & d \\ a^2 & b^2 & c^2 & d^2 \\ a^4 & b^4 & c^4 & d^4 \end{vmatrix} = \begin{vmatrix} 1 & 1 & 1 & 1 \\ a & b & c & d \\ a^2 & b^2 & c^2 & d^2 \\ -Pa^3 & -Pb^3 & -Pc^3 & -Pd^3 \end{vmatrix} = -P \begin{vmatrix} 1 & 1 & 1 & 1 \\ a & b & c & d \\ a^2 & b^2 & c^2 & d^2 \\ a^3 & b^3 & c^3 & d^3 \end{vmatrix}$$

De même

$$\begin{vmatrix} 1 & 1 & 1 & 1 \\ a & b & c & d \\ a^2 & b^2 & c^2 & d^2 \\ a^5 & b^5 & c^5 & d^5 \end{vmatrix} = \begin{vmatrix} 1 & 1 & 1 & 1 \\ a & b & c & d \\ a^2 & b^2 & c^2 & d^2 \\ -Pa^4 - Qa^3 & -Pb^4 - Qb^3 & -Pc^4 - Qc^3 & -Pd^4 - Qd^3 \end{vmatrix}$$

$$= -P \begin{vmatrix} 1 & 1 & 1 & 1 \\ a & b & c & d \\ a^2 & b^2 & c^2 & d^2 \\ a^4 & b^4 & c^4 & d^4 \end{vmatrix} - Q \begin{vmatrix} 1 & 1 & 1 & 1 \\ a & b & c & d \\ a^2 & b^2 & c^2 & d^2 \\ a^3 & b^3 & c^3 & d^3 \end{vmatrix} = (P^2 - Q) \begin{vmatrix} 1 & 1 & 1 & 1 \\ a & b & c & d \\ a^2 & b^2 & c^2 & d^2 \\ a^3 & b^3 & c^3 & d^3 \end{vmatrix}.$$

En remplaçant P et Q par leurs valeurs ainsi que le déterminant par le produit des différences, on obtiendrait la valeur algébrique des déterminants proposés.

25. *Déterminants symétriques*. Dans la théorie des déterminants symétriques, il est nécessaire d'employer la notation à double indice. Soit donc un déterminant de l'ordre n sous la forme

$$\Delta = \begin{vmatrix} a_{11} & a_{12} & a_{13} & \dots & a_{1n} \\ a_{21} & a_{22} & a_{23} & \dots & a_{2n} \\ a_{31} & a_{32} & a_{33} & \dots & a_{3n} \\ \cdot & \cdot & \cdot & \cdot & \cdot \\ a_{n1} & a_{n2} & a_{n3} & \dots & a_{nn} \end{vmatrix}.$$

Nous savons que la symétrie est exprimée par la relation

$$a_{rs} = a_{sr}.$$

Une relation analogue existe entre les premiers mineurs; car en développant Δ suivant la $m^{ième}$ ligne et la $m^{ième}$ colonne, on a :

$$a_{m1} A_{m1} + a_{m2} A_{m2} + a_{m3} A_{m3} + \dots + a_{mn} A_{mn} = \Delta$$
$$a_{1m} A_{1m} + a_{2m} A_{2m} + a_{3m} A_{3m} + \dots + a_{nm} A_{nm} = \Delta.$$

Si on retranche ces égalités membre à membre en tenant compte de la condition $a_{rs} = a_{sr}$, il vient

$$a_{m1} (A_{m1} - A_{1m}) + a_{m2} (A_{m2} - A_{2m}) + \dots + a_{mn} (A_{mn} - A_{nm}) = 0;$$

cette relation devant avoir lieu quels que soient les coefficients a, on en conclut que

$$A_{m1} = A_{1m}, \quad A_{m2} = A_{2m}, \text{ etc.}$$

et, en général,

$$A_{rs} = A_{sr}.$$

Il en résulte que le déterminant adjoint d'un déterminant symétrique est lui-même symétrique.

Le développement d'un déterminant symétrique s'opère avec avantage par la formule

$$\Delta = a_{rs} A_{rs} - \Sigma\, a_{is}\, a_{rk}\, B_{ik}.$$

Posons : $r = s = n$, et appelons B le mineur correspondant au dernier élément a_{nn}; on aura

$$\Delta = a_{nn} B - \Sigma\, a_{in}\, a_{nk}\, B_{ik},$$

et, dans cette formule, on devra donner à i et k toutes les valeurs 1, 2, 3 ... $n - 1$. Pour des valeurs égales de i et de k, par exemple, pour $i = k = \rho$, on obtient un terme de la forme $a_{\rho n} a_{n\rho} B_{\rho\rho} = a^2_{n\rho} B_{\rho\rho}$. Si l'on prend des valeurs différentes, par exemple, $i = \rho$, $k = \sigma$, on trouve le terme $a_{\rho n}\,a_{n\sigma}\,B_{\rho\sigma}$; on obtient encore le même terme en échangeant ces valeurs, c'est-à-dire, en posant : $i=\sigma$, $k=\rho$. Il en résulte que la formule précédente, pour un déterminant symétrique, peut s'écrire

$$\Delta = a_{nn}B - \Sigma a_{n\rho}^2 B_{\rho\rho} - 2\Sigma a_{n\rho}\,a_{n\sigma}B_{\rho\sigma}.$$

Appliquons cette formule à quelques exemples. Avec la condition $a_{rs}=a_{sr}$, on aura :

1° $$\begin{vmatrix} a_{11} & a_{12} & a_{13} \\ a_{21} & a_{22} & a_{23} \\ a_{31} & a_{32} & a_{33} \end{vmatrix} = a_{33}\begin{vmatrix} a_{11} & a_{12} \\ a_{21} & a_{22} \end{vmatrix} - a_{13}^2 a_{22} - a_{23}^2 a_{11} + 2a_{12}a_{13}a_{23}.$$

2° $$\begin{vmatrix} a_{11} & a_{12} & a_{13} & x_1 \\ a_{21} & a_{22} & a_{23} & x_2 \\ a_{31} & a_{32} & a_{33} & x_3 \\ x_1 & x_2 & x_3 & 0 \end{vmatrix} = \begin{aligned}[t] & -x_1^2(a_{22}a_{33}-a_{23}^2) - x_2^2(a_{11}a_{33}-a_{13}^2) \\ & - x_3^2(a_{11}a_{22}-a_{12}^2) + 2x_1x_2(a_{12}a_{33}-a_{13}a_{23}) \\ & - 2x_1x_3(a_{12}a_{23}-a_{22}a_{13}) \\ & + 2x_2x_3(a_{11}a_{23}-a_{12}a_{13}). \end{aligned}$$

3° $$\begin{vmatrix} a_{11} & a_{12} & a_{13} & a_{14} & x_1 \\ a_{21} & a_{22} & a_{23} & a_{24} & x_2 \\ a_{31} & a_{32} & a_{33} & a_{34} & x_3 \\ a_{41} & a_{42} & a_{43} & a_{44} & x_4 \\ x_1 & x_2 & x_3 & x_4 & 0 \end{vmatrix} = \begin{aligned}[t] & -(B_{11}x_1^2 + B_{22}x_2^2 + B_{33}x_3^2 + B_{44}x_4^2) \\ & - 2B_{12}x_1x_2 - 2B_{13}x_1x_3 - 2B_{14}x_1x_4 \\ & - 2B_{23}x_2x_3 - 2B_{24}x_2x_4 - 2B_{34}x_3x_4. \end{aligned}$$

Les coefficients B représentent les premiers mineurs du déterminant des coefficients a ; ce sont des déterminants du 3ᵉ ordre que l'on doit calculer séparément.

Enfin, on trouve encore par la même formule,

$$\begin{vmatrix} x & y & z & w \\ y & x & w & z \\ z & w & x & y \\ w & z & y & x \end{vmatrix} = x\begin{vmatrix} x & y & z \\ y & x & w \\ z & w & x \end{vmatrix} \begin{aligned}[t] & - w^2(x^2-w^2) - z^2(x^2-z^2) - y^2(x^2-y^2) \\ & + 2wz(xy-zw) \\ & - 2wy(yw-xz) + 2yz(wx-yz). \end{aligned}$$

26. Reprenons le déterminant symétrique ($a_{rs}=a_{sr}$)

$$\Delta = \begin{vmatrix} a_{11} & a_{12} & a_{13} & x_1 \\ a_{21} & a_{22} & a_{23} & x_2 \\ a_{31} & a_{32} & a_{33} & x_3 \\ x_1 & x_2 & x_3 & 0 \end{vmatrix}$$

et supposons que l'on ait :

$$(\alpha)\qquad B=\begin{vmatrix} a_{11} & a_{12} & a_{13} \\ a_{21} & a_{22} & a_{23} \\ a_{31} & a_{32} & a_{33} \end{vmatrix}=0;$$

sa valeur se présentera sous la forme

$$\Delta=-B_{11}x_1^2-B_{22}x_2^2-B_{33}x_3^2-2B_{12}x_1x_2-2B_{13}x_1x_3-2B_{23}x_2x_3.$$

Mais, en vertu de la condition (α), il existe entre les mineurs de B les relations

$$(\alpha')\qquad \frac{B_{11}}{B_{21}}=\frac{B_{12}}{B_{22}}=\frac{B_{13}}{B_{23}},\quad \frac{B_{11}}{B_{31}}=\frac{B_{12}}{B_{32}}=\frac{B_{13}}{B_{33}},\quad \frac{B_{21}}{B_{31}}=\frac{B_{22}}{B_{32}}=\frac{B_{23}}{B_{33}}.$$

D'où l'on tire, en remarquant que $B_{rs}=B_{sr}$,

$$(\alpha'')\qquad B_{12}=\sqrt{B_{11}B_{22}},\quad B_{13}=\sqrt{B_{11}B_{33}},\quad B_{23}=\sqrt{B_{22}B_{33}},$$

par suite, l'expression de Δ devient :

$$\Delta=-(B_{11}x_1^2+B_{22}x_2^2+B_{33}x_3^2+2\sqrt{B_{11}B_{22}}\cdot x_1x_2+2\sqrt{B_{11}B_{33}}\cdot x_1x_3$$
$$+2\sqrt{B_{22}B_{33}}\cdot x_2x_3),$$

ou bien

$$\Delta=-(x_1\sqrt{B_{11}}+x_2\sqrt{B_{22}}+x_3\sqrt{B_{33}})^2.$$

Ainsi, lorsque B est nul, le déterminant symétrique se réduit à un carré négatif, si les mineurs B_{11}, B_{22}, B_{33} sont positifs, et à un carré positif, si ces mineurs sont négatifs. Cette conclusion est encore vraie, lorsque le dernier élément de Δ n'est pas égal à zéro, parce que B étant nul, la formule du développement perd encore son premier terme.

D'après les relations (α''), il suffit pour déterminer les mineurs d'un déterminant symétrique de calculer, par la méthode ordinaire, les mineurs relatifs aux éléments de la diagonale; la valeur absolue des autres s'obtient ensuite par l'extraction d'une racine carrée. Les radicaux qui entrent dans les formules précédentes doivent être affectés des signes $\pm$. Le choix de l'un des signes doit se faire conformément aux relations (α'); en vertu de celles-ci, les signes seront fixés dès que l'on connaît les signes des mineurs relatifs aux éléments d'une ligne, par exemple, les signes de B_{11}, B_{12}, B_{13}.

L'expression de Δ doit donc s'écrire

$$\Delta=-(\pm x_1\sqrt{B_{11}}\pm x_2\sqrt{B_{22}}\pm x_3\sqrt{B_{33}})^2,$$

en remarquant que, pour extraire la racine carrée, il faut prendre les valeurs absolues de B_{11}, B_{22}, B_{33}, et choisir ensuite les signes comme on vient de le dire.

Comme exemple, considérons le déterminant

$$\Delta = \begin{vmatrix} x_1 & x_2 & x_3 & x_4 & x_5 \\ x_2 & 1 & 3 & 6 & 10 \\ x_3 & 3 & 6 & 10 & 15 \\ x_4 & 6 & 10 & 15 & 21 \\ x_5 & 10 & 15 & 21 & 28 \end{vmatrix}.$$

D'après sa forme, il convient de le développer suivant les éléments de la première ligne horizontale et verticale. On trouve ici

$$B = \begin{vmatrix} 1 & 3 & 6 & 10 \\ 3 & 6 & 10 & 15 \\ 6 & 10 & 15 & 21 \\ 10 & 15 & 21 & 28 \end{vmatrix} = 0.$$

Le calcul direct donne

$$B_{11} = -1, \quad B_{22} = -9, \quad B_{33} = -9, \quad B_{44} = -1$$
$$B_{12} = +3, \quad B_{13} = -3, \quad B_{14} = -1.$$

Par l'extraction de la racine carrée et la règle des signes, il vient ensuite :

$$B_{23} = +9, \quad B_{24} = +3, \quad B_{34} = -3;$$

par suite, on a

$$\Delta = +(-x_2 + 3x_3 - 3x_4 - x_5)^2.$$

Il est nécessaire d'insister sur les résultats qui précèdent, et d'en faire ressortir une conséquence importante. Désignons par Δ un déterminant symétrique de l'ordre n; par D_1 le premier mineur provenant de la suppression de la dernière ligne et de la dernière colonne; par $D_2, D_3, \ldots D_{n-1}$ les mineurs des classes plus élevées en supprimant toujours les dernières lignes horizontales et verticales. Nous venons de voir que, si $D_1 = 0$, le déterminant Δ et le second mineur D_2 sont de signe contraire. Or, la suite

$$\Delta, D_1, D_2, D_3, \ldots D_{n-1}$$

représentent des déterminants de différents ordres, mais tous symétriques, et la propriété précédente aura lieu entre trois déterminants consécutifs

$$D_{i-1}, \quad D_i, \quad D_{i+1}$$

de cette suite; si l'on a $D_i = 0$, les mineurs adjacents D_{i-1} et D_{i+1} doivent être de signe différent. Cette remarque nous sera utile dans la suite.

27. *Déterminants symétriques gauches.* On appelle déterminant symétrique gauche un déterminant dans lequel les éléments conjugués sont égaux et de signes contraires; en vertu de cette définition, les éléments de la diagonale qui se correspondent à eux-mêmes doivent être nuls. Ainsi les déterminants

$$\begin{vmatrix} 0 & a & b \\ -a & 0 & c \\ -b & -c & 0 \end{vmatrix} = 0, \quad \begin{vmatrix} 0 & a & b & c \\ -a & 0 & d & e \\ -b & -d & 0 & f \\ -c & -e & -f & 0 \end{vmatrix} = (af - be + cd)^2$$

sont symétriques gauches.

En multipliant chaque ligne du premier par -1, on trouve

$$\begin{vmatrix} 0 & -a & -b \\ a & 0 & -c \\ b & c & 0 \end{vmatrix}.$$

C'est le même déterminant; les lignes verticales sont devenues horizontales, mais sa valeur reste la même; d'un autre côté, comme on a multiplié par $(-1)^3$, il doit changer de signe; par conséquent, ce déterminant est nécessairement égal à zéro, et, en général, ***tout déterminant symétrique gauche d'ordre impair est nul.***

Formons, dans le second, les premiers mineurs de $+a$ et de $-a$; ce sont :

$$\begin{vmatrix} -a & d & e \\ -b & 0 & f \\ -c & -f & 0 \end{vmatrix}, \quad \begin{vmatrix} a & b & c \\ -d & 0 & f \\ -e & -f & 0 \end{vmatrix}.$$

Ils ne peuvent différer que par le signe, car en multipliant chaque ligne du second par -1, il devient identique au premier. On a donc la relation

$$A_{rs} = (-1)^{n-1} A_{sr}.$$

Si le déterminant symétrique gauche est d'ordre impair, il faut prendre

$$A_{rs} = A_{sr},$$

et s'il est d'ordre pair

$$A_{rs} = - A_{sr}.$$

Dans le premier cas, le déterminant adjoint est simplement symétrique et, dans le second, il est symétrique gauche.

Considérons un déterminant symétrique gauche de l'ordre n

$$\Delta = \begin{vmatrix} 0 & a_{12} & a_{13} & \dots & a_{1n} \\ -a_{21} & 0 & a_{23} & \dots & a_{2n} \\ -a_{31} & -a_{32} & 0 & \dots & a_{3n} \\ \cdot & \cdot & \cdot & \cdot & \cdot \\ \cdot & \cdot & \cdot & \cdot & \cdot \\ -a_{n1} & -a_{n2} & -a_{n3} & \dots & 0 \end{vmatrix}.$$

Nous venons de voir que, si n est impair, $\Delta = 0$; nous allons maintenant démontrer que *tout déterminant symétrique gauche d'ordre pair est un carré positif*. Posons :

$$B = \begin{vmatrix} 0 & a_{12} & a_{13} & \dots & a_{1n-1} \\ -a_{21} & 0 & a_{23} & \dots & a_{2n-1} \\ \cdot & \cdot & \cdot & \cdot & \cdot \\ \cdot & \cdot & \cdot & \cdot & \cdot \\ -a_{n-11} & -a_{n-12} & & \dots & 0 \end{vmatrix}.$$

C'est le premier mineur qui correspond au dernier élément de Δ; il a pour valeur zéro, comme étant un déterminant symétrique gauche d'ordre impair, et par suite, on aura :

$$B_{12} = B_{21} = \sqrt{B_{11}B_{22}}, \quad B_{13} = B_{31} = \sqrt{B_{11}B_{33}} \quad \text{etc.}$$

En développant Δ suivant les éléments de la dernière ligne horizontale et verticale, on trouve, par la méthode employée dans la théorie d'un déterminant symétrique, que le développement est un carré dont les premiers termes

$$a_{1n}^2 B_{11} + a_{2n}^2 B_{22} + \cdots$$

sont positifs avec B_{11}, B_{22}; car le terme

$$- a_{np}a_{pn}B_{pp} = - a_{np}^2 B_{pp}$$

d'un déterminant symétrique devient ici

$$- (- a_{np}a_{pn}) B_{pp} = + a_{np}^2 B_{pp}.$$

Or B_{11}, B_{22} sont des seconds mineurs de Δ et de l'ordre $n-2$; l'expression précédente sera donc un carré positif, si un déterminant symétrique gauche de l'ordre $n-2$ est positif; mais on peut développer B_{11}, B_{22} ... comme Δ suivant une formule ne renfermant que des déterminants de l'ordre $n-4$, et ainsi de suite. On arrivera finalement à des déterminants du second ordre tels que

$$\begin{vmatrix} 0 & a_{12} \\ -a_{12} & 0 \end{vmatrix} = a_{12}^2$$

qui sont positifs. En remontant de proche en proche, on en conclut que le déterminant symétrique gauche proposé est nécessairement un carré positif.

On considère encore des déterminants symétriques gauches où les zéros de la diagonale sont remplacés par une même quantité; on les appelle déterminants symétriques gauches à diagonale pleine. Un tel déterminant est donc de la forme ($a_{rs} = a_{sr}$)

$$\Delta = \begin{vmatrix} x & a_{12} & a_{13} & \dots & a_{1n} \\ -a_{21} & x & a_{23} & \dots & a_{2n} \\ -a_{31} & -a_{32} & x & \dots & a_{3n} \\ \dots & \dots & \dots & \dots & \dots \\ -a_{n1} & -a_{n2} & -a_{n3} & \dots & x \end{vmatrix}.$$

Afin de le calculer, on prend la formule

$$\Delta = C_n + \Sigma C_{n-2}\Delta_0^2 + \Sigma C_{n-3}\Delta_0^3 + \cdots + \Sigma C_1 \Delta_0^{n-1} + \Delta_0;$$

on substitue aux combinaisons C les diverses puissances de x, et en remarquant que les mineurs d'ordre impair de Δ_0 sont nuls, il reste

$$\Delta = x^n + x^{n-2}\Sigma\Delta_0^2 + x^{n-4}\Sigma\Delta_0^4 + \cdots\cdots$$

On trouve ainsi pour $a_{rs} = a_{sr}$

$$\begin{vmatrix} x & a_{12} & a_{13} \\ -a_{21} & x & a_{23} \\ -a_{31} & -a_{32} & x \end{vmatrix} = x^3 + (a_{12}^2 + a_{13}^2 + a_{23}^2)x.$$

$$\begin{vmatrix} x & a_{12} & a_{13} & a_{14} \\ -a_{21} & x & a_{23} & a_{24} \\ -a_{31} & -a_{32} & x & a_{34} \\ -a_{41} & -a_{42} & -a_{43} & x \end{vmatrix} = x^4 + x^2(a_{12}^2 + a_{13}^2 + a_{14}^2 + a_{23}^2 + a_{24}^2 + a_{34}^2) + (a_{12}a_{34} - a_{13}a_{24} + a_{14}a_{23})^2.$$

28. *Déterminant symétrique où les éléments de la diagonale sont augmentés ou diminués d'une même quantité.* Considérons un déterminant de la forme ($a_{rs} = a_{sr}$)

$$\Delta = \begin{vmatrix} a_{11}+x & a_{12} & a_{13} & \dots & a_{1n} \\ a_{21} & a_{22}+x & a_{23} & \dots & a_{2n} \\ a_{31} & a_{32} & a_{33}+x & \dots & a_{3n} \\ \cdot & \cdot & \cdot & \cdot & \cdot \\ a_{n1} & a_{n2} & a_{n3} & \dots & a_{nn}+x \end{vmatrix}.$$

Pour arriver à la loi de développement de ce déterminant, cherchons sa valeur dans le cas particulier du déterminant du troisième ordre

$$\Delta = \begin{vmatrix} a_{11}+x & a_{12} & a_{13} \\ a_{21} & a_{22}+x & a_{23} \\ a_{31} & a_{32} & a_{33}+x \end{vmatrix}.$$

On a successivement :

$$\Delta = \begin{vmatrix} a_{11} & a_{12} & a_{13} \\ a_{21} & a_{22}+x & a_{23} \\ a_{31} & a_{32} & a_{33}+x \end{vmatrix} + x \begin{vmatrix} a_{22}+x & a_{23} \\ a_{32} & a_{33}+x \end{vmatrix}$$

$$= \begin{vmatrix} a_{11} & a_{12} & a_{13} \\ a_{21} & a_{22} & a_{23} \\ a_{31} & a_{32} & a_{33}+x \end{vmatrix} + x \begin{vmatrix} a_{11} & a_{13} \\ a_{31} & a_{33}+x \end{vmatrix} + x \begin{vmatrix} a_{22} & a_{23} \\ a_{32} & a_{33}+x \end{vmatrix} + x^2(a_{33}+x)$$

$$= \begin{vmatrix} a_{11} & a_{12} & a_{13} \\ a_{21} & a_{22} & a_{23} \\ a_{31} & a_{32} & a_{33} \end{vmatrix} + x \begin{vmatrix} a_{11} & a_{12} \\ a_{21} & a_{22} \end{vmatrix} + x \begin{vmatrix} a_{11} & a_{13} \\ a_{31} & a_{33} \end{vmatrix} + a_{11}x^2$$

$$+ x \begin{vmatrix} a_{22} & a_{23} \\ a_{32} & a_{33} \end{vmatrix} + a_{22}x^2 + a_{33}x^2 + x^3.$$

En ordonnant par rapport à x, il vient finalement

$$\Delta = \begin{vmatrix} a_{11} & a_{12} & a_{13} \\ a_{21} & a_{22} & a_{23} \\ a_{31} & a_{32} & a_{33} \end{vmatrix} + \left\{ \begin{vmatrix} a_{11} & a_{12} \\ a_{21} & a_{22} \end{vmatrix} + \begin{vmatrix} a_{11} & a_{13} \\ a_{31} & a_{33} \end{vmatrix} + \begin{vmatrix} a_{22} & a_{23} \\ a_{32} & a_{33} \end{vmatrix} \right\} x$$
$$+ (a_{11} + a_{22} + a_{33})x^2 + x^3.$$

Donc, le coefficient de x^3 est l'unité; le terme indépendant de x est la valeur de Δ pour $x = o$; le coefficient de x est la somme des premiers mineurs du terme indépendant obtenus en groupant deux à deux les éléments de la diagonale, tandis que le coefficient de x^2 est la somme des seconds mineurs correspondants aux combinaisons une à une de ces mêmes éléments.

L'analogie conduit à la règle suivante pour le développement du déterminant Δ de l'ordre n. Posons

$$\Delta_0 = \begin{vmatrix} a_{11} & a_{12} & \ldots & a_{1n} \\ a_{21} & a_{22} & \ldots & a_{2n} \\ \cdot & \cdot & \cdot & \cdot \\ \cdot & \cdot & \cdot & \cdot \\ a_{n1} & a_{n2} & \ldots & a_{nn} \end{vmatrix}.$$

Le déterminant Δ est un polynôme du degré n en x dans lequel : 1° *Le coefficient de x^n est l'unité; 2° le terme indépendant de x est Δ_0; 3° le coefficient de x^p est la somme des $p^{\text{ièmes}}$ mineurs que l'on peut former en mettant diagonalement les éléments de la diagonale de Δ_0 groupés $n-p$ à $n-p$.*

La même loi s'applique au développement du déterminant $(a_{rs} = a_{sr})$

$$\Delta = \begin{vmatrix} a_{11}-x & a_{12} & \ldots & a_{1n} \\ a_{21} & a_{22}-x & \ldots & a_{2n} \\ \cdot & \cdot & \cdot & \cdot \\ \cdot & \cdot & \cdot & \cdot \\ a_{n1} & a_{n2} & \ldots & a_{nn}-x \end{vmatrix}$$

en tenant compte du signe — qui se présentera dans les termes renfermant les puissances impaires de x.

Ainsi, l'on aura, par exemple

$$\begin{vmatrix} A-S & B'' & B' \\ B'' & A'-S & B \\ B' & B & A''-S \end{vmatrix} = \begin{vmatrix} A & B'' & B' \\ B'' & A' & B \\ B' & B & A'' \end{vmatrix} - (AA'-B''^2+AA''-B'^2+A'A''-B^2)S + (A+A'+A'')S^2 - S^3.$$

Revenons maintenant au déterminant primitif et désignons par Δ_1, Δ_2, $\Delta_3 \ldots \Delta_{n-1}$ les mineurs successifs résultant de la suppression des dernières lignes et colonnes. La suite

$$\Delta, \quad \Delta_1, \quad \Delta_2, \quad \Delta_3, \quad \ldots, \quad \Delta_{n-1}$$

représentera des fonctions de x dont les degrés seront respectivement $n, n-1, n-2, \ldots, 3, 2, 1$; elles jouiront de cette propriété que, si l'une d'elles s'annule pour une certaine valeur attribuée à x, les fonctions adjacentes seront de signe différent. Nous verrons plus tard l'usage que l'on fait de cette remarque pour déterminer la nature des racines de l'équation $\Delta = 0$.

Nous terminerons ici l'exposé des principes de la théorie des déterminants; nous aurons l'occasion d'en rencontrer dans la suite de nombreuses applications. Nous pouvons maintenant aborder l'étude des équations et résoudre les diverses questions qui s'y rattachent.

FIN DES PRINCIPES DE LA THÉORIE DES DÉTERMINANTS.

THÉORIE DES ÉQUATIONS.

THÉORIE DES ÉQUATIONS.

CHAPITRE Ier.

INTRODUCTION.

§ I.

FORMES DIVERSES DE LA QUANTITÉ COMPLEXE; PROPRIÉTÉS. VARIABLE IMAGINAIRE; FONCTION D'UNE VARIABLE IMAGINAIRE; REPRÉSENTATION GÉOMÉTRIQUE.

29. L'algèbre étudie les propriétés générales des nombres ainsi que les lois qui les régissent. Le nombre provient de la mesure absolue des grandeurs; on le conçoit d'abord entier ou fractionnaire. Pour le calcul algébrique, il est nécessaire d'affecter les nombres de certains signes afin d'indiquer leur fonction; on emploie le signe $+$ ou le signe $-$ selon qu'ils doivent servir à l'augmentation ou à la diminution. Dans les premières opérations de l'algèbre et dans la résolution des équations du premier degré, on ne considère que des quantités positives ou négatives; mais, par la résolution de l'équation du second degré, on arrive nécessairement à la notion de deux quantités nouvelles : la *quantité irrationnelle* et la *quantité imaginaire*. La quantité irrationnelle ou plus généralement la quantité incommensurable est celle qui ne peut-être exprimée exactement par un nombre fractionnaire de l'arithmétique; on peut seulement en avoir une valeur approchée. La quantité imaginaire ou mieux la *quantité complexe* est une expression de la forme

$$a + b\sqrt{-1}$$

a et b étant des nombres réels. Il est impossible d'apprécier une telle quantité et d'en donner une valeur approchée; cependant, comme elle provient d'opérations légitimes de l'algèbre, on doit l'admettre au même titre que la quantité réelle. Au point de vue purement algébrique, il n'y a aucune distinction à établir entre les racines réelles ou imaginaires d'une équation; elles jouissent toutes deux de la propriété d'annuler le premier membre.

Lorsque $a = 0$, la quantité complexe se réduit à $b\sqrt{-1}$ qu'on appelle quelquefois *imaginaire simple*; si $b = 0$, elle devient la quantité réelle a. Par conséquent, on doit regarder la quantité complexe $a + b\sqrt{-1}$ comme étant l'expression première de la quantité algébrique; elle renferme, comme cas particulier, la quantité réelle.

Deux quantités complexes de la forme

$$a + b\sqrt{-1}, \quad a - b\sqrt{-1}$$

s'appellent *conjuguées;* elles ne diffèrent que par le signe de $\sqrt{-1}$. Elles jouissent des propriétés suivantes : 1° Leur somme est réelle et égale à $2a$; 2° Leur différence donne l'imaginaire simple $2b\sqrt{-1}$; 3° Leur produit est réel et égal à $a^2 + b^2$.

On ne peut mesurer les quantités complexes

$$a + b\sqrt{-1}, \quad a' + b'\sqrt{-1};$$

il est cependant nécessaire d'indiquer dans quelles conditions on doit les regarder comme égales ou nulles. Elles seront égales, si l'on a :

$$(\alpha) \qquad a = a', \quad b = b';$$

car alors l'équation

$$a + b\sqrt{-1} = a' + b'\sqrt{-1}$$

est satisfaite, et elle ne peut l'être autrement; en effet, si l'on n'a pas les relations (α), on pourrait la résoudre par rapport à $\sqrt{-1}$, et en déduire une valeur réelle pour cette quantité; un tel résultat est impossible à admettre. Toute égalité entre quantités complexes se décompose nécessairement en deux autres entre quantités réelles. De même, l'expression $a+b\sqrt{-1}$ s'annule avec $a=0$ et $b=0$; l'égalité

$$a+b\sqrt{-1}=0$$

équivaut à

$$a=0, \quad b=0.$$

Les opérations fondamentales de l'algèbre, l'addition, la multiplication, l'élévation aux puissances s'appliquent aux quantités complexes comme aux quantités réelles. Pour effectuer le développement de $(a+b\sqrt{-1})^m$, il est bon de remarquer que les diverses puissances de $\sqrt{-1}$ sont périodiques. On a :

$$(\sqrt{-1})^1=\sqrt{-1}, \quad (\sqrt{-1})^2=-1, \quad (\sqrt{-1})^3=(\sqrt{-1})^2\sqrt{-1}=-\sqrt{-1},$$

$$(\sqrt{-1})^4=(\sqrt{-1})^2(\sqrt{-1})^2=+1,$$

$$(\sqrt{-1})^5=(\sqrt{-1})^4\sqrt{-1}=+\sqrt{-1}, \quad \text{etc.}$$

A partir de la cinquième puissance, tous les résultats se reproduisent dans le même ordre. Il n'y a que quatre valeurs différentes, savoir :

$$+\sqrt{-1}, \quad -1, \quad -\sqrt{-1}, \quad +1.$$

30. Les calculs sur les quantités imaginaires se simplifient beaucoup au moyen d'une expression trigonométrique de la quantité complexe que nous allons définir. Désignons par r un nombre positif et par α un certain angle. Il est toujours possible de déterminer r et α de manière à avoir

$$a+b\sqrt{-1}=r(\cos\alpha+\sqrt{-1}\sin\alpha).$$

En effet, d'après ce qui précède, cette égalité se décompose en deux autres

$$a=r\cos\alpha, \quad b=r\sin\alpha.$$

On en tire

$$r=\sqrt{a^2+b^2}, \quad \cos\alpha=\frac{a}{\sqrt{a^2+b^2}}, \quad \sin\alpha=\frac{b}{\sqrt{a^2+b^2}}.$$

La quantité r est toujours réelle, et comme les fractions qui donnent $\cos\alpha$, $\sin\alpha$ sont plus petites que l'unité, il existera toujours un angle $\alpha<\frac{\pi}{2}$ correspondant à ces valeurs. Il en résulte qu'il est toujours permis de remplacer $a+b\sqrt{-1}$ par $r(\cos\alpha+\sqrt{-1}\sin\alpha)$. La quantité positive $r = \sqrt{a^2 + b^2}$ s'appelle *module*, et l'angle α *argument* de la quantité complexe. Le nombre r est unique, mais α peut avoir une infinité de valeurs.

Si $b = 0$, on a : $r = \sqrt{a^2} = +a$; le module d'une quantité réelle est la valeur absolue de cette quantité; son argument est 0 ou $2k\pi$, si elle est positive, et π ou $(2k+1)\pi$, si elle est négative. On a, en effet, identiquement

$$a = a\,[\cos 2k\pi + \sqrt{-1}\sin 2k\pi],$$

$$-a = a[\cos (2k+1)\pi + \sqrt{-1}\sin (2k+1)\,\pi],$$

k étant un nombre entier.

L'égalité de deux quantités complexes $a + b\sqrt{-1}$, $a' + b'\sqrt{-1}$ entraîne les relations

$$a = a', \quad b = b';$$

par suite,

$$\sqrt{a^2 + b^2} = \sqrt{a'^2 + b'^2}, \quad \text{ou} \quad r = r',$$

et il y a donc aussi égalité entre les modules.

De même, si $a + b\sqrt{-1} = 0$, on a : $a = 0$, $b = 0$ et, par conséquent, $r = 0$.

Deux quantités imaginaires conjuguées $a + b\sqrt{-1}$ et $a - b\sqrt{-1}$ admettent le même module et leurs arguments forment une somme égale à 2π ou à un nombre quelconque de circonférences. Ainsi, on peut écrire

$$a + b\sqrt{-1} = r\,(\cos\alpha + \sqrt{-1}\sin\alpha),$$

$$a - b\sqrt{-1} = r[\cos (2\pi - \alpha) + \sqrt{-1}\sin (2\pi - \alpha)].$$

31. *Somme de quantités imaginaires*. Proposons-nous de trouver le module R de la somme de deux quantités imaginaires. Posons :

$$R(\cos\Omega + \sqrt{-1}\sin\Omega) = r(\cos\alpha + \sqrt{-1}\sin\alpha) + r'(\cos\alpha' + \sqrt{-1}\sin\alpha').$$

On en déduit

$$R\cos\Omega = r\cos\alpha + r'\cos\alpha',$$

$$R\sin\Omega = r\sin\alpha + r'\sin\alpha'.$$

En élevant au carré et en ajoutant, on trouve

$$R^2 = r^2 + r'^2 + 2rr'\cos(\alpha - \alpha');$$

par suite

$$R = \sqrt{r^2 + r'^2 + 2rr'\cos(\alpha - \alpha')}.$$

Le maximum de R correspond à $\cos(\alpha - \alpha') = 1$, et il a pour valeur $r + r'$; le minimum correspond à $\cos(\alpha - \alpha') = -1$, et sa valeur est $r - r'$. Si on étend ce résultat à trois, quatre etc. quantités de cette espèce, on a cette propriété : *Le module d'une somme de plusieurs quantités imaginaires ne peut pas surpasser la somme des modules de ces quantités.*

32. *Produit de quantités imaginaires.* En effectuant la multiplication suivante :

$$r(\cos\alpha + \sqrt{-1}\sin\alpha)\, r'(\cos\alpha' + \sqrt{-1}\sin\alpha'),$$

on trouve pour résultat

$$rr'[\cos(\alpha + \alpha') + \sqrt{-1}\sin(\alpha + \alpha')].$$

Si on multiplie de nouveau par le facteur $r''(\cos\alpha'' + \sqrt{-1}\sin\alpha'')$, il vient encore

$$rr'r''[\cos(\alpha + \alpha' + \alpha'') + \sqrt{-1}\sin(\alpha + \alpha' + \alpha'')],$$

et ainsi de suite. Donc, *le module du produit de plusieurs quantités imaginaires est égal au produit des modules, et l'argument à la somme des arguments.*

Il résulte de là que le produit de plusieurs quantités imaginaires reste le même, si on change l'ordre des facteurs, et si un tel produit s'annule, l'un des facteurs doit être égal à zéro, afin que l'une des quantités r soit nulle. Par l'application de la règle précédente au produit

$$r'(\cos\alpha' + \sqrt{-1}\sin\alpha') \times \frac{r}{r'}[\cos(\alpha - \alpha') + \sqrt{-1}\sin(\alpha - \alpha')],$$

on obtient l'expression

$$r(\cos\alpha + \sqrt{-1}\sin\alpha);$$

par conséquent, il vient la relation

$$\frac{r(\cos\alpha + \sqrt{-1}\sin\alpha)}{r'(\cos\alpha' + \sqrt{-1}\sin\alpha')} = \frac{r}{r'}[\cos(\alpha - \alpha') + \sqrt{-1}\sin(\alpha - \alpha')],$$

c'est-à-dire, que *le module du quotient de deux quantités imaginaires est le quotient des modules et l'argument la différence des arguments.*

33. *Élévation aux puissances.* D'après la règle de multiplication, le produit

$$r_1(\cos\alpha_1 + \sqrt{-1}\sin\alpha_1) r_2(\cos\alpha_2 + \sqrt{-1}\sin\alpha_2) \ldots r_m(\cos\alpha_m + \sqrt{-1}\sin\alpha_m)$$

a pour valeur

$$r_1 r_2 \dots r_m[\cos(\alpha_1+\alpha_2+\cdots+\alpha_m)+\sqrt{-1}\sin(\alpha_1+\alpha_2+\cdots+\alpha_m)].$$

Par conséquent, en supposant les facteurs égaux, il viendra

$$[r_1(\cos\alpha_1+\sqrt{-1}\sin\alpha_1)]^m = r_1^m(\cos m\alpha_1+\sqrt{-1}\sin m\alpha_1).$$

Ainsi, *pour élever une quantité imaginaire à une puissance entière m, il faut élever le module à cette puissance et multiplier l'argument par m.*

De l'égalité précédente, on tire

$$(\cos\alpha_1+\sqrt{-1}\sin\alpha_1)^m = \cos m\alpha_1+\sqrt{-1}\sin m\alpha_1.$$

Cette relation trigonométrique porte le nom de *formule de Moivre;* elle a lieu pour toutes les valeurs commensurables de l'exposant m. En effet, si on extrait la racine $m^{ième}$ des deux membres, il vient :

$$(\cos m\alpha_1+\sqrt{-1}\sin m\alpha_1)^{\frac{1}{m}} = \cos\alpha_1+\sqrt{-1}\sin\alpha_1,$$

et, en remplaçant maintenant α_1 par $\frac{\alpha_1}{m}$, on a :

$$(\cos\alpha_1+\sqrt{-1}\sin\alpha_1)^{\frac{1}{m}} = \cos\frac{\alpha_1}{m}+\sqrt{-1}\sin\frac{\alpha_1}{m}.$$

En élevant les deux membres à la puissance n, on a encore

$$(\cos\alpha_1+\sqrt{-1}\sin\alpha_1)^{\frac{n}{m}} = \cos\frac{n}{m}\alpha_1+\sqrt{-1}\sin\frac{n}{m}\alpha_1.$$

Enfin, si on remarque que

$$(\cos\alpha_1+\sqrt{-1}\sin\alpha_1)^{-1} = \frac{1}{\cos\alpha_1+\sqrt{-1}\sin\alpha_1} = \cos\alpha_1-\sqrt{-1}\sin\alpha_1,$$

ou bien

$$(\cos\alpha_1+\sqrt{-1}\sin\alpha_1)^{-1} = \cos(-\alpha_1)+\sqrt{-1}\sin(-\alpha_1),$$

on obtient aussi, en élevant les deux membres à la puissance m

$$(\cos\alpha_1+\sqrt{-1}\sin\alpha_1)^{-m} = \cos(-m\alpha_1)+\sqrt{-1}\sin(-m\alpha_1).$$

Nous ne parlerons pas ici de la racine $m^{ième}$ d'une quantité imaginaire et de ses diverses valeurs. Cette question se présentera naturellement dans la théorie des équations binômes que nous étudierons plus loin.

34. *Variable imaginaire et fonction entière d'une variable imaginaire.*

Le mot *fonction* est celui qui est admis dans la langue mathématique pour exprimer une dépendance quelconque entre plusieurs grandeurs.

Ainsi, on dit qu'une quantité y est fonction d'une autre quantité x, lorsque sa valeur dépend de celle qu'on attribue à x. Afin d'exprimer d'une manière générale cette relation sans préciser sa nature, on emploie les notations

$$y = F(x), \quad y = f(x), \quad y = \varphi(x), \quad \text{etc.}$$

La grandeur x à laquelle on attribue à volonté différentes valeurs se nomme *variable indépendante*, tandis que y est la fonction. Puisque rien ne limite les manières de faire dépendre une grandeur d'une autre, on doit regarder le nombre des fonctions comme indéfini. Dans la théorie des équations, nous aurons surtout à considérer la fonction algébrique entière qui est représentée par un polynôme ordinaire du degré m en x tel que

$$F(x) = A_0 x^m + A_1 x^{m-1} + \cdots + A_m$$

où m est un nombre entier, et A_0, A_1 ... des quantités constantes. Lorsque ces constantes sont réelles, et que l'on considère spécialement les valeurs réelles que peut prendre la variable indépendante entre $-\infty$ et $+\infty$, on dit que la fonction entière est réelle ainsi que la variable x. Mais, dans le cas général, on doit admettre que les coefficients A_0, A_1 ... sont réels ou imaginaires, et que la variable indépendante peut prendre une valeur réelle ou imaginaire quelconque. Pour distinguer ce cas du précédent, nous écrirons

$$F(z) = A_0 z^m + A_1 z^{m-1} + \cdots + A_m$$

où z représente une variable imaginaire, c'est-à-dire, une expression de la forme

$$z = x + y\sqrt{-1},$$

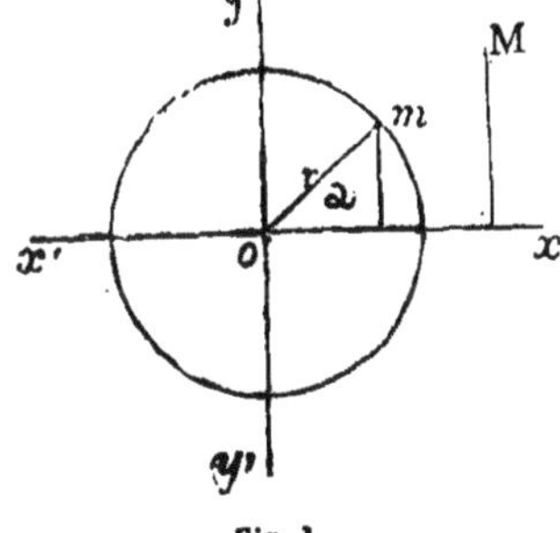

Fig. 1.

x et y étant deux variables réelles. Afin de mieux saisir les variations de z, supposons que x et y soient les coordonnées d'un point rapporté à deux axes rectangulaires xx', yy'. Pour chaque valeur de z, c'est-à-dire, pour chaque système de valeurs de x et de y, nous obtiendrons un point m dans le plan des axes, et on dit que m est le point représentatif de la variable z. Réciproquement, à chaque point du plan correspond une valeur unique de z. Une variable imaginaire est ainsi la somme de l'abscisse et de l'ordonnée d'un point m, cette dernière étant multipliée par $\sqrt{-1}$. L'ordonnée étant perpendiculaire à l'abscisse, on a été amené à regarder le facteur $\sqrt{-1}$ comme l'équivalent de la perpendicularité en géométrie.

Le module de la variable imaginaire est

$$r = \sqrt{x^2 + y^2};$$

il est représenté par le vecteur om, tandis que l'argument α est l'inclinaison de ce vecteur sur l'axe des x; car on a :

$$\cos\alpha = \frac{x}{\sqrt{x^2+y^2}}, \quad \sin\alpha = \frac{y}{\sqrt{x^2+y^2}}.$$

L'argument r de z est positif et ne peut varier qu'entre 0 et $+\infty$; mais l'argument qui se compte à partir de ox vers oy peut prendre une valeur quelconque entre $-\infty$ et $+\infty$. Si $y = 0$, $\alpha = 0$ ou $\alpha = 2k\pi$; la variable z est réelle et le rayon vecteur coïncide avec ox; si $x = 0$, on a :

$$\alpha = \frac{\pi}{2} \quad \text{ou} \quad \alpha = \frac{\pi}{2} + 2k\pi;$$

le rayon om se trouve sur l'axe des y, et la valeur de z se réduit alors à $y\sqrt{-1}$. Ainsi, lorsque l'on considère les diverses valeurs d'une variable imaginaire, on doit regarder la droite xx' comme étant l'axe des quantités réelles; la droite yy' comme étant l'axe des imaginaires simples; toutes les autres valeurs de z se rapportent aux rayons intermédiaires que l'on peut mener autour du point o. Il résulte aussi de ce mode de représentation que la variable complexe est plus générale que la variable réelle; elle renferme celle-ci comme cas particulier.

Soit, maintenant,

$$F(z) = A_0 z^m + A_1 z^{m-1} + \cdots + A_m$$

la fonction entière de z, où les coefficients A_0, A_1, etc. sont des nombres constants réels ou imaginaires. En remplaçant z par $x + y\sqrt{-1}$, elle prendra la forme

$$F(z) = P + Q\sqrt{-1},$$

P et Q étant des polynômes réels en x et y. Pour chaque valeur de z, P et Q prendront des valeurs déterminées, et on pourra construire dans le plan un point M ayant pour coordonnées ces valeurs; ce sera le point représentatif de la fonction. Si x et y ou bien r et α varient d'une manière continue, le point m, qui représente la variable z, décrira une certaine courbe continue; mais, en même temps, le point M, qui représente la fonction, décrira une autre courbe correspondante et qui, en général, sera aussi continue. Il se présente des cas où, pour une valeur de z, une fonction d'une variable imaginaire prend des valeurs multiples ou devient indéterminée; nous verrons bientôt que cette circonstance ne peut pas arriver pour la fonction entière qui est la seule à considérer dans la théorie des équations algébriques.

Une fonction complexe $F(x+y\sqrt{-1})$ renferme comme cas particulier la fonction réelle $F(x)$ qui correspond à $y=0$, et il arrivera quelquefois que les propriétés de $F(x)$ s'appliqueront à la fonction plus générale $F(x+y\sqrt{-1})$. Cependant, il ne faut pas croire que toute formule algébrique qui est exacte pour une fonction réelle le sera aussi pour la fonction imaginaire. On a commis de grossières erreurs en passant ainsi sans attention du réel à l'imaginaire.

§ 2.

PROPRIÉTÉS DE LA FONCTION ENTIÈRE. THÉORÈME FONDAMENTAL DE LA THÉORIE DES ÉQUATIONS.

35. Après avoir fait disparaître les dénominateurs et les radicaux, une équation algébrique à une inconnue peut se ramener à la forme

$$A_0 z^m + A_1 z^{m-1} + \cdots + A_m = 0;$$

z désigne l'inconnue et l'entier m indique le degré de l'équation; les coefficients $A_0, A_1, \ldots$ sont des constantes connues, réelles ou imaginaires. Le premier membre est le type de la fonction entière en regardant z comme une variable. Posons :

$$F(z) = A_0 z^m + A_1 z^{m-1} + \cdots + A_m.$$

Il est nécessaire d'étudier cette fonction et d'en démontrer diverses propriétés qui nous seront utiles dans la théorie des équations.

Considérons d'abord la fonction entière privée de son dernier terme

$$F(z) = A_0 z^m + A_1 z^{m-1} + \cdots + A_{m-1} z$$

qui s'annule pour $z=0$. Nous allons démontrer qu'il est toujours possible de trouver une valeur de z de module r différent de zéro, de manière à avoir la relation

$$\text{mod. } F(z) < R,$$

R étant une quantité positive donnée. En effet, soit a le plus grand des modules des coefficients; le module d'une somme étant au plus égal à la somme des modules, on a

$$\text{mod. } F(z) < a(r^m + r^{m-1} + \cdots + r) < ar\frac{1 - r^m}{1 - r} < \frac{ar}{1 - r} - \frac{ar^{m+1}}{1 - r},$$

r représente le module de la variable z; en le supposant plus petit que l'unité, on peut écrire

$$\text{mod. } F(z) < \frac{ar}{1 - r}.$$

Posons :

$$\frac{ar}{1 - r} = R;$$

on en déduit

$$r = \frac{R}{a + R}.$$

Par conséquent, en prenant pour z une valeur ayant pour module cette fraction, l'on aura

$$\text{mod. } F(z) < R,$$

et cette relation aura également lieu pour toutes les valeurs de z dont les modules seront compris entre o et $\frac{R}{a + R}$.

On en déduit immédiatement une propriété de la fonction complète

$$F(z) = A_m + A_{m-1}z + \cdots + A_1 z^{m-1} + A_0 z^m$$

écrite en commençant par le dernier terme. Si nous posons :

$$R = \text{mod. } A_m,$$

l'inégalité

$$\text{mod. } (A_{m-1}z + A_{m-2}z^2 + \cdots + A_0 z^m) < \text{mod. } A_m$$

sera toujours possible. Donc, *lorsqu'une fonction entière est ordonnée suivant les puissances croissantes de la variable, on peut toujours trouver pour z une valeur de module r suffisamment petit pour que le module du premier terme soit plus grand que le module de la somme de tous les autres.*

Soit encore la fonction entière complète sous la forme

$$F(z) = A_0 z^m + A_1 z^{m-1} + \cdots A_m;$$

cherchons une valeur de z de module r suffisamment grand pour satisfaire à l'inégalité

$$\text{mod.}\, A_0 z^m > \text{mod.}\,(A_1 z^{m-1} + A_2 z^{m-2} + \cdots + A_m).$$

Désignons par a_0 le module de A_0, et par a le plus grand des modules des coefficients A_1, A_2 ... A_m; la relation précédente aura lieu, si

$$a_0 r^m > a(r^{m-1} + r^{m-2} + \cdots + 1) > \frac{a(r^m - 1)}{r - 1} > \frac{ar^m}{r - 1} - \frac{a}{r - 1},$$

ou bien, en supposant $r > 1$, si

$$a_0 r^m = \frac{ar^m}{r - 1}.$$

De cette égalité, on tire

$$r = \frac{a + a_0}{a_0}.$$

Ainsi la valeur de z ayant pour module $\frac{a + a_0}{a_0}$; ou encore un module plus grand, répond au but proposé. Donc, *lorsqu'une fonction entière est ordonnée suivant les puissances décroissantes de la variable, on peut toujours trouver une valeur de z de module r suffisamment grand pour que le module du premier terme soit plus grand que le module de la somme de tous les autres.*

Dans le cas d'une fonction réelle $F(x)$, la première propriété signifie que, si elle est ordonnée suivant les puissances croissantes de x, il sera possible de trouver un nombre k tel que, pour $x =$ ou $< k$, le premier terme sera plus grand en valeur absolue que la somme de tous les autres; lorsque $F(x)$ est ordonnée suivant les puissances décroissantes de x, il existera un nombre l tel que, pour $x =$ ou $> l$, le premier terme sera plus grand en valeur absolue que la somme de tous les autres; par conséquent, dans l'intervalle de $x = l$ à $x = \infty$, la fonction conservera le même signe, celui de son premier terme. Enfin, pour la fonction réelle

$$F(x) = A_0 x^m + A_1 x^{m-1} + \cdots + A_{m-1} x$$

privée du dernier terme, on pourra déterminer une valeur de x suffisamment petite pour que le résultat correspondant de la fonction soit, en valeur absolue, inférieur à une quantité donnée, quelle que petite qu'elle soit.

36. *Continuité de la fonction entière.* D'après sa nature, la fonction entière réelle

$$F(x) = A_0x^m + A_1x^{m-1} + \cdots + A_{m-1}x + A_m$$

se réduit à un nombre fini et déterminé pour une valeur réelle et finie de la variable $x = x_0$; pour une valeur voisine $x = x_0 + h$, h étant une quantité très petite positive ou négative, la fonction devient : $F(x_0 + h)$, et la différence

$$F(x_0 + h) - F(x_0)$$

représentera, en valeur absolue, l'accroissement de la fonction. Il faut démontrer que cet accroissement est très petit, si h est très petit, et que, si h diminue de plus en plus pour arriver à zéro, cet accroissement tend aussi vers zéro en même temps que h. Cherchons d'abord la valeur de $F(x_0 + h)$. On a

$$F(x_0 + h) = A_0(x_0 + h)^m + A_1(x_0 + h)^{m-1} + \cdots + A_{m-2}(x_0 + h)^2 + A_{m-1}(x_0 + h) + A_m.$$

En développant par la formule du binôme et en ordonnant par rapport à h, le second membre se présentera sous la forme

$$A + Bh + C\frac{h^2}{1\cdot 2} + D\frac{h^3}{1\cdot 2\cdot 3} + \cdots + L\frac{h^m}{1\cdot 2\cdot 3\ldots m};$$

A représente la somme des premiers termes des développements et sa valeur est

$$F(x_0) = A_0x_0^m + A_1x_0^{m-1} + \cdots + A_m.$$

Le coefficient B est la somme des seconds termes des développements, c'est-à-dire, l'expression

$$mA_0x_0^{m-1} + (m-1)A_1x_0^{m-2} + \cdots 2A_{m-2}x_0 + A_{m-1}.$$

Ce second polynôme se déduit de $F(x_0)$ *en multipliant chaque terme par l'exposant de x_0 et en diminuant ensuite cet exposant d'une unité;* on l'appelle *dérivée* de $F(x_0)$ et on le représente par $F'(x_0)$.

Le polynôme C a pour valeur

$$m(m-1)A_0x_0^{m-2} + (m-1)(m-2)A_1x_0^{m-3} + \cdots + 2A_{m-2};$$

il se déduit de $F'(x_0)$ par la même règle; c'est la dérivée de la dérivée ou la dérivée seconde du polynôme primitif; elle se désigne par $F''(x_0)$.

Les coefficients qui suivent sont soumis à la même loi, et en les représentant respectivement par $F'''(x_0)$, $F^{IV}(x_0) \ldots F^{(m)}(x_0)$, on aura finalement

$$F(x_0+h)=F(x_0)+hF'(x_0)+\frac{h^2}{1.2}F''(x_0)+\cdots+\frac{h^m}{1.2.3\ldots m}F^{(m)}(x_0).$$

Dans la formation des dérivées, il est bon de remarquer que l'application successive de la règle diminue chaque fois le degré d'une unité, et que chaque fonction renferme un terme de moins que la précédente. Par conséquent, la dérivée de l'ordre m ne renfermera plus x_0; sa valeur est ce que devient le premier terme de $F(x_0)$ après les m opérations, c'est-à-dire,

$$F^{(m)}(x_0)=A_0 m(m-1)(m-2)\ldots 3.2.1.$$

De la formule précédente, on tire

$$F(x_0+h)-F(x_0)=hF'(x_0)+\frac{h^2}{1.2}F''(x_0)+\cdots$$

Le second membre est une fonction entière de h renfermant h en facteur et, d'après une propriété démontrée, pour une valeur convenable de h, il deviendra inférieur à une quantité donnée k, quelle que petite qu'elle soit. On doit donc regarder les accroissements de la fonction et de la variable comme des quantités de même ordre de grandeur, et qui tendent simultanément vers zéro. Lorsqu'il en est ainsi, on dit que la fonction est continue dans le voisinage de la valeur $x=x_0$, et si cette propriété se vérifie pour toutes les valeurs de x comprises entre $x=a$ et $x=b$, on dit que la fonction est continue dans cet intervalle. La valeur choisie x_0 est quelconque, mais finie ; il en résulte que la fonction entière est continue pour toutes les valeurs finies de la variable.

Le développement de $F(x_0+h)$ s'appuie uniquement sur la formule du binôme ; un développement semblable existera pour la fonction complexe $F(z)$; h étant l'accroissement de la variable imaginaire, le même raisonnement prouve que le module de la différence

$$F(z_0+h)-F(z_0)$$

ainsi que celui de h tendent simultanément vers zéro. En se reportant à la représentation géométrique d'une fonction imaginaire, on en conclut que la fonction entière $F(z)$ est continue dans toute l'étendue du plan. Si la variable complexe part d'un point m et décrit un chemin continu pour revenir ensuite au point de départ, la fonction F(z) décrira aussi un chemin continu, et elle reprendra, à la fin, sa valeur initiale ; donc, lorsque la courbe décrite par z est fermée, il en est de même de la courbe décrite par la fonction.

37. Nous avons vu que la dérivée est le polynôme qui multiplie h dans le développement de $F(x+h)$ en remplaçant x_0 par x. De ce développement, on tire

$$\frac{F(x+h)-F(x)}{h}=F'(x)+\frac{h}{1.2}F''(x)+\frac{h^2}{1.2.3}F'''(x)+\cdots$$

et, en supposant que h tende vers zéro, il vient, à la limite,

$$\lim.\frac{F(x+h)-F(x)}{h}=F'(x).$$

De là, cette définition qui s'applique à une fonction quelconque : *La dérivée est la limite du rapport de l'accroissement de la fonction à l'accroissement de la variable, lorsque ce dernier tend vers zéro.*

On peut trouver la dérivée en partant de cette définition. Ainsi, pour la fonction

$$F(x)=ax^m,$$

la règle donnée fournit l'expression

$$F'(x)=max^{m-1}.$$

Conformément à la définition précédente, cherchons d'adord $F(x+h)$. On a :

$$F(x+h)=a(x+h)^m=ax^m+max^{m-1}h+\frac{m(m-1)}{1.2}ax^{m-2}h^2+\cdots;$$

par suite,

$$\frac{F(x+h)-F(x)}{h}=max^{m-1}+\frac{m(m-1)}{1.2}ax^{m-2}h+\cdots$$

Tous les termes du second membre, excepté le premier, s'annulent à la limite pour $h=0$; on a donc

$$\lim\frac{F(x+h)-F(x)}{h}=max^{m-1}.$$

C'est précisément le résultat obtenu par la règle que nous avons d'abord donnée pour la formation de la dérivée d'une fonction entière.

38. *Propriété du rapport* $\frac{F(x)}{F'(x)}$. Si $F(x)$ est une fonction entière réelle ayant pour dérivée $F'(x)$, le rapport

$$\frac{F(x)}{F'(x)}$$

jouit de cette propriété importante qu'*en s'annulant, il passe toujours du négatif au positif.*

Soit, en effet, $x = a$, une valeur qui annule le numérateur $F(x)$, de telle sorte que $F(a) = 0$. Si on développe $F(a+h)$ et $F'(a+h)$, on trouve

$$F(a+h) = F(a) + hF'(a) + \frac{h^2}{1 \cdot 2} F''(a) + \cdots$$

$$F'(a+h) = F'(a) + hF''(a) + \frac{h^2}{1 \cdot 2} F'''(a) + \cdots$$

Pour plus de généralité, supposons que la valeur $x = a$ annule $F(x)$ et ses $p - 1$ premières dérivées; dans ce cas, les développements se réduisent à

$$F(a+h) = \frac{h^p}{1 \cdot 2 \ldots p} F^{(p)}(a) + \frac{h^{p+1}}{1 \cdot 2 \ldots (p+1)} F^{(p+1)}(a) + \cdots$$

$$F'(a+h) = \frac{h^{p-1}}{1 \cdot 2 \ldots (p-1)} F^{(p)}(a) + \frac{h^p}{1 \cdot 2 \ldots p} F^{(p+1)}(a) + \cdots$$

Les premiers termes au second membre renferment le même facteur $F^{(p)}(a)$ et les puissances h^p et h^{p-1}; ils seront donc de même signe, si h est positif, et, de signe différent, si h est négatif, les nombres p et $p - 1$ n'étant pas de même parité. Posons $h = -k$, et supposons que la quantité k soit suffisamment petite pour que les seconds membres aient le même signe que leurs premiers termes; dans ces conditions, $F(a-k)$ et $F'(a-k)$ seront de signes contraires, tandis que $F(a+k)$ et $F'(a+k)$ seront de même signe. Par conséquent, immédiatement avant que x ne prenne la valeur a qui annule le rapport $\frac{F(x)}{F'(x)}$, les deux termes de ce rapport sont de signe différent et immédiatement après de même signe. Ce qui démontre la propriété énoncée.

39. *Théorème fondamental de la théorie des équations.* Ce théorème consiste dans la proposition suivante : *toute équation algébrique a une racine.*

Les propriétés de la fonction entière que nous venons d'étudier suffisent pour donner une première démonstration de ce principe. Soit

$$F(z) = A_0 z^m + A_1 z^{m-1} + \cdots + A_m = 0$$

l'équation la plus générale du degré m. Admettons qu'on attribue à z toutes les valeurs possibles réelles et imaginaires, et désignons par R_0, R_1, R_2 ... les modules des valeurs de $F(z)$ qui leur correspondent ; parmi cette suite indéfinie de quantités positives, il y en aura une plus petite que toutes les autres et que nous appellerons module minimum de $F(z)$. Nous allons démontrer que cette valeur minimum est nécessairement zéro.

Posons :

$$F(z_0) = A_0 z_0^m + A_1 z_0^{m-1} + \cdots + A_m$$

et supposons cette valeur différente de zéro. Pour plus de généralité, nous pouvons admettre que z_0 annule les $p - 1$ premières dérivées de $F(z)$; dans ce cas, en donnant à z_0 un accroissement h, on aura

$$F(z_0 + h) = F(z_0) + \frac{h^p}{1.2\ldots p} F^{(p)}(z_0) + \frac{h^{p+1}}{1.2\ldots(p+1)} F^{(p+1)}(z_0) + \cdots;$$

par suite,

$$\frac{F(z_0+h)}{F(z_0)} = 1 + \frac{h^p}{1.2\ldots p} \frac{F^{(p)}(z_0)}{F(z_0)} + \frac{h^{p+1}}{1.2\ldots(p+1)} \frac{F^{(p+1)}(z_0)}{F(z_0)} + \cdots$$

Posons :

$$h = \rho(\cos\omega + \sqrt{-1}\sin\omega), \qquad \frac{1}{1.2\ldots i} \frac{F^{(i)}(z_0)}{F(z_0)} = r_i(\cos\alpha_i + \sqrt{-1}\sin\alpha_i).$$

Il viendra, par l'application de la formule de Moivre,

$$\frac{F(z_0+h)}{F(z_0)} = 1 + \rho^p r_p [\cos(p\omega + \alpha_p) + \sqrt{-1}\sin(p\omega + \alpha_p)] + A,$$

A étant une somme de quantités imaginaires ayant respectivement pour modules

$$\rho^{p+1} r_{p+1}, \quad \rho^{p+2} r_{p+2} \ldots \rho^m r_m.$$

Choisissons maintenant l'argument ω de h de manière à vérifier la relation

$$p\omega + \alpha_p = \pi.$$

Il en résultera

$$\cos(p\omega + \alpha_p) = -1, \quad \sin(p\omega + \alpha_p) = 0.$$

Par conséquent, en écrivant que le module d'une somme de quantités imaginaires est au plus égal à la somme des modules, on aura

$$\text{mod.}\,\frac{F(z_0+h)}{F(z_0)} = \text{ ou } < 1 - \rho^p r_p + \rho^{p+1} r_{p+1} + \cdots$$

ou bien

$$\text{mod.}\,\frac{F(z_0+h)}{F(z_0)} = \text{ ou } < 1 - \rho^p [r_p - (\rho r_{p+1} + \rho^2 r_{p+2} + \cdots)].$$

Sous cette forme, on voit qu'avec une valeur de ρ suffisamment petite, la quantité entre crochets sera positive. D'un autre côté, si ρ diminue de plus en plus, le second membre tend vers la quantité $1 - \rho^p r_p$ et cette différence est inférieure à l'unité pour $\rho < \frac{1}{\sqrt[p]{r_p}}$. Il en résulte qu'en choisissant le module ρ de h inférieur à $\frac{1}{\sqrt[p]{r_p}}$ et suffisamment petit, le second membre de la relation précédente deviendra certainement inférieur à l'unité. Nous aurons alors

$$\text{mod.}\,F(z_0+h) < \text{mod.}\,F(z_0).$$

Cette propriété étant démontrée, soit R_0 le module minimum de $F(z)$ et z_0 la valeur correspondante de z; il faut nécessairement que $R_0 = 0$; car, autrement, il serait possible de déterminer une quantité h telle que

$$\text{mod.}\,F(z_0+h) < R_0$$

et R_0 ne serait pas le plus petit des modules R. Ce qui implique contradiction. Donc $R_0 = 0$, ou $\text{mod.}\,F(z_0) = 0$, c'est-à-dire, $F(z_0) = 0$; par suite, z_0 est racine.

40. *Toute équation du degré m admet m racines.* Soit

$$F(z) = A_0 z^m + A_1 z^{m-1} + \cdots + A_m = 0,$$

une équation du degré m; elle admet toujours une racine; en la désignant par a, on doit avoir $F(a) = 0$, c'est-à-dire,

$$A_0 a^m + A_1 a^{m-1} + \cdots + A_m = 0.$$

On sait que cette relation est aussi la condition pour que le polynôme $F(z)$ soit divisible par $z - a$; donc, si a est racine, la division se fait exactement et l'on peut poser

$$(1) \qquad F(z) = (z-a)\,Q_{m-1},$$

Q_{m-1} étant un polynôme du degré $m-1$ en z; d'après cette égalité, toute racine de $Q_{m-1} = 0$, est aussi une racine de l'équation proposée. Soit b la racine qu'admet cette nouvelle équation ; on aura également

$$Q_{m-1} = (z - b)\, Q_{m-2},$$

Q_{m-2} étant un polynôme du degré $m - 2$. En substituant dans (1), il vient

$$(2) \qquad F(z) = (z - a)(z - b)\, Q_{m-2}.$$

De même, c étant la racine qu'admet l'équation $Q_{m-2} = 0$, l'on aura

$$Q_{m-2} = (z - c)\, Q_{m-3},$$

et, par suite,

$$F(z) = (z - a)(z - b)(z - c)\, Q_{m-3}.$$

On posera encore $Q_{m-3} = 0$, et en continuant ainsi, il se fera, qu'après $m - 2$ divisions, on aura pour $F(z)$

$$F(z) = (z - a)(z - b)(z - c)(z - d) \ldots (z - g)(A_0 z^2 + Pz + Q),$$

le dernier quotient n'étant plus que du second degré, et son premier terme ayant pour coefficient A_0 qui reste dans les quotients successifs. En désignant, enfin, par k et l les racines du trinôme égalé à zéro, il vient :

$$A_0 z^2 + Pz + Q = A_0 (z - k)(z - l),$$

et, par conséquent,

$$(3) \qquad F(z) = A_0 (z - a)(z - b)(z - c) \ldots (z - k)(z - l).$$

Le premier membre de l'équation se trouve ainsi transformé en un produit de m facteurs du premier degré. Ce produit s'annule seulement lorsque l'un des facteurs est égal à zéro ; donc, les nombres réels ou imaginaires

$$z = a, \quad z = b, \quad z = c, \ldots \, z = l$$

sont les m racines de l'équation et il n'y en a pas d'autres.

Remarque. L'équation (3) conduit à une nouvelle expression de la dérivée qui nous sera utile. On sait que cette fonction est le coefficient de h dans le développement de $F(z + h)$. Or, on a :

$$F(z + h) = A_0 (z - a + h)(z - b + h)(z - c + h) \ldots (z - l + h)$$

$$= A_0 (z - a)(z - b) \ldots (z - l) \left[\left(1 + \frac{h}{z - a}\right)\left(1 + \frac{h}{z - b}\right) \cdots \left(1 + \frac{h}{z - l}\right)\right]$$

et le coefficient de h dans ce dernier produit est évidemment

$$A_0 (z - a)(z - b) \ldots (z - l) \left[\frac{1}{z - a} + \frac{1}{z - b} + \cdots + \frac{1}{z - l}\right].$$

Le facteur extérieur étant F (z), il vient

$$F'(z) = \frac{F(z)}{z-a} + \frac{F(z)}{z-b} + \cdots + \frac{F(z)}{z-l},$$

c'est-à-dire, que la dérivée d'une fonction entière est la somme des quotients de la fonction par ses facteurs linéaires.

§ 3.

Principes d'identité, de substitution, des racines égales, des racines imaginaires, de la transformation des équations, des variations du premier membre.

41. *Principe d'identité.* Nous appellerons *équation identique*, une équation qui est satisfaite quelle que soit la valeur attribuée à l'inconnue. Cela étant, on a la proposition suivante : *Une équation algébrique du degré m est identique, lorsqu'elle est satisfaite par m + 1 valeurs de l'inconnue, et, dans ce cas, les coefficients des diverses puissances sont nuls, s'il n'y a pas de second membre; si les deux membres sont des polynômes entiers du degré m, les coefficients des mêmes puissances sont égaux.*

Soit l'équation

$$F(x) = A_0x^m + A_1x^{m-1} + \cdots + A_m$$

que nous supposerons vérifiée par les m nombres $a, b, c, \ldots l$. Le premier membre peut se ramener à la forme

$$F(x) = A_0(x-a)(x-b)\ldots(x-l).$$

Désignons par p une valeur de x différente des autres et annulant F (x), en posant $x = p$, le premier membre de cette égalité est nul, tandis que le second ne peut l'être qu'avec $A_0 = 0$, et, dans cette hypothèse, le second membre est nul quel que soit x. Puisque $A_0 = 0$, l'équation proposée devient

$$A_1x^{m-1} + A_2x^{m-2} + \cdots + A_m = 0.$$

Pour le même motif, celle-ci étant vérifiée par plus de $m - 1$ valeurs de x, on doit avoir $A_1 = 0$; ainsi de suite. Tous les coefficients sont nuls et l'équation est satisfaite quel que soit x.

En second lieu, l'équation

$$A_0x^m + A_1x^{m-1} + \cdots + A_m = B_0x^m + B_1x^{m-1} + \cdots + B_m$$

se ramène à la précédente par la transposition des termes; ce qui donne

$$(A_0 - B_0)x^m + (A_1 - B_1)x^{m-1} + \cdots + A_m - B_m = 0.$$

Si elle est vérifiée par $m+1$ valeurs de x, tous les coefficients doivent être nuls. Il vient donc les égalités

$$A_0 = B_0, \quad A_1 = B_1, \quad \ldots, \quad A_m = B_m,$$

c'est-à-dire que les polynômes des deux membres sont composés des mêmes termes.

C'est, sur ce principe, qu'est basée la *méthode des coefficients indéterminés* si utile en Algèbre. Elle consiste à calculer, par certaines conditions, des coefficients inconnus qui entrent dans une expression algébrique. Pour en donner un exemple, cherchons le quotient du polynôme donné

$$x^6 + A_1x^5 + A_2x^4 + A_3x^3 + A_4x^2 + A_5x + A_6$$

par $x^2 + px + q$. On désignera le quotient inconnu qui doit être du 4ᵉ degré par

$$x^4 + B_1x^3 + B_2x^2 + B_3x + B_4.$$

En le multipliant par le diviseur, on trouve

$$x^6 + (p + B_1)x^5 + (q + pB_1 + B_2)x^4 + (qB_1 + pB_2 + B_3)x^3$$
$$+ (qB_2 + pB_3 + B_4)x^2 + (qB_3 + pB_4)x + qB_4.$$

Cette expression doit être identique au polynôme proposé, et, d'après le principe, il y aura égalité entre les coefficients des mêmes puissances. En égalant les coefficients de x^5, x^4, x^3, x^2, on a

$$p + B_1 = A_1, \quad q + pB_1 + B_2 = A_2, \quad qB_1 + pB_2 + B_3 = A_3$$
$$qB_2 + pB_3 + B_4 = A_4.$$

La première donne B_1; B_1 étant connu, la seconde donne B_2; les deux dernières donneront ensuite B_3, B_4.

La méthode des coefficients indéterminés peut également être employée pour extraire la racine $n^{ième}$ d'un polynôme, développer une fonction en série etc.; ses applications sont entrêmement nombreuses et variées.

42. *Principe de substitution. Deux nombres x_0 et x_1 qui, substitués dans* F (x), *donnent des résultats de signes contraires, comprennent un nombre impair de racines de l'équation* F $(x) = 0$; *si les résultats sont de même signe, ils en comprennent zéro ou un nombre pair.*

Pour fixer les idées, supposons

$$F(x_0) = +, \quad F(x_1) = -.$$

Nous savons que, si x varie d'une manière continue de x_0 et x_1, $F(x)$ reste finie et varie aussi par degrés insensibles ; comme elle doit changer de signe, à un moment donné, elle finira par diminuer de plus en plus pour arriver à zéro et devenir ensuite négative. C'est une conséquence nécessaire de la continuité qu'en passant de $+$ à $-$, la fonction prenne la valeur zéro qui est la limite entre les quantités positives et négatives. Il existe donc une valeur de x comprise entre x_0 et x_1 qui annule $F(x)$, c'est-à-dire, une racine. On connaît seulement le signe de $F(x)$ au commencement pour $x = x_0$, et à la fin pour $x = x_1$; la fonction peut passer un nombre impair de fois par zéro dans l'intervalle sans laisser d'autres traces que des résultats de signes contraires. Il peut donc y avoir un nombre impair de racines entre x_0 et x_1. Quand les résultats $F(x_0)$, $F(x_1)$ sont de même signe, il est impossible de savoir, si la fonction n'a pas traversé zéro, ou si elle y a passé un nombre pair de fois; donc, ou bien il n'y aura pas de racine entre x_0 et x_1, ou bien il y en aura un nombre pair.

Comme conséquence de ce principe, nous signalerons cette propriété : *Une équation de degré impair possède toujours au moins une racine réelle de signe contraire au dernier terme.*

Considérons une équation de cette espèce

$$A_0x^{2m+1} + A_1x^{2m} + \cdots \pm A_{2m+1} = 0.$$

Si le dernier terme est négatif, les nombres $x_0 = 0$ et $x_1 = \infty$ donnent des résultats de signe différent; il y a donc au moins une racine comprise entre 0 et ∞, c'est-à-dire une racine positive. Si le dernier terme est positif, les nombres $x_0 = 0$ et $x_1 = -\infty$ conduisent également à des résultats de signes contraires ; il y a donc au moins une racine négative.

On prouve de la même manière qu'*une équation de degré pair dont le dernier terme est négatif admet au moins une racine réelle positive et une racine réelle négative*. On prendra $x_0 = 0$, et, pour x_1, successivement $+\infty$ et $-\infty$.

Quant le dernier terme d'une équation de degré pair est positif, ces diverses substitutions n'apprennent rien. Il résulte de ce qui précède que, parmi les équations à coefficients réels, il n'y a que les équations de degré pair dont le dernier terme est positif qui peuvent avoir toutes leurs racines imaginaires.

Il est utile de remarquer que, d'après le principe de substitution, le nombre de racines réelles positives d'une équation est pair, si le dernier terme est positif, et impair si le dernier terme est négatif.

Il est bien entendu relativement à toutes ces conséquences, qu'on suppose toujours l'équation écrite de manière que le premier terme soit positif.

43. *Principe des racines égales.* En désignant par $a, b, c, \ldots l$ les racines de l'équation du degré m

$$F(x) = 0,$$

on a :

$$(\alpha) \qquad F(x) = A_0 (x - a)(x - b)(x - c) \ldots (x - l),$$

et, pour la dérivée,

$$(\beta) \qquad F'(x) = \frac{F(x)}{x-a} + \frac{F(x)}{x-b} + \cdots + \frac{F(x)}{x-l}.$$

Si on pose $a = b$ dans (α), $F(x)$ renferme le facteur $(x - a)^2$, et on dit alors que a est une racine *double ;* en général, si p racines sont égales à a, $F(x)$ renferme le facteur $(x - a)^p$, et on dit que a est une racine *multiple du degré p de multiplicité.* Pour une telle racine, le second membre de (β) contient p termes égaux au premier et l'on a :

$$F'(x) = \frac{pF(x)}{x-a} + \frac{F(x)}{x-g} + \cdots \frac{F(x)}{x-l}.$$

Le quotient de $F(x)$ par $x - a$ du premier terme du second membre conservera le facteur $(x - a)^{p-1}$, puisque $(x - a)^p$ se trouve dans $F(x)$; les autres quotients par $x - g$, etc. conserveront $(x - a)^p$; il en résulte que $(x - a)^{p-1}$ sera un facteur commun du second membre; par conséquent, a est une racine multiple de l'équation dérivée

$$F'(x) = 0$$

du degré $p - 1$ de multiplicité, car $F'(x)$ renferme le facteur $(x - a)^{p-1}$. Pour le même motif, la dérivée de la dérivée ou la dérivée seconde contiendra le facteur $(x - a)^{p-2}$, la dérivée troisième le facteur $(x - a)^{p-3}$, et ainsi de suite; la dérivée de l'ordre $p - 1$ ne renfermera $x - a$ qu'à la première puissance, et, dans la dérivée suivante, ce facteur aura disparu;

celle-ci ne s'annulera pas pour $x = a$, mais bien toutes les dérivées précédentes. Donc, *une racine multiple du degré p de multiplicité annule* $F(x)$ *et ses* $p - 1$ *premières dérivées.*

Il résulte de ce que l'on vient d'exposer que, pour une racine a du degré p de multiplicité, il y a entre $F(x)$ et $F'(x)$ le facteur commun $(x - a)^{p-1}$. S'il existe une autre racine b du degré q de multiplicité, il y aura entre les mêmes fonctions le facteur commun $(x - b)^{q-1}$, etc. De là résulte ce principe fondamental :

Si une équation $F(x) = 0$ *admet des racines multiples, il existe entre le premier membre et sa dérivée un plus grand commun diviseur qui se compose du produit des facteurs correspondants à ces racines, chacun d'eux élevé à une puissance inférieure d'une unité à leur degré de multiplicité.*

D'après cette propriété, si l'on veut débarrasser une équation de ses racines multiples, il faut chercher le plus grand commun diviseur entre $F(x)$ et $F'(x)$, et diviser ensuite $F(x)$ par ce plus grand commun diviseur. Soit $\varphi(x)$ le quotient ainsi obtenu ; l'équation

$$\varphi(x) = 0$$

renfermera les racines simples de l'équation primitive ainsi que les racines multiples, mais chacune d'elles une fois seulement.

44. *Principe des racines imaginaires.* Les racines d'une équation à coefficients réels

$$F(x) = 0$$

peuvent être rationnelles, irrationnelles ou imaginaires ; mais, en vertu de l'identité

$$F(x) = A_0 (x - a)(x - b) \dots (x - l),$$

le produit des facteurs linéaires qui leur correspondent doit être réel. Supposons que a et b soient deux racines imaginaires, et posons :

$$a = \alpha + \beta\sqrt{-1}, \quad b = \alpha' + \beta'\sqrt{-1}.$$

Cherchons la condition pour que le produit

$$(x - a)(x - b) = (x - \alpha - \beta\sqrt{-1})(x - \alpha' - \beta'\sqrt{-1})$$

soit réel, quel que soit x. En effectuant la multiplication, et en égalant à zéro le coefficient de $\sqrt{-1}$, on trouve

$$(x - \alpha)\beta' + (x - \alpha')\beta = 0$$

ou bien

$$(\beta + \beta')x - (\alpha\beta' + \beta\alpha') = 0.$$

Cette relation aura lieu pour une valeur quelconque de x avec les conditions

$$\beta + \beta' = 0, \quad \alpha\beta' + \beta\alpha' = 0.$$

On en tire

$$\beta' = -\beta, \quad \alpha' = \alpha.$$

Par conséquent, si $\alpha + \beta\sqrt{-1}$ est une racine imaginaire, l'autre est de la forme $\alpha - \beta\sqrt{-1}$; le produit $(x - a)(x - b)$ est alors réel et il a pour valeur

$$(x - \alpha)^2 + \beta^2.$$

De là cette règle : *les racines imaginaires d'une équation algébrique à coefficients réels sont conjuguées deux à deux.* Ainsi, toute racine imaginaire $\alpha + \beta\sqrt{-1}$ est nécessairement accompagnée de la racine conjugée $\alpha - \beta\sqrt{-1}$, et si $\alpha + \beta\sqrt{-1}$ est une racine double, il en sera de même de $\alpha - \beta\sqrt{-1}$, etc. D'après cette propriété, le nombre des racines imaginaires est toujours pair et, pour ce motif, une équation de degré impair doit toujours admettre au moins une racine réelle; de plus, le nombre total de ses racines réelles sera impair. Puisque le produit des facteurs correspondant à deux racines imaginaires conjuguées est réel et du second degré, on en conclut encore qu'il est toujours possible de ramener $F(x)$ à un produit de facteurs réels du second degré.

45. *Premiers principes de la transformation des équations.* Reprenons encore la relation fondementale

$$(\alpha) \qquad F(x) = A_0(x - a)(x - b)(x - c)\ldots(x - l),$$

et remplaçons d'abord x par $-x$; on aura

$$F(-x) = A_0(-x - a)(-x - b)\ldots(-x - l).$$

D'après les facteurs du second membre, les racines de l'équation transformée

$$F(-x) = 0$$

seront :

$$-a, \quad -b, \quad -c, \quad \ldots, \quad -l.$$

Donc, *pour changer le signe des racines d'une équation, il faut remplacer x par $-x$ dans le premier membre.*

Il est utile de remarquer que, par cette substitution, les termes de degré impair seuls changent de signe. Une équation qui ne renfermerait que des puissances paires de l'inconnue resterait invariable; une telle équation admet à la fois pour racines $+a$ et $-a$; $+b$ et $-b$, etc., c'est-à-dire que ses racines sont égales et de signes contraires.

En second lieu, remplaçons dans (α) x par $\frac{x}{\lambda}$, λ étant une constante quelconque. Il viendra

$$F\left(\frac{x}{\lambda}\right) = A_0\left(\frac{x}{\lambda} - a\right)\left(\frac{x}{\lambda} - b\right)\cdots\left(\frac{x}{\lambda} - l\right).$$

En égalant chaque facteur du second membre à zéro, on voit que les racines de la transformée

$$F\left(\frac{x}{\lambda}\right) = 0,$$

seront :

$$\lambda a, \quad \lambda b, \quad \lambda c, \quad \ldots, \quad \lambda l.$$

Par conséquent, *pour multiplier les racines par une constante* λ, *il faut remplacer* x *par* $\frac{x}{\lambda}$ *dans l'équation.*

En faisant la substitution indiquée, on trouve

$$A_0 \frac{x^m}{\lambda^m} + A_1 \frac{x^{m-1}}{\lambda^{m-1}} + \cdots + A_m = 0,$$

ou bien

$$A_0 x^m + A_1 \lambda x^{m-1} + A_2 \lambda^2 x^{m-2} + \cdots + A_m \lambda^m = 0,$$

et la règle précédente revient à celle-ci : *pour multiplier les racines par* λ, *il faut multiplier chaque coefficient de l'équation par une puissance de* λ *égale à son indice.*

En troisième lieu, remplaçons dans (α) x par λx; on aura

$$F(\lambda x) = A_0 (\lambda x - a)(\lambda x - b) \ldots (\lambda x - l);$$

par suite, la transformée

$$F(\lambda x) = 0$$

admet pour racines

$$\frac{a}{\lambda}, \quad \frac{b}{\lambda}, \quad \frac{c}{\lambda}, \quad \ldots, \quad \frac{l}{\lambda}.$$

Ainsi, *en changeant* x *en* λx *dans une équation, on divise les racines par* λ.

La transformée en λx est de la forme

$$A_0 \lambda^m x^m + A_1 \lambda^{m-1} x^{m-1} + \cdots + A_m = 0,$$

et l'on peut dire : *pour diviser les racines par λ, on doit multiplier chaque terme de l'équation par une puissance de λ égale à celle de x.*

Il est souvent utile de rendre l'équation du degré m homogène en substituant à x le rapport $\frac{x}{y}$ et en multipliant ensuite par y^m. Il vient ainsi

$$A_0x^m + A_1x^{m-1}y + A_2x^{m-2}y^2 + \cdots + A_my^m = 0.$$

Sous cette forme, pour multiplier les racines par λ, il faut remplacer y par λy, et pour les diviser par λ, on doit remplacer x par λx.

Comme application de ces règles, considérons l'équation

$$F(x) = x^3 - 2x^2 - x + 2 = 0$$

qui est vérifiée par

$$x = 1, \quad x = -1, \quad x = 2.$$

Cherchons une transformée ayant pour racines ces nombres multipliés par 2. Ce sera :

$$F\left(\frac{x}{2}\right) = \frac{x^3}{8} - 2\frac{x^2}{4} - \frac{x}{2} + 2 = 0$$

ou bien

$$x^3 - 4x^2 - 4x + 16 = 0.$$

Les racines de cette équation seront :

$$x = 2, \quad x = -2, \quad x = 4,$$

comme il est facile de le vérifier.

La transformée dont les racines seraient les précédentes divisées par 2 est de la forme

$$F(2x) = (2x)^3 - 2(2x)^2 - (2x) + 2 = 0,$$

ou bien

$$4x^3 - 4x^2 - x + 1 = 0;$$

elle aura pour racines

$$x = \frac{1}{2}, \quad x = -\frac{1}{2}, \quad x = 1.$$

Enfin, il faut encore déterminer une transformée dans laquelle les racines sont augmentées ou diminuées d'une même quantité λ. Remplaçons dans (α) x par $x - \lambda$; on aura

$$F(x - \lambda) = (x - \lambda - a)(x - \lambda - b) \ldots (x - \lambda - l),$$

et l'on voit que la transformée

$$F(x - \lambda) = 0$$

a pour racines

$$a + \lambda, \quad b + \lambda, \quad c + \lambda, \quad \ldots, \quad l + \lambda.$$

De même, par la substitution de $x+\lambda$ à x, l'équation

$$F(x+\lambda)=0$$

admettrait pour racines

$$a-\lambda,\quad b-\lambda,\quad c-\lambda,\quad \ldots,\quad l-\lambda.$$

Il est souvent nécessaire de calculer les transformées précédentes, et il faut indiquer un procédé facile et commode pour déterminer leurs coefficients. Par une formule connue, on a :

$$F(x+\lambda)=F(\lambda)+xF'(\lambda)+x^2\frac{F''(\lambda)}{1.2}+\cdots+x^m\frac{F^{(m)}(\lambda)}{1.2\cdots m}.$$

D'un autre côté, on peut écrire

$$F(x)=F(\lambda+x-\lambda)=F(\lambda)+(x-\lambda)F'(\lambda)+$$
$$(x-\lambda)^2\frac{F''(\lambda)}{1.2}+\cdots(x-\lambda)^m\frac{F^{(m)}(\lambda)}{1.2\ldots m}.$$

On sait que le reste de la division de $F(x)$ par $x-\lambda$ est $F(\lambda)$, c'est-à-dire, ce que devient le second membre pour $x=\lambda$. D'après ce développement, le quotient a pour expression

$$F'(\lambda)+(x-\lambda)\frac{F''(\lambda)}{1.2}+\cdots+(x-\lambda)^{m-1}\frac{F^{(m)}(\lambda)}{1.2\ldots m};$$

en y faisant $x=\lambda$, il reste $F'(\lambda)$; donc, si on divise de nouveau par $x-\lambda$, le reste de la seconde division sera $F'(\lambda)$, et le quotient

$$\frac{F''(\lambda)}{1.2}+(x-\lambda)\frac{F'''(\lambda)}{1.2.3}+\cdots+(x-\lambda)^{m-2}\frac{F^{(m)}(\lambda)}{1.2\ldots m}.$$

Une troisième division par $x-\lambda$ admettra pour reste $\frac{F''(\lambda)}{1.2}$, et ainsi de suite. Il résulte de là, que les coefficients de la transformée

$$F(x+\lambda)=0$$

seront les restes successifs de ces divisions.

Rappelons, maintenant, que pour diviser un polynôme $F(x)$ par $x-\lambda$, on a la règle suivante : le coefficient du premier terme du quotient est égal au coefficient du premier terme de $F(x)$; celui d'un autre terme quelconque s'obtient en multipliant le coefficient du terme précédent par λ, et en ajoutant ensuite le coefficient du terme correspondant de $F(x)$; enfin, si S représente le dernier terme du quotient, et A_m le dernier terme de $F(x)$, le reste est $S\lambda+A_m$.

Soit l'équation précédente

$$F(x) = x^3 - 2x^2 - x + 2 = 0$$

ayant pour racines 1, — 1, 2. Proposons-nous de diminuer les racines d'une unité. Les calculs des coefficients de la transformée

$$F(x+1) = 0$$

se disposent comme suit :

$$\begin{array}{c|cccc} & 1 & -2 & -1 & 2 \\ 1 & 1 & -1 & -2 & (0) \\ & 1 & 0 & (-2) & \\ & 1 & (1) & & \\ & (1) & & & \end{array}$$

La première ligne renferme les coefficients de $F(x)$; les nombres des autres lignes sont les coefficients des quotients successifs des divisions par $x - 1$ conformément à la règle indiquée ; enfin, les nombres entre parenthèses indiquent les restes ; ce sont les coefficients de la transformée en commençant par le dernier qui doit être le coefficient de la plus haute puissance de x. Cette transformée sera donc

$$x^3 + x^2 - 2x = 0;$$

elle aura pour racines 0, — 2, 1.

Lorsqu'on veut une transformée où les racines sont augmentées de λ, il faut diviser par $x + \lambda$, et se rappeler que, dans la formation des quotients, on doit multiplier par $-\lambda$ au lieu de $+\lambda$.

Avec la même équation, cherchons, par exemple, la transformée où les racines sont augmentées de deux unités. On dispose les calculs comme suit :

$$\begin{array}{c|cccc} & 1 & -2 & -1 & 2 \\ -2 & 1 & -4 & 7 & (-12) \\ & 1 & -6 & (19) & \\ & 1 & (-8) & & \\ & (1) & & & \end{array}$$

La transformée $F(x-2) = 0$ sera donc :

$$x^3 - 8x^2 + 19x - 12 = 0;$$

elle admettra pour racines 3, 1, 4.

Il arrive qu'il manque des termes dans l'équation donnée; il faut en tenir compte dans le calcul et leur donner pour coefficient zéro. Ainsi, pour l'équation

$$F(x) = x^4 - 2x^2 + 4x - 8 = 0,$$

si l'on veut former la transformée où les racines sont diminuées d'une unité, on aura le tableau suivant :

	1	0	-2	4	-8
1	1	1	-1	3	(-5)
	1	2	1	(4)	
	1	3	(4)		
	1	(4)			
	(1)				

Il conduit à l'équation

$$x^4 + 4x^3 + 4x^2 + 4x - 5 = 0.$$

46. *Principe sur les variations du premier membre d'une équation.* Etant donné un polynôme tel que

$$2x^4 + x^3 - 2x^2 - x + 5,$$

portons notre attention sur les signes des différents termes. Il peut arriver que deux termes consécutifs aient le même signe ou des signes différents; dans le premier cas, on dit qu'ils présentent une *permanence*, et, dans le second, une *variation*. Dans un polynôme complet du degré m, il y a $m+1$ termes, et en comparant un terme au suivant, on trouve que les permanences et les variations réunies sont en nombre m. Il n'en est pas ainsi pour un polynôme incomplet.

Si, dans un polynôme complet, on change x en $-x$, les permanences deviennent des variations et les variations des permanences; ce qui n'arrive pas généralement dans un polynôme incomplet. Remarquons encore qu'entre deux termes non consécutifs de même signe, il y a un nombre pair de variations, et, si ces termes sont de signes contraires, un nombre impair.

Cela étant, considérons l'équation

$$F(x) = A_0x^m + A_1x^{m-1} + \cdots + A_m = 0$$

et multiplions le premier membre par $x - a$, a étant positif; on introduira ainsi une racine positive, et nous allons voir que le nombre des variations du premier membre sera aussi augmenté.

En parcourant l'équation à partir du premier terme qu'on suppose toujours positif, une variation se présentera en arrivant au premier terme négatif. Soit $-A_q x^q$ ce terme; par hypothèse, le terme précédent $A_{q-1}x^{q+1}$ sera positif; ces deux termes donnent la différence

$$A_{q-1}x^{q+1} - A_q x^q.$$

En multipliant le second terme par x et le premier par $-a$, il y aura dans le produit $(x-a)\,F(x)$ le terme suivant :

$$-(A_{q-1}a + A_q)\,x^{q+1},$$

et depuis le premier terme du produit jusqu'à celui-ci, il y aura au moins une variation comme il y en a une entre A_0x^m et $-A_qx^q$ dans $F(x)$; mais, par la réduction des termes semblables, il pourrait se faire qu'il y ait plus d'une variation dans cette première partie du produit.

En continuant à parcourir l'équation après $-A_qx^q$, on rencontrera encore une variation en arrivant à un terme positif; soit A_rx^r ce terme; le précédent $A_{r-1}x^{r+1}$ sera négatif; en les réunissant, il vient :

$$-A_{r-1}x^{r+1} + A_rx^r$$

et, dans le produit, il y aura le terme correspondant positif

$$(A_{r-1}a + A_r)\,x^{r+1}.$$

Depuis le premier terme du produit jusqu'à celui-ci, il y a au moins deux variations comme entre A_0x^m et A_rx^r de $F(x)$. Supposons que les deux derniers termes de $F(x)$ présentent une variation comme suit :

$$A_{m-1}x - A_m.$$

En multipliant par $x - a$, la fin du produit sera de la forme

$$A_{m-1}x^2 - (A_{m-1}a + A_m)\,x + A_ma.$$

D'après le raisonnement qui précède, il y a au moins entre le premier terme du produit et $A_{m-1}x^2$ autant de variations qu'entre A_0x^m et $A_{m-1}x$ dans $F(x)$; il suffit de le continuer en allant de proche en proche jusqu'à $A_{m-1}x$. Or, les derniers termes du produit donnent deux variations correspondant à une seule dans $F(x)$. Il y en a donc au moins une en plus au produit, et il en sera toujours ainsi quels que soient les signes des deux derniers termes de $F(x)$. On a donc ce principe : *Si on multiplie le premier membre d'une équation ou bien un polynôme du degré m par un* *facteur $x - a$, a étant positif, il y a au moins une variation de plus dans le produit que dans le polynôme primitif.*

S'il y a plus d'une variation introduite, on peut démontrer que leur nombre est toujours impair. Lorsque dans $F(x)$ le premier et le dernier terme sont positifs, il y a un nombre pair de variations ; mais alors le dernier terme du produit est négatif, et celui-ci en renferme un nombre impair ; au contraire, il y a un nombre impair de variations dans $F(x)$, si le premier et le dernier terme sont de signe différent et un nombre pair dans le produit. Or, pour passer de pair à impair ou d'impair à pair, il faut toujours ajouter un nombre impair.

La propriété que nous venons de démontrer fait prévoir une relation entre le nombre de racines positives et celui des variations du premier membre d'une équation. Nous indiquerons plus loin cette relation importante.

§ 4.

COMPOSITION DES COEFFICIENTS D'UNE ÉQUATION. FONCTIONS SYMÉTRIQUES DES RACINES.

47. Les racines réelles et imaginaires de l'équation du degré m

$$F(x) = x^m + A_1 x^{m-1} + \cdots + A_m = 0,$$

où le coefficient du premier terme est l'unité, étant désignées par $a, b, c, \ldots, l$, on a :

$$F(x) = (x - a)(x - b)(x - c) \ldots (x - l),$$

ou bien, en développant,

$$F(x) = x^m \begin{array}{c|} -a \\ -b \\ -c \\ \vdots \end{array} \; x^{m-1} \begin{array}{c|} +ab \\ +ac \\ +bc \\ \vdots \end{array} \; x^{m-2} \begin{array}{c|} -abc \\ -abd \\ -bcd \\ \vdots \end{array} \; x^{m-3} + \cdots \pm abc \ldots l.$$

Si on compare cette expression terme à terme avec $F(x)$, il vient les relations

$$(\alpha) \qquad \begin{array}{c} a + b + \cdots + l = -A_1 \\ ab + ac + \cdots = A_2 \\ abc + abd + \cdots = -A_3 \\ \cdots\cdots\cdots\cdots\cdots \\ abc \ldots kl = \pm A_m. \end{array}$$

Ainsi, quand le coefficient du premier terme d'une équation algébrique est l'unité : 1° *La somme des racines est égale au coefficient du second terme en signe contraire;* 2° *La somme des produits deux à deux est égale au coefficient du troisième terme, et ainsi de suite;* 3° *Le produit des racines est égal à plus ou moins le coefficient du dernier terme.* Lorsque le coefficient A_0 du premier terme n'est pas l'unité, on doit diviser les seconds membres des égalités (α) par A_0.

48. Les premiers membres des relations précédentes jouissent de cette propriété de rester invariables par l'échange de deux racines quelconques. Lorsqu'une expression renfermant les racines $a, b, c, \ldots, l$ présente ce caractère, on dit que c'est *une fonction symétrique* des racines.

On appelle fonction symétrique *simple* celle où chaque terme renferme une seule lettre élevée à une certaine puissance; nous la désignerons par S_p; par définition, on aura :

$$S_p = a^p + b^p + \cdots + l^p.$$

Si on groupe les lettres deux à deux de toutes les manières possibles en donnant à la première lettre l'exposant p, à la seconde l'exposant q, la somme des termes ainsi obtenus est la fonction symétrique *double;* en la représentant par $S(a^pb^q)$, on écrit :

$$S(a^pb^q) = a^pb^q + a^pc^q + b^pc^q + \cdots$$

En groupant les lettres trois à trois et en leur donnant respectivement les exposants p, q, r, on obtient la fonction symétrique triple

$$S(a^pb^qc^r) = a^pb^qc^r + a^pb^qd^r + \cdots;$$

ainsi de suite. Toutes ces expressions sont homogènes et entières par rapport aux racines; elles jouissent de la propriété de pouvoir s'exprimer rationnellement au moyen des coefficients $A_1, A_2, \ldots, A_m$ de l'équation. Pour le démontrer, formons, par la règle connue, la dérivée de $F(x)$; on obtient :

$$F'(x) = mx^{m-1} + (m-1)A_1x^{m-2} + (m-2)A_2x^{m-3} + \cdots + 2A_{m-2}x + A_{m-1}.$$

D'un autre coté, on sait que la dérivée est aussi la somme des quotients de $F(x)$ par $x - a$, $x - b$, etc. Or le quotient de la division par $x - a$ est l'expression

$$\begin{array}{l|l|l} x^{m-1} + a & x^{m-2} + a^2 & x^{m-2} + \cdots + a^{m-1} \\ \quad\quad\;\; + A_1 & \quad\quad\;\; + A_1a & \quad\quad\quad\quad\;\; + A_1a^{m-2} \\ & \quad\quad\;\; + A_2 & \quad\quad\quad\quad\quad \vdots \\ & & \quad\quad\quad\quad\;\; + A_{m-1} \end{array}$$

Il suffit de remplacer a par b, c, ..., pour avoir les autres quotients; leur somme aura pour valeur

$$\begin{array}{r|r|r} mx^{m-1}+S_1 & x^{m-2}+S_2 & x^{m-3}+\cdots+S_{m-1}\\ +mA_1 & +A_1S_1 & +A_1S_{m-2}\\ & +mA_2 & \vdots \\ & & +mA_{m-1}. \end{array}$$

La comparaison des deux expressions de la dérivée conduit aux égalités suivantes :

$$\begin{array}{l} S_1+mA_1=(m-1)A_1\\ S_2+A_1S_1+mA_2=(m-2)A_2\\ \ldots\ldots\ldots\ldots\\ S_{m-1}+A_1S_{m-2}+A_2S_{m-3}+\cdots+A_{m-2}S_1+mA_{m-1}=A_{m-1}. \end{array}$$

En allant de proche en proche pour les résoudre par rapport à S_1, S_2, etc., on trouve :

$$\begin{array}{l} S_1=-A_1\\ S_2=A_1^2-2A_2\\ S_3=-A_1^3+3A_1A_2-3A_3\\ S_4=A_1^4-4A_1^2A_2+4A_1A_3+2A_2^2-4A_4\\ S_5=-A_1^5+5A_1^3A_2-5A_1^2A_3-5A_2^2A_1+5A_4A_1+5A_2A_3-5A_5\\ S_6=A_1^6-6A_1^4A_2+6A_1^3A_3+9A_1^2A_2^2-6A_1^2A_4-12A_1A_2A_3\\ \qquad -2A_2^3+6A_1A_5+6A_2A_4+3A_3^2-6A_6\\ \ldots\ldots\ldots\ldots\ldots\ldots \end{array}$$

On peut également les résoudre par rapport aux coefficients; il vient ainsi :

$$\begin{array}{r} A_1=-S_1\\ 1.2\,A_2=S_1^2-S_2\\ 1.2.3\,A_3=-S_1^3+3\,S_1S_2-2\,S_3\\ 1.2.3.4\,A_4=S_1^4-6\,S_1^2S_2+8\,S_1S_3+3\,S_2^2-6\,S_4\\ 1.2.3.4.5\,A_5=-S_1^5+10\,S_1^3S_2-20\,S_1^2S_3-15\,S_1S_2^2+30\,S_1S_4+20\,S_2S_3-24\,S_5.\\ \ldots\ldots\ldots\ldots\ldots\ldots \end{array}$$

Les égalités ci-dessus permettent de calculer les sommes S jusqu'à S_{m-1}. Afin de s'élever aux sommes S_m, S_{m+1} ..., multiplions l'équation $F(x)=0$ par x^n; il viendra

$$x^{m+n}+A_1x^{m+n-1}+A_2x^{m+n-2}+\cdots+A_mx^n=0.$$

En remplaçant x successivement par $a, b, c, \dots l$, et en faisant la somme des résultats, on trouve

$$S_{m+n} + A_1 S_{m+n-1} + A_2 S_{m+n-2} + \cdots + A_{m-1} S_{n+1} + A_m S_n = 0.$$

Si l'on pose tour à tour $n = 0, 1, 2, 3, 4 \dots$, il viendra des équations permettant de calculer S_m, S_{m+1} ... De même, par les valeurs $n = -1$, -2, -3, etc., on pourrait aussi calculer les sommes des puissances négatives des racines.

Il faut remarquer que dans les expressions de S_1, S_2, S_3, S_4, etc., la somme des indices dans chaque terme est constante; cette somme s'appelle *poids* de la fonction symétrique. Ainsi S_m est de poids m, et, en même temps, du degré m par rapport aux coefficients.

Considérons maintenant les fonctions symétriques d'ordre plus élevé. Soit d'abord à calculer $S(a^p b^q)$. On a :

$$S_p = a^p + b^p + c^p + \cdots + l^p,$$
$$S_q = a^q + b^q + c^q + \cdots + l^q.$$

Le produit des seconds membres donnera des termes de la forme a^{p+q}, b^{p+q}, etc. dont l'ensemble est S_{p+q}; ensuite, des termes tels que $a^p b^q$, $a^p c^q$, etc. dont la somme est $S(a^p b^q)$. Par conséquent, l'on a :

$$S_p \, . \, S_q = S_{p+q} + S(a^p b^q);$$

par suite

$$S(a^p b^q) = S_p S_q - S_{p+q}.$$

Effectuons encore le produit des équations

$$S(a^p b^q) = a^p b^q + a^p c^q + b^p c^q + \cdots$$
$$S_r = a^r + b^r + c^r + \cdots$$

Au second membre, il viendra trois espèces de termes savoir :

$$a^{p+r} b^q, \quad a^p b^{q+r}, \quad a^p b^q c^r$$

dont les sommes respectives sont :

$$S(a^{p+r} b^q), \quad S(a^p b^{q+r}), \quad S(a^p b^q c^r).$$

Le produit donnera donc l'égalité

$$S(a^p b^q) S_r = S(a^{p+r} b^q) + S(a^p b^{q+r}) + S(a^p b^q c^r),$$

ou bien, en substituant aux fonctions doubles leurs valeurs

$$(S_p S_q - S_{p+q}) S_r = S_{p+r} S_q - S_{p+q+r} + S_p S_{q+r} - S_{p+q+r} + S(a^p b^q c^r);$$

d'où on tire

$$S(a^p b^q c^r) = S_p S_q S_r - S_{p+q} S_r - S_{p+r} S_q - S_{q+r} S_p + 2S_{p+q+r}.$$

En continuant ainsi, on voit qu'il est possible d'exprimer les fonctions symétriques d'ordre plus élevé au moyen des fonctions symétriques simples, et de même que celles-ci, elles seront des fonctions rationnelles des coefficients A_1, A_2 ... A_m de l'équation.

Lorsque dans la fonction symétrique double $S(a^p b^q)$ on a $p = q$, les deux termes $a^p b^q$, $a^q b^p$ deviennent identiques, et ainsi des autres termes groupés deux à deux ; il faudra, dans ce cas, diviser le second membre de la formule précédente par 2, et écrire

$$S(a^p b^p) = \frac{1}{2}(S^2_p - S_{2p}).$$

Pour la fonction symétrique triple, tous les termes provenant de $a^p b^q c^r$ par la permutation des lettres a, b, c deviennent égaux en posant $p=q=r$. On devra diviser par 1.2.3 au second membre pour avoir $S(a^p b^p c^p)$. En général, si la fonction symétrique est d'ordre α, il faut diviser le second membre de la formule par 1.2.3 ... α lorsque les exposants sont égaux.

Nous n'avons considéré jusqu'ici que des fonctions symétriques homogènes ; s'il n'en est pas ainsi, en réunissant les termes d'une même espèce, elle sera composée d'une suite de fonctions homogènes. Par exemple, pour les racines a, b, c d'une équation du troisième degré, l'expression

$$a + b + c + a^2 + b^2 + c^2 - 2abc$$

est une fonction symétrique non homogène, mais composée de fonctions homogènes qui rentrent dans les précédentes.

Si la fonction symétrique est fractionnaire, après avoir réduit les diverses fractions au même dénominateur, il ne restera plus aux deux termes de la fraction que des fonctions symétriques entières.

Il y a encore les fonctions symétriques des différences des racines qui sont les plus importantes au point de vue de l'étude des fonctions algébriques. Ainsi, pour l'équation du 4e degré dont les racines sont a, b, c, d les expressions

$$S(a-b)^2(c-d)^2, \quad S(a-b)^2(c-d)^2(a-c)(b-d),$$
$$(a-b)^2(a-c)^2(a-d)^2(b-c)^2(b-d)^2(c-d)^2$$

sont des fonctions symétriques ; elles restent invariables par l'échange des lettres. Après avoir développé les sommes et effectué les produits dans les différents termes qui les composent, on arrive encore à des fonctions symétriques entières.

Nous pouvons maintenant regarder comme démontrée cette belle proposition générale : *toute fonction symétrique rationnelle des racines d'une équation algébrique est équivalente à une expression rationnelle des coefficients de cette équation.*

49. Nous terminerons ce sujet en signalant une conséquence importante de la théorie des fonctions symétriques. Considérons une fonction rationnelle d'une racine unique a de $F(x) = 0$, par exemple,

$$\frac{\varphi(a)}{\psi(a)}.$$

En multipliant les deux termes par

$$\psi(b)\psi(c)\ldots\psi(l),$$

elle devient

$$\varphi(a)\frac{\psi(b)\psi(c)\ldots\psi(l)}{\psi(a)\psi(b)\ldots\psi(l)}.$$

Le dénominateur ne change pas, si l'on permute deux racines quelconques; c'est une fonction symétrique que l'on peut remplacer par une expression rationnelle des coefficients de $F(x) = 0$. Le numérateur est aussi une fonction symétrique des racines de l'équation.

$$\frac{F(x)}{x - a} = 0,$$

c'est-à-dire, l'équation primitive débarassée de la racine a. Or, en effectuant la division par $x - a$, les coefficients de cette équation seront des expressions rationnelles par rapport à a. Il suit de là que la fonction donnée est susceptible de se ramener à une fonction entière de a; désignons-la par $\theta(a)$. Si le degré de θ est supérieur à m, on peut diviser $\theta(a)$ par $F(a)$, et en appelant R le reste, on aurait

$$\theta(a) = F(a).Q + R = R$$

puisque $F(a) = 0$; mais R est au plus du degré $m - 1$ relativement à a; donc, *une fonction rationnelle quelconque d'une racine de l'équation* $F(x) = 0$, *peut toujours s'exprimer par une fonction entière de cette racine dont le degré est au plus* $m - 1$.

CHAPITRE II.

PROPRIÉTÉS GÉNÉRALES DES ÉQUATIONS. THÉORÈMES CLASSIQUES.

---

50. Nous nous occuperons d'abord du problème de la résolution des équations numériques, c'est-à-dire, des équations où les coefficients sont des nombres donnés que nous supposerons réels; dans cette hypothèse, nous exposerons les méthodes qui permettent de déterminer les racines, soit exactement, soit d'une manière aussi approchée que possible. Ces méthodes reposent sur différentes vérités algébriques importantes qu'il est nécessaire de démontrer préalablement. La grande question qui domine cette partie de l'algèbre est la détermination du nombre exact de racines comprises entre deux nombres donnés. C'est en parcourant les différents théorèmes qui suivent que l'on peut se faire une idée des efforts des géomètres pour résoudre ce problème. Nous commencerons par exposer une règle qui précède toutes les autres et que l'on appelle théorème de Descartes.

§ 1.

Théorème de Descartes.

51. Le théorème de Descartes établit une relation intéressante et utile entre le nombre des variations du premier membre d'une équation et celui de ses racines réelles.

Lorsqu'une équation a toutes ses racines positives, il est visible qu'en effectuant le produit

$$F(x) = (x-a)(x-b)\cdots(x-l)A_0$$

il y aurait dans $F(x)$ m variations, c'est-à-dire, autant que de racines positives. Considérons le cas d'une équation quelconque du degré m

$$F(x) = 0$$

dont on ignore la nature des racines. Supposons qu'elle admette pour racines positives les nombres $a, b, \ldots g$. On peut écrire

$$F(x) = (x - a)(x - b) \cdots (x - g)\varphi(x),$$

$\varphi(x)$ étant un polynôme qui représente le produit des facteurs linéaires correspondant aux autres racines. Nous avons vu précédemment que la multiplication d'une fonction entière $\varphi(x)$ par un facteur tel que $(x - a)$, $(x - b)$ etc. donne un produit renfermant au moins une variation en plus; par conséquent, dans le produit total, ou bien dans $F(x)$, il y aura au moins autant de variations qu'il y a de facteurs $(x - a)$, $(x - b)$ etc., c'est-à-dire, que de racines positives.

D'un autre côté, lorsque le premier et le dernier terme d'une équation sont positifs, il y a, à la fois, un nombre pair de variations dans $F(x)$ et un nombre pair de racines positives; au contraire, si le premier et le dernier terme sont de signe différent, il y a, en même temps, un nombre impair de variations dans $F(x)$ et un nombre impair de racines positives; dans ces deux cas, s'il existe une différence entre le nombre de variations de $F(x)$ et celui des racines positives, cette différence est toujours un nombre pair. De là résulte cette proposition due à Descartes :

Le nombre des racines positives d'une équation ne peut pas surpasser le nombre des variations du premier membre; si ces nombres ne sont pas égaux, leur différence est un nombre pair.

En appelant v le nombre des variations de $F(x)$, et r le nombre des racines positives, on a donc la relation

$$v = r + 2k, \tag{1}$$

k étant zéro ou un nombre entier.

Si nous remplaçons maintenant x par $-x$ dans l'équation proposée, les racines négatives deviennent les racines positives de la transformée

$$F(-x) = 0$$

et, en appliquant à celle-ci la règle précédente, on obtient cette proposition complémentaire :

Le nombre des racines négatives d'une équation ne peut pas surpasser *le nombre des variations de la transformée en $-x$; si ces nombres ne sont pas égaux, leur différence est un nombre pair.*

Soit v' le nombre des variations de $F(-x)$, et r' le nombre des racines négatives de $F(x) = 0$; on aura encore la relation

$$(2) \qquad v' = r' + 2k',$$

k' représentant un nombre entier pouvant être zéro. Si on combine (1) et (2) par addition, on trouve

$$(3) \qquad v + v' = r + r' + 2d$$

d étant toujours un nombre entier qui peut être nul. On voit donc que le nombre total des racines réelles d'une équation est au plus égal à $v + v'$, et la différence entre $v + v'$ et $r + r'$ est zéro ou un nombre pair.

Lorsque l'équation $F(x)$ est complète, par le changement de x en $-x$, les permanences de $F(x)$ deviennent les variations de $F(-x)$ et le théorème de Descartes peut alors s'exprimer ainsi :

Dans une équation complète; le nombre des variations est égal au nombre des racines positives ou le surpasse d'un nombre pair; le nombre des permanences est égal au nombre des racines négatives ou le surpasse d'un nombre pair.

52. Il est utile de remarquer que les nombres v, v', $v + v'$ sont compris entre 0 et m; dans certains cas, ils peuvent prendre leur valeur maximum qui est m, ou leur valeur minimum qui est zéro. Dans une équation où tous les termes sont positifs, on a $v = 0$, et la relation (1) donne nécessairement $r = 0$; une telle équation n'a pas de racine positive, ce qui est évident. Quand toutes les racines sont positives, $r = m$, et l'on a : $v = m + 2k$; mais comme v ne peut pas dépasser m, il faut que le nombre k soit nul; par suite $v = m$. Une équation qui a toutes ses racines positives doit être complète et ne présenter que des variations.

Si $v = 1$, en vertu de la relation (1), on doit avoir $r = 1$; de même si $v' = 1$, on a aussi $r' = 1$. Donc, *une équation qui n'offre qu'une seule variation admet nécessairement une racine positive; de même, si la transformée en $-x$ ne présente qu'une variation, il y a nécessairement une racine négative.*

La règle de Descartes fournit une limite supérieure pour le nombre des racines réelles et, par suite, elle donne en même temps une limite inférieure pour le nombre des racines imaginaires; car m étant le degré de l'équation et $2i$ le nombre des racines imaginaires, on a :

$$m-(r+r')=2i$$

ou bien

$$m-(v+v')+2d=2i.$$

Cette relation prouve d'abord que la différence $m-(v+v')$ est toujours un nombre pair; ensuite, que $m-(v+v')$ est une limite inférieure au nombre des racines imaginaires, de telle sorte que, si

$$m-(v+v')=2s,$$

l'équation admettra au moins $2s$ racines imaginaires. Par exemple, l'équation

$$x^5-x+1=0,$$

aura au moins deux racines imaginaires; on a $v=2$, et dans la transformée

$$-x^5+x+1=0,$$

$v'=1$; par suite,

$$m-(v+v')=2.$$

53. L'équation précédente offre, comme on dit, une lacune, c'est-à-dire, qu'elle manque de plusieurs termes consécutifs. Il existe, à ce sujet, une règle générale que nous allons faire connaître. Considérons l'équation

$$Ax^m+Bx^{m-2k-1}+Cx^{m-2k-2}+\cdots=0,$$

dans laquelle il manque $2k$ termes après le premier. Rétablissons les termes en leur donnant pour coefficients les nombres q_1, q_2 ... positifs ou négatifs; l'expression

$$Ax^m+q_1x^{m-1}+q_2x^{m-2}+\cdots+Bx^{m-2k-1}$$

est un polynôme complet de $2k+2$ termes et il donnera, pour $+x$ et $-x$, $2k+1$ variations. Or les nombres m et $m-2k-1$ étant de parité différente, si les termes Ax^m et Bx^{m-2k-1} présentent le même signe dans $F(x)$, ils auront des signes contraires dans $F(-x)$, et réciproquement; ils ne donnent lieu qu'à une seule variation. L'absence des termes diminue donc le nombre $v+v'$ de $2k+1-1=2k$ variations, et l'équation proposée aura au moins $2k$ racines imaginaires. De là cette règle :

S'il manque $2k$ termes entre deux termes consécutifs d'une équation, celle-ci admet au moins $2k$ racines imaginaires.

Soit, en second lieu, l'équation

$$Ax^m + Bx^{m-2k-2} + C^{m-2k-3} + \dots = 0$$

qui offre une lacune de $2k + 1$ termes entre le premier et le second. En rétablissant les termes comme tout-à-l'heure, il viendra l'expression

$$Ax^m + q_1x^{m-1} + q_2x^{m-2} + \dots + Bx^{m-2k-2}$$

qui présentera $2k + 2$ variations pour $+x$ et $-x$. Ici, les nombres m et $m - 2k - 2$ sont de même parité et lorsque les termes Ax^m et Bx^{m-2k-2} ont le même signe dans $F(x)$, ils auront encore le même signe dans $F(-x)$; si les signes de ces termes sont différents, ils donneront lieu à une variation dans $F(x)$ ainsi que dans $F(-x)$; dans le premier cas, il y aura une perte de $2k + 2$ variations par l'absence des termes et, dans le second, une perte de $2k$. Par conséquent,

Si, dans une équation, il manque $2k + 1$ termes entre deux termes de même signe, il y a au moins $2k + 2$ racines imaginaires; si ces termes sont de signe différent, il y en a au moins $2k$.

54. Le théorème de Descartes devient plus précis lorsqu'il s'agit d'équations qui ont toutes leurs racines réelles. Dans ce cas, le nombre des racines positives est *égal* à celui des variations du premier membre, et le nombre des racines négatives à celui des variations de la transformée en $-x$. En effet, en remarquant que $r + r' = m$, les relations (1) et (2) donnent

$$v + v' = m + 2k + 2k';$$

d'où

$$m - (v + v') = -2k - 2k'.$$

Mais, la différence du premier membre est positive ou nulle; donc, $k = 0$, $k' = 0$, et les mêmes relations (1) et (2) se réduisent à

$$v = r, \quad v' = r'.$$

Lorsqu'une équation qui a toutes ses racines réelles est complète, il suffit de compter les variations et les permanences du premier membre pour avoir le nombre exact des racines positives et négatives.

55. Le théorème de Descartes est extrêmement précieux; son application n'exige aucun calcul et il donne souvent sans la moindre peine des indications très utiles sur la nature des racines d'une équation. Soient, par exemple,

(a) $3x^6 - x^3 - 1 = 0,$

(b) $x^3 - 2x^2 + x - 1 = 0,$

(c) $x^8 + 2x^3 + x^2 + x - 1 = 0,$

(d) $x^{2m} - 1 = 0,$

(e) $x^{2m} + 1 = 0,$

(f) $x^m + px^n + q = 0.$ (m, n impairs)

a) On a : $v = 1$, $v' = 1$. Cette équation admet une seule racine positive et une seule racine négative; toutes les autres sont imaginaires.

b) $v = 3$, $v' = 0$: il y a une racine réelle positive et deux racines imaginaires, ou bien trois racines positives.

c) $v = 1$, $v' = 3$: l'équation admet une seule racine positive; comme elle présente une lacune de quatre termes, il y aura au moins quatre racines imaginaires; elle peut encore avoir soit une, soit trois racines négatives.

d) $v = 1$, $v' = 1$: il y a une racine positive et une racine négative; ces racines sont évidemment $+1$ et -1; toutes les autres sont imaginaires.

e) $v = 0$, $v' = 0$: l'équation ne possède aucune racine réelle.

f) Si $p = +$ et $q = \pm$, on a : $v + v' = 1$; si $p = -$ et $q = \pm$, il vient : $v + v' = 3$; l'équation peut donc avoir soit une, soit trois racines réelles.

§ 2.

Théorème de Fourier.

55. Le théorème de Descartes porte sur les changements de signe des termes d'une équation; celui de Fourier est relatif aux variations que présentent les résultats de la substitution de certaines valeurs de x dans le premier membre et ses dérivées successives. Etant donnée l'équation du degré m

$$F(x) = 0,$$

par la dérivation, nous pouvons former la suite

(α) $F(x),\quad F'(x),\quad F''(x),\quad F'''(x),\quad \ldots,\quad F^{(m)}(x)$

renfermant $m+1$ fonctions dont les degrés diminuent d'une unité en passant de l'une à l'autre. Le théorème de Fourier consiste dans la proposition suivante :

Le nombre des racines comprises entre deux quantités α_0 et $\alpha_1 > \alpha_0$, ne peut pas surpasser le nombre de variations perdues dans la suite (α) *lorsqu'on passe de $x=\alpha_0$ à $x=\alpha_1$; si ces nombres ne sont pas égaux, leur différence est un nombre pair.*

En effet, posons successivement dans $F(x)=0$,

$$(1) \qquad x=\alpha_0+y, \quad x=\alpha_1+y,$$

y étant une nouvelle inconnue ; il en résultera les deux transformées

$$F(\alpha_0+y)=0, \quad F(\alpha_1+y)=0,$$

ou bien

$$(2) \quad F(\alpha_0)+yF'(\alpha_0)+\frac{y^2}{1.2}F''(\alpha_0)+\cdots+\frac{y^m}{1.2\ldots m}F^{(m)}(\alpha_0)=0,$$

$$(3) \quad F(\alpha_1)+yF'(\alpha_1)+\frac{y^2}{1.2}F''(\alpha_1)+\cdots+\frac{y^m}{1.2\ldots m}F^{(m)}(\alpha_1)=0.$$

Désignons par r_0, r_1 les nombres de racines de $F(x)=0$, plus grandes respectivement que α_0 et α_1 ; par v_0 et v_1 les nombres de variations de la suite (α) pour $x=\alpha_0$ et $x=\alpha_1$; par v_p le nombre de variations perdues dans la même suite en passant de $x=\alpha_0$ à $x=\alpha_1$, et par r le nombre des racines comprises entre α_0 et α_1. On aura les relations

$$r=r_0-r_1, \quad v_p=v_0-v_1.$$

Les transformées (2) et (3) admettent autant de racines réelles que la proposée. En vertu des relations (1) le nombre de racines x plus grandes que α_0 est égal au nombre de racines positives de l'équation (2), et, d'après la règle de Descartes, nous pouvons poser :

$$v_0=r_0+2k_0,$$

car les signes des coefficients de (2) sont les mêmes que ceux des résultats des fonctions de la suite de Fourier pour $x=\alpha_0$.

De même le nombre de racines x plus grandes que α_1 est égal à celui des racines positives de la transformée (3), et nous aurons aussi

$$v_1=r_1+2k_1,$$

les signes des coefficients de (3) étant encore ceux de la suite (α) pour

$x = \alpha_1$. Si nous retranchons ces deux dernières égalités membre à membre, on trouve

$$v_0 - v_1 = r_0 - r_1 + 2k_0 - 2k_1$$

ou bien,

$$v_p = r + 2k,$$

$2k$ étant un nombre pair qui peut être nul. Cette dernière relation est précisément la traduction de la proposition de Fourier.

Soit, par exemple, l'équation

$$x^3 - 2x^2 - x + 2 = 0.$$

La suite de Fourier sera :

$$\begin{aligned} F(x) &= x^3 - 2x^2 - x + 2 \\ F'(z) &= 3x^2 - 4x - 1 \\ F''(x) &= 6x - 4 \\ F'''(x) &= 6. \end{aligned}$$

Prenons, en premier lieu, pour α_0 et α_1 les nombres 0 et 3. En les substituant dans ces fonctions, on trouve pour la succession des signes

$F(x)$	$F'(x)$	$F''(x)$	$F'''(x)$,	
$+$	$-$	$-$	$+$	, pour $x = 0$,
$+$	$+$	$+$	$+$	, pour $x = 3$,

Il y a deux variations pour $x = 0$ et aucune pour $x = 3$; puisque deux variations se perdent en passant de $x = 0$ à $x = 3$, il peut y avoir soit zéro, soit deux racines réelles dans l'intervalle.

Prenons encore pour α_0 et α_1 les nombres -2 et 0. On trouve, dans ce cas,

$F(x)$,	$F'(x)$,	$F''(x)$,	$F'''(x)$,	
$-$	$+$	$-$	$+$	, pour $x = -2$,
$+$	$-$	$-$	$+$	, pour $x = 0$,

Une variation se perd dans le passage de $x = -2$ à $x = 0$; on peut affirmer qu'il y a une racine dans l'intervalle, parce que si, dans la relation

$$v_p = r + 2k,$$

$v_p = 1$, il faut que $r = 1$ et $k = 0$.

Le théorème de Fourier donne une solution imparfaite du problème relatif au nombre de racines comprises dans un intervalle donné. Cette imperfection disparaît, si l'équation proposée a toutes ses racines réelles ;

dans ce cas, les transformées (2) et (3) ont aussi toutes leurs racines réelles et l'on a :

$$v_0 = r_0, \quad v_1 = r_1;$$

par suite

$$v_0 - v_1 = r_1 - r_0 \quad \text{ou} \quad v_p = r.$$

Le nombre de variations perdues dans la suite de Fourier est *exactement* le nombre de racines réelles comprises dans l'intervalle. C'est surtout par cette dernière partie que le théorème de Fourier est utile, comme nous le verrons plus tard.

Nous ferons, en terminant, une dernière observation. Supposons que l'on ait trouvé un nombre l, tel que pour $x = l$, $F(x)$ et toutes ses dérivées soient positives. Pour les valeurs $\alpha_0 = l$, $\alpha_1 = +\infty$, la suite de Fourier ne présentera que des permanences; aucune variation ne se perd dans l'intervalle et l'équation ne possède aucune racine entre l et $+\infty$. Donc le nombre l sera supérieur à la plus grande des racines, ou bien, comme on dit alors, l sera une limite supérieure des racines. Ainsi, dans l'exemple précédent, le nombre 3 est une limite supérieure des racines de l'équation

$$x^3 - 2x^2 - x + 2 = 0.$$

§ 3.

Théorème de Rolle.

56. *Deux racines consécutives d'une équation* $F(x) = 0$ *comprennent toujours, soit une, soit un nombre impair de racines de l'équation dérivée* $F'(x) = 0$.

Désignons par

$$a, b, c, \ldots, l,$$

les racines de l'équation $F(x)=0$ rangées par ordre de grandeur. On sait (N° 58) que $F(x)$ et $F'(x)$ sont de même signe immédiatement après que x a traversé une valeur racine de l'équation, et de signe différent immédiatement avant. Donc, si h est une quantité suffisamment petite, les valeurs $F(a+h)$, $F'(a+h)$ seront de même signe et $F(b-h)$, $F'(b-h)$ de signes contraires; or, en suivant les variations de x, de $a+h$ à $b-h$, $F(x)$ conserve son signe puisqu'il n'y a aucune racine dans l'intervalle ;

c'est donc la dérivée qui change de signe et qui passe par conséquent par zéro entre $a+h$ et $b-h$, ou entre a et b, h étant une quantité aussi petite que l'on veut. De plus, comme les valeurs du commencement et de la fin $F'(a+h)$ et $F'(b-h)$ sont de signe différent, la dérivée peut passer un nombre impair de fois par zéro entre a et b. Ce raisonnement s'applique à deux racines consécutives quelconques de $F(x)$, et il est démontré qu'il existe toujours entre elles, un nombre impair de racines de $F'(x) = 0$.

Le théorème ne dit rien de l'intervalle compris entre la plus grande racine l et $+\infty$. Remarquons que $F(l+h)$ et $F(\infty)$ sont de même signe; car il n'y a aucune racine entre l et ∞, et, comme $F(\infty) = +$, ce signe est positif; mais $F'(l+h)$ est de même signe que $F(l+h)$; donc $F'(l+h)$ et $F'(\infty)$ étant positifs, il peut y avoir zéro ou un nombre pair de racines de la dérivée entre l et ∞. On démontre de la même manière qu'il en est encore ainsi pour l'intervalle compris entre la plus petite racine a et $-\infty$.

D'après ce théorème, si $F(x) = 0$ possède k racines réelles, la dérivée en aura au moins $k-1$, et si l'équation donnée a toutes ses racines réelles, il y aura $m-1$ intervalles renfermant au moins une racine de la dérivée; donc celle-ci aura aussi toutes ses racines réelles; mais la réciproque n'est pas vraie.

Le théorème de Rolle est encore applicable à une équation qui a des racines égales; lorsque, par exemple, $F(x) = 0$ admet une racine b du degré p de multiplicité, cette même racine sera une racine multiple du degré $p-1$ de la dérivée. On doit considérer la racine de l'ordre p comme donnant lieu à $p-1$ intervalles identiques chacun d'eux renfermant une même racine de la dérivée.

Portons maintenant notre attention sur la réciproque du théorème de Rolle. Puisque deux racines consécutives de $F(x) = 0$, telles que b et c, peuvent comprendre plus d'une racine de $F'(x) = 0$, il est clair que deux racines consécutives de celle-ci ne renfermeront pas nécessairement une racine de la première; s'il arrive que deux racines consécutives b' et c' de $F'(x) = 0$ comprennent une racine de la proposée, cette racine sera unique; car, s'il y avait entre b' et c' deux racines b et c de $F(x) = 0$, ces dernières ne renfermeraient aucune racine de la dérivée; ce qui est impossible. Désignons par $a', b', c' \dots k'$ les racines de l'équation dérivée rangées par ordre de grandeur, et considérons la suite

$$(r) \qquad -\infty,\ a',\ b',\ c',\ \dots\ k';\ +\infty,$$

qu'on appelle nombres de Rolle. Ils jouissent de cette propriété spéciale que, pour eux, la règle de substitution conduit à des conclusions précises. Si deux de ces nombres consécutifs substitués dans $F(x)$ donnent des résultats de même signe, on est certain qu'ils ne renferment aucune racine et, si les résultats sont de signes contraires, on peut affirmer qu'il n'y a qu'une seule racine dans l'intervalle.

Lorsque la dérivée admet q racines réelles distinctes, la suite (r) ne donnera que $q+1$ intervalles et l'équation proposée admettra au plus $q+1$ racines réelles. L'équation $F(x)=0$ ne pourra avoir toutes ses racines réelles que si la dérivée admet $m-1$ racines réelles distinctes; alors seulement la suite (r) offrira m intervalles, et si chacun renferme une racine, $F(x)=0$ aura m racines réelles. Dans le cas où la dérivée possède des racines égales le nombre des intervalles de la suite de Rolle sera diminué; mais nous croyons inutile d'insister sur ce point. Les substitutions précédentes ne peuvent se réaliser sans résoudre l'équation dérivée; or, celle-ci est, en général, presqu'aussi difficile à résoudre que la proposée. Ce n'est que pour l'équation du troisième degré et quelques équations incomplètes que la suite de Rolle peut être utile.

57. Nous avons démontré (N° 36) la formule

$$F(x+h)=F(x)+hF'(x)+\frac{h^2}{1.2}F''(x)+\cdots+\frac{h^m}{1.2\ldots m}F^{(m)}(x).$$

Le théorème de Rolle permet d'en donner une simplification importante. En effet, on peut écrire,

$$(\alpha)\qquad F(x+h)=F(x)+hF'(x)+\frac{h^2}{1.2}R,$$

R représentant une fonction entière de x et de h. Cela étant, considérons l'expression

$$(\beta)\qquad F(x+z)-F(x)-zF'(x)-\frac{z^2}{1.2}R$$

que nous regarderons comme une fonction de la variable z. La dérivée de $F(x+z)$ par rapport à z est le coefficient de h dans le développement de $F(x+z+h)$, c'est-à-dire, $F'(x+z)$. On a donc, en prenant la dérivée de cette fonction relativement à z,

$$(\gamma)\qquad F'(x+z)-F'(x)-zR.$$

La fonction (β) s'annule pour $z=0$, et aussi pour $z=h$ d'après la formule (α); conformément à la proposition de Rolle, il y aura entre o et h un nombre h' qui annulera la dérivée (γ), et celle-ci sera elle-même égale à zéro pour les valeurs $z = 0$ et $z = h'$.

La dérivée de (γ) par rapport à z, c'est-à-dire,

$$F''(x+z) - R,$$

d'après le même théorème, devra aussi être égale à zéro pour une valeur h'' comprise entre o et h'. Il vient ainsi

$$R = F''(x+h'');$$

mais, comme h'' est une quantité comprise entre o et h, on pose généralement

$$h'' = \theta h,$$

θ étant un nombre compris entre zéro et l'unité. On écrit donc

$$R = F''(x+\theta h).$$

Il résulte de cette valeur que le développement proposé peut s'arrêter au troisième terme, et l'on a exactement

$$F(x+h) = F(x) + hF'(x) + \frac{h^2}{1.2} F''(x+\theta h).$$

58. Appliquons le théorème de Rolle à quelques exemples. Soit d'abord l'équation trinôme

$$F(x) = x^m + px^n + q = 0, \quad (m, n \text{ impairs}).$$

Nous savons par la règle de Descartes que cette équation admet, soit une, soit trois racines réelles. En égalant à zéro la dérivée du premier membre, il vient

$$F'(x) = mx^{m-1} + npx^{n-1} = mx^{n-1}\left(x^{m-n} + \frac{np}{m}\right) = 0.$$

Lorsque p est positif, la dérivée n'a pas d'autre racine réelle que zéro : l'équation proposée ne peut avoir qu'une seule racine réelle. Si p est négatif, la dérivée s'annulant pour

$$x = \sqrt[m-n]{-\frac{np}{m}},$$

il y a deux racines réelles puisque $m - n$ est pair; les nombres de Rolle seront alors

$$-\infty, \quad -\sqrt[m-n]{-\frac{np}{m}}, \quad +\sqrt[m-n]{-\frac{np}{m}}, \quad +\infty.$$

En les substituant dans l'équation proposée, et en exprimant que les résultats doivent présenter la suite des signes

$$- \quad + \quad - \quad +$$

pour qu'elle admette trois racines réelles, on arrive aux inégalités

$$-\left(-\frac{np}{m}\right)^{\frac{m}{m-n}} - p\left(-\frac{np}{m}\right)^{\frac{n}{m-n}} > -q,$$

$$\left(-\frac{np}{m}\right)^{\frac{m}{m-n}} + p\left(-\frac{np}{m}\right)^{\frac{n}{m-n}} < -q.$$

Si l'on met en facteur dans les premiers membres la quantité

$$\left(-\frac{np}{m}\right)^{\frac{m}{m-n}}$$

et si on simplifie, on trouve facilement

$$-\left(-\frac{np}{m}\right)^{\frac{m}{m-n}} < \frac{nq}{m-n}, \quad \left(-\frac{np}{m}\right)^{\frac{m}{m-n}} > \frac{nq}{m-n}.$$

Or, p est négatif, et si q est positif, la première inégalité est satisfaite d'elle-même; la seconde élevée à la puissance $m-n$ peut s'écrire

$$(s) \qquad \left(\frac{np}{m}\right)^{m} + \left(\frac{nq}{m-n}\right)^{m-n} < 0.$$

Si q est négatif, c'est la seconde inégalité qui est satisfaite d'elle-même; en transformant la première, on arrive à la même relation (s). Comme m est impair et $m-n$ pair, elle ne peut être vérifiée que si p est négatif. Nous arrivons donc à cette conclusion : *l'équation trinôme avec des exposants impairs admet une seule racine réelle si* $p > 0$, *et trois racines réelles lorsque l'inégalité* (s) *est vérifiée.*

Comme cas particulier, l'équation du troisième degré

$$x^3 + px + q = 0$$

aura ses trois racines réelles avec la condition

$$\left(\frac{p}{3}\right)^3 + \left(\frac{q}{2}\right)^2 < 0.$$

Dans certains cas exceptionnels, le théorème de Rolle peut être utile sans résoudre l'équation dérivée. Soit, en premier lieu, l'équation

$$F(x) = 1 - \frac{x}{1} + \frac{x^2}{1.2} - \frac{x^3}{1.2.3} + \cdots + \frac{x^{2m}}{1.2\ldots(2m)} = 0.$$

On en déduit pour l'équation dérivée

$$F'(x) = -1 + x - \frac{x^2}{1.2} + \cdots + \frac{x^{2m-1}}{1.2\ldots(2m-1)} = 0.$$

En faisant leur somme, on trouve

$$F(x) + F'(x) = \frac{x^{2m}}{1.2\ldots(2m)}.$$

Soit α une racine de la dérivée; si on pose $x = \alpha$ dans cette relation, $F'(\alpha)$ étant nul, il reste

$$F(\alpha) = \frac{\alpha^{2m}}{1.2\ldots(2m)},$$

quantité positive. Tous les résultats de la substitution des racines de la dérivée dans $F(x)$ sont positifs et l'équation proposée aura toutes ses racines imaginaires.

Soit, en second lieu, l'équation

$$F(x) = (x^2 - 1)^m = 0,$$

ou bien

$$F(x) = (x - 1)^m (x + 1)^m = 0.$$

Le premier membre renfermant les facteurs $x - 1$ et $x + 1$ à la $m^{ième}$ puissance, $+1$ et -1 sont des racines multiples du degré m de multiplicité. L'équation dérivée

$$F'(x) = 0$$

est du degré $2m - 1$ et renfermera les facteurs $x + 1$ et $x - 1$ à la puissance $m - 1$, d'après le principe des racines égales; les deux racines multiples $+1$ et -1 de l'ordre $m - 1$ sont équivalentes à $2m - 2$ racines simples; il en reste une autre que nous désignerons par α_1, et qui sera comprise entre $+1$ et -1, les deux racines de l'équation précédente, conformément au théorème de Rolle.

L'équation

$$F''(x) = 0$$

contiendra $x - 1$ et $x + 1$ à la puissance $m - 2$; les deux racines multiples $+1$ et -1 de l'ordre $m - 2$ représentent $2m - 4$ racines simples;

mais cette équation étant du degré $2m - 2$, il y en a encore deux autres; soient β_1 et β_2 celles-ci; elles devront se trouver dans les intervalles des racines

$$-1, \quad \alpha_1, \quad +1$$

de l'équation $F'(x) = 0$; elles seront réelles et plus petites que l'unité.

En continuant ainsi, après m dérivations, on arrivera à l'équation

$$F^{(m)}(x) = 0$$

qui jouira de cette propriété d'avoir toutes ses racines simples, inégales et comprises entre $+1$ et -1.

§ 4.

Théorème de Sturm.

59. Ce théorème donne une solution parfaite du problème de la détermination du nombre des racines réelles comprises dans un intervalle donné. A l'exemple de Fourier, Sturm étudia les variations de signe d'une suite de fonctions déduites du premier membre de l'équation; le procédé de dérivation n'ayant réussi qu'incomplètement, Sturm imagina d'employer le procédé de la recherche du plus grand commun diviseur, comme nous allons l'indiquer. Soit

$$R = 0$$

une équation du degré m qui n'a pas de racines égales; désignons par R' la dérivée de R; divisons R par R' et soit R_2 le reste *changé de signe;* divisons ensuite R' par R_2, et soit R_3 le reste changé de signe; divisons encore R_2 par R_3 et soit R_4 le reste changé de signe. On continue de cette manière les divisions comme pour chercher le plus grand commun diviseur de R et de R' en ayant soin de changer chaque fois le signe du reste obtenu. On arrive ainsi aux fonctions suivantes

$$(r) \qquad R, \quad R', \quad R_2, \quad R_3, \quad \ldots, \quad R_p$$

dont les degrés diminuent depuis m jusqu'à zéro en avançant dans la suite, de telle sorte que R_p est une constante numérique, attendu qu'il n'y a pas de plus grand commun diviseur entre R et R'. En général, ces fonctions sont au nombre de $m+1$, et leurs degrés diminuent régulièrement d'une unité. Cela étant, le théorème de Sturm consiste dans l'affirmation suivante :

Le nombre de racines réelles comprises entre deux nombres α et $\beta > \alpha$ est égal au nombre de variations perdues dans la suite (r) *en passant de $x = \alpha$ à $x = \beta$.*

Plaçons-nous dans l'hypothèse où x varie d'une manière continue depuis α jusqu'à β. Lorsque x prendra une valeur telle que $x = a$, racine de $R = 0$, on sait, qu'immédiatement avant, R et R' sont de signes contraires et, immédiatement après, de même signe; après que x a dépassé a, il se perd donc une variation en tête de la suite de Sturm; il en sera de même chaque fois que x passera par une valeur racine de l'équation; en somme, pour tout l'intervalle, il se perdra au commencement de la suite (r) autant de variations qu'il y a de racines entre α et β.

Il reste à démontrer que, si x rencontre une valeur qui annule une fonction intermédiaire, le nombre des variations de la suite ne sera pas altéré. D'après leur origine, on a, entre les restes de Sturm, les relations

$$R = Q_1R' - R_2, \quad R' = Q_2R_2 - R_3 \text{ etc.}$$

En général,

$$R_{n-1} = Q_nR_n - R_{n+1}.$$

Supposons que, pour la valeur $x = k$ comprise entre α et β, l'on ait : $R_n = 0$; l'une des deux fonctions adjacentes ne pourra s'annuler en même temps; car, si l'on avait, par exemple, $R_{n-1} = 0$ et $R_n = 0$, on devrait en conclure que $R_{n+1} = 0$; mais d'après l'équation suivante, si $R_n = 0$, $R_{n+1} = 0$, il faudrait aussi que $R_{n+2} = 0$; en continuant ainsi, il en résulterait que $R_p = 0$, ce qui est impossible, puisque R_p est une constante numérique. En vertu de l'égalité précédente, au moment où R_n devient nul, les fonctions R_{n-1} et R_{n+1} sont de signe différent. En désignant par h une quantité suffisamment petite pour que les deux fonctions R_{n-1} et R_{n+1} conservent leur signe respectif entre $a - h$ et $a + h$, la suite des restes

$$R_{n-1}, \quad R_n, \quad R_{n+1}$$

présentera une variation pour $x = a - h$, et aussi pour $x = a + h$; car, quel que soit le signe que l'on place entre deux signes contraires, il n'en résulte qu'une seule variation; il est donc indifférent que R_n passe du négatif au positif ou du positif au négatif en s'évanouissant; aucune perte n'aura lieu de ce chef dans le nombre des variations. Ce raisonnement pouvant se répéter à propos de toute autre fonction intermédiaire qui viendrait à s'annuler dans l'intervalle, on est en droit de conclure que le nombre de variations perdues de $x = \alpha$ à $x = \beta$ est égal au nombre de fois que x a rencontré de racines de l'équation. Appelons v_α, v_β les nombres de variations que présente la suite (r) pour $x = \alpha$ et $x = \beta$, et n le nombre de racines comprises dans l'intervalle ; on aura la relation

$$n = v_\alpha - v_\beta.$$

Il ne serait pas inutile de faire remarquer de quelle manière les variations viennent se perdre en tête de la suite de Sturm. Supposons, pour fixer les idées, qu'il y ait trois racines a, b, c entre α et β. Avant que x n'arrive à la valeur a, il y a une variation entre R et R′, et, un peu après, une permanence; pendant que x augmente à partir de a pour aller vers b, les signes des différentes fonctions se déplacent de manière qu'avant la valeur $x = b$, une nouvelle variation apparaît en tête de la série; quand x a dépassé b, la variation se perd et, par de nouveaux déplacements de signes dans les restes, elle revient lorsque x se rapproche de la valeur c pour disparaître encore, après que x a passé par c pour augmenter jusqu'à la valeur β.

60. Considérons le cas où l'équation $F(x) = 0$ a des racines égales. On forme toujours, comme on l'a indiqué, la suite (r); mais, dans ce cas, R_p sera une fonction de x puisqu'il existe un plus grand commun diviseur entre R et R′. En divisant toutes les fonctions R par R_p, il viendra la seconde suite

(s) $\qquad S,\quad S',\quad S_2,\quad S_3,\quad \ldots,\quad S_{p-1},\quad 1.$

L'équation $S = 0$ renfermera les racines simples de la proposée ainsi que les racines multiples, chacune d'elles une fois seulement. Les fonctions S jouissent des mêmes propriétés que les fonctions R. Ainsi, pour celles-ci, on a la relation

$$R_{n-1} = Q_n R_n - R_{n+1},$$

et, en divisant les deux membres par R_p, elle deviendra

$$S_{n-1} = Q_n S_n - S_{n+1};$$

par suite, lorsque x, en variant de α à β, annulera S_n, il en résultera, comme pour les fonctions R, que le nombre des variations ne sera pas altéré.

Nous avons encore la relation

$$\frac{R}{R'} = \frac{S}{S'};$$

les fonctions S et S′ seront de signe différent ou de même signe en même temps que R et R′. Le théorème de Sturm est donc applicable aux fonctions S : le nombre de variations perdues en passant de $x = \alpha$ à $x = \beta$ indiquera le nombre de racines comprises dans l'intervalle, mais sans tenir compte de leur degré de multiplicité. Si on remarque que l'on passe de la série (s) à la série (r) en multipliant par un même facteur R_p, on peut se servir uniquement de la suite (r) sans qu'il soit nécessaire de calculer les fonctions S et la conclusion restera la même.

61. Le théorème de Sturm permet de déterminer le nombre de racines réelles d'une équation qui n'a pas de racines égales. Après avoir formé, pour cette équation, la suite (r), on y substitue $-\infty$ et $+\infty$; le signe des diverses fonctions sera le même que celui des premiers termes, et la différence $v_{-\infty} - v_{+\infty}$ donnera le nombre exact de racines réelles. Dans le cas d'une équation admettant des racines égales, la différence qui précède fournit encore le nombre de racines réelles, mais abstraction faite de leur degré de multiplicité. Connaissant le nombre de racines réelles, on aura en même temps, celui des racines imaginaires. Lorsque la série des fonctions de Sturm est complète, on obtient aussi le nombre de racines imaginaires, en comptant le nombre de variations que présentent les premiers termes des $m + 1$ fonctions de la suite ; si k est ce nombre, $2k$ représentera le nombre de racines imaginaires. En effet, les $m + 1$ premiers termes considérés simultanément forment un polynôme complet ayant, par hypothèse, k variations et $m - k$ permanences. En posant $x = -\infty$, les permanences deviennent des variations et l'on a :

$$v_{-\infty} = m - k;$$

d'un autre côté, pour $x = +\infty$, il vient

$$v_{+\infty} = k;$$

par suite,

$$v_{-\infty} - v_{+\infty} = m - 2k.$$

C'est le nombre de racines réelles ; donc $2k$ est celui des racines imaginaires.

Pour que toutes les racines soient réelles et inégales, la différence précédente doit être égale à m. Il faudra donc que la suite de Sturm soit complète et que les premiers termes n'offrent aucune variation, c'est-à-dire, qu'ils soient tous positifs comme le premier terme de l'équation.

Pour l'application du théorème de Sturm à une équation numérique, il est nécessaire, dans le calcul des fonctions R, de multiplier ou de diviser par des nombres positifs afin de rendre les divisions possibles avec des nombres entiers; ce qui ne changera pas le signe de ces fonctions. Le calcul étant terminé, si l'on s'aperçoit qu'une fonction R_k conserve le même signe, quel que soit x, on pourra supprimer celles qui la suivent; car le nombre de variations entre R_k et la dernière R_p reste le même, et il ne peut avoir aucune influence sur la valeur de $v_\alpha - v_\beta$. Enfin, en substituant dans les fonctions trouvées les limites de l'intervalle α et β, il peut arriver qu'une fonction intermédiaire s'annule; on remplace alors dans la suite des signes le zéro correspondant par $+$ ou par $-$; ce qui est indifférent, attendu que zéro est toujours entre deux signes contraires. Lorsque la première fonction R est égale à zéro pour une limite, par exemple, pour $x = \beta$, on remplace β par un nombre un peu plus grand $\beta + h$, en tenant compte que β est une racine de l'équation comprise dans l'intervalle. Cette dernière remarque n'est pas très utile, parce que l'usage normal du théorème de Sturm se présente dans la recherche des racines incommensurables, alors que l'équation a été débarrassée de ses racines commensurables. Comme on prend généralement des nombres rationnels pour les substitutions, ceux-ci ne peuvent être racines de l'équation.

62. Comme exemple de la marche à suivre, soit l'équation

(1) $$R = x^4 - 4x^3 - 3x + 23 = 0.$$

On en déduit

(2) $$R' = 4x^3 - 12x^2 - 3.$$

Calcul de R_2. Pour rendre la division possible entre R et R', on multiplie R par 4, et on effectue la division entre les polynômes

$$4x^4 - 16x^3 - 12x + 92 \quad \text{et} \quad 4x^3 - 12x^2 - 3.$$

Le dernier reste sera du second degré; il a pour valeur :

$$-12x^2 - 9x + 89.$$

En changeant les signes, il vient pour la fonction R_2

(3) $$R_2 = 12x^2 + 9x - 89.$$

Calcul de R_3. Il faut diviser R' par R_2. On commencera par multiplier R' par 3 pour rendre la division possible. On trouve pour premier reste :

$$-45x^2 + 89x - 9.$$

Afin de continuer la division, on multiplie ce dernier par 4; le second reste qui sera du premier degré a pour expression : $491x - 1371$. En changeant les signes, on a donc

$$R_3 = -491x + 1371.$$

Calcul de R_4. On divise R_2 par R_3, en multipliant d'abord R_2 par 491. Après avoir trouvé le premier reste, on constate facilement, sans chercher sa valeur exacte, que le second reste est positif; par suite, nous pouvons écrire

$$R_4 = -.$$

Nous obtenons ainsi les cinq fonctions de Sturm relatives à l'équation donnée. Prenons pour intervalles successifs les nombres 0, 1, 2, 3, 4. On trouve, par les substitutions :

		R,	R',	R_2,	R_3,	R_4.	
Pour	$x = 0$,	+	−	−	+	−,	3 variations.
	$x = 1$,	+	−	−	+	−,	3 »
	$x = 2$,	+	−	−	+	−,	3 »
	$x = 3$,	−	−	+	−	−,	2 »
	$x = 4$,	+	+	+	−	−,	1 »

L'équation admet donc une racine entre 2 et 3, et une autre entre 3 et 4; comme son premier membre ne présente que deux variations, elle n'a pas d'autres racines positives. D'ailleurs les premiers termes des fonctions de Sturm offrent une variation et l'équation a certainement deux racines imaginaires. On arrive au même résultat par les substitutions $-\infty$ et $+\infty$; pour cet intervalle, il y a une perte de deux variations et, par conséquent, deux racines réelles.

Soit encore l'équation

$$R = x^4 - 4x^3 + x^2 + 6x + 2 = 0.$$

On en tire

$$R' = 4x^3 - 12x^2 + 2x + 6 = 2(2x^3 - 6x^2 + x + 3).$$

Pour les divisions on peut laisser le facteur positif 2 de la dérivée; en opérant comme dans l'exemple qui précède, on trouve

$$R_2 = 5x^2 - 10x - 7,$$
$$R_3 = x - 1,$$
$$R_4 = +.$$

La suite des fonctions de Sturm est complète et les premiers termes sont positifs; l'équation aura donc toutes ses racines réelles et différentes. Afin de déterminer les intervalles qui renferment les racines positives, substituons successivement les nombres o, 1, 2, 3. On trouve

		R,	R′,	R_2,	R_3,	R_4	
Pour	$x = 0$,	+	+	—	—	+,	2 variations.
	$x = 1$,	+	o	—	o	+,	2 »
	$x = 2$,	+	—	—	+	+,	2 »
	$x = 3$,	+	+	+	+	+,	o »

On voit que la substitution $x = 1$ donne deux zéros dans les fonctions intermédiaires; on les remplace par + ou par — et l'on trouve deux variations. Ce tableau nous montre qu'il y a deux racines positives comprises entre 2 et 3.

En second lieu, substituons les nombres o, — 1. Il viendra

		R,	R′,	R_2,	R_3,	R_4	
Pour	$x = 0$,	+	+	—	—	+,	2 variations.
	$x = -1$,	+	—	+	—	+,	4 »

En passant de $x = -1$ à $x = 0$, il y a une perte de deux variations; les deux racines négatives de l'équation se trouvent dans cet intervalle, et il est inutile de faire d'autres substitutions.

63. *Autre méthode de calcul des restes de Sturm*. Les équations

$$R = Q_1R' - R_2, \quad R' = Q_2R_2 - R_3, \quad R_2 = Q_3R_3 - R_4, \text{ etc.}$$

étant résolues par rapport aux restes R donnent successivement

$$R_2 = Q_1R' - R, \quad R_3 = Q_2(Q_1R' - R) - R' = (Q_1Q_2 - 1)R' - Q_2R,$$
$$R_4 = Q_3[(Q_1Q_2 - 1)R' - Q_2R] - Q_1R' + R$$
$$= (Q_1Q_2Q_3 - Q_1 - Q_3)R' - (Q_2Q_3 - 1)R, \text{ etc.}$$

Si on remarque que tous les quotients Q sont du premier degré en x, on voit qu'un reste R_k s'exprime au moyen de R et de R′ par une expression de la forme

$$R_k = AR' - BR$$

où A est une fonction entière de x du degré $k - 1$, et B une autre fonction de x du degré $k - 2$.

Cette propriété permet de calculer directement les restes de Sturm. Par exemple, pour trouver R_2, on pose :

$$R_2 = (ax + b)R' - R$$

a et b étant deux coefficients indéterminés. On trouve leurs valeurs en remarquant que R_2 est du degré $m - 2$ tandis que le second membre est du degré m; par suite, les coefficients de x^m et de x^{m-1} doivent être nuls; on aura ainsi deux équations pour calculer a et b.

Dans le cas général, on part de l'égalité

$$R_k = AR' - BR,$$

A et B étant deux polynômes renfermant respectivement k et $k - 1$ coefficients indéterminés; il y a donc au second membre $2k - 1$ constantes arbitraires; mais on peut toujours diviser par l'une d'elles et, en réalité, il ne faut compter que $2k - 2$ coefficients inconnus. Or, R_k est du degré $m - k$ en x, et le second membre du degré $m + k - 2$. Afin de ramener ce dernier au degré $m - k$, on égalera à zéro les coefficients des diverses puissances x^{m+k-2}, x^{m+k-3}, etc. jusqu'à x^{m-k} exclusivement. On obtient ainsi un système de $2k - 2$ équations du premier degré qui sont suffisantes pour déterminer les coefficients inconnus; par suite, on aura la valeur de R_k et cette valeur sera unique.

Il existe entre les polynômes A et B qui figurent dans les restes successifs une relation importante. Pour la déterminer, donnons à A et B des indices correspondants aux restes, et considérons d'abord les identités

$$Q_1R' - R = A_2R' - B_2R, \quad (Q_1Q_2 - 1)R' - Q_2R = A_3R' - B_3R.$$

On en tire

$$A_2 = Q_1, \quad B_2 = 1, \quad A_3 = Q_1Q_2 - 1, \quad B_3 = Q_2;$$

par suite, il vient

$$A_2B_3 - A_3B_2 = 1.$$

Cela étant, nous allons voir que pour deux restes consécutifs quelconques R_k et R_{k+1}, on aura également

$$A_kB_{k+1} - A_{k+1}B_k = 1.$$

En effet, avec la notation convenue, nous pouvons écrire

$$R_{k+1} = A_{k+1}R' - B_{k+1}R = Q_kR_k - R_{k-1}$$

ou bien,

$$A_{k+1}R' - B_{k+1}R = Q_k(A_kR' - B_kR) - (A_{k-1}R' - B_{k-1}R).$$

Dans cette identité, égalons les coefficients de R' et de R; il viendra

$$A_{k+1} = Q_kA_k - A_{k-1}, \quad B_{k+1} = Q_kB_k - B_{k-1}.$$

Si, maintenant, nous éliminons Q_k entre ces égalités, on trouve

$$A_kB_{k+1} - A_{k+1}B_k = A_{k-1}B_k - A_kB_{k-1}.$$

La différence du premier membre est donc constante quel que soit k, et comme

$$A_2B_3 - A_3B_2 = 1,$$

nous aurons aussi

$$A_kB_{k+1} - A_{k+1}B_k = 1.$$

D'après la nouvelle expression des fonctions de Sturm que nous venons de considérer, on doit admettre que toute fonction entière de x qui peut se ramener à la forme $AR' - BR$, les polynômes A et B étant convenablement choisis, ne pourra différer d'un reste de Sturm que par un facteur constant.

64. *Expressions des restes de Sturm en fonction des racines*. Désignons par $a_1, a_2, a_3 \dots a_m$ les racines de l'équation du degré m

$$R = 0$$

où nous supposerons le coefficient du premier terme égal à l'unité, et considérons les fonctions suivantes que l'on appelle fonctions de Sylvester

$$R = (x - a_1)(x - a_2)(x - a_3) \dots (x - a_m),$$
$$R' = \Sigma (x - a_2)(x - a_3) \dots (x - a_m),$$
$$T_2 = \Sigma (a_1 - a_2)^2 (x - a_3)(x - a_4) \dots (x - a_m),$$
$$T_3 = \Sigma (a_1 - a_2)^2 (a_2 - a_3)^2 (a_3 - a_1)^2 (x - a_4)(x - a_5) \dots (x - a_m),$$
$$\dots\dots\dots\dots\dots\dots$$
$$T_m = (a_1 - a_2)^2 (a_1 - a_3)^2 \dots (a_1 - a_m)^2 (a_2 - a_3)^2 \dots (a_{m-1} - a_m)^2.$$

Les deux premières fonctions nous sont connues. La somme T_2 se compose des termes que l'on obtient en laissant de côté deux facteurs linéaires pour les remplacer par le carré de la différence des racines omises ; la somme T_3 est l'ensemble des termes obtenus en laissant trois facteurs linéaires et en les remplaçant par le produit des carrés des différences des trois racines omises ; ainsi de suite. La dernière fonction T_m est le produit des carrés des différences de toutes les racines. Nous allons démontrer que toutes ces fonctions jouissent de la propriété de se ramener à la forme

$$(r_1) \qquad A'R' - B'R$$

comme les restes de Sturm. Soit, par exemple, la fonction

$$(\alpha) \quad T_3 = \Sigma (a_1 - a_2)^2 (a_1 - a_3)^2 (a_2 - a_3)^2 (x - a_4)(x - a_5) \dots (x - a_m),$$

et montrons qu'elle peut prendre la forme (r_1) où A' est une fonction du second degré, et B' une fonction du premier degré en x. Si on pose $x = a_1$ dans (α), il vient

$$(\alpha') \quad \Sigma(a_1-a_2)^2(a_1-a_3)^2(a_2-a_3)^2(a_1-a_4)(a_1-a_5)\ldots(a_1-a_m),$$

tandis que l'expression (r_1) se réduit à

$$(r_2) \qquad A'(a_1-a_2)(a_1-a_3)(a_1-a_4)(a_1-a_5)\ldots(a_1-a_m),$$

car R est égal à zéro pour cette valeur, et tous les termes de la dérivée R' s'annulent excepté celui qui ne renferme pas le facteur $x - a_1$. En remplaçant A' par

$$\Sigma(a_2-a_3)^2(a_1-a_2)(a_1-a_3)$$

(r_2) devient égal à (α'); on est ainsi conduit à prendre pour A' la fonction du second degré en x

$$A' = \Sigma(a_2-a_3)^2(x-a_2)(x-a_3)$$

c'est-à-dire, la somme des termes que l'on trouve en groupant deux à deux les facteurs linéaires, et en multipliant par le carré de la différence des racines correspondantes. Si l'on prend les deux premiers facteurs $x - a_1$, $x - a_2$, on peut encore écrire

$$A' = \Sigma(a_1-a_2)^2(x-a_1)(x-a_2).$$

Avec cette expression, A'R' prendra la même valeur que T_3 pour $x = a_1$, ainsi que pour $x = a_2$, $x = a_3$, ..., $x = a_m$. Enfin remplaçons B' par $ax + b$, a et b étant deux coefficients indéterminés, et posons l'égalité

$$\begin{aligned}\Sigma(a_1-a_2)^2(a_1-a_3)^2(a_2-a_3)^2(x-a_4)(x-a_5)\cdots \\ = \Sigma(a_1-a_2)^2(x-a_1)(x-a_2).\, R' - (ax+b)\,R.\end{aligned}$$

Elle sera satisfaite par les m valeurs de x : $a_1, a_2, \ldots, a_m$, d'après le choix que l'on vient de faire pour la fonction A'. Si, de plus, nous posons successivement $x = x_1$, $x = x_2$, x_1 et x_2 étant deux valeurs déterminées, on aura deux relations pour calculer a et b; mais alors cette équation du degré $m + 1$ ayant lieu pour $m + 2$ valeurs de x doit être identique. Ils est donc démontré que T_3 peut se ramener à la forme A'R' — B'R. Un raisonnement analogue s'appliquera à une fonction quelconque T_k, en prenant pour A' une somme de termes renfermant chacun $k - 1$ facteurs linéaires multipliés par les carrés des différences des racines correspondantes, et pour B' un polynôme du degré $k - 2$.

En vertu de cette propriété, les fonctions T ne peuvent différer des restes de Sturm que par un facteur constant et nous pouvons poser :

$$T_2 = \lambda_2 R_2, \quad T_3 = \lambda_3 R_3, \quad T_4 = \lambda_4 R_4, \text{ etc.}$$

Afin de calculer ces constantes, considérons d'abord l'identité

$$T_2 = A'_2 R' - B'_2 R = \lambda_2 (Q_1 R' - R)$$

dans laquelle, suivant la définition de A', $A'_2 = \Sigma (x - a_1)$, et B'_2 est une constante. Remarquons que T_2 est du degré $m - 2$; or $A'_2 R'$ renferme le terme : $mx \times mx^{m-1} = m^2 x^m$, tandis que R renferme x^m; pour que cette puissance disparaisse, il faut que $B'_2 = m^2$. D'un autre côté, en comparant terme à terme les deux membres de l'identité, on voit que λ_2 doit être égal à B'_2; donc $\lambda_2 = m^2$.

Cela étant, nous avons vu précédemment que les polynômes A et B des restes de Sturm satisfont à la relation

$$A_k B_{k+1} - B_k A_{k+1} = 1.$$

En multipliant les deux membres par $\lambda_k \lambda_{k+1}$, elle devient

$$\lambda_k A_k \,.\, \lambda_{k+1} B_{k+1} - \lambda_k B_k \,.\, \lambda_{k+1} A_{k+1} = \lambda_k \lambda_{k+1},$$

ou bien

$$A'_k B'_{k+1} - B'_k A'_{k+1} = \lambda_k \lambda_{k+1}.$$

Mais, on a

$$T_k = A'_k R' - B'_k R, \quad T_{k+1} = A'_{k+1} R' - B'_{k+1} R;$$

par l'élimination de R' entre ces deux égalités, on trouve

$$A'_{k+1} T_k - A'_k T_{k+1} = (A'_k B'_{k+1} - B'_k A'_{k+1}) R = \lambda_k \lambda_{k+1} R.$$

Comparons, dans cette identité, les termes qui renferment x à la $m^{ième}$ puissance. Celle-ci ne peut se trouver dans le produit $A'_k T_{k+1}$ qui est du degré

$$k - 1 + m - k - 1 = m - 2,$$

mais dans le terme $A'_{k+1} T_k$ qui est du degré

$$k + m - k = m.$$

Posons, pour abréger,

$$p_2 = \Sigma (a_1 - a_2)^2, \quad p_3 = \Sigma (a_1 - a_2)^2 (a_1 - a_3)^2 (a_2 - a_3)^2,$$
$$p_4 = \Sigma (a_1 - a_2)^2 (a_1 - a_3)^2 (a_1 - a_4)^2 (a_2 - a_3)^2 (a_2 - a_4)^2 (a_3 - a_4)^2,$$

. . . .

En vertu des expressions choisies pour A' et T, le coefficient de la plus haute puissance de x dans A'_{k+1} et dans T_k est p_k. D'après l'identité précédente, nous aurons donc

$$p_k^2 = \lambda_k \lambda_{k+1}.$$

En posant, dans cette relation, $k = 2, 3, 4, \ldots$, il vient :

$$p_2^2 = \lambda_2\lambda_3, \quad p_3^2 = \lambda_3\lambda_4, \quad p_4^2 = \lambda_4\lambda_5, \quad p_5^2 = \lambda_5\lambda_6, \quad \text{etc.}$$

Comme on connaît la valeur de λ_2, ces égalités permettent de calculer toutes les autres constantes. On en déduit

$$\lambda_3 = \frac{p_2^2}{m^2}, \quad \lambda_4 = \frac{m^2 p_3^2}{p_2^2}, \quad \lambda_5 = \frac{p_2^2 p_4^2}{m^2 p_3^2}, \quad \text{etc.}$$

Il en résulte que les fonctions de Sylvester ne diffèrent des restes de Sturm que par des constantes positives ; ce qui est sans influence sur les signes. Par conséquent, si la suite des coefficients de leurs premiers termes

$$1, \quad m, \quad p_2, \quad p_3, \quad p_4, \quad \ldots, \quad p_m,$$

présente k variations, l'équation $R = 0$ admettra $2k$ racines imaginaires.

Il est à remarquer que les quantités p sont des expressions symétriques des racines, et qu'il est possible de les remplacer par des fonctions rationnelles des coefficients de l'équation. Étant donnée une équation à coefficients réels, les fonctions de Sylvester peuvent donc servir à la détermination du nombre de racines réelles et imaginaires de cette équation.

On peut remplacer les quantités p par des déterminants aux puissances semblables des racines. Nous avons vu (N° **24**) qu'en posant :

$$s_i = a_1^i + a_2^i + \cdots + a_m^i,$$

le déterminant

$$\Delta^2 = \begin{vmatrix} s_0 & s_1 & s_2 & \ldots & s_{m-1} \\ s_1 & s_2 & s_3 & \ldots & s_m \\ s_2 & s_3 & s_4 & \ldots & s_{m+1} \\ \cdot & \cdot & \cdot & \cdot & \cdot \\ s_{m-1} & s_m & s_{m+1} & \ldots & s_{2m-2} \end{vmatrix}$$

représente le produit des carrés de toutes les différences des quantités $a_1, a_2 \ldots a_m$; c'est la valeur de p_m. De même

$$p_2 = \Sigma (a_1 - a_2)^2 = \begin{vmatrix} s_0 & s_1 \\ s_1 & s_2 \end{vmatrix},$$

$$p_3 = \Sigma (a_1 - a_2)^2 (a_1 - a_3)^2 (a_2 - a_3)^2 = \begin{vmatrix} s_0 & s_1 & s_2 \\ s_1 & s_2 & s_3 \\ s_2 & s_3 & s_4 \end{vmatrix},$$

et ainsi de suite. Donc, *si on calcule, pour une équation du degré m, les quantités*

$$1, \quad m, \quad \begin{vmatrix} s_0 & s_1 \\ s_1 & s_2 \end{vmatrix}, \quad \begin{vmatrix} s_0 & s_1 & s_2 \\ s_1 & s_2 & s_3 \\ s_2 & s_3 & s_4 \end{vmatrix}, \quad \begin{vmatrix} s_0 & s_1 & s_2 & s_3 \\ s_1 & s_2 & s_3 & s_4 \\ s_2 & s_3 & s_4 & s_5 \\ s_3 & s_4 & s_5 & s_6 \end{vmatrix}, \text{ etc.}$$

le nombre de racines imaginaires sera égal au double du nombre de variations qu'elles présentent, et pour que toutes les racines soient réelles, il faut et il suffit que ces diverses quantités soient positives.

65. Avant de terminer ce sujet, nous ferons encore observer que les mineurs du déterminant symétrique de l'ordre m

$$\Delta = \begin{vmatrix} a_{11}+x & a_{12} & a_{13} & \ldots & a_{1m} \\ a_{21} & a_{22}+x & a_{23} & \ldots & a_{2m} \\ a_{31} & a_{32} & a_{33}+x & \ldots & a_{3m} \\ \cdot & \cdot & \cdot & \cdot & \cdot \\ a_{m1} & a_{m2} & a_{m3} & \ldots & a_{mm}+x \end{vmatrix}$$

jouissent des mêmes propriétés fondamentales que les fonctions de Sturm, et que l'équation

$$\Delta = 0$$

doit avoir toutes ses racines réelles. Nous avons vu que le développement de ce déterminant conduit à une fonction entière du degré m. Désignons par Δ_1, Δ_2, ..., Δ_{m-1} les mineurs des différents ordres provenant de la suppression des dernières lignes horizontales et verticales. La suite

$$\Delta, \quad \Delta_1, \quad \Delta_2, \quad \Delta_3, \quad \ldots, \quad \Delta_{m-1},$$

renferme des fonctions de x dont la première est du degré m, la seconde du degré $m - 1$, et ainsi de suite ; les degrés diminuent régulièrement d'une unité jusqu'à la dernière qui est du premier degré. Ajoutons encore, pour terminer, une constante positive Δ_m.

Cela étant, supposons que x varie d'une manière continue entre $-\infty$ et $+\infty$. Il peut arriver que x passe par une valeur qui annule une fonction intermédiaire Δ_k; mais, d'après une propriété du déterminant symétrique, les mineurs adjacents Δ_{k-1} et Δ_{k+1} sont alors de signe différent; par conséquent, le nombre de variations de la suite ne sera pas altéré par cette circonstance. Un changement dans le nombre de variations ne peut se présenter que si x prend une valeur racine de $\Delta = 0$, Δ étant la première fonction de la série. Or, les premiers termes de ces fonctions étant tous positifs, en y posant $x = -\infty$, la suite offrira m variations tandis que, pour $x = +\infty$, il n'y aura plus que des permanences. Il faut donc bien admettre, qu'entre $-\infty$ et $+\infty$, la variable x a passé m fois par une valeur racine de $\Delta = 0$, c'est-à-dire, que cette équation admet m racines réelles. Il est évident que le même raisonnement s'applique aux équations

$$\Delta_1 = 0, \quad \Delta_2 = 0, \quad \Delta_3 = 0, \quad \text{etc.}$$

et qu'elles auront aussi toutes leurs racines réelles.

§ 5.

Théorème de Cauchy.

66. Soit

$$F(z) = 0$$

une équation du degré m dans le sens général; remplaçons l'inconnue z par $x + y\sqrt{-1}$; elle prendra la forme

$$F(z) = P + Q\sqrt{-1} = 0$$

où P et Q sont des fonctions réelles de x et de y. Lorsque les valeurs $x = x_0$, $y = y_0$ annulent les polynômes P et Q, on dit que

$$z_0 = x_0 + y_0\sqrt{-1}$$

est racine de l'équation; elle est figurée dans le plan par un point a ayant pour coordonnées x_0, y_0 et que l'on appelle *point racine*.

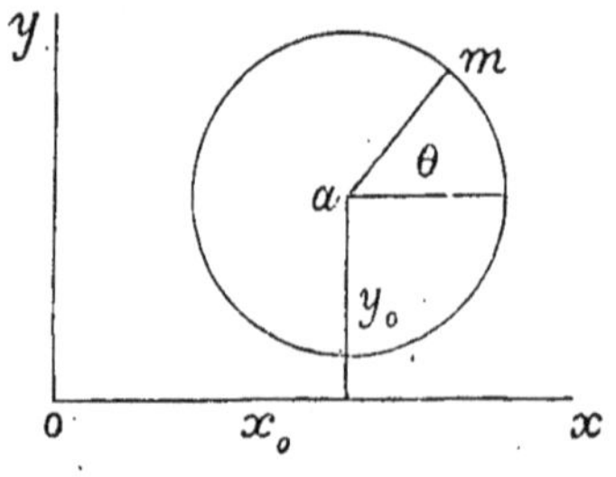

Fig. 2.

Avant d'énoncer la proposition de Cauchy, il est nécessaire de démontrer une propriété de la fonction entière d'une variable imaginaire. Décrivons du point a, comme centre, une circonférence de rayon r de manière qu'elle ne traverse aucun point racine de l'équation; menons ensuite une droite parallèle à ox, ainsi que le rayon am incliné d'un angle θ sur cette droite. Proposons-nous d'étudier les changements de signe du rapport $\frac{P}{Q}$, lorsque z, considéré comme une variable imaginaire, décrit la circonférence. Ce rapport aura une valeur déterminée en chaque point de la courbe; car il ne peut prendre la forme $\frac{0}{0}$ que si l'on a en même temps $P = 0$, $Q = 0$; ce qui est contre l'hypothèse admise que la circonférence ne renferme aucun point racine. Désignons par x et y les coordonnées du point m; on aura

$$x = x_0 + r\cos\theta, \quad y = y_0 + r\sin\theta;$$

par suite,

$$z = x + y\sqrt{-1} = z_0 + r(\cos\theta + \sqrt{-1}\sin\theta).$$

Pour plus de généralité, nous supposerons que le point a est un point racine du degré n de multiplicité. Dans ce cas, en développant $F(z)$, il viendra

$$F(z) = F[z_0 + r(\cos\theta + \sqrt{-1}\sin\theta)]$$

$$= r^n(\cos\theta + \sqrt{-1}\sin\theta)^n \frac{F^{(n)}(z_0)}{1.2\ldots n} + r^{n+1}(\cos\theta + \sqrt{-1}\sin\theta)^{n+1}\frac{F^{(n+1)}(z_0)}{1.2\ldots(n+1)} + \cdots$$

Posons :

$$\frac{F^{(n)}(z_0)}{1.2\ldots n} = r_n(\cos\alpha_n + \sqrt{-1}\sin\alpha_n),$$

$$\frac{F^{(n+1)}(z_0)}{1.2\ldots(n+1)} = r_{n+1}(\cos\alpha_{n+1} + \sqrt{-1}\sin\alpha_{n+1}), \text{ etc.}$$

Par la substitution de ces expressions et l'application de la formule de Moivre, on trouve

$$F(z) = r^n r_n[\cos(n\theta + \alpha_n) + \sqrt{-1}\sin(n\theta + \alpha_n)]$$
$$+ r^{n+1} r_{n+1}\{\cos[(n+1)\theta + \alpha_{n+1}] + \sqrt{-1}\sin[(n+1)\theta + \alpha_{n+1}]\}$$
$$+ \ldots\ldots\ldots\ldots\ldots\ldots\ldots\ldots$$

On en déduit pour la valeur du rapport $\frac{P}{Q}$,

$$\frac{P}{Q} = \frac{r_n\cos(n\theta + \alpha_n) + r r_{n+1}\cos[(n+1)\theta + \alpha_{n+1}] + \cdots}{r_n\sin(n\theta + \alpha_n) + r r_{n+1}\sin[(n+1)\theta + \alpha_{n+1}] + \cdots}.$$

Supposons maintenant que le rayon r de la circonférence soit suffisamment petit pour que le numérateur et le dénominateur aient le même signe que leurs premiers termes; dans ces conditions, le signe du premier membre sera le même que celui du rapport

$$\frac{r_n \cos(n\theta + \alpha_n)}{r_n \sin(n\theta + \alpha_n)} = \text{cotang}\,(n\theta + \alpha_n).$$

Cela étant, lorsque la variable imaginaire décrit la circonférence entière, l'angle θ varie de o à 2π; par suite, l'angle $n\theta + \alpha_n$ variera de α_n à $\alpha_n + 2n\pi$. Cet intervalle comprend n circonférences savoir: α_n à $\alpha_n + 2\pi$, $\alpha_n + 2\pi$ à $\alpha_n + 4\pi$, etc. Or, on sait que, pour une circonférence, la cotangente passe deux fois du positif au négatif en s'évanouissant, et jamais du négatif au positif, si ce n'est en traversant l'infini. Il en résulte que pour l'intervalle complet, la cotangente s'annulera $2n$ fois en passant du positif au négatif. De là cette propriété :

Lorsque la variable z décrit une circonférence ou plus généralement un contour très petit autour d'un point racine du degré n de multiplicité, le rapport $\frac{P}{Q}$ *passe 2n fois du positif au négatif en s'évanouissant.*

67. On sait que le théorème de Sturm se rapporte au nombre de racines réelles comprises dans un intervalle donné. Les racines imaginaires étant figurées par des points dans le plan, il faudra, au lieu d'intervalles, considérer des contours et chercher une règle pour déterminer le nombre de points racines qu'ils peuvent renfermer. C'est là le but du théorème de Cauchy que l'on peut énoncer ainsi :

Étant donnée une équation

$$F(z) = P + Q\sqrt{-1} = 0$$

et un contour ABCD *qui ne passe par aucun point racine, on suit le contour dans un sens déterminé en partant d'un point* A *pour revenir au point de départ. Si k est le nombre de fois que le rapport* $\frac{P}{Q}$, *en s'annulant, passe du positif au négatif, et k' le nombre de fois que ce rapport, en s'annulant, passe du négatif au positif, la différence* $\delta = k - k'$ *est toujours égale au double du nombre de racines comprises dans l'intérieur du contour.*

Il faut d'abord remarquer que, si deux contours tels que ABC, ACD (fig. 5) ont une partie commune AC, on peut supprimer celle-ci et prendre seulement la valeur de $\delta = k - k'$ pour le contour extérieur ABCD. En effet, le premier contour étant parcouru à partir de

A vers B et C pour revenir en A, l'arc AC est parcouru dans le sens CA tandis que, pour l'autre contour, il est parcouru en sens opposé de A vers C; si le rapport $\frac{P}{Q}$ s'annule et passe un certain nombre de fois du positif au négatif en allant de C vers A, il passera le même nombre de fois du négatif au positif en allant de A vers C, et la différence δ ne sera pas altérée. Si donc le théorème se vérifie pour deux contours ABC, ACD juxtaposés, il s'appliquera également au contour formé de leur réunion en négligeant la partie commune. Il en sera encore ainsi, quel que soit le nombre de contours juxtaposés; car, on peut supprimer d'abord la partie commune à deux contours adjacents; ensuite, en comparant le contour résultant avec le suivant, on laissera de nouvecu la partie commune, etc.

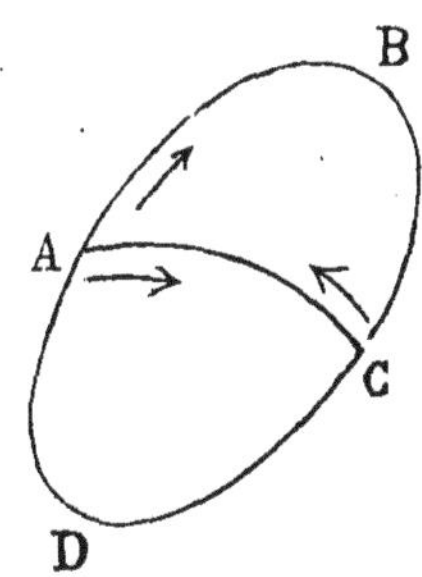

Fig. 3.

Cela étant, considérons un contour ABCD ne renfermant aucune racine; on n'aura jamais à la fois $P = o$ et $Q = o$; mais il pourra se présenter des points pour lesquels P et Q s'annuleront séparément. Divisons le contour en différentes parties telles que chacune ne renferme dans son intérieur ou sur son contour aucun point où $P = o$, ou bien, aucun point où $Q = o$. Pour un contour partiel où l'on n'a jamais $P = o$, le rapport $\frac{P}{Q}$ ne s'annule pas et $\delta = o$; pour un contour partiel où Q n'est jamais nul le dénominateur conserve le même signe; d'un autre côté, après avoir parcouru le contour entier, le rapport reprend sa valeur initiale avec son signe; il est évident que s'il passe un certain nombre de fois du positif au négatif en traversant zéro, il doit passer le même nombre de fois du négatif au positif et l'on a encore $\delta = o$. L'excès étant nul pour tous les contours partiels, il le sera aussi pour le contour extérieur ou le contour ABCD.

Supposons, en second lieu, que le contour donné renferme un seul point racine a (fig. 4) du degré n de multiplicité. Décrivons une circonférence intérieure suffisamment petite ayant pour centre le point a, et relions-la par les arcs AE, GC au contour donné. Il y a ainsi dans la figure trois contours, savoir : ABCGFEA, la circonférence EFGH et AEHGCDA. Pour le premier et le dernier qui ne renferment aucune racine, $\delta = o$;

pour la circonférence, en vertu d'une propriété démontrée, $k = 2n$, $k' = 0$; par suite, $\delta = 2n$. L'excès δ pour les trois contours est donc $2n$; il aura la même valeur pour le contour extérieur ABCD. Si l'on en doute, on observera que le premier contour ABCGFEA a pour partie commune avec la circonférence l'arc EFG que l'on peut supprimer, et le contour résultant est alors ABCGHEA; celui-ci ayant la partie AEHGC commune avec le troisième AEHGCDA, en la supprimant, il reste le contour ABCD.

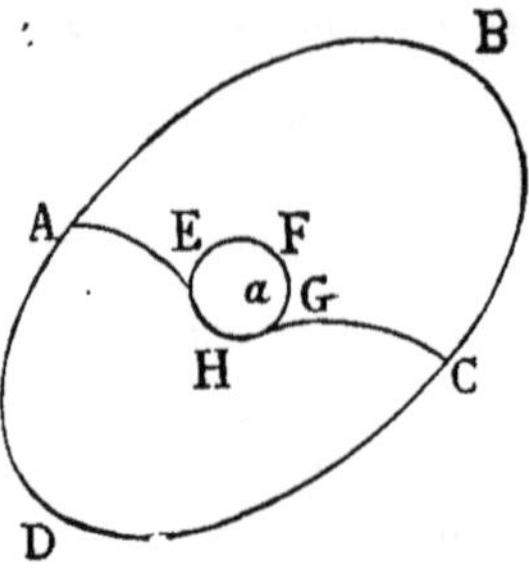

Fig. 4.

Enfin, s'il s'agit d'un contour renfermant plusieurs points racines, on le partagera en plusieurs autres à une seule racine; le théorème sera applicable à chacun d'eux et aussi au contour formé de leur réunion.

La proposition de Cauchy se trouve ainsi vérifiée dans tous les cas.

68. Ce théorème jouit encore de la propriété de fournir une démonstration de ce principe fondamental que *toute équation du degré m admet m racines.*

Soit, en effet, l'équation

$$F(z) = A_0 z^m + A_1 z^{m-1} + \cdots + A_m = 0.$$

Posons :

$$z = r(\cos\theta + \sqrt{-1}\sin\theta), \quad A_i = r_i(\cos\alpha_i + \sqrt{-1}\sin\alpha_i).$$

En substituant et en effectuant les multiplications, on trouve,

$$F(z) = r^m r_0 [\cos(m\theta + \alpha_0) + \sqrt{-1}\sin(m\theta + \alpha_0)]$$
$$+ r^{m-1} r_1 \{\cos[(m-1)\theta + \alpha_1] + \sqrt{-1}\sin[(m-1)\theta + \alpha_1]\} + \cdots$$

D'où on tire

$$\frac{P}{Q} = \frac{r^m r_0 \cos(m\theta + \alpha_0) + r^{m-1} r_1 \cos[(m-1)\theta + \alpha_1] + \cdots}{r^m r_0 \sin(m\theta + \alpha_0) + r^{m-1} r_1 \sin[(m-1)\theta + \alpha_1] + \cdots}.$$

Le numérateur et le dénominateur de cette fraction sont des fonctions entières de r ordonnées suivant les puissances décroissantes; si r est suffisamment grand ou infini, ils auront le même signe que leurs premiers termes ; dans cette hypothèse le signe du rapport $\frac{P}{Q}$ sera le même que celui de

$$\frac{\cos(m\theta + \alpha_0)}{\sin(m\theta + \alpha_0)} = \text{cotang}(m\theta + \alpha_0).$$

Mais, supposer r infini revient à dire que la variable imaginaire décrit autour de l'origine une circonférence qui embrasse toute l'étendue du plan. Or, quand θ varie de o à 2π, l'angle $m\theta + \alpha_0$ varie de α_0 à $\alpha_0 + 2m\pi$ et le rapport doit passer $2m$ fois du positif au négatif en s'évanouissant et jamais du négatif en positif, si ce n'est en devenant infini; par suite, $k = 2m$, $k' = 0$ et $\delta = 2m$; donc m est le nombre des points racines.

CHAPITRE III.

RÉSOLUTION DES ÉQUATIONS NUMÉRIQUES A UNE INCONNUE.

§ 1.

LIMITES DES RACINES.

69. Lorsqu'il s'agit de résoudre une équation numérique, il est important de connaître entre quelles limites sont comprises les racines positives et les racines négatives; avant de chercher les racines, il convient de s'occuper d'abord de cette question. Soit l'équation

$$F(x) = x^m + A_1 x^{m-1} + A_2 x^{m-2} + \cdots A_m = 0.$$

On appelle *limite supérieure* des racines positives tout nombre plus grand que la plus grande des racines. D'après cette définition, si $x = l$ est une limite supérieure, le premier membre restera positif pour toute valeur de x plus grande que l. Désignons par N la valeur absolue du plus grand coefficient négatif; on a évidemment, pour $x > 1$,

$$F(x) = \text{ou} > x^m - Nx^{m-1} - Nx^{m-2} - \cdots - Nx - N;$$

par suite, $F(x)$ restera positif pour toutes les valeurs de x qui vérifient l'inégalité

$$x^m > N(x^{m-1} + x^{m-2} + \cdots + 1) > \frac{N(x^m - 1)}{x - 1},$$

ou bien

$$x^m > \frac{Nx^m}{x - 1} - \frac{N}{x - 1}.$$

Celle-ci aura lieu, en posant

$$x^m = \frac{Nx^m}{x - 1};$$

d'où on tire

$$x = 1 + N.$$

On a donc cette première règle : ***Quand le coefficient du premier terme d'une équation est l'unité, on obtient une limite supérieure des racines positives en ajoutant l'unité au plus grand coefficient négatif pris en valeur absolue.***

Soit, en second lieu, l'équation

$$x^m + A_1 x^{m-1} + \cdots - A_n x^{m-n} + \cdots + A_m = 0,$$

dans laquelle $A_n x^{m-n}$ est le premier terme négatif. En attribuant à N la même signification, le premier membre sera positif pour toutes les valeurs de x qui satisfont à l'inégalité

$$x^m > N x^{m-n} + N x^{m-n-1} + \cdots + N > \frac{N(x^{m-n+1} - 1)}{x - 1}.$$

Mais, pour $x > 1$, cette relation sera vérifiée si l'on pose :

$$x^m = \frac{N x^{m-n+1}}{x - 1};$$

ou bien,

$$x^{n-1}(x - 1) = N,$$

ou, encore,

$$(x - 1)^{n-1}(x - 1) = N.$$

On en déduit

$$x = 1 + \sqrt[n]{N}.$$

De là cette seconde règle : ***Dans une équation où le coefficient du premier terme est l'unité, on obtient une limite supérieure des racines positives en ajoutant l'unité à la racine $n^{\text{ième}}$ du plus grand coefficient négatif pris en valeur absolue, n étant égal à l'excès du degré m sur la puissance du premier terme négatif.***

Lorsque le coefficient du premier terme n'est pas l'unité, mais un certain nombre positif A_0, on doit diviser par ce coefficient et prendre pour limites

$$1 + \frac{N}{A_0}, \quad 1 + \sqrt[n]{\frac{N}{A_0}}.$$

70. *Troisième règle.* — ***Si, dans une équation, on prend positivement chaque coefficient négatif et qu'on le divise par la somme des coefficients***

des termes positifs qui précèdent, on obtient plusieurs nombres fractionnaires dont le plus grand augmenté de l'unité est une limite supérieure des racines positives.

En effet, considérons l'équation

$$A_0x^m + A_1x^{m-1} + A_2x^{m-2} - A_3x^{m-3} + \cdots - A_rx^{m-r} + \cdot\cdot + A_m = 0$$

dans laquelle il faut prendre les signes des termes comme ils sont indiqués. On sait que

$$\frac{x^i - 1}{x - 1} = x^{i-1} + x^{i-2} + \cdots + x + 1\,;$$

on en tire

$$x^i = (x - 1)(x^{i-1} + x^{i-2} + \cdots + x + 1) + 1.$$

Développons, par cette formule, chaque puissance des termes positifs sans toucher aux termes négatifs. L'équation deviendra ainsi

$$\begin{array}{r} A_0(x-1)x^{m-1} + A_0(x-1)x^{m-2} + A_0(x-1)x^{m-3} + \cdots + A_0(x-1) + A_0 \\ + A_1(x-1)x^{m-2} + A_1(x-1)x^{m-3} + \cdots + A_1(x-1) + A_1 \\ + A_2(x-1)x^{m-3} + \cdots + A_2(x-1) + A_2 \\ - A_3x^{m-3} \quad . \quad . \quad . \quad . \quad . \quad . \quad . \\ + \quad . \quad . \quad . \quad . \quad . \quad = 0. \end{array}$$

Si x est plus grand que 1, toutes les colonnes où il n'y a pas de terme négatif seront positives; pour les autres, par exemple, pour la troisième, on devra poser

$$A_0(x - 1) + A_1(x - 1) + A_2(x - 1) > A_3\,;$$

on en déduit

$$x > \frac{A_3}{A_0 + A_1 + A_2} + 1.$$

Au moyen de la colonne qui renferme le terme négatif A_rx^{r-1}, on trouverait

$$x > \frac{A_r}{A_0 + A_1 + A_2 + A_4 + \cdots A_{r-1}} + 1,$$

et ainsi de suite. Si donc, nous prenons pour x la plus grande de toutes ces quantités, le premier membre sera positif ainsi que pour les valeurs de x plus grandes; ce sera une limite supérieure des racines.

71. *Quatrième règle. — Lorsque tous les termes du quotient du pre-*

mier membre d'une équation par un facteur $x - l$ sont positifs ainsi que le reste, l est une limite supérieure des racines positives.

En effet, le reste de la division étant $F(l)$, on peut écrire

$$F(x) = (x - l)(A_0 x^{m-1} + B_1 x^{m-2} + \cdots + B_{m-1}) + F(l).$$

Or, il est évident que, dans l'hypothèse où les coefficients B ainsi que $F(l)$ sont positifs, le second membre reste positif et croissant, lorsque x varie depuis l jusqu'à $+\infty$. Il ne peut donc y avoir de racine plus grande que l.

72. *Cinquième règle, méthode des groupements.* — Etant donnée une équation, on dispose les termes de manière que le premier membre ne renferme que des termes positifs et des groupes composés d'un terme positif suivi d'un ou de deux termes négatifs ; tout nombre qui rendra ces derniers positifs sera une limite supérieure des racines. Ainsi l'équation

$$2x^6 + 10x^4 - 7x^3 - 12x^2 + x - 4 = 0$$

peut s'écrire

$$2x^6 + x^2(10x^2 - 7x - 12) + (x - 4) = 0.$$

Dans le trinôme du second degré, le premier terme est plus grand que la somme des deux autres pour $x = 2$; mais, à cause du dernier groupe, on doit prendre $x = 4$ pour la limite supérieure des racines positives. Il est évident, en effet, que pour $x = 4$ ou > 4, le premier membre sera toujours positif.

De même, en groupant les termes de l'équation

$$x^5 + x^4 - x^3 + 150x - 10000 = 0$$

comme suit :

$$(x^5 - 10000) + (x^4 - x^3) + 150x = 0,$$

il suffit de s'occuper du premier groupe qui est positif pour $x = 7$; toute valeur plus grande rendra le premier membre positif et, par conséquent, 7 est une limite supérieure des racines.

73. *Sixième règle.* Nous rappellerons encore que nous avons signalé comme conséquence du théorème de Fourier la propriété suivante : *tout nombre l qui rend $F(x)$ et toutes ses dérivées positives est une limite supérieure des racines.* C'est la règle de Newton. Lorsqu'on veut l'employer, on commence les substitutions dans la dérivée de l'ordre $m - 1$; après avoir trouvé le plus petit nombre qui la rend positive, on le substitue dans la dérivée précédente; dans le cas où cette dernière serait négative, on augmente d'une ou de plusieurs unités jusqu'à ce qu'elle devienne positive. On continue de cette manière en remontant l'ordre des dérivées, et on arrive finalement au plus petit nombre jouissant de la propriété de les rendre positives ainsi que F (x).

74. Appliquons les règles précédentes à l'équation

$$x^5 + 8x^4 - 14x^3 - 53x^2 + 56x - 18 = 0.$$

La première méthode donne :

$$l = 53 + 1 = 54;$$

la deuxième

$$l = 1 + \sqrt[2]{53} \quad \text{ou} \quad l = 9;$$

la troisième

$$l = \frac{53}{1+8} + 1 \quad \text{ou} \quad l = 7.$$

Dans l'application de la quatrième règle, on commence les divisions par $x-2$, $x-3$, etc. en écrivant immédiatement les quotients suivant la loi connue; on s'arrête dès que l'on trouve un terme négatif pour passer à la division suivante. Le quotient par $x - 3$ étant

$$x^4 + 11x^3 + 19x^2 + 4x + 68$$

avec un reste positif $+ 186$, on a : $l = 3$.

La méthode de Newton conduit à la même limite, mais les calculs sont beaucoup plus longs et plus pénibles; quoi qu'on en dise, cette méthode n'est pas à recommander. Il faut lui préférer la quatrième règle qui conduit souvent avec plus de facilité à une limite aussi petite que possible. On s'aperçoit bien vite, après quelques divisions, du facteur à prendre pour que les termes du quotient soient positifs.

Afin d'obtenir une limite par la méthode des groupements, on peut écrire l'équation comme suit :

$$x^5 + x^2(8x^2 - 14x - 53) + (56x - 18) = 0;$$

on trouve alors $l = 4$.

Le cas le plus défavorable pour la détermination d'une limite approchée est celui où le coefficient du second terme est un nombre négatif considérable. Soit, par exemple, l'équation

$$x^3 - 25x^2 + 171x - 315 = 0.$$

La quatrième règle donne immédiatement $l = 25$. La méthode de Newton aurait ici l'avantage ; car si on forme le tableau

$$F(x) = x^3 - 25x^2 + 171x - 315,$$
$$F'(x) = 3x^2 - 50x + 171,$$
$$F''(x) = 6x - 50$$

on trouve que $F''(x)$ est positive pour $x = 9$, $F'(x)$ pour $x = 12$ et $F(x)$ pour $x = 16$. Donc 16 est une limite supérieure des racines positives.

Remarque. Les règles précédentes permettent aussi de déterminer une limite inférieure des racines positives. Posons dans l'équation $F(x) = 0$,

$$x = \frac{1}{y};$$

il en résultera la transformée

$$F\left(\frac{1}{y}\right) = 0.$$

Cela étant, si L est une limite supérieure de ses racines positives, y ne peut pas être plus grand que L ; par suite, d'après la relation posée, x ne peut pas être plus petit que $\frac{1}{L}$. Donc, $\frac{1}{L}$ sera une limite inférieure des racines positives.

Enfin, posons encore dans l'équation,

$$x = -y,$$

et déterminons les limites supérieure et inférieure des racines positives de la transformée

$$F(-y) = 0.$$

Soient l_1 et l_2 ces limites. On aura

$$l_1 > y > l_2,$$

et, par conséquent,

$$-l_1 < x < -l_2.$$

Donc $-l_2$ et $-l_1$ seront les limites supérieure et inférieure des racines négatives de la proposée.

§ 2.

DÉTERMINATION DES RACINES COMMENSURABLES ENTIÈRES ET FRACTIONNAIRES.

75. Considérons l'équation à coefficients entiers

$$F(x) = A_0x^m + A_1x^{m-1} + \cdots + A_{m-1}x + A_m = 0,$$

et désignons par a un nombre entier; pour qu'il soit racine, on a la condition générale

$$F(a) = A_0a^m + A_1a^{m-1} + \cdots + A_{m-1}a + A_m = 0.$$

On en déduit,

$$A_0a^{m-1} + A_1a^{m-2} + \cdots + A_{m-1} = -\frac{A_m}{a}.$$

Le premier membre étant un nombre entier, il en doit être de même du second; par suite, a doit diviser exactement A_m. Ainsi, les seuls nombres entiers qui peuvent être racines de l'équation appartiennent aux diviseurs de A_m. Il arrive que ces diviseurs sont très nombreux, et il importe d'indiquer d'abord quelques règles qui permettent d'en exclure un certain nombre. En premier lieu, on devra laisser tous ceux qui tombent en dehors des limites des racines réelles. De plus, on sait que le premier membre est divisible par $x - a$, si a est racine, et l'on a

$$F(x) = (x - a)\,\varphi(x).$$

En posant successivement

$$x = -2, \quad x = -1, \quad x = 1, \quad x = 2, \text{ etc.},$$

on en déduit

$$(\alpha) \qquad \frac{F(-2)}{a+2} = -\varphi(-2) = \text{Nombre entier.}$$

$$(\beta) \qquad \frac{F(-1)}{a+1} = -\varphi(-1) = \quad \text{id.}$$

$$(\gamma) \qquad \frac{F(1)}{a-1} = -\varphi(1) = \quad \text{id.}$$

$$(\delta) \qquad \frac{F(2)}{a-2} = -\varphi(2) = \quad \text{id.}$$

et, ainsi de suite. Les résultats $F(1)$ et $F(-1)$ se calculent facilement par la subsititution de l'unité positive et négative dans le premier membre; il suffit de conserver les relations (β) et (γ), en vertu desquelles, on devra rejeter tous les diviseurs de A_m qui, augmentés de l'unité, ne divisent pas $F(-1)$, et tous ceux qui, diminués d'une unité, ne divisent pas $F(1)$.

Remarquons encore que $F(0) = A_m$; par suite, $F(0)$ est divisible par a. Il s'ensuit que les quantités

$$F(1), \quad F(0), \quad F(-1),$$

sont respectivement divisibles par les nombres $a-1$, a et $a+1$; comme dans trois nombres quelconques consécutifs, il y en a toujours un qui renferme 3 en facteur, il faudra que l'un de ces trois résultats soit divisible par 3, si l'équation admet une racine entière.

Les diverses conditions que nous venons de rencontrer sont nécessaires, mais elles ne sont pas suffisantes. Il reste à faire connaître comment on pourra distinguer parmi les nombres entiers qui y satisfont ceux qui sont racines de l'équation.

76. *Première méthode.* Lorsque le nombre a est racine, on a :

$$F(a) = A_0a^m + A_1a^{m-1} + \cdots + A_m = 0.$$

Au lieu de calculer $F(a)$ en substituant directement a dans le premier membre, on divise $F(x)$ par $x-a$; on sait que le reste est précisément $F(a)$ et, s'il est nul, a est racine. En représentant le quotient par

$$A_0x^{m-1} + B_1x^{m-2} + B_2x^{m-3} + \cdots + B_{m-1},$$

on a les relations suivantes :

$$(\lambda) \quad B_1 = A_0a + A_1, \quad B_2 = B_1a + A_2, \ldots, \quad B_{m-1} = B_{m-2}a + A_{m-1};$$

enfin, le reste R est donné par

$$R = B_{m-1}a + A_m.$$

Nous allons montrer dans deux exemples la marche à suivre. Soit d'abord l'équation

$$F(x) = x^4 - x^3 - 5x^2 - x - 6 = 0.$$

On commence par substituer $+1$ et -1 dans le premier membre; on trouve

$$F(1) = -12, \quad F(-1) = -8.$$

Les diviseurs de 6 étant

$$\begin{array}{ccc} 2, & 3, & 6, \\ -2, & -3, & -6, \end{array}$$

il est visible que les nombres $2+1$, $6+1$, $-6+1$ ne divisent pas $F(-1)$; on doit donc rejeter les diviseurs 2, 6, — 6, et il suffit de faire les divisions relatives aux nombres — 2, 3, — 3. On dispose les calculs comme suit :

	1	−1	−5	−1	−6
−2	1	−3	1	−3	0
+3	1	0	1	0	

La première ligne horizontale du rectangle renferme les coefficients de l'équation; la deuxième, ceux du quotient par $x+2$, le dernier nombre étant le reste; on voit qu'il est nul et — 2 est une racine. Les nombres de cette ligne représentent en même temps les coefficients de l'équation débarrassée de la racine — 2. Dans la division suivante par $x-3$, il faut opérer avec les nombres de cette seconde ligne; le reste étant nul, 3 est aussi racine. Comme l'équation donnée est du 4e degré et que l'on connaît deux racines, il reste à résoudre une équation du second degré ayant pour coefficients les nombres de la dernière ligne, c'est-à-dire,

$$x^2+1=0;$$

par suite, les deux dernières racines seront $\pm\sqrt{-1}$.

Soit, en second lieu, l'équation

$$x^5+5x^4+x^3-16x^2-20x-16=0.$$

On trouve ici

$$F(1)=-45,\quad F(-1)=-9.$$

Les diviseurs du dernier terme à considérer sont :

$$\begin{array}{cccc} 2, & 4, & 8 & 16, \\ -2, & -4, & -8 & -16. \end{array}$$

Les seuls nombres de cette liste qui satisfont aux conditions (β) et (γ)

étant 2, — 2, — 4, on fait les divisions qui leur correspondent et l'on obtient le tableau :

	1	5	1	— 16	— 20	— 16
+ 2	1	7	15	14	8	0
— 2	1	5	5	4	0	
— 4	1	1	1	0		

Il en résulte que 2, — 2, — 4 sont des racines entières. L'équation du second degré

$$x^2 + x + 1 = 0$$

dont les coefficients sont les nombres de la dernière ligne du rectangle fournira les deux racines restantes.

77. *Deuxième méthode.* La condition générale pour qu'un nombre entier a soit racine

$$F(a) = A_0a^m + A_1a^{m-1} + \cdots + A_{m-1}a + A_m = 0,$$

peut être remplacée par plusieurs autres faciles à vérifier. En effet, on en déduit

$$\frac{A_m}{a} = - A_0a^{m-1} - A_1a^{m-2} - \cdots - A_{m-2}a - A_{m-1}.$$

Posons :

$$Q_1 = \frac{A_m}{a}.$$

En substituant et en transformant, cette égalité peut s'écrire

$$\frac{Q_1 + A_{m-1}}{a} = - A_0a^{m-2} - \cdots - A_{m-3}a - A_{m-2}.$$

Posons de même

$$Q_2 = \frac{Q_1 + A_{m-1}}{a}.$$

En substituant, l'équation précédente donne aussi

$$\frac{Q_2 + A_{m-2}}{a} = - A_0a^{m-3} - \cdots - A_{m-4}a - A_{m-3}.$$

Posons encore

$$Q_3 = \frac{Q_2 + A_{m-2}}{a}.$$

Si l'on continue de cette manière, on arrivera finalement à l'équation

$$\frac{Q_{m-1} + A_1}{a} = - A_0,$$

ou bien

$$Q_m = - A_0$$

en posant :

(ρ) $$Q_m = \frac{Q_{m-1} + A_1}{a}.$$

D'après les égalités précédentes, tous les quotients $Q_1, Q_2 \dots Q_m$ doivent être des nombres entiers. Donc, pour qu'un nombre entier soit racine, il faut *qu'il divise le dernier terme; qu'il divise le premier quotient obtenu plus le coefficient de l'avant dernier terme; qu'il divise le second quotient auquel on ajoute le coefficient du terme correspondant; et ainsi de suite; enfin, le dernier quotient doit être égal et de signe contraire au coefficient du premier terme.*

Ces diverses conditions sont nécessaires et elles suffisent; car, en partant de la dernière égalité (ρ) et en remontant de proche en proche, on retrouverait la première équation qui exprime que le nombre a est racine.

En comparant les valeurs de Q_1, Q_2, Q_3, etc. avec les relations (λ), on trouve, en remarquant que $R = 0$,

$$Q_1 = - B_{m-1}, \quad Q_2 = - B_{m-2}, \dots, \quad Q_{m-1} = - B_1, \quad Q_m = - A_0,$$

c'est-à-dire, que les nombres Q pris en signes contraires sont les coefficients du quotient de $F(x)$ par $x - a$; ce quotient peut donc s'écrire

$$- Q_m x^{m-1} - Q_{m-1} x^{m-2} - \dots - Q_2 x - Q_1.$$

Il est nécessaire de considérer un exemple particulier pour montrer la suite des calculs à effectuer. Proposons-nous de résoudre l'équation

$$x^4 - 8x^3 - 9x^2 + 102x + 90 = 0.$$

Le dernier terme 90 est considérable; il sera utile ici de chercher les limites des racines pour éliminer un certain nombre de ses diviseurs. On trouve que les racines réelles sont comprises entre 7 et — 4. De plus, on vérifie directement que $+1$ et -1 ne sont pas racines. Sans faire appel aux conditions d'exclusion (β) et (γ), les diviseurs de 90 à essayer seront :

$$-3, \quad -2, \quad 2, \quad 3, \quad 5, \quad 6.$$

On dispose les calculs en mettant sur une première ligne horizontale les coefficients de l'équation; en dessous et changés de signe, on place les quotients Q comme suit :

1	−8	−9	102	90	
	1	−11	24	30	−3
				15	−2
				−15	+2
				−10	+3
		1	−6	−6	+5

D'après la méthode précédente, on dit : 90 divisé par -3 donne pour premier quotient -30; on change le signe et on met 30 au-dessous de 90; $-30+102$ divisé par -3 donne pour second quotient -24; on change le signe et on place 24 au-dessous de 102; $-24-9$ divisé par -3 donne pour troisième quotient $+11$; on écrit -11 au-dessous de -9; enfin, $11-8$ divisé par -3 donne pour dernier quotient -1; on met $+1$ au-dessous de 8. Ce dernier quotient étant égal et de signe contraire au coefficient du premier terme, on en conclut que -3 est racine. En même temps, les nombres de la seconde ligne sont les coefficients du quotient du premier membre par $x+3$. Il faudra faire des calculs semblables avec les diviseurs suivants, mais en se servant maintenant de la seconde ligne au lieu de la première. On trouve que -2, $+2$, $+3$ ne peuvent être racines, puisque les divisions ne se font pas exactement jusqu'à la fin; au contraire, $+5$ est racine, car le dernier quotient relatif à ce nombre est -1.

L'équation est du 4ᵉ degré et l'on a trouvé deux racines; il reste à résoudre une équation du second degré dont les coefficients sont ceux de la dernière ligne, c'est-à-dire,

$$x^2 - 6x - 6 = 0.$$

Celle-ci donne $x = 3 \pm \sqrt{15}$.

78. *Racines commensurables fractionnaires.* La détermination de ces racines repose sur le principe suivant : *Quand le coefficient du premier terme d'une équation est l'unité, il n'y a pas de racines fractionnaires.* En effet, soit l'équation

$$x^m + A_1 x^{m-1} + A_2 x^{m-2} + \cdots + A_{m-1} x + A_m = 0,$$

et $\frac{a}{b}$ une fraction réduite à sa plus simple expression; en admettant qu'elle soit racine, on a :

$$\frac{a^m}{b^m} + A_1 \frac{a^{m-1}}{b^{m-1}} + \cdots + A_m = 0.$$

Si on multiplie par b^{m-1}, il vient

$$\frac{a^m}{b} + A_1 a^{m-1} + A_2 a^{m-2} b + \cdots + A_m b^{m-1} = 0 :$$

égalité impossible, puisque tous les termes sont entiers excepté le premier.

Cela étant, considérons l'équation

$$A_0 x^m + A_1 x^{m-1} + \cdots + A_m = 0$$

où le coefficient du premier terme est différent de l'unité; elle pourrait avoir des racines fractionnaires; afin de les obtenir, posons

$$x = \frac{y}{k};$$

il viendra la transformée

$$A_0 \frac{y^m}{k^m} + A_1 \frac{y^{m-1}}{k^{m-1}} + A_2 \frac{y^{m-2}}{k^{m-2}} + \cdots + A_m = 0,$$

et, en multipliant par k^{m-1},

$$A_0 \frac{y^m}{k} + A_1 y^{m-1} + A_2 k y^{m-2} + \cdots + A_m k^{m-1} = 0;$$

si l'on prend $k = A_0$, le coefficient du premier terme devient l'unité et l'équation n'admet plus que des racines commensurables entières; on les déterminera par les méthodes précédentes. Désignons par $y_0, y_1, y_2, \ldots,$ ces racines; en vertu de la relation posée, les nombres fractionnaires

$$\frac{y_0}{A_0}, \quad \frac{y_1}{A_0}, \quad \frac{y_2}{A_0}, \ldots$$

seront des racines de l'équation primitive.

Comme exemple, proposons-nous de résoudre l'équation

$$2x^4 + x^3 - 10x^2 - 2x + 12 = 0.$$

Il faut commencer par la recherche des racines entières; elle en possède une seule qui est -2; en divisant par $x + 2$, il reste l'équation

$$2x^3 - 3x^2 - 4x + 6 = 0.$$

Prenons $k = 2$; on trouve, pour la transformée,

$$y^3 - 3y^2 - 8y + 24 = 0.$$

Celle-ci est vérifiée par les nombres 3 et $\pm 2\sqrt{2}$; par suite, les racines de l'équation proposée seront :

$$-2, \quad \frac{3}{2}, \quad +\sqrt{2}, \quad -\sqrt{2}.$$

Soit encore l'équation

$$4x^4 - 28x^3 + 45x^2 - 6x - 18 = 0$$

qui n'a pas de racines entières. Posons : $x = \frac{y}{k}$; il viendra

$$4\frac{y^4}{k^4} - 28\frac{y^3}{k^3} + 45\frac{y^2}{k^2} - 6\frac{y}{k} - 18 = 0.$$

Multiplions par k^2; on aura

$$4\frac{y^2}{k^2} - 28\frac{y^3}{k} + 45y^2 - 6ky - 18k^2 = 0.$$

On voit que, dans cet exemple, on doit prendre $k = 2$ au lieu de $k = 4$; ce qui simplifie la transformée; on trouve ainsi

$$y^4 - 14y^3 + 45y^2 - 12y - 72 = 0.$$

Ses racines étant -1, 3, $2(3 \pm \sqrt{3})$, celles de l'équation proposée auront pour valeurs

$$-\frac{1}{2}, \quad \frac{3}{2}, \quad 3 \pm \sqrt{3}.$$

79. *Racines commensurables égales.* Dans les exemples que nous avons traités, on a trouvé autant de racines qu'il y avait d'unités dans le degré de l'équation ; dans tous les cas analogues, il n'y a pas lieu de se préoccuper des racines égales. Lorsqu'il n'en est pas ainsi, il est nécessaire de vérifier si les racines trouvées sont simples ou multiples. Dans ce but, on essaye de nouveau les mêmes nombres; chacun d'eux sera une racine simple, double ou triple, si on trouve qu'il satisfait une, deux ou trois fois à l'équation.

Soit à résoudre l'équation

$$x^6 - 12x^5 + 54x^4 - 104x^3 + 45x^2 + 108x - 108 = 0.$$

On trouve seulement pour racines entières les nombres -1, 2, 3. Après avoir débarrassé l'équation de ces racines, il vient :

$$x^3 - 8x^2 + 21x - 18 = 0.$$

Il est facile de çonstater que 2 est encore racine, et il reste ensuite l'équation

$$x^2 - 6x + 9 = 0$$

qui admet deux racines égales à 3; par conséquent, -1 est une racine simple, 2 une racine double et 3 une racine triple.

80. Nous terminerons la théorie des racines commensurables en proposant quelques équations à résoudre.

(*a*) $$x^4 - 10x^3 + 35x^2 - 50x + 24 = 0.$$

Racines : 1, 2, 3, 4.

(*b*) $$2x^3 - 53x + 105 = 0.$$

Il faut chercher les limites et remarquer que le second terme manque. Avant d'effectuer les opérations pour la recherche des racines, on complète l'équation et on écrit :

$$2x^3 + 0.x^2 - 53x + 105 = 0.$$

Racines : 3, $\frac{-3 \pm \sqrt{79}}{2}$.

(*c*) $$x^4 + 7x^3 + 15x^2 + 14x + 8 = 0.$$

Tous les termes étant positifs, cette équation n'admet que des racines négatives. Il suffit d'essayer les diviseurs négatifs du dernier terme.

Racines : -2, -4, $\frac{-1 \pm \sqrt{-3}}{2}$.

(*d*) $$x^5 - 3x^4 - 8x^3 + 24x^2 - 9x + 27 = 0.$$

Racines : 3, 3, -3, $\pm\sqrt{-1}$.

(*e*) $$x^4 - 4x^3 + 16x - 16 = 0.$$

Racines : 2, 2, 2, -2.

(*f*) $$x^6 + 3x^5 - 36x^4 - 45x^3 + 93x^2 + 132x + 140 = 0.$$

Racines : 2, 5, -2, -7, $\frac{-1 \pm \sqrt{-3}}{2}$.

(*g*) $$2x^4 + 4x^3 - 59x^2 - 61x + 30 = 0.$$

Racines : 5, -6, $\frac{-1 \pm \sqrt{3}}{2}$.

(*h*) $$x^4 + 28x^3 + 42x^2 - 3452x - 19019 = 0.$$

Racines : 11, -7, -13, -19.

(*i*) $$6x^4 - 7x^3 + 8x^2 - 7x + 2 = 0.$$

Racines : $\frac{1}{2}$, $\frac{2}{3}$, $\pm\sqrt{-1}$.

(*k*) $$15x^4 + 16x^3 - 46x^2 - 5x + 6 = 0.$$

Racines : $\frac{1}{2}$, $-\frac{2}{5}$, $\frac{-1 \pm \sqrt{13}}{2}$.

(*l*) $$x^8 + 2x^7 - 25x^6 - 26x^5 + 116x^4 - 8x^3 + 100x^2 + 104x - 480 = 0.$$

Racines : 2, 4, -3, -5, $\pm\sqrt{2}$, $\pm\sqrt{-2}$.

§ 3.

Formules de la théorie des différences. Problème de la séparation des racines.

81. Avec les méthodes précédentes, il est toujours possible de ramener une équation à ne plus avoir que des racines incommensurables réelles, simples ou multiples. De plus, par la recherche du plus grand commun diviseur entre le premier membre et sa dérivée, on sait que l'on peut aussi débarrasser l'équation de ses racines égales. Dans la recherche des racines irrationnelles et complexes, il est donc permis de supposer que l'équation ne renferme plus que des racines simples. Cela étant, le problème de la séparation des racines consiste à déterminer des intervalles qui renferment chacun une racine et une seule. Sa résolution exige de nombreuses substitutions de nombres dans un polynôme algébrique; comme ces dernières sont beaucoup facilitées et abrégées par les principes du calcul des différences, nous allons démontrer les formules fondamentales de ce calcul.

Soit une suite de $n+1$ quantités rangées d'après une loi quelconque

$$u_0,\quad u_1,\quad u_2,\quad u_3,\quad \ldots\quad u_{n-1},\quad u_n.$$

En retranchant de chacune d'elles celle qui la précède, on obtient les n différences

$$u_1-u_0,\quad u_2-u_1,\quad u_3-u_2,\quad \ldots\quad u_n-u_{n-1}$$

que l'on désigne par la caractéristique Δ, et on écrit :

$$\Delta u_0=u_1-u_0,\quad \Delta u_1=u_2-u_1,\quad \Delta u_2=u_3-u_2,\quad \ldots\quad \Delta u_{n-1}=u_n-u_{n-1}:$$

ce sont les *différences premières* des quantités données.

En appliquant à celles-ci le même mode de soustraction, on forme les *différences secondes* que l'on désigne par Δ^2; ainsi, l'on a :

$$\Delta^2 u_0=\Delta u_1-\Delta u_0,\quad \Delta^2 u_1=\Delta u_2-\Delta u_1,\quad \ldots,\quad \Delta^2 u_{n-2}=\Delta u_{n-1}-\Delta u_{n-2}.$$

En retranchant encore chaque différence seconde de celle qui la suit, on obtient les *différences troisièmes*, et ainsi de suite. Remarquons que, si les quantités données sont au nombre de $n+1$, il y a n différences premières, $n-1$ différences secondes, $n-2$ différences troisièmes, etc.; enfin, il ne restera plus qu'une seule différence de l'ordre n, et il n'y a pas lieu de s'occuper des différences d'ordre plus élevé. Lorsque la suite des quantités est indéfinie, l'ordre des différences peut toujours augmenter.

On dispose les différences en tableau comme nous allons l'indiquer. Pour fixer les idées, soient les six quantités, u_0, u_1, u_2, u_3, u_4, u_5; elles donneront lieu au tableau suivant où les colonnes renferment les différences des divers ordres :

u_0	Δu_0	$\Delta^2 u_0$	$\Delta^3 u_0$	$\Delta^4 u_0$	$\Delta^5 u_0$
u_1	Δu_1	$\Delta^2 u_1$	$\Delta^3 u_1$	$\Delta^4 u_1$	
u_2	Δu_2	$\Delta^2 u_2$	$\Delta^3 u_2$		
u_3	Δu_3	$\Delta^3 u_3$			
u_4	Δu_4				
u_5					

Par définition, on a :

$$\Delta^3 u_1 = \Delta^2 u_2 - \Delta^2 u_1;$$

par suite,

$$(\alpha) \qquad \Delta^2 u_2 = \Delta^2 u_1 + \Delta^3 u_1$$

et

$$(\beta) \qquad \Delta^2 u_1 = \Delta^2 u_2 - \Delta^3 u_1.$$

La relation (α) donne cette règle : *Un nombre du tableau est égal à celui qui est au-dessus plus celui qui est à droite de ce dernier.*

La relation (β) donne cette autre règle : *Un nombre du tableau est égal à celui qui est au-dessous moins celui qui est à droite du nombre considéré.*

Il en résulte que, si l'on donne les six nombres de la première ligne horizontale, on pourra par la première règle reproduire tout le tableau.

82. Il est possible d'exprimer la différence de l'ordre n en fonction des quantités de la suite. En effet, on a successivement

$$\Delta u_0 = u_1 - u_0, \quad \Delta u_1 = u_2 - u_1,$$
$$\Delta^2 u_0 = \Delta u_1 - \Delta u_0 = u_2 - u_1 - (u_1 - u_0) = u_2 - 2u_1 + u_0.$$

On aura aussi en augmentant l'indice d'une unité

$$\Delta^2 u_1 = u_3 - 2u_2 + u_1;$$

par suite,

$$\Delta^3 u_0 = \Delta^2 u_1 - \Delta^2 u_0 = u_3 - 3u_2 + 3u_1 - u_0;$$

de même

$$\Delta^3 u_1 = u_4 - 3u_3 + 3u_2 - u_1,$$

et ces deux relations donnent encore

$$\Delta^4 u_0 = \Delta^3 u_1 - \Delta^3 u_0 = u_4 - 4u_3 + 6u_2 - 4u_1 + u_0.$$

En continuant ainsi, on arrive à cette loi générale: ***La différence de l'ordre p s'obtient en multipliant les quantités $u_p, u_{p-1}, \ldots, u_1, u_0$ par les coefficients du développement de $(x-a)^p$.***

Si $p = n$, on a la formule cherchée

$$\Delta^n u_0 = u_n - nu_{n-1} + \frac{n(n-1)}{1.2} u_{n-2} - \frac{n(n-1)(n-2)}{1.2.3} u_{n-3} + \cdots \pm u_0,$$

ou bien, sous forme symbolique

$$\Delta^n u_0 = (u-1)^n$$

avec cette condition que dans le développement on doit mettre les exposants en indices et remplacer le dernier terme 1 par u_0.

83. Cherchons maintenant la formule inverse qui donne u_n en fonction de u_0 et de ses différences successives. On a, par définition

$$u_1 = u_0 + \Delta u_0, \quad \Delta u_1 = \Delta u_0 + \Delta^2 u_0,$$

$$u_2 = u_1 + \Delta u_1 = (u_0 + \Delta u_0) + (\Delta u_0 + \Delta^2 u_0) = u_0 + 2\Delta u_0 + \Delta^2 u_0.$$

De même,

$$\Delta u_2 = \Delta u_0 + 2\Delta^2 u_0 + \Delta^3 u_0;$$

par suite, il vient

$$u_3 = u_2 + \Delta u_2 = u_0 + 3\Delta u_0 + 3\Delta^2 u_0 + \Delta^3 u_0,$$

ainsi que

$$\Delta u_3 = \Delta u_0 + 3\Delta^2 u_0 + 3\Delta^3 u_0 + \Delta^4 u_0;$$

d'où on tire encore

$$u_4 = u_3 + \Delta u_3 = u_0 + 4\Delta u_0 + 6\Delta^2 u_0 + 4\Delta^3 u_0 + \Delta^4 u_0.$$

En allant ainsi de proche en proche, on vérifie la loi suivante : ***Le terme u_p s'obtient en multipliant u_0 et ses différences successives jusqu'à $\Delta^p u_0$ inclusivement par les coefficients du développement de $(x+a)^p$.***

Posons $p = n$; on aura, pour la formule demandée,

$$u_n = u_0 + n\Delta u_0 + \frac{n(n-1)}{1.2}\Delta^2 u_0 + \frac{n(n-1)(n-2)}{1.2.3}\Delta^3 u_0 + \cdots + \Delta^n u_0,$$

et, symboliquement,

$$u_n = (1 + \Delta)^n u_0.$$

84. Il existe aussi une formule sommatoire donnant la somme de n quantités de la suite. Posons:

$$S_0 = 0, \quad S_1 = u_0, \quad S_2 = u_0 + u_1, \quad S_3 = u_0 + u_1 + u_2,$$
$$S_4 = u_0 + u_1 + u_2 + u_3, \quad \ldots, \quad S_n = u_0 + u_1 + u_2 + \cdots + u_{n-1}.$$

Il en résultera la nouvelle suite

$$S_0, \quad S_1, \quad S_2, \quad S_3 \quad \ldots, \quad S_n$$

avec la relation

$$u_{n-1} = S_n - S_{n-1} = \Delta S_{n-1};$$

par conséquent, en appliquant la formule précédente à cette seconde suite, et en tenant compte des relations

$$S_0 = 0, \quad \Delta S_0 = u_0, \quad \Delta^2 S_0 = \Delta u_0, \quad \ldots, \quad \Delta^n S_0 = \Delta^{n-1} u_0,$$

il vient

$$S_n = n u_0 + \frac{n(n-1)}{1.2}\Delta u_0 + \frac{n(n-1)(n-2)}{1.2.3}\Delta^2 u_0 + \ldots + \Delta^{n-1} u_0.$$

85. Nous allons faire une application intéressante de ces formules aux suites arithmétiques. On appelle ainsi une suite de quantités jouissant de cette propriété que leurs différences d'un certain ordre sont constantes. La série des nombres entiers, celle des nombres pairs ou des nombres impairs forment des suites arithmétiques du premier rang; car leurs différences premières sont constantes. La série des carrés 1^2, 2^2, 3^2 ..., forme une suite arithmétique du second rang; car, si on considère trois carrés consécutifs a^2, $(a+1)^2$, $(a+2)^2$, ou bien,

$$a^2, \quad a^2 + 2a + 1, \quad a^2 + 4a + 4,$$

il vient pour les différences premières

$$2a + 1, \quad 2a + 3,$$

et la différence seconde est égale à 2, quantité indépendante de a. On prouve de la même manière que la série des cubes 1^3, 2^3, 3^3 etc. jouit de cette propriété que leurs différences troisièmes sont constantes; c'est une suite arithmétique du troisième rang.

Pour une suite arithmétique de rang k, les différences de l'ordre k sont constantes; par conséquent, celles de l'ordre plus élevé étant nulles, les formules précédentes se réduisent à

$$(\alpha_1)\quad u_n = u_0 + n\Delta u_0 + \frac{n(n-1)}{1.2}\Delta^2 u_0 + \cdots + \frac{n(n-1)\ldots(n-k+1)}{1.2\ldots k}\Delta^k u_0,$$

$$(\alpha_2)\quad S_n = nu_0 + \frac{n(n-1)}{1.2}\Delta u_0 + \frac{n(n-1)(n-2)}{1.2.3}\Delta^2 u_0 + \cdots + \frac{n(n-1)\ldots(n-k)}{1.2.3\ldots k(k+1)}\Delta^k u_0.$$

Pour la suite des nombres entiers, 1, 2, 3 ..., $\Delta u_0 = 1$, et il vient;

$$S_n = 1 + 2 + \cdots + n = n + \frac{n(n-1)}{1.2} = \frac{n(n+1)}{2}.$$

Pour la suite des carrés $1^2, 2^2, 3^2 \ldots$, on doit poser : $k = 2$, $u_0 = 1$, $\Delta u_0 = 3$, $\Delta^2 u_0 = 2$. On trouve alors

$$S_n = 1^2 + 2^2 + \cdots + n^2 = n + 3\frac{n(n-1)}{1.2} + 2\frac{n(n-1)(n-2)}{1.2.3}$$

$$= \frac{n(n+1)(2n+1)}{6}.$$

Au moyen des quatre premiers cubes 1, 8, 27, 64, on obtient

$$\Delta u_0 = 7, \quad \Delta^2 u_0 = 12, \quad \Delta^3 u_0 = 6,$$

et la formule donnera :

$$S_n = 1^3 + 2^3 + \cdots + n^3 = n + 7\frac{n(n-1)}{1.2} + 12\frac{n(n-1)(n-2)}{1.2.3}$$

$$+ 6\frac{n(n-1)(n-2)(n-3)}{1.2.3.4},$$

ou bien, en faisant les réductions,

$$1^3 + 2^3 + 3^3 + \cdots + n^3 = \frac{n^2(n+1)^2}{4},$$

et ainsi de suite.

86. *Différences des fonctions entières.* Si on développe la formule (α_1), on trouve un polynôme du degré k par rapport à n de la forme

$$u_n = A_0 n^k + A_1 n^{k-1} + \cdots + A_k,$$

où le coefficient A_0 a pour valeur

$$A_0 = \frac{\Delta^k u_0}{1.2\ldots k};$$

par suite,

$$(\beta_1) \qquad \Delta^k u_0 = 1.2.3\ldots k.A_0.$$

Réciproquement, si le terme général d'une série de quantités est un polynôme du degré k en n, il faut que les différences de l'ordre $k+1$, $k+2$ ... soient nulles, et ces quantités doivent former une suite arithmétique de rang k.

Cela étant, considérons la fonction entière

$$u = A_0 x^k + A_1 x^{k-1} + A_2 x^{k-2} + \cdots + A_k,$$

et substituons à x les valeurs $0, 1, 2 \ldots n, n+1, \ldots$; désignons par $u_0, u_1, u_2, \ldots, u_n, u_{n+1} \ldots$ les valeurs correspondantes de la fonction. Le terme général u_n est un polynôme du degré k par rapport à n, et les résultats $u_0, u_1, u_2 \ldots$ forment une suite arithmétique de rang k; la valeur de la différence constante de l'ordre k sera donnée par la formule (β_1). Il en résulte qu'après avoir fait k substitutions et calculé les valeurs de

$$\Delta u_0, \quad \Delta^2 u_0, \quad \Delta^3 u_0, \quad \ldots, \quad \Delta^k u_0,$$

on aura tous les nombres de la première ligne du tableau des différences, et, en le complétant, on pourra obtenir, par de simples additions, les valeurs de la fonction pour autant de valeurs de x que l'on voudra.

Soit, par exemple, la fonction

$$F(x) = x^3 + 3x^2 - 17x + 5.$$

Elle est du troisième degré, et il sera nécessaire de faire trois substitutions. Choisissons les plus simples

$$x = -1, \quad x = 0, \quad x = 1;$$

on trouve les résultats :

$$F(-1) = 24, \quad F(0) = 5, \quad F(1) = -8;$$

ils donnent, pour différences premières, -19, -13 et, pour différence seconde, 6; enfin, la différence troisième, d'après la formule (β_1), est : $1.2.3 = 6$. Avec ces nombres, on forme le tableau suivant :

x	$F(x)$	Δ	Δ^2	Δ^3
— 1	24	— 19	6	6
0	5	— 13	12	6
1	— 8	— 1	18	6
2	— 9	17	24	6
3	8	41	30	6
4	49	71	36	6
5	120	107	42	6

Après avoir écrit les nombres calculés dans la première ligne horizontale, on achève les diverses colonnes en commençant par l'avant dernière conformément à la règle : chaque nombre est égal à celui qui est au-dessus plus celui qui est à côté de ce dernier.

On complète également le tableau en remontant par cette seconde règle : chaque nombre est égal à celui qui est au-dessous moins celui qui est à la droite du premier. On trouve ainsi :

— 6	— 1	41	— 24	6
— 5	40	17	— 18	6
— 4	57	— 1	— 12	6
— 3	56	— 13	— 6	6
— 2	43	— 19	0	6
— 1	24	— 19	6	6
x	$F(x)$	Δ	Δ^2	Δ^3

D'après ces deux tableaux, l'équation

$$F(x) = x^3 + 3x^2 - 17x + 5 = 0$$

admet deux racines positives, l'une comprise entre 0 et 1, l'autre entre 2 et 3, puisque la colonne du premier qui donne les valeurs du premier membre accuse un changement de signe pour ces intervalles; elle possède aussi une racine négative comprise entre — 5 et — 6 comme l'indique le second tableau; par conséquent, les racines sont séparées.

87. *Séparation des racines.* La proposition de Sturm fournit une méthode assurée pour résoudre ce problème. Etant donnée une équation

$$F(x) = 0,$$

on calcule la suite des fonctions (N° **59**)

$$F(x), \quad F'(x), \quad R_2, \quad R_3, \quad \ldots, \quad R_p.$$

Si les limites des racines réelles ne sont pas trop éloignées l'une de l'autre, on substitue immédiatement les nombres entiers compris entre ces limites. Chaque fois que, pour deux substitutions consécutives, le nombre de variations dans la suite précédente reste le même, on est certain qu'elles ne comprennent aucune racine; quand une variation se perd, il y a une seule racine dans l'intervalle et elle est séparée; mais, dans le cas d'une perte de plusieurs variations, pour effectuer la séparation des racines, il sera nécessaire de substituer dans l'intervalle des nombres différant d'un dixième, d'un centième, etc., jusqu'à ce que, pour deux nombres consécutifs, la suite ne perde plus qu'une seule variation.

Lorsque les limites des racines sont des nombres très écartés l'un de l'autre, par exemple, -500 et $+500$, il faut choisir pour les premières substitutions les nombres

$$-500, \quad -100, \quad -10, \quad 0, \quad 10, \quad 100, \quad 500.$$

Les variations perdues indiqueront ensuite dans quels intervalles il faudra faire des substitutions de nombres plus rapprochés.

Comme exemple, proposons-nous de séparer les racines de l'équation

$$x^5 - 5x + 1 = 0.$$

D'après la règle de Descartes, elle admet au plus trois racines réelles. Le calcul donne pour la suite de Sturm,

$$F(x) = x^5 - 5x + 1, \quad F'(x) = 5x^4 - 5, \quad R_2 = 4x - 1, \quad R_3 = +.$$

Comme on peut prendre pour limites des racines $+3$ et -3, substituons les nombres -2, -1, 0, 1, 2. On trouve les résultats suivants :

		$F(x)$	$F'(x)$	R_2	R_3.
Pour	$x = -2,$	$-$	$+$	$-$	$+$
	$x = -1,$	$+$	0	$-$	$+$
	$x = 0,$	$+$	$-$	$-$	$+$
	$x = +1,$	$-$	0	$+$	$+$
	$x = +2,$	$+$	$+$	$+$	$+$

En passant de -2 à -1, la suite perd une variation; il en est encore ainsi pour les intervalles 0 et 1, 1 et 2; donc les racines sont séparées.

Cette méthode est parfaite théoriquement, mais elle exige toujours des calculs pénibles. On doit chercher à l'éviter autant que possible. Lorsque l'on sait d'avance que l'équation a toutes ses racines réelles, nous avons vu que le théorème de Fourier acquiert la même précision que celui de Sturm. C'est ce théorème qu'il faudra employer pour la séparation des racines, à cause de la grande facilité que présente la dérivation pour arriver aux diverses fonctions de la suite.

88. *Séparation des racines par des substitutions directes.* Nous avons montré précédemment que, par l'usage d'une propriété des différences d'une fonction entière, le calcul des résultats des substitutions dans le premier membre d'une équation devient facile et rapide. Après avoir fait une première substitution de tous les nombres entiers compris entre les limites, on notera avec soin les intervalles où $F(x)$ change de signe; chacun d'eux renfermera, soit une, soit un nombre impair de racines. Si l'on constate autant de changements de signe que le théorème de Descartes fait supposer de racines réelles, la séparation sera effectuée. Lorsqu'il y a doute, il sera nécessaire de faire de nouvelles substitutions dans les intervalles qui présentent le plus de chances de renfermer des racines. Afin de mieux fixer son choix, on porte sur une droite, à partir d'une origine O, des longueurs égales aux nombres substitués

$$\ldots -3, \quad -2, \quad -1, \quad 0, \quad 1, \quad 2, \quad 3 \ldots,$$

et les résultats seront les ordonnées correspondantes de la courbe

$$y = F(x).$$

On obtient ainsi dans le plan une série de points qui, par leur situation, donneront une idée grossière mais suffisante de la marche de la courbe. Les racines correspondent aux points où celle-ci rencontre la droite; l'aspect de la courbe permettra généralement de déterminer avec une certaine probabilité les intervalles où elle ira rencontrer la droite, et, par conséquent aussi les intervalles où il sera nécessaire de faire de nouvelles substitutions.

Cette méthode est bien imparfaite, et, cependant, c'est celle que l'on emploie en premier lieu et qui réussit souvent. D'ailleurs, si l'on ne peut arriver au but, il sera toujours temps de recourir au théorème de Sturm. Dans l'exemple qui précède

$$F(x) = x^5 - 5x + 1 = 0,$$

la substitution directe des nombres

$$-2, \quad -1, \quad 0, \quad 1, \quad 2,$$

apprend que $F(x)$ change de signe entre -2 et -1, 0 et 1, 1 et 2. Comme l'équation ne peut avoir plus de trois racines réelles, elles sont séparées.

89. *Séparation des racines imaginaires.* Cette séparation s'opère par la proposition de Cauchy (N° **67**) appliquée à certains contours particuliers. Soit

$$F(z) = \varphi(x, y) + \psi(x, y)\sqrt{-1} = 0$$

l'équation donnée. D'après la notation admise dans la démonstration de ce théorème, on a

$$P = \varphi(x, y), \quad Q = \psi(x, y).$$

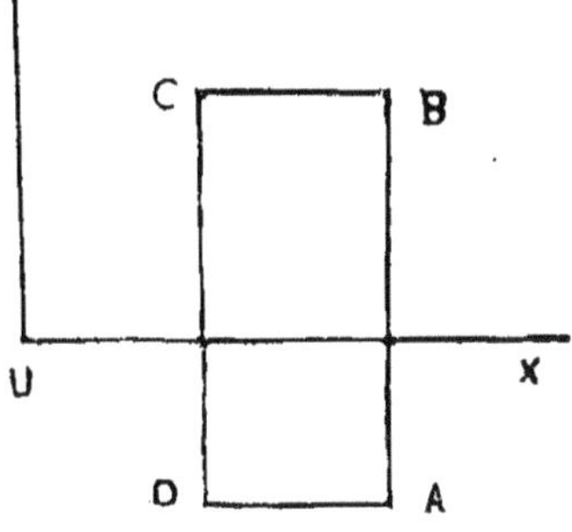

Fig. 5.

Considérons un contour rectangulaire ABCD dont les côtés sont parallèles aux axes. Désignons par

$$(CD)\ x = x_0, \quad (AB)\ x = x_1,$$
$$(AD)\ y = y_0, \quad (BC)\ y = y_1,$$

les équations des côtés. Pour les côtés CB et DA, y est constant tandis que x varie de x_0 à x_1. Or, si on ordonne P par rapport aux puissances décroissantes de y, cette fonction conservera toujours le même signe que son premier terme lorsque y est très grand. Donc, en admettant que ces côtés se transportent à l'infini, l'excès δ relatif à ces côtés sera nul. Cela étant, il reste à calculer l'excès pour AB et CD.

Pour la parallèle AB, on a

$$\frac{P}{Q} = \frac{\varphi(x_1, y)}{\psi(x_1, y)}$$

où y doit varier de $-\infty$ à $+\infty$; appelons δ_1 l'excès relatif à AB dans ces conditions.

Pour la parallèle CD, il faut prendre

$$\frac{P}{Q}=\frac{\varphi(x_0, y)}{\psi(x_0, y)}$$

et faire varier y de $+\infty$ à $-\infty$ puisque le contour est parcouru à partir de A vers B, C, D. L'excès pour CD est égal et de signe contraire à l'excès de DC, c'est-à-dire, du même côté parcouru en sens opposé, et, par conséquent, dans l'hypothèse on y varie de $-\infty$ à $+\infty$ au lieu de $+\infty$ à $-\infty$; soit δ_0 l'excès relatif à DC, et μ le nombre de racines comprises dans le contour; on aura

$$\mu=\frac{\delta_1-\delta_0}{2}.$$

Si $\mu=1$, il ne renferme qu'une racine; elle sera séparée et sa partie réelle comprise entre x_0 et x_1. Si μ est plus grand que l'unité, il faudra mener des parallèles intermédiaires jusqu'à ce que l'on trouve $\mu=1$; ce qui arrivera nécessairement à moins que plusieurs racines ne possèdent la même partie réelle.

En supposant que les parallèles CD et AB aillent à l'infini tandis que les autres côtés restent à distance finie, on pourrait également déterminer les limites y_0 et y_1 qui comprennent le coefficient de $\sqrt{-1}$ dans la racine.

§ 4.

Racines incommensurables. Méthodes d'approximation.

90. *Méthode de Newton.* Désignons par a et b, b étant plus grand que a, deux nombres connus qui comprennent une seule racine incommensurable de l'équation

$$F(x)=0.$$

Soit h la quantité positive qu'il faut ajouter à a pour avoir la racine exacte; on aura, par hypothèse

$$F(a+h)=0,$$

ou bien (N° **57**)

$$F(a)+h\,F'(a)+\frac{h^2}{1.2}F''(a+\theta h)=0,$$

θ étant une quantité comprise entre zéro et l'unité. On en déduit

$$(\alpha) \qquad h = -\frac{F(a)}{F'(a)} - \frac{h^2}{1.2}\frac{F''(a+\theta h)}{F'(a)}.$$

On doit admettre que les limites a et b diffèrent au plus d'une unité de telle sorte que h est fractionnaire. Dans une première approximation, on néglige le terme qui contient h^2 et l'on prend pour l'inconnue h la valeur

$$(\beta) \qquad h_1 = -\frac{F(a)}{F'(a)}.$$

De même, si on représente par $b-k$ la racine exacte, k étant une quantité positive, il viendra

$$F(b-k) = 0,$$

ou

$$F(b) - kF'(b) + \frac{k^2}{1.2}F''(b-\theta' k) = 0,$$

θ' étant aussi compris entre zéro et l'unité. On en tire

$$(\alpha') \qquad k = \frac{F(b)}{F'(b)} + \frac{k^2}{1.2}\frac{F''(b-\theta' k)}{F'(b)}.$$

Désignons par k_1 la valeur de k lorsqu'on néglige le second terme; on aura

$$(\beta') \qquad k_1 = \frac{F(b)}{F'(b)}.$$

D'après les formules (β) et (β'), on doit prendre, pour la racine, $a+h_1$ ou $b-k_1$; mais il est nécessaire d'indiquer si les formules précédentes conduisent toujours au but proposé qui est d'obtenir une valeur plus exacte que celle du point de départ. D'abord il faut que h_1 et k_1 soient des quantités positives, et, par conséquent, que $F(a)$ et $F'(a)$ soient de signes contraires, et $F(b)$ de même signe que $F'(b)$; ce qui aura lieu généralement, si les limites sont assez rapprochées, car on sait qu'un peu avant que x passe par une valeur racine de l'équation, $F(x)$ et $F'(x)$ sont de signe différent et un peu après de même signe. Cette condition est nécessaire, mais elle ne suffit pas pour affirmer que $a+h_1$ ou $b-k_1$ sont des valeurs plus exactes. En effet, si, dans la formule (α), $F''(a+\theta h)$ est de signe contraire à $F(a)$, le second terme est négatif tandis que le premier est positif; la correction h_1 est plus grande que h, et la valeur $a+h_1$ pourrait devenir égale à b ou plus grande que b. Il faut donc que

$F''(a+\theta h)$ soit de même signe que $F(a)$; alors seulement h_1 est plus petit que h, et la valeur $a+h_1$ étant comprise entre a et $a+h$, sera certainement une racine plus exacte. La même observation s'applique à l'équation (α'); il faut que $F''(b-\theta' k)$ soit de même signe que $F(b)$ pour que $b-k_1$ soit, sans aucun doute, une valeur plus approchée de la racine.

Il y a toujours une des deux formules qui fournira l'approximation voulue, si les limites sont assez resserrées pour que $F'(x)$ et $F''(x)$ ne changent pas de signe dans l'intervalle de a à b; car, lorsque la valeur h_1 ne convient pas, $F''(a+\theta h)$ est de signe contraire à $F(a)$; mais alors, dans la formule (α'), $F''(b-\theta' k)$ est de même signe que $F(b)$, puisque $F(x)$ change de signe en passant par zéro; donc la valeur de k_1 donnée par (β') est celle qui convient, et $b-k_1$ sera la racine approchée.

Ces diverses observations conduisent à la règle suivante : *Étant données deux limites a et b, $b>a$, qui comprennent une racine incommensurable de l'équation $F(x)=0$, si elles sont telles que $F'(x)$ et $F''(x)$ ne changent pas de signe dans l'intervalle, on obtiendra avec certitude une valeur plus approchée par la formule*

$$x = z - \frac{F(z)}{F'(z)},$$

en remplaçant z par celle des deux limites qui rend $F(x)$ et $F''(x)$ de même signe.

En supposant que a est la limite convenable, une première application de la méthode donnera la valeur

$$a' = a - \frac{F(a)}{F'(a)}$$

plus approchée que la limite a. Une seconde application avec a' donnera également la valeur

$$a'' = a' - \frac{F(a')}{F'(a')}$$

plus approchée que la précédente. On continue ainsi avec chaque valeur que l'on vient d'obtenir et, comme les conditions restent les mêmes, l'approximation avance de plus en plus vers la racine exacte.

Il est utile de calculer, par excès, l'erreur e commise en prenant

$$a - \frac{F(a)}{F'(a)}$$

pour la valeur de x. Cette erreur est représentée par le terme négligé

$$\frac{h^2}{1.2}\frac{F''(a+\theta h)}{F'(a)}.$$

Soit M le maximum de $F''(x)$ dans l'intervalle de a à b. En remplaçant h par $b - a$, il vient

$$e < (b-a)^2 \frac{M}{2F'(a)}.$$

Souvent les limites employées diffèrent d'un dixième; dans ce cas, si

$$\frac{M}{2F'(a)} < 1$$

l'erreur sera plus petite qu'un centième; après une seconde application, elle sera inférieure à une unité du quatrième ordre décimal, etc.

Afin d'indiquer la marche à suivre, considérons l'équation

$$F(x) = x^3 - 4x^2 - 2x + 4 = 0.$$

On constate sans peine par la méthode des substitutions qu'elle possède trois racines réelles comprises respectivement dans les intervalles $(-1, -2)$, $(0,1)$, $(4,5)$. Calculons d'abord par approximation la dernière. Avant d'appliquer la formule, il est avantageux de connaître la racine à un dixième ou à un centième près; plus les limites sont resserrées, plus on peut espérer que les conditions indispensables seront remplies. En divisant $F(x)$ par $x - 4,2$, $x - 4,3$, on trouve pour les restes

$$F(4,2) = -0,872, \quad F(4,3) = +0,947.$$

La racine est donc comprise entre 4,2 et 4,3. Les dérivées étant

$$F'(x) = 3x^2 - 8x - 2, \quad F''(x) = 6x^2 - 8,$$

on cherche leurs valeurs pour $x = 4,3$; on obtient:

$$F'(4,3) = 19,07, \quad F''(4,3) = 17,80.$$

Il faut donc employer la limite supérieure 4,3 qui rend $F(x)$ et $F''(x)$ de même signe. On aura, pour la première correction,

$$k_1 = \frac{F(4,3)}{F'(4,3)} = \frac{0,947}{19,07} = 0,049$$

avec une erreur inférieure à

$$(0,1)^2 \frac{17,80}{2 \times 19,07} < 0,01.$$

Il en résulte la valeur approchée

$$x = 4,3 - 0,049 = 4,251$$

à un centième près. On sait que la correction k_1 est trop petite, et cette valeur de x est supérieure à la racine; celle-ci est donc comprise entre 4,24 et 4,25.

La seconde correction est :

$$k_1' = \frac{F(4,25)}{F'(4,25)} = \frac{0,015625}{18,1875} = 0,000859;$$

par suite,

$$x = 4,25 - 0,000859 = 4,249141 :$$

c'est la racine approchée à un dix-millième près.

Enfin, si l'on veut une approximation plus grande, on calcule encore une dernière correction avec cette valeur ; on trouve

$$k_1'' = \frac{F(4,249141)}{F'(4,249141)} = \frac{0,0000008393325}{18,17247} = 0,00000046187,$$

et; pour la racine

$$x = 4,249140538.$$

D'après ce dernier calcul, la valeur précédente était exacte jusqu'à la cinquième décimale ; on peut affirmer que celle-ci renferme neuf décimales certaines.

Cherchons, en second lieu, la racine comprise entre 0 et 1. On a :

$$F(0) = +4, \quad F(1) = -1.$$

La racine doit être plus près de l'unité que de zéro. En divisant $F(x)$ par $x - 0,8$ et $x - 0,9$, on trouve

$$F(0,8) = +0,352, \quad F(0,9) = -0,311.$$

Les limites de la racine seront donc 0,8 et 0,9 ; comme la seconde rend $F(x)$ et $F''(x)$ de même signe, c'est elle qui doit servir dans les opérations. La première correction est :

$$k_1 = \frac{F(0,9)}{F'(0,9)} = \frac{0,311}{6,770} = 0,046,$$

et, par conséquent,

$$x = 0,9 - 0,046 = 0,854.$$

Si on remarque que $F''(0,9) = 2,6$, il vient pour l'erreur

$$e < (0,1)^2 \frac{2,6}{2 \times 6,77} < 0,0019;$$

la valeur de x est exacte à une unité près du troisième ordre décimal.

Une seconde opération donne

$$k'_1 = \frac{F(0,854)}{F'(0,854)} = \frac{0,002428136}{6,644052} = 0,000365;$$

par suite,

$$x = 0,854 - 0,000365 = 0,853635$$

et cette valeur est exacte à une unité près du sixième ordre décimal.

Enfin, par une troisième opération, on trouve que la racine est, avec neuf décimales certaines, $x = 0,853634511$.

Si l'on veut calculer la racine située dans l'intervalle $(-1, -2)$, il est préférable de changer x en $-x$ dans l'équation pour opérer avec des nombres positifs. L'équation est alors

$$F(x) = x^3 + 4x^2 - 2x - 4 = 0.$$

On a

$$F(1) = -1, \quad F(2) = +16.$$

La racine doit être voisine de l'unité. Si on divise $F(x)$ par $x - 1,1$ et $x - 1,2$, les restes donnent

$$F(1,1) = -0,0029, \quad F(1,2) = +1,088.$$

Ainsi 1,1 et 1,2 sont les limites de la racine. La dérivée seconde étant positive, on prendra la dernière pour calculer la correction ; on trouvera

$$k_1 = \frac{F(1,2)}{F'(1,2)} = \frac{1,088}{11,92} = 0,091;$$

ce qui donne

$$x = 1,2 - 0,091 = 1,109$$

dont les deux premières décimales sont définitives, comme on peut le vérifier par le calcul de l'erreur.

En continuant comme on l'a fait pour les racines précédentes, on arrive finalement à la valeur $x = 1,102775049$, dont les neuf décimales sont exactes. En changeant le signe, la troisième racine de l'équation proposée sera $x = -1,102775049$.

Comme vérification, si on fait la somme des trois racines, on trouve qu'elle est égale à 4, comme cela doit être d'après le second coefficient de l'équation.

91. *Méthode d'Horner.* Soit $F(x) = 0$ une équation ayant, par exemple, une racine irrationnelle comprise entre 2 et 3. Diminuons les racines de deux unités en formant la transformée par la règle connue (N° **45**). Représentons-la par

$$F_1(x) = B_0x^m + B_1x^{m-1} + \cdots + B_{m-1}x + B_m = 0.$$

Cette nouvelle équation admet une racine dans l'intervalle de 0 à 1; ce sera un certain nombre de dixièmes en négligeant les autres décimales. Pour déterminer ce nombre, on supprime les termes renfermant les puissances de x supérieures à la première. Il reste ainsi l'équation approchée

$$B_{m-1}x + B_m = 0;$$

d'où

$$x = -\frac{B_m}{B_{m-1}}.$$

La division donnera le chiffre des dixièmes de la racine. Soit 5 ce chiffre. On diminue, en second lieu, les racines de l'équation précédente de 0,5; l'équation transformée

$$F_2(x) = C_0x^m + C_1x^{m-1} + \cdots + C_{m-1}x + C_m = 0$$

admettra une racine comprise entre 0 et 0,1. Afin de la déterminer, on prend l'équation

$$C_{m-1}x + C_m = 0$$

qui fera connaître le chiffre des centièmes de la racine. Soit 3 ce nombre. On diminue encore les racines de $F_2(x) = 0$ de 0,03 et l'on arrivera à une troisième transformée qui permettra de déterminer le chiffre des millièmes de la racine; ainsi de suite.

S'il arrivait que le calcul donne un chiffre trop élevé, on en s'apercevrait par le changement de signe du dernier terme de la transformée. Si le chiffre était trop petit, on s'en apercevrait bien vite dans la suite des opérations; car, supposons, par exemple, que l'on trouve 4 au lieu de 5 pour le chiffre des dixièmes; dans la transformée suivante qui conduit au chiffre des centièmes, on devrait trouver un nombre plus grand que 9, puisque la racine est trop petite de dix centièmes.

Un exemple fera mieux comprendre la suite des calculs que cette méthode exige. Considérons l'équation

$$F(x) = x^3 - 4x^2 - 2x + 4 = 0.$$

Nous avons vu précédemment que ses racines sont comprises dans les intervalles (0,1), (4,5), (— 1, — 2). Calculons d'abord la première. Elle est située entre 0,8 et 0,9. Diminuons les racines de 0,8. Les divisions successives qu'il faut effectuer par $x - 0,8$ donnent les résultats suivants :

	1	— 4	— 2	4
0,8	1	— 3,2	— 4,5	0,352
	1	— 2,4	— 6,48	
	1	— 1,6		
	1			

Les derniers nombres des lignes horizontales représentent les restes; ce sont les coefficients de la transformée, savoir :

$$F_1(x) = x^3 - 1,6\,x^2 - 6,48\,x + 0,352 = 0,$$

d'où l'on déduit, pour le chiffre des centièmes,

$$\frac{0,352}{6,48} = 0,05\ \ldots$$

La racine devient ainsi : $x = 0,85$.

Diminuons les racines de $F_1(x) = 0$ de 0,05. On formera le tableau :

	1	— 1,6	— 6,48	0,352
0,05	1	— 1,55	— 6,5575	0,024125
	1	— 1,50	— 6,6325	
	1	— 1,45		
	1			

La seconde transformée sera :

$$F_2(x) = x^3 - 1,45\,x^2 - 6,6325\,x + 0,024125 = 0;$$

d'où on tire

$$\frac{0,024125}{6,6325} = 0,003\ldots;$$

par suite, $x = 0,853$.

Diminuons les racines de $F_2(x)=0$ de 0,003. On aura le tableau :

	1	— 1,45	— 6,6325	0,024125
0,003	1	— 1,447	— 6,636841	0,004214477
	1	— 1,444	— 6,641173	
	1	— 1,441		
	1			

d'où résulte la transformée

$$F_3(x)=x^3-1,441\,x^2-6,641173\,x+0,004214477=0$$

qui donne

$$\frac{0,0042\ldots}{6,64\ldots}=0,0006\ldots,$$

et, par conséquent, $x=0,8536$.

Diminuons les racines de $F_3(x)=0$ de 0,0006. On forme le tableau :

	1	— 1,441	— 6,641173	0,004214477
0,0006	1	— 1,441	— 6,642038	0,000229254
	1	— 1,44	— 6,64290	
	1	— 1,44		
	1			

et la transformée correspondante

$$F_4(x)=x^3-1,44x^2-6,64290x+0,000229254=0$$

conduit à

$$\frac{0,000229254}{6,642\ldots}=0,00003\ldots;$$

par suite, $x=0,85363$.

Il faut remarquer que, dans le tableau précédent, le dernier nombre de la première ligne possède neuf décimales. On multiplie dans les divisions par 0,0006; on peut négliger les derniers chiffres pour ne pas augmenter inutilement le nombre de décimales.

Diminuons, enfin, les racines de $F_4(x)=0$ de 0,00003. On aura le tableau :

	1	— 1,4	— 6,64290	0,000229254
0,00003	1	— 1,4	— 6,64294	0,000029966
	1	— 1,4	— 6,6430	
	1	— 1,4		
	1			

d'où résulte la transformée

$$F_5(x) = x^3 - 1,4x^2 - 6,6430x + 0,000029966 = 0.$$

Pour former le tableau suivant, il faudrait multiplier par un nombre à six décimales; ce qui ne changera pas les coefficients des deux derniers termes si ce n'est de quelques unités du onzième ordre décimal; on doit donc s'arrêter ici et faire la division jusqu'à la neuvième décimale. On trouve

$$\frac{0,000029966}{6,643} = 0,000004511.$$

Donc, la racine avec neuf décimales exactes sera : $x = 0,853634511$.

En appliquant la même méthode pour déterminer la racine comprise entre 4 et 5, on trouve, pour les diverses transformées :

$$F_1(x) = x^3 + 8x^2 + 14x - 4 = 0,$$
$$F_2(x) = x^3 + 8,6x^2 + 17,32x - 0,872 = 0,$$
$$F_3(x) = x^3 + 8,72x^2 + 18,0128x - 0,165376 = 0,$$
$$F_4(x) = x^3 + 8,747x^2 + 18,170003x - 0,002553751 = 0,$$
$$F_5(x) = x^3 + 8,74x^2 + 18,17175x - 0,000736662 = 0,$$
$$F_6(x) = x^3 + 8,7x^2 + 18,1724x - 0,000009778 = 0.$$

Elles conduisent successivement aux valeurs

$$\frac{4}{14} = 0,2...$$
$$\frac{0,872}{17,32} = 0,04...$$
$$\frac{0,165...}{18...} = 0,009...$$
$$\frac{0,00255...}{18...} = 0,0001...$$
$$\frac{0,000736...}{18...} = 0,00004...$$
$$\frac{0,000009778}{18,17} = 0,000000538...$$

La racine a donc pour valeur $x = 4,249140538$.

Pour déterminer la racine comprise entre -1 et -2, on change d'abord x en $-x$ dans l'équation, et il vient :

$$x^3 + 4x^2 - 2x - 4 = 0.$$

On forme, comme précédemment, les diverses transformées et l'on arrive à la valeur $x = -1,102775049$.

92. *Méthode dite Regula falsi.* Soit $F(x) = 0$ une équation qui admet une racine x_1 comprise entre les nombres a_1 et a_2. Posons

$$x_1 = a_1 + h_1, \quad x_1 = a_2 + h_2.$$

On aura

$$F(a_1) = F(x_1 - h_1) = F(x_1) - h_1 F'(x_1) + \frac{h_1^2}{1.2} F''(x_1) - \dots$$

$$F(a_2) = F(x_1 - h_2) = F(x_1) - h_2 F'(x_1) + \frac{h_2^2}{1.2} F''(x_1) - \dots$$

Mais $F(x_1) = 0$, puisque x_1 est racine; de plus, dans l'hypothèse où les limites a_1 et a_2 sont très rapprochées, h_1 et h_2 étant des quantités très-petites, on peut écrire

$$F(a_1) = -h_1 F'(x_1), \quad F(a_2) = -h_2 F'(x_1);$$

par suite, il vient

$$\frac{F(a_1)}{F(a_2)} = \frac{h_1}{h_2}.$$

Cette relation renferme le principe de la méthode qui consiste à *regarder les résultats comme proportionnels aux corrections.* Plus les limites seront resserrées et plus cette proportion sera exacte. En remplaçant h_1 et h_2 par leurs valeurs, on a

$$\frac{F(a_1)}{F(a_2)} = \frac{x - a_1}{x - a_2};$$

d'où on tire

$$x_1 = \frac{a_2 F(a_1) - a_1 F(a_2)}{F(a_1) - F(a_2)} = a_1 + \frac{(a_2 - a_1) F(a_1)}{F(a_1) - F(a_2)}.$$

Soit b cette valeur approchée de x_1; on prendra pour nouvel intervalle, soit (a_1, b), soit (b, a_2), et on appliquera de nouveau la formule.

Un exemple indiquera la marche à suivre en pratique. Proposons-nous de trouver la racine de l'équation

$$x^3 - 4x^2 - 2x + 4 = 0$$

comprise entre 4 et 5. On aura d'abord,

$$\left.\begin{array}{ll} a_1 = 4, & F(a_1) = -4, \\ a_2 = 5, & F(a_2) = 19, \end{array}\right. \quad x = 4,2.$$

En second lieu,

$$a_1 = 4, \quad F(a_1) = -4, \qquad x = 4,25.$$
$$a_2 = 4,2, \quad F(a_2) = -0,872,$$

En troisième lieu,

$$a_1 = 4,2, \quad F(a_1) = -0,872, \qquad x = 4,2491.$$
$$a_2 = 4,25, \quad F(a_2) = 0,015625,$$

En quatrième lieu,

$$a_1 = 4,2491, \quad F(a_1) = -0,00073667, \qquad x = 4,24914052;$$
$$a_2 = 4,25, \quad F(a_2) = 0,015625,$$

C'est la valeur de la racine avec sept décimales exactes.

CHAPITRE IV.

RÉSOLUTION DES ÉQUATIONS A PLUSIEURS INCONNUES. ÉLIMINATION.

---

§ 1.

Équations linéaires.

93. *Cas général.* Considérons d'abord un système de n équations à n inconnues

$$
(1)\qquad
\begin{array}{l}
a_1x_1 + b_1x_2 + c_1x_3 + \cdots + l_1x_n = p_1,\\
a_2x_1 + b_2x_2 + c_2x_3 + \cdots + l_2x_n = p_2,\\
\ldots\ldots\ldots\ldots\ldots\ldots\ldots\ldots\\
\ldots\ldots\ldots\ldots\ldots\ldots\ldots\ldots\\
a_nx_1 + b_nx_2 + c_nx_3 + \cdots + l_nx_n = p_n.
\end{array}
$$

Désignons par Δ le déterminant des coefficients des inconnues, c'est-à-dire,

$$\Delta = (a_1b_2c_3 \ldots l_n).$$

La résolution du système (1) s'opère très-élégamment par l'application des propriétés des mineurs d'un déterminant de l'ordre n. Multiplions respectivement les équations par les premiers mineurs $A_1, A_2, \ldots, A_n$ relatifs aux coefficients de x, et ajoutons ensuite membre à membre; il viendra

$$
\begin{array}{l}
(a_1A_1 + a_2A_2 + \cdots + a_nA_n)\,x_1 + (b_1A_1 + \cdots + b_nA_n)\,x_2 + \cdots\\
\qquad\qquad = p_1A_1 + p_2A_2 + \cdots + p_nA_n.
\end{array}
$$

La première parenthèse est égale à Δ, et toutes les autres sont nulles. On arrivera à un résultat analogue, en multipliant successivement par les premiers mineurs correspondant aux coefficients des diverses inconnues, et en ajoutant ensuite toutes les équations. Il vient ainsi le système suivant :

$$(2)\qquad \begin{aligned} \Delta.x_1 &= p_1A_1 + p_2A_2 + \cdots + p_nA_n,\\ \Delta.x_2 &= p_1B_1 + p_2B_2 + \cdots + p_nB_n,\\ \Delta.x_3 &= p_1C_1 + p_2C_2 + \cdots + p_nC_n,\\ &\cdots\cdots\cdots\cdots\\ \Delta.x_n &= p_1L_1 + p_2L_2 + \cdots + p_nL_n. \end{aligned}$$

Les valeurs des inconnues qui satisfont au système (1) vérifient le système (2); or, ce dernier donne immédiatement l'expression d'une inconnue *sous la forme d'une fraction ayant pour dénominateur* Δ *et, pour numérateur, le même déterminant dans lequel les coefficients de l'inconnue sont remplacés par les termes tout connus.*

Réciproquement, les valeurs des inconnues qui satisfont au système (2) vérifient également le système (1); multiplions, en effet, les équations (2) par a_1, b_1, ..., l_1, et ajoutons-les membre à membre; on trouve, en ordonnant par rapport aux quantités p,

$$\begin{aligned}\Delta(a_1x_1 + b_1x_2 + \cdots + l_1x_n) = p_1&(a_1A_1 + b_1B_1 + \cdots + l_1L_1)\\ &+ p_2(a_1A_2 + \cdots + l_1L_2) + \cdots\end{aligned}$$

c'est-à-dire,

$$a_1x_1 + b_1x_2 + \cdots + l_1x_n = p_1;$$

c'est la première équation du système (1). On retrouve aussi les autres équations de ce système, si on multiplie les égalités (2) par a_2, b_2, $\cdots$ l_2; a_3, b_3, ... l_3, etc., et si on les ajoute membre à membre comme on vient de le faire.

94. *Cas où le nombre des équations est inférieur à celui des inconnues.* Considérons, en second lieu, le système

$$(3)\qquad \begin{aligned} a_1x_1 + b_1x_2 + \cdots + l_1x_n + p_1x_{n+1} + \cdots + r_1x_{n+\mu} &= s_1,\\ a_2x_1 + b_2x_2 + \cdots + l_2x_n + p_2x_{n+1} + \cdots + r_2x_{n+\mu} &= s_2,\\ \cdots\cdots\cdots\cdots&\\ a_nx_1 + b_nx_2 + \cdots + l_nx_n + p_nx_{n+1} + \cdots + r_nx_{n+\mu} &= s_n, \end{aligned}$$

qui renferme n équations et $n+\mu$ inconnues. Posons

$$\Delta = (a_1b_2c_3 \ldots l_n),$$

et

$$\begin{aligned} a_1x_1 + b_1x_2 + \cdots + l_1x_n &= s_1 - p_1x_{n+1} - \cdots - r_1x_{n+\mu} = \pi_1,\\ a_2x_1 + b_2x_2 + \cdots + l_2x_n &= s_2 - p_2x_{n+1} - \cdots - r_2x_{n+\mu} = \pi_2,\\ &\cdots\cdots\cdots\cdots\\ a_nx_1 + b_nx_2 + \cdots + l_nx_n &= s_n - p_nx_{n+1} - \cdots - r_nx_{n+\mu} = \pi_n, \end{aligned}$$

En multipliant successivement ces équations, comme on l'a fait dans le premier cas, par les premiers mineurs de Δ correspondant aux coefficients des inconnues du premier membre et en ajoutant, on trouve

$$\Delta . x_1 = \pi_1 A_1 + \pi_2 A_2 + \cdots + \pi_n A_n,$$
$$\Delta . x_2 = \pi_1 B_1 + \pi_2 B_2 + \cdots + \pi_n B_n,$$
$$\cdots\cdots\cdots$$
$$\Delta . x_n = \pi_1 L_1 + \pi_2 L_2 + \cdots + \pi_n L_n.$$

Les valeurs de $x_1, x_2, \ldots x_n$ fournies par ces égalités vérifient le système donné, quelles que soient les valeurs attribuées aux μ inconnues $x_{n+1}, x_{n+2}, \ldots, x_{n+\mu}$ que renferment les quantités π.

Comme exemple, soient les équations

$$a_1 x_1 + b_1 x_2 + c_1 x_3 + d_1 x_4 = s_1,$$
$$a_2 x_1 + b_2 x_2 + c_2 x_3 + d_2 x_4 = s_2.$$

Si on transpose, on peut écrire

$$a_1 x_1 + b_1 x_2 = s_1 - c_1 x_3 - d_1 x_4,$$
$$a_2 x_1 + b_2 x_2 = s_2 - c_2 x_3 - d_2 x_4;$$

celles-ci donnent

$$x_1 = \frac{(s_1 - c_1 x_3 - d_1 x_4,\ b_2)}{(a_1 b_2)}, \quad x_2 = \frac{(a_1,\ s_2 - c_2 x_3 - d_2 x_4)}{(a_1 b_2)},$$

ou bien

$$x_1 = \frac{(s_1 b_2)}{(a_1 b_2)} - \frac{(c_1 b_2)}{(a_1 b_2)} x_3 - \frac{(d_1 b_2)}{(a_1 b_2)} x_4,$$
$$x_2 = \frac{(a_1 s_2)}{(a_1 b_2)} - \frac{(a_1 c_2)}{(a_1 b_2)} x_3 - \frac{(a_1 d_2)}{(a_1 b_2)} x_4,$$

et ces expressions vérifient les équations proposées quelles que soient les valeurs de x_3, x_4. Une résolution analogue sera toujours possible dès qu'un déterminant du second ordre formé avec les coefficients des inconnues sera différent de zéro.

95. *Cas où le nombre des équations surpasse celui des inconnues.* Considérons, en troisième lieu, le système suivant

$$(4) \qquad \begin{aligned} a_1 x_1 + b_1 x_2 + \cdots + l_1 x_n &= q_1, \\ a_2 x_1 + b_2 x_2 + \cdots + l_2 x_n &= q_2, \\ \cdots\cdots\cdots \\ a_n x_1 + b_n x_2 + \cdots + l_n x_n &= q_n, \\ a_{n+1} x_1 + b_{n+1} x_2 + \cdots + l_{n+1} x_n &= q_{n+1}. \end{aligned}$$

Il y a ici une équation de trop, et pour que toutes ces égalités soient vérifiées en même temps, il faut que les valeurs des inconnues provenant de la résolution de n équations du système satisfassent à l'équation restante; leur substitution dans cette dernière fournira une relation entre les coefficients seulement qui sera précisément la condition de compatibilité du système proposé.

Posons

$$\begin{aligned} X_1 &= a_1x_1 + b_1x_2 + \cdots + l_1x_n - q_1 = 0, \\ X_2 &= a_2x_1 + b_2x_2 + \cdots + l_2x_n - q_2 = 0, \\ &\cdots\cdots\cdots\cdots\cdots\cdots \\ X_{n+1} &= a_{n+1}x_1 + b_{n+1}x_2 + \cdots + l_{n+1}x_n - q_{n+1} = 0, \end{aligned}$$

et désignons par δ le déterminant de l'ordre $n+1$ des coefficients y compris les termes tout connus. On arrive à la condition précédente sans résoudre les équations, en multipliant respectivement par les premiers mineurs $Q_1, Q_2, \ldots, Q_{n+1}$, des éléments q, et en ajoutant ensuite membre à membre; on obtient ainsi la relation

$$q_1Q_1 + q_2Q_2 + \cdots + q_{n+1}Q_{n+1} = 0$$

ou bien

$$\delta = 0.$$

Donc, *pour qu'un système de $n+1$ équations linéaires à n inconnues admette une solution commune, il faut que le déterminant de tous les coefficients soit nul.*

Cette fonction δ des coefficients se nomme *éliminant* ou *résultant* des équations proposées.

En supposant la condition $\delta = 0$ remplie, remarquons que la multiplication des équations par $Q_1, Q_2, \ldots, Q_{n+1}$ fournit l'identité

$$Q_1X_1 + Q_2X_2 + \cdots + Q_nX_n + Q_{n+1}X_{n+1} = 0$$

d'après laquelle, si n équations du système sont vérifiées par certaines valeurs des inconnues, il en sera de même de la dernière. Il suffit donc, pour déterminer $x_1, x_2, \ldots, x_n$, de résoudre ces n équations, comme dans le premier cas.

Enfin, soit le cas général d'un système de $n+\nu$ équations à n inconnues,

$$(5)\qquad \begin{aligned} a_1x_1 + b_1x_2 + \cdots + l_1x_n &= q_1, \\ a_2x_1 + b_2x_2 + \cdots + l_2x_n &= q_2, \\ \cdots\cdots\cdots\cdots\cdots \\ a_{n+\nu}x_1 + b_{n+\nu}x_2 + \cdots + l_{n+\nu}x_n &= q_{n+\nu}. \end{aligned}$$

Toutes ces équations seront compatibles, si les valeurs des inconnues déterminées par n d'entre elles vérifient les ν équations restantes. La substitution de ces valeurs dans celles-ci conduira à ν relations entre les coefficients. On obtient aussi ces ν conditions, en ajoutant aux n premières égalités, par exemple, successivement chacune des autres de manière à former ν groupes de $n+1$ équations à n inconnues; on égale ensuite le déterminant de chacun de ces groupes à zéro.

Lorsque toutes ces conditions sont satisfaites, les équations de chaque groupe donneront lieu à une identité, comme nous venons de le voir. En vertu des identités ainsi obtenues, si les n premières équations sont vérifiées par certaines valeurs des inconnues, il en sera de même pour la $(n+1)^{ième}$, $(n+2)^{ième}$, ..., $(n+\nu)^{ième}$. Il est donc inutile de s'occuper de ces dernières, et il suffit de déterminer $x_1, x_2, \ldots, x_n$ au moyen des n premières équations.

96. *Cas particuliers.* Reprenons le premier système d'équations que nous avons résolues dans l'hypothèse où Δ était différent de zéro, et posons :

$$\begin{aligned} X_1 &= a_1x_1 + b_1x_2 + \cdots + l_1x_n - p_1 = 0, \\ X_2 &= a_2x_1 + b_2x_2 + \cdots + l_2x_n - p_n = 0, \\ &\ldots\ldots\ldots\ldots\ldots\ldots \\ X_n &= a_nx_1 + b_nx_2 + \cdots + l_nx_n - p_n = 0. \end{aligned}$$

Etudions ce système dans l'hypothèse où le déterminant Δ des coefficients des inconnues est égal à zéro. En multipliant ces égalités par les premiers mineurs $A_1, A_2, \ldots, A_n$ et en ajoutant il vient :

$$p_1A_1 + p_2A_2 + \cdots + p_nA_n = 0.$$

C'est la condition qui doit être satisfaite pour que les équations proposées aient des solutions communes. Dans ce cas, le numérateur de l'inconnue x_1 est nul; il en sera de même des numérateurs de x_2, $x_3, \ldots, x_n$; car, lorsqu'un déterminant est égal à zéro, les mineurs $A_1, A_2, \ldots, A_n$ des éléments d'une colonne sont proportionnels aux mineurs d'une autre colonne quelconque : on doit donc avoir aussi

$$p_1B_1 + p_2B_2 + \cdots + p_nB_n = 0, \quad p_1C_1 + p_2C_2 + \cdots + p_nC_n = 0, \text{ etc.}$$

D'un autre côté, la multiplication des égalités par $A_1, A_2, \ldots, A_n$ conduit à l'identité

$$A_1X_1 + A_2X_2 + \cdots + A_nX_n = 0$$

et l'une des équations est une conséquence des autres. Le système proposé revient donc à un système de $(n - 1)$ équations à n inconnues que l'on devra résoudre comme au N° 94. On admet, bien entendu, que l'un au moins des premiers mineurs ne soit pas nul. Soit

$$L_n = (a_1 b_2 c_3 \dots k_{n-1})$$

ce mineur différent de zéro; les $n - 1$ premières équations permettront d'exprimer les inconnues $x_1, x_2, \dots x_{n-1}$ en fonction de x_n, et les valeurs ainsi obtenues satisferont aux équations, quel que soit x_n.

Comme exemple, considérons les égalités

$$\begin{aligned} a_1x_1 + b_1x_2 + c_1x_3 + d_1x_4 &= p_1, \\ a_2x_1 + b_2x_2 + c_2x_3 + d_2x_4 &= p_2, \\ a_3x_1 + b_3x_2 + c_3x_3 + d_3x_4 &= p_3, \\ a_4x_1 + b_4x_2 + c_4x_3 + d_4x_4 &= p_4 \end{aligned}$$

dans le cas où

$$\Delta = (a_1 b_2 c_3 d_4) = 0,$$

et le premier mineur

$$D_4 = (a_1 b_2 c_3) \gtrless 0.$$

Les trois premières équations peuvent s'écrire

$$\begin{aligned} a_1x_1 + b_1x_2 + c_1x_3 &= p_1 - d_1x_4, \\ a_2x_1 + b_2x_2 + c_2x_3 &= p_2 - d_2x_4, \\ a_3x_1 + b_3x_2 + c_3x_3 &= p_3 - d_3x_4. \end{aligned}$$

Le déterminant des coefficients des inconnues du premier membre étant différent de zéro, par hypothèse, on peut résoudre ce système par rapport à x_1, x_2, x_3, et l'on trouve

$$\begin{aligned} x_1 &= \frac{(p_1 b_2 c_3)}{(a_1 b_2 c_3)} - \frac{(d_1 b_2 c_3)}{(a_1 b_2 c_3)} x_4, \\ x_2 &= \frac{(a_1 p_2 c_3)}{(a_1 b_2 c_3)} - \frac{(a_1 d_2 c_3)}{(a_1 b_2 c_3)} x_4, \\ x_3 &= \frac{(a_1 b_2 p_3)}{(a_1 b_2 c_3)} - \frac{(a_1 b_2 d_3)}{(a_1 b_2 c_3)} x_4. \end{aligned}$$

Quelle que soit la valeur attribuée à x_4, ces expressions doivent vérifier les équations proposées.

Lorsque plusieurs mineurs de l'ordre $n - 1$ sont différents de zéro, il est possible de plusieurs manières d'exprimer $n - 1$ inconnues en fonction de l'une d'elles; il faut choisir, dans chaque cas, un groupe de $n - 1$ équations pour lequel le déterminant des coefficients de ces $n - 1$ inconnues n'est pas égal à zéro.

Supposons encore $\Delta = 0$ ainsi que tous ses mineurs de l'ordre $n - 1$, mais l'un au moins des mineurs de l'ordre $n - 2$, par exemple, $(a_1 b_2 c_3 \dots i_{n-2})$, différent de zéro. Ajoutons successivement aux $n - 2$ premières équations, la $(n - 1)^{ième}$ et la $n^{ième}$, pour former deux groupes de $n - 1$ équations dans lesquels le déterminant de $n - 1$ inconnues est égal à zéro; si le système proposé est compatible, chacun d'eux donnera lieu, comme nous venons de le voir, à une identité; par conséquent, les n équations proposées constituent un système de $n - 2$ équations distinctes à n inconnues. Il faudra donc résoudre les $n - 2$ premières équations par rapport à $x_1, x_2, \dots x_{n-2}$ et l'on trouvera, pour ces inconnues, des expressions renfermant x_{n-1} et x_n qui restent arbitraires.

En continuant ainsi, on arrive à cette proposition générale :

Etant donné un système de n équations à n inconnues, si le déterminant des coefficients des inconnues est nul ainsi que tous ses mineurs de l'ordre $n - 1, n - 2, \dots n - k + 1$, tandis qu'un mineur au moins de l'ordre $n - k$ est différent de zéro, il existera au moins un groupe de $n - k$ équations pour lequel le déterminant des coefficients de $n - k$ inconnues ne sera pas égal à zéro; il donnera, pour ces inconnues, des expressions renfermant toutes les autres et propres à satisfaire au système proposé, quelles que soient les valeurs attribuées à ces dernières.

97. *Equations linéaires homogènes.* Soient les équations

$$(6) \qquad \begin{array}{l} a_1 x_1 + b_1 x_2 + \cdots + l_1 x_n = 0, \\ a_2 x_1 + b_2 x_2 + \cdots + l_2 x_n = 0, \\ \dots\dots\dots\dots\dots \\ a_n x_1 + b_n x_2 + \cdots + l_n x_n = 0; \end{array}$$

elles sont homogènes, mais si on les divise par x_n et si on prend pour inconnues les rapports

$$\frac{x_1}{x_n}, \quad \frac{x_2}{x_n}, \quad \dots, \quad \frac{x_{n-1}}{x_n},$$

elles constituent un système de n équations non homogènes à $n - 1$ inconnues; elles ne peuvent admettre de solutions communes différentes de zéro à moins que le déterminant de tous les coefficients ne soit nul. Supposons donc

$$\Delta = (a_1 b_2 c_3 \ldots l_n) = 0,$$

ou bien,

$$a_1 A_1 + b_1 B_1 + \cdots l_1 L_1 = 0.$$

En remplaçant les éléments a_1, b_1, ... par ceux d'une autre ligne quelconque, on aura aussi

$$\begin{aligned} a_2 A_1 + b_2 B_1 + \cdots + l_2 L_1 &= 0, \\ a_3 A_1 + b_3 B_1 + \cdots + l_3 L_1 &= 0, \\ \cdots\cdots\cdots\cdots & \\ a_n A_1 + b_n B_1 + \cdots + l_n L_1 &= 0. \end{aligned}$$

Il résulte de la comparaison de ces relations avec les équations proposées, que les quantités

$$A_1, \quad B_1, \quad C_1, \quad \ldots, \quad L_1$$

sont des solutions du système ; il en sera de même de

$$\lambda A_1, \quad \lambda B_1, \quad \lambda C_1, \quad \ldots, \quad \lambda L_1,$$

λ étant une constante quelconque. Or, le déterminant Δ étant nul, les premiers mineurs d'une ligne sont proportionnels aux mineurs correspondants d'une autre ligne. Donc, *les valeurs des inconnues qui satisfont à un système de n équations homogènes sont proportionnelles aux premiers mineurs d'une ligne quelconque de leur déterminant.*

Par exemple, pour les équations

$$\begin{aligned} a_1 x_1 + b_1 x_2 + c_1 x_3 + d_1 x_4 &= 0, \\ a_2 x_1 + b_2 x_2 + c_2 x_3 + d_2 x_4 &= 0, \\ a_3 x_1 + b_3 x_2 + c_3 x_3 + d_3 x_4 &= 0, \\ a_4 x_1 + b_4 x_2 + c_4 x_3 + d_4 x_4 &= 0, \end{aligned}$$

on aura

$$\frac{x_1}{(b_1 c_2 d_3)} = \frac{-x_2}{(a_1 c_2 d_3)} = \frac{x_3}{(a_1 b_2 d_3)} = \frac{-x_4}{(a_1 b_2 c_3)}.$$

Dans le cas général, les $n - 1$ inconnues x_1, x_2, ..., x_{n-1}, s'exprimeront au moyen de la dernière x_n par les formules

$$x_1 = \frac{A_n}{L_n} x_n, \quad x_2 = \frac{B_n}{L_n} x_n, \quad \ldots, \quad x_{n-1} = \frac{K_n}{L_n} x_n.$$

Le système suivant :

$$a_1x_1 + b_1x_2 + \cdots + l_1x_n = 0,$$
$$a_2x_1 + b_2x_2 + \cdots + l_2x_n = 0,$$
$$\cdots\cdots\cdots\cdots$$
$$a_{n-1}x_1 + b_{n-1}x_2 + \cdots + l_{n-1}x_n = 0,$$

qui renferme $n - 1$ équations homogènes à n inconnues suffit pour déterminer d'une seule manière les rapports

$$\frac{x_1}{x_n},\ \frac{x_2}{x_n},\ \ldots,\ \frac{x_{n-1}}{x_n}$$

sans aucune condition. On fait rentrer ce système dans le précédent en y ajoutant l'identité

$$0.x_1 + 0.x_2 + \cdots + 0.x_n = 0.$$

Le déterminant Δ pour les n équations est alors égal à zéro, et on peut écrire que les inconnues sont proportionnelles aux mineurs qui correspondent aux éléments zéros de la dernière ligne de Δ.

Ainsi, pour les équations

$$a_1x_1 + b_1x_2 + c_1x_3 = 0,$$
$$a_2x_1 + b_2x_2 + c_2x_3 = 0,$$

il viendra

$$\frac{x_1}{(b_1c_2)} = \frac{-x_2}{(a_1c_2)} = \frac{x_3}{(a_1b_2)}.$$

De même, pour le système

$$a_1x_1 + b_1x_2 + c_1x_3 + d_1x_4 + e_1x_5 = 0,$$
$$a_2x_1 + b_2x_2 + c_2x_3 + d_2x_4 + e_2x_5 = 0,$$
$$a_3x_1 + b_3x_2 + c_3x_3 + d_3x_4 + e_3x_5 = 0,$$
$$a_4x_1 + b_4x_2 + c_4x_3 + d_4x_4 + e_4x_5 = 0,$$

on aura

$$\frac{x_1}{(b_1c_2d_3e_4)} = \frac{-x_2}{(a_1c_2d_3e_4)} = \frac{x_3}{(a_1b_2d_3e_4)} = \frac{-x_4}{(a_1b_2c_3e_4)} = \frac{x_5}{(a_1b_2c_3d_4)}.$$

Cette méthode revient à donner, pour dénominateur aux inconnues affectées alternativement du signe + et —, le déterminant des coefficients des autres inconnues, en conservant les lettres dans l'ordre alphabétique.

Nous insistons sur cette manière d'opérer parce qu'elle est applicable aux équations non homogènes; il suffit, par la pensée, de supposer le terme indépendant accompagné d'une inconnue égale à l'unité. Par exemple, pour résoudre les équations

$$a_1x_1 + b_1x_2 + c_1 = 0,$$
$$a_2x_1 + b_2x_2 + c_2 = 0,$$

on écrit :

$$\frac{x_1}{(b_1c_2)} = \frac{-x_2}{(a_1c_2)} = \frac{1}{(a_1b_2)};$$

de même, pour les équations à trois inconnues

$$a_1x_1 + b_1x_2 + c_1x_3 + d_1 = 0,$$
$$a_2x_1 + b_2x_2 + c_2x_3 + d_2 = 0,$$
$$a_3x_1 + b_3x_2 + c_3x_3 + d_3 = 0,$$

il viendra

$$\frac{x_1}{(b_1c_2d_3)} = \frac{-x_2}{(a_1c_2d_3)} = \frac{x_3}{(a_1b_2d_3)} = \frac{-1}{(a_1b_2c_3)}.$$

C'est la manière la plus élégante et la plus rapide pour résoudre les équations du premier degré.

Nous venons de voir que les valeurs des inconnues $x_1, x_2, \ldots, x_{n-1}$ qui satisfont au système (6), quand $\Delta = 0$, s'expriment en fonction de la dernière x_n qui reste arbitraire, l'un au moins des mineurs de l'ordre $n - 1$ étant différent de zéro. Lorsque $\Delta = 0$, ainsi que tous les mineurs de l'ordre $n - 1$, tandis qu'un mineur au moins de l'ordre $n - 2$ n'est pas nul, on démontre, comme précédemment, que deux équations sont une conséquence des autres; les valeurs des inconnues $x_1, x_2, \ldots, x_{n-2}$ s'expriment alors au moyen de x_{n-1} et x_n qui restent arbitraires. Dans le cas général où $\Delta = 0$ ainsi que tous les mineurs jusqu'à ceux de l'ordre $n - k$ exclusivement, les équations sont satisfaites par des valeurs des inconnues dont k restent arbitraires.

§ 2.

Propriétés du résultant d'un système d'équations.

98. Soient, en premier lieu, les deux équations à une inconnue

$$(1) \qquad \begin{aligned} a_0x^m + a_1x^{m-1} + \ldots + a_m &= 0, \\ b_0x^n + b_1x^{n-1} + \ldots + b_n &= 0, \end{aligned}$$

la première du degré m et la seconde du degré n. En général, une racine de la première équation ne satisfera pas à la deuxième, pas plus qu'une racine de la seconde ne satisfera à la première. Pour qu'il y ait une solution commune, une condition doit être remplie par les coefficients; elle s'obtient par l'élimination de x; le premier membre de l'équation qui en résulte se nomme ***éliminant*** ou ***résultant***; en d'autres termes, le résultant des équations proposées est la fonction des coefficients qui, égalée à zéro, exprime qu'elles admettent une solution commune. Cette définition s'étend d'elle-même à un système de k équations à $k - 1$ inconnues.

Désignons respectivement par $x_1, x_2, \ldots x_m$; $\xi_1, \xi_2, \ldots \xi_n$ les racines des équations. On aura

$$f(x) = a_0 (x - x_1)(x - x_2) \ldots (x - x_m),$$
$$F(x) = b_0 (x - \xi_1)(x - \xi_2) \ldots (x - \xi_n).$$

Si on substitue les racines ξ dans $f(x)$, et si on multiplie tous les résultats, il vient l'expression

$$(2) \quad R = f(\xi_1) f(\xi_2) \ldots f(\xi_n) = a_0^n (\xi_1 - x_1)(\xi_1 - x_2) \ldots (\xi_n - x_m).$$

De même, en substituant dans $F(x)$ les racines x et en multipliant les résultats, on obtient aussi

$$(3) \quad R_1 = F(x_1) F(x_2) \ldots F(x_m) = b_0^m (x_1 - \xi_1)(x_1 - \xi_2) \ldots (x_m - \xi_n).$$

Or, si une racine de la seconde équation vérifie la première, un des facteurs du produit (2) est égal à zéro et, par suite, R s'annule; réciproquement, si R s'annule, l'un des facteurs doit être égal à zéro et les équations auront une racine commune. Le produit R_1 jouit de la même propriété. On peut donc prendre l'une des relations (2) ou (3) pour définir le résultant en fonction des racines, et dire : 1° *L'éliminant est le produit des résultats que l'on obtient en substituant dans le premier membre d'une équation toutes les racines de l'autre*; 2° *L'éliminant est le produit de toutes les différences que l'on peut former avec les racines des deux équations.*

Il est permis de laisser les facteurs a_0^n, b_0^m, car on les suppose différents de zéro. Leur présence ne peut être utile que dans le cas où il serait nécessaire de considérer une racine commune infinie.

Afin d'étudier les propriétés du résultant, rendons d'abord les équations homogènes et écrivons-les comme suit :

$$(4) \quad \begin{aligned} f(x, y) &= a_0 x^m + a_1 x^{m-1} y + a_2 x^{m-2} y^2 + \ldots + a_m y^m = 0, \\ F(x, y) &= b_0 x^n + b_1 x^{n-1} y + b_2 x^{n-2} y^2 + \ldots + b_n y^n = 0. \end{aligned}$$

En représentant les racines de la première par $(x_1; y_1)$, (x_2, y_2), ... (x_m, y_m), et celles de la seconde par (ξ_1, η_1), (ξ_2, η_2) ... (ξ_n, η_n), on aura, par définition, pour le résultant,

$$(5) \qquad R = f(\xi_1\eta_1) f(\xi_2\eta_2) \dots f(\xi_n\eta_n),$$

$$(6) \qquad R = F(x_1y_1) F(x_2y_2) \dots F(x_my_m).$$

Chaque facteur du produit (5) est homogène et du premier degré par rapport aux coefficients a; comme il renferme n facteurs, R sera une fonction homogène du degré n relativement à ces coefficients. La présence des racines (ξ_1, η_1), (ξ_2, η_2) etc. n'infirme pas cette conclusion parce qu'elles ne dépendent que des coefficients b de la seconde équation. Le produit (6) montre également que R est une fonction homogène du degré m par rapport aux coefficients b_0, b_1, etc.

Remplaçons, maintenant, dans les équations (4) y par λy; on aura

$$(7) \quad \begin{array}{l} f(x, \lambda y) = a_0x^m + a_1\lambda x^{m-1}y + a_2\lambda^2x^{m-2}y^2 + \dots + a_m\lambda^my^m = 0, \\ F(x, \lambda y) = b_0x^n + b_1\lambda x^{n-1}y + b_2\lambda^2x^{n-2}y^2 + \dots + b_n\lambda^ny^n = 0. \end{array}$$

Nous savons que cette transformation a pour effet de multiplier les racines par λ; donc, les racines des équations (7) seront respectivement

$$(\lambda x_1, y_1), (\lambda x_2, y_2) \dots (\lambda x_m, y_m), (\lambda\xi_1, \eta_1), (\lambda\xi_2, \eta_2), \dots (\lambda\xi_n, \eta_n).$$

Par conséquent, le résultant R' de ces équations aura pour expression

$$R' = F(\lambda x_1, \lambda y_1) F(\lambda x_2, \lambda y_2) \dots F(\lambda x_m, \lambda y_m);$$

mais F (x, y) étant homogène et du degré n, chaque facteur renferme λ^n, et comme il y en a m, il vient

$$R' = \lambda^{mn}F(x_1y_1) F(x_2y_2) \dots F(x_my_m),$$

c'est-à-dire,

$$R' = \lambda^{mn} R.$$

Or, si un terme a_rb_s de R, où la somme des indices des coefficients a et b est r et s, devient après la transformation

$$a_r\lambda^rb_s\lambda^s = a_rb_s\lambda^{r+s},$$

il faut que l'on ait :

$$r + s = mn,$$

en vertu de la relation précédente.

Donc, *le résultant de deux équations des degrés m et n est une fonction homogène des coefficients de ces équations ; il est du degré n par rapport aux coefficients de la première, et du degré m par rapport aux coefficients de la seconde; enfin, les coefficients portant un indice égal à la puissance de la variable suivant laquelle elles sont ordonnées, la somme des indices dans chaque terme est constante et égale au produit des degrés des équations.*

Cette somme des indices dans chaque terme s'appelle *poids* du résultant.

Admettons que les coefficients des équations (4) soient des fonctions d'une nouvelle inconnue t d'un degré égal à leur indice et posons $y = 1$: nous obtiendrons un système de deux équations non homogènes à deux inconnues. Par l'élimination de x, on arrivera à une équation en t du degré mn, poids du résultant; elle admettra mn valeurs pour t et, par suite, autant de valeurs pour x. Par conséquent, *le nombre de solutions communes à deux équations non homogènes à deux inconnues est égal, en général, au produit des degrés de ces équations.*

99. Afin d'arriver à une loi générale, considérons encore le système de trois équations homogènes à trois inconnues

$$(8)\quad M(x, y, z) = 0,\quad (9)\quad N(x, y, z) = 0\quad (10)\quad P(x, y, z) = 0$$

des degrés m, n, p. Nous les supposerons ordonnées suivant les puissances croissantes de z avec des coefficients affectés d'un indice égal à la puissance de z dans chaque terme. Les deux premières résolues par rapport à $x : z$, $y : z$ possèdent mn solutions communes. Soient

$$(x_1 y_1 z_1),\ (x_2 y_2 z_2) \ldots (x_{mn} y_{mn} z_{mn})$$

ces valeurs; en les substituant dans la troisième et en faisant le produit des résultats, il vient l'expression

$$R = P(x_1 y_1 z_1)\, P(x_2 y_2 z_2) \ldots P(x_{mn} y_{mn} z_{mn}),$$

qui devra s'annuler, si les trois équations ont une solution commune : c'est le résultant de ces équations. Chaque facteur renferme les coefficients de P au premier degré et comme il y en a mn, l'éliminant sera une fonction homogène du degré mn par rapport aux coefficients de la troisième équation. On peut aussi obtenir R en substituant dans (9) les mp solutions communes du système (8) et (10), ou encore, en substituant dans (8), les np solutions communes du système (9) et (10). Il en résulte que l'éliminant sera aussi du degré mp par rapport aux coefficients de (9), et du degré np par rapport aux coefficients de (8). Enfin, par le changement de z en λz, les deux premières équations transformées auront pour racines communes

$$(\lambda x_1, \lambda y_1, z_1), (\lambda x_2, \lambda y_2, z_2), \text{etc.}$$

comme on peut le vérifier sur l'exemple suivant :

$$x^3 + y^3 - 3x^2z + 2xz^2 + z^3 = 0.$$

En remplaçant z par λz, il vient

$$x^3 + y^3 - 3\lambda x^2z + 2\lambda^2xz^2 + \lambda^3z^3 = 0.$$

Substituons, dans le premier membre, λx_1, λy_1, z_1 à x, y et z ; on trouve pour résultat

$$\lambda^3 (x_1^3 + y_1^3 - 3x_1^2 z_1 + 2x_1 z_1^2 + z_1^3)$$

qui est nul en supposant x_1, y_1, z_1 racines de l'équation primitive.

D'après cette remarque, le résultant R' des équations transformées aura pour expression

$$R' = P(\lambda x_1, \lambda y_1, \lambda z_1) P(\lambda x_2, \lambda y_2, \lambda z_2)\ldots$$

ou bien

$$R' = \lambda^{mnp} P(x_1y_1z_1) P(x_2y_2z_2)\ldots$$

c'est-à-dire,

$$R' = \lambda^{mnp} R.$$

Or, un terme $a_r b_s\ldots$ de R devient par la transformation $a_r\lambda^r b_s\lambda^s\ldots$, et, par suite, on doit avoir la relation

$$r + s + \cdots = mnp :$$

la somme des indices des coefficients dans chaque terme est constante et égale au produit des degrés des trois équations.

Supposons encore que les coefficients des équations proposées soient des fonctions d'une nouvelle inconnue t d'un degré égal à leur indice, et posons $z = 1$; on aura un système de trois équations non homogènes à trois inconnues. L'élimination de x et de y conduira à une équation en t dont le degré sera égal au poids mnp du résultant ; on en déduira pour t, et, par suite, pour x et y, mnp solutions communes.

En continuant le même mode de raisonnement, on arrive à ce beau théorème général :

Le résultant de k équations homogènes à k inconnues ou de k équations non homogènes à k — 1 inconnues est une fonction homogène des coefficients de ces équations ; son degré par rapport aux coefficients de chacune d'elles est égal au produit des degrés de toutes les autres; les équations étant ordonnées par rapport à une inconnue avec des coefficients portant un indice égal à la puissance correspondante de cette inconnue, la somme des indices dans chacun de ses termes est constante et égale au produit des degrés de toutes les équations.

Un système de k équations non homogènes à k inconnues admet, en général, un nombre de solutions communes égal au produit de leurs degrés.

100. Le résultant des équations

$$f = 0 \quad \text{et} \quad F = 0$$

de même degré m est égal à celui des équations

$$\lambda f + \mu F = 0, \quad \lambda' f + \mu' F = 0$$

à part un facteur qui ne dépend que des constantes λ, λ', μ, μ'. En effet, on sait que le résultant s'obtient en substituant dans l'une des fonctions les racines de l'autre; par suite, en représentant par $R(f, F)$ le résultant de f et de F, on aura d'abord les relations

$$\begin{aligned} R(f + kF, F) &= R(f, F), \\ R(f, kf + F) &= R(f, F), \\ R(kf + F, F) &= k^m R(f, F), \\ R(f, f + kF) &= k^m R(f, F). \end{aligned}$$

D'après ces égalités, il vient successivement :

$$\begin{aligned} \mu'^m R(\lambda f + \mu F, \lambda' f + \mu' F) &= R[\mu'(\lambda f + \mu F), \lambda' f + \mu' F] \\ &= R[\mu'(\lambda f + \mu F) - \mu(\lambda' f + \mu' F), \lambda' f + \mu' F] \\ &= R[(\lambda\mu' - \mu\lambda') f, \lambda' f + \mu' F] \\ = (\lambda\mu' - \mu\lambda')^m R(f, \lambda' f + \mu' F) &= \mu'^m (\lambda\mu' - \mu\lambda')^m R(f, F), \end{aligned}$$

et par suite,

$$R(\lambda f + \mu F, \lambda' f + \mu' F) = (\lambda\mu' - \mu\lambda')^m R(f, F).$$

Donc, si on remplace deux fonctions du degré m à une variable par des expressions linéaires de ces fonctions, le résultant reste invariable en négligeant un facteur indépendant des coefficients de ces fonctions. Cette propriété nous sera utile dans la suite.

§ 3.

Méthodes d'élimination.

101. *Méthode d'Euler*. Étant données les équations

$$(1)\qquad \begin{aligned} f(x) &= a_0x^m + a_1x^{m-1} + \ldots + a_m = 0, \\ F(x) &= b_0x^n + b_1x^{n-1} + \ldots + b_n = 0, \end{aligned}$$

proposons-nous d'éliminer x ou de trouver leur résultant. Si elles admettent une racine commune λ_1, les premiers membres sont divisibles par $x - \lambda_1$, et les quotients étant du degré $m - 1$, on aurait une égalité de la forme

$$\frac{f(x)}{F(x)} = \frac{\alpha_0x^{m-1} + \alpha_1x^{m-2} + \ldots + \alpha_{m-1}}{\beta_0x^{n-1} + \beta_1x^{n-2} + \ldots + \beta_{n-1}}.$$

Dans le cas d'une seule racine commune, la fraction du second membre ne peut subir une plus grande simplification, ni devenir indéterminée pour une valeur de x. En chassant les dénominateurs, on obtient la relation

$$(3)\qquad \begin{aligned} &f(x)(\beta_0x^{n-1} + \beta_1x^{n-2} + \ldots + \beta_{n-1}) \\ &- F(x)(\alpha_0x^{m-1} + \alpha_1x^{m-2} + \ldots + \alpha_{m-1}) = 0 \end{aligned}$$

qui constitue l'identité d'Euler. Le premier membre est un polynôme du degré $m + n - 1$; en égalant à zéro les coefficients des diverses puissances de x, on arrive à un système de $m + n$ équations homogènes par rapport aux coefficients $\alpha_0, \alpha_1, \ldots, \beta_0, \beta_1, \ldots$ qui sont aussi au nombre de $m + n$. Si on les divise par α_0, on aura un système de $m + n$ équations à $m + n - 1$ inconnues qui seront les rapports $\frac{\alpha_1}{\alpha_0}, \frac{\alpha_2}{\alpha_0}$, etc. Or, s'il n'existe qu'une seule racine commune, ces rapports ont des valeurs déterminées; par suite, leur déterminant R doit être égal à zéro, et l'un au moins de ses premiers mineurs ne sera pas nul. Ce déterminant constitue une fonction des coefficients qui, égalée à zéro, exprime que l'identité (2) existe, et, par conséquent, que les équations proposées ont une racine commune; c'est donc leur résultant.

La condition unique

$$R = 0$$

correspond à une seule racine commune; il ne peut y en avoir d'autre, à moins que tous les mineurs de l'ordre $n - 1$ de R soient nuls; dans ce cas, en effet, la détermination des rapports des coefficients serait multiple, et l'identité fondamentale aurait lieu de plusieurs manières.

Après avoir déterminé les rapports des coefficients, la racine commune s'obtient en divisant $f(x)$ par $\alpha_0 x^{m-1} + \alpha_1 x^{m-2} + \dots + \alpha_{m-1}$.

Supposons, en second lieu, que les équations proposées admettent p racines communes et pas davantage. En divisant $f(x)$ et $F(x)$ par le produit des facteurs linéaires qui leur correspondent, on trouverait des quotients respectivement des dégrés $m - p$ et $n - p$; dans ce cas, on peut écrire

$$\frac{f(x)}{F(x)} = \frac{\alpha_{p-1} x^{m-p} + \alpha_{p-2} x^{m-p-1} + \dots + \alpha_{m-1}}{\beta_{p-1} x^{n-p} + \beta_{p-2} x^{n-p-1} + \dots + \beta_{n-1}}.$$

Il n'existe plus de facteur commun aux deux termes de la fraction. Le nombre des coefficients α et β est $m + n - 2p + 2$; en divisant par α_{p-1}, il en résultera $m + n - 2p + 1$ rapports des coefficients qui auront des valeurs déterminées. D'un autre côté, si on met l'identité précédente sous la forme

$$f(x)(\beta_{p-1} x^{n-p} + \dots + \beta_{n-1}) - F(x)(\alpha_{p-1} x^{m-p} + \dots + \alpha_{m-1}) = 0,$$

le premier membre est du degré $m + n - p$; en égalant les coefficients des puissances de x à zéro, on trouve $m + n - p + 1$ équations homogènes entre les constantes α_{p-1}, α_{p-2}, etc. qui doivent être compatibles. Si l'on prend, dans le système total, $m + n - 2p + 1$ équations pour en déduire les valeurs des rapports des coefficients, les p équations restantes seront satisfaites par ces valeurs. On arrive ainsi à p relations entre les coefficients qui formeront les conditions nécessaires et suffisantes pour que les équations proposées admettent p solutions communes. Comme nous l'avons fait remarquer dans la résolution des équations linéaires, on trouve ces conditions en ajoutant à un système de

$$m + n - 2p + 1$$

équations successivement une des p équations restantes, et en égalant le déterminant de chacun des p groupes à zéro.

Enfin, si on divise $f(x)$ par

$$\alpha_{p-1} x^{m-p} + \dots + \alpha_{m-1},$$

il viendra, en égalant le quotient à zéro, une équation du degré p propre à donner les racines communes.

102. Appliquons la méthode d'Euler à quelques exemples.

a) Trouver le résultant des équations

$$a_0x^2 + a_1x + a_2 = 0,$$
$$b_0x^2 + b_1x + b_2 = 0.$$

L'identité fondamentale est ici :

$$(a_0x^2 + a_1x + a_2)(\beta_0x + \beta_1) - (b_0x^2 + b_1x + b_2)(\alpha_0x + \alpha_1) = 0.$$

On égale à zéro les coefficients des puissances de x et on trouve le système

$$\begin{aligned}
&a_0\beta_0 - b_0\alpha_0 &&= 0,\\
&a_1\beta_0 + a_0\beta_1 - b_1\alpha_0 - b_0\alpha_1 &&= 0,\\
&a_2\beta_0 + a_1\beta_1 - b_2\alpha_0 - b_1\alpha_1 &&= 0,\\
&a_2\beta_1 - b_2\alpha_1 &&= 0.
\end{aligned}$$

Le résultant est le déterminant de ces équations; en considérant les inconnues dans l'ordre β_0, β_1, α_0, α_1, il vient :

$$R = \begin{vmatrix} a_0 & 0 & b_0 & 0 \\ a_1 & a_0 & b_1 & b_0 \\ a_2 & a_1 & b_2 & b_1 \\ 0 & a_2 & 0 & b_2 \end{vmatrix}.$$

b) Trouver le résultant des équations

$$a_0x^3 + a_1x^2 + a_2x + a_3 = 0, \quad b_0x^2 + b_1x + b_2 = 0.$$

L'identité d'Euler

$$\begin{aligned}
&(a_0x^3 + a_1x^2 + a_2x + a_3)(\beta_0x + \beta_1)\\
&\quad - (b_0x^2 + b_1x + b_2)(\alpha_0x^2 + \alpha_1x + \alpha_2) = 0
\end{aligned}$$

conduit aux équations suivantes:

$$\begin{aligned}
&a_0\beta_0 - b_0\alpha_0 &&= 0,\\
&a_1\beta_0 + a_0\beta_1 - b_1\alpha_0 - b_0\alpha_1 &&= 0,\\
&a_2\beta_0 + a_1\beta_1 - b_2\alpha_0 - b_1\alpha_1 - b_0\alpha_2 &&= 0,\\
&a_3\beta_0 + a_2\beta_1 - b_2\alpha_1 - b_1\alpha_2 &&= 0,\\
&a_3\beta_1 - b_2\alpha_2 &&= 0,
\end{aligned}$$

On en déduit

$$R = \begin{vmatrix} a_0 & 0 & -b_0 & 0 & 0 \\ a_1 & a_0 & -b_1 & -b_0 & 0 \\ a_2 & a_1 & -b_2 & -b_1 & -b_0 \\ a_3 & a_2 & 0 & -b_2 & -b_1 \\ 0 & a_3 & 0 & 0 & -b_2 \end{vmatrix}.$$

c) Résoudre les équations

$$3y^2 + 4xy + 3x^2 - 9y - 15x = 0,$$
$$y^2 - 2xy + x^2 + 2y - 10x = 0.$$

Il faut commencer par les ordonner relativement à l'inconnue x. On a

$$3x^2 + (4y - 15)x + 3y^2 - 9y = 0,$$
$$x^2 - (10 + 2y)x + y^2 + 2y = 0.$$

Ce sont des équations du second degré par rapport à x dont les coefficients $a_0, a_1, a_2, b_0, b_1, b_2$ sont respectivement

$$3, \quad 4y - 15, \quad 3y^2 - 9y;$$
$$1, \quad -(10 + 2y), \quad y^2 + 2y.$$

Par conséquent, d'après l'exemple (*a*), l'élimination de cette inconnue conduit à l'équation

$$\begin{vmatrix} 3, & 0, & 1, & 0 \\ 4y - 15, & 3, & -(10+2y), & 1 \\ 3y^2 - 9y, & 4y - 15, & y^2 + 2y, & -(10 + 2y) \\ 0, & 3y^2 - 9y, & 0, & y^2 + 2y \end{vmatrix} = 0,$$

ou bien, en développant,

$$4y(y^3 + 2y^2 - 9y - 18) = 0.$$

La résolution de cette équation donne pour les racines

$$y = 0, \quad y = 3, \quad y = -3, \quad y = -2.$$

Afin de calculer les valeurs de x qui leur correspondent, il suffit, dans cet exemple, d'éliminer x^2 entre les équations proposées; ce qui donne l'équation du premier degré en x

$$(3 + 2y)x - 3y = 0.$$

En y substituant successivement les racines précédentes, on trouve

$$x = 0, \quad x = 1, \quad x = 3, \quad x = 6.$$

Les équations données admettent donc lès quatre solutions communes:

$$(0,0), \quad (3,1), \quad (-3, +3), \quad (-2, +6).$$

103. *Méthode de Sylvester*. Soient toujours les deux équations

$$f(x) = 0, \quad F(x) = 0$$

des degrés m et n à une inconnue. Multiplions la première successivement par

$$x^0, x^1, x^2, x^3, \ldots, x^{n-1},$$

et la seconde par

$$x^0, x^1, x^2, x^3, \ldots, x^{m-1}.$$

On obtient ainsi le système d'équations

$$f(x) = 0, \quad xf(x) = 0, \quad x^2 f(x) = 0, \quad \ldots, \quad x^{n-1} f(x) = 0;$$
$$F(x) = 0, \quad xF(x) = 0, \quad x^2 F(x) = 0, \quad \ldots, \quad x^{m-1} F(x) = 0,$$

dont le nombre est $m + n$. S'il existe une racine commune, elle satisfera à toutes les équations de ce système. Or, en prenant pour les inconnues les diverses puissances de x

$$x, x^2, x^3, \ldots, x^{m+n-1},$$

les équations précédentes forment un système de $m + n$ équations linéaires à $m + n - 1$ inconnues. Il y a donc une équation de trop, et comme elles admettent une solution commune, le déterminant R de tous les coefficients des premiers membres sera égal à zéro, ou encore, si on prend les valeurs des inconnues tirées des $m+n-1$ premières équations pour les substituer dans la dernière, on obtiendra une identité.

Le déterminant R est donc l'éliminant des équations proposées. Lorsqu'il s'annule, il y a une solution commune et une seule, si le déterminant des coefficients des inconnues dans un groupe de $m + n - 1$ équations du système est différent de zéro.

Supposons, en second lieu, que les équations données possèdent p racines communes. On forme, dans ce cas, le système suivant :

$$f(x) = 0, \quad xf(x) = 0, \quad x^2 f(x) = 0, \quad \ldots, \quad x^{n-p} f(x) = 0;$$
$$F(x) = 0, \quad xF(x) = 0, \quad x^2 F(x) = 0, \quad \ldots, \quad x^{m-p} F(x) = 0.$$

Toutes ces équations dont le nombre est

$$m - p + 1 + n - p + 1 = m + n - 2p + 2$$

sont vérifiées par les racines communes. On prendra, par exemple, les

$$m+n-2p+1$$

premières équations pour les résoudre relativement aux

$$m+n-2p+1$$

quantités

$$x^p,\quad x^{p+1},\quad x^{p+2},\quad \ldots,\quad x^{m+n-p}$$

considérées comme inconnues; en substituant les valeurs trouvées dans la dernière, il en résultera une identité renfermant x^{p-1}, x^{p-2}, ..., x et un terme indépendant; pour que cette relation ait lieu, quelles que soient les valeurs de ces quantités, leurs coefficients ainsi que le terme indépendant doivent être nuls. On les égalera donc à zéro, et l'on obtiendra ainsi les p conditions qui doivent être remplies dans le cas de p racines communes entre les équations proposées. Nous indiquons plus loin la manière commode de former ces conditions ainsi que l'équation aux racines communes.

104. Comme application de cette méthode, nous donnerons les exemples suivants :

d) Trouver le résultant de deux équations de même degré. Soient d'abord,

$$a_0x^2+a_1x+a_2=0,$$
$$b_0x^2+b_1x+b_2=0.$$

Il faudra multiplier par $x^0=1$ et x; les équations de Sylvester seront donc :

$$\begin{aligned} f(x) &= 0.x^3+a_0x^2+a_1x+a_2=0,\\ xf(x) &= a_0x^3+a_1x^2+a_2x+0=0,\\ F(x) &= 0.x^3+b_0x^2+b_1x+b_2=0,\\ xF(x) &= b_0x^3+b_1x^2+b_2x+0=0. \end{aligned}$$

Nous avons donné un coefficient 0 aux puissances qui manquent dans chacune d'elles. Le résultant est le déterminant de ce système; par suite,

$$R=\begin{vmatrix} 0 & a_0 & a_1 & a_2 \\ a_0 & a_1 & a_2 & 0 \\ 0 & b_0 & b_1 & b_2 \\ b_0 & b_1 & b_2 & 0 \end{vmatrix}.$$

Pour deux équations du troisième degré

$$a_0x^3 + a_1x^2 + a_2x + a_3 = 0,$$
$$b_0x^3 + b_1x^2 + b_2x + b_3 = 0,$$

il faudrait multiplier par $1, x, x^2$; la plus haute puissance de x sera x^5. La première équation de Sylvester renfermera deux zéros au commencement; la seconde un zéro au premier terme et un autre au dernier; la troisième deux zéros à la fin. Par conséquent, le résultant sera de la forme

$$R = \begin{vmatrix} 0 & 0 & a_0 & a_1 & a_2 & a_3 \\ 0 & a_0 & a_1 & a_2 & a_3 & 0 \\ a_0 & a_1 & a_2 & a_3 & 0 & 0 \\ 0 & 0 & b_0 & b_1 & b_2 & b_3 \\ 0 & b_0 & b_1 & b_2 & b_3 & 0 \\ b_0 & b_1 & b_2 & b_3 & 0 & 0 \end{vmatrix}.$$

La loi de formation de ces déterminants est évidente, et on peut écrire immédiatement le résultant de deux équations quelconques de même degré sans former les égalités de Sylvester.

e) Trouver le résultant des équations

$$a_0x^4 + a_1x^3 + a_2x^2 + a_3x + a_4 = 0,$$
$$b_0x^2 + b_1x + b_2 = 0.$$

Il faudra former le système suivant :

$$\begin{aligned} f(x) &= 0.x^5 + a_0x^4 + a_1x^3 + a_2x^2 + a_3x + a_4 = 0, \\ x\,f(x) &= a_0x^5 + a_1x^4 + a_2x^3 + a_3x^2 + a_4x + 0 = 0, \\ F(x) &= 0.x^5 + 0.x^4 + 0.x^3 + b_0x^2 + b_1x + b_2 = 0, \\ x\,F(x) &= 0.x^5 + 0.x^4 + b_0x^3 + b_1x^2 + b_2x + 0 = 0, \\ x^2\,F(x) &= 0.x^5 + b_0x^4 + b_1x^3 + b_2x^2 + 0.x + 0 = 0, \\ x^3\,F(x) &= b_0x^5 + b_1x^4 + b_2x^3 + 0.x^2 + 0.x + 0 = 0. \end{aligned}$$

Par suite, il vient, pour le résultant,

$$R = \begin{vmatrix} 0 & a_0 & a_1 & a_2 & a_3 & a_4 \\ a_0 & a_1 & a_2 & a_3 & a_4 & 0 \\ 0 & 0 & 0 & b_0 & b_1 & b_2 \\ 0 & 0 & b_0 & b_1 & b_2 & 0 \\ 0 & b_0 & b_1 & b_2 & 0 & 0 \\ b_0 & b_1 & b_2 & 0 & 0 & 0 \end{vmatrix}.$$

Il n'est pas difficile d'en tirer une règle pour former le résultant de deux équations quelconques sans écrire aucune équation intermédiaire.

f) Résoudre les équations à deux inconnues

$$(y-3)x+6=0,$$
$$x^2-9y=0.$$

Par l'expression du résultant de l'exemple (*d*) pour deux équations du second degré, l'élimination de x donne pour résultat :

$$\begin{vmatrix} 0 & 0 & y-3 & 6 \\ 0 & y-3 & 6 & 0 \\ 0 & 1 & 0 & -9y \\ 1 & 0 & -9y & 0 \end{vmatrix}=0$$

où bien,

$$y^3-6y^2+9y-4=0,$$

qui admet une racine double égale à 1 et une racine simple égale à 4. En les substituant dans la première équation, on en déduit : $x=3$, $x=-6$. Les équations proposées possèdent donc un couple de racines doubles (3, 1) et un couple de racines simples (— 6, 4).

105. Il nous reste encore à considérer le cas de deux équations qui ont un certain nombre de racines communes. Soient, d'abord les équations

$$a_0x^3+a_1x^2+a_2x+a_3=0,$$
$$b_0x^3+b_1x^2+b_2x+b_3=0.$$

Cherchons les conditions pour qu'elles admettent deux solutions communes. On a :

$$m-p=n-p=1\,;$$

il faut donc multiplier par 1 et x. On trouve ainsi les équations

$$(s)\quad \begin{aligned} 0.x^4+a_0x^3+a_1x^2+a_2x+a_3&=0,\\ a_0x^4+a_1x^3+a_2x^2+a_3x+0&=0,\\ 0.x^4+b_0x^3+b_1x^2+b_2x+b_3&=0,\\ b_0x^4+b_1x^3+b_2x^2+b_3x+0&=0.\end{aligned}$$

Résolvons les trois premières par rapport à x^4, x^3, x^2. On aura

$$\frac{x^4}{\begin{vmatrix} a_0 & a_1 & a_2x+a_3 \\ a_1 & a_2 & a_3x+0 \\ b_0 & b_1 & b_2x+b_3 \end{vmatrix}} = \frac{-x^3}{\begin{vmatrix} 0 & a_1 & a_2x+a_3 \\ a_0 & a_2 & a_3x+0 \\ 0 & b_1 & b_2x+b_3 \end{vmatrix}}$$

$$= \frac{x^2}{\begin{vmatrix} 0 & a_0 & a_2x+a_3 \\ a_0 & a_1 & a_3x+0 \\ 0 & b_0 & b_2x+b_3 \end{vmatrix}} = \frac{-1}{\begin{vmatrix} 0 & a_0 & a_1 \\ a_0 & a_1 & a_2 \\ 0 & b_0 & b_1 \end{vmatrix}}.$$

En substituant dans la dernière équation, on trouve

$$x\left\{ b_0 \begin{vmatrix} a_0 & a_1 & a_2 \\ a_1 & a_2 & a_3 \\ b_0 & b_1 & b_2 \end{vmatrix} - b_1 \begin{vmatrix} 0 & a_1 & a_2 \\ a_0 & a_2 & a_3 \\ 0 & b_1 & b_2 \end{vmatrix} + b_2 \begin{vmatrix} 0 & a_0 & a_2 \\ a_0 & a_1 & a_3 \\ 0 & b_0 & b_2 \end{vmatrix} - b_3 \begin{vmatrix} 0 & a_0 & a_1 \\ a_0 & a_1 & a_2 \\ 0 & b_0 & b_1 \end{vmatrix} \right\}$$

$$+ b_0 \begin{vmatrix} a_0 & a_1 & a_3 \\ a_1 & a_2 & 0 \\ b_0 & b_1 & b_3 \end{vmatrix} - b_1 \begin{vmatrix} 0 & a_1 & a_3 \\ a_0 & a_2 & 0 \\ 0 & b_1 & b_3 \end{vmatrix} + b_2 \begin{vmatrix} 0 & a_0 & a_3 \\ a_0 & a_1 & 0 \\ 0 & b_0 & b_3 \end{vmatrix} - 0 \begin{vmatrix} 0 & a_0 & a_1 \\ a_0 & a_1 & a_2 \\ 0 & b_0 & b_1 \end{vmatrix} = 0$$

c'est-à-dire, en changeant les signes,

$$x \begin{vmatrix} 0 & a_0 & a_1 & a_2 \\ a_0 & a_1 & a_2 & a_3 \\ 0 & b_0 & b_1 & b_2 \\ b_0 & b_1 & b_2 & b_3 \end{vmatrix} + \begin{vmatrix} 0 & a_0 & a_1 & a_3 \\ a_0 & a_1 & a_2 & 0 \\ 0 & b_0 & b_1 & b_3 \\ b_0 & b_1 & b_2 & 0 \end{vmatrix} = 0.$$

Cette dernière relation doit avoir lieu quel que soit x; par conséquent, en égalant à zéro les deux déterminants qu'elle renferme, on obtiendra les conditions cherchées. Si on compare leurs colonnes avec celles des équations (s), on trouve qu'ils sont formés avec les colonnes des coefficients des inconnues x^4, x^3, x^2 auxquelles on ajoute successivement les colonnes des coefficients de x et de x^0.

Quant à l'équation aux racines communes, elle s'obtient, dans ce cas, par l'élimination de x^3 entre les équations proposées.

De même, dans le cas général des deux équations

$$f(x) = 0, \quad F(x) = 0$$

ayant p racines communes, après avoir formé le système

$$(s') \quad \begin{cases} f(x) = 0, & xf(x) = 0, & x^2 f(x) = 0, & \ldots, & x^{n-p} f(x) = 0; \\ F(x) = 0, & xF(x) = 0, & x^2 F(x) = 0, & \ldots, & x^{m-p} F(x) = 0, \end{cases}$$

on résoud les $m + n - 2p + 1$ premières équations par rapport à

$$x^{m+n-p}, \quad x^{m+n-p-1}, \quad \ldots, \quad x^{p+1}, \quad x^p$$

pour substituer leurs valeurs dans la dernière comme nous venons de l'indiquer, et on arrive également à cette conclusion :

Les conditions pour que les équations

$$f(x) = 0, \quad F(x) = 0$$

des degrés m et n admettent p racines communes s'obtiennent en égalant à zéro les déterminants formés avec les colonnes des coefficients de

$$x^{m+n-p}, \quad x^{m+n-p-1}, \quad \ldots, \quad x^{p+1}, \quad x^p$$

du système (s') auxquelles on ajoute tour à tour les colonnes des coefficients de

$$x^{p-1}, \quad x^{p-2}, \quad x^{p-3}, \quad \ldots, \quad x^2, \quad x, \quad x^0.$$

Afin d'arriver à l'équation aux racines communes, on prend le système des $m + n - 2p$ équations

$$\begin{array}{lllll} f(x) = 0, & xf(x) = 0, & x^2 f(x) = 0, & \ldots, & x^{n-p-1} f(x) = 0; \\ F(x) = 0, & xF(x) = 0, & x^2 F(x) = 0, & \ldots, & x^{m-p-1} F(x) = 0. \end{array}$$

et on élimine les $m + n - 2p - 1$ quantités

$$x^{m+n-p-1}, \quad x^{m+n-p-2}, \quad \ldots, \quad x^{p+2}, \quad x^{p+1};$$

on trouve ainsi une équation du degré p qui est vérifiée comme les précédentes par les racines communes ; ce sera l'équation demandée.

106. *Méthode de Bezout-Cauchy.* La méthode de Sylvester donne, pour deux équations du degré m, un résultant représenté par un déterminant de l'ordre $2m$. La méthode de Bezout que nous allons exposer offre cet avantage de fournir pour le résultant un déterminant de l'ordre m. Elle a été reprise et modifiée par Cauchy dans la manière d'opérer. Considérons d'abord le cas de deux équations de même degré

$$\begin{aligned} f(x) &= a_0 x^m + a_1 x^{m-1} + \cdots + a_m, \\ F(x) &= b_0 x^m + b_1 x^{m-1} + \cdots + b_m. \end{aligned}$$

Transportons une partie des termes au second membre comme suit :

$$a_0x^m + a_1x^{m-1} + \cdots + a_{k-1}x^{m-k+1} = -(a_kx^{m-k} + a_{k+1}x^{m-k-1} + \cdots + a_m),$$
$$b_0x^m + b_1x^{m-1} + \cdots + b_{k-1}x^{m-k+1} = -(b_kx^{m-k} + b_{k+1}x^{m-k-1} + \cdots + b_m);$$

le nombre k peut avoir une valeur quelconque depuis 1 jusqu'à m. Si on divise membre à membre, on trouve, en supprimant le facteur x^{m-k+1},

$$\frac{a_0x^{k-1} + a_1x^{k-2} + \cdots + a_{k-1}}{b_0x^{k-1} + b_1x^{k-2} + \cdots + b_{k-1}} = \frac{a_kx^{m-k} + a_{k+1}x^{m-k-1} + \cdots + a_m}{b_kx^{m-k} + b_{k+1}x^{m-k-1} + \cdots + b_m}$$

ou bien, en chassant les dénominateurs,

$$(\alpha) \qquad (a_0b_k - a_kb_0)\,x^{m-1} + [(a_0b_{k+1} - b_0a_{k+1}) + (a_1b_k - b_1a_k)]\,x^{m-2}$$
$$+ [(a_0b_{k+2} - b_0a_{k+2}) + (a_1b_{k+1} - b_1a_{k+1}) + (a_2b_k - b_2a_k)]\,x^{m-3} + \cdots$$
$$+ (a_{k-1}b_m - a_mb_{k-1}) = 0.$$

Pour abréger, nous représenterons par $A_{k,l}$ le coefficient de x^{m-l}, et l'on aura ainsi :

$$(\alpha') \qquad A_{k,1}x^{m-1} + A_{k,2}x^{m-2} + \cdots + A_{k,m-1}x + A_{k,m} = 0.$$

Posons maintenant, dans l'équation (α'), $k = 1, 2, 3, \cdots m$; il en résultera les m équations

$$A_{1,1}x^{m-1} + A_{1,2}x^{m-2} + \cdots + A_{1,m} = 0,$$
$$A_{2,1}x^{m-1} + A_{2,2}x^{m-2} + \cdots + A_{2,m} = 0,$$
$$\cdots\cdots\cdots\cdots\cdots\cdots$$
$$A_{m,1}x^{m-1} + A_{m,2}x^{m-2} + \cdots + A_{m,m} = 0.$$

D'après leur origine, elles seront vérifiées par une racine commune aux équations proposées. Or, en regardant x^{m-1}, x^{m-2}, ... x^2, x comme les inconnues, il y a une équation de trop; par suite, le déterminant de tous les coefficients doit être nul, et ce déterminant est le résultant des deux équations. On aura donc :

$$R = \begin{vmatrix} A_{1,1} & A_{1,2} & \ldots & A_{1,m} \\ A_{2,1} & A_{2,2} & \ldots & A_{2,m} \\ \cdot & \cdot & \cdot & \cdot \\ A_{m,1} & A_{m,2} & \ldots & A_{m,m} \end{vmatrix}.$$

On conclut encore de ce qui précède, qu'en prenant les $m - 1$ premières équations pour déterminer les inconnues, et en substituant leurs valeurs dans la dernière, on obtiendra une identité. La racine commune se déduit du système précédent en cherchant la valeur de x,

Représentons par R_{m-1} le déterminant des coefficients des inconnues dans les $m-1$ premières équations et, par S_{m-1}, ce qu'il devient en remplaçant les coefficients de x par les termes indépendants; on aura, pour déterminer la racine commune, la relation

$$xR_{m-1} + S_{m-1} = 0.$$

Examinons encore le cas où les équations données admettent p racines communes. Si on pose, successivement, dans (α'),

$$k = 1, 2, 3, \ldots, m-p+1$$

on trouve les $m-p+1$ équations

$$(\alpha'') \quad \begin{cases} A_{1,1}x^{m-1} + A_{1,2}x^{m-2} + \cdots + A_{1,m} = 0, \\ A_{2,1}x^{m-1} + A_{2,2}x^{m-2} + \cdots + A_{2,m} = 0, \\ \cdots\cdots\cdots\cdots\cdots\cdots \\ A_{m-p+1,1}x^{m-1} + A_{m-p+1,2}x^{m-2} + \cdots + A_{m-p+1,m} = 0 \end{cases}$$

qui sont vérifiées par les racines communes; en prenant les $m-p$ premières équations pour déterminer les $m-p$ inconnues

$$x^{m-1}, x^{m-2}, \ldots, x^p$$

en fonction des autres $x^{p-1}, \ldots, x$ et en substituant leurs valeurs dans la dernière, il en résultera une identité; par suite, les coefficients de

$$x^{p-1}, x^{p-2}, \ldots, x^2, x^1, x^0$$

égalés à zéro fourniront les relations qui doivent exister dans l'hypothèse de p racines communes entre les équations proposées. Enfin, si on élimine dans le système de ces $m-p$ équations les quantités

$$x^{m-1}, x^{m-2}, \ldots, x^{p+2}, x^{p+1},$$

on trouvera une équation du degré p propre à fournir les racines communes.

D'après ce que nous avons vu dans la méthode de Sylvester, les p conditions se déduisent du système (α'') en formant des déterminants avec les colonnes des coefficients de

$$x^{m-1}, x^{m-2}, \ldots, x^p$$

auxquelles on ajoute successivement la colonne des coefficients de

$$x^{p-1}, x^{p-2}, \ldots, x, x^0.$$

Lorsque les équations ne sont pas du même degré, on écrit les termes qui manquent avec des coefficients nuls ; par exemple, pour $n < m$, la seconde équation prendra la forme

$$0 . x^m + 0 . x^{m-1} + \cdots + 0 . x^{n+1} + b_{m-n} x^n + b_{m-n+1} x^{n-1} + \cdots + b_m = 0.$$

La méthode réussit encore, en se servant de l'équation fondamentale (α) et en tenant compte des coefficients nuls.

107. Dans les applications, il faut prendre, comme point de départ, l'équation (α); avec la notation abrégée pour les déterminants, elle est de la forme

$$(a_0 b_k)\, x^{m-1} + [(a_0 b_{k+1}) + (a_1 b_k)]\, x^{m-2} + [(a_0 b_{k+2}) + (a_1 b_{k+1}) + (a_2 b_k)]\, x^{m-3} + \cdots + (a_{k-1} b_m) = 0.$$

En attribuant à k les valeurs 1, 2, 3, ..., il arrivera quelquefois que les indices seront les mêmes dans un déterminant, et, dans ce cas, il sera égal à zéro ; de plus, si, pour une valeur de k, l'indice d'un coefficient surpasse ceux des équations données, on regarde le terme correspondant comme nul.

Soit à chercher le résultant des équations

$$a_0 x^4 + a_1 x^3 + a_2 x^2 + a_3 x + a_4 = 0,$$
$$b_0 x^4 + b_1 x^3 + b_2 x^2 + b_3 x + b_4 = 0.$$

Les équations à former seront du troisième degré ; on les obtient en prenant quatre termes dans l'équation fondamentale et en posant $k = 1, 2, 3, 4$; il vient ainsi

$$(a_0 b_1)\, x^3 + (a_0 b_2)\, x^2 + (a_0 b_3)\, x + (a_0 b_4) = 0,$$
$$(a_0 b_2)\, x^3 + [(a_0 b_3) + (a_1 b_2)]\, x^2 + [(a_0 b_4) + (a_1 b_3)]\, x + (a_1 b_4) = 0,$$
$$(a_0 b_3)\, x^3 + [(a_0 b_4) + (a_1 b_3)]\, x^2 + [(a_1 b_4) + (a_2 b_3)]\, x + (a_2 b_4) = 0,$$
$$(a_0 b_4)\, x^3 + (a_1 b_4)\, x^2 + (a_2 b_4)\, x + (a_3 b_4) = 0.$$

Le résultant est le déterminant de ce système en regardant x^3, x^2, x comme des inconnues ; donc

$$R = \begin{vmatrix} (a_0 b_1) & (a_0 b_2) & (a_0 b_3) & (a_0 b_4) \\ (a_0 b_2) & (a_0 b_3) + (a_1 b_2) & (a_0 b_4) + (a_1 b_3) & (a_1 b_4) \\ (a_0 b_3) & (a_0 b_4) + (a_1 b_3) & (a_1 b_4) + (a_2 b_3) & (a_2 b_4) \\ (a_0 b_4) & (a_1 b_4) & (a_2 b_4) & (a_3 b_4) \end{vmatrix}.$$

En second lieu, cherchons le résultant des équations

$$a_0x^3 + a_1x^2 + a_2x + a_3 = 0,$$
$$x - \lambda = 0.$$

La seconde donne : $x = \lambda$; l'éliminant est le résultat de la substitution de cette valeur dans le premier membre de l'autre équation, c'est-à-dire,

$$R = a_0\lambda^3 + a_1\lambda^2 + a_2\lambda + a_3;$$

car, lorsqu'il s'annule, les deux équations ont pour racine commune λ.

Pour appliquer la méthode, il faut écrire

$$a_0x^3 + a_1x^2 + a_2x + a_3 = 0,$$
$$0.x^3 + 0.x^2 + b_2x + b_3 = 0;$$

ce qui revient à poser :

$$b_2 = 1, \quad b_3 = -\lambda.$$

Les équations à considérer auront trois termes; en posant $k = 1, 2, 3$ dans l'équation fondamentale, on trouve

$$a_0b_2x + a_0b_3 = 0,$$
$$a_0b_2x^2 + (a_0b_3 + a_1b_2)x + a_1b_3 = 0,$$
$$a_0b_3x^2 + a_1b_3x + a_2b_3 - a_3b_2 = 0.$$

D'où on tire, pour l'éliminant

$$R = \begin{vmatrix} 0 & a_0b_2 & a_0b_3 \\ a_0b_2 & a_0b_3 + a_1b_2 & a_1b_3 \\ a_0b_3 & a_1b_3 & a_2b_3 - a_3b_2 \end{vmatrix},$$

ou, en développant,

$$R = a_0^2(-a_0b_3^3 + a_1b_3^2b_2 - a_2b_3b_2^2 + a_3b_2^3).$$

Si on pose $b_2 = 1$, $b_3 = -\lambda$, il vient :

$$R = a_0^2(a_0\lambda^3 + a_1\lambda^2 + a_2\lambda + a_3).$$

Comme on suppose a_0 différent de zéro, on doit laisser ce facteur, et on retrouve l'expression précédente pour le résultant des équations données. On s'explique la présence du facteur a_0 dans R, après avoir complété la seconde équation; car la valeur $a_0 = 0$ correspond à une racine commune infinie qui n'existe pas pour les équations données.

Soit encore à résoudre par la méthode de Cauchy les équations

$$x^2 - (2y + 5)x + y^2 + 5y + 6 = 0, \quad x^2 - 4yx + 4y^2 - 1 = 0.$$

Les équations à former pour deux équations du second degré

$$a_0x^2 + a_1x + a_2 = 0, \quad b_0x^2 + b_1x + b_2 = 0,$$

sont les suivantes :

$$(a_0b_1)x + (a_0b_2) = 0, \quad (a_0b_2)x + (a_1b_2) = 0.$$

En substituant aux déterminants leurs valeurs calculées sur les équations données, elles deviennent

$$(5 - 2y)x + (3y^2 - 5y - 7) = 0,$$
$$(3y^2 - 5y - 7)x + (-4y^3 + 26y + 5) = 0.$$

Si on égale à zéro leur déterminant, on trouve

$$(5 - 2y)(-4y^3 + 26y + 5) - (3y^2 - 5y - 7)^2 = 0,$$

ou bien,

$$y^4 - 10y^3 + 35y^2 - 50y + 24 = 0.$$

On en déduit pour les racines

$$y = 1, \quad y = 2, \quad y = 3, \quad y = 4.$$

Par leur substitution dans la première équation de Cauchy, on trouve, pour les valeurs correspondantes de x,

$$x = 3, \quad x = 5, \quad x = 5, \quad x = 7.$$

108. Avant de terminer, il ne sera pas inutile de faire connaître la forme des équations auxiliaires employées d'abord par Bezout. En vertu de la relation fondamentale, on a les égalités

$$\frac{a_0x^{k-1} + a_1x^{k-2} + \cdots + a_{k-1}}{b_0x^{k-1} + b_1x^{k-2} + \cdots + b_{k-1}} = \frac{(a_0x^{k-1} + a_1x^{k-2} + \cdots a_{k-1})\,x^{m-k+1}}{(b_0x^{k-1} + b_1x^{k-2} + \cdots b_{k-1})\,x^{m-k+1}}$$
$$= \frac{a_kx^{m-k} + a_{k+1}x^{m-k-1} + \cdots + a_m}{b_kx^{m-k} + b_{k+1}x^{m-k-1} + \cdots + b_m}.$$

En ajoutant terme à terme les deux dernières fractions on trouve le rapport $\frac{f(x)}{F(x)}$ qui sera égal au premier. On a donc la relation

$$\frac{f(x)}{F(x)} = \frac{a_0x^{k-1} + a_1x^{k-2} + \cdots + a_{k-1}}{b_0x^{k-1} + b_1x^{k-2} + \cdots + b_{k-1}},$$

ou bien

$$(a_0x^{k-1}+a_1x^{k-2}+\cdots+a_{k-1})\,F(x)$$
$$-(b_0x^{k-1}+b_1x^{k-2}+\cdots+b_{k-1})\,f(x)=0.$$

Posons successivement

$$k=1,\quad 2,\quad 3,\quad \ldots,\quad m\,;$$

il viendra le système

$$a_0F(x)-b_0f(x)=0,$$
$$(a_0x+a_1)\,F(x)-(b_0x+b_1)\,f(x)=0,$$
$$(a_0x^2+a_1x+a_2)\,F(x)-(b_0x^2+b_1x+b_2)\,f(x)=0,$$
$$\ldots\ldots\ldots\ldots\ldots\ldots\ldots\ldots\ldots$$
$$(a_0x^{m-1}+a_1x^{m-2}+\cdots+a_{m-1})\,F(x)$$
$$-b_0x^{m-1}+b_1x^{m-2}+\cdots+b_{m-1})\,f(x)=0.$$

Ce sont les équations de Bezout; elles sont les mêmes que celles de Cauchy, mais sous une autre forme; on s'en assure facilement en remplaçant $f(x)$ et $F(x)$ par leurs valeurs, et en faisant les réductions de termes.

109. *Calcul des racines imaginaires d'une équation.* La détermination des racines imaginaires est un problème d'élimination. Soit

$$F(z)=0$$

une équation du degré m. Posons :

$$z=x+y\sqrt{-1}\,;$$

il viendra

$$F(z)=F(x+y\sqrt{-1})=F(x)+y\sqrt{-1}\,F'(x)-\frac{y^2}{1.2}F''(x)+\cdots=0.$$

Si on représente par $\varphi(x,y)$ l'ensemble des termes réels et par $\psi(x,y)$ l'ensemble des termes qui renferment en facteur $\sqrt{-1}$, on aura

$$\varphi(x,y)+\sqrt{-1}\,\psi(x,y)=0.$$

La résolution de l'équation proposée revient à celle du système

$$\varphi(x,y)=0,\quad \psi(x,y)=0.$$

Par l'une des méthodes précédentes, on éliminera l'inconnue x; il en résultera une équation en y telle que

$$\pi(y)=0,$$

dont on déterminera les racines réelles. Soit b une de ces racines; les équations

$$\varphi(x, b) = 0, \quad \psi(x, b) = 0$$

devront admettre des racines communes; si $x = a$ est l'une d'elles, la quantité $a + b\sqrt{-1}$ sera une racine imaginaire de l'équation proposée.

Par exemple, proposons-nous de résoudre l'équation

$$z^4 - z + 1 = 0.$$

On trouve ici

$$\varphi(x, y) = x^4 + y^4 - 6x^2y^2 - x + 1 = 0,$$

$$\psi(x, y) = y\,[\,4x(x^2 - y^2) - 1\,] = 0.$$

La seconde équation donne

$$y^2 - x^2 = -\frac{1}{4x}.$$

Or, la première peut s'écrire

$$(y^2 - x^2)^2 - 4x^2(y^2 - x^2) - (4x^4 + x - 1) = 0.$$

En remplaçant $y^2 - x^2$ par sa valeur, l'élimination de y se trouve effectuée, et l'on a

$$64x^6 - 16x^2 - 1 = 0.$$

Posons :

$$x^2 = \frac{t}{4};$$

il viendra

$$t^3 - 4t + 1 = 0.$$

Cette équation possède une racine réelle comprise entre 2,11 et 2,12. Par l'application d'une méthode d'approximation, on arrive à la valeur approchée

$$t = 2{,}11490754.$$

On en déduit :

$$x = \pm\frac{1}{2}\sqrt{t} = \pm\, 0{,}72713603.$$

En substituant successivement ces valeurs dans l'équation

$$y^2 = x^2 - \frac{1}{4x},$$

on trouve

$$y = \pm 0{,}43001425, \quad y = \pm 0{,}93409929.$$

L'équation proposée admet donc les quatre racines imaginaires suivantes :

$$x = +0{,}72713603\ldots \pm 0{,}43001425\ldots\sqrt{-1},$$
$$x = -0{,}72713603\ldots \pm 0{,}93409929\ldots\sqrt{-1}.$$

110. Nous avons exposé quelques méthodes pour éliminer une inconnue entre deux équations et résoudre les équations à deux variables. Si l'on donne un système de trois équations à trois inconnues, en les partageant en deux groupes de deux équations, il sera possible d'éliminer une inconnue dans chaque groupe. On obtient ainsi des équations ne renfermant plus que deux inconnues, et, par une nouvelle élimination, on arrive finalement à une dernière équation à une seule inconnue d'où dépend la résolution du système des équations données. On procède ainsi de proche en proche dans le cas d'un système de k équations à k inconnues, et, théoriquement du moins, le problème de la résolution des équations à un nombre quelconque de variables semble achevé. Cependant, il faut se garder de croire que la résolution effective des équations à plusieurs inconnues n'entraîne d'autres difficultés que celle provenant de la longueur des calculs. C'est là un sujet très complexe et très délicat que nous ne pouvons développer davantage dans ce cours.

§ 4

Discriminant.

111. Étant donnée l'équation du degré m

$$f(x) = a_0x^m + a_1x^{m-1} + \cdots + a_m = 0.$$

en la rendant homogène, il vient :

$$f(x, y) = a_0x^m + a_1x^{m-1}y + \cdots + a_my^m = 0.$$

On appelle *discriminant* du premier membre, l'éliminant des équations dérivées

$$f'_x(x, y) = 0, \quad f'_y(x, y) = 0;$$

elles sont du degré $m - 1$ et renferment toutes deux les coefficients de la fonction ; le degré du discriminant par rapport à ces coefficients sera donc

$$m - 1 + m - 1 = 2(m - 1).$$

Nous désignerons par δ le discriminant, et nous nous proposons de chercher sa valeur pour les équations des quatre premiers degrés. Soit, d'abord, l'équation du second degré

$$a_0x^2 + 2a_1xy + a_2y^2 = 0.$$

Les équations dérivées étant

$$a_0x + a_1y = 0, \quad a_1x + a_2y = 0,$$

il vient, pour le discriminant,

$$\delta = \begin{vmatrix} a_0 & a_1 \\ a_1 & a_2 \end{vmatrix} = a_0a_2 - a_1^2.$$

Pour l'équation du troisième degré

$$a_0x^3 + 3a_1x^2y + 3a_2xy^2 + a_3y^3 = 0,$$

on trouve, en égalant les deux dérivées à zéro

$$a_0x^2 + 2a_1xy + a_2y^2 = 0, \quad a_1x^2 + 2a_2xy + a_3y^2 = 0.$$

Par la méthode d'élimination de Cauchy, et en posant $y = 1$, on arrive aux équations

$$2(a_0a_2 - a_1^2)x + (a_0a_3 - a_1a_2) = 0,$$
$$(a_0a_3 - a_1a_2)x + 2(a_1a_3 - a_2^2) = 0;$$

par suite, le discriminant a pour expression

$$\delta = \begin{vmatrix} 2(a_0a_2 - a_1^2) & a_0a_3 - a_1a_2 \\ a_0a_3 - a_1a_2 & 2(a_1a_3 - a_2^2) \end{vmatrix} \begin{aligned} &= 4(a_0a_2 - a_1^2)(a_1a_3 - a_2^2) - (a_0a_3 - a_1a_2)^2 \\ &= 6a_0a_1a_2a_3 + 3a_1^2a_2^2 - a_0^2a_3^2 - 4a_0a_2^3 - 4a_3a_1^3. \end{aligned}$$

C'est donc une fonction du quatrième degré relativement aux coefficients et de poids 6. On peut vérifier que l'on a aussi les relations

$$-a_0^2\delta = (2a_1^3 - 3a_0a_1a_2 + a_3a_0^2)^2 - 4(a_1^2 - a_0a_2)^3,$$
$$-a_3^2\delta = (2a_2^3 - 3a_1a_2a_3 + a_0a_3^2)^2 - 4(a_2^2 - a_1a_3)^3.$$

Enfin, prenons encore l'équation du quatrième degré sous la forme

$$a_0x^4 + 4a_1x^3y + 6a_2x^2y^2 + 4a_3xy^3 + a_4y^4 = 0.$$

On en déduit pour les équations dérivées

$$a_0x^3 + 3a_1x^2y + 3a_2xy^2 + a_3y^3 = 0,$$
$$a_1x^3 + 3a_2x^2y + 3a_3xy^2 + a_4y^3 = 0,$$

et, en posant $y = 1$,

$$a_0x^3 + 3a_1x^2 + 3a_2x + a_3 = 0,$$
$$a_1x^3 + 3a_2x^2 + 3a_3x + a_4 = 0.$$

En éliminant x par la méthode de Cauchy, on trouve les équations

$$3(a_0a_2 - a_1^2)x^2 + (a_0a_3 - a_1a_2)x + (a_0a_4 - a_1a_3) = 0,$$
$$(a_0a_3 - a_1a_2)x^2 + [a_0a_4 - a_1a_3 + 9(a_1a_3 - a_2^2)]x + (a_1a_4 - a_2a_3) = 0$$
$$(a_0a_4 - a_1a_3)x^2 + (a_1a_4 - a_2a_3)x + (a_2a_4 - a_3^2) = 0.$$

Par conséquent, le discriminant aura pour expression

$$\delta = \begin{vmatrix} 3(a_0a_2 - a_1^2) & a_0a_3 - a_1a_2 & a_0a_4 - a_1a_3 \\ a_0a_3 - a_1a_2 & a_0a_4 - a_1a_3 + 9(a_1a_3 - a_2^2) & a_1a_4 - a_2a_3 \\ a_0a_4 - a_1a_3 & a_1a_4 - a_2a_3 & a_2a_4 - a_3^2 \end{vmatrix}.$$

Désignons par i et j les deux expressions suivantes :

$$i = a_0a_4 - 4a_1a_3 + 3a_2^2,$$
$$j = a_0a_3^2 + a_4a_1^2 + a_2^3 - a_0a_2a_4 - 2a_1a_2a_3;$$

ces deux fonctions se nomment *invariants* du premier membre de l'équation. Cela étant, si on développe le déterminant qui précède, on trouve que l'on peut mettre le discriminant sous la forme

$$\delta = i^3 - 27j^2.$$

112. Considérons maintenant une équation homogène du degré m sous la forme

$$f(x, y) = a_0x^m + ma_1x^{m-1}y + \frac{m(m-1)}{1.2}a_2x^{m-2}y^2 + \cdots + a_my^m = 0,$$

pour démontrer quelques propriétés générales du discriminant. On a :

$$f'_x(x, y) = a_0x^{m-1} + (m-1)a_1x^{m-2}y + \cdots + a_{m-1}y^{m-1} = 0,$$
$$f'_y(x, y) = a_1x^{m-1} + (m-1)a_2x^{m-2}y + \cdots + a_my^{m-1} = 0.$$

Désignons par $(x_1y_1)(x_2y_2)\ldots(x_my_m)$ les racines de l'équation. On sait que

$$f(x, y) = (xy_1 - yx_1)(xy_2 - yx_2)\ldots(xy_m - yx_m),$$

avec les relations

$$a_0 = y_1y_2y_3\ldots y_m, \quad a_m = \pm x_1x_2x_3\ldots x_m.$$

Représentons par R l'éliminant du système

$$f(x, y) = 0, \quad f'_x(x, y) = 0;$$

je dis que l'on aura la relation

$$R = a_0\delta.$$

En effet, d'après une propriété des fonctions homogènes, on peut écrire

$$(\alpha)\qquad mf(x, y) = xf'_x(x, y) + y f'_y(x, y).$$

Désignons, pour un moment, par $(\alpha_1\beta_1)$, $(\alpha_2\beta_2)$ ... $(\alpha_{m-1}\beta_{m-1})$ les racines de

$$f'_x(x, y) = 0.$$

En les substituant dans l'autre dérivée et en multipliant les résultats, nous aurons δ; il vient ainsi :

$$\delta = f'_y(\alpha_1\beta_1) f'_y(\alpha_2\beta_2) \dots f'_y(\alpha_{m-1}\beta_{m-1}).$$

D'un autre côté, afin de former l'éliminant R, substituons les mêmes racines dans $mf(x, y)$ et multiplions les résultats; en vertu de (α), on aura :

$$R = \beta_1 f'_y(\alpha_1\beta_1)\beta_2 f'_y(\alpha_2\beta_2) \dots \beta_{m-1} f'_y(\alpha_{m-1}\beta_{m-1}),$$

c'est-à-dire,

$$R = a_0\delta,$$

puisque le produit $\beta_1\beta_2 \dots \beta_{m-1}$ est égal à a_0, coefficient du premier terme de la dérivée.

Cette propriété va nous permettre d'exprimer le discriminant au moyen des racines. Prenons la dérivée sur le premier membre de l'équation décomposé en ses facteurs linéaires. On aura

$$f'_x = y_1(xy_2 - yx_2)\dots(xy_m - yx_m) + y_2(xy_1 - yx_1)\dots(xy_m - yx_m) + \dots$$

En y substituant les racines (x_1y_1), (x_2y_2)..., on trouve

$$y_1(x_1y_2 - y_1x_2)\cdots(x_1y_m - y_1x_m),$$
$$y_2(x_2y_1 - y_2x_1)\cdots(x_2y_m - y_2x_m),$$
$$\dots\dots\dots\dots\dots$$

On voit que chaque déterminant du second ordre se présente deux fois et en signes contraires; le produit des résultats, qui sera l'éliminant R, se ramène à la forme

$$\pm\, y_1y_2 \dots y_m(x_1y_2 - y_1x_2)^2 (x_1y_3 - y_1x_3)^2 \dots (x_{m-1}y_m - y_{m-1}x_m)^2.$$

En vertu de la propriété démontrée, si on divise par

$$y_1y_2 \dots y_m = a_0$$

on obtient δ; par suite, il vient

$$\delta = \pm (x_1 y_2 - y_1 x_2)^2 (x_1 y_3 - y_1 x_3)^2 \ldots (x_{m-1} y_m - y_{m-1} x_m)^2,$$

et, en remplaçant les y par l'unité,

$$\delta = \pm (x_1 - x_2)^2 (x_1 - x_3)^2 \ldots (x_{m-1} - x_m)^2.$$

Donc, *le discriminant d'une équation est égal au produit des carrés des différences des racines*. Il en résulte que cette fonction des coefficients s'annule toujours dès que deux racines quelconques sont égales. Si l'on veut établir la condition pour qu'une équation admette une racine double, on cherchera le discriminant du premier membre et on l'égalera à zéro. Pour les équations du troisième et du quatrième degré, cette condition serait :

$$4(a_0 a_2 - a_1^2)(a_1 a_3 - a_2^2) - (a_0 a_3 - a_1 a_2)^2 = 0,$$

$$(a_0 a_4 - 4 a_1 a_3 + 3 a_2^2)^3 - 27 (a_0 a_3^2 + a_4 a_1^2 + a_2^3 - a_0 a_2 a_4 - 2 a_1 a_2 a_3)^2 = 0.$$

113. Désignons par δ et δ' les discriminants des deux équations du degré m

$$f(x, y) = a_0 x^m + m a_1 x^{m-1} y + \cdots = 0, \quad F(x, y) = b_0 x^m + m b_1 x^{m-1} y + \cdots = 0,$$

et par R leur résultant; nous allons voir que le discriminant Δ de l'équation

$$(\beta) \qquad f(x, y) \cdot F(x, y) = 0,$$

a pour expression

$$\Delta = R^2 \delta \delta'.$$

En effet, pour former le produit des carrés des différences des racines de l'équation (β), on doit d'abord considérer les carrés des différences des racines de $f(x, y) = 0$, ainsi que les carrés des différences des racines de $F(x, y) = 0$, et leur produit sera $\delta\delta'$; mais on doit encore combiner les racines de f avec celles de F, et l'on sait que le produit des carrés de leurs différences est égal à R^2.

Soit encore l'équation composée

$$f(x, y) + kF(x, y) = 0,$$

k étant une constante quelconque. Afin d'obtenir son discriminant, remarquons que ses coefficients sont respectivement $a_0 + kb_0$, $a_1 + kb_1$, ...; il suffit donc de prendre le discriminant δ, et de remplacer a_0, a_1, ... par ces valeurs. Or, δ est du degré $2(m-1)$; par suite, le discriminant de l'équation composée sera une fonction rationnelle du degré

$2(m-1)$ par rapport à k. Il existera donc, en général, $2(m-1)$ valeurs de k qui annuleront cette fonction et pour lesquelles l'équation composée admettra une racine double.

Appelons Δ_1 le discriminant de l'équation précédente, et supposons que les fonctions f et F aient une racine commune α. Dans cette hypothèse, en posant $y=1$, on peut écrire

$$f(x)+kF(x)=(x-\alpha)[\varphi(x)+k\varphi_1(x)].$$

Le second membre est un produit dont le discriminant devra renfermer le carré du résultant de

$$x-\alpha \quad \text{et} \quad \varphi(x)+k\varphi_1(x),$$

lequel s'obtient en remplaçant x par α dans le second facteur. Ainsi Δ_1 devra contenir le carré

$$[\varphi(\alpha)+k\varphi'(\alpha)]^2.$$

Donc, si on forme le discriminant D du discriminant Δ_1 considéré comme une fonction de k, dans le cas d'une racine commune, on aura $D=0$, puisque Δ_1 renferme le carré d'un facteur du premier degré en k; mais on a aussi $R=0$; il en résulte que D doit renfermer R en facteur.

Par exemple, nous avons vu que les équations

$$a_0x^2+2a_1x+a_2=0, \quad b_0x^2+2b_1x+b_2=0$$

ont pour résultant

$$R=4(a_0b_1-a_1b_0)(a_1b_2-a_2b_1)-(a_0b_2-a_2b_0)^2.$$

L'équation composée étant

$$(a_0+kb_0)x^2+2(a_1+kb_1)x+a_2+kb_2=0,$$

elle aura pour discriminant

$$\begin{aligned}\Delta_1 &= (a_0+kb_0)(a_2+kb_2)-(a_1+kb_1)^2\\ &= (a_0a_2-a_1^2)+k(a_0b_2+a_2b_0-2a_1b_1)+(b_0b_2-b_1^2)k^2.\end{aligned}$$

On en déduit

$$D=4(a_0a_2-a_1^2)(b_0b_2-b_1^2)-(a_0b_2+a_2b_0-2a_1b_1)^2.$$

En développant, on trouve $D=R$.

CHAPITRE V.

TRANSFORMATION DES ÉQUATIONS.

114. Nous avons déjà exposé (N° 45) les premiers principes de la transformation des équations; ils se rapportent aux cas où l'inconnue primitive x est liée à la nouvelle inconnue y par la relation homographique

$$lxy + mx + ny + p = 0.$$

Les formules

$$x = y - h, \quad x = y + h,$$

$$x = \frac{y}{k}, \qquad x = ky,$$

qui servent à l'augmentation ou à la diminution, à la multiplication ou à la division des racines, rentrent dans l'équation précédente en attribuant aux constantes certaines valeurs. Il en est encore une qui résulte de la même relation, lorsqu'on pose $m = n = 0$; il reste alors

$$lxy + p = 0, \quad \text{ou} \quad xy = k;$$

par suite, si $k = 1$, il vient la formule

$$x = \frac{1}{y} \quad \text{ou} \quad y = \frac{1}{x}.$$

La transformée en y aura pour racines les inverses des racines de la proposée.

Soit l'équation du degré m

$$F(x) = A_0x^m + A_1x^{m-1} + A_2x^{m-2} + \cdots + A_{m-2}x^2 + A_{m-1}x + A_m = 0.$$

En remplaçant x par $\frac{1}{y}$, il vient

$$A_0 \frac{1}{y_m} + A_1 \frac{1}{y_{m-1}} + \cdots + A_{m-1} \frac{1}{y} + A_m = 0,$$

c'est-à-dire

$$A_m y^m + A_{m-1} y^{m-1} + A_{m-2} y^{m-2} + \cdots + A_2 y^2 + A_1 y + A_0 = 0 :$$

c'est l'équation aux inverses. En conservant la même inconnue x, on voit qu'elle s'obtient en échangeant les coefficients à égale distance des extrêmes. On se sert utilement de cette transformée pour établir les conditions d'une ou de plusieurs racines infinies. D'après la relation posée, une racine de cette espèce correspond à une racine nulle de la transformée. Or, l'équation précédente admet une racine égale à zéro, si $A_0 = 0$, deux si $A_0 = 0$ et $A_1 = 0$; ainsi de suite. Par conséquent, supposer que les coefficients des termes en x^m, x^{m-1}, ... dans une équation soient nuls, c'est introduire autant de racines infinies dans cette équation.

Après ces transformations élémentaires, il est nécessaire d'étudier celles où la nouvelle inconnue y est une fonction rationnelle de plusieurs racines de l'équation proposée. Soit

$$F(x) = 0$$

une équation de degré m ayant pour racines

$$x_1, x_2, x_3 \ldots x_m.$$

Posons :

$$y = \varphi(x_1, x_2, \ldots x_p).$$

La fonction φ est susceptible de prendre différentes valeurs suivant le choix des p racines qu'elle renferme ; désignons, pour un moment, par $\varphi_1, \varphi_2, \ldots \varphi_\mu$ les valeurs de φ correspondant à tous les groupes de p racines que l'on peut former avec les m racines de $F(x)$. L'équation transformée sera

$$(y - \varphi_1)(y - \varphi_2)(y - \varphi_3) \ldots (y - \varphi_\mu) = 0.$$

Le premier membre est une fonction symétrique par rapport à φ_1, $\varphi_2 \ldots \varphi_\mu$ et aussi par rapport aux racines de l'équation; les coefficients de la transformée seront donc des fonctions rationnelles des coefficients de la proposée que l'on devra déterminer, dans chaque cas, par les formules connues. Nous allons étudier quelques transformations de cette espèce sans nous astreindre à suivre toujours la méthode générale, mais en indiquant souvent d'autres procédés pour arriver plus facilement au but. Le principe d'élimination est souvent très utile dans ces problèmes. Nous exposerons ensuite une méthode pour faire disparaître un certain nombre de termes d'une équation ainsi qu'une transformation spéciale pour les équations de dégré pair.

§ 1.

ÉQUATIONS AUX SOMMES DES RACINES DEUX A DEUX.

115. Considérons d'abord le cas particulier de l'équation du troisième degré

$$x^3 + ax^2 + bx + c = 0$$

ayant pour racines x_1, x_2, x_3 que nous supposerons différentes. Si, à chaque racine, on ajoute successivement les deux autres, on obtient les sommes

$$\begin{array}{lll} x_1 + x_2, & x_1 + x_3, & x_2 + x_1, \\ x_2 + x_3, & x_3 + x_1, & x_3 + x_2, \end{array}$$

qui sont égales deux à deux. Il en résulte que l'équation aux sommes deux à deux des racines sera de la forme

$$[y - (x_1 + x_2)]^2 [y - (x_1 + x_3)]^2 [y - (x_2 + x_3)]^2 = 0.$$

En extrayant la racine carrée du premier membre, il vient l'équation

$$[y - (x_1 + x_2)] [y - (x_1 + x_3)] [y - (x_2 + x_3)] = 0$$

qui correspond aux trois valeurs différentes de y

$$y_1 = x_1 + x_2, \quad y_2 = x_1 + x_3, \quad y_3 = x_2 + x_3,$$

et qui est celle que l'on doit prendre pour résoudre le problème.

En développant, il vient

$$y^3 - 2(x_1 + x_2 + x_3)y^2 + [x_1^2 + x_2^2 + x_3^2 + 3(x_1x_2 + x_1x_3 + x_2x_3)]y \\ - x_1x_2(x_1 + x_2) - x_1x_3(x_1 + x_3) - x_2x_3(x_2 + x_3) - 2x_1x_2x_3 = 0.$$

Or, on a les relations

$$\begin{aligned} x_1 + x_2 + x_3 &= -a, \\ x_1x_2 + x_1x_3 + x_2x_3 &= b, \\ x_1x_2x_3 &= -c. \end{aligned}$$

On en déduit facilement

$$x_1^2 + x_2^2 + x_3^2 + 3(x_1x_2 + x_1x_3 + x_2x_3) = a^2 + b,$$
$$x_1x_2(x_1 + x_2) + x_1x_3(x_1 + x_3) + x_2x_3(x_2 + x_3) + 2x_1x_2x_3 = c - ab;$$

par suite, l'équation aux sommes des racines prises deux à deux sera:

$$y^3 + 2ay^2 + (a^2 + b)y + ab - c = 0.$$

Elle s'obtient plus rapidement en observant que

$$x_1 + x_2 = -a - x_3,$$

et comme $F(x_3) = 0$, les équations

$$y = -a - x, \quad F(x) = 0$$

ont une racine commune; leur éliminant doit donc être égal à zéro. La transformée en y s'obtient ainsi en posant :

$$x = -a - y$$

dans l'équation proposée.

116. Considérons encore l'équation du quatrième degré privée de son second terme

$$x^4 + px^2 + qx + r = 0.$$

Les racines x_1, x_2, x_3, x_4 prises deux à deux donnent lieu à six sommes différentes, et l'équation cherchée devra être du sixième degré; mais, d'après la relation

$$x_1 + x_2 + x_3 + x_4 = 0$$

ou bien,

$$x_1 + x_2 = -(x_3 + x_4),$$

ces sommes jouissent de la propriété d'être égales deux à deux et de signes contraires; par conséquent, la transformée en y ne renfermera que les puissances paires de l'inconnue. Afin de la déterminer, écrivons les autres relations entre les racines et les coefficients comme suit :

$$x_1x_2 + x_3x_4 + (x_1 + x_2)(x_3 + x_4) = p,$$
$$x_1x_2(x_3 + x_4) + x_3x_4(x_1 + x_2) = -q,$$
$$x_1x_2 \,.\, x_3x_4 = r.$$

En posant :

$$y = x_1 + x_2 = -(x_3 + x_4),$$

la première et la deuxième relation donneront :

$$(\alpha) \qquad x_1x_2 + x_3x_4 = p + y^2, \quad x_1x_2 - x_3x_4 = \frac{q}{y}.$$

Or, on a identiquement

$$(x_1x_2 + x_3x_4)^2 - (x_1x_2 - x_3x_4)^2 = 4x_1x_2x_3x_4;$$

par suite, il vient

$$(p + y^2)^2 - \frac{q^2}{y^2} = 4r,$$

c'est-à-dire,

$$y^6 + 2py^4 + (p^2 - 4r)y^2 - q^2 = 0.$$

C'est l'équation cherchée. Ampère a fait dépendre la résolution de l'équation du quatrième degré de celle qui précède; cette dernière n'est que du troisième degré par rapport à y^2 et elle est plus facile à résoudre. En ajoutant et en retranchant les égalités (α), on trouve

$$2x_1x_2 = 2x_1(y - x_1) = y^2 + p + \frac{q}{y},$$

$$2x_3x_4 = -2x_3(y + x_3) = y^2 + p - \frac{q}{y}.$$

On en déduit les deux équations du second degré

$$x_1^2 - yx_1 = -\frac{1}{2}\left(y^2 + p + \frac{q}{y}\right),$$

$$x_3^2 + yx_3 = -\frac{1}{2}\left(y^2 + p - \frac{q}{y}\right).$$

La première donne les racines x_1, x_2, et la seconde les racines x_3, x_4 en fonction de y.

117. Résolvons aussi la même question pour l'équation complète du quatrième degré

$$x^4 + ax^3 + bx^2 + cx + d = 0.$$

On a, pour celle-ci, les relations

$$(x_1 + x_2) + (x_3 + x_4) = -a,$$

$$x_1x_2 + x_3x_4 + (x_1 + x_2)(x_3 + x_4) = b,$$

$$x_1x_2(x_3 + x_4) + x_3x_4(x_1 + x_2) = -c,$$

$$x_1x_2x_3x_4 = d.$$

Posons :

$$y = x_1 + x_2, \quad z = x_1x_2,$$

et, par suite,

$$x_3 + x_4 = -a - y, \quad x_3 x_4 = \frac{d}{z}.$$

En vertu de ces valeurs, la seconde et la troisième relation deviennent

$$(\beta) \qquad z + \frac{d}{z} - y(a+y) = b, \quad -z(a+y) + \frac{d}{z}y = -c.$$

L'équation en y résultera de l'élimination de z entre ces deux égalités. Multiplions la première par $-y$ et ajoutons ensuite membre à membre; on trouve

$$-2yz - az + ay^2 + y^3 = -by - c.$$

On en tire

$$z = \frac{y^3 + ay^2 + by + c}{2y + a}.$$

En substituant cette valeur dans la première équation (β), il vient

$$\frac{y^3 + ay^2 + by + c}{2y + a} + \frac{d(2y+a)}{y^3 + ay^2 + by + c} - y(a+y) - b = 0,$$

ou bien, en faisant les réductions,

$$y^6 + 3ay^5 + (3a^2 + 2b)y^4 + (a^3 + 4ab)y^3 + (ac + 2a^2b + b^2 - 4d)y^2$$
$$+ (a^2c + ab^2 - 4ad)y - (a^2d - abc + c^2) = 0.$$

On vérifie que l'hypothèse $a = 0$ fait disparaître les puissances impaires de y.

118. Supposons maintenant que l'équation donnée

$$F(x) = 0$$

soit du degré m et désignons par $x_1, x_2, \ldots x_m$ ses racines; si on ajoute successivement à chacune d'elles toutes les autres, on trouve $m(m-1)$ sommes égales deux à deux, comme nous l'avons fait remarquer au commencement, à propos de l'équation du troisième degré. Si on ne considère que les sommes différentes de deux racines, on voit que l'équation aux sommes sera du degré $\frac{m(m-1)}{2}$. Afin de l'obtenir, on emploie de préférence le procédé d'élimination. Posons

$$y = x_1 + x_2.$$

On en tire

$$x_1 = y - x_2,$$

et l'on aura simultanément

$$F(x_1) = 0, \quad F(x_2) = 0, \quad F(y - x_2) = 0.$$

Il s'ensuit que les équations

$$(\gamma) \qquad F(x) = 0, \quad F(y - x) = 0$$

admettent une racine commune et leur éliminant doit être égal à zéro. L'équation aux sommes deux à deux est donc celle qui résulte de l'élimination de x entre les équations du degré m

$$F(x) = 0, \quad F(y) - xF'(y) + \cdots \pm \frac{x^m}{1 . 2 \ldots m} F^{(m)}_{(y)} = 0.$$

D'après la théorie de l'élimination, leur résultant doit être du degré m^2 par rapport à y, tandis que l'équation cherchée est seulement du degré $\frac{m(m-1)}{2}$. L'équation finale renfermera donc des solutions étrangères qu'il faut écarter. Cette particularité tient à ce que, dans le problème proposé, on suppose les racines distinctes; dans ce cas, il y a une racine commune entre les équations (γ); mais, il en est encore ainsi, dans l'hypothèse où les racines x_1 et x_2 deviennent égales, ce qui est en dehors de la question.

Pour arriver à une équation débarrassée de solutions étrangères, remarquons que la méthode précédente revient à éliminer x_1 et x_2 entre les équations

$$y = x_1 + x_2, \quad F(x_1) = 0, \quad F(x_2) = 0.$$

On peut remplacer ce système par le suivant :

$$(\delta) \qquad y = x_1 + x_2, \quad F(x_1) = 0, \quad F(x_1) - F(x_2) = 0,$$

et le premier membre de la dernière équation est alors divisible par $x_1 - x_2$. Posons identiquement :

$$F(x_1) - F(x_2) = \frac{F(x_1) - F(x_2)}{x_1 - x_2}(x_1 - x_2).$$

Le système des équations (δ) se partage ainsi en deux autres, savoir :

$$y = x_1 + x_2, \quad F(x_1) = 0, \quad x_1 - x_2 = 0;$$

$$y = x_1 + x_2, \quad F(x_1) = 0, \quad \frac{F(x_1) - F(x_2)}{x_1 - x_2} = 0.$$

Le premier correspond aux cas où les racines sont égales; il donnera les solutions qui ne conviennent pas; le second, par l'élimination de x_1 et de x_2, fournira l'équation demandée.

On donne le nom de *geminant* au terme indépendant de l'inconnue dans l'équation aux sommes, pris en valeur absolue; il est égal à plus ou moins le produit de toutes les sommes deux à deux des racines. En le désignant par G, on aura, par définition,

$$\begin{aligned} G = (x_1 + x_2)(x_1 + x_3)(x_1 + x_4) \ldots (x_1 + x_m) \\ (x_2 + x_3)(x_2 + x_4) \ldots (x_2 + x_m) \\ (x_3 + x_4) \ldots (x_3 + x_m) \\ \ldots\ldots\ldots \\ (x_{m-1} + x_m). \end{aligned}$$

Cette expression est une fonction symétrique des racines, et elle doit être équivalente à une fonction rationnelle des coefficients de l'équation. Elle jouit de la propriété de s'annuler, lorsqu'il y a deux racines égales et de signes contraires. Dans cette hypothèse, on doit regarder les équations

$$F(x) = 0, \quad F(-x) = 0$$

comme étant satisfaites en même temps et leur éliminant sera égal à zéro. L'expression de G en fonction des coefficients résultera donc de l'élimination de x entre ces équations; mais il est possible d'en simplifier le calcul. Soit

$$F(x) = x^m + ax^{m-1} + bx^{m-2} + \cdots + l = 0$$

l'équation donnée. Pour fixer les idées, nous supposerons m pair; alors, par le changement de x en $-x$, on aura

$$F(-x) = x^m - ax^{m-1} + bx^{m-2} - \cdots + l = 0.$$

En ajoutant et en retranchant ces deux équations, on trouve

$$x^m + bx^{m-2} + \cdots = 0,$$
$$ax^{m-2} + cx^{m-4} + \cdots = 0.$$

On arriverait à deux équations analogues, lorsque m est impair; l'élimination de x devra se faire entre ces dernières qui sont plus simples.

Par exemple, pour l'équation du troisième degré

$$F(x) = x^3 + ax^2 + bx + c = 0,$$

on a

$$F(-x) = -x^3 + ax^2 - bx + c = 0;$$

par la soustraction et l'addition de ces équations, il vient

$$x^2 + b = 0, \quad ax^2 + c = 0.$$

On en déduit pour le geminant

$$G = \begin{vmatrix} 1 & b \\ a & c \end{vmatrix} = c - ab.$$

De même, pour l'équation du quatrième degré

$$F(x) = x^4 + ax^3 + bx^2 + cx + d = 0,$$

les équations à former seraient :

$$x^4 + bx^2 + d = 0, \quad ax^2 + c = 0;$$

l'élimination de x^2 conduit à l'expression

$$G = c^2 - abc + a^2d$$

pour le geminant de cette équation.

§ 2.

ÉQUATION AUX DIFFÉRENCES ET AUX CARRÉS DES DIFFÉRENCES DES RACINES PRISES DEUX A DEUX.

119. Si, de chaque racine d'une équation du degré m

$$F(x) = 0,$$

on retranche toutes les autres, on obtient $m(m-1)$ différences de deux racines. La transformée aux différences sera donc du degré $m(m-1)$ et ne renfermera que les puissances paires de l'inconnue; car, à une différence telle que $x_1 - x_2$, en correspond une autre $x_2 - x_1$ égale et de signe contraire. Posons

$$y = x_1 - x_2;$$

on aura : $x_1 = y + x_2$, et, d'après les relations

$$F(x_2) = 0, \quad F(x_1) = F(y + x_2) = 0,$$

les équations

$$F(x) = 0, \quad F(y + x) = 0$$

sont satisfaites en même temps ; l'inconnue y doit donc annuler l'éliminant de ce système. Il en résulte que la transformée en y s'obtiendra par l'élimination de x entre les équations

$$F(x) = 0, \quad F(x) + yF'(x) + \frac{y^2}{1 \cdot 2} F''(x) + \cdots = 0.$$

En vertu de la première, la seconde se réduit à

$$F'(x)+\frac{y}{2}F''(x)+\frac{y^2}{1.2.3}F'''(x)+\cdots=0.$$

Considérons, par exemple, l'équation complète du troisième degré

$$F(x)=x^3+ax^2+bx+c=0.$$

La seconde équation à former est :

$$(3x^2+2ax+b)+\frac{y}{2}(6x+2a)+y^2=0,$$

ou bien,

$$(\alpha)\qquad 3x^2+(3y+2a)x+b+ay+y^2=0.$$

Avant d'opérer l'élimination, on peut rabaisser l'équation proposée au second degré comme nous allons l'indiquer. Multiplions la dernière égalité par x et $F(x)$ par 3 ; il viendra

$$3x^3+(3y+2a)x^2+(b+ay+y^2)x=0,$$
$$3x^3+3ax^2+3bx+3c=0.$$

En retranchant membre à membre, on trouve

$$(\beta)\qquad (3y-a)x^2+(y^2+ay-2b)x-3c=0.$$

Si on forme le déterminant de Cauchy pour les équations (α) et (β), on arrive à la transformée suivante :

$$y^6-2(a^2-3b)y^4+(a^2-3b)^2y^2$$
$$+\frac{1}{3}(ab-9c)^2-\frac{4}{3}(a^2-3b)(b^2-3ac)=0.$$

Pour l'équation incomplète

$$x^3+px+q=0,$$

elle se réduit à

$$y^6+6py^4+9p^2y^2+4p^3+27q^2=0.$$

Dans le cas de l'équation du quatrième degré

$$F(x)=x^4+ax^3+bx^2+cx+d=0,$$

l'équation

$$F'(x)+\frac{y}{2}F''(x)+\frac{y^2}{1.2.3}F'''(x)+\frac{y^3}{1.2.3.4}F^{\text{IV}}(x)=0$$

est de la forme

$$(\alpha')\quad 4x^3+(3a+6y)x^2+(2b+3ay+4y^2)x+c+by+ay^2+y^3=0.$$

Multiplions cette égalité par x et la proposée par 4; il viendra

$$4x^4 + (3a + 6y)x^3 + (2b + 3ay + 4y^2)x^2 + (c + by + ay^2 + y^3)x = 0,$$

$$4x^4 + 4ax^3 + 4bx^2 + 4cx + 4d = 0.$$

Par la soustraction, on trouve

$$(\beta') \quad (6y - a)x^3 + (4y^2 + 3ay - 2b)x^2 + (y^3 + ay^2 + by - 3c)x - 4d = 0.$$

Si on égale à zéro le déterminant de Cauchy pour les deux équations du troisième degré (α') et (β'), on arrive à une équation du 12e degré en y; ce sera l'équation aux différences des racines de la proposée.

En posant

$$y^2 = u$$

dans les équations que l'on obtient par cette méthode, les transformées en u seront les équations aux carrés des différences des racines; leur degré est représenté par

$$\frac{m(m-1)}{2},$$

car les différences égales et de signes contraires telles que $x_1 - x_2$, $x_2 - x_1$ ne donnent lieu qu'à un seul carré $(x_1 - x_2)^2$.

120. Il existe une autre méthode indiquée par Lagrange pour former l'équation aux carrés des différences. Soit

$$x^m + ax^{m-1} + bx^{m-2} + \cdots + r = 0$$

l'équation donnée ayant pour racines $x_1, x_2, \ldots x_m$, et

$$y^\mu + Ay^{\mu-1} + By^{\mu-2} + \cdots + R = 0$$

l'équation cherchée. On sait que

$$\mu = \frac{m(m-1)}{2};$$

il faut calculer les coefficients A, B, C... Posons

$$S_p = x_1^p + x_2^p + \cdots + x_m^p,$$

$$s_p = (x_1 - x_2)^{2p} + (x_1 - x_3)^{2p} + \cdots,$$

c'est-à-dire que les quantités S et s représenteront les sommes des puissances semblables des racines des deux équations. Afin d'arriver à une relation entre elles, considérons l'identité

$$(x - x_1)^{2p} + (x - x_2)^{2p} + \cdots (x - x_m)^{2p} = mx^{2p} - 2pS_1x^{2p-1}$$

$$+ \frac{2p(2p-1)}{1 \cdot 2} S_2 x^{2p-2} + \cdots$$

Remplaçons x successivement par chaque racine x_1, $x_2 \dots x_m$, et faisons la somme des résultats correspondants. Si on remarque que, dans les premiers membres, une même différence va se répéter, on aura

$$2s_p = mS_{2p} - 2pS_1S_{2p-1} + \frac{2p(2p-1)}{1.2}S_2S_{2p-2} + \cdots$$

Il est visible que les termes à égale distance des extrêmes au second membre sont égaux; en les réunissant et en divisant par 2, il vient

$$s_p = mS_{2p} - 2pS_1S_{2p-1} + \frac{2p(2p-1)}{1.2}S_2S_{2p-2} + \cdots \pm \frac{1}{2}\,\frac{2p(2p-1)\dots(p+1)}{1.2\dots p}S_p^2.$$

Posons successivement : $p = 1, 2, 3, \dots$; on aura

$$s_1 = mS_2 - S_1^2,$$
$$s_2 = mS_4 - 4S_1S_3 + 3S_2^2,$$
$$s_3 = mS_6 - 6S_1S_5 + 15S_2S_4 - 10S_3^2,$$
$$\dots\dots\dots\dots\dots$$

Ces relations permettent de calculer $s_1, s_2, s_3, \dots$, puisque $S_1, S_2, S_3, \dots$, se déterminent au moyen des coefficients de l'équation proposée (N° 48). Enfin, connaissant $s_1, s_2, s_3, \dots$, on en déduit, par les formules connues, les coefficients A, B, C, ... de l'équation.

Dans le cas de l'équation du troisième degré

$$x^3 + ax^2 + bx + c = 0,$$

on a :

$$S_1 = -a,$$
$$S_2 = a^2 - 2b,$$
$$S_3 = -a^3 + 3ab - 3c,$$
$$S_4 = a^4 - 4a^2b + 4ac + 2b^2,$$
$$S_5 = -a^5 + 5a^3b - 5a^2c - 5ab^2 + 5bc,$$
$$S_6 = a^6 - 6a^4b + 6a^3c + 9a^2b^2 - 12abc - 2b^3 + 3c^2;$$

ensuite,

$$s_1 = 2a^2 - 6b,$$
$$s_2 = 2a^4 - 12a^2b + 18b^2,$$
$$s_3 = 2a^6 - 18a^4b - 12a^3c + 57a^2b^2 + 54abc - 66b^3 - 81c^2;$$

enfin,

$$A = -2(a^2 - 3b),$$
$$B = a^4 - 6a^2b + 9b^2,$$
$$C = 4a^3c - a^2b^2 - 18abc + 4b^3 + 27c^2.$$

Le dernier terme de l'équation aux carrés des différences représente le produit des carrés de toutes les différences des racines; d'après une propriété démontrée, c'est le discriminant de l'équation. Lorsque celle-ci admet une racine double $x_1 = x_2$, ce dernier terme sera nul; dans le cas de deux racines doubles $x_1 = x_2, x_3 = x_4$, les différences $x_1 - x_2, x_3 - x_4$ ont pour valeur zéro; il en résulte que les coefficients des deux derniers termes de l'équation aux carrés des différences seront nuls, car elle doit avoir deux racines égales à zéro; enfin, pour une racine triple $x_1=x_2=x_3$, les différences $x_1 - x_2$, $x_1 - x_3$, $x_2 - x_3$ étant nulles, les coefficients des trois derniers termes de la même équation seront égaux à zéro. On voit donc l'importance de l'équation aux carrés des différences pour résoudre diverses questions relativement aux racines; malheureusement sa formation est très pénible; aussi est-elle peu employée; on préfère se servir d'autres méthodes plus simples pour résoudre les mêmes questions.

§ 3.

ÉQUATIONS AUX PRODUITS ET AUX QUOTIENTS DEUX A DEUX DES RACINES.

121. Considérons d'abord l'équation du troisième degré

$$x^3 + ax^2 + bx + c = 0.$$

Avec les racines x_1, x_2, x_3 on peut former les trois produits x_1x_2, x_1x_3, x_2x_3. Cherchons l'équation qui doit avoir ces produits pour racines. Posons :

$$y = x_1x_2.$$

A cause de la relation

$$x_1x_2x_3 = - c,$$

on aura

$$x_3y = - c;$$

par conséquent, en remplaçant x_3 par x, la formule de transformation sera

$$x = -\frac{c}{y}.$$

La substitution de cette valeur dans la proposée donne pour l'équation aux produits

$$y^3 - by^2 + acy - c^2 = 0.$$

Soit, encore, l'équation du quatrième degré

$$x^4 + ax^3 + bx^2 + cx + d = 0.$$

Il y aura six produits deux à deux et la transformée sera du sixième degré. Posons :

$$y = x_1x_2, \quad z = x_1 + x_2.$$

On aura

$$x_3x_4 = \frac{d}{y}, \quad x_3 + x_4 = -(a + z).$$

Avec ces valeurs, les relations suivantes entre les coefficients et les racines

$$x_1x_2 + x_3x_4 + (x_1 + x_2)(x_3 + x_4) = b$$
$$x_1x_2(x_3 + x_4) + x_3x_4(x_1 + x_2) = -c$$

deviennent

$$y + \frac{d}{y} - z(a + z) = b,$$

$$-y(a + z) + \frac{d}{y}z = -c.$$

L'élimination de z entre ces égalités fournira la transformée en y. La dernière donne

$$z = \frac{ay - c}{\frac{d}{y} - y}.$$

En substituant cette valeur dans l'autre, il vient pour l'équation aux produits

$$y^6 - by^5 + (ac - d)y^4 - (a^2d - 2bd + c^2)y^3 + (ac - d)dy^2 - bd^2y + d^3 = 0.$$

Elle peut se ramener à la forme

$$\left(y + \frac{d}{y}\right)^3 - b\left(y + \frac{d}{y}\right)^2 + \left(ac - 4d\right)\left(y + \frac{d}{y}\right)$$
$$-\left(a^2d - 4bd + c^2\right) = 0$$

Enfin, supposons que l'équation donnée

$$F(x) = 0$$

soit du drgré m. On peut former $\frac{m(m-1)}{2}$ produits deux à deux et ce nombre indique le degré de la transformée. Afin de la déterminer, considérons l'identité

$$(xx_1)^k + (xx_2)^k + \cdots + (xx_m)^k = x^k S_k.$$

Désignons par s_k la somme des $k^{\text{ièmes}}$ puissances des racines de l'équation cherchée; en remplaçant x successivement par x_1, x_2, x_3 ... x_m et en additionnant tous les résnltats, on aura

$$S_{2k} + 2s_k = S_k^2;$$

d'où

$$s_k = \frac{S_k^2 - S_{2k}}{2}.$$

Si on pose : $k = 1, 2, 3, \ldots$, on trouve

$$s_1 = \frac{S_1^2 - S_2}{2}, \quad s_2 = \frac{S_2^2 - S_4}{2}, \quad s_3 = \frac{S_3^2 - S_6}{2}, \text{ etc.}$$

Connaissant les sommes s, on en déduit (N° 48) pour les coefficients de la transformée

$$A = -s_1, \quad B = \frac{1}{2}\left(s_1^2 - s_2\right), \quad C = \frac{1}{6}\left(-s_1^3 + 3s_1s_2 - 2s_3\right), \text{ etc.}$$

122. *Equation aux quotients.* — Soit, d'abord, l'équation du troisième degré

$$x^3 + px + q = 0.$$

Si on divise chaque racine par les deux autres, on obtient six quotients. Il faut remarquer qu'à un quotient tel que $\frac{x_1}{x_2}$, en correspond un autre $\frac{x_2}{x_1}$ inverse du premier. En posant

$$y = \frac{x_1}{x_2}, \quad z = y + \frac{1}{y},$$

il viendra,

$$z = \frac{x_1}{x_2} + \frac{x_2}{x_1} = \frac{x_1^2 + x_2^2}{x_1x_2}.$$

A cause des relations

$$x_3 = -(x_1 + x_2), \quad x_1x_2 = -\frac{q}{x_3},$$

on trouve

$$z = -\frac{x_3^3 + 2q}{q} = \frac{px_3 - q}{q}.$$

Si on remplace x_3 par x, on arrive à la formule suivante :

$$z = \frac{px - q}{q};$$

d'où on tire

$$x = \frac{q(z + 1)}{p}.$$

La substitution de cette valeur dans l'équation proposée donne

$$z^3 + 3z^2 + \left(3 + \frac{p^3}{q^2}\right)z + \frac{2p^3}{q^2} + 1 = 0.$$

Enfin, en posant :

$$z = y + \frac{1}{y},$$

on trouve, pour l'équation aux quotients,

$$y^6 + 3y^5 + \frac{p^3 + 6q^2}{q^2}y^4 + \frac{2p^3 + 7q^2}{q^2}y^3 + \frac{p^3 + 6q^2}{q^2}y^2 + 3y + 1 = 0.$$

Considérons le cas général d'une équation du degré m

$$F(x) = 0.$$

En divisant chaque racine par toutes les autres, on forme $m(m-1)$ quotients deux à deux; ce nombre sera le degré de la transformée. Pour la déterminer, écrivons l'identité

$$\left(\frac{x}{x_1}\right)^k + \left(\frac{x}{x_2}\right)^k + \cdots + \left(\frac{x}{x_m}\right)^k = x^k S_{-k}.$$

Si on remplace x successivement par $x_1, x_2, \ldots, x_m$ et si on fait la somme des résultats, on trouve

$$m + s_k = S_k . S_{-k},$$

s_k désigne la somme des $k^{\text{ièmes}}$ puissances des racines de la transformée. On en tire

$$S_k = S_k . S_{-k} - m.$$

En posant $k = 1, 2, 3$, etc. on aura les valeurs s_1, s_2, s_3, etc. qui permettront de calculer les coefficients A, B, C, ..., de la transformée aux quotients.

123. *Équations aux sommes et aux différences des produits deux à deux des racines de l'équation du quatrième degré.* Soit l'équation

$$x^4 + px^2 + qx + r = 0$$

ayant pour racines x_1, x_2, x_3, x_4. En faisant la somme des produits deux à deux, on trouve seulement les trois valeurs différentes

$$x_1x_2 + x_3x_4, \quad x_1x_3 + x_2x_4, \quad x_1x_4 + x_2x_3,$$

et la transformée sera du troisième degré. Posons

$$z = x_1x_2 + x_3x_4.$$

Nous avons trouvé précédemment (N° 116)

$$z = x_1x_2 + x_3x_4 = p + y^2 \quad \text{où} \quad y = x_1 + x_2.$$

On en tire

$$y^2 = z - p.$$

En substituant cette valeur dans l'équation aux sommes

$$y^6 + 2py^4 + (p^2 - 4r)\,y^2 - q^2 = 0,$$

on trouve, pour la transformée en z,

$$z^3 - pz^2 - 4rz + 4pr - q^2 = 0.$$

Dans le cas de l'équation complète

$$x^4 + ax^3 + bx^2 + cx + d = 0,$$

il faut prendre l'équation aux produits (N° 121) dans laquelle $y = x_1x_2$. On aura

$$z = x_1x_2 + x_3x_4 = x_1x_2 + \frac{d}{x_1x_2} = y + \frac{d}{y}.$$

Par la substitution de cette valeur, on trouve

$$z^3 - bz^2 + (ac - 4d)\,z - (a^2d - 4bd + c^2) = 0.$$

En second lieu, cherchons la transformée ayant pour racines les différences des produits deux à deux. Il y a six valeurs à considérer, savoir :

$$x_1x_2 - x_3x_4, \quad x_1x_3 - x_2x_4, \quad x_1x_4 - x_2x_3,$$
$$x_3x_4 - x_1x_2, \quad x_2x_4 - x_1x_3, \quad x_2x_3 - x_1x_4;$$

elles sont égales et de signes contraires deux à deux ; par conséquent, la transformée sera du sixième degré et ne renfermera que les puissances paires de l'inconnue. Posons

$$u = x_1x_2 - x_3x_4.$$

Nous avons vu (N° 116), qu'avec la valeur $y = x_1 + x_2$, on a la relation

$$u = x_1x_2 - x_3x_4 = \frac{q}{y};$$

on en tire

$$y = \frac{q}{u}.$$

En substituant cette valeur dans l'équation aux sommes deux à deux des racines, il vient la transformée en u

$$u^6 - (p^2 - 4r)\,u^4 - 2pq^2u^2 - q^4 = 0.$$

Il faut résoudre la même question pour l'équation complète

$$x^4 + ax^3 + bx^2 + cx + d = 0.$$

D'après le numéro 121, si on pose $y = x_1x_2$, on a

$$u = x_1x_2 - x_3x_4 = y - \frac{d}{y};$$

on en tire,

$$y^2 - uy - d = 0.$$

On arrivera donc à l'équation en u en éliminant y entre cette relation et l'équation aux produits (N° 121); mais il est préférable de suivre la méthode suivante. En posant $z = x_1 + x_2$, nous avons trouvé les équations (N° 121)

$$y + \frac{d}{y} - z\,(a + z) = b,$$

$$-y\,(a + z) + \frac{d}{y}z = -c.$$

D'après la définition de u, on a

$$\frac{d}{y} = y - u.$$

En substituant cette valeur dans les équations précédentes, on obtient

$$2y - u - z\,(a + z) = b, \quad ay + zu = c.$$

Cette dernière donne

$$z = \frac{c - ay}{u};$$

par suite, l'autre devient

$$2y - u - a\left(\frac{c - ay}{u}\right) - \frac{(c - ay)^2}{u^2} = b,$$

c'est-à-dire,

$$a^2y^2 - y(2ac + a^2u + 2u^2) + (c^2 + acu + bu^2 + u^3) = 0.$$

Le problème revient ainsi à éliminer y entre cette équation et la suivante :

$$y^2 - uy - d = 0.$$

On trouve, par l'éliminant de Cauchy,

$$u^6 + (2ac - b^2 + 4d)u^4 + (a^2c^2 - 2a^2bd + 8acd - 2bc^2)u^2 - (a^2d - c^2)^2 = 0.$$

124. *Equation aux carrés des racines.* Etant donnée l'équation

$$x^m + ax^{m-1} + bx^{m-2} + dx^{m-3} + \cdots + r = 0$$

ayant pour racines $x_1, x_2, \ldots, x_m$, proposons-nous d'en former une autre qui ait pour racines

$$x_1^2, \quad x_2^2, \quad \ldots, \quad x_m^2.$$

On a

$$(\alpha) \qquad x^m + ax^{m-1} + \cdots + r = (x - x_1)(x - x_2)\cdots(x - x_m).$$

Par le changement de x en $-x$, l'équation

$$F(-x) = x^m - ax^{m-1} + bx^{m-2} - cx^{m-3} + \cdots = 0$$

admettra pour racines $-x_1, -x_2, \ldots, -x_m$, et nous aurons aussi

$$(\alpha') \; x^m - ax^{m-1} + bx^{m-2} - cx^{m-3} + \cdots = (x + x_1)(x + x_2)(x + x_3)\ldots(x + x_m).$$

Si on multiplie les égalités (α) et (α'), il vient

$$(x^m + bx^{m-2} + dx^{m-4} + \cdots)^2 - (ax^{m-1} + cx^{m-3} + ex^{m-5} + \cdots)^2$$
$$= (x^2 - x_1^2)(x^2 - x_2^2)(x^2 - x_3^2)\ldots(x^2 - x_m^2).$$

Par conséquent, en développant et en posant

$$x^2 = y$$

il viendra pour l'équation aux carrés des racines

$$y^m - (a^2 - 2b)y^{m-1}$$
$$+ (b^2 - 2ac + 2d)y^{m-2} - (c^2 - 2bd + 2ae - 2f)y^{m-3} + \cdots = 0.$$

La composition de cette équation est facile à retenir. Le coefficient du second terme est égal au carré du coefficient du second terme de l'équation moins le double produit des coefficients des termes adjacents; le coefficient du troisième terme renferme le carré du coefficient du troisième terme de l'équation moins le double produit des coefficients des termes adjacents, plus le double produit des deux autres coefficients à égale distance du troisième; ainsi de suite; de plus, les signes $+$ et $-$ alternent. Ainsi, pour les équations

$$x^2 + ax + b = 0,$$
$$x^3 + ax^2 + bx + c = 0,$$
$$x^4 + ax^3 + bx^2 + cx + d = 0,$$

les transformées aux carrés des racines seront :

$$y^2 - (a^2 - 2b)y + b^2 = 0,$$
$$y^3 - (a^2 - 2b)y^2 + (b^2 - 2ac)y + c^2 = 0,$$
$$y^4 - (a^2 - 2b)y^3 + (b^2 - 2ac + 2d)y^2 - (c^2 - 2bd)y + d^2 = 0.$$

§ 4.

Disparition de plusieurs termes d'une équation.

125. Considérons l'équation du degré m

$$F(x) = A_0x^m + A_1x^{m-1} + \cdots + A_m = 0,$$

et posons

$$x = y + t,$$

y étant une nouvelle inconnue et t une quantité indéterminée. L'équation transformée sera de la forme

$$F(t) + yF'(t) + \frac{y^2}{1.2}F''(t) + \cdots + \frac{y^m}{1.2\ldots m}F^{(m)}(t) = 0,$$

ou bien

$$A_0y^m + \frac{y^{m-1}}{1.2\ldots(m-1)}F^{(m-1)}(t) + \frac{y^{m-2}}{1.2\ldots(m-2)}F^{(m-2)}(t) + \cdots + F(t) = 0.$$

Si l'on veut faire disparaître le $r^{\text{ième}}$ terme dans cette transformée, il faut déterminer t de manière à satisfaire à l'équation

$$F^{(m-r+1)}(t) = 0$$

qui est du degré $r-1$ par rapport à t; par conséquent, *il est possible,* *en général, de faire disparaître le $r^{\text{ième}}$ terme d'une équation de $r-1$ manières différentes.*

Le cas le plus intéressant et le plus utile à signaler est celui de la disparition du second terme. L'équation de condition est alors

$$F^{(m-1)}(t)=0, \quad \text{ou} \quad mA_0t+A_1=0.$$

On en déduit

$$t=-\frac{A_1}{mA_0}.$$

La transformation précédente revient à diminuer les racines de la quantité t; par suite, cette valeur établit la règle suivante : *pour faire disparaître le second terme d'une équation du degré m, il faut diminuer les racines du quotient, changé de signe, du coefficient du second terme par m fois le coefficient du premier.*

Il n'y a pas lieu de chercher à faire disparaître le dernier terme; car l'équation

$$F(t)=0$$

est précisément la proposée où x est remplacé par t. Cette transformation reviendrait à résoudre l'équation donnée.

Lorsqu'on fait disparaître le second terme, la transformée prend une forme élégante en écrivant l'équation avec les coefficients du binôme comme suit :

$$F(x)=a_0x^m+ma_1x^{m-1}+\frac{m(m-1)}{1.2}a_2x^{m-2}+\cdots+a_m=0.$$

La condition précédente devient :

$$a_0t+a_1=0,$$

d'où

$$t=-\frac{a_1}{a_0}.$$

La formule de transformation est donc

$$x=y-\frac{a_1}{a_0},$$

et, en remplaçant les dérivées par leurs valeurs, l'équation en y est de la forme

$$y^m-\frac{m(m-1)}{1.2}\frac{1}{a_0^2}(a_1^2-a_0a_2)y^{m-2}+\frac{m(m-1)(m-2)}{1.2.3}\frac{1}{a_0^3}(2a_1^3-3a_0a_1a_2+a_0^2a_3)y^{m-3}$$
$$-\frac{m(m-1)(m-2)(m-3)}{1.2.3.4}\frac{1}{a_0^4}(3a_1^4-6a_0a_1^2a_2+4a_0^2a_1a_3-a_0^3a_4)y^{m-4}+\cdots=0.$$

En particulier, l'équation du troisième degré

$$a_0x^3 + 3a_1x^2 + 3a_2x + a_3 = 0$$

peut se ramener à la forme

$$y^3 + py + q = 0,$$

dans laquelle

$$p = \frac{3}{a_0^2}(a_0a_2 - a_1^2), \quad q = \frac{1}{a_0^3}(2a_1^3 - 3a_0a_1a_2 + a_0^2a_3).$$

De même, l'équation du quatrième degré

$$a_0x^4 + 4a_1x^3 + 6a_2x^2 + 4a_3x + a_4 = 0$$

est susceptible de se réduire à

$$y^4 + py^2 + qy + r = 0,$$

où

$$p = \frac{6}{a_0^2}(a_0a_2 - a_1^2), \quad q = \frac{4}{a_0^3}(2a_1^3 - 3a_0a_1a_2 + a_0^2a_3),$$

$$r = -\frac{1}{a_0^4}(3a_1^4 - 6a_0a_1^2a_2 + 4a_0^2a_1a_3 - a_0^3a_4).$$

Les fonctions des coefficients qui entrent dans la transformée se nomment quelquefois *variants* quadratique, cubique, biquadratique, etc. de l'équation proposée.

126. *Disparition de plusieurs termes.* Soit l'équation du degré m

$$F(x) = x^m + ax^{m-1} + bx^{m-2} + \cdots + r = 0.$$

Posons :

$$y = \alpha_0 + \alpha_1x + \alpha_2x^2 + \cdots + \alpha_nx^n,$$

où y désigne la nouvelle inconnue, α_0, $\alpha_1 \ldots$, des coefficients indéterminés et n un nombre inférieur à m. Cette dernière relation peut s'écrire

$$\alpha_nx^n + \alpha_{n-1}x^{n-1} + \cdots + \alpha_1x + \alpha_0 - y = 0.$$

Si on élimine x entre les deux équations, on arrive à une transformée en y qui sera du degré m comme la proposée, et dans laquelle les coefficients des diverses puissances de y renfermeront les indéterminées α_0, $\alpha_1 \ldots \alpha_n$; on pourra donc disposer de celles-ci pour faire disparaître un certain nombre de termes de l'équation.

L'élimination peut s'opérer ici très élégamment par les fonctions symétriques. L'équation proposée donne

$$x^m = - ax^{m-1} - bx^{m-2} \dots - r.$$

En multipliant par x et en remplaçant x^m au second membre par sa valeur, on exprimera x^{m+1} au moyen des puissances x^{m-1}, x^{m-2}, etc. Il est évident qu'en continuant la multiplication par x, toutes les puissances x^{m+2}, x^{m+3}, etc. pourront s'exprimer de la même manière. Cela étant, élevons la fonction y aux puissances $1, 2, 3, \dots, m$ et rabaissons les puissances de x au-dessous de m; il viendra les équations

$$\begin{aligned} y &= \alpha_0 + \alpha_1 x + \dots + \alpha_n x^n, \\ y^2 &= \beta_0 + \beta_1 x + \dots + \beta_{m-1} x^{m-1}, \\ y^3 &= \gamma_0 + \gamma_1 x + \dots + \gamma_{m-1} x^{m-1}, \\ &\dots\dots\dots\dots\dots\dots \\ y^m &= \lambda_0 + \lambda_1 x + \dots + \lambda_{m-1} x^{m-1}. \end{aligned}$$

Les coefficients β sont des expressions du second degré par rapport à $\alpha_0, \alpha_1, \dots$; les coefficients γ, du troisième degré etc.; enfin les coefficients λ seront du degré m relativement aux mêmes quantités. Désignons par S_0, S_1, S_2, ..., les sommes des puissances semblables des racines de $F(x)$; par s_0, s_1, s_2, ..., les sommes analogues pour la transformée. En substituant successivement toutes les racines de la proposée, ces équations conduisent aux suivantes :

$$\begin{aligned} s_1 &= m\alpha_0 + \alpha_1 S_1 + \alpha_2 S_2 + \dots + \alpha_n S_n, \\ s_2 &= m\beta_0 + \beta_1 S_1 + \beta_2 S_2 + \dots + \beta_{m-1} S_{m-1}, \\ &\dots\dots\dots\dots\dots\dots \\ s_m &= m\lambda_0 + \lambda_1 S_1 + \lambda_2 S_2 + \dots + \lambda_{m-1} S_{m-1}. \end{aligned}$$

Connaissant S_1, S_2, S_3, ..., on en déduira $s_1, s_2, s_3, \dots$, ainsi que les divers coefficients de la transformée (N° 48). Si on représente cette transformée par

$$y^m + P_1 y^{m-1} + P_2 y^{m-2} + \dots P_m = 0,$$

on sait qu'un coefficient P_i est une fonction de s_1, s_2, s_3, ..., s_i; par conséquent, si l'on veut faire disparaître n termes en suivant le premier, on devra poser

$$s_1 = 0, \quad s_2 = 0, \quad \dots, \quad s_n = 0.$$

Ces équations sont respectivement des degrés $1, 2, 3, \dots, n$, par rapport à α_0, α_1, ...; en posant $\alpha_n = 1$, elles forment un système de n équations à n inconnues savoir :

$$\alpha_0, \quad \alpha_1, \quad \alpha_2, \quad \ldots, \quad \alpha_{n-1}.$$

Par l'élimination de $n - 1$ de ces quantités, on arrivera à une équation du degré

$$1 . 2 . 3 \ldots n$$

pour déterminer la dernière. Cette méthode est surtout utile et intéressante pour ramener les équations du troisième, du quatrième et du cinquième degré à d'autres plus simples et plus faciles à résoudre. Nous en donnerons quelques exemples.

127. Appliquons cette méthode à l'équation du troisième degré

$$x^3 + ax^2 + bx + c = 0,$$

pour la ramener à la forme

$$y^3 + k = 0.$$

On doit poser

$$y = \alpha_0 + \alpha_1 x + \alpha_2 x^2.$$

En élevant au carré et au cube, il viendra des équations de la forme

$$y = \alpha_0 + \alpha_1 x + \alpha_2 x^2,$$
$$y^2 = \beta_0 + \beta_1 x + \beta_2 x^2,$$
$$y^3 = \gamma_0 + \gamma_1 x + \gamma_2 x^2,$$

après avoir rabaissé les puissances x^3, x^4, ..., au-dessous de la troisième. Celles-ci conduisent ensuite aux relations

$$s_1 = 3\alpha_0 + \alpha_1 S_1 + \alpha_2 S_2,$$
$$s_2 = 3\beta_0 + \beta_1 S_1 + \beta_2 S_2,$$
$$s_3 = 3\gamma_0 + \gamma_1 S_1 + \gamma_2 S_2,$$

qui permettent de calculer les valeurs de s_1, s_2, s_3; par suite, on aura pour la transformée (N° 48)

$$y^3 - s_1 y^2 + \frac{1}{2}(s_1^2 - s_2) y - \frac{1}{1 . 2 . 3}(s_1^3 - 3s_1 s_2 + 2s_3) = 0.$$

Le second et le troisième terme disparaissent avec les conditions

$$s_1 = 0, \quad s_2 = 0.$$

Or, s_1 est du premier degré, s_2 du second degré par rapport à α_0, α_1,

α_2. Posons : $\alpha_2 = 1$, et portons la valeur de α_0 tirée de la première dans la seconde; il en résultera une équation du second degré en α_1. Donc, *l'équation cubique complète peut toujours se ramener à la forme*

$$y^3 + k = 0$$

en résolvant une équation du second degré.

128. Il ne sera pas inutile de traiter la même question par un autre procédé d'élimination. Soit

$$y = x^2 + vx + w,$$

v et w étant des constantes indéterminées. Si on désigne par u la différence $w - y$, on aura

$$(\alpha) \qquad x^2 + vx + u = 0.$$

L'équation proposée étant

$$x^3 + ax^2 + bx + c = 0,$$

on simplifie l'élimination de x de la manière suivante. La relation (α) multipliée par x donne

$$x^3 = - vx^2 - ux;$$

en substituant cette valeur, l'équation du troisième degré se réduit à

$$(\beta) \qquad (a - v)x^2 + (b - u)x + c = 0.$$

La transformée en u résultera de l'élimination de x entre (α) et (β). L'éliminant de Cauchy donne

$$[(b - u) - v(a - v)]\ [cv - (b - u)\, u] - [c - u(a - v)]^2 = 0,$$

ou bien,

$$u^3 - [a(v - a) + 2b]\, u^2 + [b(v^2 - av + b) + c(3v - 2a)] \\ - c(v^3 - av^2 + bv - c) = 0.$$

Désignons par $\varphi(u)$ le premier membre de cette équation. On obtiendra la transformée en y en remplaçant u par $w - y$; il vient ainsi

$$\varphi(w) - y\,\varphi'(w) + \frac{y^2}{1.2}\varphi''(w) + y^3 = 0.$$

Pour faire disparaître le second et le troisième terme, on aura les équations

$$\varphi'(w) = 0, \quad \varphi''(w) = 0,$$

ou bien,

$$3w - a(v - a) - 2b = 0,$$

$$3w^2 - 2[a(v - a) + 2b]w + b(v^2 - av + b) + c(3v - 2a) = 0.$$

Les premiers membres sont les dérivées $\varphi''(u)$, $\varphi'(u)$ dans lesquelles u est remplacé par w. Enfin, si on élimine w, on trouve l'équation du second degré

$$(a^2 - 3b)v^2 - (2a^3 - 7ab + 9c)v + a^4 - 4a^2b + 6ac + b^2 = 0$$

qui résoud le problème proposé.

129. Soit encore l'équation du quatrième degré

$$x^4 + ax^3 + bx^2 + cx + d = 0.$$

Nous allons voir qu'elle peut se ramener à la forme

$$y^4 + Py^2 + Q = 0.$$

Considérons la substitution

$$x^2 + vx + w - y = 0,$$

ou bien

$$(\alpha') \qquad x^2 + vx + u = 0,$$

en posant : $u = w - y$. Afin de faciliter l'élimination, rabaissons l'équation du quatrième degré au second au moyen de la précédente. Celle-ci donne

$$x^3 = -vx^2 - ux, \quad x^4 = (v^2 - u)x^2 + uvx.$$

En substituant, l'équation biquadratique se réduit à

$$(\beta') \qquad (v^2 - u - av + b)x^2 + (uv - au + c)x + d = 0.$$

Éliminons maintenant x entre (α') et (β'); il viendra

$$[v(v^2 - u - av + b) - (uv - au + c)][(uv - au + c)u - dv]$$
$$- [u(v^2 - u - av + b) - d]^2 = 0,$$

c'est-à-dire

$$u^4 - [a(v - a) + 2b]u^3 + [b(v^2 - av + b) + 3cv - 2ac + 2d]u^2$$
$$- [c(v^3 - av^2 + bv - c) + d(4v^2 - 3av) + 2bd]u$$
$$+ d(v^4 - av^3 + bv^2 - cv + d) = 0.$$

Désignons par $f(u)$ le premier membre de cette équation; si on remplace u par $w - y$, il vient pour la transformée

$$f(w) - y f'(w) + \frac{y^2}{1.2} f''(w) - \frac{y^3}{1.2.3} f'''(w) + y^4 = 0.$$

Le second et le quatrième terme disparaîtront si l'on pose :

$$f'(w) = 0, \quad f'''(w) = 0;$$

ou bien

$$4w^3 - 3[a(v-a)+2b]w^2 + 2[b(v^2-av+b)+3cv-2ac+2d)]w$$
$$-[c(v^3-av^2+bv-c)+d(4v^2-3av)+2bd] = 0,$$
$$4w - a(v-a) - 2b = 0.$$

Les valeurs des indéterminées v et w propres à résoudre le problème s'obtiennent par ces deux équations. En portant dans la première la valeur de w tirée de la seconde, et en faisant les réductions, on trouve

$$(a^3 - 4ab + 8c)v^3 - (3a^4 - 14a^2b + 20ac + 8b^2 - 32d)v^2$$
$$+(3a^5 - 16a^3b + 20a^2c + 16ab^2 - 32ad - 16bc)v$$
$$-(a^6 - 6a^4b + 8a^3c + 8a^2b^2 - 8a^2d - 16abc + 8c^2) = 0.$$

De là résulte cette proposition : *l'équation complète du quatrième degré se ramène à la forme*

$$y^4 + Py^2 + Q = 0$$

par la résolution d'une équation du troisième degré.

130. D'après la méthode qui précède, pour faire disparaître le second, le troisième et le quatrième terme d'une équation, il faut résoudre le système

$$s_1 = 0, \quad s_2 = 0, \quad s_3 = 0.$$

Les degrés de ces relations par rapport aux indéterminées étant 1, 2, 3, l'équation finale sera, en général, du sixième degré. Cependant, par une propriété spéciale d'une fonction homogène du second degré, il est possible de résoudre le problème par une équation du troisième degré. On doit, dans ce cas, prendre

$$y = \alpha_0 + \alpha_1 x + \alpha_2 x^2 + \alpha_3 x^3 + \alpha_4 x^4.$$

Après avoir formé les équations précédentes qui sont homogènes par rapport aux indéterminées α, on tire de la première la valeur de α_0 en fonction des autres pour la substituer dans la seconde et la troisième. Désignons par

$$s'_2 = 0, \quad s'_3 = 0$$

ce qu'elles deviennent par cette substitution. La première est homogène et du second degré par rapport à α_1, α_2, α_3, α_4; or, nous savons par la géométrie analytique qu'une telle fonction peut se ramener à une somme de quatre carrés de fonctions linéaires, de telle sorte que l'équation $s'_2 = 0$ peut se remplacer par la suivante :

$$a_1\varphi_1^2 + a_2\varphi_2^2 + a_3\varphi_3^2 + a_4\varphi_4^2 = 0$$

où a_1, a_2, a_3, a_4 sont des quantités connues et φ_1, φ_2, φ_3, φ_4 des expressions du premier degré en α_1, α_2, α_3, α_4. Elle sera satisfaite en posant :

$$a_1\varphi_1^2 + a_2\varphi_2^2 = 0, \quad a_3\varphi_3^2 + a_4\varphi_4^2 = 0;$$

mais ces équations deviennent linéaires par l'extraction d'une racine carrée; par suite, si on en tire les valeurs de α_1 et α_2 en fonction de α_3 et α_4 pour les substituer dans $s'_3 = 0$, on arrivera à une équation homogène du troisième degré. Donc, *il est possible, en général, de faire disparaître le second, le troisième et le quatrième terme d'une équation en résolvant une équation du troisième degré.*

§ 5.

Transformation du premier membre d'une équation de degré pair en une différence de deux carrés.

131. Soit l'équation générale de degré pair

$$F(x) = x^{2m} + A_1x^{2m-1} + A_2x^{2m-2} + \cdots + A_{2m} = 0.$$

Désignons par x_1, x_2, ... x_{2m} ses racines. On a

$$F(x) = (x - x_1)(x - x_2)(x - x_3)\ldots(x - x_{2m}).$$

Partageons les $2m$ facteurs du second membre en deux groupes de m facteurs, et appelons P et Q les produits respectifs de ces facteurs. On peut écrire

$$F(x) = P \times Q.$$

A chaque groupe de m facteurs donnant lieu à un produit P, en correspond un autre donnant un produit Q; le nombre de manières d'opérer le partage indiqué sera représenté par

$$N_{2m} = \frac{1}{2} \cdot \frac{2m(2m-1)\ldots(m+1)}{1.2.3\ldots m}.$$

Les produits P et Q étant des polynômes du degré m, nous pouvons poser :

$$P = x^m + B_1x^{m-1} + B_2x^{m-2} + \cdots + B_m,$$
$$Q = x^m + C_1x^{m-1} + C_2x^{m-2} + \cdots + C_m;$$

par suite,

$$\tfrac{1}{2}(P+Q)=x^m+\tfrac{1}{2}(B_1+C_1)x^{m-1}+\tfrac{1}{2}(B_2+C_2)x^{m-2}+\cdots+\tfrac{1}{2}(B_m+C_m),$$
$$\tfrac{1}{2}(P-Q)=\tfrac{1}{2}(B_1-C_1)x^{m-1}+\tfrac{1}{2}(B_2-C_2)x^{m-2}+\cdots+\tfrac{1}{2}(B_m-C_m).$$

ou bien, en désignant par $a_1, a_2, \cdots a_m, b_1, b_2 \cdots b_m$ les coefficients de ces polynômes,

$$\tfrac{1}{2}(P+Q)=x^m+a_1x^{m-1}+a_2x^{m-2}+\cdots+a_m,$$
$$\tfrac{1}{2}(P-Q)=b_1x^{m-1}+b_2x^{m-2}+\cdots+b_m.$$

En vertu de l'identité

$$P\times Q=[\tfrac{1}{2}(P+Q)]^2-[\tfrac{1}{2}(P-Q)]^2,$$

il viendra

$$F(x)=(x^m+a_1x^{m-1}+\cdots+a_m)^2-(b_1x^{m-1}+b_2x^{m-2}+\cdots+b_m)^2.$$

Le second membre renferme $2m$ constantes inconnues; en égalant les coefficients des mêmes puissances de x dans les deux membres, on aura les $2m$ équations nécessaires et suffisantes pour les déterminer. Le coefficient a_1 se trouve immédiatement en remarquant que le seul terme renfermant x^{2m-1} est $2a_1x^{2m-1}$; par suite,

$$a_1=\tfrac{1}{2}A_1.$$

En laissant les puissances x^m et x^{m-1}, il y aura $2m-1$ équations de condition; si on élimine les constantes $a_2, a_3 \ldots a_m, b_2, b_3 \ldots b_m$, l'équation finale en b_1 devra être du degré N_{2m} qui représente le nombre de manières de former les polynômes P et Q. Nous avons donc la proposition suivante :

Le premier membre d'une équation de degré pair $2m$ *peut se transformer de* N_{2m} *manières en une différence de deux carrés, le terme positif étant le carré d'un polynôme du degré* m *et le terme négatif celui d'un polynôme du degré* $m-1$.

Appelons R et S les polynômes des parenthèses de la dernière égalité; on aura

$$F(x)=P\times Q=R^2-S^2,$$

et les racines de l'équation proposée s'obtiendront en résolvant les équations de degré moins élevé

$$P=R+S=0,\quad Q=R-S=0.$$

Pour appliquer cette méthode aux équations de degré impair, il faudrait préalablement multiplier leur premier membre par x; ce qui revient à introduire une racine nulle.

Comme exemple de cette transformation, prenons l'équation du quatrième degré sous la forme

$$x^4+2px^3+qx^2+2rx+s=0.$$

On a ici : $m = 2$, $N_1 = 3$. L'équation fondamentale est de la forme

$$x^4 + 2px^3 + qx^2 + 2rx + s = (x^2 + px + a_2)^2 - (b_1x + b_2)^2.$$

On en déduit les équations de condition

$$2a_2 + p^2 - b_1^2 = q, \quad pa_2 - b_1b_2 = r, \quad a_2^2 - b_2^2 = s;$$

d'où on tire

$$b_1^2 = 2a_2 + p^2 - q, \quad b_1b_2 = pa_2 - r, \quad b_2^2 = a_2^2 - s;$$

par suite, l'élimination de b_1 et b_2 donne

$$(2a_2 + p^2 - q)(a_2^2 - s) = (pa_2 - r)^2,$$

ou bien

$$2a_2^3 - qa_2^2 + 2(pr - s)a_2 + s(q - p^2) - r^2 = 0.$$

C'est une équation du troisième degré en a_2 qui admet toujours une racine réelle. Désignons par a'_2 une racine de cette équation et par b'_1, b'_2 les valeurs correspondantes de b_1 et b_2. On aura

$$R = x^2 + px + a'_2, \quad S = b'_1x + b'_2,$$
$$P = R + S = x^2 + (p + b'_1)x + a'_2 + b'_2,$$
$$Q = R - S = x^2 + (p - b'_1)x + a'_2 - b'_2.$$

En égalant les trinômes P et Q à zéro, il vient, pour les racines de l'équation proposée,

$$2x_1 = -(p + b'_1) + \sqrt{(p + b'_1)^2 - 4(a'_2 + b'_2)},$$
$$2x_2 = -(p + b'_1) - \sqrt{(p + b'_1)^2 - 4(a'_2 + b'_2)},$$
$$2x_3 = -(p - b'_1) + \sqrt{(p - b'_1)^2 - 4(a'_2 - b'_2)},$$
$$2x_4 = -(p - b'_1) - \sqrt{(p - b'_1)^2 - 4(a'_2 - b'_2)}.$$

Soit encore l'équation du sixième degré

$$F(x) = x^6 + 2ax^5 + bx^4 + 2cx^3 + dx^2 + 2ex + f = 0.$$

On doit poser :

$$F(x) = (x^3 + ax^2 + a_2x + a_3)^2 - (b_1x^2 + b_2x + b_3)^2,$$

a_2, a_3, b_1, b_2, b_3 étant les coefficients inconnus. On en déduit les relations

$$b = 2a_2 + a^2 - b_1^2,$$
$$c = a_3 + aa_2 - b_1b_2,$$
$$d = a_2^2 + 2aa_3 - b_2^2 - 2b_1b_3,$$
$$e = a_2a_3 - b_2b_3,$$
$$f = a_3^2 - b_3^2.$$

Si on élimine a_2, a_3, b_2, b_3 entre ces cinq équations du second degré par rapport aux inconnues, on doit arriver à une équation du dixième degré en b_1. Ce résultat est conforme à la valeur de $N_6 = 10$. On voit donc que la transformation proposée dépend d'une équation d'un degré plus élevé et plus difficile à résoudre. Si on pose $m = 4$, $m = 5$, $m = 6$, on trouve encore

$$N_8 = 35, \quad N_{10} = 126, \quad N_{12} = 462.$$

Tous ces résultats nous montrent qu'en voulant résoudre une équation algébrique au-delà du quatrième degré, on tombe sur une équation d'un degré beaucoup plus élevé que l'équation elle-même; ce qui fait prévoir que cette résolution générale est impossible.

CHAPITRE VI.

ÉQUATIONS SUSCEPTIBLES D'ABAISSEMENT.

---

§ 1.

Cas particuliers où le degré d'une équation peut s'abaisser.

132. Une équation étant d'autant plus facile à résoudre que son degré est moins élevé, on doit profiter de toutes les circonstances et de toutes les conditions données pour abaisser son degré. On y arrive généralement, lorsqu'il existe certaines relations entre les coefficients ou entre les racines. Nous en donnerons quelques exemples très simples. Soit, d'abord, à résoudre l'équation du troisième degré

$$x^3 + ax^2 + bx + c = 0,$$

étant donnée la relation

$$b^2 - 3ac = 0.$$

On a

$$-x^3 = ax^2 + bx + c;$$

en multipliant par $3ab$, il vient

$$-3abx^3 = 3ba^2x^2 + 3b^2ax + 3abc.$$

Or, en vertu de la relation donnée, $b^3 = 3abc$, et en ajoutant a^3x^3, le second membre devient un cube parfait. L'équation proposée peut donc se ramener à la forme

$$(a^3 - 3ab)\,x^3 = (ax + b)^3,$$

ou bien

$$x\sqrt[3]{a^3 - 3ab} = ax + b.$$

On en déduit pour l'inconnue

$$x = \frac{b}{\sqrt[3]{a^3 - 3ab} - a}.$$

De même, proposons-nous de résoudre l'équation du quatrième degré

$$ax^4 + bx^3 + cx^2 + dx + f = 0,$$

dans le cas où

$$\frac{a}{f} = \frac{m^2}{n^2}, \quad \frac{b}{d} = \frac{m}{n},$$

m et n étant des nombres donnés. On peut poser

$$a = km^2, \quad f = kn^2, \quad b = k'm, \quad d = k'n.$$

Substituons ces valeurs dans l'équation; en réunissant les termes deux à deux et en divisant par x^2, on trouve

$$k\left(m^2x^2 + \frac{n^2}{x^2}\right) + k'\left(mx + \frac{n}{x}\right) + c = 0.$$

Cette équation s'abaisse au second degré en posant :

$$y = mx + \frac{n}{x}.$$

En élevant au carré, on en tire

$$m^2x^2 + \frac{n^2}{x^2} = y^2 - 2mn.$$

De plus, $k = \frac{a}{m^2}$, $k' = \frac{b}{m}$; en vertu de ces diverses valeurs, l'équation devient

$$y^2 + \frac{bm}{a}y + \frac{cm^2 - 2amn}{a} = 0.$$

Après avoir trouvé les racines de cette équation, on les substitue dans la relation posée

$$mx^2 - yx + n = 0$$

et on en déduira les quatre racines de l'équation proposée.

Par exemple, l'équation

$$x^4 + 5x^3 + 10x^2 + 15x + 9 = 0$$

satisfait aux conditions données; on a : $m = 1$, $n = 3$; par la résolution de deux équations du second degré, on trouve pour les racines

$$-1, \quad -3, \quad \frac{-1 \pm \sqrt{-11}}{2}.$$

133. *Cas où le geminant est nul.* On sait que, si le geminant d'une équation

$$F(x) = 0$$

est nul, il doit y avoir au moins deux racines égales et de signes contraires. Il en résulte que les équations

$$F(x) = 0, \quad F(-x) = 0$$

admettent au moins deux racines communes. On les déterminera en cherchant le plus grand commun diviseur entre les polynômes $F(x)$ et $F(-x)$. Soit D leur diviseur commun; les racines de l'équation

$$D = 0$$

appartiendront à $F(x) = 0$. De plus, si on appelle $\varphi(x)$ le quotient de $F(x)$ par D, il restera à résoudre l'équation

$$\varphi(x) = 0$$

dont le degré sera au minimum inférieur de deux unités à celui de la proposée.

Soit l'équation du troisième degré

$$x^3 + ax^2 + bx + c = 0$$

pour laquelle $G = c - ab$. Supposons

$$c - ab = 0;$$

on aura : $c = ab$, et l'équation peut s'écrire

$$x^3 + ax^2 + bx + ab = 0,$$

ou bien

$$(x + a)(x^2 + b) = 0.$$

L'équation proposée est donc équivalente aux deux suivantes :

$$x + a = 0, \quad x^2 + b = 0.$$

Pour l'équation du quatrième degré

$$x^4 + ax^3 + bx^2 + cx + d = 0,$$

on sait que

$$G = c^2 - abc + a^2d;$$

s'il est nul, on aura

$$d = \frac{abc - c^2}{a^2}.$$

Changeons x en $-x$ dans l'équation, il viendra

$$x^4 - ax^3 + bx^2 - cx + d = 0.$$

Si on retranche cette équation de la première, on obtient

$$ax^2 + c = 0,$$

et celle-ci doit être vérifiée par les racines communes : elle donnera donc les deux racines égales et de signes contraires. Afin d'obtenir l'équation qui doit fournir les deux autres, on doit diviser F (x) par $ax^2 + c$; eu égard à la valeur de d, on trouve que le reste est nul ; le quotient multiplié par a et égalé à zéro donne l'équation

$$x^2 + ax + \frac{ab - c}{a} = 0$$

dont la résolution fera connaître les deux dernières racines.

On voit que, pour les équations du troisième et du quatrième degré, on peut éviter la recherche du plus grand commun diviseur entre $F(x)$ et $F(-x)$; mais, il n'en est plus ainsi, en général, pour les équations d'un degré plus élevé.

134. *Cas où le discriminant est égal à zéro.* Lorsque le discriminant d'une équation

$$F(x) = 0,$$

s'annule, il y a des racines égales. Il s'agit de montrer comment doit se faire, dans cette hypothèse, la résolution de l'équation. Pour fixer les idées, admettons que l'équation possède seulement des racines simples, doubles, triples et quadruples. Désignons par X_1, X_2, X_3, X_4 les produits des facteurs linéaires qui correspondent respectivement à ces diverses racines, chacun d'eux étant pris seulement une fois. On aura

$$F(x) = X_1 X_2^2 X_3^3 X_4^4.$$

Nous avons vu (N° 43) qu'il existe entre F (x) et sa dérivée un plus grand commun diviseur qui se compose de tous les facteurs qui correspondent aux racines multiples élevés à une puissance inférieure d'une unité à leur degré de multiplicité. En le désignant par D, ce sera :

$$D = X_2 X_3^2 X_4^3.$$

De même, le plus grand commun diviseur D_1 entre D et sa dérivée aura pour expression

$$D_1 = X_3X_4^2,$$

et celui qui existe entre D_1 et sa dérivée

$$D_2 = X_4.$$

Divisons ces diverses égalités membre à membre et posons :

$$\frac{F(x)}{D} = Q = X_1X_2X_3X_4, \quad \frac{D}{D_1} = Q_1 = X_2X_3X_4,$$

$$\frac{D_1}{D_2} = Q_2 = X_3X_4, \quad D_2 = X_4.$$

Enfin, si l'on divise encore ces dernières membre à membre, il vient

$$\frac{Q}{Q_1} = X_1, \quad \frac{Q_1}{Q_2} = X_2, \quad \frac{Q_2}{D_2} = X_3, \quad D_2 = X_4.$$

Donc, par de simples divisions, en partant du premier membre de l'équation, nous sommes parvenus à dégager les facteurs X_1, X_2, X_3, X_4, qui correspondent aux différentes espèces de racines. La résolution de l'équation proposée est donc ramenée à celle du système

$$X_1 = 0, \quad X_2 = 0, \quad X_3 = 0, \quad X_4 = 0;$$

la première donnera les racines simples, la seconde les racines doubles, la troisième les racines triples et la quatrième les racines quadruples.

Cette méthode si simple en théorie est d'une longueur désespérante en pratique. On doit l'éviter autant que possible; il est facile de montrer qu'elle n'est pas nécessaire pour les équations du troisième, du quatrième et du cinquième degré. Les divisions s'effectuent avec des polynômes entiers, et il est évident que l'on trouve à la fin pour les quotients X des fonctions rationnelles; si l'une d'elles est du premier degré, la racine qu'elle fournit est nécessairement rationnelle. On ne peut obtenir une racine incommensurable ou imaginaire que si l'un des quotients X est au moins du second degré. Nous avons vu que les racines multiples commensurables se déterminent très facilement, et avant d'appliquer la méthode des racines égales, on suppose toujours que l'équation a été débarrassée de ses racines rationnelles; il n'y a plus à considérer que les racines multiples incommensurables ou imaginaires. Or, si une équation est du troisième degré, elle ne peut admettre une racine double, ou une racine triple sans que cette racine soit commensurable. Si une équation est du cinquième degré, il y a les combinaisons suivantes qui peuvent se présenter : une racine quadruple et une racine simple; une racine triple et une racine double ou deux racines simples; deux racines doubles et une racine simple. Dans chacune de ces combinaisons, il y a toujours une racine qui serait commensurable. Il en est de même pour l'équation du quatrième degré, en exceptant le cas de deux racines doubles; mais, dans cette hypothèse, le premier membre doit être un carré parfait.

Par conséquent, il n'est pas nécessaire d'appliquer la méthode précédente aux équations d'un degré inférieur au sixième.

135. Il ne sera pas inutile d'indiquer aussi quelques cas d'abaissement provenant d'une relation donnée entre les racines. Soit l'équation

$$F(x) = 0;$$

supposons que deux racines x_1, x_2 satisfassent à la relation

$$px_1 + qx_2 = r$$

p, q, r étant des nombres donnés. On en tire

$$x_2 = \frac{r - px_1}{q};$$

par suite,

$$F\left(\frac{r - px_1}{q}\right) = 0.$$

Il en résulte que les équations

$$F(x) = 0, \quad F\left(\frac{r - px}{q}\right) = 0$$

admettent une racine commune; elle se déterminera en cherchant le plus grand commun diviseur entre leurs premiers membres. On la substitue ensuite dans la relation donnée, pour en déduire la valeur de x_2. Si l'on divise $F(x)$ par $(x - x_1)(x - x_2)$, le degré de l'équation s'abaissera de deux unités.

En général, si deux racines d'une équation sont liées par l'égalité

$$x_2 = \varphi(x_1),$$

les équations

$$F(x) = 0, \quad F[\varphi(x)] = 0$$

auront une racine commune et l'équation proposée sera susceptible d'abaissement. Par exemple, si l'on veut résoudre l'équation

$$F(x) = x^3 - 6x^2 + 11x - 6 = 0$$

sachant que deux racines satisfont à l'égalité

$$x_2 = x_1^2 + x_1 + 1,$$

il faudra former l'équation

$$F(x^2+x+1) = (x^2+x+1)^3 - 6(x^2+x+1)^2 + 11(x^2+x+1) - 6 = 0$$

ou bien,

$$x^6 + 3x^5 - 5x^3 - x^2 + 2x = 0.$$

Le plus grand commun diviseur entre les premiers membres est $x - 1$; donc, $x_1 = 1$, et la relation donne ensuite $x_2 = 3$. Si on divise l'équation proposée par

$$(x-1)(x-3) = x^2 - 4x + 3$$

on trouve pour quotient $x - 2$, et la troisième racine sera $x = 2$.

136. Résolvons encore l'équation du degré m

$$x^m + ax^{m-1} + bx^{m-2} + \cdots + s = 0,$$

dont les racines forment une progression arithmétique.

Dans cette hypothèse, on peut représenter les racines par

$$\alpha,\ \alpha + r,\ \alpha + 2r,\ \cdots\ \alpha + (m-1)r;$$

elles seront déterminées, lorsqu'on connaîtra les valeurs de α et de r. Or, la somme des racines conduit à l'égalité

$$-a = m\alpha + \frac{m(m-1)}{2} r$$

et, en élevant au carré,

$$(s) \qquad a^2 = m^2\alpha^2 + m^2(m-1)\alpha r + \frac{m^2(m-1)^2}{4} r^2.$$

De plus, on sait que la somme des carrés des racines est égale à $a^2 - 2b$; mais cette somme a pour expression

$$m\alpha^2 + 2(1 + 2 + \cdots + m - 1)\alpha r + r^2[1^2 + 2^2 + \cdots + (m-1)^2]$$
$$= m\alpha^2 + m(m-1)\alpha r + \tfrac{1}{6}(2m-1)(m-1)mr^2.$$

Il vient donc

$$a^2 - 2b = m\alpha^2 + m(m-1)\alpha r + \tfrac{1}{6} m(m-1)(2m-1)r^2,$$

et, en multipliant par m

$$(s')\quad m(a^2-2b)=m^2\alpha^2+m^2(m-1)\alpha r+\tfrac{1}{6}m^2(m-1)(2m-1)r^2.$$

Si on retranche les équations (s) et (s'), l'inconnue α disparaît et l'on trouve

$$r^2=12\,\frac{a^2(m-1)-2bm}{m^2(m^2-1)}.$$

La quantité r étant connue, la première relation donnera

$$\alpha=-\frac{2a+m(m-1)r}{2m}.$$

Pour l'équation du troisième degré

$$x^3+ax^2+bx+c=0,$$

on aurait :

$$r=\sqrt{\frac{1}{3}(a^2-3b)},\quad \alpha=-\frac{a}{3}-\sqrt{\frac{1}{3}(a^2-3b)};$$

par suite, les racines seront :

$$x_1=-\frac{a}{3}-\sqrt{\frac{1}{3}(a^2-3b)},$$

$$x_2=-\frac{a}{3},$$

$$x_3=-\frac{a}{3}+\sqrt{\frac{1}{3}(a^2-3b)}.$$

En faisant le produit des racines et en l'égalant au coefficient c, on arrive à la relation

$$2a^3-9ab+27c=0$$

qui doit être vérifiée, lorsque les racines de l'équation complète du troisième degré sont en progression arithmétique.

Pour l'équation du quatrième degré

$$x^4+ax^3+bx^2+cx+d=0$$

les mêmes formules donnent :

$$r=\sqrt{\frac{1}{20}(3a^2-8b)},\quad \alpha=-\frac{a}{4}-\frac{3}{4}\sqrt{\frac{1}{5}(3a^2-8b)},$$

et il vient pour les racines

$$x_1 = -\frac{a}{4} - \frac{3}{4}\sqrt{\frac{1}{5}(3a^2 - 8b)},$$

$$x_2 = -\frac{a}{4} - \frac{1}{4}\sqrt{\frac{1}{5}(3a^2 - 8b)},$$

$$x_3 = -\frac{a}{4} + \frac{1}{4}\sqrt{\frac{1}{5}(3a^2 - 8b)},$$

$$x_4 = -\frac{a}{4} + \frac{3}{4}\sqrt{\frac{1}{5}(3a^2 - 8b)}.$$

§ 2.

Équations réciproques.

137. Une équation est dite *réciproque*, lorsqu'à une racine a, en correspond une autre égale à $\frac{1}{a}$, et si a est une racine multiple, $\frac{1}{a}$ est aussi une racine multiple de même ordre de multiplicité. En supposant que a soit $+1$ ou -1, on a aussi que $\frac{1}{a}$ est égal à $+1$ ou -1; mais, pour toute autre valeur, les racines a et $\frac{1}{a}$ sont toujours distinctes.

Considérons l'équation du degré m

$$F(x) = A_0x^m + A_1x^{m-1} + \cdots + A_{m-1}x + A_m = 0.$$

Remplaçons x par $\frac{1}{x}$ et multiplions ensuite par x^m; on aura

$$x^mF\left(\frac{1}{x}\right) = A_mx^m + A_{m-1}x^{m-1} + \cdots + A_1x + A_0 = 0.$$

Si l'équation proposée est réciproque, cette dernière doit admettre les mêmes racines, et les premiers membres ne peuvent différer que par un facteur constant. On doit donc avoir l'identité

$$x^mF\left(\frac{1}{x}\right) = \lambda F(x)$$

où λ est un nombre déterminé, c'est-à-dire,

$$\begin{aligned} &A_m x^m + A_{m-1}x^{m-1} + \cdots + A_1 x + A_0 \\ &= \lambda A_0 x^m + \lambda A_1 x^{m-1} + \cdots + \lambda A_{m-1} x + \lambda A_m. \end{aligned}$$

On en déduit,

$$A_m = \lambda A_0, \quad A_{m-1} = \lambda A_1, \quad \ldots, \quad A_1 = \lambda A_{m-1}, \quad A_0 = \lambda A_m.$$

En multipliant membre à membre la première égalité et la dernière, on trouve $\lambda^2 = 1$; par suite,

$$\lambda = \pm 1.$$

D'après cette double valeur de λ, les diverses égalités donnent

$$A_m = \pm A_0, \quad A_{m-1} = \pm A_1, \quad A_{m-2} = \pm A_2, \ldots.$$

D'où ce théorème :

Dans une équation réciproque, les coefficients des termes à égale distance des extrêmes sont égaux et de même signe ou égaux et de signes contraires.

Il importe de remarquer que, dans le cas d'une équation de degré pair $m = 2n$, il y a un terme qui occupe le milieu et qui reste le même dans la transformée; l'égalité partielle qui lui correspond serait :

$$A_n = \pm A_n.$$

C'est une identité en prenant le signe $+$ et une égalité impossible avec le signe $-$. Il faut donc ajouter au théorème précédent que, *dans le cas d'une équation réciproque de degré pair où les coefficients à égale distance des extrêmes sont égaux et de signes contraires, le terme du milieu doit manquer.*

Nous avons fait remarquer qu'un nombre différent de l'unité n'est jamais égal à son inverse; par suite, en dehors des quantités $+1$ et -1, le nombre des racines d'une équation réciproque est nécessairement pair. Donc, après avoir débarrassé une équation de cette nature des racines $+1$ et -1 simples ou multiples qu'elle pourrait admettre, on doit arriver à une équation de degré pair; de plus, les coefficients des termes à égale distance des extrêmes seront égaux et de même signe; car, d'après la relation

$$x^m F\left(\frac{1}{x}\right) = \lambda F(x),$$

si on pose $x = 1$, on obtient

$$F(1) = \lambda F(1),$$

et comme, par hypothèse, $F(1)$ est différent de zéro, on a

$$\lambda = 1\,;$$

par suite,

$$A_m = A_0, \quad A_{m-1} = A_1, \text{ etc.}$$

La résolution de toutes les équations réciproques dépend donc uniquement de celle d'une équation de la forme

$$A_0 x^{2n} + A_1 x^{2n-1} + \cdots + A_1 x + A_0 = 0.$$

Or, celle-ci peut s'abaisser au degré n comme nous allons le démontrer. Réunissons les termes ayant les mêmes coefficients et divisons par x^n ; il viendra

$$A_0\left(x^n + \frac{1}{x^n}\right) + A_1\left(x^{n-1} + \frac{1}{x^{n-1}}\right) + \cdots + A_n = 0.$$

Posons

$$z = x + \frac{1}{x},$$

z étant une nouvelle inconnue. La transformée en z s'obtient aisément en remarquant que

$$\left(x^k + \frac{1}{x^k}\right)\left(x + \frac{1}{x}\right) = x^{k+1} + \frac{1}{x^{k+1}} + x^{k-1} + \frac{1}{x^{k-1}}\,;$$

par suite,

$$x^{k+1} + \frac{1}{x^{k+1}} = \left(x^k + \frac{1}{x^k}\right)z - \left(x^{k-1} + \frac{1}{x^{k-1}}\right).$$

Si nous posons successivement $k = 1, 2, 3, 4, 5, 6, 7$, on trouve

$$x^2 + \frac{1}{x^2} = z^2 - 2,$$

$$x^3 + \frac{1}{x^3} = z^3 - 3z,$$

$$x^4 + \frac{1}{x^4} = z^4 - 4z^2 + 2,$$

$$x^5 + \frac{1}{x^5} = z^5 - 5z^3 + 5z,$$

$$x^6 + \frac{1}{x^6} = z^6 - 6z^4 + 9z^2 - 2,$$

$$x^7 + \frac{1}{x^7} = z^7 - 7z^5 + 14z^3 - 7z,$$

$$x^8 + \frac{1}{x^8} = z^8 - 8z^6 + 20z^4 - 16z^2 + 2,$$

et, en général,

$$x^k + \frac{1}{x^k} = z^k - kz^{k-2} + \frac{k(k-3)}{1.2} z^{k-4} - \frac{k(k-4)(k-5)}{1.2.3} z^{k-6} + \ldots$$

Il est visible que la substitution de ces valeurs dans l'équation abaissera son degré de moitié. En remplaçant dans la relation

$$z = x + \frac{1}{x},$$

c'est-à-dire,

$$x^2 - zx + 1 = 0,$$

l'inconnue z par les n racines de la transformée, on arrivera aux $2n$ racines de la proposée en résolvant n équations du second degré.

138. *Équations réciproques générales.* On dit qu'une équation est réciproque dans le sens général, lorsqu'à une racine a en correspond une autre égale à $\frac{h}{a}$, de telle sorte que le produit de deux racines correspondantes est égal à une constante h. Pour que deux racines soient égales, on doit avoir

$$a = \frac{h}{a},$$

c'est-à-dire

$$a = +\sqrt{h}, \quad a = -\sqrt{h}.$$

En dehors de ces valeurs, toutes les racines associées seront distinctes. Donc, en admettant que les quantités $\sqrt{h}$, $-\sqrt{h}$ ne sont pas racines, l'équation réciproque doit être de degré pair. Considérons donc l'équation

$$F(x) = A_0 x^{2n} + A_1 x^{2n-1} + \cdots + A_{2n-1} x + A_{2n} = 0,$$

et remplaçons x par $\frac{h}{x}$; après avoir multiplié par x^{2n}, on aura

$$x^{2n} F\left(\frac{h}{x}\right) = A_{2n} x^{2n} + A_{2n-1} h x^{2n-1} + A_{2n-2} h^2 x^{2n-2} + \cdots$$
$$+ A_1 h^{2n-1} x + A_0 h^{2n} = 0.$$

Si l'équation donnée est réciproque, on doit avoir l'identité

$$x^{2n}F\left(\frac{h}{x}\right)=\lambda F(x),$$

λ étant une constante. Posons : $x=\sqrt{h}$; il viendra

$$h^n F(\sqrt{h})=\lambda F(\sqrt{h})$$

puisque, par hypothèse, $F(\sqrt{h})$ n'est pas nul, on en déduit

$$\lambda=h^n.$$

Cela étant, la comparaison des coefficients des mêmes puissances de x dans l'identité conduit aux relations suivantes :

$$A_{2n}=A_0h^n,\quad A_{2n-1}=A_1h^{n-1},\quad A_{2n-2}=A_2h^{n-2},\quad \ldots,\quad A_n=A_n.$$

Le type de l'équation réciproque générale sera donc

$$A_0x^{2n}+A_1x^{2n-1}+\cdots+A_nx^n+A_{n-1}hx^{n-1}+A_{n-2}h^2x^{n-2}+\cdots$$
$$+A_1h^{n-1}x+A_0h^n=0.$$

Afin de la résoudre, écrivons-la d'abord sous la forme

$$A_0\left(x^n+\frac{h^n}{x^n}\right)+A_1\left(x^{n-1}+\frac{h^{n-1}}{x^{n-1}}\right)+\cdots+A_n=0.$$

Désignons par z une nouvelle inconnue liée à la première par la relation

$$z=x+\frac{h}{x},$$

ou bien

$$x^2-zx+h=0.$$

On a, d'une manière générale,

$$\left(x^k+\frac{h^k}{x^k}\right)\left(x+\frac{h}{x}\right)=x^{k+1}+\frac{h^{k+1}}{x^{k+1}}+h\left(x^{k-1}+\frac{h^{k-1}}{x^{k-1}}\right);$$

par suite,

$$x^{k+1}+\frac{h^{k+1}}{x^{k+1}}=\left(x^k+\frac{h^k}{x^k}\right)z-h\left(x^{k-1}+\frac{h^{k-1}}{x^{k-1}}\right).$$

En posant $k=1, 2, 3, 4, 5$, on trouve

$$x^2+\frac{h^2}{x^2}=z^2-2h,$$

$$x^3+\frac{h^3}{x^3}=z^3-3hz,$$

$$x^4 + \frac{h^4}{x^4} = z^4 - 4hz^2 + 2h^2$$

$$x^5 + \frac{h^5}{x^5} = z^5 - 5hz^3 + 5h^2z$$

$$x^6 + \frac{1}{x^6} = z^6 - 6hz^4 + 9h^2z^2 - 2h^3,$$

et, en général,

$$x^k + \frac{h^k}{x^k} = z^k - khz^{k-2} + \frac{k(k-3)}{1.2}h^2z^{k-4} - \frac{k(k-4)(k-5)}{1.2.3}h^3z^{k-6} + \ldots$$

En substituant ces valeurs dans l'équation, on arrivera à une transformée en z du degré n. Soient $z_1, z_2, \cdots z_n$, ses racines; il restera à résoudre les n équations du second degré

$$x^2 - z_1x + h = 0,$$
$$x^2 - z_2\,x + h = 0, \ldots$$

pour obtenir les $2n$ racines de l'équation proposée. Si, dans l'équation réciproque générale, on pose $h = 1$, on retrouve la première équation réciproque que nous avons étudiée; on l'appelle quelquefois équation réciproque de *première espèce*. Si $h = -1$, on dit que l'équation réciproque correspondante est de *seconde espèce*; sa résolution est contenue dans le cas général que nous venons d'exposer.

139. Appliquons la théorie qui précède à quelques exemples.

a) *Résoudre les équations*

$$x^3 + ax^2 + ax + 1 = 0,$$
$$x^3 - ax^2 + ax - 1 = 0.$$

Elles sont réciproques. La première a pour racine -1; en divisant par $x + 1$, il vient

$$x^2 + (a - 1)x + 1 = 0.$$

La seconde admet la racine 1; la division par $x - 1$ conduit à

$$x^2 + (1 - a)x + 1 = 0.$$

b) *Résoudre les équations*

$$ax^4 + bx^3 + cx^2 + bx + a = 0,$$
$$ax^4 + bx^3 - bx - a = 0,$$
$$ax^4 + bx^3 + cx^2 + bhx + ah^2 = 0.$$

En écrivant la première sous la forme

$$a\left(x^2+\frac{1}{x^2}\right)+b\left(x+\frac{1}{x}\right)+c=0,$$

on obtient pour la transformée

$$a(z^2-2)+bz+c=0,$$

ou bien

$$z^2+\frac{b}{a}z+\frac{c-2a}{a}=0.$$

Si on y ajoute

$$x^2-zx+1=0,$$

l'équation proposée se résolvera au moyen de ces deux équations du second degré.

La seconde admet les racines $+1$ et -1; en divisant par x^2-1, il vient

$$ax^2+bx+a=0.$$

Enfin, la troisième peut s'écrire

$$a\left(x^2+\frac{h^2}{x^2}\right)+b\left(x+\frac{h}{x}\right)+c=0.$$

On en déduit la transformée

$$az^2+bz-2ah+c=0.$$

La résolution de l'équation est ramenée à celle-ci et à la suivante

$$x^2-zx+h=0.$$

c) *Résoudre les équations*

$$x^6+3x^5+4x^4-4x^2-3x-1=0,$$
$$x^7-x^6-x+1=0.$$

La première ayant pour racines 1 et -1, on divise par x^2-1 et on trouve

$$x^4+3x^3+5x^2+3x+1=0,$$

ou bien,

$$\left(x^2+\frac{1}{x^2}\right)+3\left(x+\frac{1}{x}\right)+5=0;$$

d'où, la transformée

$$z^2+3z+3=0.$$

Les racines de l'équation seront donc fournies par le système suivant :

$$z^2 + 3z + 3 = 0,$$
$$x^2 - zx + 1 = 0,$$
$$x^2 - 1 = 0.$$

L'autre équation admet la racine -1, et la division par $x + 1$ donne

$$x^6 - 2x^5 + 2x^4 - 2x^3 + 2x^2 - 2x + 1 = 0.$$

Celle-ci a pour racine $+1$; en divisant par $x - 1$, on a

$$x^5 - x^4 + x^3 - x^2 + x - 1 = 0.$$

Le nombre $+1$ est encore racine; en divisant encore par $x - 1$, il reste

$$x^4 + x^2 + 1 = 0,$$

ou bien

$$\left(x^2 + \frac{1}{x^2}\right) + 1 = 0.$$

Cette équation a pour transformée

$$z^2 - 1 = 0;$$

d'où $z = \pm 1$. Les quatre dernières racines seront donc fournies par les équations

$$x^2 - x + 1 = 0,$$
$$x^2 + x + 1 = 0.$$

d) Trouver les conditions pour que l'équation réciproque du 8e degré

$$x^8 + A_1x^7 + A_2x^6 + A_3x^5 + A_4x^4 + A_3x^3 + A_2x^2 + A_1x + 1 = 0$$

puisse se résoudre par des équations du second degré.

En l'écrivant sous la forme

$$\left(x^4 + \frac{1}{x^4}\right) + A_1\left(x^3 + \frac{1}{x^3}\right) + A_2\left(x^2 + \frac{1}{x^2}\right) + A_3\left(x + \frac{1}{x}\right) + A_4 = 0,$$

on trouve, pour la transformée en z,

$$z^4 + A_1z^3 + (A_2 - 4)z^2 + (A_3 - 3A_1)z + A_4 - 2A_2 + 2 = 0.$$

Cette transformée doit aussi être réciproque, et, par conséquent, il faut que l'on ait :

$$A_4 - 2A_2 + 2 = 1,$$
$$A_3 - 3A_1 = A_1.$$

On en tire

$$A_4 = 2A_2 - 1,$$

$$A_3 = 4A_1.$$

En substituant, on trouve que l'équation réciproque du 8ᵉ degré, qui peut se résoudre par des équations du second, est de la forme

$$x^8 + A_1x^7 + A_2x^6 + 4A_1x^5 + (2A_2 - 1)x^4 + 4A_1x^3 + A_2x^2 + A_1x + 1 = 0.$$

L'équation

$$x^8 + 2x^7 + 3x^6 + 8x^5 + 5x^4 + 8x^3 + 3x^2 + 2x + 1 = 0$$

est dans ce cas; elle a pour transformée l'équation

$$z^4 + 2z^3 - z^2 + 2z + 1 = 0$$

qui est elle-même réciproque. Ecrivons-la sous la forme

$$\left(z^2 + \frac{1}{z^2}\right) + 2\left(z + \frac{1}{z}\right) - 1 = 0,$$

et posons

$$u = z + \frac{1}{z},$$

ou bien

$$z^2 - uz + 1 = 0.$$

On obtient pour la seconde transformée

$$u^2 + 2u - 3 = 0.$$

La résolution de l'équation est ainsi ramenée à celle des équations du second degré :

$$x^2 - zx + 1 = 0,$$

$$z^2 - uz + 1 = 0,$$

$$u^2 + 2u - 3 = 0.$$

e) ***Résoudre les équations***

$$x^{14} + 3x^{13} + 14x^{12} + 28x^{11} + 66x^{10} + 92x^9 + 138x^8 + 135x^7 + 138x^6 + 92x^5 + 66x^4 + 28x^3 + 14x^2 + 3x + 1 = 0.$$

$$x^{20} + x^{19} + 16x^{18} + 14x^{17} + 107x^{16} + 80x^{15} + 386x^{14} + 239x^{13} + 818x^{12} + 407x^{11} + 1049x^{10} + 407x^9 + 818x^8 + 239x^7 + 386x^6 + 80x^5 + 107x^4 + 14x^3 + 16x^2 + x + 1 = 0.$$

La transformée de la première est :

$$z^7 + 3z^6 + 7z^5 + 10z^4 + 10z^3 + 7z^2 + 3z + 1 = 0.$$

Elle admet la racine -1; en divisant par $z+1$ et en posant

$$u = z + \frac{1}{z},$$

on arrive à l'équation

$$u^3 + 2u^2 + 2u + 1 = 0$$

qui admet aussi pour racine -1; la division par $u+1$ donne

$$u^2 + u + 1 = 0.$$

La résolution de l'équation du quatorzième degré se ramène au système suivant :

$$x^2 - zx + 1 = 0;$$
$$z^2 - uz + 1 = 0, \quad z + 1 = 0;$$
$$u^2 + u + 1 = 0, \quad u + 1 = 0.$$

La transformée en z de l'autre est :

$$z^{10} + z^9 + 6z^8 + 5z^7 + 14z^6 + 9z^5$$
$$+ 14z^4 + 5z^3 + 6z^2 + z + 1 = 0.$$

En posant

$$u = z + \frac{1}{z},$$

on arrive à la seconde transformée

$$u^5 + u^4 + u^3 + u^2 + u + 1 = 0$$

qui admet la racine -1. En divisant par $u+1$, il reste

$$u^4 + u^2 + 1 = 0.$$

Posons

$$v = u + \frac{1}{u}.$$

La troisième transformée sera

$$v^2 - 1 = 0.$$

Les racines de l'équation du vingtième degré se détermineront par le système suivant :

$$x^2 - zx + 1 = 0,$$
$$z^2 - uz + 1 = 0,$$
$$u + 1 = 0,$$
$$u^2 - vu + 1 = 0,$$
$$v^2 - 1 = 0.$$

§ 3.

Équations binômes.

140. Une équation binôme est de la forme

$$y^m - A = 0, \quad \text{ou} \quad y^m = A,$$

A étant un nombre réel ou imaginaire. Elle jouit de la propriété d'avoir toutes ses racines inégales; car il n'y a aucun facteur commun entre $y^m - A$ et sa dérivée my^{m-1}. Si on extrait la racine $m^{\text{ième}}$ des deux membres, il vient

$$y = \sqrt[m]{A}.$$

Comme toute équation du degré m admet m racines, on doit regarder $\sqrt[m]{A}$ comme une quantité algébrique susceptible de m valeurs différentes, ces valeurs étant les diverses racines de l'équation binôme. Désignons par a une racine de l'équation, c'est-à-dire, une quantité qui, élevée à la puissance m, soit égale à A ; en posant

$$y = ax,$$

il vient

$$a^m x^m = A,$$

ou bien,

$$x^m = 1.$$

Cette nouvelle équation donne les racines $m^{\text{ièmes}}$ de l'unité qu'on représente d'une manière générale par $\sqrt[m]{1}$. Cette transformation nous apprend, qu'étant donnée une racine a de l'équation binôme générale, on obtient toutes les autres en la multipliant par les racines $m^{\text{ièmes}}$ de l'unité. Ainsi, on peut écrire

$$y = a\sqrt[m]{1}.$$

Proposons-nous de résoudre l'équation

$$y^m = A$$

lorsque A est une quantité imaginaire ramenée à la forme

$$r(\cos\alpha + \sqrt{-1}\sin\alpha).$$

Posons

$$y = \rho(\cos\varphi + \sqrt{-1}\sin\varphi),$$

et déterminons ρ et φ de manière à satisfaire à l'équation. On doit avoir l'égalité

$$\rho^m(\cos\varphi + \sqrt{-1}\sin\varphi)^m = r(\cos\alpha + \sqrt{-1}\sin\alpha),$$

ou bien

$$\rho^m(\cos m\varphi + \sqrt{-1}\sin m\varphi) = r(\cos\alpha + \sqrt{-1}\sin\alpha).$$

Pour que deux quantités imaginaires soient égales, il faut qu'il y ait égalité entre les modules ainsi qu'entre les arguments, ou bien que ces derniers diffèrent d'un nombre exact de circonférences. Posons donc

$$\rho^m = r, \quad m\varphi = \alpha + 2k\pi;$$

d'où

$$\rho = \sqrt[m]{r}, \quad \varphi = \frac{\alpha + 2k\pi}{m}.$$

La formule de résolution de l'équation sera :

$$y = \sqrt[m]{r}\left(\cos\frac{\alpha + 2k\pi}{m} + \sqrt{-1}\sin\frac{\alpha + 2k\pi}{m}\right).$$

Le module de la racine, de même que r, est une quantité nécessairement positive, et il n'a qu'une seule valeur. Afin d'obtenir les m racines, il faut, dans l'expression précédente, attribuer à k les valeurs 0, 1, 2, 3, ... $m - 1$; il vient ainsi :

$$x_1 = \sqrt[m]{r}\left(\cos\frac{\alpha}{m} + \sqrt{-1}\sin\frac{\alpha}{m}\right),$$

$$x_2 = \sqrt[m]{r}\left(\cos\frac{\alpha + 2\pi}{m} + \sqrt{-1}\sin\frac{\alpha + 2\pi}{m}\right),$$

$$x_3 = \sqrt[m]{r}\left(\cos\frac{\alpha + 4\pi}{m} + \sqrt{-1}\sin\frac{\alpha + 4\pi}{m}\right),$$

. . . .

$$x_m = \sqrt[m]{r}\left(\cos\frac{\alpha + 2(m-1)\pi}{m} + \sqrt{-1}\sin\frac{\alpha + 2(m-1)\pi}{m}\right).$$

Les arguments de ces diverses expressions sont différents et inférieurs à 2π; car on a, pour le plus grand,

$$\frac{\alpha}{m} + \frac{2(m-1)\pi}{m} = \frac{\alpha}{m} + 2\pi - \frac{2\pi}{m} < 2\pi,$$

puisqu'on suppose α moindre que 2π. Toutes ces racines sont donc différentes et il n'y en a pas d'autres ; les valeurs

$$k = m, \quad k = m + 1, \quad k = m + 2, \text{ etc.}$$

donneraient les mêmes racines, comme il est facile de le vérifier.

La quantité imaginaire donnée

$$r(\cos\alpha + \sqrt{-1}\sin\alpha)$$

se réduit à l'unité pour $r = 1$ et $\alpha = 0$; par suite, en remplaçant y par x, la formule de résolution de l'équation

$$x^m = 1$$

sera :

$$x = \cos\frac{2k\pi}{m} + \sqrt{-1}\sin\frac{2k\pi}{m},$$

et, avec les valeurs $k = 0, 1, 2, \ldots m - 1$, on trouve les m racines

$$x_1 = \cos 0 + \sqrt{-1}\sin 0 = 1,$$

$$x_2 = \cos\frac{2\pi}{m} + \sqrt{-1}\sin\frac{2\pi}{m},$$

$$x_3 = \cos\frac{4\pi}{m} + \sqrt{-1}\sin\frac{4\pi}{m},$$

. . . .

$$x_m = \cos\frac{2(m-1)\pi}{m} + \sqrt{-1}\sin\frac{2(m-1)\pi}{m}.$$

De même, la quantité

$$r(\cos\alpha + \sqrt{-1}\sin\alpha)$$

se réduit à -1 pour $r = 1$, $\alpha = \pi$; par conséquent, la formule propre à résoudre l'équation

$$x^m = -1$$

sera de la forme

$$x = \cos\frac{(2k+1)\pi}{m} + \sqrt{-1}\sin\frac{(2k+1)\pi}{m},$$

et les valeurs $k = 0, 1, 2, \ldots m - 1$ donneront les m racines.

141. Résolvons maintenant l'équation binôme, lorsque le coefficient A est un nombre réel, positif ou négatif ; il y aura à considérer les équations

$$y^m - A = 0, \quad y^m + A = 0.$$

Dans ce cas, on peut prendre pour a la racine $m^{\text{ième}}$ arithmétique de A, et la transformation

$$y = ax$$

ramènera ensuite les équations à la forme

$$x^m - 1 = 0, \quad x^m + 1 = 0.$$

Nous venons de résoudre celles-ci par deux formules trigonométriques ; il suffira de multiplier leurs racines par a pour obtenir celles des deux équations proposées.

Si on remarque que les équations réduites rentrent dans la catégorie des équations réciproques, on peut aussi leur appliquer le mode de résolution de ces dernières. Supposons d'abord que m soit impair et posons : $m = 2n + 1$; on aura les équations

$$x^{2n+1} - 1 = 0, \quad x^{2n+1} + 1 = 0.$$

La première admet la racine $+1$; d'après le théorème de Descartes, elle ne peut avoir d'autre racine réelle. Si on divise par $x - 1$, il vient l'équation réciproque

$$x^{2n} + x^{2n-1} + \cdots + x + 1 = 0.$$

La seconde n'admet aussi qu'une seule racine réelle qui est -1 ; la division par $x + 1$ donne l'équation réciproque

$$x^{2n} - x^{2n-1} + x^{2n-2} - \cdots + x^2 - x + 1 = 0.$$

Posons, en second lieu, $m = 2n$; il viendra les équations

$$x^{2n} - 1 = 0, \quad x^{2n} + 1 = 0.$$

La première possède deux racines réelles $+1$ et -1 ; en divisant par $x^2 - 1$, il reste une équation réciproque de degré pair. La deuxième n'admet aucune racine réelle ; elle est réciproque et se ramène à la forme

$$x^n + \frac{1}{x^n} = 0.$$

Ainsi, après avoir débarrassé les équations binômes de leurs racines réelles, il reste à résoudre une équation réciproque de degré pair $2n$. On sait qu'en posant

$$z = x + \frac{1}{x},$$

on arrive à une transformée du degré n. Il est intéressant de constater que cette transformée en z a toutes ses racines réelles. Soit, en effet, $\alpha+\beta\sqrt{-1}$ une racine de

$$x^m = \pm 1;$$

$\alpha-\beta\sqrt{-1}$ est également racine et l'on aura simultanément

$$(\alpha+\beta\sqrt{-1})^m = \pm 1, \quad (\alpha-\beta\sqrt{-1})^m = \pm 1;$$

d'où, en multipliant,

$$(\alpha^2+\beta^2)^m = 1;$$

par suite,

$$\alpha^2+\beta^2 = 1.$$

Or, la valeur correspondante de z est :

$$\alpha+\beta\sqrt{-1}+\frac{1}{\alpha+\beta\sqrt{-1}} = \alpha+\beta\sqrt{-1}+\frac{\alpha-\beta\sqrt{-1}}{\alpha^2+\beta^2} = 2\alpha,$$

puisque $\alpha^2+\beta^2=1$; donc z est réel.

142. Il importe d'étudier les propriétés remarquables de l'équation binôme

$$x^m = 1.$$

Supposons que m ne soit pas un nombre premier ; en désignant par p un facteur quelconque de m, on peut poser : $m = m_1 p$, m_1 étant un entier plus petit que m. Nous allons démontrer que les racines de l'équation

$$x^p = 1$$

appartiennent à la première. En effet, si on représente par α l'une de ses racines, on a l'égalité

$$\alpha^p = 1,$$

et, en élevant les deux membres à la puissance m_1, il vient

$$\alpha^{m_1 p} = 1, \quad \text{ou} \quad \alpha^m = 1;$$

donc, α est une racine de l'équation proposée.

Lorsque le nombre m est indécomposable, c'est-à-dire, si m est un nombre premier, il n'existera pas une équation binôme de degré moins élevé ayant avec la première des racines communes. Il résulte de ce qui précède que, si p est un facteur des deux nombres m et n, les racines de

$$x^p = 1$$

seront communes aux équations

$$x^m = 1, \quad x^n = 1.$$

Considérons le cas où $m = p.q$, p et q étant des nombres premiers. On aura l'équation

$$(\lambda) \qquad x^{pq} = 1.$$

Nous venons de voir que les racines de

$$(\lambda_1) \qquad x^p = 1, \quad x^q = 1$$

vérifient cette équation. D'un autre côté, il existe des racines de la même équation qui ne satisfont pas aux deux dernières. Il est donc nécessaire d'établir une distinction importante entre les racines de l'équation binôme. On appelle *racines primitives* celles qui se rapportent seulement à l'équation et qui n'appartiennent pas à une équation binôme de degré moins élevé, et *racines non primitives* celles qui appartiennent à la fois à l'équation et à une autre équation binôme de degré inférieur. La valeur $x = 1$ satisfait à toutes les équations binômes de la forme $x^m = 1$; par conséquent, l'unité doit être considérée comme une racine non primitive. Si m est un nombre premier, toutes les racines de $x^m = 1$ seront primitives excepté l'unité.

Les racines non primitives de l'équation (λ) sont celles qui vérifient les équations (λ_1); leur nombre est représenté par

$$p + q - 1$$

en ne comptant la racine 1 qu'une fois; donc celui des racines primitives sera

$$pq - (p + q - 1) = (p - 1)(q - 1),$$

c'est-à-dire,

$$pq\left(1 - \frac{1}{p}\right)\left(1 - \frac{1}{q}\right) = m\left(1 - \frac{1}{p}\right)\left(1 - \frac{1}{q}\right).$$

Considérons encore le cas où $m = pqr$, p, q, r étant les facteurs premiers de m. On aura l'équation

$$(\mu) \qquad x^{pqr} = 1.$$

Les racines des équations du système

$$(\mu_1) \qquad x^p = 1, \quad x^q = 1, \quad x^r = 1$$

vérifient la proposée. Il en est de même des racines du système

$$(\mu_2) \qquad x^{pq} = 1, \quad x^{pr} = 1, \quad x^{qr} = 1;$$

car, en désignant par α, β, γ trois racines respectives de ces équations, on doit avoir.

$$\alpha^{pq} = 1, \quad \beta^{pr} = 1, \quad \gamma^{qr} = 1,$$

et, en élevant aux puissances r, q, p,

$$\alpha^{pqr} = 1, \quad \beta^{pqr} = 1, \quad \gamma^{pqr} = 1.$$

Les racines non primitives de (μ) doivent appartenir aux équations (μ_1) et (μ_2). Or, sans compter les racines égales à l'unité, le nombre des racines des équations (μ_2) est :

$$(n) \qquad pq + pr + qr - 3;$$

mais, ce nombre renferme deux fois celui des racines des équations (μ_1); par exemple, les $p - 1$ racines de $x^p = 1$ différentes de l'unité appartiennent à la fois aux équations $x^{pq} = 1$, $x^{pr} = 1$, et de même pour les deux autres. On doit donc retrancher de l'expression (n)

$$p - 1 + q - 1 + r - 1$$

pour que le nombre des racines de (μ_1) ne s'y trouve qu'une fois; enfin, comme on n'a pas tenu compte de la racine égale à l'unité, il faudra ajouter 1 à la différence. Il vient ainsi pour le nombre des racines non primitives

$$pq + pr + qr - p - q - r + 1;$$

par suite, celui des racines primitives aura pour expression

$$pqr - pq - pr - qr + p + q + r - 1 = (p - 1)(q - 1)(r - 1),$$

ou bien,

$$pqr\left(1 - \frac{1}{p}\right)\left(1 - \frac{1}{q}\right)\left(1 - \frac{1}{r}\right) = m\left(1 - \frac{1}{p}\right)\left(1 - \frac{1}{q}\right)\left(1 - \frac{1}{r}\right).$$

En continuant ainsi, il est visible que le nombre des racines primitives de l'équation

$$x^{pqrs\cdots} = 1$$

sera représenté par

$$m\left(1 - \frac{1}{p}\right)\left(1 - \frac{1}{q}\right)\left(1 - \frac{1}{r}\right)\left(1 - \frac{1}{s}\right)\cdots$$

143. Les conclusions précédentes résultent aussi de la formule de résolution

$$x = \cos\frac{2k\pi}{m} + \sqrt{-1}\sin\frac{2k\pi}{m}.$$

Si m est un nombre premier, la fraction $\frac{k}{m}$ est irréductible pour toutes les valeurs de k, savoir : $0, 1, 2, 3, \ldots m-1$; mais il n'en est pas toujours ainsi, lorsque m est un nombre composé. Pour certaines valeurs de k, il existera au numérateur et au dénominateur un facteur commun ; en le supprimant, on aurait

$$\frac{k}{m}=\frac{k_1}{m_1},$$

m_1 étant plus petit que m. La racine correspondante devient alors

$$x=\cos\frac{2k_1\pi}{m_1}+\sqrt{-1}\sin\frac{2k_1\pi}{m_1}.$$

Or, cette formule représente précisément une racine de l'équation binôme du degré $m_1 < m$; c'est une racine non primitive.

Supposons $m=pq$, et considérons la formule

$$x=\cos\frac{2k\pi}{pq}+\sqrt{-1}\sin\frac{2k\pi}{pq},$$

où l'on doit attribuer à k les valeurs $0, 1, 2, 3, \ldots, pq-1$.

Remarquons que la fraction $\frac{k}{pq}$ aura un facteur commun aux deux termes pour les valeurs suivantes de k

$$p,\ 2p,\ 3p, \ldots, (q-1)p\ ;$$
$$q,\ 2q,\ 3q, \ldots (p-1)q.$$

A ces $p+q-2$ nombres, il faut ajouter la valeur $k=0$ qui donne la racine égale à l'unité ; par conséquent, le nombre des racines non primitives sera $p+q-1$, et celui des racines primitives

$$pq-p-q+1=(p-1)(q-1).$$

On obtient immédiatement cette expression, en observant que la formule de résolution donne une racine primitive chaque fois qu'on remplace k par un nombre plus petit que m et premier avec m ; le nombre de ces racines est donc égal à celui des entiers premiers avec m et non supérieurs à m. On sait, par l'arithmétique, que ce nombre est l'expression qui précède, et, dans le cas général, pour $m=pqr\ldots$, on a

$$m\left(1-\frac{1}{p}\right)\left(1-\frac{1}{q}\right)\left(1-\frac{1}{r}\right)\cdots.$$

144. *Si α est une racine quelconque de l'équation*

$$x^m = 1,$$

toute puissance de α est aussi une racine.

En effet, puisque α est racine, on a

$$\alpha^m = 1,$$

et, en élevant à la puissance r,

$$\alpha^{mr} = 1, \quad \text{ou} \quad (\alpha^r)^m = 1,$$

donc α^r est racine quel que soit r. La formule de résolution est donc

$$x = \alpha^r.$$

Si m est un nombre premier et α une racine différente de l'unité, les m racines correspondent aux valeurs

$$0, 1, 2, 3, \ldots m - 1$$

de r; ce qui donne la suite

$$\alpha^0, \alpha^1, \alpha^2, \alpha^3, \ldots \alpha^{m-1},$$

dont tous les termes sont distincts; car, il ne peut pas arriver que l'on ait :

$$\alpha^n = \alpha^{n'}$$

n et n' étant plus petits que m; il en résulterait

$$(s) \qquad \alpha^{n-n'} = 1$$

ce qui est impossible, puisque α est une racine primitive; elle ne peut satisfaire à une équation binôme de degré inférieur.

Les puissances plus élevées de α représentent des racines qui rentrent dans les précédentes; on a

$$\alpha^m = \alpha^m . \alpha^0 = \alpha^0,$$

$$\alpha^{m+1} = \alpha^m . \alpha^1 = \alpha^1,$$

$$\alpha^{m+2} = \alpha^m . \alpha^2 = \alpha^2,$$

et ainsi de suite.

Lorsque m est un nombre composé, la relation (s) pourrait exister; mais alors α serait une racine non primitive; donc, pour que la suite donne avec certitude les m racines, il faut choisir pour α une racine primitive de l'équation. Cette propriété établit encore une différence caractéristique entre les deux espèces de racines. Ainsi, *dans tous les cas, la suite*

$$\alpha^0, \alpha^1, \alpha^2, \ldots \alpha^{m-1}$$

fournit toutes les racines de l'équation $x^m = 1$, *pourvu que* α *soit une racine primitive.*

145. Nous allons profiter des propriétés des racines pour résoudre commodément l'équation binôme lorsque m est un nombre composé quelconque. Soit $m = pq$, p et q étant des facteurs premiers. On aura

$$x^{pq} = 1.$$

Représentons par

$$\alpha^0, \alpha^1, \alpha^2, \ldots \alpha^{p-1},$$

$$\beta^0, \beta^1, \beta^2, \ldots \beta^{q-1},$$

les racines des équations

$$x^p = 1, \quad x^q = 1.$$

La formule générale de résolution sera

$$x = \alpha^r \beta^s$$

où il faut attribuer à r les valeurs $0, 1, 2, \ldots p-1$ et à s les valeurs $0, 1, 2, \ldots q-1$. En effet, ce produit est racine de l'équation ; car on a

$$(\alpha^r)^p = 1, \quad (\beta^s)^q = 1;$$

d'où

$$(\alpha^r)^{pq} = 1, \quad (\beta^s)^{pq} = 1;$$

par suite,

$$(\alpha^r\beta^s)^{pq} = 1.$$

De plus, tous les produits correspondant aux diverses valeurs de r et de s seront différents; on ne peut avoir la relation

$$\alpha^\rho\beta^\sigma = \alpha^{\rho'}\beta^{\sigma'}$$

ρ et ρ' étant inférieurs à p et σ, σ' inférieurs à q ; car il en résulterait

$$\alpha^{\rho-\rho'} = \beta^{\sigma'-\sigma}$$

et les équations $x^p = 1$, $x^q = 1$ auraient une racine commune, puisque $\alpha^{\rho-\rho'}$ est une racine de la première et $\beta^{\sigma'-\sigma}$ une racine de la seconde ; ce qui est impossible, p et q étant premiers entre eux.

Cherchons, dans quels cas, la formule donnera une racine primitive. Substituons la valeur $x = \alpha^r\beta^s$ dans les équations

$$x^p = 1, \quad x^q = 1.$$

Il viendra

$$\alpha^{rp}\beta^{sp} = 1, \quad \alpha^{rq}\beta^{sq} = 1,$$

ou bien

$$(\beta^s)^p = 1, \quad (\alpha^r)^q = 1.$$

Or, ces égalités ne peuvent avoir lieu, si ce n'est pour $\alpha = 1, \beta = 1$; car, autrement, il y aurait une racine commune entre $x^p = 1$, et $x^q = 1$. Donc le produit $\alpha^r\beta^s$ représentera une racine primitive chaque fois que les exposants de α et β seront différents de zéro. Nous arrivons de cette manière à la proposition suivante :

Les diverses racines de l'équation $x^{pq} = 1$ s'obtiennent en multipliant chaque racine de $x^p = 1$ par les racines de $x^q = 1$; les produits où les facteurs sont différents de l'unité représentent les racines primitives de l'équation.

En continuant le même raisonnement de proche en proche, il est évident que la formule de résolution de l'équation $x^{pqrs\cdots} = 1$ sera de la forme

$$x = \alpha^\lambda\beta^\mu\gamma^\nu\delta^\rho\ldots$$

où $\alpha^\lambda, \beta^\mu, \gamma^\nu, \delta^\rho\ldots$ désignent respectivement des racines des équations

$$x^p = 1, \quad x^q = 1, \quad x^r = 1, \quad x^s = 1, \ldots$$

Il faudra successivement remplacer $\lambda, \mu, \nu, \rho \ldots$ par les valeurs

$$0, \quad 1, \quad 2, \quad \ldots \quad p - 1;$$
$$0, \quad 1, \quad 2, \quad \ldots \quad q - 1;$$
$$0, \quad 1, \quad 2, \quad \ldots \quad r - 1;$$
$$0, \quad 1, \quad 2, \quad \ldots \quad s - 1;$$
$$\ldots\ldots\ldots\ldots\ldots$$

Les racines primitives seront données par les produits où tous les facteurs sont différents de l'unité.

146. Considérons encore le cas où $m = p^2$, p étant un nombre premier; on aura l'équation $x^{p^2} = 1$.

Désignons par α une racine quelconque de l'équation $x^p = 1$, et par β une racine quelconque de l'équation $x^p = \alpha$.

Nous allons voir que la valeur $x = \alpha\beta$ est racine de l'équation proposée. En effet, on a

$$\alpha^p = 1, \quad \beta^p = \alpha,$$

et, en élevant à la puissance p,

$$\alpha^{p^2} = 1, \quad \beta^{p^2} = \alpha^p = 1;$$

par suite, $(\alpha\beta)^{p^2} = 1$.

Cherchons dans quelles conditions le produit $\alpha\beta$ sera une racine primitive. On sait qu'une racine non primitive doit vérifier une équation $x^\theta = 1$, où θ est inférieur à p^2. Il y a, dans ce cas, une racine commune entre les deux équations. Or, pour qu'il en soit ainsi, θ doit être facteur de p^2; il n'y a donc qu'une seule valeur à considérer, c'est $\theta = p$. Substituons la racine $\alpha\beta$ dans l'équation $x^p = 1$; il viendra $\alpha^p\beta^p = 1$, ou bien $\beta^p = \alpha = 1$.

Par conséquent, la racine sera primitive ou non primitive suivant que α sera différent ou égal à l'unité.

Soit, en second lieu, l'équation $x^{p^3} = 1$.

Représentons par α une racine quelconque de $x^p = 1$, par β une racine quelconque de $x^p = \alpha$, et par γ une racine quelconque de $x^p = \beta$.

La valeur $x = \alpha\beta\gamma$ sera racine de l'équation proposée, puisque l'on a les relations

$$\alpha^p = 1, \quad \beta^p = \alpha, \quad \gamma^p = \beta;$$

d'où

$$\alpha^{p^3} = 1, \quad \beta^{p^3} = \alpha^{p^2} = 1, \quad \gamma^{p^3} = \beta^{p^2} = \alpha^p = 1;$$

donc, $(\alpha\beta\gamma)^{p^3} = 1$.

Pour que le produit soit une racine non primitive, il doit vérifier une équation $x^\theta = 1$ où θ est inférieur à p^3. Il ne peut y avoir de racines communes à moins que l'on ait :

$$\theta = p, \quad \theta = p^2;$$

ce qui donne les équations

$$x^p = 1, \quad x^{p^2} = 1.$$

La première est une conséquence de la seconde. Posons $x = \alpha\beta\gamma$ dans celle-ci; il viendra $\alpha^{p^2}\beta^{p^2}\gamma^{p^2} = 1$; mais

$$\alpha^{p^2} = 1, \quad \beta^{p^2} = \alpha^p = 1, \quad \gamma^{p^2} = \beta^p = \alpha;$$

par suite, l'égalité précédente revient à $\alpha = 1$. Donc la valeur $x = \alpha\beta\gamma$ sera une racine primitive lorsque α sera différent de l'unité.

On continue de la même manière pour les puissances plus élevées de p, et on arrive à cette conclusion générale :

Étant donnée l'équation $x^{p^\lambda} = 1$, on détermine une racine α différente de l'unité de l'équation $x^p = 1$, une racine quelconque β de $x^p = \alpha$, une racine quelconque γ de $x^p = \beta$, et, ainsi de suite; la valeur $x = \alpha\beta\gamma \ldots$ sera une racine primitive de l'équation qui, élevée aux puissances $0, 1, 2, 3, \ldots$, fournira toutes les racines.

Enfin, dans le cas général de l'équation $x^{p^\lambda q^\mu r^\nu \cdots} = 1$, il faudra déterminer une racine primitive des équations partielles

$$x^{p^\lambda} = 1, \quad x^{q^\mu} = 1, \quad x^{r^\nu} = 1, \quad \ldots$$

Si on les multiplie entre elles, il en résultera une racine primitive de l'équation générale; en élevant cette racine aux puissances 0, 1, 2, ..., on obtiendra toutes les racines de cette équation.

147. Nous terminerons cette théorie par la résolution de quelques équations binômes où la puissance m de x est un nombre premier.

a) *Résoudre les équations*

$$x^3 - 1 = 0, \quad x^5 - 1 = 0,$$
$$x^3 + 1 = 0, \quad x^5 + 1 = 0.$$

La première revient à

$$(x - 1)(x^2 + x + 1) = 0$$

et elle a pour racines

$$+1, \quad \frac{-1 + \sqrt{-3}}{2}, \quad \frac{-1 - \sqrt{-3}}{2}$$

ce sont les trois racines cubiques de l'unité qu'on désigne généralement par $1, \alpha, \alpha^2$.

La seconde peut s'écrire

$$(x - 1)(x^4 + x^3 + x^2 + x + 1) = 0,$$

et sa résolution se fera par le système :

$$x - 1 = 0,$$
$$x^2 - zx + 1 = 0,$$
$$z^2 + z - 1 = 0.$$

Les deux autres équations ont les mêmes racines que les premières, mais changées de signe.

b) *Résoudre l'équation* $x^7 - 1 = 0$. En divisant par $x - 1$, il vient

$$x^6 + x^5 + x^4 + x^3 + x^2 + x + 1 = 0,$$

ou bien

$$\left(x^3 + \frac{1}{x^3}\right) + \left(x^2 + \frac{1}{x^2}\right) + \left(x + \frac{1}{x}\right) + 1 = 0.$$

Sa transformée est

$$z^3 + z^2 - 2z - 1 = 0.$$

L'équation proposée revient ainsi au système suivant :

$$x - 1 = 0,$$
$$x^2 - zx + 1 = 0,$$
$$z^3 + z^2 - 2z - 1 = 0.$$

Autre méthode. — Désignons par x, x^2, x^3, x^4, x^5, x^6 les racines imaginaires de l'équation. La somme de ces racines plus l'unité étant égale à zéro, on a

$$x + x^2 + x^3 + x^4 + x^5 + x^6 = -1.$$

Posons

$$y_1 = x + x^2 + x^4, \quad y_2 = x^3 + x^5 + x^6.$$

On en déduit

$$y_1 + y_2 = -1,$$
$$y_1 y_2 = x^4 + x^6 + x^7 + x^5 + x^7 + x^8 + x^7 + x^9 + x^{10} = 3 + y_1 + y_2 = 2.$$

Les quantités y sont donc les racines de l'équation

$$(\alpha) \qquad y^2 + y + 2 = 0.$$

Si on pose encore

$$x_1 = x, \quad x_2 = x^2, \quad x_3 = x^4,$$

on en déduit

$$x_1 + x_2 + x_3 = y_1$$
$$x_1 x_2 + x_1 x_3 + x_2 x_3 = y_2 = -1 - y_1$$
$$x_1 x_2 x_3 = 1.$$

Les quantités x sont donc liées aux quantités y par l'équation

$$(\beta) \qquad x^3 - yx^2 - (y + 1)x - 1 = 0.$$

La résolution de l'équation proposée revient à celle des équations (α) et (β).

c) *Résoudre l'équation* $x^{11} - 1 = 0$.

Représentons par x, x^2, ... x^{10} les racines imaginaires ; on aura

$$x + x^2 + \cdots + x^{10} = -1.$$

Posons

$$y_1 = x + x^3 + x^4 + x^5 + x^9,$$
$$y_2 = x^2 + x^6 + x^7 + x^8 + x^{10}.$$

Il viendra

$$y_1 + y_2 = -1, \quad y_1 y_2 = 3,$$

et les valeurs de y seront les racines de l'équation

$$y^2 + y + 3 = 0.$$

En second lieu, posons

$$x_1 = x, \quad x_2 = x^3, \quad x_3 = x^4, \quad x_4 = x^5, \quad x_5 = x^9.$$

On en tire

$$\Sigma x_1 = y_1, \quad \Sigma x_1 x_2 = y_1 + y_2 = -1, \quad \Sigma x_1 x_2 x_3 = -1,$$
$$\Sigma x_1 x_2 x_3 x_4 = y_2 = -1 - y_1, \quad x_1 x_2 x_3 x_4 x_5 = 1.$$

Les quantités x et y doivent vérifier l'équation

$$x^5 - yx^4 - x^3 + x^2 - (1 + y)x - 1 = 0.$$

L'équation donnée se résolvera par deux équations l'une du second et l'autre du cinquième degré.

d) *Résoudre l'équation*

$$x^{13} - 1 = 0.$$

Désignons par $x, x^2, \ldots x^{12}$ les racines différentes de l'unité et posons :

$$y_1 = x + x^3 + x^4 + x^9 + x^{10} + x^{12},$$
$$y_2 = x^2 + x^5 + x^6 + x^7 + x^8 + x^{11}.$$

Ce partage des x se distingue par cette particularité que la somme des exposants dans chaque groupe est un multiple de 13. On déduit de ces égalités

$$y_1 + y_2 = -1, \quad y_1 y_2 = -3;$$

par suite, les valeurs de y seront données par l'équation

$$y^2 + y - 3 = 0.$$

En second lieu, posons :

$$z_1 = x + x^3 + x^9$$
$$z_2 = x^4 + x^{10} + x^{12}.$$

On en tire

$$z_1 + z_2 = y_1, \quad z_1 z_2 = 3 + y_2 = 2 - y_1.$$

En remplaçant y_1 par y, les valeurs de z correspondent à l'équation

$$z^2 - yz - (y - 2) = 0.$$

Enfin, si l'on pose encore

$$x_1 = x, \quad x_2 = x^3, \quad x_3 = x^9,$$

on trouve

$$\Sigma x_1 = z_1, \quad \Sigma x_1 x_2 = z_2 = y_1 - z_1, \quad x_1 x_2 x_3 = 1;$$

par suite, les quantités x seront les racines de l'équation

$$x^3 - zx^2 + (y - z)x - 1 = 0.$$

La résolution de l'équation $x^{13} - 1 = 0$ revient à celle du système suivant :

$$y^2 + y - 3 = 0,$$
$$z^2 - yz - (y - 2) = 0,$$
$$x^3 - zx^2 + (y - z)x - 1 = 0,$$
$$x - 1 = 0.$$

e) *Résoudre l'équation*

$$x^{17} - 1 = 0.$$

Soient toujours x, x^2, ... x^{16} les racines imaginaires ; posons

$$y_1 = x + x^2 + x^4 + x^8 + x^9 + x^{13} + x^{15} + x^{16},$$
$$y_2 = x^3 + x^5 + x^6 + x^7 + x^{10} + x^{11} + x^{12} + x^{14}.$$

Ici encore la somme des exposants dans chaque égalité est un multiple de 17. L'addition et la multiplication conduit aux relations

$$y_1 + y_2 = -1, \quad y_1 y_2 = -4,$$

et l'équation en y sera

$$y^2 + y - 4 = 0.$$

Posons maintenant

$$z_1 = x + x^4 + x^{13} + x^{16},$$
$$z_2 = x^2 + x^8 + x^9 + x^{15}.$$

La somme des exposants dans chaque équation est 34. On en tire

$$z_1 + z_2 = y_1, \quad z_1 z_2 = -1\,;$$

donc, en remplaçant y_1 par y, la relation entre y et z sera

$$z^2 - yz - 1 = 0.$$

Enfin, posons :

$$x + x^{16} = u_1, \quad x^4 + x^{13} = u_2.$$

Par l'addition et la multiplication, il vient

$$u_1 + u_2 = z_1, \quad u_1 u_2 = x^3 + x^5 + x^{12} + x^{14}.$$

Or, par les relations précédentes, on trouve

$$2(x^3 + x^5 + x^{12} + x^{14}) = z_1^2 + z_1 - y_1 - 4.$$

Nous aurons donc

$$u_1 + u_2 = z_1, \quad u_1 u_2 = \tfrac{1}{2}(z_1^2 + z_1 - y_1 - 4).$$

En remplaçant z_1, y_1 par z, y, il en résulte l'équation

$$u^2 - zu + \tfrac{1}{2}(z^2 + z - y - 4) = 0.$$

En observant que

$$x + x^{16} = x + \frac{x^{17}}{x} = x + \frac{1}{x} = u_1,$$

l'inconnue x est liée avec u par la relation

$$x^2 - ux + 1 = 0.$$

La résolution de l'équation proposée est ainsi ramenée à celle des équations

$$y^2 + y - 4 = 0,$$
$$z^2 - yz - 1 = 0,$$
$$u^2 - zu + \tfrac{1}{2}(z^2 + z - y - 4) = 0,$$
$$x^2 - ux + 1 = 0,$$
$$x - 1 = 0.$$

Ce procédé de résolution est dû à Gauss.

CHAPITRE VII.

RÉSOLUTION ALGÉBRIQUE DES ÉQUATIONS.

148. Dans le problème de la résolution algébrique des équations, on considère des équations où les coefficients, considérés comme donnés, sont représentés par des lettres auxquelles on peut attribuer des valeurs quelconques; il s'agit alors de trouver pour l'inconnue une expression formée avec ces coefficients et ne renfermant que des symboles algébriques propre à satisfaire identiquement à l'équation. Ce problème est très limité; il n'admet de solution que pour les équations des quatre premiers degrés. Nous avons vu qu'il existe des formules générales de résolution pour les équations du premier degré à un nombre quelconque d'inconnues. Nous étudierons maintenant les équations du second, du troisième et du quatrième degré.

§ 1.

Équation du second degré.

149. Considérons l'équation algébrique du second degré sous les formes suivantes :

$$x^2 + 2px + q = 0, \quad a_0x^2 + 2a_1x + a_2 = 0.$$

Désignons par Δ le discriminant de leur premier membre; on a respectivement :

$$\Delta = q - p^2, \quad \Delta = a_0a_2 - a_1^2.$$

Si on transpose le dernier terme après avoir multiplié la seconde équation par a_0, il vient :

$$x^2 + 2px = -q, \quad a_0^2x^2 + 2a_0a_1x = -a_0a_2.$$

En ajoutant aux deux membres d'un côté p^2 et de l'autre a_1^2, les équations proposées prennent la forme

$$(x+p)^2 = p^2 - q, \quad (a_0x + a_1)^2 = a_1^2 - a_0a_2;$$

on en déduit pour les formules de résolution

$$x = -p \pm \sqrt{-\Delta}, \quad x = \frac{-a_1 \pm \sqrt{-\Delta}}{a_0}.$$

Les racines sont donc réelles ou imaginaires suivant que le discriminant est plus petit ou plus grand que zéro.

Dans la plupart des méthodes, on fait usage d'une transformation préalable pour simplifier l'équation à résoudre. C'est ainsi qu'on ramène la résolution de l'équation complète du second degré à celle d'une équation incomplète en posant

$$x = y + z,$$

y et z étant deux indéterminées; en substituant cette valeur dans l'équation

$$x^2 + 2px + q = 0,$$

on trouve

$$y^2 + 2y(z+p) + z^2 + 2pz + q = 0.$$

Cette équation devient incomplète pour la valeur $z = -p$, et elle se réduit à

$$y^2 + q - p^2 = 0.$$

D'où

$$y = \pm\sqrt{-\Delta};$$

par suite,

$$x = y + z = -p \pm \sqrt{-\Delta}.$$

On arrive plus rapidement au même résultat par la substitution

$$x = -p - u$$

qui donne pour transformée

$$u^2 + q - p^2 = 0;$$

on en tire immédiatement la valeur de u et, par suite, celle de x.

On peut encore transformer l'équation à résoudre en une différence de deux carrés (N° 131). On doit poser

$$x^2 + 2px + q = (x + p)^2 - l^2,$$

l étant une constante indéterminée. Si on compare les coefficients des puissances de x, on doit avoir : $p^2 - l^2 = q$; d'où $l^2 = p^2 - q$.

Par conséquent, l'équation à résoudre prend la forme

$$(x + p)^2 - (p^2 - q) = 0,$$

ou bien

$$(x + p + \sqrt{p^2 - q})(x + p - \sqrt{p^2 - q}) = 0$$

qui fournit immédiatement les valeurs de l'inconnue.

150. *Méthode de Grunert.* Étant données deux quantités quelconques y et z, il existe entre elles l'identité

$$(y + z)^2 - 2y(y + z) + y^2 - z^2 = 0.$$

Posons $x = y + z$; elle devient :

$$x^2 - 2yx + y^2 - z^2 = 0.$$

Si on compare cette relation avec l'équation à résoudre

$$x^2 + 2px + q = 0,$$

on doit avoir

$$y = -p, \quad y^2 - z^2 = q.$$

En remplaçant y par sa valeur dans la seconde égalité, on trouve

$$z = \pm\sqrt{p^2 - q};$$

par conséquent,

$$x = y + z = -p \pm \sqrt{p^2 - q}.$$

151. *Méthode de Sommer.* Afin de résoudre l'équation

$$x^2 + px + q = 0,$$

on pose

$$x = y\frac{u + 1}{u - 1}$$

et, elle devient

$$y^2\left(\frac{u + 1}{u - 1}\right)^2 + 2py\left(\frac{u + 1}{u - 1}\right) + q = 0,$$

ou bien, en développant,

$$u^2 + \frac{2(y^2 - q)}{y^2 + 2py + q}u + \frac{y^2 - 2py + q}{y^2 + 2py + q} = 0.$$

Cette transformée en u devient incomplète, si l'on prend

$$y = \sqrt{q}.$$

D'après cette valeur, l'équation précédente donne

$$u = \pm\sqrt{-\frac{2q - 2p\sqrt{q}}{2q + 2p\sqrt{q}}} = \pm\sqrt{\frac{p - \sqrt{q}}{p + \sqrt{q}}}.$$

Or, la formule de substitution résolue par rapport à u devient

$$u = \frac{x + y}{x - y};$$

par suite, l'équation pour déterminer x sera

$$\pm\sqrt{\frac{p - \sqrt{q}}{p + \sqrt{q}}} = \frac{x + \sqrt{q}}{x - \sqrt{q}}.$$

On en déduit

$$x = \sqrt{q}\,\frac{\sqrt{p - \sqrt{q}} \mp \sqrt{p + \sqrt{q}}}{\sqrt{p - \sqrt{q}} \pm \sqrt{p + \sqrt{q}}}.$$

C'est une forme nouvelle pour l'inconnue x qu'on pourrait ramener aux précédentes en simplifiant la fraction.

152. *Méthode d'Heilermann.* Soit l'équation du second degré sous la forme homogène

$$a_0 x_1^2 + 2a_1 x_1 x_2 + a_2 x_2^2 = 0.$$

La méthode d'Heilermann consiste à déterminer les facteurs linéaires du premier membre. Dans ce but, on pose

$$a_0 x_1^2 + 2a_1 x_1 x_2 + a_2 x_2^2 = (\alpha x_1 + \beta x_2)(\gamma x_1 + \delta x_2).$$

Si on égale les coefficients des diverses puissances de x, on obtient les relations

$$\alpha\gamma = a_0, \quad \alpha\delta + \beta\gamma = 2a_1, \quad \beta\delta = a_2,$$

pour déterminer les constantes α, β, γ, δ. En ajoutant ces égalités, on trouve

$$(\alpha + \beta)(\gamma + \delta) = a_0 + 2a_1 + a_2,$$

ou bien, en désignant par s le second membre

$$(\alpha + \beta)(\gamma + \delta) = s.$$

Les mêmes égalités donnent encore

$$(\alpha\delta + \beta\gamma)^2 - 4\alpha\gamma.\beta\delta = (\alpha\delta - \beta\gamma)^2 = 4(a_1^2 - a_0a_2);$$

par suite,

$$\alpha\delta - \beta\gamma = \pm 2\sqrt{a_1^2 - a_0a_2}.$$

En ajoutant à cette égalité la relation

$$\alpha\delta + \beta\gamma = 2a_1,$$

il vient

$$\alpha\delta = a_1 \pm \sqrt{a_1^2 - a_0a_2}, \quad \beta\gamma = a_1 \mp \sqrt{a_1^2 - a_0a_2}.$$

Puisqu'il n'existe que trois égalités pour déterminer les constantes, on peut établir entre elles une relation. Posons

$$\alpha + \beta = \gamma + \delta;$$

il en résultera

$$\alpha + \beta = \gamma + \delta = \sqrt{s}.$$

Eu égard à toutes ces équations, on trouve sans peine

$$\alpha = \frac{a_0 + a_1 \pm \sqrt{-\Delta}}{\sqrt{s}}, \quad \beta = \frac{a_1 + a_2 \mp \sqrt{-\Delta}}{\sqrt{s}}$$

$$\gamma = \frac{a_0 + a_1 \mp \sqrt{-\Delta}}{\sqrt{s}}, \quad \delta = \frac{a_1 + a_2 \pm \sqrt{-\Delta}}{\sqrt{s}}.$$

Par la substitution de ces valeurs, on arrivera aux deux facteurs linéaires de l'équation, et, en les égalant à zéro, on trouve pour l'inconnue

$$\frac{x_1}{x_2} = -\frac{a_1 + a_2 \mp \sqrt{-\Delta}}{a_0 + a_1 \pm \sqrt{-\Delta}}.$$

153. *Méthode de Clebsch.* Soit encore l'équation du second degré homogène

$$a_0x_1^2 + 2a_1x_1x_2 + a_2x_2^2 = 0.$$

Désignons par φ la fonction définie par l'équation

$$\varphi = (a_0y_1 + a_1y_2)x_1 + (a_1y_1 + a_2y_2)x_2.$$

Si on élève au carré, il vient

$$\varphi^2 = (a_0^2y_1^2 + 2a_0a_1y_1y_2 + a_1^2y_2^2)x_1^2 + (a_1^2y_1^2 + 2a_1a_2y_1y_2 + a_2^2y_2^2)x_2^2$$
$$+ 2(a_0a_1y_1^2 + a_0a_2y_1y_2 + a_1^2y_1y_2 + a_1a_2y_2^2)x_1x_2,$$

ou bien,

$$\varphi^2 = a_0 y_1^2 (a_0 x_1^2 + 2a_1 x_1 x_2) + 2a_1 y_1 y_2 (a_0 x_1^2 + a_1 x_1 x_2 + a_2 x_2^2)$$
$$+ a_2 y_2^2 (2a_1 x_1 x_2 + a_2 x_2^2) + a_1^2 y_2 x_1^2 + 2a_0 a_2 y_1 y_2 x_1 x_2 + a_1^2 y_1^2 x_2^2,$$

et, en vertu de l'équation proposée, cette expression se réduit à

$$\varphi^2 = (x_1 y_2 - x_2 y_1)^2 (a_1^2 - a_0 a_1);$$

on en déduit

$$\varphi = \pm (x_1 y_2 - y_1 x_2) \sqrt{-\Delta}.$$

Remplaçons maintenant φ par sa valeur; on aura

$$(a_0 y_1 + a_1 y_2) x_1 + (a_1 y_1 + a_2 y_2) x_2 \mp (x_1 y_2 - y_1 x_2) \sqrt{-\Delta} = 0.$$

Enfin, cette équation donne, pour l'inconnue, l'expression

$$\frac{x_1}{x_2} = -\frac{a_1 y_1 + a_2 y_2 \mp y_1 \sqrt{-\Delta}}{a_0 y_1 + a_1 y_2 \pm y_2 \sqrt{-\Delta}}.$$

La présence de y_1 et de y_2 n'a aucune influence sur la racine ; on peut leur attribuer des valeurs quelconques.

§ 2.

Équation du troisième degré.

154. Nous allons considérer successivement l'équation du troisième degré sous les formes suivantes :

(1) $$a_0 x^3 + 3a_1 x^2 + 3a_2 x + a_3 = 0,$$
(2) $$x^3 + ax^2 + bx + c = 0,$$
(3) $$x^3 + px + q = 0.$$

On passe de (1) à (3) en remplaçant x par $x - \frac{a_1}{a_0}$, et de (2) à (3), en remplaçant x par $x - \frac{a}{3}$; dans les deux cas, le second terme disparaît. Si on forme le discriminant sur chacune de ces équations, on trouve respectivement :

$$\Delta = 4 (a_0 a_2 - a_1^2)(a_1 a_3 - a_2^2) - (a_0 a_3 - a_1 a_2)^2,$$
$$\Delta = 4 (3b - a^2)(3ac - b^2) - (ab - 9c)^2$$
$$= \tfrac{1}{9} [4 (a^2 - 3b)^3 - (2a^3 - 9ab + 27c)^2],$$
$$\Delta = - \tfrac{1}{27} (4p^3 + 27q^2) = -4 \left(\frac{q^2}{4} + \frac{p^3}{27}\right).$$

Proposons-nous d'abord de résoudre l'équation incomplète

$$x^3 + px + q = 0.$$

Posons :

$$x = y + z; \tag{4}$$

en substituant dans l'équation, on trouve

$$y^3 + z^3 + (3yz + p)(y + z) + q = 0. \tag{5}$$

On fait disparaître le terme du milieu en établissant entre y et z la relation

$$3yz + p = 0, \quad \text{ou} \quad yz = -\frac{p}{3}; \tag{6}$$

par suite, on a les égalités

$$y^3 + z^3 = -q, \quad y^3z^3 = -\frac{p^3}{27}.$$

Les quantités y^3 et z^3 sont donc les racines de l'équation du second degré

$$u^2 + qu - \frac{p^3}{27} = 0. \tag{7}$$

Cette équation qui sert à la détermination de y et z pour arriver à la valeur de x se nomme *réduite* ou *résolvante* de l'équation proposée. Appelons R son discriminant ; on aura

$$R = -\left(\frac{q^2}{4} + \frac{p^3}{27}\right);$$

il ne diffère de Δ que par un facteur numérique. En résolvant l'équation (7), on obtient

$$y^3 = -\frac{q}{2} + \sqrt{-R}, \quad z^3 = -\frac{q}{2} - \sqrt{-R}. \tag{8}$$

Par conséquent, en extrayant la racine cubique des deux membres, la valeur générale de l'inconnue x se présentera sous la forme

$$x = y + z = \sqrt[3]{-\frac{q}{2} + \sqrt{-R}} + \sqrt[3]{-\frac{q}{2} - \sqrt{-R}},$$

ou bien en remplaçant R par sa valeur,

$$x = \sqrt[3]{-\frac{q}{2} + \sqrt{\frac{q^2}{4} + \frac{p^3}{27}}} + \sqrt[3]{-\frac{q}{2} - \sqrt{\frac{q^2}{4} + \frac{p^3}{27}}}.$$

Cette expression est connue sous le nom de *formule de Cardan;* elle exige quelques explications pour être bien comprise. Observons qu'elle contient deux radicaux cubiques dont les valeurs dépendent des équations binômes (8). Désignons par A et B deux racines de ces équations, et par $1, \alpha, \alpha^2$ les racines cubiques de l'unité; les valeurs de y et de z seront respectivement

$$A, \quad A\alpha, \quad A\alpha^2; \quad B, \quad B\alpha, \quad B\alpha^2.$$

Si on les combine deux à deux par addition, on arrive à neuf valeurs pour l'inconnue x; mais, elles se réduisent à trois en vertu de la relation

$$yz = -\frac{p}{3},$$

c'est-à-dire que le produit des deux parties qui composent x doit être réel. Supposons que les valeurs A et B satisfassent à cette condition et que l'on ait :

$$AB = -\frac{p}{3}.$$

En remarquant que $\alpha^3 = 1$, les seules combinaisons à prendre sont :

$$x_1 = A + B,$$
$$x_2 = A\alpha + B\alpha^2,$$
$$x_3 = A\alpha^2 + B\alpha.$$

Toute autre combinaison donnerait, pour les deux termes de x, un produit ne renfermant pas $\alpha^3 = 1$, et, par suite, la condition précédente ne serait pas satisfaite.

Supposons que le discriminant Δ de l'équation du troisième degré soit négatif; il en sera de même de R, et les seconds membres des équations (8) seront réels. On prendra, dans ce cas, pour A et B les valeurs arithmétiques des radicaux cubiques; la première racine x_1 sera réelle, tandis que les deux autres restent imaginaires à cause de α.

En second lieu, si $\Delta = 0$, on a aussi $R = 0$; les deux équations (8) se confondent et l'on a : $A = B$; par suite,

$$x_1 = 2A, \quad x_2 = A\alpha + A\alpha^2 = -A, \quad x_3 = A\alpha + A\alpha^2 = -A;$$

car, $\alpha + \alpha^2 = -1$. L'équation du troisième degré admet donc alors trois racines réelles dont deux sont égales.

Il ne reste plus à considérer que l'hypothèse où $\Delta > 0$; elle devra correspondre au seul cas que peut encore présenter l'équation du troisième degré, celui où elle possède trois racines réelles inégales. Les valeurs de y et de z déduites des relations (8) seront imaginaires, mais, à cause de $yz = -\frac{p}{3}$, leur produit est réel, et y et z doivent être des quantités complexes conjuguées. Si l'on prend pour y les valeurs

$$(a_1 + b_1\sqrt{-1}),\quad (a_1 + b_1\sqrt{-1})\,\alpha,\quad (a_1 + b_1\sqrt{-1})\,\alpha^2,$$

celles de z seront de la forme

$$(a_1 - b_1\sqrt{-1}),\quad (a_1 - b_1\sqrt{-1})\,\alpha,\quad (a_1 - b_1\sqrt{-1})\,\alpha^2,$$

et le coefficient b_1 ne peut pas être nul. Il vient pour les racines

$$x_1 = a_1 + b_1\sqrt{-1} + a_1 - b_1\sqrt{-1},$$

$$x_2 = (a_1 + b_1\sqrt{-1})\,\alpha + (a_1 - b_1\sqrt{-1})\,\alpha^2,$$

$$x_3 = (a_1 + b_1\sqrt{-1})\,\alpha^2 + (a_1 - b_1\sqrt{-1})\,\alpha;$$

ou bien, à cause de : $\alpha + \alpha^2 = -1,\quad \alpha - \alpha^2 = \sqrt{-3},$

$$x_1 = 2a_1,$$

$$x_2 = -a_1 - b_1\sqrt{3},$$

$$x_3 = -a_1 + b_1\sqrt{3}.$$

Par conséquent, les trois racines sont réelles et inégales.

155. *Cas irréductible.* Nous venons de voir que dans l'hypothèse où $\Delta > 0$, les trois racines de l'équation du troisième degré sont réelles; or, c'est précisément alors que la formule de Cardan se complique d'imaginaires, et elle est impuissante à fournir les racines; on n'est pas encore parvenu à faire disparaître cette imperfection. Afin de calculer les racines, il est nécessaire d'employer une transformation trigonométrique. On pose d'abord les égalités

$$\rho\cos\varphi = -\frac{q}{2},\quad \frac{q^2}{4} + \frac{p^3}{27} = -\rho^2\sin^2\varphi$$

qui donnent pour φ et ρ les valeurs réelles

$$\rho = \sqrt{-\frac{p^3}{27}},\quad \cos\varphi = -\frac{q}{2\rho}.$$

Il faut remarquer, en effet, que la condition $\Delta > 0$ revient à

$$-\left(\frac{q^2}{4}+\frac{p^3}{27}\right) > 0,$$

et p doit être négatif.

D'après les valeurs posées, la formule de Cardan prend la forme

$$x = \sqrt[3]{\rho \cos\varphi + \sqrt{-1}\,\rho\sin\varphi} + \sqrt[3]{\rho\cos\varphi - \sqrt{-1}\,\rho\sin\varphi}.$$

On en déduit

$$x = \sqrt[3]{\rho}\left(\cos\frac{\varphi+2k\pi}{3} + \sqrt{-1}\sin\frac{\varphi+2k\pi}{3}\right)$$
$$+\sqrt[3]{\rho}\left(\cos\frac{\varphi+2k\pi}{3} - \sqrt{-1}\sin\frac{\varphi+2k\pi}{3}\right),$$

c'est-à-dire,

$$x = 2\sqrt[3]{\rho}\cos\frac{\varphi+2k\pi}{3}.$$

En posant $k = 0, 1, 2$, il vient pour les racines

$$x_1 = 2\sqrt[3]{\rho}\cos\frac{\varphi}{3},$$

$$x_2 = 2\sqrt[3]{\rho}\cos\left(\frac{\varphi}{3}+120^\circ\right),$$

$$x_3 = 2\sqrt[3]{\rho}\cos\left(\frac{\varphi}{3}+240^\circ\right);$$

ou bien,

$$x_1 = 2\sqrt[3]{\rho}\cos\frac{\varphi}{3},$$

$$x_2 = -2\sqrt[3]{\rho}\cos\left(60^\circ-\frac{\varphi}{3}\right),$$

$$x_3 = 2\sqrt[3]{\rho}\cos\left(120^\circ-\frac{\varphi}{3}\right).$$

Ces valeurs sont réelles et calculables par logarithmes.

Ainsi pour l'équation

$$x^3 - 3x + 1 = 0,$$

on a d'abord

$$\rho = \sqrt[3]{\frac{27}{27}} = 1, \quad \cos\varphi = -\frac{1}{2};$$

d'où

$$\varphi = 120 \quad \text{et} \quad \frac{\varphi}{3} = 40^\circ.$$

Ensuite,

$$x_1 = 2 \cos 40^\circ = 1,5320888,$$
$$x_2 = -2 \cos 20^\circ = -1,8793852,$$
$$x_3 = 2 \cos 80^\circ = 0,3472964.$$

On s'assure de l'exactitude du calcul en faisant la somme des racines; cette somme doit être zéro ou voisine de zéro.

156. Lorsqu'on connaît une racine de l'équation, il existe une formule pour trouver les deux autres. D'après la formule de Cardan, si on pose

$$y = \sqrt[3]{-\frac{q}{2} + \frac{1}{2}\sqrt{q^2 + \frac{4p^3}{27}}},$$
$$z = \sqrt[3]{-\frac{q}{2} - \frac{1}{2}\sqrt{q^2 + \frac{4p^3}{27}}},$$

il vient

$$x_1 = y + z, \quad x_2 = y\alpha + z\alpha^2, \quad x_3 = y\alpha^2 + z\alpha.$$

Or,

$$\alpha = \frac{-1 + \sqrt{-3}}{2}, \quad \alpha^2 = \frac{-1 - \sqrt{-3}}{2};$$

par suite,

$$x_2 = -\frac{y+z}{2} + \frac{y-z}{2}\sqrt{-3},$$
$$x_3 = -\frac{y+z}{2} - \frac{y-z}{2}\sqrt{-3},$$

c'est-à-dire que ces racines seront données par la formule

$$-\tfrac{1}{2}[x_1 \pm (y-z)\sqrt{-3}].$$

Supposons que la racine x_1 soit connue; par les valeurs de y et de z, on trouve

$$y^3 - z^3 = \sqrt{q + \frac{4p^3}{27}}, \quad y^3 + z^3 = -q, \quad yz = -\frac{p}{3},$$

et comme

$$\frac{y^3 - z^3}{y - z} = \frac{y^3 + z^3}{y + z} + 2yz,$$

il vient

$$\frac{\sqrt{q^2+\frac{4p^3}{27}}}{y-z}=-\frac{2px_1+3q}{3x_1}.$$

On en tire

$$y-z=-\frac{3x_1\sqrt{q^2+\frac{4p^3}{27}}}{2px_1+3q}.$$

En substituant, la formule propre à donner les racines x_2 et x_3 sera :

$$-\frac{1}{2}x_1\left(-1\pm\frac{\sqrt{27q^2+4p^3}}{2px_1+3q}\sqrt{-1.}\right).$$

L'équation du troisième degré ayant toujours une racine réelle, après l'avoir déterminée, cette formule donnera les deux autres, soit réelles, soit imaginaires. L'équation

$$x^3-7x+6=0$$

admet une racine $x_1=2$; l'application de la formule conduit à $x_2=1$, $x_3=-3$.

157. Soit maintenant l'équation complète

$$x^3+ax^2+bx+c=0.$$

Si on pose

$$x=x'-\frac{a}{3},$$

elle devient

$$x'^3+px'+q=0$$

où

$$p=-\frac{a^2-3b}{3},\quad q=\frac{1}{27}(2a^3-9ab+27c).$$

On peut appliquer la formule de Cardan pour déterminer x'. En se rappelant que

$$\Delta=\tfrac{1}{9}\left[4(a^2-3b)^3-(2a^3-9ab+27c)^2\right]$$

on trouve pour l'expression générale de l'inconnue

$$x=-\frac{a}{3}+\frac{1}{3}\sqrt[3]{-\frac{1}{2}(2a^3-9ab+27c)+\frac{3}{2}\sqrt{-\Delta}}$$
$$+\frac{1}{3}\sqrt[3]{-\frac{1}{2}(2a^3-9ab+27c)-\frac{3}{2}\sqrt{-\Delta}}.$$

La méthode employée pour l'équation incomplète s'applique aussi à la résolution de l'équation

$$x^3 + ax^2 + bx + c = 0,$$

en y apportant une légère modification. On pose

$$x + \frac{a}{3} = y + z.$$

Si on élève les deux membres à la troisième puissance, il vient

$$x^3 + ax^2 + \frac{a^2}{3}x + \frac{a^3}{27} = y^3 + z^3 + 3yz\left(x + \frac{a}{3}\right),$$

ou bien,

$$x^3 + ax^2 + \left(\frac{a^2}{3} - 3yz\right)x + \left(\frac{a^3}{27} - ayz - y^3 - z^3\right) = 0.$$

Par la comparaison de cette équation avec la proposée, on a

$$\frac{a^2}{3} - 3yz = b, \quad \frac{a^3}{27} - ayz - y^3 - z^3 = c;$$

d'où on tire

$$yz = \frac{a^2 - 3b}{9}, \quad y^3 + z^3 = -\frac{1}{27}(2a^3 - 9ab + 27c);$$

par suite y^3 et z^3 sont les racines de l'équation

$$u^2 + \frac{1}{27}(2a^3 - 9ab + 27c)u + \frac{1}{729}(a^2 - 3b)^3 = 0$$

qui est la résolvante cherchée. Soient u_1, u_2 ses racines; les valeurs de y et de z se déduisent des équations binômes

$$y^3 = u_1, \quad z^3 = u_2,$$

et, en les représentant respectivement par

$$y, \alpha y, \alpha^2 y; \quad z, \alpha z, \alpha^2 z,$$

on doit les combiner de manière à satisfaire à la relation

$$yz = \frac{a^2 - 3b}{9};$$

on obtient ainsi pour les racines

$$x_1 = -\frac{a}{3} + y + z,$$

$$x_2 = -\frac{a}{3} + \alpha y + \alpha^2 z,$$

$$x_3 = -\frac{a}{3} + \alpha^2 y + \alpha z.$$

Nous avons vu que $\Delta = 0$ est la condition pour que l'équation du troisième degré

$$x^3 + px + q = 0,$$

admette des racines égales; elle ne peut avoir une racine triple que dans le cas ou p et q sont nuls; la racine triple est alors égale à zéro. Cherchons les mêmes conditions pour l'équation complète. Si elle admet une racine triple, on peut poser

$$x^3 + ax^2 + bx + c = (x + \mu)^3 = x^3 + 3\mu x^2 + 3\mu^2 x + \mu^3;$$

d'où résultent les égalités

$$a = 3\mu, \quad b = 3\mu^2, \quad c = \mu^3.$$

En éliminant μ entre les deux premières, on trouve

$$(t) \qquad a^2 - 3b = 0,$$

et comme

$$\Delta = \tfrac{1}{9}[4(a^2 - 3b)^3 - (2a^3 - 9ab + 27c)^2] = 0,$$

il faut aussi que

$$(t') \qquad 2a^3 - 9ab + 27c = 0.$$

Les relations (t) et (t') sont les conditions cherchées.

158. *Méthode de Lagrange.* Désignons par x_1, x_2, x_3 les racines de l'équation

$$x^3 + ax^2 + bx + c = 0,$$

et posons

$$y = (x_1 + \alpha x_2 + \alpha^2 x_3)^3,$$

les quantités 1, α, α^2 étant les racines cubiques de l'unité. L'expression entre parenthèse est susceptible de prendre les six valeurs suivantes par l'échange des racines

$$x_1 + \alpha x_2 + \alpha^2 x_3, \quad x_2 + \alpha x_3 + \alpha^2 x_1, \quad x_3 + \alpha x_1 + \alpha^2 x_2,$$
$$x_1 + \alpha x_3 + \alpha^2 x_2, \quad x_2 + \alpha x_1 + \alpha^2 x_3, \quad x_3 + \alpha x_2 + \alpha^2 x_1;$$

mais, à cause de

$$\alpha^3 = 1, \quad \alpha^4 = \alpha,$$

on a les égalités

$$x_1 + \alpha x_2 + \alpha^2 x_3 = \alpha(x_2 + \alpha x_3 + \alpha^2 x_1) = \alpha^2(x_3 + \alpha x_1 + \alpha^2 x_2),$$

ainsi que

$$(x_1 + \alpha x_2 + \alpha^2 x_3)^3 = (x_2 + \alpha x_3 + \alpha^2 x_1)^3 = (x_3 + \alpha x_1 + \alpha^2 x_2)^3.$$

Il en résulte que les trois premières expressions ne donnent qu'une seule valeur pour y; on démontre de la même manière qu'il en est ainsi pour les trois autres. L'inconnue y n'ayant que deux valeurs distinctes dépendra d'une équation du second degré que l'on peut former par les relations entre les racines et les coefficients. Prenons pour y_1, y_2 les valeurs

$$y_1 = (x_1 + \alpha x_2 + \alpha^2 x_3)^3, \quad y_2 = (x_1 + \alpha^2 x_2 + \alpha x_3)^3.$$

Si l'on tient compte des relations $1 + \alpha + \alpha^2 = 0$, $\alpha^3 = 1$, $\alpha^4 = \alpha$, etc., on trouve facilement

$$\begin{aligned} y_1 y_2 &= [x_1^2 + x_2^2 + x_3^2 - (x_1 x_2 + x_1 x_3 + x_2 x_3)]^3 \\ &= [(x_1 + x_2 + x_3)^2 - 3(x_1 x_2 + x_1 x_3 + x_2 x_3)]^3, \end{aligned}$$

c'est-à-dire,

$$y_1 y_2 = (a^2 - 3b)^3.$$

Ensuite,

$$\begin{aligned} y_1 + y_2 &= 2(x_1^3 + x_2^3 + x_3^3) - 3(x_1^2 x_2 + x_2^2 x_1 + x_1^2 x_3 + x_3^2 x_1 \\ &\quad + x_2^2 x_3 + x_3^2 x_2) + 12 x_1 x_2 x_3 \\ &= 2(x_1 + x_2 + x_3)^3 - 9(x_1 + x_2 + x_3)(x_1 x_2 + x_1 x_3 + x_2 x_3) + 27 x_1 x_2 x_3, \end{aligned}$$

ou bien

$$y_1 + y_2 = -2a^3 + 9ab - 27c.$$

L'équation du second degré qui donnera les valeurs de y_1 et de y_2 sera donc :

$$y^2 + (2a^3 - 9ab + 27c)y + (a^2 - 3b)^3 = 0 :$$

c'est la résolvante de l'équation proposée. Connaissant y_1, y_2, on aura les trois relations suivantes pour déterminer les racines

$$\begin{aligned} x_1 + x_2 + x_3 &= -a, \\ x_1 + \alpha x_2 + \alpha^2 x_3 &= \sqrt[3]{y_1}, \\ x_1 + \alpha^2 x_2 + \alpha x_3 &= \sqrt[3]{y_2}. \end{aligned}$$

On en déduit

$$x_1 = \frac{\sqrt[3]{y_1} + \sqrt[3]{y_2} - a}{3},$$

$$x_2 = \frac{\alpha\sqrt[3]{y_2} + \alpha^2\sqrt[3]{y_1} - a}{3},$$

$$x^3 = \frac{\alpha\sqrt[3]{y_1} + \alpha^2\sqrt[3]{y_2} - a}{3}.$$

Soit à résoudre l'équation

$$x^3 - 6x^2 - 12x - 112 = 0.$$

On obtiendra pour la résolvante

$$y^2 + 1944\,y + 373248 = 0$$

qui admet les racines : -216, -1728; par suite,

$$\sqrt[3]{y_1} = -6, \quad \sqrt[3]{y_2} = -12,$$

et par les formules, on trouve

$$x_1 = -4, \quad x_2 = 5 + \sqrt{-3}, \quad x_3 = 5 - \sqrt{-3}.$$

259. *Méthode de Bezout.* Étant donnée l'équation

$$x^3 + px + q = 0,$$

considérons la substitution

$$x = z_1 y + z_2 y^2$$

où y est une racine de l'équation

$$y^3 - 1 = 0,$$

et z_1, z_2 deux quantités indéterminées. Si on multiplie la valeur de x successivement par 1, y, y^2, il vient les relations

$$x - z_1 y - z_2 y^2 = 0,$$
$$xy - z_1 y^2 - z_2 = 0,$$
$$xy^2 - z_1 - z_2 y = 0,$$

et, par l'élimination de y et y^2, on trouve

$$\begin{vmatrix} x & -z_1 & -z_2 \\ -z_2 & x & -z_1 \\ -z_1 & -z_2 & x \end{vmatrix} = 0,$$

ou bien

$$x^3 - 3z_1z_2x - (z_1^3 + z_2^3) = 0.$$

En comparant cette équation à la proposée, on a les égalités

$$z_1z_2 = -\frac{p}{3}, \quad z_1^3 + z_2^3 = -q;$$

par suite, les quantités z_1^3 et z_2^3 sont les racines de

$$z^2 + qz - \frac{p^3}{27} = 0$$

qui sera la résolvante de l'équation. Après avoir déterminé z_1, z_2, il reste à substituer successivement dans la formule

$$x = z_1y + z_2y^2$$

les racines 1, α, α^2 de l'unité. Il vient ainsi

$$\begin{aligned} x_1 &= z_1 + z_2, \\ x_2 &= \alpha z_1 + \alpha^2 z_2, \\ x_3 &= \alpha^2 z_1 + \alpha^4 z_2 = \alpha^2 z_1 + \alpha z_2. \end{aligned}$$

Si l'on multiplie respectivement ces formules d'abord par 1, α^2, α, ensuite, par 1, α, α^2 et si l'on ajoute, on trouve

$$z_1 = \frac{1}{3}(x_1 + \alpha x_3 + \alpha^2 x_2), \quad z_2 = \frac{1}{3}(x_1 + \alpha x_2 + \alpha^2 x_3);$$

ce sont des valeurs analogues à celles de y de la méthode de Lagrange.

160. *Méthode de Grunert.* Afin de résoudre l'équation complète

$$x^3 + ax^2 + bx + c = 0,$$

posons

$$x = y + z + t;$$

on aura

$$(y + z + t)^3 + a(y + z + t)^2 + b(y + z + t) + c = 0.$$

D'un autre côté, entre trois quantités quelconques y, z, t, il existe l'identité

$$\begin{aligned} (y + z + t)^3 - 3y(y + z + t)^2 + 3(y^2 - zt)(y + z + t) \\ - (y^3 + z^3 + t^3 - 3yzt) = 0. \end{aligned}$$

Par la comparaison de ces relations, on doit avoir les égalités

$$y = -\frac{a}{3}, \quad y^2 - zt = \frac{b}{3}, \quad y^3 + z^3 + t^3 - 3yzt = -c.$$

On en déduit

$$zt = \frac{1}{9}(a^2 - 3b), \quad 3yzt = -\frac{a}{9}(a^2 - 3b),$$

$$z^3 + t^3 = -\frac{1}{27}(2a^3 - 9ab + 27c);$$

et, comme

$$z^3t^3 = \frac{1}{9^3}(a^2 - 3b)^3 = \frac{1}{27^2}(a^2 - 3b)^3,$$

les quantités z^3 et t^3 seront les racines de l'équation du second degré

$$u^2 + \frac{1}{27}(2a^3 - 9ab + 27c) + \frac{1}{27^2}(a^2 - 3b)^3 = 0.$$

Désignons par u_1, u_2 les racines de cette réduite; les valeurs de z et de t devront se déduire des équations

$$z^3 = u_1, \quad t^3 = u_2,$$

et on peut les représenter respectivement par

$$z, \quad \alpha z, \quad \alpha^2 z, \quad t, \quad \alpha t, \quad \alpha^2 t.$$

Si on les combine deux à deux par addition en tenant compte de la relation

$$zt = \frac{1}{9}(a^2 - 3b),$$

on arrive aux expressions suivantes :

$$x_1 = -\frac{a}{3} + z + t,$$

$$x_2 = -\frac{a}{3} + \alpha z + \alpha^2 t,$$

$$x_2 = -\frac{a}{3} + \alpha^2 z + \alpha t.$$

161. *Transformation du premier membre en une somme de deux cubes.* Considérons l'équation complète sous la forme

$$a_0x^3 + 3a_1x^2 + 3a_2x + a_3 = 0,$$

et proposons-nous de déterminer quatre quantités m, n, λ et μ de manière que le premier membre devienne

$$m(x - \lambda)^3 + n(x - \mu)^3.$$

En égalant dans les deux fonctions les coefficients des mêmes puissances de x, on trouve les relations

$$(k)\qquad \begin{aligned} m + n - a_0 &= 0, \\ \lambda m + \mu n + a_1 &= 0, \\ \lambda^2 m + \mu^2 n - a_2 &= 0, \\ \lambda^3 m + \mu^3 n + a_3 &= 0. \end{aligned}$$

Éliminons m et n entre les trois premières; il vient

$$\begin{vmatrix} 1 & 1 & -a_0 \\ \lambda & \mu & a_1 \\ \lambda^2 & \mu^2 & -a_2 \end{vmatrix} = 0,$$

ou bien

$$a_0\lambda\mu + a_1(\lambda + \mu) + a_2 = 0.$$

De même, éliminons λm et μn entre les trois dernières; on trouve encore

$$\begin{vmatrix} 1 & 1 & a_1 \\ \lambda & \mu & -a_2 \\ \lambda^2 & \mu^2 & a_3 \end{vmatrix} = 0,$$

c'est-à-dire

$$a_1\lambda\mu + a_2(\lambda + \mu) + a_3 = 0.$$

Ces deux nouvelles égalités conduisent aux valeurs suivantes :

$$\lambda + \mu = -\frac{a_0a_3 - a_1a_2}{a_0a_2 - a_1^2}, \quad \lambda\mu = \frac{a_1a_3 - a_2^2}{a_0a_2 - a_1^2},$$

et les quantités λ et μ satisfont à l'équation du second degré

$$(a_0a_2 - a_1^2)z^2 + (a_0a_3 - a_1a_2)z + (a_1a_3 - a_2^2) = 0$$

qui est la résolvante du problème. On peut remarquer que son discriminant est le même que celui de l'équation proposée. Connaissant λ et μ, les deux premières égalités (k) donnent

$$m = \frac{a_0\mu + a_1}{\mu - \lambda}, \quad n = -\frac{a_0\lambda + a_1}{\mu - \lambda}.$$

Les autres relations (k) fourniraient pour m et n des valeurs équivalentes. Le premier membre de l'équation se trouve donc ramené à la forme

$$\frac{a_0\mu + a_1}{\mu - \lambda}(x - \lambda)^3 - \frac{a_0\lambda + a_1}{\mu - \lambda}(x - \mu)^3,$$

au moyen d'une équation du second degré. Cette réduction résoud l'équation du troisième degré, lorsque λ est différent de μ, c'est-à-dire, lorsque le discriminant de la réduite n'est pas égal à zéro. On a, en effet,

$$\frac{a_0\mu + a_1}{\mu - \lambda}(x - \lambda)^3 - \frac{a_0\lambda + a_1}{\mu - \lambda}(x - \mu)^3 = 0,$$

et, en désignant par C la quantité

$$\frac{a_0\lambda + a_1}{a_0\mu + a_1},$$

cette équation se réduit à

$$\frac{x - \lambda}{x - \mu} = \sqrt[3]{C}.$$

Par conséquent, l'expression générale de l'inconnue x sera

$$x = \frac{\lambda - \mu\sqrt[3]{C}}{1 - \sqrt[3]{C}},$$

Les trois racines correspondent aux valeurs $\sqrt[3]{C}$, $\alpha\sqrt[3]{C}$, $\alpha^2\sqrt[3]{C}$. Appliquons cette méthode à l'équation

$$4x^3 + 9x^2 + 18x + 17 = 0.$$

On trouve, pour la résolvante,

$$z^2 + \frac{10}{3}z + 1 = 0.$$

Elle admet les racines :

$$\lambda = -\tfrac{1}{3}, \quad \mu = -3.$$

On en déduit ensuite

$$m = \tfrac{27}{8}, \quad n = +\tfrac{5}{8}.$$

Donc, le premier membre est égal à

$$\tfrac{27}{8}(x + \tfrac{1}{3})^3 + \tfrac{5}{8}(x + 3)^3 = \tfrac{1}{8}(3x + 1)^3 + \tfrac{5}{8}(x + 3)^3.$$

Les racines s'obtiendront par la résolution de l'équation binôme

$$\left(\frac{3x + 1}{x + 3}\right)^3 = -5.$$

162. *Méthode dite Regula falsi.* Désignons par z_1, z_2 deux quantités réelles; les différences $x - z_1$, $x - z_2$ représenteront les écarts de z_1 et de z_2 par rapport à x. De même, si l'on pose

$$F(x) = a_0x^3 + 3a_1x^2 + 3a_2x + a_3 = 0,$$

$F(z_1)$, $F(z_2)$ représenteront les écarts des résultats par rapport à zéro. Cela étant, prenons

$$\frac{x - z_1}{x - z_2} = u, \quad \text{ou} \quad x = \frac{z_1 - z_2u}{1 - u}.$$

En substituant dans l'équation, il vient

$$a_0(z_1 - z_2u)^3 + 3a_1(z_1 - z_2u)^2(1 - u)$$
$$+ 3a_2(z_1 - z_2u)(1 - u)^2 + a_3(1 - u)^3 = 0,$$

ou bien,

$$F(z_2).u^3 - [(a_0z_2^2 + 2a_1z_2 + a_2)z_1 + a_1z_2^2 + 2a_2z_2 + a_3]3u^2$$
$$+ [(a_0z_1^2 + 2a_1z_1 + a_2)z_2 + a_1z_1^2 + 2a_2z_1 + a_3]3u - F(z_1) = 0.$$

Egalons à zéro les coefficients des termes du milieu; on aura

$$(a_0z_2^2 + 2a_1z_2 + a_2)z_1 + a_1z_2^2 + 2a_2z_2 + a_3 = 0,$$
$$(a_0z_1^2 + 2a_1z_1 + a_2)z_2 + a_1z_1^2 + 2a_2z_1 + a_3 = 0.$$

Si nous retranchons ces équations membre à membre, on trouve, en divisant par $z_2 - z_1$,

$$a_0z_1z_2 + a_1(z_1 + z_2) + a_2 = 0.$$

Multiplions encore celle-ci par z_2 et retranchons-la de la première; il vient aussi

$$a_1z_1z_2 + a_2(z_1 + z_2) + a_3 = 0.$$

Ces deux dernières relations donnent

$$z_1 + z_2 = \frac{a_0a_3 - a_1a_2}{a_1^2 - a_0a_2}, \quad z_1z_2 = \frac{a_2^2 - a_1a_3}{a_1^2 - a_0a_2};$$

par suite, les quantités z_1, z_2 vérifient l'équation

$$(a_1^2 - a_0a_2)z^2 + (a_1a_2 - a_0a_3)z + a_2^2 - a_1a_3 = 0.$$

Donc, si l'on prend pour z_1 et z_2 les racines de cette équation, la transformée se réduit à

$$F(z_2)\,u^3 - F(z_1) = 0,$$

d'où on tire

$$u^3 = \frac{F(z_1)}{F(z_2)}, \quad \text{et} \quad u = k\frac{\sqrt[3]{F(z_1)}}{\sqrt[3]{F(z_2)}},$$

où l'on doit remplacer k successivement par 1, α, α^2. L'expression générale de l'inconnue x se déduit de l'égalité

$$\frac{x - z_1}{x - z_2} = k\frac{\sqrt[3]{F(z_1)}}{\sqrt[3]{F(z_2)}};$$

ce sera :

$$x = \frac{z_1\sqrt[3]{F(z_2)} - kz_2\sqrt[3]{F(z_1)}}{\sqrt[3]{F(z_2)} - k\sqrt[3]{F(z_1)}}.$$

On aurait pu procéder autrement et arriver à la même réduite. En élevant au cube l'égalité

$$x - z_1 = u(x - z_2),$$

et en ordonnant par rapport à x, on trouve l'équation

$$x^3 - 3\left(\frac{z_1 - z_2u^3}{1 - u^3}\right)x^2 + 3\left(\frac{z_1^2 - z_2^2u^3}{1 - u^3}\right)x - \frac{z_1^3 - z_2^3u^3}{1 - u^3} = 0.$$

La comparaison de cette équation avec la proposée écrite sous la forme

$$x^3 + \frac{3a_1}{a_0}x^2 + \frac{3a_2}{a_0}x + \frac{a_3}{a_0} = 0,$$

conduit aux relations suivantes :

$$u^3 = \frac{a_0z_1 + a_1}{a_0z_2 + a_1} = \frac{a_0z_1^2 - a_2}{a_0z_2^2 - a_2} = \frac{a_0z_1^3 + a_3}{a_0z_2^3 + a_3}.$$

Elles donneraient la même réduite. Nous voulons seulement faire remarquer, qu'au lieu de $\frac{F(z_1)}{F(z_2)}$, on peut prendre l'un quelconque de ces rapports, et poser, par exemple,

$$u = k\frac{\sqrt[3]{a_0z_1 + a_1}}{\sqrt[3]{a_0z_2 + a_1}};$$

l'expression de x est alors

$$x = \frac{z_1\sqrt[3]{a_0z_2 + a_1} - kz_2\sqrt[3]{a_0z_1 + a_1}}{\sqrt[3]{a_0z_2 + a_1} - k\sqrt[3]{a_0z_1 + a_1}}.$$

Nous avons trouvé précédemment

$$u^3 = \frac{(x - z_1)^3}{(x - z_2)^3} = \frac{F(z_1)}{F(z_2)}.$$

Cette relation exprime que les écarts des résultats sont entre eux comme les cubes des écarts des nombres substitués. Enfin les égalités

$$\frac{x_1 - z_1}{x_1 - z_2} = \sqrt[3]{\frac{a_0 z_1 + a_1}{a_0 z_2 + a_1}}, \quad \frac{x_2 - z_1}{x_2 - z_2} = \alpha \sqrt[3]{\frac{a_0 z_1 + a_1}{a_0 z_2 + a_1}},$$

$$\frac{x_3 - z_1}{x_3 - z_2} = \alpha^2 \sqrt[3]{\frac{a_0 z_1 + a_1}{a_0 z_2 + a_1}}$$

conduisent aux relations suivantes entre les écarts des valeurs de z et les racines

$$\frac{x_1 - z_1}{x_1 - z_2} = \alpha^2 \frac{x_2 - z_1}{x_2 - z_2} = \alpha \frac{x_3 - z_1}{x_3 - z_2}.$$

§ 3.

ÉQUATION DU QUATRIÈME DEGRÉ.

163. Proposons-nous de résoudre l'équation algébrique du quatrième degré sous l'une des formes

$$a_0 x^4 + 4a_1 x^3 + 6a_2 x^2 + 4a_3 x + a_4 = 0,$$
$$x^4 + ax^3 + bx^2 + cx + d = 0,$$
$$x^4 + px^2 + qx + r = 0.$$

Nous avons vu précédemment que le discriminant de la première a pour valeur

$$\Delta = i^3 - 27j^2,$$

où

$$i = a_0 a_4 - 4a_1 a_3 + 3a_2^2,$$
$$j = a_0 a_2 a_4 + 2a_1 a_2 a_3 - a_0 a_3^2 - a_4 a_1^2 - a_2^3,$$

et ces deux expressions sont les invariants du premier membre. Si on néglige un facteur numérique, on peut prendre pour le discriminant des deux autres

$$\Delta = 4(b^2 - 3ac + 12d)^3 - (72bd + 9abc - 27c^2 - 27a^2 d - 2b^3)^2,$$
$$\Delta = 4(p^2 + 12r)^3 - (-2p^3 + 72pr - 27q^2)^2.$$

En représentant encore par i et j les expressions des parenthèses, on aura

$$\Delta = 4i^3 - j^2.$$

Considérons d'abord l'équation incomplète

$$x^4 + px^2 + qx + r = 0.$$

Il existe une méthode très simple pour la résoudre, et que l'on appelle *méthode de Descartes;* elle consiste à décomposer le premier membre en un produit de deux trinômes du second degré. On pose, comme point de départ,

$$x^4 + px^2 + qx + r = (x^2 + ux + v)(x^2 - ux + t),$$

u, v et t étant des coefficients indéterminés. On écrit $+ux$ dans le premier trinôme et $-ux$ dans le second, afin que le terme en x^3 ne se trouve pas dans le produit. En développant et en égalant les coefficients des mêmes puissances de x, on trouve les relations

$$t + v = p + u^2, \quad t - v = \frac{q}{u}, \quad vt = r;$$

par suite,

$$t = \frac{1}{2}\left(p + u^2 + \frac{q}{u}\right), \quad v = \frac{1}{2}\left(p + u^2 - \frac{q}{u}\right).$$

La substitution de ces valeurs dans la troisième conduit à l'équation

$$u^6 + 2pu^4 + (p^2 - 4r)u^2 - q^2 = 0$$

qui est du troisième degré par rapport à u^2; c'est la réduite ou résolvante de l'équation proposée; le dernier terme étant négatif, elle admet toujours une racine positive. Soit $u^2 = k^2$ cette racine; on aura $u = \pm k$; en portant la valeur $+k$ dans les relations précédentes, on en déduira v et t; par conséquent, les deux trinômes seront complétement déterminés. Si l'on prend $u = -k$, les valeurs de v et de t ne font que s'échanger entre elles, et le résultat reste le même. Après cette détermination, les racines de l'équation du quatrième degré s'obtiendront en résolvant les deux suivantes :

$$x^2 + ux + v = 0, \quad x^2 - ux + t = 0.$$

Ainsi, pour l'équation

$$x^4 - 10x^2 - 20x - 16 = 0,$$

la réduite est :

$$u^6 - 20u^4 + 164u^2 - 400 = 0.$$

Elle admet la racine $u^2 = 4$; en prenant $u = 2$, on trouve $v = 2$, $t = -8$; il faudra donc résoudre les équations

$$x^2 + 2x + 2 = 0, \quad x^2 - 2x - 8 = 0$$

qui donnent les quatre racines

$$-1+\sqrt{-1}, \quad -1-\sqrt{-1}, \quad 4, \quad -2.$$

Désignons par α^2, β^2, γ^2 les racines de la réduite ; on aura

$$\alpha^2+\beta^2+\gamma^2=-2p, \quad \alpha^2\beta^2\gamma^2=q^2.$$

Prenons

$$u=\alpha \quad \text{et} \quad q=\alpha\beta\gamma.$$

Si l'on tient compte de ces valeurs, le premier trinôme peut s'écrire

$$x^2+\alpha x+\frac{1}{2}\left(p+\alpha^2-\frac{q}{\alpha}\right)=x^2+\alpha x+\frac{1}{4}\left(\alpha^2-\beta^2-\gamma^2-2\beta\gamma\right).$$

En l'égalant à zéro, on trouve pour les racines

$$x_1=\frac{-\alpha+\beta+\gamma}{2}, \quad x_2=\frac{-\alpha-(\beta+\gamma)}{2}.$$

Une transformation semblable sur le second trinôme donnerait aussi

$$x_3=\frac{\alpha+\beta-\gamma}{2}, \quad x_4=\frac{\alpha-(\beta-\gamma)}{2}.$$

Les racines de l'équation du quatrième degré se trouvent ainsi exprimées au moyen des racines de la réduite ; ce qui va simplifier la discussion.

Supposons que α soit la valeur positive de $\sqrt{\alpha^2}$, α^2 étant la racine positive réelle qu'admet toujours la réduite. En vertu de la relation : $\alpha\beta\gamma=q$, si les deux autres racines β^2 et γ^2 sont aussi réelles et positives, on devra prendre pour β et γ des valeurs de même signe, lorsque q est positif, et de signes contraires lorsque q est négatif ; d'ailleurs, les quatre racines sont évidemment réelles.

Supposons que β^2 et γ^2 soient réels et négatifs ; posons

$$\beta^2=-m^2, \quad \gamma^2=-n^2 ;$$

par suite, on doit prendre

$$\beta=\pm m\sqrt{-1}, \quad \gamma=\pm n\sqrt{-1},$$

si q est négatif, et

$$\beta=\mp m\sqrt{-1}, \quad \gamma=\pm n\sqrt{-1},$$

si q est positif. Les quatre racines de l'équation sont alors imaginaires.

Supposons, maintenant, que β^2, γ^2 soient imaginaires, et posons :

$$\beta^2=\rho^2(\cos\theta+\sqrt{-1}\sin\theta), \quad \gamma^2=\rho^2(\cos\theta-\sqrt{-1}\sin\theta);$$

il viendra

$$\beta = \pm \rho\left(\cos\frac{\theta}{2} + \sqrt{-1}\sin\frac{\theta}{2}\right), \quad \gamma = \pm \rho\left(\cos\frac{\theta}{2} - \sqrt{-1}\sin\frac{\theta}{2}\right),$$

où il faut prendre les mêmes signes ou les signes contraires suivant que q est positif ou négatif; dans le premier cas, la somme $\beta + \gamma$ est réelle et la différence $\beta - \gamma$ imaginaire; dans le second, la somme $\beta + \gamma$ est imaginaire et la différence $\beta - \gamma$ réelle. Par conséquent, dans ces deux hypothèses, il y a toujours deux racines réelles et deux racines imaginaires.

Enfin, supposons que deux racines de la réduite soient égales, et prenons $\beta^2 = \gamma^2$; on aura : $\beta = \pm \gamma$ et deux des quatre racines sont égales. Dans ce cas, le discriminant de la réduite est égal à zéro; or, si on le forme, on retrouve le discriminant de l'équation du quatrième degré; donc,

$$4(p^2 + 12r)^3 - (-2p^3 + 72pr - 27q^2)^2 = 0,$$

ou bien,

$$4i^3 - j^2 = 0$$

sera la condition pour que l'équation proposée ait deux racines égales.

Lorsque les trois racines de la résolvante sont égales, on a : $\alpha = \beta = \gamma$, et, par suite,

$$x_1 = \frac{\alpha}{2}, \quad x_2 = -\frac{3\alpha}{2}, \quad x_3 = \frac{\alpha}{2}, \quad x_4 = \frac{\alpha}{2}.$$

L'équation du quatrième degré possède donc une racine triple. D'après la théorie de l'équation du troisième degré, on doit avoir, dans ce cas,

$$p^2 + 12r = 0, \quad 2p^3 - 72pr + 27q^2 = 0,$$

c'est-à-dire

$$i = 0, \quad j = 0.$$

Il résulte de cette discussion que, si le discriminant Δ de l'équation proposée est positif, il y aura quatre racines réelles ou quatre racines imaginaires, parce que la réduite admet trois racines réelles; si Δ est négatif, il y a deux racines réelles et deux racines imaginaires.

164. Plusieurs méthodes reposent sur le même principe que celle de Descartes. Ainsi, dans la *méthode de Ley* pour résoudre l'équation complète

$$x^4 + ax^3 + bx^2 + cx + d = 0,$$

on suppose l'équation décomposée en ses facteurs du second degré :

$$x^2-(x_1+x_2)x+x_1x_2=0,\quad x^2-(x_3+x_4)x+x_3x_4=0,$$

x_1, x_2, x_3, x_4 représentant les racines. On pose ensuite

$$(x_1+x_2)(x_3+x_4)=z;$$

comme

$$(x_1+x_2)+(x_3+x_4)=-a,$$

il vient

$$x_1+x_2=-\tfrac{1}{2}(a-\sqrt{a^2-4z}),\quad x_3+x_4=-\tfrac{1}{2}(a+\sqrt{a^2-4z}).$$

D'un autre côté, on a aussi

$$x_1x_2+x_3x_4+(x_1+x_2)(x_3+x_4)=b,$$
$$x_1x_2x_3x_4=d,$$

c'est-à-dire,

$$x_1x_2+x_3x_4=b-z,$$
$$x_1x_2.x_3x_4=d,$$

et, par conséquent,

$$x_1x_2=\tfrac{1}{2}(b-z+\sqrt{(b-z)^2-4d}),$$
$$x_3x_4=\tfrac{1}{2}(b-z-\sqrt{(b-z)^2-4d}).$$

Mais, on sait que

$$x_1x_2(x_3+x_4)+x_3x_4(x_1+x_2)=-c;$$

en y substituant les valeurs précédentes, il vient l'équation

$$(b-z+\sqrt{(b-z)^2-4d})(a+\sqrt{a^2-4z})$$
$$+(b-z-\sqrt{(b-z)^2-4d})(a-\sqrt{a^2-4z})=4c$$

ou bien

$$2a(b-z)+2\sqrt{(b-z)^2-4d}.\sqrt{a^2-4z}=4c.$$

Si on divise par 2 et si on fait disparaître le radical, on trouve

$$(a^2-4z)[(b-z)^2-4d]=[a(b-z)-2c]^2,$$

c'est-à-dire,

$$z^3-2bz^2+(b^2+ac-4d)z+(a^2d-abc+c^2)=0.$$

C'est la résolvante ; elle admet toujours une racine réelle; connaissant cette racine, on en déduira les valeurs de

$$x_1+x_2,\quad x_3+x_4,\quad x_1x_2,\quad x_3x_4$$

et les deux trinômes du second degré seront complètement déterminés.

De même, pour résoudre l'équation

$$F(x) = a_0x^4 + 4a_1x^3 + 6a_2x^2 + 4a_3x + a_4 = 0,$$

posons avec Clebsch,

$$F(x) = (\alpha_1x^2 + 2\beta_1x + \gamma_1)(\alpha_2x^2 + 2\beta_2x + \gamma_2).$$

Après avoir développé ce produit, on égale les coefficients des mêmes puissances de l'inconnue et on trouve les égalités

$$\begin{aligned} &\alpha_1\alpha_2 = a_0,\\ &\alpha_1\beta_2 + \beta_1\alpha_2 = 2a_1,\\ &\alpha_1\gamma_2 + 4\beta_1\beta_2 + \alpha_2\gamma_1 = 6a_2,\\ &\beta_1\gamma_2 + \gamma_1\beta_2 = 2a_3,\\ &\gamma_1\gamma_2 = a_4. \end{aligned}$$

Soit, maintenant,

$$\alpha_1\gamma_2 + \gamma_1\alpha_2 = 2a_2 + 4\lambda, \quad \beta_1\beta_2 = a_2 - \lambda.$$

On sait par la règle de multiplication des déterminants que le produit

$$\begin{vmatrix} \alpha_1 & \alpha_2 & 0 \\ \beta_1 & \beta_2 & 0 \\ \gamma_1 & \gamma_2 & 0 \end{vmatrix} \cdot \begin{vmatrix} \alpha_2 & \alpha_1 & 0 \\ \beta_2 & \beta_1 & 0 \\ \gamma_2 & \gamma_1 & 0 \end{vmatrix}$$

a pour expression

$$\begin{vmatrix} \alpha_1\alpha_2 + \alpha_1\alpha_2, & \alpha_1\beta_2 + \alpha_2\beta_1, & \alpha_1\gamma_2 + \alpha_2\gamma_1 \\ \beta_1\alpha_2 + \beta_2\alpha_1 & \beta_1\beta_2 + \beta_1\beta_2 & \beta_1\gamma_2 + \beta_2\gamma_1 \\ \gamma_1\alpha_2 + \gamma_2\alpha_1 & \gamma_1\beta_2 + \gamma_2\beta_1 & \gamma_1\gamma_2 + \gamma_1\gamma_2 \end{vmatrix}$$

et qu'il est identiquement nul. Si on remplace les éléments par leurs valeurs, on trouve l'équation

$$\begin{vmatrix} a_0 & a_1 & a_2 + 2\lambda \\ a_1 & a_2 - \lambda & a_3 \\ a_2 + 2\lambda & a_3 & a_4 \end{vmatrix} = 0,$$

ou bien

$$4\lambda^3 - (a_0a_4 - 4a_1a_3 + 3a_2^2)\lambda + (a_0a_2a_4 + 2a_1a_2a_3 - a_0a_3^2 - a_4a_1^2 - a_2^3) = 0,$$

c'est-à-dire,

$$4\lambda^3 - i\lambda + j = 0.$$

Cette réduite est très remarquable ; elle renferme comme coefficients les invariants i et j du premier membre de la proposée ; de plus, la seconde puissance de l'inconnue manque et on peut lui appliquer immédiatement la formule de Cardan. On l'appelle *réduite normale* de l'équation du quatrième degré. Ball a démontré que toutes les autres résolvantes peuvent toujours s'y ramener. Avec une racine réelle de cette équation, on pourra déterminer les coefficients des deux trinômes.

Pour l'équation incomplète

$$F(x) = x^4 + px^2 + qx + r = 0,$$

on arrive également à une réduite semblable en posant :

$$F(x) = \left(x^2 + \sqrt{\frac{y-2p}{3}} \cdot x + u\right)\left(x^2 - \sqrt{\frac{y-2p}{3}} \cdot x + v\right) = 0.$$

Après avoir effectué le produit, la comparaison des coefficients dans les deux membres donne les relations

$$u + v = p + \frac{y-2p}{3},$$

$$u - v = \frac{q}{\sqrt{\frac{y-2p}{3}}},$$

$$uv = r.$$

Si on élimine u et v, on arrive à la résolvante de Descartes

$$\left(\frac{y-2p}{3}\right)^3 + 2p\left(\frac{y-2p}{3}\right)^2 + (p^2 - 4r)\left(\frac{y-2p}{3}\right) - q^2 = 0,$$

et, en développant, il vient l'équation

$$y^3 - 3(p^2 + 12r)y + (-2p^3 + 72pr - 27q^2) = 0,$$

c'est-à-dire,

$$y^3 - 3iy + j = 0;$$

c'est la résolvante cherchée.

165. *Méthodes basées sur la transformation du premier membre en une différence de deux carrés.* Nous avons démontré que le premier membre d'une équation de degré pair est susceptible de se ramener à une différence de carrés et, en considérant l'équation du quatrième degré, nous avons exposé une méthode de résolution de cette équation.

Plusieurs algébristes ont employé un artifice particulier pour arriver au même but. En premier lieu, dans la *méthode de Ferrari,* afin de résoudre l'équation complète

$$x^4 + ax^3 + bx^2 + cx + d = 0,$$

on écrit d'abord,

$$x^4 + ax^3 = - bx^2 - cx - d,$$

et, en complétant le carré au premier membre, on obtient

$$\left(x^2 + \frac{ax}{2}\right)^2 = \left(\frac{a^2}{4} - b\right)x^2 - cx - d.$$

Il faudrait maintenant transformer aussi le second membre en un carré. Afin d'y arriver, designons par y une quantité indéterminée et ajoutons l'expression

$$\left(x^2 + \frac{ax}{2}\right)y + \frac{y^2}{4}$$

aux deux membres; il vient ainsi

$$\left(x^2 + \frac{ax}{2} + \frac{y}{2}\right)^2 = \left(\frac{a^2}{4} - b + y\right)x^2 + \left(\frac{ay}{2} - c\right)x + \left(\frac{y^2}{4} - d\right).$$

Pour que le second membre soit un carré, on doit avoir

$$\left(\frac{ay}{2} - c\right)^2 = \left(\frac{a^2}{4} - b + y\right)(y^2 - 4d).$$

En développant, on trouve l'équation du troisiéme degré

$$y^3 - by^2 + (ac - 4d)y - d(a^2 - 4b) - c^2 = 0.$$

Soit y_1 une racine de cette réduite; l'équation du quatrième degré sera ramenée à la forme

$$\left(x^2 + \frac{ax}{2} + \frac{y_1}{2}\right)^2 - \left(\frac{a^2}{4} - b + y_1\right)\left[x + \frac{\frac{ay_1}{2} - c}{2\left(\frac{a^2}{4} - b - y_1\right)}\right]^2 = 0;$$

celle-ci se décompose immédiatement en deux trinômes déterminés du second degré qui, égalés à zéro, donneront les quatre racines de la proposée.

Dans la *méthode de Lebesgue*, pour résoudre l'équation

$$F(x) = x^4 + px^2 + qx + r = 0,$$

on forme immédiatement la différence des carrés en introduisant une quantité indéterminée y; il y a en plus une quantité supplémentaire que l'on égale à zéro. On pose

$$F(x) = \left[x^2 + \frac{1}{2}(p + y^2)\right]^2 - \left[yx - \frac{q}{2y}\right]^2 + \left[r - \frac{1}{4}(p + y^2)^2 + \frac{q^2}{4y^2}\right].$$

Le premier membre se trouvera transformé en une différence de deux carrés, en déterminant y de manière à satisfaire à l'équation

$$r - \frac{1}{4}(p + y^2)^2 + \frac{q^2}{4y^2} = 0,$$

ou bien

$$y^6 + 2py^4 + (p^2 - 4r)y^2 - q^2 = 0;$$

c'est la résolvante de Descartes. Elle admet une racine réelle positive y_1; par suite, la résolution de la proposée revient aux deux équations du second degré

$$x^2 + y_1 x + \frac{1}{2}(p + y_1^2) - \frac{q}{2y_1} = 0,$$

$$x^2 - y_1 x + \frac{1}{2}(p + y_1^2) + \frac{q}{2y_1} = 0.$$

Enfin, considérons encore l'équation du quatrième degré sous la forme

$$F = a_0 x^4 + 4a_1 x^3 + 6a_2 x^2 + 4a_3 x + a_4 = 0,$$

et soit φ une fonction de x définie par l'égalité

$$\varphi = a_0 x^2 + 2a_1 x + a_2 + 2y$$

où y est indéterminé. On aura

$$\varphi^2 - a_0 F = 4(a_1^2 - a_0 a_2 + a_0 y)x^2 + 4(a_1 a_2 - a_0 a_3 + 2a_1 y)x + (a_2 + 2y)^2 - a_0 a_4.$$

Posons

$$R^2 = 4(a_1^2 - a_0 a_2 + a_0 y),$$

$$S = 2(a_1 a_2 - a_0 a_3 + 2a_1 y),$$

$$T^2 = (a_2 + 2y)^2 - a_0 a_4.$$

L'égalité précédente devient :

$$(k) \qquad \varphi^2 - a_0 F = R^2 x^2 + 2Sx + T^2,$$

et le second membre sera un carré parfait avec la condition

$$R^2T^2 - S^2 = 0,$$

c'est-à-dire,

$$(a_1^2 - a_0a_2 + a_0y)[(a_2 + 2y)^2 - a_0a_4] - (a_1a_2 - a_0a_3 + 2a_1y)^2 = 0,$$

ou bien,

$$4y^3 - (a_0a_4 - 4a_1a_3 + 3a_2^2)y + a_0a_2a_4 + 2a_1a_2a_3 - a_0a_3^2 - a_4a_1^2 - a_2^3 = 0$$

que l'on peut écrire

$$4y^3 - iy + j = 0;$$

c'est la réduite normale. D'après cette condition, le second membre de la relation (k) est un carré parfait et l'on a :

$$\varphi^2 - a_0F = (Rx + T)^2,$$

d'où

$$a_0F = \varphi^2 - (Rx + T)^2.$$

Donc, l'équation $F = 0$ revient aux deux suivantes :

$$\varphi + Rx + T = 0,$$

$$\varphi - Rx - T = 0.$$

Le discriminant de la réduite ne diffère que par un facteur numérique du discriminant $\Delta = i^3 - 27j^2$ de l'équation du quatrième degré. Par conséquent, si

$$i^3 - 27j^2 > 0,$$

il y a quatre racines réelles ou quatre racines imaginaires ; si

$$i^3 - 27j^2 < 0,$$

il y a deux racines réelles et deux racines imaginaires ; enfin, si

$$i^3 - 27j^2 = 0,$$

il y a au moins deux racines égales. Lorsque l'on a à la fois $i = 0$, $j = 0$, les racines de la réduite sont nulles et l'équation du quatrième degré admet une racine triple.

166. *Méthode d'Euler.* Afin de résoudre l'équation incomplète

$$x^4 + px^2 + qx + r = 0,$$

posons

$$x = u + v + w.$$

En élevant au carré, on trouve

$$x^2 = u^2 + v^2 + w^2 + 2(uv + uw + vw),$$

ou

$$x^2 - (u^2 + v^2 + w^2) = 2(uv + uw + vw).$$

En élevant encore au carré et en transposant, on arrive à l'équation

$$\begin{aligned} x^4 - 2(u^2 + v^2 + w^2)x^2 - 8uvwx + (u^2 + v^2 + w^2)^2 \\ - 4(u^2v^2 + u^2w^2 + v^2w^2) = 0. \end{aligned}$$

Si on identifie cette équation avec la proposée, on obtient les relations

$$\begin{aligned} -2(u^2 + v^2 + w^2) &= p, \\ -8uvw &= q, \\ (u^2 + v^2 + u^2)^2 - 4(u^2v^2 + u^2w^2 + v^2w^2) &= r. \end{aligned}$$

On en tire

$$u^2 + v^2 + w^2 = -\frac{p}{2}, \quad u^2v^2 + u^2w^2 + v^2w^2 = \frac{p^2 - 4r}{16}, \quad u^2v^2w^2 = \frac{q^2}{64};$$

par suite, les quantités u^2, v^2, w^2 sont les racines de l'équation du troisième degré

$$y^3 + \frac{p}{2}y^2 + \frac{p^2 - 4r}{16}y - \frac{q^2}{64} = 0.$$

Soient y_1, y_2, y_3 les racines de cette réduite; on aura

$$u = \pm\sqrt{y_1}, \quad v = \pm\sqrt{y_2}, \quad w = \pm\sqrt{y_3}.$$

La valeur de l'inconnue se présente donc sous la forme générale

$$x = \pm\sqrt{y_1} \pm \sqrt{y_2} \pm \sqrt{y_3};$$

c'est la formule d'Euler.

Afin d'écrire l'expression des quatre racines, il faut combiner les signes de u, v, w de manière à satisfaire à la relation

$$uvw = -\frac{q}{8}.$$

En désignant α, β, γ trois valeurs des radicaux telles que l'on ait :

$$\alpha\beta\gamma = -\frac{q}{8},$$

es racines seront :

$$\begin{aligned} x_1 &= \alpha + \beta + \gamma, \\ x_2 &= -\alpha + \beta - \gamma, \\ x_3 &= \alpha - \beta - \gamma, \\ x_4 &= -\alpha - \beta + \gamma. \end{aligned}$$

Cette méthode peut s'appliquer à la résolution de l'équation complète

$$x^4 + ax^3 + bx^2 + cx + d = 0.$$

On pose avec Lagrange

$$x + \frac{a}{4} = u + v + w,$$

en supposant que u^2, v^2, w^2 sont les racines d'une équation du troisième degré

$$y^3 + fy^2 + gy + h = 0$$

qu'il faut déterminer.

Si on élève au carré, il vient

$$x^2 + \frac{1}{2}ax + \frac{a^2}{16} = u^2 + v^2 + w^2 + 2(uv + uw + vw),$$

ou bien

$$x^2 + \frac{1}{2}ax + \frac{a^2}{16} + f = 2(uv + uw + vw).$$

Élevons encore au carré; eu regard aux relations

$$u^2 + v^2 + w^2 = -f,$$
$$u^2v^2 + u^2w^2 + v^2w^2 = g,$$
$$u^2v^2w^2 = -h,$$

on arrive à l'équation

$$x^4 + ax^3 + \tfrac{1}{8}(3a^2 + 16f)x^2 + \tfrac{1}{16}(a^3 + 16af - 128\sqrt{-h})x$$
$$+ \tfrac{1}{256}(a^4 + 32a^2f + 256f^2 - 1024g - 512a\sqrt{-h}) = 0.$$

Par la comparaison de cette équation avec la proposée, on obtient trois égalités qui permettent de calculer f, g, h, et l'on arrive finalement à la réduite suivante :

$$y^3 - \frac{1}{16}(3a^2 - 8b)y^2 + \frac{1}{16^2}(3a^4 - 16a^2b + 16ac + 16b^2 - 64d)y$$
$$- \frac{1}{16^3}(a^3 - 4ab + 8c)^2 = 0.$$

166. *Méthode de Grunert.* Si on désigne par u, v, w, t quatre quantités quelconques, et si on pose, pour abréger,

$$x = t + u + v + w,$$

il existe entre elles l'identité suivante :

$$x^4 - 4tx^3 + 2(3t^2 - u^2 - v^2 - w^2)x^2 - 4[2uvw + t(t^2 - u^2 - v^2 - w^2)]x$$
$$+ [t^4 - 2t^2(u^2 + v^2 + w^2) + 8uvwt - 4(u^2v^2 + v^2w^2 + u^2w^2)$$
$$+ (u^2 + v^2 + w^2)^2] = 0.$$

En comparant avec l'équation

$$x^4 + ax^3 + bx^2 + cx + d = 0,$$

on aura d'abord

$$-4t = a, \quad \text{ou} \quad t = -\frac{a}{4};$$

ensuite les relations provenant de l'égalité des autres coefficients de x conduisent aux valeurs suivantes :

$$u^2 + v^2 + w^2 = \frac{1}{16}(3a^2 - 8b),$$

$$u^2v^2 + u^2w^2 + v^2w^2 = \frac{1}{16^2}(3a^4 - 16a^2b + 16ac + 16b^2 - 64d),$$

$$u^2v^2w^2 = \frac{1}{16^3}(a^3 - 4ab + 8c)^2.$$

Les quantités u^2, v^2, w^2 satisfont donc à l'équation du troisième degré

$$y^3 - \frac{1}{16}(3a^2 - 8b)y^2 + \frac{1}{16^2}(3a^4 - 16a^2b + 16ac + 16b^2 - 64d)y$$
$$- \frac{1}{16^3}(a^3 - 4ab + 8c)^2 = 0.$$

C'est la réduite de Lagrange ; ce que l'on pouvait prévoir par la valeur de $t = -\frac{a}{4}$; car, on a dans ce cas

$$x + \frac{a}{4} = u + v + w;$$

ce qui est le point de départ de Lagrange pour généraliser la méthode d'Euler.

167. *Méthode de Francœur*. Soit l'équation incomplète

$$x^4 + px^2 + qx + r = 0.$$

Posons :

$$x = y + x'.$$

Substituons cette valeur et ordonnons la transformée par rapport à x'. Il viendra

$$\begin{aligned} x'^4 + 4yx'^3 + (6y^2 + p)x'^2 + (4y^3 + 2py + q)x' \\ + y^4 + py^2 + qy + r = 0. \end{aligned}$$

La méthode consiste à déterminer y de manière que cette équation soit bicarrée; dans ce but, on établit la relation

$$4yx'^3 + (4y^3 + 2py + q)x' = 0,$$

qui conduit à

$$x'^2 = -\left(y^2 + \frac{p}{2} + \frac{q}{4y}\right).$$

Si on substitue cette valeur dans l'équation restante

$$x'^4 + (6y^2 + p)x'^2 + (y^4 + py^2 + qy + r) = 0$$

on trouve

$$y^6 + \frac{p}{2}y^4 + \frac{1}{16}(p^2 - 4r)y^2 - \frac{1}{64}\cdot q^2 = 0:$$

c'est la réduite d'Euler en considérant y^2 comme l'inconnue.

Comme on a posé

$$x = y + x',$$

l'expression générale de l'inconnue sera :

$$x = y \pm \sqrt{-\left(y^2 + \frac{p}{2} + \frac{q}{4y}\right)}.$$

La résolvante admet toujours une racine positive que nous désignerons par y_1^2; on aura ainsi $y = \pm y_1$; en introduisant successivement ces valeurs dans la formule, on obtiendra les quatre racines.

Soit, comme exemple, l'équation

$$x^4 - 2x^2 - 8x - 3 = 0.$$

La réduite est :

$$y^6 - y^4 + y^2 - 1 = 0.$$

Elle possède la racine $y_1^2 = 1$; il faudra donc prendre $y = \pm 1$. La substitution de ces valeurs dans l'expression de x donne

$$x = 1 \pm \sqrt{2}, \quad x = -1 \pm \sqrt{-2}.$$

168. *Méthode de Schlömilch.* Elle a pour but de transformer l'équation

$$x^4 + ax^3 + bx^2 + cx + d = 0$$

de manière à la rendre réciproque. Posons

$$x = u + vy.$$

Substituons cette valeur dans l'équation et ordonnons par rapport à y. On trouve

$$y^4 + \frac{4u + a}{v} y^3 + \frac{6u^2 + 3au + b}{v^2} y^2 + \frac{4u^3 + 3au^2 + 2bu + c}{v^3} y$$
$$+ \frac{u^4 + au^3 + bu^2 + cu + d}{v^4} = 0.$$

Afin de rendre cette équation réciproque, il faut déterminer u et v de manière à satisfaire aux relations

$$\frac{u^4 + au^3 + bu^2 + cu + d}{v^4} = 1,$$

$$\frac{4u + a}{v} = \frac{4u^3 + 3au^2 + 2bu + c}{v^3}.$$

On en déduit

$$v^4 = u^4 + au^3 + bu^2 + cu + d,$$
$$v^4 (4u + a)^2 = (4u^3 + 3au^2 + 2bu + c)^2,$$

et si on élimine v entre ces égalités, il vient

$$(4u + a)^2 (u^4 + au^3 + bu^2 + cu + d) = (4u^3 + 3au^2 + 2bu + c)^2,$$

ou bien,

$$(a^3 - 4ab + 8c) u^3 + (a^2b + 2ac - 4b^2 + 16d) u^2$$
$$+ (a^2c - 4bc + 8ad) u + a^2d - c^2 = 0.$$

C'est la réduite de l'équation sous une forme que nous n'avons pas encore rencontrée. On prendra pour u une racine réelle de cette équation et on calculera la valeur correspondante de v. Cela étant, en vertu des relations posées, l'équation en y devient :

$$y^4 + \frac{4u + a}{v} y^3 + \frac{6u^2 + 3au + b}{v^2} y^2 + \frac{4u + a}{v} y + 1 = 0.$$

On peut écrire

$$\left(y^2+\frac{1}{y^2}\right)+\frac{4u+a}{v}\left(y+\frac{1}{y}\right)+\frac{6u^2+3au+b}{v^2}=0.$$

En posant :

$$y+\frac{1}{y}=z,\quad y^2+\frac{1}{y^2}=z^2-2,$$

on obtient l'équation du second degré

$$z^2+\frac{4u+a}{v}z+\frac{6u^2+3au+b-2v^2}{v^2}=0.$$

Comme exemple, soit à résoudre l'équation

$$x^4+4x^3-83x^2+6x+792=0.$$

On trouve pour la réduite

$$40u^3-449u^2+762u+351=0.$$

Elle est satisfaite pour $u=9$; la valeur de v correspondante est $v=\pm\sqrt{60}=\pm 2\sqrt{15}$. Soit $v=2\sqrt{15}$; l'équation en z est :

$$z^2+\frac{20}{\sqrt{15}}z+\frac{391}{60}=0;\quad \text{d'où}\quad z=\frac{-20\pm 3}{2\sqrt{15}}.$$

Connaissant les valeurs de z, on trouve pour y

$$y=\frac{-23\pm 17}{4\sqrt{15}},\quad y=\frac{-17\pm 7}{4\sqrt{15}};$$

ce qui conduit aux valeurs

$$x_1=6,\quad x_2=-11,\quad x_3=4,\quad x_4=-3.$$

§ 4.

Impossibilité d'une formule générale de résolution pour les équations algébriques de degré supérieur au quatrième.

169. Soit

$$F(x)=x^m+a_1x^{m-1}+\cdots+a_m=0,$$

l'équation générale algébrique de degré m où les coefficients sont indépendants. Supposons qu'elle admette une formule de résolution $x=A$ renfermant les coefficients et certains radicaux algébriques, de telle sorte qu'en la substituant dans l'équation, celle-ci sera satisfaite quelles que soient les valeurs des coefficients. En désignant par $x_1, x_2, \ldots, x_m$ les racines, on peut écrire

$$x^m - (x_1 + x_2 + \cdots)x^{m-1} + (x_1x_2 + x_1x_3 + \cdots)x^{m-2} + \cdots \pm x_1x_2\ldots x_m = 0.$$

Cette équation aura lieu identiquement pour les valeurs $x_1, x_2, \ldots x_m$ considérées comme des quantités arbitraires et indépendantes.

Substituons, dans la formule $x = \mathrm{A}$, aux coefficients les expressions en $x_1, x_2, \ldots x_m$ qui leur correspondent; puisqu'elle doit donner successivement $x_1, x_2, \ldots x_m$, les diverses racines qui s'y trouvent doivent pouvoir s'extraire exactement. Ainsi pour l'équation

$$x^2 + 2px + q = 0,$$

la formule

$$x = -p \pm \sqrt{p^2 - q}$$

devient par cette substitution

$$x = \frac{x_1 + x_2}{2} \pm \sqrt{\frac{(x_1 + x_2)^2}{4} - x_1x_2} = \frac{x_1 + x_2}{2} \pm \frac{1}{2}\sqrt{(x_1 - x_2)^2}$$
$$= \frac{x_1 + x_2 \pm (x_1 - x_2)}{2}.$$

Les radicaux de la formule représentent donc des fonctions rationnelles des racines, mais non symétriques; car, si elles l'étaient, ce ne seraient plus des radicaux, mais des fonctions rationnelles des coefficients. Cela étant, supposons que la première racine à extraire soit $y = \sqrt[r]{\mathrm{P}}$, où P représente une fonction rationnelle des coefficients, c'est-à-dire, une fonction symétrique des racines; y, ne l'étant pas, devra changer par la permutation de deux racines au moins, et ses diverses valeurs seront fournies par l'équation $y^r = \mathrm{P}$, où le second membre est invariable pour toute permutation des racines. Désignons par

$$y = \varphi(x_1, x_2, x_3, \ldots)$$

une valeur de y; une autre valeur telle que $\varphi(x_2, x_1, x_3 \ldots)$ résultant de l'échange des racines x_1, x_2 s'obtiendra en multipliant la première par α, α étant une racine $r^{\text{ième}}$ de l'unité. Nous aurons donc

$$\varphi(x_2, x_1, x_3, \ldots) = \alpha\varphi(x_1, x_2, x_3 \ldots).$$

Cette relation étant identique, on peut y permuter les racines x_1 et x_2; il vient ainsi

$$\varphi(x_1, x_2, x_3, \ldots) = \alpha\varphi(x_2, x_1, x_3 \ldots).$$

En multipliant ces égalités membre à membre, on trouve

$$\alpha^2 = 1; \quad \alpha = \pm 1.$$

On doit admettre que r est un nombre premier; dans le cas contraire, on le décomposerait en ses facteurs. La relation précédente exige alors que r soit égal à 2, afin que α puisse prendre la valeur -1. Par conséquent, *la première racine à extraire dans la formule de résolution est une racine carrée.*

La fonction y n'est pas symétrique; elle admet deux valeurs correspondant à l'échange de deux racines; elles sont égales et de signes contraires. Cette fonction restera invariable pour un nombre pair d'échanges de deux racines et, par conséquent, pour les permutations circulaires de trois, de cinq racines, etc., puisque chacune d'elles est équivalente à un nombre pair d'échanges de deux racines consécutives.

Ce premier radical peut se combiner dans la formule avec des coefficients de l'équation, ou avec des radicaux de même espèce, ou avec un radical d'un indice plus élevé. Dans les deux premiers cas, les combinaisons donneraient lieu à une fonction de même nature que y, et, s'il n'y avait pas autre chose dans la formule, on pourrait écrire une identité telle que

$$x_1 = \psi(x_1, x_2, x_3, \ldots).$$

Or, s'il existe plus de deux racines, cette identité est impossible; car, le second membre reste invariable par une permutation circulaire des racines x_1, x_2, x_3, tandis que le premier change nécessairement. Il doit donc entrer autre chose dans la formule que des radicaux du second degré. Soit $z = \sqrt[r]{Q}$ le radical qui vient ensuite; la fonction sous le radical n'est plus symétrique comme tout-à-l'heure ; elle reste seulement invariable pour les permutations circulaires de trois, de cinq lettres, etc., tandis que z ne jouit pas de cette propriété; sa valeur doit changer par une permutation circulaire sans que l'équation $z^r = Q$ cesse d'avoir lieu. Désignons encore par

$$z = \varphi(x_1, x_2, x_3, x_4, \ldots)$$

une valeur de z; une autre valeur telle que

$$\varphi(x_2, x_3, x_1, x_4, \ldots)$$

résultant d'une permutation circulaire de x_1, x_2, x_3, s'obtient en multipliant la première par α, α étant une racine $r^{ième}$ de l'unité. Il vient donc l'identité

$$\varphi(x_2, x_3, x_1, x_4, \ldots) = \alpha\varphi(x_1, x_2, x_3, x_4, \ldots).$$

Cette relation doit exister pour une permutation quelconque des racines et nous aurons aussi

$$\varphi(x_3, x_1, x_2, x_4, \ldots) = \alpha\varphi(x_2, x_3, x_1, x_4, \ldots),$$
$$\varphi(x_1, x_2, x_3, x_4, \ldots) = \alpha\varphi(x_3, x_1, x_2, x_4, \ldots).$$

En multipliant, on arrive à l'égalité $\alpha^3 = 1$; par suite, $r = 3$. Donc, *le second radical dans la formule doit être un radical cubique.*

La fonction z peut prendre trois valeurs différentes que nous représenterons par z, αz, $\alpha^2 z$.

Or, s'il existe plus de quatre racines, on peut effectuer dans l'identité $z^3 = Q$ des permutations circulaires de cinq lettres pour lesquelles la fonction Q reste invariable. Quant à z, il n'y a que deux hypothèses possibles : ou bien z restera invariable pour ces mêmes permutations, ou bien il passera par les valeurs αz, $\alpha^2 z$. Dans ce dernier cas, on pourrait écrire l'identité

$$\varphi(x_2, x_3, x_4, x_5, x_1, x_6 \ldots) = \alpha\varphi(x_1, x_2, x_3, x_4, x_5, x_6 \ldots)$$

ainsi que

$$\varphi(x_3, x_4, x_5, x_1, x_2, x_6 \ldots) = \alpha\varphi(x_2, x_3, x_4, x_5, x_1, x_6 \ldots)$$
$$\varphi(x_4, x_5, x_1, x_2, x_3, x_6 \ldots) = \alpha\varphi(x_3, x_4, x_5, x_1, x_2, x_6 \ldots)$$
$$\varphi(x_5, x_1, x_2, x_3, x_4, x_6 \ldots) = \alpha\varphi(x_4, x_5, x_1, x_2, x_3, x_6 \ldots)$$
$$\varphi(x_1, x_2, x_3, x_4, x_5, x_6 \ldots) = \alpha\varphi(x_5, x_1, x_2, x_3, x_4, x_6 \ldots)$$

et par la multiplication, on aurait : $\alpha^5 = 1$.

Cette égalité est impossible, si ce n'est pour $\alpha = 1$, puisque α est une racine cubique de l'unité. Il ne reste donc que l'hypothèse où z reste invariable pour des permutations circulaires de cinq lettres; mais, s'il en est ainsi, z doit aussi être invariable pour des permutations circulaires de trois lettres. En effet, considérons la valeur suivante :

$$z = \varphi(x_3, x_4, x_5, x_1, x_2, x_6 \ldots).$$

Puisque z reste invariable pour des permutations circulaires de cinq lettres, on peut remplacer respectivement

$$x_3, x_2, x_5\ x_1, x_4,$$

par

$$x_2, x_3, x_1, x_4, x_5,$$

et il vient l'égalité

$$\varphi(x_3, x_4, x_5, x_1, x_2, x_6 \ldots) = \varphi(x_2, x_3, x_1, x_4, x_5, x_6 \ldots);$$

comme on a aussi

$$\varphi(x_3, x_4, x_5, x_1, x_2, x_6 \ldots) = \varphi(x_1, x_2, x_3, x_4, x_5, x_6 \ldots),$$

on en déduit

$$\varphi(x_2, x_3, x_1, x_4, x_5, x_6 \ldots) = \varphi(x_1, x_2, x_3, x_4, x_5, x_6 \ldots);$$

par suite,

$$\varphi(x_2, x_3, x_1, \ldots) = \varphi(x_1, x_2, x_3, \ldots)$$

c'est-à-dire que φ reste invariable pour des permutations circulaires de trois lettres. Ce résultat est en désaccord avec l'hypothèse admise que z change pour ces permutations. Il y a donc contradiction, et *la formule générale de résolution ne peut exister que pour les équations de degré inférieur au cinquième.*

CHAPITRE VIII.

QUESTIONS SPÉCIALES.

FRACTIONS CONTINUES PÉRIODIQUES; PRODUITS INFINIS; PREMIERS PRINCIPES DE LA THÉORIE DES NOMBRES ENTIERS.

170. Nous allons étudier, dans ce chapitre, quelques questions qui ne se rattachent qu'indirectement à la théorie des équations, mais qui ont une grande importance dans l'analyse algébrique. En particulier, il ne faut rien omettre de ce qui se rapporte au calcul des quantités par approximation. A côté des séries qui prennent, à juste titre, une si grande place dans l'analyse infinitésimale, il y a aussi à considérer les fractions continues, si intéressantes en elles-mêmes, ainsi que les produits infinis. Il nous a paru indispensable de compléter nos leçons par l'étude de ces quantités. Nous aurons ainsi l'occasion de rencontrer quelques formules nécessaires dans certaines branches de mathématiques appliquées. Enfin, l'algèbre étant la science des nombres en général, il ne sera pas inutile d'exposer ici les premières notions de la théorie des nombres entiers qui constitue une partie spéciale de l'algèbre; ce sera une introduction à l'étude des ouvrages plus développés sur cette matière si considérable aujourd'hui. Nous commencerons par la théorie des fractions continues.

§ 1.

Fractions continues périodiques.

171. Considérons la fraction continue

$$a_1 + \cfrac{1}{a_2 + \cfrac{1}{a_3 + \cfrac{1}{a_4 + \cdots + \cfrac{1}{a_n + \cfrac{1}{a_{n+1} + \cdots}}}}}$$

que nous représenterons, pour abréger, par la notation :

$$| a_1, a_2, a_3, \ldots a_n, a_{n+1}, \ldots |.$$

Posons :

$$\frac{p_1}{q_1} = \frac{a_1}{1}, \quad \frac{p_2}{q_2} = a_1 + \frac{1}{a_2} = \frac{a_1 a_2 + 1}{a_2},$$

$$\frac{p_3}{q_3} = a_1 + \cfrac{1}{a_2 + \cfrac{1}{a_3}} = \frac{(a_1 a_2 + 1) a_3 + a_1}{a_2 a_3 + 1},$$

$$\frac{p_n}{q_n} = a_1 + \cfrac{1}{a_2 + \cfrac{1}{a_3 + \cdots + \cfrac{1}{a_n}}}.$$

Ces rapports représentent les réduites successives. Il existe entre les quantités p et q les relations suivantes :

$$p_n = p_{n-1} a_n + p_{n-2}, \quad q_n = q_{n-1} a_n + q_{n-2}, \quad p_n q_{n-1} - q_n p_{n-1} = (-1)^n,$$

$$\frac{p_n}{q_n} - \frac{p_{n-1}}{q_{n-1}} = \frac{(-1)^n}{q_n q_{n-1}}.$$

Désignons par x la valeur de la fraction continue; si elle est limitée et si elle se termine, par exemple, au quotient a_n, on a :

$$x = \frac{p_n}{q_n} = \frac{p_{n-1} a_n + p_{n-2}}{q_{n-1} a_n + q_{n-2}}.$$

Si elle est illimitée, on peut écrire

$$x = a_1 + \cfrac{1}{a_2 + \cdots + \cfrac{1}{a_n + \cfrac{1}{x_n}}};$$

x_n représente le $n^{ième}$ quotient complet, et l'on a, dans ce cas,

$$x = \frac{p_n x_n + p_{n-1}}{q_n x_n + q_{n-1}}.$$

Nous supposerons connues et démontrées ces diverses relations élémentaires; nous allons seulement en déduire quelques conséquences. De la formule

$$p_n = p_{n-1}a_n + p_{n-2},$$

on tire

$$\frac{p_n}{p_{n-1}} = a_n + \cfrac{1}{\cfrac{p_{n-1}}{p_{n-2}}} = a_n + \cfrac{1}{a_{n-1} + \cfrac{1}{\cfrac{p_{n-2}}{p_{n-3}}}},$$

en continuant, on arrive à l'expression

$$\frac{p_n}{p_{n-1}} = a_n + \cfrac{1}{a_{n-1} + \cdots + \cfrac{1}{a_2 + \cfrac{1}{a_1}}}.$$

Admettons que la fraction continue donnée se termine au quotient a_n; on voit que, dans le second membre, les quotients incomplets sont écrits dans l'ordre inverse. Cette opération s'appelle *renverser* une fraction continue.

De même, en partant de l'égalité

$$q_n = q_{n-1}a_n + q_{n-2},$$

on aura aussi

$$\frac{q_n}{q_{n-1}} = a_n + \cfrac{1}{\cfrac{q_{n-1}}{q_{n-2}}} = a_n + \cfrac{1}{a_{n-1} + \cfrac{1}{\cfrac{q_{n-2}}{q_{n-3}}}},$$

et, en répétant l'opération, on trouve finalement

$$\frac{q_n}{q_{n-1}} = a_n + \cfrac{1}{a_{n-1} + \cdots + \cfrac{1}{a_3 + \cfrac{1}{a_2}}}.$$

Ici, la fraction se termine par a_2, parce que $q_2 = a_2$, $q_1 = 1$.

On a donc cette proposition : *une fraction continue renversée est égale au quotient du numérateur de la dernière réduite de la proposée par le numérateur de la précédente; de plus, l'avant dernière réduite de la fraction renversée est égale au quotient des dénominateurs des deux dernières réduites de la fraction donnée.*

Une fraction continue est dite *symétrique*, lorsque les quotients incomplets à égale distance des extrêmes sont égaux deux à deux; elle est donc de la forme

$$\frac{p_n}{q_n} = a_1 + \cfrac{1}{a_2 + \cfrac{1}{a_3 + \cdots + \cfrac{1}{a_3 + \cfrac{1}{a_2 + \cfrac{1}{a_1}}}}}.$$

Une telle expression conserve la même valeur, si on la renverse; donc, d'après la proposition précédente, on aura

$$\frac{p_n}{q_n} = \frac{p_n}{p_{n-1}},$$

c'est-à-dire,

$$q_n = p_{n-1}.$$

Comme une fraction donnée est développable d'une seule manière en fraction continue, cette relation aura lieu si la fraction continue qui représente $p_n : q_n$ est symétrique et réciproquement. Or, si on substitue cette valeur de q_n dans la relation

$$p_n q_{n-1} - q_n p_{n-1} = (-1)^n,$$

il vient

$$p_n q_{n-1} = q_n^2 + (-1)^n;$$

d'où on tire

$$\frac{q_n^2 \pm 1}{p_n} = \text{nombre entier.}$$

Donc, *si une fraction irréductible $p_n : q_n$ est développable en fraction continue symétrique, le numérateur p_n doit diviser $q_n^2 + 1$ ou $q_n^2 - 1$.*

La réciproque est vraie. En effet, posons

$$q' = \frac{q_n^2 \pm 1}{p_n};$$

on aura

$$p_n q' - q_n^2 = \pm 1.$$

Supposons qu'on développe la fraction $p_n : q_n$ en fraction continue. On sait, qu'en remplaçant, dans une fraction continue quelconque, le dernier quotient a_n par $a_n - 1 + \frac{1}{1}$, on peut rendre à volonté le nombre de quotients pair ou impair. Rendons ce nombre pair, si p_n divise $q_n^2 + 1$, et impair, si p_n divise $q_n^2 - 1$. On pourra écrire

$$p_n q' - q_n^2 = (-1)^n.$$

Or, si $p_{n-1} : q_{n-1}$ est l'avant dernière réduite, on sait que

$$p_n q_{n-1} - q_n p_{n-1} = (-1)^n,$$

et, en retranchant ces égalités membre à membre, on trouve

$$p_n(q' - q_{n-1}) = q_n(q_n - p_{n-1});$$

d'où il résulte que p_n doit diviser le second membre; ce qui est impossible, puisque p_n est premier avec q_n et que la différence $q_n - p_{n-1}$ est inférieure à p_n. Donc, il faut que

$$q' = q_{n-1} \quad \text{et} \quad q_n = p_{n-1}.$$

Par conséquent, la fraction continue est symétrique. Lorsque le numérateur de la fraction donnée divise le carré du dénominateur plus l'unité, le nombre de quotients incomplets est pair, et s'il divise le carré du dénominateur moins l'unité, ce nombre est impair. Par exemple, étant donnée la fraction $\frac{450}{199}$, on vérifie que 450 divise $199^2 - 1$, et, en la développant en fraction continue, on obtient :

$$\frac{450}{199} = | \, 2, 3, 1, 4, 1, 3, 2 \, | .$$

172. Une fraction continue illimitée est *périodique*, lorsqu'un nombre déterminé de quotients se reproduisent indéfiniment dans un ordre constant. Si la période commence à partir du premier quotient, on dit que la fraction continue est *périodique simple;* s'il existe au commencement un ou plusieurs quotients qui ne se reproduisent pas, on dit que la fraction continue est *périodique mixte*. Les propriétés de ces expressions reposent sur le théorème suivant de Lagrange :

Toute racine irrationnelle d'une équation du second degré à coefficients commensurables se développe suivant une fraction continue périodique.

Considérons d'abord l'équation

$$(1) \qquad Ax^2 + 2Bx - C = 0,$$

où A et C sont entiers et positifs et 2B un nombre entier pair, positif ou négatif. Si le coefficient de x n'était pas pair, il faudrait préalablement multiplier l'équation par 2. Comme le théorème se rapporte à une racine irrationnelle, $B^2 + AC$ n'est pas un carré parfait. Nous poserons

$$B^2 + AC = F.$$

L'équation proposée dont le dernier terme est négatif, admet des racines de signes contraires. Développons d'abord la racine positive qui a pour expression

$$x = \frac{-B + \sqrt{B^2 + AC}}{A} = \frac{-B + \sqrt{F}}{A}.$$

La racine est comprise entre deux nombres entiers consécutifs α_1 et $\alpha_1 + 1$; posons :

$$x = \alpha_1 + \frac{1}{x_1};$$

En substituant dans (1), il vient l'équation

$$(2) \qquad A_1 x_1^2 + 2B_1 x_1 - C_1 = 0$$

où les coefficients ont pour valeurs :

$$(3) \qquad \begin{aligned} A_1 &= C - 2B\alpha_1 - A\alpha_1^2, \\ B_1 &= -A\alpha_1 - B, \\ C_1 &= A. \end{aligned}$$

On en déduit la relation

$$(4) \qquad B_1^2 + A_1 C_1 = B^2 + AC = F.$$

Le coefficient C_1 est entier et positif comme A; le coefficient A_1 est également positif; car, la racine positive, placée entre α et α_1, est comprise entre α_1 et ∞ ; mais, pour $x = \infty$, le premier membre de l'équation (1) est positif; donc, pour $x = \alpha_1$, le résultat correspondant sera négatif; comme A_1 est ce résultat changé de signe, ce coefficient est nécessairement entier et positif. Enfin, d'après la relation (4), les coefficients B_1 et B sont, en valeur absolue, inférieurs à $\sqrt{F}$.

Si l'on pose successivement

$$x_1 = \alpha_2 + \frac{1}{x_2}, \quad x_2 = \alpha_3 + \frac{1}{x_3}, \quad \ldots, \quad x_{k-1} = \alpha_k + \frac{1}{x_k},$$

on arrivera à des équations du second degré jouissant des mêmes propriétés. Arrêtons-nous à celle de rang k, savoir :

$$A_k x_k^2 + 2B_k x_k - C_k = 0$$

On aura

$$A_k = C_{k-1} - 2B_{k-1}\alpha_k - A_{k-1}\alpha_k^2,$$

$$B_k = - A_{k-1}\alpha_k - B_{k-1},$$

$$C_k = A_{k-1},$$

$$B_k^2 + A_k C_k = B^2 + AC = F.$$

Les coefficients A_k, C_k sont toujours positifs; de même, nous aurons aussi, en valeur absolue, $B_k < \sqrt{F}$; ensuite, à cause de la relation

$$- A_{k-1}\alpha_k = B_k + B_{k-1},$$

il faut, qu'en valeur absolue,

$$\alpha_k < 2\sqrt{F}, \quad A_{k-1} < 2\sqrt{F}, \quad \text{ou} \quad A_k < 2\sqrt{F},$$

puisque les coefficients B sont inférieurs à $\sqrt{F}$. Par conséquent les nombres entiers B_k, A_k, α_k sont limités, et, après avoir pris un certain nombre de valeurs, ils repasseront nécessairement par les valeurs précédentes; donc, la fraction continue qui représente la racine sera périodique.

Si, dans la formule,

$$x_k = \frac{- B_k + \sqrt{F}}{A_k}$$

on attribue à B_k toutes les valeurs entières inférieures à $\sqrt{F}$, et à A_k toutes les valeurs entières plus petites que $2\sqrt{F}$, le nombre de valeurs de x_k sera au plus $\sqrt{F} \cdot 2\sqrt{F} = 2F$. On est donc certain qu'après un nombre d'opérations plus ou moins grand, mais qui ne peut dépasser $2F$, on trouvera un quotient déjà obtenu.

Afin d'opérer le développement de la seconde racine qui est négative, on change d'abord x en $-x$ et l'on a :

$$Ax^2 - 2Bx - C = 0.$$

On appliquera à cette équation la méthode précédente pour développer sa racine positive; le résultat, changé de signe, représentera la racine négative de la proposée. Supposons, en second lieu, que l'équation du second degré admette deux racines positives x_1 et x_2. Soit $x_1 > x_2$; la première racine est comprise entre deux entiers consécutifs a_1 et $a_1 + 1$ et si on pose

$$x = a_1 + \xi,$$

on arrivera à une transformée en ξ dont nous désignerons les racines par ξ' et ξ''. On aura

$$x_1 = a_1 + \xi',$$
$$x_2 = a_1 + \xi''.$$

Si on admet que x_1 et x_2 ne se trouvent pas dans le même intervalle, ξ' doit être une quantité positive et ξ'' une quantité négative, car, $x_2 < x_1 < a_1$. La transformée ayant deux racines de signes contraires rentre dans le cas que l'on vient de considérer. Si les deux racines positives sont situées dans le même intervalle, en posant

$$x = a_1 + \frac{1}{y},$$

la transformée en y admettra deux racines positives plus grandes que l'unité; il peut arriver qu'elles ne soient plus comprises entre deux entiers consécutifs, et on retombe alors le cas qui précède. Si elles se trouvent encore dans un même intervalle $(b, b + 1)$, on pose

$$y = b + \frac{1}{z},$$

et, ainsi de suite. On arrivera nécessairement à une équation du second degré dont les racines ne seront plus situées entre deux entiers consécutifs, puisqu'autrement, les deux racines se développeraient suivant la même fraction continue et elles seraient égales; ce qui est contre l'hypothèse.

Enfin, si l'équation donnée possède deux racines négatives, en remplaçant x par $-x$, la transformée admettra deux racines positives.

Le théorème de Lagrange est donc vrai dans tous les cas.

Réciproquement, *toute fraction continue périodique peut être regardée comme une racine irrationnelle d'une équation du second degré à coefficients commensurables.*

En effet, considérons d'abord la fraction périodique simple

$$x = | a_1, a_2, \dots a_n, a_1, a_2, \dots, a_n, a_1, a_2, \dots, a_n \dots |.$$

On peut écrire

$$x = a_1 + \frac{1}{a_2} + \cdot \cdot + \frac{1}{a_n} + \frac{1}{x_n},$$

ou bien,

$$x = | a_1, a_2, \dots, a_n, x_n |$$

où x_n désigne le $n^{\text{ième}}$ quotient complet; mais x_n représente une fraction continue de même période que la proposée; donc, $x_n = x$. Si $p' : q'$, $p : q$ sont les réduites de rang $n - 1$ et n, on aura

$$x = \frac{px + p'}{qx + q'}$$

et, en chassant le dénominateur, il vient l'équation du second degré

$$qx^2 + (q' - p)x - p' = 0$$

dont le dernier terme est négatif; ses racines sont réelles et de signes contraires; la fraction continue correspond évidemment à la racine positive. Donc, *une fraction continue périodique simple est égale à la racine positive d'une équation du second degré à coefficients rationnels dont les racines sont de signe différent.*

Soit, en second lieu, une fraction périodique mixte

$$x = | f, g, h, a_1, a_2, \dots a_n, a_1, a_2, \dots a_n, \dots |$$

dans laquelle les quotients f, g, h ne font pas partie de la période. Désignons par y la fraction périodique simple qui commence au quatrième quotient. On aura

$$x = | f, g, h, y |;$$

par suite, $p' : q'$, $p : q$ étant les réduites correspondant aux quotients g et h, il vient

$$x = \frac{py + p'}{qy + q'}.$$

De même, on peut faire commencer y après la première période, et écrire

$$x = | f, g, h, a_1, a_2, \dots, a_n, y |.$$

Dans ce cas, en désignant par $P' : Q'$, $P : Q$ les réduites relatives aux quotients a_{n-1} et a_n, il vient aussi

$$x = \frac{Py + P'}{Qy + Q'}.$$

En égalant les deux valeurs de y déduites de ces égalités, on arrive à l'équation du second degré

$$(qQ' - q'Q)x^2 - (pQ' - p'Q + qP' - q'P)x + pP' - p'P = 0$$

où le produit des racines est égal à

$$(k) \qquad \frac{pP' - p'P}{qQ' - q'Q}.$$

S'il n'y avait qu'un seul quotient f avant la période, on devrait poser :

$$p = f, \quad q = 1, \quad p' = 1, \quad q' = 0$$

et l'expression précédente se réduit à

$$\frac{fP' - P}{Q'}.$$

Ce rapport peut être positif ou négatif. Dans ce cas, l'équation du second degré admettra deux racines de même signe ou deux racines de signes contraires. Mais, s'il existe plusieurs quotients avant la période, la même équation aura toujours des racines de même signe. Pour le démontrer, désignons par $p'' : q''$ la réduite qui précède $p' : q'$ et par $P'' : Q''$ celle qui précède $P' : Q'$. On a les relations

$$p = p'h + p'', \quad P = P'a_n + P'',$$
$$q = q'h + q'', \quad Q = Q'a_n + Q''.$$

En substituant ces valeurs dans le rapport (k), on trouve

$$\frac{p'P'}{q'Q'} \cdot \frac{(h - a_n) + \left(\frac{p''}{p'} - \frac{P''}{P'}\right)}{(h - a_n) + \left(\frac{q''}{q'} - \frac{Q''}{Q'}\right)}.$$

Par hypothèse h est différent de a_n; $h - a_n$ est un entier égal au moins à l'unité, tandis que l'autre partie du numérateur et du dénominateur est fractionnaire, d'après la nature des réduites; par suite, le rapport qui représente le produit des racines est positif, et ces racines sont de même signe. Donc, *une fraction périodique mixte n'ayant qu'un seul quotient avant la période est une racine d'une équation du second degré à coefficients rationnels qui peut avoir des racines de même signe, ou de signe différent; tandis que toute autre fraction périodique mixte correspond à une racine d'une équation du second degré qui a toujours des racines de même signe.*

173. *Les périodes des quotients incomplets des fractions continues correspondant aux deux racines d'une équation du second degré à coefficients entiers sont inverses l'une de l'autre.* Pour le démontrer, considérons le cas d'une équation dont les racines se développent suivant des fractions périodiques simples. En désignant l'une d'elles par x, on a :

$$(\alpha) \qquad x = \frac{px + p'}{qx + q'},$$

ou bien,

$$x = \frac{q'x - p'}{p - qx}.$$

Soit x_1 la seconde racine qui est négative; posons

$$x_1 = -\frac{1}{x'};$$

cette valeur doit vérifier l'égalité précédente; en substituant, on trouve

$$(\alpha') \qquad x' = \frac{px' + q}{p'x' + q'}.$$

Mais, d'après le renversement d'une fraction continue, nous savons que $\frac{p}{q}$ et $\frac{p}{p'}$ se développent suivant des fractions continues composées des mêmes quotients dans l'ordre inverse, tandis que $\frac{q}{q'}$, est l'avant dernière réduite de la fraction renversée; donc x' représente une fraction périodique simple où la période est inverse de l'autre.

Cette propriété existe encore lorsque les racines se développent suivant des fractions périodiques mixtes, à la condition de faire commencer la période à un terme convenable, comme nous allons le vérifier dans un exemple.

174. Développons en fractions continues les racines de l'équation

$$3x^2 - 14x + 10 = 0.$$

Ces racines sont positives et ont pour valeurs

$$\frac{7+\sqrt{19}}{3},\quad \frac{7-\sqrt{19}}{3}.$$

Développons d'abord la première. Le plus grand carré contenu dans 19 est 4^2; par suite, le plus grand entier inférieur à la racine est 3, et il faut poser :

$$\frac{7+\sqrt{19}}{3}=3+\frac{7+\sqrt{19}-9}{3}=3+\frac{\sqrt{19}-2}{3}=3+\frac{1}{x_1}.$$

On en déduit

$$x_1=\frac{3}{\sqrt{19}-2}=\frac{3(\sqrt{19}+2)}{19-4}=\frac{\sqrt{19}+2}{5}.$$

Il est visible que x_1 est compris entre 1 et 2. Il faudra poser

$$x_1=1+\frac{\sqrt{19}-3}{5}=1+\frac{1}{x_2}.$$

En continuant de cette manière, on trouve successivement :

$$x_2=\frac{\sqrt{19}+3}{2}=3+\frac{\sqrt{19}-3}{2}=3+\frac{1}{x_3};$$

$$x_3=\frac{\sqrt{19}+3}{5}=1+\frac{\sqrt{19}-2}{5}=1+\frac{1}{x_4};$$

$$x_4=\frac{\sqrt{19}+2}{3}=2+\frac{\sqrt{19}-4}{3}=2+\frac{1}{x_5};$$

$$x_5=\frac{\sqrt{19}+4}{1}=8+\frac{\sqrt{19}-4}{1}=8+\frac{1}{x_6};$$

$$x_6=\frac{\sqrt{19}+4}{3}=2+\frac{\sqrt{19}-2}{3}=2+\frac{1}{x_7};$$

d'après la première égalité, on a

$$\frac{1}{x_1}=\frac{\sqrt{19}-2}{3};$$

donc, $x_7=x_1$. On retrouve un quotient déjà obtenu, et la période est complète. Il vient ainsi, pour le développement de la première racine x' la fraction périodique

$$x' = |\ 3,\ (1,\ 3,\ 1,\ 2,\ 8,\ 2),\ \ (1,\ 3,\ \ldots)\ \ldots\ |.$$

Développons la seconde racine. Elle est comprise entre 0 et 1 ; on posera d'abord

$$\frac{7-\sqrt{19}}{3} = 0 + \frac{1}{x_1},$$

et il viendra la suite des calculs :

$$x_1 = \frac{7+\sqrt{19}}{10} = 1 + \frac{\sqrt{19}-3}{10} = 1 + \frac{1}{x_2};$$

$$x_2 = \frac{\sqrt{19}+3}{1} = 7 + \frac{\sqrt{19}-4}{1} = 7 + \frac{1}{x_3};$$

$$x_3 = \frac{\sqrt{19}+4}{3} = 2 + \frac{\sqrt{19}-2}{3} = 2 + \frac{1}{x_4};$$

$$x_4 = \frac{\sqrt{19}+2}{5} = 1 + \frac{\sqrt{19}-3}{5} = 1 + \frac{1}{x_5};$$

$$x_5 = \frac{\sqrt{19}+3}{2} = 3 + \frac{\sqrt{19}-3}{2} = 3 + \frac{1}{x_6};$$

$$x_6 = \frac{\sqrt{19}+3}{5} = 1 + \frac{\sqrt{19}-2}{5} = 1 + \frac{1}{x_7};$$

$$x_7 = \frac{\sqrt{19}+2}{3} = 2 + \frac{\sqrt{19}-4}{3} = 2 + \frac{1}{x_8};$$

$$x_8 = \frac{\sqrt{19}+4}{1} = 8 + \frac{\sqrt{19}-4}{1} = 8 + \frac{1}{x_9};$$

En comparant, on trouve $x_9 = x_3$; par suite, la fraction continue qui correspond à la racine x'' sera :

$$x'' = |\ 0,\ 1,\ 7,\ (2,\ 1,\ 3,\ 1,\ 2,\ 8),\ (2,\ 1,\ \ldots)\ \ldots\ |.$$

Afin de vérifier que les périodes sont inverses, on doit commencer la période de cette dernière au huitième quotient et écrire

$$x'' = |\ 0,\ 1,\ 7,\ 2,\ 1,\ 3,\ 1,\ (2,\ 8,\ 2,\ 1,\ 3,\ 1),\ (2,\ 8,\ \ldots)\ \ldots\ |.$$

Comme second exemple, considérons l'équation

$$3x^2 - 10x - 28 = 0$$

dont les racines sont de signes contraires. Le développement des racines seront des fractions périodiques simples ou périodiques mixtes avec un seul quotient avant la période. La racine positive est

$$x' = \frac{5 + \sqrt{109}}{3}.$$

En lui appliquant la méthode qui précède, on trouve

$$x' = | 5, (6, 1, 4, 2, 1, 3, 2, 20, 2, 3, 1, 2, 4, 1), (6, 1 \ldots) \ldots |$$

La seconde racine est :

$$\frac{5 - \sqrt{109}}{3}.$$

Pour la développer, on change les signes pour qu'elle devienne positive, et on écrit :

$$x'' = \frac{-5 + \sqrt{109}}{3}.$$

Les calculs conduisent à la fraction continue :

$$x'' = | 1, (1, 4, 2, 1, 3, 2, 20, 2, 3, 1, 2, 4, 1, 6), (1, 4, \ldots) \ldots | .$$

175. *Trouver une équation du second degré à coefficients rationnels dont les racines se développent suivant des fractions continues de même période.* Désignons par x et x' les racines d'une équation du second degré à coefficients rationnels. Supposons qu'elles se développent suivant des fractions continues ayant un même quotient complet y ; on pourra écrire

$$x = \frac{py + p'}{qy + q'}, \quad x' = \frac{Py + P'}{Qy + Q'}$$

avec les conditions

$$pq' - qp' = \pm 1, \quad PQ' - QP' = \pm 1.$$

Par l'éliminaton de y, on arrive à une équation de la forme

$$(k) \qquad x' = \frac{\alpha x + \beta}{\alpha' x + \beta'},$$

où

$$\alpha = qP' - q'P, \quad \beta = p'P - pP',$$
$$\alpha' = qQ' - q'Q, \quad \beta' = p'Q - pQ'.$$

Ces égalités conduisent elles-mêmes à la relation

$$(k') \qquad \alpha\beta' - \beta\alpha' = \pm 1.$$

Désignons par $-$ S la somme des racines; on aura $x' = -S - x$; par suite, la relation (k) devient :

$$-S - x = \frac{\alpha x + \beta}{\alpha' x + \beta'},$$

ou bien

$$x^2 + \left(S + \frac{\alpha + \beta'}{\alpha'}\right)x + \frac{S\beta' + \beta}{\alpha'} = 0;$$

mais, pour que la somme des racines soit $-$ S, il faut que $\beta' = -\alpha$, et la relation (k') donne ensuite

$$\beta = -\frac{\alpha^2 \pm 1}{\alpha'}.$$

En vertu de ces relations, l'équation devient :

$$x^2 + Sx - \left(S\frac{\alpha}{\alpha'} + \frac{\alpha^2 \pm 1}{\alpha'^2}\right) = 0,$$

où il faut regarder S comme une quantité rationnelle quelconque, α comme un entier quelconque et α' comme un diviseur quelconque de $\alpha^2 \pm 1$. Conformément à son origine, les racines de cette équation se développeront en fractions continues ayant la même période. D'un autre côté, la période de l'une étant inverse de l'autre, cette période sera symétrique ou formée de deux suites symétriques. Ainsi, lorsque les quotients se présentent comme suit :

$$1, 3, 5, 6, 5, 3, 1$$

la période est simplement symétrique; mais, on peut commencer la période à un terme quelconque et écrire, par exemple,

$$5, 6, 5 \mid 3, 1, 1, 3;$$

elle se compose alors de deux suites symétriques.

176. *Développement de l'irrationnelle* $\sqrt{A}$, *A étant un nombre entier.* Soit a la racine carrée du plus grand carré contenu dans A. On pose

$$\sqrt{A} = a + \frac{1}{x_1};$$

On en déduit

$$x_1 = \frac{1}{\sqrt{A} - a} = \frac{a + \sqrt{A}}{A - a^2} = \frac{a + \sqrt{A}}{b},$$

b étant un nombre entier égal à $A - a^2$. On pose encore

$$\frac{a + \sqrt{A}}{b} = a_1 + \frac{1}{x_2},$$

a_1 étant le plus grand entier contenu dans la fraction du premier membre; ainsi de suite.

Afin d'indiquer la nature du développement auquel on arrive de cette manière, observons que $\sqrt{A}$ est une racine de l'équation

$$x^2 - A = 0$$

qui admet des racines égales et de signes contraires. Le développement sera une fraction périodique simple, ou une fraction périodique mixte avec un seul terme avant la période. C'est toujours ce dernier cas qui a lieu. En effet, une fraction périodique simple conduit à l'équation

$$qx^2 - (q' - p)x - p' = 0;$$

pour qu'elle soit incomplète, il faut que : $q' = p$; mais alors la relation

$$pq' - qp' = \pm 1,$$

se réduit à

$$p^2 = qp' \pm 1,$$

et, en divisant par pq, il vient

$$\frac{p}{q} = \frac{p'}{p} \pm \frac{1}{pq}.$$

Le second membre étant plus petit que l'unité, il en résulterait qu'une réduite de $\sqrt{A}$ serait inférieure à l'unité, ce qui est imposible. Donc, la fraction périodique qui représente $\sqrt{A}$ est nécessairement mixte avec un quotient avant la période. Le premier terme de cette fraction étant a, la quantité $\sqrt{A} - a$ sera égale à une fraction périodique simple; il en sera de même pour $\sqrt{A} + a$, parce que les quantités $\sqrt{A} + a$ et $-(\sqrt{A} - a)$ sont les racines de l'équation à coefficients entiers

$$x^2 - 2ax + (a^2 - A) = 0.$$

Posons :

$$\sqrt{A}+a=(2a, a_1, a_2, \dots a_{k-1}, 2a, a_1, a_2 \dots).$$

Les quotients incomplets de la fraction continue égale à $\sqrt{A}-a$ se présentent dans l'ordre inverse et l'on aura :

$$\sqrt{A}-a=0\,(a_{k-1}, a_{k-2}, \dots a_1, 2a, a_{k-1}, a_{k-2}, \dots).$$

Or, on passe du développement de $\sqrt{A}+a$ à celui de $\sqrt{A}$ en retranchant a au premier quotient, et du développement de $\sqrt{A}-a$ à celui de $\sqrt{A}$ en ajoutant a au premier terme. Il en résulte que le développement de $\sqrt{A}$ est susceptible d'être représenté par l'une ou l'autre des expressions

$$a(a_1, a_2, \dots a_{k-1}, 2a), (a_1, a_2, \dots), \dots$$
$$a(a_{k-1}, a_{k-2}, \dots a_1, 2a), (a_{k-1}, a_{k-2}, \dots), \dots$$

On a donc cette proposition :

L'irrationnelle $\sqrt{A}$ est égale à une fraction périodique mixte avec un seul terme avant la période; le dernier quotient de chaque période est $2a$, a étant la racine du plus grand carré contenu dans $\sqrt{A}$; les autres termes de la période à égale distance des extrêmes sont égaux deux à deux; ils forment une suite symétrique.

Par exemple, si on développe $\sqrt{69}$, la suite des calculs étant :

$$\sqrt{69}=8+\frac{-8+\sqrt{69}}{1}=8+\frac{1}{x_1},$$

$$x_1=\frac{8+\sqrt{69}}{5}=3+\frac{-7+\sqrt{69}}{5}=3+\frac{1}{x_2},$$

$$x_2=\frac{7+\sqrt{69}}{4}=3+\frac{-5+\sqrt{69}}{4}=3+\frac{1}{x_3},$$

$$x_3=\frac{5+\sqrt{69}}{11}=1+\frac{-6+\sqrt{69}}{11}=1+\frac{1}{x_4},$$

$$x_4=\frac{6+\sqrt{69}}{3}=4+\frac{-6+\sqrt{69}}{3}=4+\frac{1}{x_5},$$

$$x_5=\frac{6+\sqrt{69}}{11}=1+\frac{-5+\sqrt{69}}{11}=1+\frac{1}{x_6},$$

$$x_6=\frac{5+\sqrt{69}}{4}=3+\frac{-7+\sqrt{69}}{4}=3+\frac{1}{x_7},$$

$$x_7 = \frac{7+\sqrt{69}}{5} = 3 + \frac{-8+\sqrt{69}}{5} = 3 + \frac{1}{x_8},$$

$$x_8 = \frac{8+\sqrt{69}}{1} = 16 + \frac{-8+\sqrt{69}}{1} = 16 + \frac{1}{x_9},$$

on aura :

$$\sqrt{69} = 8\,(3, 3, 1, 4, 1, 3, 3, 16), (3, 3, \ldots.)\ldots;$$

ce qui permet de vérifier la proposition démontrée.

177. *Résolution en nombres entiers de l'équation*

$$x^2 - Ay^2 = \pm 1.$$

Cette résolution repose sur le développement de $\sqrt{A}$ en fraction continue. Nous avons vu que le quotient complet de rang n est de la forme

$$\frac{\alpha_n + \sqrt{A}}{\beta_n},$$

où α_n et β_n sont entiers. On passe au quotient suivant par l'égalité

$$\frac{\alpha_n + \sqrt{A}}{\beta_n} = a_n + \frac{(\alpha_n - a_n\beta_n) + \sqrt{A}}{\beta_n} = a_n + \frac{1}{x_{n+1}},$$

a_n désigne le plus grand entier contenu dans x_n ou la fraction du premier membre. On en déduit :

$$x_{n+1} = \frac{(-\alpha_n + a_n\beta_n) + \sqrt{A}}{\frac{1}{\beta_n}\left[A - (\alpha_n - a_n\beta_n)^2\right]} = \frac{\alpha_{n+1} + \sqrt{A}}{\beta_{n+1}},$$

avec les relations

$$\alpha_{n+1} = -\alpha_n + a_n\beta_n,$$
$$A - \alpha_{n+1}^2 = \beta_n\beta_{n+1}.$$

Celles-ci nous montrent que les quantités α qui entrent dans les quotients complets sont inférieures à $\sqrt{A}$; elles peuvent au plus atteindre la valeur a qui représente le plus grand entier contenu dans $\sqrt{A}$.

Cela étant, supposons que la période des quotients incomplets se compose de k termes dont le dernier est $2a$; pour que le plus grand entier de

$$\frac{\alpha_k + \sqrt{A}}{\beta_k}$$

devienne égal à $2a$, il faut que $\alpha_k = a$, $\beta_k = 1$, et, par suite,

$$x_k = \frac{a + \sqrt{A}}{1}.$$

D'un autre côté, on sait que la valeur de la fraction continue qui représente $\sqrt{A}$ est donnée par

$$\frac{p_k x_k + p_{k-1}}{q_k x_k + q_{k-1}}.$$

En remplaçant x_k par sa valeur, on aura

$$\sqrt{A} = \frac{p_k(a + \sqrt{A}) + p_{k-1}}{q_k(a + \sqrt{A}) + q_{k-1}},$$

ou bien,

$$\sqrt{A}(aq_k + q_{k-1} - p_k) + Aq_k - ap_k - p_{k-1} = 0.$$

Egalons séparément à zéro la partie rationnelle ainsi que la quantité qui multiplie $\sqrt{A}$. Il viendra

$$aq_k + q_{k-1} - p_k = 0,$$

$$ap_k - Aq_k + p_{k-1} = 0,$$

et, par l'élimination de a, on trouve

$$p_k^2 - Aq_k^2 = p_k q_{k-1} - q_k p_{k-1},$$

c'est-à-dire

$$p_k^2 - Aq_k^2 = (-1)^k.$$

Il est évident qu'en désignant par $p_{2k} : q_{2k}$ la réduite qui correspond au dernier terme de la seconde période, on aura aussi

$$p_{2k}^2 - Aq_{2k}^2 = (-1)^{2k},$$

et, en général,

$$p_{\mu k}^2 - Aq_{\mu k}^2 = (-1)^{\mu k}.$$

Comparons, maintenant, cette équation avec la suivante

$$x^2 - Ay^2 = 1.$$

Si le nombre k des termes de la période est pair, $(-1)^{\mu k}$ est égal à $+1$, quel que soit μ, et les valeurs

$$x = p_{\mu k}, \quad y = q_{\mu k}$$

seront des solutions entières de l'équation pour toute valeur de μ. Si le nombre k est impair, les mêmes valeurs sont des solutions de l'équation, à la condition d'attribuer seulement à μ les valeurs paires : 2, 4, 6, etc.

Quant à l'équation

$$x^2 - Ay^2 = -1,$$

elle ne peut être satisfaite par des nombres entiers, si la période de la fraction continue qui représente $\sqrt{A}$ se compose d'un nombre pair de termes. Lorsque ce nombre est impair, les solutions seront fournies par les réduites relatives au dernier terme de la première, de la troisième période, etc.

Soit à résoudre l'équation

$$x^2 - 13y^2 = 1.$$

On a

$$\sqrt{13} = 3\,(1, 1, 1, 1, 6)\,(1, 1, 1, 1, 6)\ldots.$$

Les réduites successives ont pour valeurs

$$\frac{3}{1}, \frac{4}{1}, \frac{7}{2}, \frac{11}{3}, \frac{18}{5}, \frac{119}{33}, \frac{137}{38}, \frac{256}{71}, \frac{393}{109}, \frac{649}{180}, \ldots$$

Ici k est impair ; il faut prendre les dernières réduites des périodes d'ordre pair. Ainsi,

$$x = 649, \quad y = 180$$

sera une solution de l'équation.

De même, la réduite $18 : 5$ donne

$$x = 18, \quad y = 5$$

comme première solution de l'équation

$$x^2 - 13y^2 = -1.$$

§ 2.

Produits infinis. Expressions de $\sin x$ et de $\cos x$ en produits infinis. Formules de Wallis et de Stirling.

178. Avant de nous occuper des produits infinis, il est nécessaire de définir la notion de convergence sur une somme composée d'un nombre illimité de termes, telle que

$$(s) \qquad u_1 + u_2 + u_3 + \cdots + u_n + u_{n+1} + \cdots.$$

et que l'on appelle *série*; les nombres u_0, u_1, ... se succèdent d'après une loi déterminée, de telle sorte que, connaissant l'expression du terme général u_n, on peut en déduire tous les autres. Posons

$$S_n = u_1 + u_2 + \cdots + u_n;$$

la série est dite *convergente*, si la somme S_n tend vers une limite finie et déterminée, lorsque n croît indéfiniment; elle est *divergente*, lorsque S_n croît au delà de toute limite; enfin, elle est *indéterminée*, lorsque, sans augmenter indéfiniment, la somme S_n ne tend vers aucune limite déterminée. Nous désignerons toujours par S la valeur d'une série, c'est-à-dire, la valeur limite de S_n, lorsqu'elle existe.

L'exemple le plus simple d'une série convergente est fourni par la somme des termes d'une progression géométrique décroissante. On sait, en effet, que pour $r < 1$, l'expression

$$a + ar + ar^2 + \cdots$$

a pour limite

$$S = \frac{a}{1 - r}.$$

Si $r > 1$, la même expression constitue une série divergente. La série générale (s) est aussi convergente, lorsque le rapport d'un terme au précédent, en valeur absolue, a pour limite une quantité k plus petite que l'unité. En effet, soit r un nombre compris entre k et 1; pour une valeur de n suffisamment grande, on aura les inégalités

$$\frac{u_{n+1}}{u_n} < r, \quad \frac{u_{n+2}}{u_{n+1}} < r, \quad \frac{u_{n+3}}{u_{n+2}} < r, \quad \ldots.$$

et les termes

$$u_{n+1}, \quad u_{n+2}, \quad u_{n+3}, \quad \ldots,$$

sont alors respectivement inférieurs à

$$ru_n, \quad r^2u_n, \quad r^3u_n, \quad \ldots$$

qui appartiennent à une progression décroissante, puisque r est plus petit que l'unité; leur somme étant convergente, il en doit être de même de la série proposée.

Si k est plus grand que l'unité, il sera possible de choisir une quantité r comprise entre 1 et k, et pour une valeur convenable de n, l'on aurait :

$$\frac{u_{n+1}}{u_n} > r, \quad \frac{u_{n+2}}{u_{n+1}} > r, \quad \frac{u_{n+3}}{u_{n+2}} > r, \quad \ldots;$$

les termes

$$u_{n+1}, \quad u_{n+2}, \quad u_{n+3}, \quad \ldots.$$

seraient ainsi supérieurs à ceux d'une progression géométrique croissante

$$ru_n, \quad r^2u_n, \quad r^3u_n, \quad \ldots;$$

donc, la série est divergente.

Lorsque $k = 1$, on ne peut rien conclure. Par exemple, pour les séries

$$1 + \frac{1}{2} + \frac{1}{3} + \frac{1}{4} + \frac{1}{5} + \cdots,$$

$$1 + \frac{1}{2^2} + \frac{1}{3^2} + \frac{1}{4^2} + \frac{1}{5^2} \cdots,$$

on trouve

$$\lim \frac{u_{n+1}}{u_n} = \lim \frac{n}{n+1} = \lim \frac{1}{1+\frac{1}{n}} = 1.$$

$$\lim \frac{u_{n+1}}{u_n} = \lim \frac{n^2}{(n+1)^2} = \lim \frac{1}{\left(1+\frac{1}{n}\right)^2} = 1,$$

Chacune d'elles peut être convergente ou divergente; mais, si on groupe les termes comme suit :

$$1 + \frac{1}{2} > \frac{1}{2}, \quad \frac{1}{3} + \frac{1}{4} > \frac{2}{4} = \frac{1}{2}, \quad \frac{1}{5} + \frac{1}{6} + \frac{1}{7} + \frac{1}{8} > \frac{4}{8} = \frac{1}{2}, \ldots$$

$$\frac{1}{2^2} + \frac{1}{3^2} < \frac{2}{2^2} = \frac{1}{2}, \quad \frac{1}{4^2} + \frac{1}{5^2} + \frac{1}{6^2} + \frac{1}{7^2} < \frac{4}{4^2} = \frac{1}{4} = \frac{1}{2^2}, \ldots$$

dans le premier cas, chaque groupe a une valeur plus grande que $\frac{1}{2}$; comme la série se décompose en un nombre indéfini de groupes semblables, elle est nécessairement divergente. Au contraire, pour la seconde série, les diverses parties sont respectivement inférieures aux termes d'une progression par quotient, décroissante et illimitée; donc, il y a convergence.

On voit, par le premier exemple, qu'une série peut croître au delà de toute limite, alors que les termes décroissent de plus en plus et tendent vers zéro. Cette circonstance ne se présente jamais, lorsque les termes sont alternativement positifs et négatifs. Pour le démontrer, considérons une série de cette espèce

$$u_1 - u_2 + u_3 - \cdots + u_{2n-1} - u_{2n} + u_{2n+1} - \cdots$$

où les termes vont en diminuant de plus en plus. Posons :

$$S_{2n} = (u_1 - u_2) + (u_3 - u_4) + \cdots + (u_{2n-1} - u_{2n}),$$
$$S_{2n+1} = u_1 - (u_2 - u_3) - (u_4 - u_5) - \cdots - (u_{2n} - u_{2n+1}).$$

On passe de S_{2n} à la valeur S de la série, en ajoutant une suite de quantités positives ; par suite,

$$S > S_{2n};$$

mais, pour passer de S_{2n+1} à S, on doit retrancher une suite de quantités positives ; donc

$$S < S_{2n+1}.$$

Comme n est quelconque, on en conclut que la valeur de la série est toujours comprise entre deux sommes consécutives de termes. Or, les sommes d'ordre pair S_{2n} vont en croissant, tandis que les autres diminuent ; de plus, on a :

$$\lim (S_{2n+1} - S_{2n}) = \lim u_{2n+1} = 0;$$

par conséquent, la limite S est nécessairement finie et déterminée ; par suite, la série proposée est convergente.

Citons, en terminant, quelques séries remarquables de l'analyse jouissant de la propriété d'être convergentes. On sait, par la théorie des logarithmes, que

$$e = \lim (1 + \alpha)^{\frac{1}{\alpha}}$$

lorsque α tend vers zéro, ou bien

$$e = \lim \left(1 + \frac{1}{m}\right)^m,$$

lorsque m augmente indéfiniment. Cherchons cette dernière limite. On a

$$\left(1 + \frac{1}{m}\right)^m = 1 + m \cdot \frac{1}{m} + \frac{m(m-1)}{1.2} \cdot \frac{1}{m^2} + \frac{m(m-1)(m-2)}{1.2.3} \cdot \frac{1}{m^3} + \cdots$$

ou bien,

$$\left(1 + \frac{1}{m}\right)^m = 1 + 1 + \frac{1}{1.2}\left(1 - \frac{1}{m}\right) + \frac{1}{1.2.3}\left(1 - \frac{1}{m}\right)\left(1 - \frac{2}{m}\right) + \cdots$$

Le terme général de ce développement est :

$$\frac{1}{1.2\ldots p}\left(1-\frac{1}{m}\right)\left(1-\frac{2}{m}\right)\left(1-\frac{3}{m}\right)\cdots\left(1-\frac{p-1}{m}\right);$$

mais le produit

$$\left(1-\frac{1}{m}\right)\left(1-\frac{2}{m}\right)\cdots\left(1-\frac{p-1}{m}\right)$$

est visiblement plus petit que l'unité et plus grand que

$$1-\left(\frac{1}{m}+\frac{2}{m}+\cdots+\frac{p-1}{m}\right)=1-\frac{p(p-1)}{2m};$$

si m croît indéfiniment tandis que p est constant mais quelconque, la limite de ce produit est nécessairement l'unité. Par conséquent, si on passe à la limite, le développement qui précède se réduit à

$$1+1+\frac{1}{1.2}+\frac{1}{1.2.3}+\frac{1}{1.2.3.4}+\cdots.$$

C'est une série convergente qui représente la base des logarithmes népériens.

Posons

$$\alpha=\frac{x}{m};$$

on aura

$$\left[(1+\alpha)^{\frac{1}{\alpha}}\right]^{x}=\left(1+\frac{x}{m}\right)^{m},$$

et comme α tend vers zéro lorsque m croît indéfiniment, il vient

$$e^{x}=\lim\left(1+\frac{x}{m}\right)^{m}.$$

Si on cherche cette limite comme ci-dessus, on trouve

$$e^{x}=1+x+\frac{x^{2}}{1.2}+\frac{x^{3}}{1.2.3}+\cdots.$$

La série du second membre est convergente quel que soit x; car, on a

$$\lim\frac{u_{n+1}}{u_{n}}=\lim\frac{x}{n+1}=\lim x\left(\frac{1}{n+1}\right)=0.$$

Désignons encore par a un nombre positif et par la son logarithme népérien; on a

$$a=e^{la},\quad \text{et}\quad a^{x}=e^{xla};$$

par suite, il vient

$$a^x = 1 + xla + \frac{x^2}{1.2}(la)^2 + \frac{x^3}{1.2.3}(la)^3 + \cdots$$

C'est la série exponentielle générale qui est convergente pour toute valeur de x.

Comparons, enfin, ce développement au suivant :

$$a^x = \left[1 + (a-1)\right]^x = 1 + x(a-1) + \frac{x(x-1)}{1.2}(a-1)^2$$
$$+ \frac{x(x-1)(x-2)}{1.2.3}(a-1)^3 + \cdots$$

En égalant les coefficients de la première puissance de x, il vient

$$la = (a-1) - \frac{1}{2}(a-1)^2 + \frac{1}{3}(a-1)^3 - \frac{1}{4}(a-1)^4 + \cdots$$

Ce qui fait prévoir, en posant :

$$a = 1 + x,$$

que le développement de $l(1+x)$ sera de la forme

$$l(1+x) = x - \frac{x^2}{2} + \frac{x^3}{3} - \frac{x^4}{4} + \cdots$$

Cette dernière série est convergente pour toute valeur de x comprise entre 0 et 1 inclusivement. D'après cette formule, on doit conclure que $l(1+x)$ est inférieur à x et plus grand que $x - \frac{x^2}{2}$; donc, en désignant par θ une fraction comprise entre zéro et l'unité, on peut poser :

$$l(1+x) = x - \frac{\theta x^2}{2}.$$

Nous ferons usage de cette égalité dans ce qui va suivre.

179. Considérons maintenant un produit infini, c'est-à-dire, un produit composé d'un nombre illimité de facteurs

$$P = u_1 u_2 u_3 \ldots u_n u_{n+1} \ldots,$$

et posons :

$$P_n = u_1 u_2 u_3 \ldots u_n.$$

On dit que le produit P est convergent, si P_n tend vers une limite finie et déterminée, lorsque n augmente indéfiniment ; il est divergent, si P_n croît au delà de toute limite avec n; enfin, si P_n ne tend vers aucune limite, le produit infini est indéterminé.

Si on prend les logarithmes népériens des deux membres, il vient

$$lP_n = lu_1 + lu_2 + \cdots + lu_n;$$

par suite,

$$P_n = e^{lu_1+lu_2+\cdots+lu_n}.$$

Le produit infini est convergent ou indéterminé en même temps que la série

$$lu_1 + lu_2 + \cdots + lu_n + \cdots.$$

Quand celle-ci est divergente et a pour limite $+\infty$, le produit P est divergent; si elle a pour limite $-\infty$, le produit P converge vers zéro. Si le facteur général u_n reste constamment plus grand que l'unité ou plus petit que l'unité quel que soit n, on n'a jamais lim $lu_n = 0$; la série des logarithmes est toujours divergente et elle tend vers $+\infty$ ou $-\infty$; par suite, le produit infini est divergent ou il a pour limite zéro. Il suffit de considérer le cas où lim $lu_n = 0$, c'est-à-dire, lim $u_n = 1$, et nous supposerons le produit P de la forme

$$P = (1 + \alpha_1)(1 + \alpha_2)(1 + \alpha_3)\cdots(1 + \alpha_n)(1 + \alpha_{n+1})\cdots$$

où les quantités α sont quelconques, mais α_n tend vers zéro lorsque n augmente. On aura

$$lP_n = l(1 + \alpha_1) + l(1 + \alpha_2) + \cdots + l(1 + \alpha_n).$$

Par l'application de la formule

$$l(1 + x) = x - \frac{\theta x^2}{2},$$

il vient

$$lP_n = \alpha_1 + \alpha_2 + \cdots + \alpha_n - \tfrac{1}{2}(\theta_1\alpha_1^2 + \theta_2\alpha_2^2 + \cdots + \theta_n\alpha_n^2).$$

Soient θ_p et θ_g la plus petite et la plus grande des fractions θ_1, θ_2.... ; l'expression entre parenthèses au second membre sera comprise entre

$$\theta_p(\alpha_1^2 + \alpha_2^2 + \cdots + \alpha_n^2) \quad \text{et} \quad \theta_g(\alpha_1^2 + \alpha_2^2 + \cdots + \alpha_n^2),$$

de sorte qu'en désignant par ρ une fraction comprise entre $\frac{1}{2}\theta_p$ et $\frac{1}{2}\theta_g$ nous pouvons écrire

$$lP_n = (\alpha_1 + \alpha_2 + \cdots + \alpha_n) - \rho(\alpha_1^2 + \alpha_2^2 + \cdots + \alpha_n^2),$$

ou, d'une manière abrégée

$$lP_n = \Sigma(\alpha) - \rho\Sigma(\alpha^2);$$

par conséquent, on a, pour le produit infini,

$$P = e^{\lim \Sigma(\alpha) - \rho \lim \Sigma(\alpha^2)}$$

Lorsque les deux séries $\Sigma(\alpha)$ et $\Sigma(\alpha^2)$ sont convergentes en même temps, le produit infini a pour limite une quantité déterminée et il est convergent; c'est le cas le plus intéressant et le plus utile. Les autres conclusions à déduire de la formule sont aussi évidentes que la précédente et nous les indiquons dans le tableau suivant :

$\lim \Sigma(\alpha)$,	$\lim \Sigma(\alpha^2)$,	$\lim P$,	P
$-\infty$,	A,	o,	convergent;
$-\infty$,	$+\infty$,	o,	convergent;
A,	$+\infty$,	o,	convergent;
$+\infty$,	A,	∞,	divergent;
$+\infty$,	$+\infty$,	$\frac{\infty}{\infty}$,	indéterminé;

A désigne une quantité finie et déterminée. Il serait plus exact de dire que, dans le dernier cas, le produit paraît indéterminé; il arrive parfois que, par un moyen particulier, on constate qu'il est divergent.

Par l'application de ces règles, on trouve que les produits

$$\left(1+\frac{1}{2}\right)\left(1-\frac{1}{3}\right)\left(1+\frac{1}{4}\right)\left(1-\frac{1}{5}\right)\cdots$$

$$\left(1-\frac{3^2}{2^4}\right)\left(1-\frac{4^3}{3^5}\right)\left(1-\frac{5^4}{4^6}\right)\left(1-\frac{6^5}{5^7}\right)\cdots$$

sont convergents, ainsi que

$$x\left(1-\frac{x^2}{\pi^2}\right)\left(1-\frac{x^2}{2^2\pi^2}\right)\left(1-\frac{x^2}{3^2\pi^2}\right)\cdots$$

$$\left(1-\frac{4x^2}{\pi^2}\right)\left(1-\frac{4x^2}{3^2\pi^2}\right)\left(1-\frac{4x^2}{5^2\pi^2}\right)\cdots$$

pour toute valeur de x.

Les produits

$$(1+\log\sqrt{2})(1+\log\sqrt[3]{3})(1+\log\sqrt[4]{4})\cdots,$$

$$2^{\frac{1}{2}}\left(1-\frac{1}{2}\right)2^{\frac{1}{2}}\left(1-\frac{2}{3}\right)2^{\frac{1}{2}}\left(1-\frac{3}{5}\right)2^{\frac{1}{2}}\left(1-\frac{4}{7}\right)\cdots,$$

sont divergents, et le produit

$$\left(1+\frac{1}{4}\right)^4\left(1-\frac{1}{9}\right)^9\left(1+\frac{1}{16}\right)^{16}\left(1-\frac{1}{25}\right)^{25}\cdots$$

est indéterminé. Enfin, les produits

$$\left(1-\frac{1}{\sqrt{2}}\right)\left(1-\frac{1}{\sqrt{3}}\right)\left(1-\frac{1}{\sqrt{4}}\right)\left(1-\frac{1}{\sqrt{5}}\right)\cdots,$$

$$\left(1+\frac{1}{\sqrt{2}}\right)\left(1-\frac{1}{\sqrt{3}}\right)\left(1+\frac{1}{\sqrt{4}}\right)\left(1-\frac{1}{\sqrt{5}}\right)\cdots,$$

sont convergents, mais ils ont pour limite zéro.

180. *Développement des lignes trigonométriques en produits infinis.* On sait que, par la formule de Moivre, on a

$$(\cos x+\sqrt{-1}\sin x)^m=\cos mx+\sqrt{-1}\sin mx;$$

mais, si on développe le premier membre par la formule du binôme, il vient aussi

$$(\cos x+\sqrt{-1}\sin x)^m$$
$$=\cos^m x+\frac{m}{1}\sqrt{-1}\cos^{m-1}x\sin x-\frac{m(m-1)}{1.2}\cos^{m-2}x\sin^2 x+\cdots$$

En comparant ces relations, on trouve l'égalité

$$\sin mx=m\cos^{m-1}x\sin x-\frac{m(m-1)(m-2)}{1.2.3}\cos^{m-3}x\sin^3 x+\cdots.$$

Supposons m impair; le second membre ne contient que des puissances paires de $\cos x$; en remplaçant $\cos^2 x$ par $1-\sin^2 x$, il se changera en un polynôme du degré m en $\sin x$ et ne renfermant que les puissances impaires. Si m est pair, on met $\cos x$ en facteur et par la même substitution, le polynôme qui multiplie $\cos x$ sera du degré $m-1$ avec des puissances impaires de $\sin x$.

Considérons d'abord le cas où m est impair; en remplaçant x par z, on peut poser

$$\sin mz=A_1\sin z+A_2\sin^3 z+A_3\sin^5 z+\cdots\cdot$$

le second membre étant du degré m en $\sin z$; les coefficients $A_1, A_2, A_3\cdots$ ont des valeurs déterminées; celle de A_1 se trouve en écrivant

$$\frac{\sin mz}{\sin z}=A_1+A_2\sin^2 z+\cdots$$

et en faisant tendre z vers zéro; il vient ainsi

$$\lim\frac{\sin mz}{\sin z}=\lim\frac{mz}{z}=m=A_1.$$

Par conséquent, nous pouvons poser :

$$\sin mz = m \sin z . F(y).$$

F (y) désigne une fonction entière où la variable y représente sin z; elle est du degré $m - 1$, et, pour $y = 0$, elle se réduit à l'unité.

D'après cette relation, les racines de

$$F(y) = 0$$

seront les racines de l'équation

$$\sin mz = 0$$

qui est satisfaite en prenant

$$mz = \pm k\pi, \text{ ou } z = \pm \frac{k\pi}{m}.$$

La formule de résolution de la première équation sera donc

$$y = \pm \sin \frac{k\pi}{m},$$

dans laquelle on doit poser

$$k = 1, 2, 3 \ldots \frac{m-1}{2}.$$

On trouve ainsi les $m - 1$ racines

$$\pm \sin \frac{\pi}{m}, \quad \pm \sin \frac{2\pi}{m}, \quad \pm \sin \frac{3\pi}{m}, \ \ldots, \ \pm \sin \frac{m-1}{2} \frac{\pi}{m};$$

par suite, il vient

$$F(y) = \left(y - \sin \frac{\pi}{m}\right)\left(y + \sin \frac{\pi}{m}\right) \cdots \left(y - \sin \frac{m-1}{2} \frac{\pi}{m}\right)\left(y + \sin \frac{m-1}{2} \frac{\pi}{m}\right),$$

ou bien,

$$F(y) = \left(y^2 - \sin^2 \frac{\pi}{m}\right)\left(y^2 - \sin^2 \frac{2\pi}{m}\right) \cdots \left(y^2 - \sin^2 \frac{m-1}{2} \frac{\pi}{m}\right).$$

On peut mettre le second membre sous la forme

$$F(y) = (-1)^{\frac{m-1}{2}} \sin^2 \frac{\pi}{m} \cdots \sin^2 \frac{m-1}{2} \frac{\pi}{m} \left(1 - \frac{y^2}{\sin^2 \frac{\pi}{m}}\right) \cdots \left(1 - \frac{y^2}{\sin^2 \frac{m-1}{2} \frac{\pi}{m}}\right).$$

Remarquons que la fonction se réduit à l'unité pour $y = 0$; on doit donc avoir

$$(-1)^{\frac{m-1}{2}} \sin^2 \frac{\pi}{m} \sin^2 \frac{2\pi}{m} \cdots \sin^2 \frac{m-1}{2} \frac{\pi}{m} = 1.$$

Il en résulte qu'en remplaçant y par $\sin z$, on obtient la formule

$$\sin mz = m \sin z \left(1 - \frac{\sin^2 z}{\sin^2 \frac{\pi}{m}}\right)\left(1 - \frac{\sin^2 z}{\sin^2 \frac{2\pi}{m}}\right)\cdots\left(1 - \frac{\sin^2 z}{\sin^2 \frac{m-1}{2}\frac{\pi}{m}}\right)$$

ou, d'une manière abrégée,

$$\sin mz = m \sin z \cdot \Pi_{k=1}^{k=\frac{m-1}{2}} \left(1 - \frac{\sin^2 z}{\sin^2 \frac{k\pi}{m}}\right).$$

Posons maintenant

$$mz = x, \quad \text{ou} \quad z = \frac{x}{m};$$

on aura

$$\sin x = m \sin \frac{x}{m} \Pi_{k=1}^{k=\frac{m-1}{2}} \left(1 - \frac{\sin^2 \frac{x}{m}}{\sin^2 \frac{k\pi}{m}}\right).$$

Si on fait croître m indéfiniment, on aura

$$\lim m \sin \frac{x}{m} = \lim m \frac{x}{m} = x,$$

$$\lim \frac{\sin \frac{x}{m}}{\sin \frac{k\pi}{m}} = \lim \frac{\frac{x}{m}}{\frac{k\pi}{m}} = \frac{x}{k\pi}.$$

Donc, à la limite, quand m est infini, il viendra

$$\sin x = x \Pi_{k=1}^{k=\infty} \left(1 - \frac{x^2}{k^2\pi^2}\right),$$

c'est-à-dire

$$\sin x = x\left(1 - \frac{x^2}{\pi^2}\right)\left(1 - \frac{x^2}{4\pi^2}\right)\left(1 - \frac{x^2}{9\pi^2}\right)\left(1 - \frac{x^2}{16\pi^2}\right)\cdots.$$

La fonction $\sin x$ se trouve donc représenté par un produit infini convergent.

On arrive encore au même résultat, lorsque m est un nombre pair. On doit partir de l'équation

$$\sin mz = m \sin z \cos z \,.\, F(y)$$

que l'on ramène, comme ci-dessus, à la forme

$$\sin x = m \sin\frac{x}{m}\cos\frac{x}{m}\prod_{k=1}^{k=\frac{m}{2}-1}\left(1-\frac{\sin^2\frac{x}{m}}{\sin^2\frac{k\pi}{m}}\right).$$

A cause de : $\lim \cos\frac{x}{m} = 1$, on obtient encore la même limite.

Pour arriver à la conclusion qui précède, nous avons admis que l'arc $\frac{k\pi}{m}$ est très petit et, dans la recherche de la limite, nous avons remplacé le sinus par l'arc. Or, lorsque m est considérable, il arrive que le nombre k prend une valeur comparable à celle de m et cette substitution n'est plus rigoureuse. Cependant le résultat est exact. Pour le démontrer, considérons les produits

$$\left(1-\frac{\sin^2 z}{\sin^2\frac{\pi}{m}}\right)\left(1-\frac{\sin^2 z}{\sin^2\frac{2\pi}{m}}\right)\left(1-\frac{\sin^2 z}{\sin^2\frac{3\pi}{m}}\right)\cdots\left(1-\frac{\sin^2 z}{\sin^2\frac{k\pi}{m}}\right),$$

$$\left(1-\frac{x^2}{\pi^2}\right)\left(1-\frac{x^2}{4\pi^2}\right)\left(1-\frac{x^2}{9\pi^2}\right)\cdots\left(1-\frac{x^2}{k^2\pi^2}\right),$$

dont les premiers facteurs tendent à devenir identiques aussi longtemps que leur rang n'est pas comparable à m. Ils sont tous deux convergents, car les séries

$$\frac{\sin^2 z}{\sin^2\frac{\pi}{m}}+\frac{\sin^2 z}{\sin^2\frac{2\pi}{m}}+\frac{\sin^2 z}{\sin^2\frac{3\pi}{m}}+\cdots$$

$$\frac{x^2}{\pi^2}+\frac{x^2}{4\pi^2}+\frac{x^2}{9\pi^2}+\cdots.$$

ou bien

$$\frac{m^2\sin^2 z}{\pi^2}\left(\frac{\frac{\pi^2}{m^2}}{\sin^2\frac{\pi}{m}}+\frac{1}{4}\,\frac{\frac{4\pi^2}{m^2}}{\sin^2\frac{2\pi}{m}}+\frac{1}{9}\,\frac{\frac{9\pi^2}{m^2}}{\sin^2\frac{3\pi}{m}}+\cdots\right)$$

$$\frac{x^2}{\pi^2}\left(1+\frac{1}{4}+\frac{1}{9}+\cdots\right)$$

sont convergentes. Pour la seconde, c'est évident; pour la première, en se rappelant que le rapport d'un arc plus petit que $\frac{\pi}{2}$ à son sinus est inférieur à $\frac{\pi}{2}$, les termes de cette suite sont moindres que ceux de la série convergente

$$\frac{\pi^2}{4}\left(1+\frac{1}{4}+\frac{1}{9}+\cdots\right).$$

La convergence des deux produits entraîne cette conséquence qu'en formant, dans chacun d'eux, le produit des facteurs à partir du moment où k devient comparable à m, ces produits partiels auront pour limite l'unité; dans ces conditions, les produits complets ont nécessairement la même limite et l'on a rigoureusement

$$\sin x = x\left(1-\frac{x^2}{\pi^2}\right)\left(1-\frac{x^2}{4\pi^2}\right)\left(1-\frac{x^2}{9\pi^2}\right)\cdots.$$

Après avoir déterminé le développement de $\sin x$, on obtient immédiatement $\cos x$ par la formule

$$\cos x = \frac{\sin 2x}{2\sin x} = \frac{2x\left(1-\frac{4x^2}{\pi^2}\right)\left(1-\frac{4x^2}{4\pi^2}\right)\left(1-\frac{4x^2}{9\pi^2}\right)\left(1-\frac{4x^2}{16\pi^2}\right)\cdots}{2x\left(1-\frac{x^2}{\pi^2}\right)\left(1-\frac{x^2}{4\pi^2}\right)\left(1-\frac{x^2}{9\pi^2}\right)\left(1-\frac{x^2}{16\pi^2}\right)\cdots}$$

ou bien, après la suppression des facteurs communs

$$\cos x = \left(1-\frac{4x^2}{\pi^2}\right)\left(1-\frac{4x^2}{9\pi^2}\right)\left(1-\frac{4x^2}{25\pi^2}\right)\left(1-\frac{4x^2}{49\pi^2}\right)\cdots$$

Connaissant $\sin x$ et $\cos x$, il est possible de convertir une ligne trigonométrique quelconque en produit infini convergent.

Si on pose successivement

$$x=\frac{m\pi}{2n},\quad x=\frac{2m\pi}{2n},$$

on trouve

$$\sin\frac{m\pi}{2n}=\frac{m\pi}{2n}\cdot\frac{2n-m}{2n}\cdot\frac{2n+m}{2n}\cdot\frac{4n-m}{4n}\cdot\frac{4n+m}{4n}\cdots,$$

$$\sin\frac{2m\pi}{2n}=\frac{2m\pi}{2n}\cdot\frac{2n-2m}{2n}\cdot\frac{2n+2m}{2n}\cdot\frac{4n-2m}{4n}\cdot\frac{4n+2m}{4n}\cdots,$$

d'où on tire

$$\cos\frac{m\pi}{2n}=\frac{\sin\frac{2m\pi}{2n}}{2\sin\frac{m\pi}{2n}}=\frac{2n-2m}{2n-m}\cdot\frac{2n+2m}{2n+m}\cdot\frac{4n-2m}{4n-m}\cdot\frac{4n+2m}{4n+m}\cdots$$

On peut déduire de ces formules quelques relations numériques intéressantes. Par exemple, si on pose dans la dernière

$$n=3m,\quad n=2m,\quad n=\frac{5m}{2},$$

et si on observe que

$$\cos\frac{\pi}{6}=\frac{1}{2}\sqrt{3},\quad \cos\frac{\pi}{4}=\frac{1}{2}\sqrt{2},\quad \cos\frac{\pi}{5}=\frac{1}{4}(1+\sqrt{5}),$$

il vient

$$\frac{1}{2}\sqrt{3}=\frac{4}{5}\cdot\frac{8}{7}\cdot\frac{10}{11}\cdot\frac{14}{13}\cdot\frac{16}{17}\cdot\frac{20}{19}\cdots,$$

$$\frac{1}{2}\sqrt{2}=\frac{2}{3}\cdot\frac{6}{5}\cdot\frac{6}{7}\cdot\frac{10}{9}\cdot\frac{10}{11}\cdot\frac{14}{13}\cdots,$$

$$1+\sqrt{5}=4\cdot\frac{3}{4}\cdot\frac{7}{6}\cdot\frac{8}{9}\cdot\frac{12}{11}\cdot\frac{13}{14}\cdot\frac{17}{16}\cdots$$

Les conséquences du développement de $\sin x$ en produit infini sont nombreuses; nous allons en déduire quelques formules célèbres dans l'analyse.

181. *Formule de Wallis.* Posons dans la formule de $\sin x$, $x=\frac{\pi}{2}$; il viendra

$$1=\frac{\pi}{2}\left(1-\frac{1}{2^2}\right)\left(1-\frac{1}{2^2.4}\right)\left(1-\frac{1}{2^2.9}\right)\left(1-\frac{1}{2^2.16}\right)\cdots,$$

ou bien

$$1=\frac{\pi}{2}\left(1-\frac{1}{2^2}\right)\left(1-\frac{1}{2^2.2^2}\right)\left(1-\frac{1}{2^2.3^2}\right)\left(1-\frac{1}{2^2.4^2}\right)\cdots,$$

c'est-à-dire,

$$1=\frac{\pi}{2}\left(1-\frac{1}{2}\right)\left(1+\frac{1}{2}\right)\left(1-\frac{1}{4}\right)\left(1+\frac{1}{4}\right)\left(1-\frac{1}{6}\right)\left(1+\frac{1}{6}\right)\cdots$$

Si on résoud cette équation par rapport à $\frac{\pi}{2}$, on trouve

$$\frac{\pi}{2}=\frac{2}{1}\cdot\frac{2}{3}\cdot\frac{4}{3}\cdot\frac{4}{5}\cdot\frac{6}{5}\cdot\frac{6}{7}\cdots\frac{2n}{2n-1}\cdot\frac{2n}{2n+1}\cdots$$

C'est la formule de Wallis; elle donne la valeur de $\frac{\pi}{2}$ sous la forme d'un produit infini de fractions alternativement plus grandes et plus petites que l'unité.

D'après cette formule, on peut écrire

$$\frac{\pi}{2}=\lim\frac{(2.4.6\ldots 2n)^2}{(1.3.5\ldots 2n-1)^2\,2n+1}$$

lorsque n augmente indéfiniment, ou bien

$$\frac{\pi}{2}=\lim 2^{2n}\frac{(1.2.3\ldots n)^2\,(2.4.6\ldots 2n)^2}{(1.2.3.4\ldots 2n)^2\,2n+1},$$

c'est-à-dire

$$\frac{\pi}{2}=\lim 2^{4n}\frac{(1.2.3.4\ldots n)^4}{(1.2.3.4\ldots 2n)^2\,2n+1}.$$

Enfin, si on divise par $\frac{\pi}{2}$ et si on extraic la racine carrée, il vient la relation

$$(\alpha)\qquad \sqrt{\frac{2}{\pi}}\lim 2^{2n}\frac{(1.2.3.4\ldots n)^2}{(1.2.3.4\ldots 2n)\sqrt{2n+1}}=1.$$

182. *Formule de Stirling.* Cette formule consiste dans la relation

$$1.2.3.4\ldots n=\sqrt{2\pi}\,e^{-n}n^{n+\frac{1}{2}}$$

qui est très approchée, si le nombre n est considérable. M. J. Serret a déduit cette formule de celle de Wallis, comme nous allons l'indiquer. Posons

$$\varphi(x)=\frac{1.2.3\ldots x}{\sqrt{2\pi}\,e^{-x}x^{x+\frac{1}{2}}}.$$

Cette fonction jouit des propriétés suivantes :

$$(\beta)\qquad \lim\frac{\varphi[(n)]^2}{\varphi(2n)}=1,$$

$$(\gamma)\qquad \lim\frac{\varphi(n)}{\varphi(2n)}=1,$$

où n désigne un nombre qui augmente indéfiniment. En effet, conformément à la définition de φ, on a

$$\frac{[\varphi(n)]^2}{\varphi(2n)} = \frac{(1.2.3\ldots n)^2}{(\sqrt{2\pi}\,e^{-n}n^{n+\frac{1}{2}})^2} \cdot \frac{\sqrt{2\pi}\,e^{-2n}(2n)^{2n+\frac{1}{2}}}{(1.2.3\ldots 2n)};$$

en supprimant les facteurs communs, on trouve

$$\frac{[\varphi(n)]^2}{\varphi(2n)} = \sqrt{\frac{2}{\pi}} \cdot 2^{2n} \frac{(1.2.3\ldots n)^2}{(1.2.3\ldots 2n)\sqrt{2n}}.$$

Or, d'après la relation (α), la limite du second membre est l'unité; donc, la relation (β) est démontrée.

D'un autre côté, on a aussi

$$\frac{\varphi(x)}{\varphi(x+1)} = \frac{1.2.3\ldots x}{\sqrt{2\pi}\,e^{-x}x^{x+\frac{1}{2}}} \cdot \frac{\sqrt{2\pi}\,e^{-x-1}(x+1)^{x+\frac{3}{2}}}{1.2.3\ldots x(x+1)},$$

ou bien

$$\frac{\varphi(x)}{\varphi(x+1)} = \frac{1}{e}\left(\frac{x+1}{x}\right)^{x+\frac{1}{2}} = e^{-1}\left(1+\frac{1}{x}\right)^{x+\frac{1}{2}};$$

par suite, il vient

$$\frac{\varphi(x)}{\varphi(x+1)} = e^{-1+\left(x+\frac{1}{2}\right)l\left(1+\frac{1}{x}\right)}.$$

Afin de simplifier, appliquons les formules

$$l\left(1+\frac{1}{x}\right) = \frac{1}{x} - \frac{\theta'}{2x^2}, \quad l\left(1+\frac{1}{x}\right) = \frac{1}{x} - \frac{1}{2x^2} + \frac{\theta''}{3x^3},$$

θ' et θ'' étant des quantités comprises entre 0 et 1. Il vient alors

$$\left(x+\frac{1}{2}\right)l\left(1+\frac{1}{x}\right) = x\left(\frac{1}{x} - \frac{1}{2x^2} + \frac{\theta''}{3x^3}\right) + \frac{1}{2}\left(\frac{1}{x} - \frac{\theta'}{2x^2}\right),$$

ou bien

$$\left(x+\frac{1}{2}\right)l\left(1+\frac{1}{x}\right) = 1 + \left(\frac{\theta''}{3} - \frac{\theta'}{4}\right)\frac{1}{x^2}.$$

Donc, en représentant par θ_1 une nouvelle quantité comprise entre 0 et 1, on peut écrire

$$\left(x+\frac{1}{2}\right)l\left(1+\frac{1}{x}\right) = 1 + \frac{\theta_1}{x^2}.$$

En substituant, on obtient finalement

$$\frac{\varphi(x)}{\varphi(x+1)} = e^{\frac{\theta_1}{x^2}}.$$

Si on remplace successivement x par $x+1$, $x+2$, etc., on a également

$$\frac{\varphi(x+1)}{\varphi(x+2)} = e^{\frac{\theta_2}{(x+1)^2}}$$

$$\frac{\varphi(x+2)}{\varphi(x+3)} = e^{\frac{\theta_3}{(x+2)^2}}$$

. . . .

$$\frac{\varphi(2x-1)}{\varphi(2x)} = e^{\frac{\theta_x}{(2x-1)^2}}.$$

Multiplions toutes ces égalités membre à membre; il viendra

$$\frac{\varphi(x)}{\varphi(2x)} = e^{\frac{\theta_1}{x^2}+\frac{\theta_2}{(x+1)^2}+\dots\frac{\theta_x}{(2x-1)^2}}.$$

La somme qui forme l'exposant de e est inférieure à $x\cdot\frac{1}{x^2}=\frac{1}{x}$; par suite, θ étant une quantité comprise entre 0 et 1, on aura

$$\frac{\varphi(x)}{\varphi(2x)} = e^{\frac{\theta}{x}},$$

et, en remplaçant x par n,

$$\frac{\varphi(n)}{\varphi(2n)} = e^{\frac{\theta}{n}}.$$

Dans l'hypothèse où n croît indéfiniment, on arrive à la relation (γ), savoir :

$$\lim\frac{\varphi(n)}{\varphi(2n)} = 1.$$

Les égalités (β) et (γ) étant démontrées, si on les divise l'une par l'autre, on trouve $\lim\varphi(n)=1$; on a donc approximativement, pour n très grand,

$$1.2.3.4\dots n = \sqrt{2\pi}e^{-n}n^{n+\frac{1}{2}}.$$

Cette formule de Stirling est très utile dans l'analyse et indispensable dans la théorie des probabilités.

§ 3.

PREMIERS PRINCIPES DE LA THÉORIE DES NOMBRES ENTIERS.

183. Les nombres entiers se partagent en deux classes : les nombres *premiers* et les nombres *composés*. Un nombre est dit *premier* lorsqu'il n'admet d'autre diviseur que lui-même et l'unité; un nombre est dit *composé* lorsqu'il admet plus de deux diviseurs. Il est utile de laisser le nombre 1 en dehors de ces deux catégories; plusieurs formules relatives aux nombres premiers ne lui sont pas applicables. Tous les nombres premiers excepté 2 appartiennent à la série des nombres impairs. Pour déterminer les nombres premiers inférieurs à un entier donné n, on commence par écrire la liste des impairs

$$3, \; 5, \; 7, \; 9, \; 11, \; \ldots \; n;$$

ensuite, à partir de $3^2 = 9$, on efface les nombres de 3 en 3 qui sont tous divisibles par 3; à partir de $5^2 = 25$, on efface les nombres de 5 en 5, à partir de $7^2 = 49$, les nombres de 7 en 7, et ainsi de suite; on s'arrête dès que l'on arrive à un carré supérieur à n. On trouve ainsi pour les nombres premiers inférieurs à 100

2, 3, 5, 7, 11, 13, 17, 19, 23, 29, 31, 37, 41,
43, 47, 53, 59, 61, 67, 71, 73, 79, 83, 89, 97.

184. *Diviseurs d'un nombre.* On sait qu'un nombre composé est susceptible de se ramener à la forme

$$n = p^\alpha q^\beta r^\gamma \ldots . t^\lambda,$$

$p, q, r\ldots$ étant des nombres premiers inégaux et $\alpha, \beta, \ldots$ des nombres entiers et positifs. Il admet d'abord comme diviseurs les $\alpha + 1$ nombres

$$(d_1) \qquad 1, \; p, \; p^2, \; p^3, \; \ldots \; p^\alpha.$$

Si on multiplie chaque terme de cette suite par les nombres

$$q, \; q^2, \; q^3 \ldots q^\beta,$$

on obtient

$$(d_2) \qquad q, pq, p^2q \ldots p^\alpha q; \quad q^2, pq^2, \ldots; \quad \ldots; \quad q^\beta, pq^\beta, \ldots p^\alpha q^\beta,$$

qui sont aussi des diviseurs de n; le nombre des diviseurs renfermés dans les suites (d_1), (d_2) a pour expression

$$(\alpha + 1) + \beta(\alpha + 1) = (\alpha + 1)(\beta + 1).$$

En combinant ces diviseurs obtenus avec ceux de la suite

$$r, \quad r^2, \quad r^3, \quad \ldots r^\gamma$$

la multiplication donnera

$$(\alpha+1)(\beta+1)\gamma$$

diviseurs différents des premiers; en y ajoutant ceux-ci, on trouve

$$(\alpha+1)(\beta+1)+(\alpha+1)(\beta+1)\gamma=(\alpha+1)(\beta+1)(\gamma+1).$$

Il est évident que, par la continuation de ce procédé on arrivera à l'expression suivante :

$$(\alpha+1)(\beta+1)(\gamma+1)\ldots(\lambda+1)$$

pour le nombre total des diviseurs de n y compris lui-même. De plus, ces diviseurs seront les différents termes du produit

$$(1+p+\cdots+p^\alpha)(1+q+\cdots+q^\beta)(1+r+\cdots+r^\gamma)\cdots(1+t+\cdots+t^\lambda).$$

On en conclut aussi que leur somme sera représentée par le produit

$$\frac{p^{\alpha+1}-1}{p-1}\cdot\frac{q^{\beta+1}-1}{q-1}\cdot\frac{r^{\gamma+1}-1}{r-1}\cdots\frac{t^{\lambda+1}-1}{t-1}.$$

Ainsi, pour

$$n=360=2^3.3^2.5,$$

le nombre des diviseurs sera

$$(3+1)(2+1)(1+1)=24,$$

et leur somme sera égale au produit

$$\frac{2^4-1}{2-1}\cdot\frac{3^3-1}{3-1}\cdot\frac{5^2-1}{5-1}=15.13.6=1170.$$

On appelle *nombre parfait* celui qui jouit de la propriété d'être égal à la somme de ses diviseurs. Par exemple, pour les nombres 6 et 28, on a les égalités

$$1+2+3=6,$$
$$1+2+4+7+14=28;$$

6 et 28 sont des nombres parfaits. Les nombres parfaits connus sont de la forme

$$2^{k-1}(2^k-1)$$

où $2^k - 1$ est un nombre premier; c'est ce qui résulte de la proposition suivante :

Si, dans la progression géométrique

$$1 : 2 : 4 : 8 \ldots,$$

on fait la somme des termes jusqu'à ce que cette somme soit un nombre premier, le produit de cette somme par son dernier terme est un nombre parfait.

En effet, posons

$$p = 1 + 2 + 2^2 + \cdots + 2^{k-1} = 2^k - 1$$

et supposons que p soit un nombre premier; nous allons démontrer que le nombre

$$a = (2^k - 1)2^{k-1} = 2^{k-1}p$$

est un nombre parfait. Les seuls diviseurs de ce produit plus petits que lui-même sont :

$$1,\quad 2,\quad 2^2,\quad \ldots\quad 2^{k-1};$$
$$p,\quad 2p,\quad 2^2p,\quad \ldots\quad 2^{k-2}p.$$

Si on fait leur somme, on trouve

$$2^k - 1 + p(2^{k-1} - 1)$$

ou bien, en remplaçant p par sa valeur,

$$2^k - 1 + (2^k - 1)(2^{k-1} - 1) = 2^{k-1}(2^k - 1);$$

cette somme vaut donc le nombre a; donc ce dernier est un nombre parfait

Si on pose dans la formule

$$a = 2^{k-1}(2^k - 1)$$

$k = 2, 3, 5, 7, 13, 17, 19, 31, 61$, on trouve tous les nombres parfaits connus; aucun d'eux n'est impair.

On appelle aussi *nombres amiables*, deux nombres dont chacun est égal à la somme des diviseurs de l'autre. Il en est ainsi pour les nombres 220 et 284. On a, en effet, pour la somme des diviseurs du premier

$$1 + 2 + 4 + 5 + 10 + 11 + 20 + 22 + 44 + 55 + 110 = 284,$$

et, pour la somme des diviseurs de l'autre

$$1 + 2 + 4 + 71 + 142 = 220.$$

Euler a trouvé 61 couples de nombres amiables.

185. *Nombres premiers entre eux.* On appelle ainsi les nombres qui ne possèdent d'autre diviseur commun que l'unité. Un nombre n'est jamais premier à lui-même si ce n'est l'unité; c'est là un caractère du nombre 1 qui le distingue des autres nombres premiers.

Cela étant, *si p et q sont des entiers premiers entre eux, les restes de la division de chaque terme de la suite*

$$p,\quad 2p,\quad 3p,\quad 4p,\quad \ldots,\quad (q-1)p$$

par q sont tous différents; ce sont les nombres de la suite

$$1,\quad 2,\quad 3,\quad 4,\quad \ldots\quad q-1$$

mais dans un ordre quelconque.

Il est d'abord évident qu'aucun nombre de la suite proposée n'est divisible par q, puisque les coefficients de p sont inférieurs à q et q est premier avec p. De plus, si deux de ces multiples de p donnaient le même reste, leur différence, qui serait un autre nombre de la suite, devrait être divisible par q, ce qui est impossible.

Le produit pq est le premier multiple de p divisible par q; les multiples suivants :

$$(q+1)p,\quad (q+2)p,\quad (q+3)p,\quad \ldots,\quad (2q-1)p$$

jouiront aussi de la propriété de ne pas être divisibles par q et de reproduire dans le même ordre les restes de la première suite; car les différences respectives des nombres $(q+1)p$ et p, $(q+2)p$ et $2p$, etc., sont divisibles par q.

Enfin, désignons par a un troisième nombre entier quelconque; si on forme la suite

$$a,\quad a+p,\quad a+2p,\quad a+3p,\quad \ldots,\quad a+(q-1)p,$$

on démontre de la même manière que la division des nombres qu'elle renferme par q conduit à des restes tous différents qui sont les termes de la suite

$$0,\quad 1,\quad 2,\quad 3,\quad 4,\quad \ldots,\quad q-1$$

dans un certain ordre.

La suite que nous venons de considérer contient les q premiers termes d'une progression arithmétique dont le premier terme est a et la raison p. La propriété précédente peut s'exprimer ainsi :

La division par q des q premiers termes d'une progression arithmétique dont la raison est un nombre p premier avec q conduit à des restes tous différents qui reproduisent dans un certain ordre les nombres

$$0,\quad 1,\quad 2,\quad 3,\quad 4,\quad \ldots,\quad q-1.$$

Remarquons encore que, dans les q termes de la progression, il y en aura autant premiers avec q qu'il y a de restes premiers avec q; car, si un reste est premier avec q, il en est de même du dividende, et réciproquement.

186. *Indicateur d'un nombre.* On appelle *indicateur* d'un nombre positif n le nombre des entiers de la suite

$$1,\quad 2,\quad 3,\quad 4,\quad \ldots n,$$

qui sont premiers à n; on le représente par la notation $\varphi(n)$. On a, par exemple,

$$\varphi(1) = 1,\quad \varphi(2) = 1,\quad \varphi(3) = 2,\quad \varphi(4) = 2,\quad \varphi(5) = 4, \text{ etc.}$$

Lorsque n est un nombre premier p, il vient évidemment

$$\varphi(p) = p - 1.$$

C'est un exemple d'une formule qui est en défaut pour $p = 1$; comme le nombre 1 est premier à lui-même, on doit prendre $\varphi(1) = 1$ au lieu de $\varphi(1) = 0$.

Nous allons étudier quelques propriétés de la fonction numérique $\varphi(n)$. D'abord, étant donnés deux nombres p et q, premiers entre eux, on a la relation

$$\varphi(pq) = \varphi(p)\varphi(q).$$

Désignons par

$$1,\quad a,\quad b,\quad c,\quad \ldots,\quad p-1,$$

les entiers inférieurs à p et premiers avec p; leur nombre est représenté par $\varphi(p)$. Soit ρ l'un quelconque d'entre eux; tous les termes de la suite

$$(\alpha) \qquad \rho,\quad \rho + p,\quad \rho + 2p,\quad \rho + 3p,\quad \ldots,\quad \rho + (q-1)p$$

sont inférieurs à pq et premiers avec p, lorsqu'on remplace ρ par l'un quelconque des nombres $1, a, b, \ldots$. D'un autre côté, tout entier plus petit que pq et premier avec p est nécessairement de la forme $\rho + kp$ où k est zéro ou un entier inférieur à q. Afin d'obtenir $\varphi(pq)$, il faut prendre, parmi ces nombres premiers avec p, ceux qui sont en même temps premiers avec q. Or, si on divise les termes de la suite (α) par q, on obtient pour les restes les nombres

$$0,\quad 1,\quad 2,\quad 3,\quad 4,\quad \ldots q-1$$

qui renferment $\varphi(q)$ nombres premiers avec q; il y en aura autant dans la suite (α) formée des dividendes; mais, comme on doit remplacer ρ par l'un quelconque des $\varphi(p)$ nombres $1, a, b, \ldots p-1$, on en conclut que le produit $\varphi(p)\varphi(q)$ représentera le nombre des entiers plus petits que pq et premiers avec p et q, ainsi qu'avec leur produit; donc la relation proposée est démontrée.

On en déduit

$$\varphi(pqr) = \varphi(p)\,\varphi(qr) = \varphi(p)\,\varphi(q)\,\varphi(r),$$

et, en général,

$$\varphi(pqr \ldots t) = \varphi(p)\,\varphi(q)\,\varphi(r) \ldots \varphi(t).$$

Donc, *l'indicateur d'un produit de plusieurs nombres premiers entre eux deux à deux est égal au produit des indicateurs de ses facteurs.*

Considérons maintenant un entier n donné par $n = p^\alpha$, p étant un nombre premier. Parmi les entiers de la suite

$$1,\quad 2,\quad 3,\quad 4,\quad \ldots\quad n,$$

il n'y a que les nombres

$$p,\quad 2p,\quad 3p,\quad 4p,\quad \ldots,\quad \frac{n}{p}p = p^\alpha$$

qui ne peuvent être premiers avec n; par suite, la différence

$$n - \frac{n}{p} = n\left(1 - \frac{1}{p}\right)$$

représentera le nombre des entiers inférieurs à n et premiers avec n, c'est-à-dire, $\varphi(n)$.

Pour un nombre quelconque

$$n = p^\alpha q^\beta r^\gamma \ldots t^\lambda,$$

on aurait

$$\begin{aligned}\varphi(n) &= \varphi(p^\alpha)\,\varphi(p^\beta) \ldots \varphi(t^\lambda)\\ &= p^\alpha\left(1 - \frac{1}{p}\right) q^\beta\left(1 - \frac{1}{q}\right) \ldots t^\lambda\left(1 - \frac{1}{t}\right),\end{aligned}$$

c'est-à-dire,

$$\varphi(n) = n\left(1 - \frac{1}{p}\right)\left(1 - \frac{1}{q}\right) \cdots \left(1 - \frac{1}{t}\right).$$

Par exemple, on a :

$$504 = 2^3 \cdot 3^2 \cdot 7;$$

par suite,

$$\varphi(504) = 504\left(1 - \frac{1}{2}\right)\left(1 - \frac{1}{3}\right)\left(1 - \frac{1}{7}\right) = 144.$$

Désignons par d_1, d_2, ... d_m tous les diviseurs d'un nombre n; il existe encore cette proposition de Gauss :

La somme des indicateurs de tous les diviseurs d'un nombre est égale à ce nombre de sorte que l'on a :

$$\varphi(d_1) + \varphi(d_2) + \cdots + \varphi(d_m) = n.$$

Si on représente par

$$n = p^\alpha q^\beta r^\gamma \ldots t^\lambda$$

le nombre donné, on sait que la somme de ses diviseurs est égale au produit

$$(1 + p + p^2 + \cdots + p^\alpha)(1 + q + q^2 + \cdots q^\beta)(1 + r + r^2 + \cdots r^\gamma) \cdots$$

Un terme quelconque de ce produit est de la forme $p^{\alpha'} q^{\beta'} r^{\gamma'} \ldots$ et nous pouvons poser

$$d_1 = p^{\alpha'} q^{\beta'} r^{\gamma'} \ldots;$$

d'où

$$\varphi(d_1) = \varphi(p^{\alpha'}) \varphi(q^{\beta'}) \varphi(r^{\gamma'}) \ldots$$

La somme des valeurs de φ pour tous les diviseurs de n sera aussi égale au produit

$$[1 + \varphi(p) + \varphi(p^2) + \cdots + \varphi(p^\alpha)]\ [1 + \varphi(q) + \varphi(q^2) + \cdots + \varphi(q^\beta)] \ldots;$$

mais, la première parenthèse a pour valeur

$$1 + \left(1 - \frac{1}{p}\right)(p + p^2 + \cdots + p^\alpha) = 1 + (p - 1)\frac{p^\alpha - 1}{p - 1} = p^\alpha.$$

De même, les autres parenthèses représenteront respectivement q^β, r^γ, ... t^λ. Par conséquent, il vient

$$\varphi(d_1) + \varphi(d_2) + \cdots + \varphi(d_m) = p^\alpha q^\beta r^\gamma \cdots = n.$$

Le nombre 12, par exemple, admet comme diviseurs les entiers

$$1, \quad 2, \quad 3, \quad 4, \quad 6, \quad 12;$$

mais, on a

$$\varphi(1) = 1, \quad \varphi(2) = 1, \quad \varphi(3) = 2, \quad \varphi(4) = 2, \quad \varphi(6) = 2, \quad \varphi(12) = 4;$$

ce qui donne

$$\varphi(1) + \varphi(2) + \varphi(3) + \varphi(4) + \varphi(6) + \varphi(12) = 12.$$

En terminant, il sera utile de mettre ici en tableau les premières valeurs de la fonction φ et, à côté, les nombres qui leur correspondent. On constate que φ ne passe pas par tous les nombres; ainsi, il n'existe aucun nombre n dont l'indicateur soit égal à 14, par exemple, ou 17, ou 34, etc.

$\varphi(n)$	n
1	1, 2.
2	3, 4, 6.
4	5, 8, 10, 12.
6	7, 9, 14, 18.
8	15, 16, 20, 24, 30.
10	11, 22.
12	13, 21, 26, 28, 36, 42.
16	17, 32, 34, 40, 48, 60.
18	19, 27, 38, 54.
20	25, 33, 44, 50, 66.
22	23, 46.
24	35, 39, 45, 52, 56, 70, 72, 78, 84, 90.
28	29, 58.
30	31, 62.
32	51, 64, 68, 80, 96, 102, 120.
36	37, 57, 63, 74, 76, 108, 114, 126.
40	41, 55, 75, 82, 88, 100, 110, 132, 150.

187. *Nombres congrus pour un module.* Lorsque deux entiers a et b, positifs ou négatifs, sont tels que leur différence $a - b$ est divisible par un troisième nombre m, on dit qu'ils sont *congrus* ou *équivalents* par rapport à m, et ce dernier s'appelle *module*. On exprime algébriquement cette propriété par l'égalité

$$\frac{a-b}{m} = \text{nombre entier},$$

ou, par

$$a = b \pm \text{un multiple de } m.$$

Pour abréger, Gauss a employé la notation

$$a \equiv b \pmod{m}.$$

admise aujourd'hui, et cette formule se nomme *congruence*. D'après cette définition, on peut écrire

$$17 \equiv 2 \ (\text{mod. } 5), \quad 9 \equiv -5 \ (\text{mod. } 7), \quad 16 \equiv 0 \ (\text{mod. } 8)$$

puisque $17 - 2$ est divisible par 5, $9 + 5$ par 7, et 16 par 8. La formule de Gauss doit se lire : *a congru à b pour le module m.*

Divisons un nombre a par m; en appelant q le quotient et r le reste, il vient

$$a = qm + r$$

et r est compris entre 0 et m. Mais, on a aussi

$$a = (q + 1)m - (m - r),$$

c'est-à-dire, qu'en augmentant le quotient d'une unité, on doit prendre pour le reste $-(m - r)$. Si $r = \frac{m}{2}$, $m - r$ a aussi pour valeur $\frac{m}{2}$; mais, si r est plus grand que $\frac{m}{2}$, $m - r$ est inférieur à $\frac{m}{2}$. Il en résulte qu'un nombre quelconque admet toujours un reste positif ou négatif moindre, en valeur absolue, que la moitié du module. On l'appelle ***reste*** ou ***résidu*** minimum.

Observons que, r étant le reste de la division de a par m, $a - r$ est divisible par m, et l'on peut toujours écrire pour chaque nombre

$$a \equiv r \ (\text{mod. } m).$$

Par une extension du mot reste, les nombres a et b de la formule

$$a \equiv b \ (\text{mod. } m)$$

s'appellent quelquefois *résidus l'un de l'autre* pour le module m.

Il importe d'énumérer les transformations élémentaires que l'on peut faire subir aux congruences. En premier lieu, si deux nombres sont congrus à un troisième pour le même module, ils sont congrus entre eux ; en d'autres termes, les congruences

$$a \equiv c \ (\text{mod. } m), \quad b \equiv c \ (\text{mod. } m)$$

entraînent la suivante :

$$a \equiv b \ (\text{mod. } m);$$

car, si les quotients

$$\frac{a - c}{m}, \quad \frac{b - c}{m}$$

sont entiers, il en est de même de leur différence.

Addition et soustraction. Étant données les congruences de même module

$$a \equiv b \pmod{m}, \quad a' \equiv b' \pmod{m},$$

on aura aussi

$$a \pm a' \equiv b \pm b' \pmod{m}.$$

En effet, si on ajoute et si on retranche les quantités

$$\frac{a-b}{m}, \quad \frac{a'-b'}{m}$$

qui sont des nombres entiers, il vient

$$\frac{a-b \pm (a'-b')}{m} = \text{nombre entier},$$

c'est-à-dire,

$$a + a' \equiv b + b', \quad a - a' \equiv b - b' \pmod{m}.$$

Multiplication, élévation aux puissances. On peut multiplier les deux termes d'une congruence par un nombre quelconque n ; car, si l'on a

$$a \equiv b \pmod{m},$$

$\frac{a-b}{m}$ est un nombre entier, ainsi que $\frac{n(a-b)}{m}$; donc

$$na \equiv nb \pmod{m}.$$

Les congruences

$$a \equiv b \pmod{m}, \; a' \equiv b' \pmod{m}$$

sont équivalentes aux égalités

$$a = b + \text{un mutiple de } m,$$
$$a' = b' + \text{un multiple de } m.$$

En les multipliant, il vient

$$aa' = bb' + \text{un multiple de } m,$$

c'est-à-dire,

$$aa' \equiv bb' \pmod{m}.$$

Si l'on a encore une troisième congruence de même module

$$a'' = b'' \pmod{m},$$

on écrit aussi

$$a'' = b'' + \text{un multiple de } m.$$

Par la multiplication de cette égalité avec la précédente on trouve

$$aa'a'' = bb'b'' + \text{un multiple de } m;$$

donc,

$$aa'a'' \equiv bb'b'' \pmod{m},$$

et ainsi de suite. Il est donc permis de multiplier entre elles les congruences de même module.

En posant $a = a' = a''$, $b = b' = b''$, on a aussi

$$a^2 \equiv b^2 \text{ (mod. } m), \quad a^3 \equiv b^3 \text{ (mod. } m)$$

et, en général,

$$a^k \equiv b^k \text{ (mod. } m).$$

Division. Pour diviser les deux termes d'une congruence par un nombre n, il faut que ce nombre soit premier avec le module. Soit la congruence

$$na \equiv nb \text{ (mod. } m),$$

et k un entier; on peut écrire

$$na = nb + km;$$

d'où

$$a = b + \frac{km}{n}.$$

Si n est premier avec m, il faut que k soit divisible par n; nous aurons ainsi

$$a = b + \text{un multiple de } m,$$

ou bien

$$a \equiv b \text{ (mod. } m).$$

Quand il existe un facteur commun entre n et le module, on peut remplacer la fraction $\frac{m}{n}$ par la fraction $\frac{m'}{n'}$ obtenue en supprimant le facteur commun; il vient alors

$$a = b + k\frac{m'}{n'},$$

et k devrait être divisible par n'; il en résulterait alors une congruence d'un autre module m'.

Nous allons faire l'application de ces propriétés à la démonstration de deux théorèmes importants de la théorie des nombres : le théorème de Fermat et celui de Wilson.

188. *Théorème de Fermat. Si p est un nombre premier et a un nombre quelconque non divisible par p, la différence $a^{p-1} - 1$ est un multiple de p, c'est-à-dire que l'on a la congruence*

$$a^{p-1} \equiv 1 \quad \text{(mod. } p).$$

En effet, nous avons vu que les entiers de la suite

$$a, \quad 2a, \quad 3a, \quad 4a, \quad \ldots, (p-1)a$$

donnent pour résidus relativement à p les nombres

$$1, \quad 2, \quad 3, \quad 4, \quad \ldots, p-1$$

dans un certain ordre. Chaque nombre de la première suite est donc congru à un certain nombre de la seconde suivant le module p ; par suite, le produit des premiers nombres sera congru au produit des autres et l'on a :

$$a.2a.3a\ldots(p-1)a \equiv 1.2.3\ldots p-1 \pmod{p}$$

ou bien

$$a^{p-1}(1.2.3\ldots p-1) \equiv 1.2.3\ldots p-1 \pmod{p}.$$

Si on divise par le produit $1.2.3\ldots p-1$ qui est premier avec le module, il vient

$$a^{p-1} \equiv 1 \pmod{p}.$$

Ce théorème est susceptible de généralisation. Désignons par a et m deux nombres premiers entre eux et par $\varphi(m)$ l'indicateur de m; on a aussi

$$a^{\varphi(m)} \equiv 1 \pmod{m}.$$

Pour le démontrer, représentons par

$$(\alpha) \qquad 1, \quad b, \quad c, \quad d, \quad \ldots, \quad l$$

les nombres premiers à m et plus petits que m; en multipliant par a, il vient

$$(\beta) \qquad a, \quad ab, \quad ac, \quad ad, \quad \ldots, \quad al$$

et aucun de ces nombres n'est divisible par m, puisque a est premier à m et $b, c, d\ldots$ inférieurs à m. Si on les divise par m, tous les résidus seront différents; car, en admettant que les nombres ac et ad, par exemple, divisés par m donnent le même reste, leur différence $a(c-d)$ serait divisible par m, ce qui est impossible; on obtiendra donc $\varphi(m)$ résidus différents qui seront précisément les termes de la suite (α). Chaque nombre de (β) est congru à un certain nombre de (α), et le produit des nombres de la seconde suite sera congru au produit des nombres de la première. Il vient donc

$$a.ab.ac\ldots al \equiv b.c.d\ldots l \pmod{m},$$

ou bien,

$$a^{\varphi(m)}(b.c.d\ldots l) \equiv (b.c.d\ldots l) \pmod{m};$$

En divisant par le produit $b.c.d\ldots l$ qui est premier à m, il reste

$$a^{\varphi(m)} \equiv 1 \pmod{m}.$$

Donc, *si a et m sont premiers entre eux, la différence $a^{\varphi(m)} - 1$ est divisible par m.*

189. *Théorème de Wilson. Si p est un nombre premier, la somme $1.2.3\ldots(p-1)+1$ est divisible par p, c'est-à-dire que l'on a :*

$$1.2.3\ldots(p-1)+1 \equiv 0 \pmod{p}.$$

En effet, considérons la suite des nombres inférieurs à p

$$(\gamma) \qquad 1, \ 2, \ 3, \ 4, \ \ldots, \ p-1,$$

et soit n l'un quelconque d'entre eux. Formons avec n la seconde suite

$$(\delta) \qquad n, \ 2n, \ 3n, \ 4n, \ \ldots, \ (p-1)n.$$

Tous ces nombres divisés par p donnent pour résidus ceux de la première suite; un seul sera congru à l'unité; désignons-le par kn; on aura

$$kn \equiv 1 \pmod{p}.$$

Les nombres k et n sont différents l'un de l'autre à moins que n soit 1 ou $p-1$, les termes extrêmes de la suite (γ). En effet, posons $k=n$; conformément à la congruence, la différence n^2-1 ou $(n-1)(n+1)$ doit être divisible par p, et cela n'est possible que pour $n=1$ et $n=p-1$. Il en résulte qu'en laissant 1 et $p-1$, les autres nombres de la suite (γ) savoir :

$$2, \ 3, \ 4, \ 5, \ \ldots, \ p-2$$

peuvent se grouper deux à deux de manière que le produit des nombres de chaque groupe soit congru à l'unité; en multipliant les congruences correspondantes à tous les groupes, il viendra

$$2.3.4\ldots p-2 \equiv 1 \pmod{p}$$

ou bien,

$$1.2.3\ldots(p-2)(p-1) \equiv p-1 \pmod{p},$$

c'est-à-dire,

$$1.2.3\ldots(p-1) \equiv -1 \pmod{p};$$

donc le théorème est démontré.

190. *Des congruences en général.* Les congruences proprement dites renferment, comme les équations, une ou plusieurs inconnues. Soit x

une inconnue; il y a lieu d'étudier les congruences de différents degrés par rapport à x, telles que

$$ax + b \equiv 0, \quad (\text{mod. } m),$$
$$ax^2 + bx + c \equiv 0, \quad (\text{mod. } m),$$

et, en général,

$$F(x) = a_0 x^n + a_1 x^{n-1} + \cdots + a_{n-1} x + a_n \equiv 0 \quad (\text{mod. } m),$$

les coefficients étant des nombres entiers.

On dit qu'un nombre entier x_1 est racine de la congruence

$$F(x) \equiv 0 \quad (\text{mod. } m),$$

lorsque le résultat correspondant $F(x_1)$ est divisible par le module. Ainsi, la congruence

$$3x - 1 \equiv 0 \quad (\text{mod. } 5)$$

admet la racine $x = 2$, et la congruence du second degré

$$x^2 + 5x - 3 \equiv 0 \quad (\text{mod. } 7)$$

est satisfaite pour $x = 3$.

Supposons que x_1 soit racine de

$$F(x) \equiv 0 \quad (\text{mod. } m);$$

il viendra

$$F(x_1) \equiv 0 \quad (\text{mod. } m).$$

Or, quel que soit l'entier k, on aura aussi

$$F(x_1 + km) \equiv 0 \quad (\text{mod. } m);$$

car, si on développe le premier membre, on trouve

$$F(x_1 + km) = F(x_1) + kmF'(x_1) + \frac{k^2m^2}{1.2} F''(x_1) + \cdots$$

Comme le module m est facteur dans tous les termes à partir du second, si $F(x_1)$ est divisible par m, il en sera de même de $F(x_1 + km)$. Donc, étant donnée une racine de la congruence, on en déduit une infinité d'autres par la formule

$$x = x_1 + km$$

où k est un entier quelconque. On peut toujours déterminer k de manière que la valeur de x soit comprise entre 0 et m, et c'est celle-ci que l'on considère seulement; on fait abstraction de toutes les autres valeurs qu'on regarde comme équivalentes à la première.

D'après cette remarque, on regarde comme racines d'une congruence

$$F(x) \equiv 0 \pmod{m}$$

les valeurs de x inférieures au module pour lesquelles $F(x)$ est divisible par m.

Il importe de faire remarquer immédiatement qu'il est toujours possible de transformer une congruence de manière que ses coefficients soient compris entre o et m ou bien encore, entre $-\frac{m}{2}$ et $+\frac{m}{2}$. En effet, on peut remplacer la congruence

$$a_0x^n + a_1x^{n-1} + \cdots + a_n \equiv 0 \pmod{m}$$

par

$$a_0x^n + a_1x^{n-1} + \cdots + a_n - m(b_0x^n + b_1x^{n-1} + \cdots + b_n) \equiv 0 \pmod{m},$$

ou bien

$$(a_0 - mb_0)x^n + (a_1 - mb_1)x^{n-1} + \cdots + a_n - mb_n \equiv 0 \pmod{m},$$

et les coefficients b_0, $b_1 \cdots$ sont quelconques. Désignons par q_0, $q_1 \cdots$, r_0, r_1, $\cdots$ les quotients et les restes des coefficients a_0, a_1, a_2, $\cdots$ divisés par m et remplaçons les coefficients b par les quantités q; on aura

$$(a_0 - mq_0)x^n + (a_1 - mq_1)x^{n-1} + \cdots + a_n - mq_n \equiv 0 \pmod{m},$$

c'est-à-dire

$$r_0x^n + r_1x^{n-1} + \cdots + r_n \equiv 0 \pmod{m}.$$

Les quantités r sont comprises entre o et m ou entre $-\frac{m}{2}$, $+\frac{m}{2}$ en employant les restes négatifs. Comme exemples de cette transformation, soient les congruences

$$1237x - 4096 \equiv 0 \pmod{27},$$

$$17x^4 + 12x^3 + 25x^2 + 20x + 49 \equiv 0 \pmod{12}.$$

En divisant les coefficients d'un côté par 27 et de l'autre par 12, les restes permettent de les ramener aux deux suivantes :

$$-5x + 8 \equiv 0 \pmod{27},$$

$$5x^4 + x^2 - 4x + 1 \equiv 0 \pmod{12}.$$

Remarquons encore qu'une congruence

$$a_0x^n + a_1x^{n-1} + \cdots + a_n \equiv 0 \pmod{m}$$

est satisfaite, quel que soit x, lorsque tous les coefficients sont divisibles par m; on dit, dans ce cas, qu'elle est identique. Au contraire, si tous les coefficients excepté le dernier a_n sont divisibles par le module, la congruence est impossible.

Une congruence peut être impossible dans d'autres circonstances. On a

$$F(x+m) - F(x) = mF'(x) + \frac{m^2}{1.2}F''(x) + \cdots;$$

la différence du premier membre est donc divisible par m et

$$F(x+m) \equiv F(x) \quad (\text{mod. } m).$$

Les restes de $F(x+m)$ et de $F(x)$ pour le module m seront identiques; il en sera de même pour $F(x+1+m)$ et $F(x+1)$, ainsi de suite. Il résulte de là qu'en donnant, dans la congruence

$$F(x) \equiv 0 \quad (\text{mod. } m)$$

à x toutes les valeurs entières possibles, les restes des résultats correspondants pour le module devront faire partie de la suite

$$0, \quad 1, \quad 2, \quad 3, \quad 4, \quad \ldots, \quad m-1$$

et revenir périodiquement de m à m. Or, en général, ces restes ne reproduiront pas nécessairement tous les termes de cette suite, et, par conséquent, il ne sera pas toujours possible de résoudre en nombres entiers une congruence donnée. Par exemple, pour la congruence

$$x^2 - 2x + 3 \equiv 0 \quad (\text{mod. } 5),$$

si on substitue les entiers 0, 1, 2, 3, 4 dans le premier membre, on trouve les résultats

$$3, \quad 2, \quad 3, \quad 6, \quad 11$$

dont les restes pour le module 5 sont :

$$3, \quad 2, \quad 3, \quad 1, \quad 1.$$

Pour tous les entiers positifs ou négatifs substitués à x, les restes seront toujours ceux qui précèdent; la congruence proposée est donc impossible puisqu'aucun résultat n'est divisible par le module.

Au contraire, la congruence

$$x^2 - 11x + 30 \equiv 0 \quad (\text{mod. } 4)$$

admet les racines 1 et 2. Les résultats des substitutions 0, 1, 2, 3 étant

$$30, \quad 20, \quad 12, \quad 6,$$

il vient pour les résidus relativement au module 4,

$$2,\quad 0,\quad 0,\quad 2.$$

Les restes des divisions des coefficients par 4 étant 1, — 1, 2, on peut remplacer la congruence donnée par $x^2+x+2\equiv 0$ et on arrive encore plus facilement au même résultat.

191. *Des congruences de module premier*. Soit p un nombre premier; la congruence linéaire

$$ax\equiv b\quad (\text{mod}.\ p)$$

n'admet qu'une seule racine. En effet, on peut toujours supposer que a et b sont inférieurs au module, et, dans ce cas, on sait que les nombres de la suite

$$a,\quad 2a,\quad 3a,\quad \ldots,\quad (p-1)\,a$$

ont pour résidus relativement à p

$$1,\quad 2,\quad 3,\quad \ldots,\quad b,\quad \ldots,\quad p-1.$$

Il n'existe qu'un seul nombre xa de la première suite qui soit congru au nombre b de la seconde; donc, la congruence proposée ne possède qu'une racine. Il en est encore ainsi lorsque p n'étant pas premier, a est premier avec p.

Considérons, maintenant, la congruence de l'ordre n

$$(1)\qquad F(x)=a_0x^n+a_1x^{n-1}+\cdots+a_n\equiv 0\quad (\text{mod}.\ p),$$

p étant un nombre premier; elle ne peut admettre plus de n racines. Supposons, en effet, qu'elle ait $n+1$ racines savoir :

$$\alpha_1,\quad \alpha_2,\quad \alpha_3,\quad \ldots,\quad \alpha_{n+1},$$

et soit α_1 la plus petite. Posons

$$(\alpha)\qquad x=y+\alpha_1.$$

La transformée en y aura pour terme indépendant $F(\alpha_1)$ qui est congru au module; en le supprimant, la congruence en y sera de la forme

$$(2)\qquad y\,(b_0y^{n-1}+b_1y^{n-2}+\cdots+b_{n-1})\equiv 0\quad (\text{mod}.\ p).$$

Elle admet autant de racines que la proposée; d'après la relation (α), ces racines sont :

$$0,\ \alpha_2-\alpha_1,\quad \alpha_3-\alpha_1,\quad \ldots,\quad \alpha_{n+1}-\alpha_1.$$

Le premier membre de (2) est donc divisible par p, si on remplace y par l'un des nombres

$$\alpha_2-\alpha_1,\quad \alpha_3-\alpha_1,\quad \ldots,\quad \alpha_{n+1}-\alpha_1;$$

or, ils sont premiers à p, et c'est le polynôme entre parenthèses qui doit être divisible par p; en d'autres termes, ces nombres sont les racines de la congruence

$$b_0 y^{n-1} + b_1 y^{n-2} + \cdots + b_{n-1} \equiv 0 \pmod{p}.$$

Donc, si la congruence du degré n possède plus de n racines, on peut en déduire une autre du degré $n - 1$ ayant plus de $n - 1$ racines. Par une transformation analogue, on trouvera une congruence du degré $n - 2$ ayant plus de $n - 2$ racines; ainsi de suite. On arriverait de cette manière à une congruence du premier degré qui aurait plus d'une racine; ce qui est impossible. Donc, *toute congruence de module premier ne peut avoir plus de racines qu'il n'y a d'unités dans son degré.*

Une congruence remarquable de module premier est la congruence binôme

$$x^{p-1} - 1 \equiv 0 \pmod{p}.$$

En vertu du théorème de Fermat, elle est satisfaite par tous les nombres de la suite

$$1, \quad 2, \quad 3, \quad 4, \quad \ldots, \quad p - 1.$$

Cette propriété fournit une nouvelle preuve du théorème de Wilson. Considérons, en effet, la congruence

$$(x - 1)(x - 2) \ldots [x - (p - 1)] - (x^{p-1} - 1) \equiv 0 \pmod{p};$$

la puissance x^{p-1} disparaissant par la soustraction, elle est du degré $p - 2$; mais elle est satisfaite par les $p - 1$ nombres

$$1, \quad 2, \quad 3, \quad 4, \quad \ldots, \quad p - 1,$$

et elle doit être identique; les coefficients des diverses puissances de x sont divisibles par p ainsi que le terme indépendant; on a donc

$$1.2.3 \ldots (p - 1) + 1 \equiv 0 \pmod{p}.$$

C'est le théorème de Wilson.

Lorsque le premier membre d'une congruence

$$F(x) \equiv 0 \pmod{p}$$

de degré inférieur à p est un diviseur de l'expression

$$x^{p-1} - 1 + pf(x),$$

où $f(x)$ est aussi d'un degré inférieur à p, elle admet toujours autant de *racines qu'il y a d'unités dans son degré;* car, dans cette hypothèse, on peut poser

$$x^{p-1} - 1 + pf(x) = F(x).\varphi(x).$$

Le premier membre de cette égalité est divisible par p lorsqu'on remplace x successivement par les entiers

$$1, \quad 2, \quad 3, \quad 4, \quad \ldots, \quad p-1;$$

il en résulte que la congruence de degré $p - 1$

$$F(x).\varphi(x) \equiv 0 \pmod{p}$$

admet $p - 1$ racines. Si la congruence proposée

$$F(x) \equiv 0 \pmod{p}$$

avait moins de racines que d'unités dans son degré, la congruence

$$\varphi(x) \equiv 0 \pmod{p}$$

en aurait un nombre supérieur à son degré; ce qui est impossible.

Considérons encore les congruences de module premier

$$F(x) \equiv 0 \pmod{p}, \quad f(x) \equiv 0 \pmod{p},$$

et soit $D(x)$ le plus grand commun diviseur des premiers membres; *les racines communes des congruences seront données par*

$$D(x) \equiv 0 \pmod{p}.$$

Divisons, en effet, $F(x)$ par $f(x)$; appelons Q le quotient et R le reste; on aura

$$F(x) = Qf(x) + R;$$

mais, pour chaque racine commune, $F(x)$ et $f(x)$ sont divisibles par p; donc R doit l'être aussi. Les congruences proposées admettront les mêmes racines que les suivantes :

$$f(x) \equiv 0 \pmod{p}, \quad R \equiv 0 \pmod{p}.$$

Par la continuation de ce raisonnement, on arrive évidemment à la proposition énoncée.

Remarquons, en terminant, que les racines d'une congruence

$$F(x) \equiv 0 \pmod{p}$$

sont inférieures à p; elles appartiennent donc aussi à la congruence binôme

$$x^{p-1} - 1 \equiv 0 \pmod{p}.$$

Par conséquent, pour la résoudre, on déterminera le plus grand commun diviseur D entre $F(x)$ et $x^{p-1}-1$; la congruence

$$D \equiv 0 \pmod{p}$$

admettra autant de racines qu'il y a d'unités dans son degré, puisque D est diviseur de $x^{p-1}-1$; ces racines appartiendront à la congruence proposée

192. *Congruences du premier degré à une inconnue.* Une congruence de cette espèce peut se ramener à la forme

$$ax \equiv b \pmod{m}.$$

Nous avons vu que, dans l'hypothèse où a est premier avec m, elle ne possède qu'une racine. En désignant par y un nombre entier, on peut remplacer la congruence par l'égalité

$$ax = b + my ;$$

s'il existe un facteur d commun entre a et m, on aurait :

$$\frac{a}{d}x = \frac{b}{d} + \frac{m}{d}y,$$

et cette équation ne peut pas avoir lieu à moins que d ne divise b.

Supposons donc que le plus grand commun diviseur δ de a et de m divise b; la congruence réduite

$$\frac{ax}{\delta} \equiv \frac{b}{\delta} \left(\text{mod.} \frac{m}{\delta}\right)$$

admettra une seule racine x_1 ; les autres valeurs qui satisfont à la congruence proposée seront fournies par la formule

$$x = x_1 + \frac{m}{\delta}k$$

en attribuant à k les valeurs 1, 2, 3, ... $\delta - 1$; ce qui donne δ racines inférieures au module, savoir

$$x_1, \quad x_1 + \frac{m}{\delta}, \quad x_1 + \frac{2m}{\delta}, \quad \ldots, \quad x_1 + \frac{\delta - 1}{\delta}m.$$

Soit, par exemple, la congruence

$$9x \equiv 6 \pmod{15}.$$

Le plus grand commun diviseur 3 de 9 et de 15 divise 6. On a d'abord la congruence réduite

$$3x \equiv 2 \pmod{5}$$

dont la racine est 4. Les racines de la première seront donc

$$4,\quad 4+5=9,\quad 4+10=14.$$

Laissons ces cas particuliers, et cherchons une méthode de résolution de la congruence

$$ax \equiv b \pmod{m},$$

lorsque a et m sont premiers entre eux. Elle peut être résolue de plusieurs manières. Développons, d'abord, $\frac{a}{m}$ en fraction continue; appelons $\frac{p}{q}$ l'avant dernière réduite, la dernière ayant pour valeur $\frac{a}{m}$. On a la relation entre deux réduites consécutives

$$aq - pm = (-1)^n;$$

d'où on tire

$$\frac{aq-(-1)^n}{m} = \text{nombre entier.}$$

Donc, il vient

$$aq \equiv (-1)^n \pmod{m},$$

ou bien

$$(-1)^n aq \equiv 1 \pmod{m},$$

et en multipliant par b,

$$a\cdot(-1)^n bq \equiv b \pmod{m}.$$

En comparant avec la congruence proposée, on en déduit :

$$x = (-1)^n bq,$$

c'est-à-dire, $x = bq$, si le rang n de la dernière réduite est pair, et $x = -bq$, si n est impair.

Soit à résoudre la congruence

$$31x \equiv 2 \pmod{13}.$$

On trouve

$$\frac{31}{13} = 2 + \cfrac{1}{2 + \cfrac{1}{1 + \cfrac{1}{1 + \cfrac{1}{2}}}},$$

et, pour les réduites,

$$\frac{2}{1},\quad \frac{5}{2},\quad \frac{7}{3},\quad \frac{12}{5},\quad \frac{31}{13};$$

par suite, $q = 5$ et, comme n est impair, $x = -2.5 = -10$. La formule de résolution sera donc

$$x = -10 + k.13.$$

Si on pose $k = 1$, il vient $x = 3$ qui sera l'unique racine positive plus petite que la module.

Soit encore la congruence

$$17x \equiv 3 \pmod{39}.$$

On a

$$\frac{17}{39} = 0 + \cfrac{1}{2 + \cfrac{1}{3 + \cfrac{1}{2 + \cfrac{1}{2}}}};$$

d'où on tire pour les réduites

$$0, \quad \frac{1}{2}, \quad \frac{3}{7} \quad \frac{7}{16}, \quad \frac{17}{39};$$

par suite, $x = -3 \times 16 = -48$. Il vient ainsi pour la formule de résolution

$$x = -48 + k.39.$$

La valeur $k = 2$ donne $x = 30$ qui est la racine positive plus petite que le module.

Lorsque le module de la congruence n'est pas considérable, on cherche directement les résidus des nombres

$$a, \quad 2a, \quad 3a, \quad 4a, \quad (m-1)a.$$

Si μa est celui qui donne pour reste b, on aura évidemment $x = \mu$. Ainsi, pour la congruence

$$17x \equiv 5 \pmod{9}$$

on trouve que le nombre 4×17 admet pour reste 5; donc, $x = 4$ sera la racine.

De même, lorsque le coefficient de x n'est pas un nombre très grand, on résoud la congruence en la remplaçant par l'équation

$$ax = b \pm my;$$

d'où

$$x = \frac{b \pm my}{a}.$$

On attribue à y les valeurs 1, 2, 3, 4, ... jusqu'à ce que le numérateur soit divisible par a. Par exemple, la congruence

$$5x - 8 \equiv 0 \pmod{27}$$

revient à

$$5x - 8 = 27y;$$

d'où

$$x = \frac{8 + 27y}{5}.$$

En posant $y = 1$, on arrive au but et l'on trouve $x = 7$. Pour la congruence

$$7x \equiv 100 \pmod{11}$$

il faut prendre

$$x = \frac{100 - 11y}{7}.$$

Les valeurs 1, 2, 3 pour y ne conviennent pas; mais en posant $y = 4$, on trouve $x = 8$.

De même, si l'on veut résoudre la congruence

$$38x \equiv 541 \pmod{17}$$

où les coefficients sont considérables, on la simplifie d'abord en les remplaçant par leurs résidus pour le module 17; ce qui donne

$$4x \equiv 14 \pmod{17},$$

et en divisant par 2 qui est premier avec 17,

$$2x \equiv 7 \pmod{17}.$$

On en déduit la formule

$$x = \frac{7 + 17y}{2},$$

et, pour $y = 1$, il vient $x = 12$.

Enfin, il arrive parfois que, par de simples transformations sur une congruence, on trouve la racine. Soit à résoudre

$$35x \equiv 78 \pmod{97}.$$

Le résidu négatif de 35 est -62, et on peut écrire

$$-62x \equiv 78 \pmod{97},$$

ou bien

$$-31x \equiv 39 \pmod{97}.$$

Ajoutons cette congruence à la proposée; on trouve

$$4x \equiv 117 \pmod{97}$$

ou bien

$$4x \equiv 20 \pmod{97}.$$

c'est-à-dire,

$$x \equiv 5 \pmod{97};$$

donc, $x = 5$.

193. *Congruences du premier degré à plusieurs inconnues.* Soit à résoudre le système suivant :

$$\left.\begin{array}{l} 4x + 7y \equiv 1, \\ 4x + 2y \equiv 6, \end{array}\right\} \pmod{12}.$$

Si on retranche membre à membre, il vient

$$5y \equiv -5 \pmod{12};$$

de sorte que l'on peut remplacer le système proposé par le suivant :

$$\left.\begin{array}{l} 4x \equiv 1 - 7y, \\ 5y \equiv -5, \end{array}\right\} \pmod{12}.$$

La dernière congruence a pour racine — 1 ou 11. Par la substitution de — 1 à y dans la première, il vient

$$4x \equiv 8 \pmod{12}.$$

Or, dans celle-ci, il existe un plus grand commun diviseur 4 entre le coefficient de x et le module, et puisque 4 divise 8, il y aura quatre racines. En divisant par 4, on trouve la congruence réduite

$$x \equiv 2 \pmod{3};$$

donc, $x = 2$, et les racines de la première seront :

$$x = 2, \quad x = 5, \quad x = 8, \quad x = 11.$$

Il faut y ajouter la valeur $y = -1$.

En second lieu, considérons le système

$$\left.\begin{array}{l} 4x - 3y + 7z \equiv 5, \\ 5x + y - 3z \equiv 2, \\ x - 4y - z \equiv 1, \end{array}\right\} \pmod{14}.$$

La troisième donne

$$x \equiv 1 + 4y + z \pmod{14}.$$

En substituant cette valeur dans les deux autres, on trouve

$$\begin{aligned} 13y + 11z &\equiv 1, \\ 21y + 2z &\equiv -3, \end{aligned} \quad (\text{mod. } 14);$$

ou bien

$$\begin{aligned} -y - 3z &\equiv 1, \\ 7y + 2z &\equiv -3, \end{aligned} \quad (\text{mod. } 14).$$

La première peut s'écrire

$$y \equiv -1 - 3z \quad (\text{mod. } 14),$$

et, en vertu de celle-ci, la seconde devient

$$5z \equiv -4 \quad (\text{mod. } 14).$$

On substituera au système proposé le suivant :

$$\begin{aligned} x &\equiv 1 + 4y + z, \\ y &\equiv -1 - 3z, \\ 5z &\equiv -4. \end{aligned} \quad (\text{mod. } 14).$$

La dernière revient à

$$5z \equiv 10 \ (\text{mod. } 14), \quad \text{ou} \quad z \equiv 2 \ (\text{mod. } 14);$$

par suite, $z = 2$. La seconde congruence donne ensuite, $y = -7$ ou $+7$, et la troisième, $x = 3$.

194. *Résidus des puissances d'un nombre.* Étant donné un nombre a, cherchons les restes des différents termes de la suite

$$(\alpha) \qquad a,\ a^2,\ a^3,\ a^4,\ \ldots\ a^n,\ a^{n+1},\ \ldots$$

par rapport à un nombre premier impair p qui ne se trouve pas dans a. Pour les calculer, il n'est pas nécessaire de déterminer ces puissances; on sait que, si r est le résidu de a^m, le résidu de a^{m+1} sera le reste de la division du produit ar par p. D'après cette règle, si on cherche les restes des puissances des nombres 2, 4, 8, 9 pour $p = 13$, on trouve

Puissances : $2,\ 2^2,\ 2^3,\ 2^4,\ 2^5,\ 2^6,\ 2^7,\ 2^8,\ 2^9,\ 2^{10},\ 2^{11},\ 2^{12}$.
Résidus : 2, 4, 8, 3, 6, 12, 11, 9, 5, 10, 7, 1.
Puissances : $4,\ 4^2,\ 4^3,\ 4^4,\ 4^5,\ 4^6$.
Résidus : 4, 3, 12, 9, 10, 1.
Puissances : $8,\ 8^2,\ 8^3,\ 8^4$.
Résidus : 8, 12, 5, 1.
Puissances : $9,\ 9^2,\ 9^3$.
Résidus : 9, 3, 1.

On s'arrête dans ce tableau à la puissance qui donne l'unité pour reste ; nous allons démontrer que, pour les puissances plus élevées, les restes se reproduisent dans le même ordre.

Les divers termes de la série (α) sont premiers avec p et aucun résidu ne sera égal à zéro ; mais, on ne peut trouver que $p - 1$ restes différents ; donc, il y aura nécessairement, dans cette suite indéfinie, deux puissances a^μ et $a^{n+\mu}$ qui donneront le même reste et pour lesquelles on peut écrire

$$a^{n+\mu} \equiv a^\mu \pmod{p}.$$

Si on divise par a^μ qui est premier avec le module, on a

$$a^n \equiv 1 \pmod{p}$$

Par conséquent, il existe toujours une puissance qui admet le reste 1 pour le module p ; mais il peut y en avoir plusieurs jouissant de la même propriété. Désignons par g le plus petit nombre pour lequel on a

$$a^g \equiv 1 \pmod{p}.$$

Les puissances

$$1, \quad a, \quad a^2, \quad a^3, \quad a^4, \quad \ldots, \quad a^{g-1}$$

donneront des résidus tous différents ; comme on a :

$$a^g \equiv 1, \quad a^{g+1} \equiv a, \quad a^{g+2} \equiv a^2, \text{ etc.}$$

les restes des puissances suivantes vont se reproduire dans le même ordre jusqu'à a^{2g} qui sera aussi congru à l'unité, etc. Les diverses puissances

$$a^g, \quad a^{2g}, \quad a^{3g}, \quad a^{4g}, \ldots$$

donnent pour résidu l'unité ; or, par le théorème de Fermat, on a :

$$a^{p-1} \equiv 1 \pmod{p} ;$$

par suite, il faut que $p - 1$ soit un multiple de g. Dans l'hypothèse ou g est l'exposant minimum pour lequel $a^g \equiv 1 \pmod{p}$, on dit *que le nombre a appartient à l'exposant g pour le module p* ; pour abréger, on dit aussi que g est le *gaussien* de a pour le module p. D'après la remarque précédente, *le gaussien d'un nombre a pour le module p est toujours un diviseur de p — 1.*

On vérifie cette propriété par le tableau dans lequel, pour le module 13, le gaussien de 2 est 12, celui de 4 est 6, celui de 8 est 4 et celui de 9 est 3.

Lorsque g est le gaussien de a, on a

$$a^g \equiv 1 \pmod{p} ;$$

par suite, a est une racine de la congruence binôme.

$$x^g \equiv 1 \pmod{p}.$$

Il en sera de même d'une puissance quelconque de a et de son résidu. En effet, soit k l'un des nombres

$$1,\ 2,\ 3,\ 4,\ \ldots,\ g-1;$$

si on élève la congruence $a^g \equiv 1 \pmod{p}$ à la puissance k, il vient

$$a^{gk} \equiv 1 \pmod{p}, \quad \text{ou} \quad (a^k)^g \equiv 1 \pmod{p};$$

donc, a^k est racine de la congruence binôme. Désignons par r le résidu de a^k; on aura : $a^k \equiv r \pmod{p}$, et en élevant à la puissance g

$$r^g \equiv 1 \pmod{p},$$

et r est aussi racine de la même congruence.

Il en résulte que les racines de la congruence binôme

$$x^g \equiv 1 \pmod{p}$$

seront les différents termes de la suite

$$1.\ a,\ a^2,\ a^3,\ \ldots,\ a^{g-1}$$

ou les résidus de ces puissances.

Par exemple, on prend pour les racines de

$$x^{12} \equiv 1 \pmod{13},$$

tous les restes depuis 1 jusqu'à 12 inclusivement, et pour la congrueuce

$$x^4 \equiv 1 \pmod{13},$$

les nombres

$$1,\ 5,\ 8,\ 12;$$

car 12 est le gaussien de 2 et 4 le gaussien de 8.

Lorsque le degré n d'une congruence binôme

$$x^n \equiv 1 \pmod{p}$$

est premier avec $p-1$, il n'existe aucun nombre différent de l'unité appartenant à l'exposant n pour le module p, et cette congruence n'a pas d'autre racine que l'unité. Dans l'étude des congruences binômes, il suffit de considérer celles dont le degré divise $p-1$.

Désignons donc par g un diviseur de $p-1$, et soit α un nombre qui a g pour gaussien relativement au module p. Les puissances

$$\alpha,\ \alpha^2,\ \alpha^3,\ \cdots\ \alpha^g$$

représenteront les racines de la congruence

$$x^g \equiv 1 \pmod{p}.$$

S'il existe un autre nombre appartenant à l'exposant g, il doit être congru à l'une de ces puissances. Parmi celles-ci, il n'y a en réalité que les puissances dont l'exposant est premier avec g qui appartiennent à l'exposant g; les autres appartiennent à un exposant moins élevé. En effet, soit k un nombre premier avec g; dans ce cas, on peut déterminer un nombre m de manière à satisfaire à la congruence du premier degré

$$km \equiv 1 \pmod{g},$$

et, pour cette valeur de m, on aura

$$\alpha^{km} \equiv \alpha \pmod{p}.$$

Si α^k appartenait à un exposant e plus petit que g, on aurait

$$(\alpha^k)^e \equiv 1 \pmod{p}, \quad \text{et} \quad \alpha^{mke} \equiv 1 \pmod{p};$$

mais, $\alpha^{mk} \equiv \alpha \pmod{p}$; par suite, il viendrait

$$\alpha^e \equiv 1 \pmod{p}:$$

ce qui est contraire à l'hypothèse que g est le gaussien de α; il faut que $e = g$.

Lorsqu'il existe un facteur commun ρ entre k et g, la congruence

$$\left(\alpha^{\frac{k}{\rho}}\right)^g \equiv 1 \pmod{p}$$

est identique à la suivante

$$(\alpha^k)^{\frac{g}{\rho}} \equiv 1 \pmod{p},$$

et la puissance α^k, au lieu d'appartenir à l'exposant g, appartiendrait à l'exposant $\frac{g}{\rho}$ pour le module p.

Par conséquent, parmi les puissances

$$\alpha, \quad \alpha^2, \quad \alpha^3, \quad \ldots, \quad \alpha^g$$

il faut seulement prendre celles dont l'exposant est premier avec g pour avoir les nombres qui appartiennent au diviseur g de $p-1$; il en aura en tout $\varphi(g)$, $\varphi(g)$ étant le nombre des entiers premiers avec g et non supérieurs à g.

195. *Racines primitives.* Prenons, pour diviseur de $p-1$, ce nombre lui-même; il y aura $\varphi(p-1)$ entiers ayant pour gaussien $p-1$, c'est-à-dire qu'il existe $\varphi(p-1)$ nombres tels que leur $(p-1)^{ième}$ puissance est congrue à l'unité pour le module p, tandis que leurs puissances inférieures ne le seront pas; chacun d'eux est une ***racine primitive*** du nombre p. Donc, si l est une racine primitive de p, les puissances

$$l, \quad l^2, \quad l^3, \quad \ldots, \quad l^{p-2}$$

donneront des résidus différents qui reproduiront les termes de la suite

$$2, \quad 3, \quad 4, \quad \ldots, \quad p-1.$$

Lorsqu'on possède une racine primitive l d'un nombre p, on obtient les autres en formant les puissances de l dont les exposants sont premiers avec $p-1$; nous avons vu, en effet, que ces puissances appartiennent au même exposant que l. D'après le tableau des restes, pour $p=13$, le nombre 2 est une racine primitive de 13; ses diverses puissances inférieures à $p-1$ donnent les résidus

$$2, \quad 3, \quad \ldots, \quad 12.$$

Les autres racines primitives du même nombre seront

$$2^5, \quad 2^7, \quad 2^{11}$$

puisque 5, 7, 11 sont les seuls nombres premiers avec 12. Or, on a :

$$2^5 \equiv 6, \quad 2^7 \equiv 11, \quad 2^{11} \equiv 7 \pmod{13},$$

et ce sont les nombres 2, 6, 7 et 11 que l'on prend pour les racines primitives de 13.

La détermination des racines primitives repose sur la proposition suivante : ***si deux nombres a et b appartiennent respectivement aux exposants m et n, leur produit appartient à l'exposant mn, lorsque les entiers m et n sont premiers entre eux.***

Par hypothèse, on a

$$a^m \equiv 1, \quad b^n \equiv 1 \pmod{p};$$

par suite,

$$a^{mn} \equiv 1, \quad b^{mn} \equiv 1 \pmod{p},$$

et

$$(ab)^{mn} \equiv 1 \pmod{p}.$$

Il reste à démontrer que l'exposant mn auquel appartient ab ne peut être plus petit que mn. Soit k le gaussien de ab; on aura

$$(ab)^k \equiv 1 \quad \text{et} \quad (ab)^{mk} \equiv 1 \pmod{p},$$

c'est-à-dire,

$$a^{mk}.b^{mk} \equiv 1 \pmod{p}.$$

Or, $a^{mk} \equiv 1 \pmod{p}$; il vient donc

$$b^{mk} \equiv 1 \pmod{p}.$$

Puisque b appartient à l'exposant n pour le module p, l'exposant mk doit être divisible par n; ce qui exige que k divise n, car n et m sont premiers entre eux. On prouve de la même manière que k doit diviser m; donc le gaussien k de ab ne peut être inférieur à mn.

Ce principe étant démontré, proposons-nous de trouver une racine primitive d'un nombre premier p. On commence par faire choix d'un nombre a se trouvant dans la suite

$$2, \quad 3, \quad 4, \quad \ldots, \quad p-1.$$

Prenons $a = 2$, par exemple; on forme les résidus des puissances de a jusqu'à ce qu'on trouve un reste égal à l'unité; on détermine ainsi le gaussien k de a. Si $k = p - 1$, a est une racine primitive; si $k < p - 1$, on prend un second nombre b qui ne se trouve pas parmi les restes des puissances de a, et on détermine également son gaussien k'. La suite des restes pour le nombre a renferme tous les nombres qui appartiennent à l'exposant k et aussi ceux qui appartiennent à un exposant sous multiple de k. Il en résulte que k' ne sera pas un diviseur de k puisque le nombre b ne fait pas partie de ces restes; mais k' pourrait être un multiple de k et b appartiendrait ainsi à un exposant plus élevé; ce qui est une circonstance favorable; car on cherche un nombre qui appartient au plus grand exposant $p - 1$.

Admettons que k' ne soit pas un multiple de k, et déterminons le plus petit commun multiple δ de k et k'; partageons ensuite δ en deux facteurs h et h' premiers entre eux, et tels que k soit divisible par h et k' par h'; alors $a^{\frac{k}{h}}$ appartiendra à l'exposant h et $b^{\frac{k'}{h'}}$ à l'exposant h'; par suite, $a^{\frac{k}{h}} . a^{\frac{k'}{h'}}$ appartiendra à l'exposant $hh' = \delta$.

En continuant ce procédé qui conduit toujours à un exposant plus élevé, on arrivera finalement à un nombre qui appartiendra à l'exposant $p - 1$, c'est-à-dire à une racine primitive du nombre p.

Comme exemple, cherchons une racine primitive de 103. En choisissant d'abord $a = 2$, on trouve, pour la suite des résidus des puissances de 2 pour le module 103,

2, 4, 8, 16, 32, 64, 25, 50, 100, 97,
91, 79, 55, 7, 14, 28, 56, 9, 18, 36,
72, 41, 82, 61, 19, 38, 76, 49, 98, 93,
83, 63, 23, 46, 92, 81, 59, 15, 30, 60,
17, 34, 68, 33, 66, 29, 58, 13, 26, 52,
1.

Le gaussien de 2 est 51. Le nombre 3 ne se trouve pas parmi ces restes. Prenons donc $b = 3$ et cherchons les résidus des puissances successives de 3 pour le module 103. On obtient

3, 9, 27, 81, 37, 8, 24, 72, 10, 30,
90, 64, 89, 61, 80, 34, 102, 100, 94, 76,
22, 66, 95, 79, 31, 93, 73, 13, 39, 14,
42, 23, 69, 1.

Le gaussien de 3 est donc 34. On a

$$51 = 3 \times 17 \quad \text{et} \quad 34 = 2 \times 17;$$

le plus petit commun multiple entre k et k' est $3 \times 2 \times 17 = 102 = 51 . 2$. On peut prendre maintenant

$$h = 51, \quad h' = 2,$$

nombres premiers entre eux et qui divisent 51 et 34. Le produit

$$2^{\frac{51}{51}} . 3^{\frac{34}{2}} = 2 . 3^{17}$$

appartient à l'exposant $51 \times 2 = 102$, et, par conséquent, c'est une racine primitive de 103. Or, d'après les derniers résidus, on a :

$$3^{17} \equiv 102 \pmod{103}.$$

La racine primitive est ainsi $2 \times 102 = 204$ et comme

$$204 \equiv 101 \pmod{103},$$

c'est le nombre 101 qu'il faut choisir pour la racine primitive de 103.

La méthode pour trouver les racines primitives exige souvent des calculs très laborieux. On a construit des tables qui donnent la plus petite racine primitive des nombres premiers jusqu'à une certaine limite. Nous terminerons ces notions sur la théorie des nombres par un tableau renfermant la plus petite racine primitive des nombres premiers plus petits que 200.

Nombres.	3	5	7	11	13	17	19	23	29
Rac. prim.	2	2	3	2	2	3	2	5	2
Nombres.	31	37	41	43	47	53	59	61	67
Rac. prim.	3	2	6	3	5	2	2	2	2
Nombres.	71	73	79	83	89	97	101	103	107
Rac. prim.	7	5	3	2	3	5	2	5	2
Nombres.	109	113	127	131	137	139	149	151	157
Rac prim.	6	3	3	2	3	2	2	6	5
Nombres.	163	167	173	179	181	191	193	197	199
Rac. prim.	2	5	2	2	2	19	5	2	3

FIN DE LA THÉORIE DES ÉQUATIONS.

INTRODUCTION

A LA

THÉORIE DES FORMES ALGÉBRIQUES.

INTRODUCTION

A LA

THÉORIE DES FORMES ALGÉBRIQUES.

CHAPITRE I.

DÉFINITIONS. FORMES LINÉAIRES ET QUADRATIQUES. FORMES CANONIQUES.

---

§ 1.

Définitions. Expressions des formes. Transformations linéaires.

196. On donne le nom de *forme* à toute fonction algébrique homogène considérée en elle-même, indépendamment de l'équation qui en résulte en l'égalant à zéro. On distingue les formes *binaires*, *ternaires*, *quaternaires*, etc., suivant que la fonction homogène renferme deux, trois, quatre variables, etc. On dit aussi qu'une forme est *quadratique*, *cubique*, *quartique*, *quintique* etc., si elle est du second, du troisième, du quatrième, du cinquième degré, etc. Nous représenterons les variables par une même lettre x affectée des indices 1, 2, 3, 4, ..., et nous allons indiquer d'abord la manière d'écrire une forme quelconque.

Une forme binaire de l'ordre n renferme les différents termes du développement

$$(x_1+x_2)^n = x_1^n + n x_1^{n-1} x_2 + \frac{n(n-1)}{1 \cdot 2} x_1^{n-2} x_2^2 + \cdots + x_2^n;$$

son expression sera complète en y ajoutant des coefficients $a_0, a_1, \ldots a_n$; il vient donc pour l'expression de la forme binaire de degré n

$$f = a_0 x_1^n + n a_1 x_1^{n-1} x_2 + \frac{n(n-1)}{1 \cdot 2} a_2 x_1^{n-2} x_2^2 + \cdots + n a_{n-1} x_1 x_2^{n-1} + a_n x_2^n.$$

Par exemple, les formes binaires quadratique, cubique, quartique quintique s'écrivent comme suit :

$$a_0 x_1^2 + 2a_1 x_1 x_2 + a_2 x_2^2,$$
$$a_0 x_1^3 + 3a_1 x_1^2 x_2 + 3a_2 x_1 x_2^2 + a_3 x_2^3,$$
$$a_0 x_1^4 + 4a_1 x_1^3 x_2 + 6a_2 x_1^2 x_2^2 + 4a_3 x_1 x_2^3 + a_4 x_2^4,$$
$$a_0 x_1^5 + 5a_1 x_1^4 x_2 + 10a_2 x_1^3 x_2^2 + 10a_3 x_1^2 x_2^3 + 4a_4 x_1 x_2^4 + a_5 x_2^5.$$

Le nombre des termes de la forme binaire générale est $n+1$.

L'expression de la forme ternaire de l'ordre n se déduit du développement

$$(x_1+x_2+x_3)^n = (x_1+x_2)^n + n(x_1+x_2)^{n-1} x_3 + \frac{n(n-1)}{1 \cdot 2}(x_1+x_2)^{n-2} x_3^2 + \cdots + x_3^n,$$

dont le nombre de termes est donné par

$$(n+1) + (n) + (n-1) + \cdots + 3 + 2 + 1 = \frac{(n+1)(n+2)}{1 \cdot 2}.$$

Après avoir effectué le développement du second membre, il reste à ajouter des coefficients. Pour les formes quadratiques et cubiques, les coefficients se désignent généralement par une même lettre a portant deux ou trois indices correspondant aux variables; on écrit donc

$$f = a_{11} x_1^2 + a_{22} x_2^2 + a_{33} x_3^2 + 2a_{12} x_1 x_2 + 2a_{13} x_1 x_3 + 2a_{23} x_2 x_3;$$
$$f = a_{111} x_1^3 + a_{222} x_2^3 + a_{333} x_3^3 + 3a_{112} x_1^2 x_2 + 3a_{113} x_1^2 x_3 + 3a_{122} x_2^2 x_1$$
$$+ 3a_{223} x_2^2 x_3 + 3a_{133} x_3^2 x_1 + 3a_{233} x_3^2 x_2 + 6a_{123} x_1 x_2 x_3.$$

Considérons encore le développement

$$(x_1+x_2+x_3+x_4)^n = (x_1+x_2+x_3)^n + n(x_1+x_2+x_3)^{n-1} x_4 + \cdots + x_4^n;$$

après les calculs, le nombre de termes sera représenté par

$$\frac{(n+1)(n+2)}{2}+\frac{n(n+1)}{2}+\frac{(n-1)n}{2}+\cdots+\frac{3\cdot 4}{2}+\frac{2\cdot 3}{2}+\frac{1\cdot 2}{2},$$

ou bien

$$\tfrac{1}{2}[(n+1)(n+1+1)+n(n+1)+(n-1)(n-1+1)+\cdots+ 2(2+1)+1+1]$$

c'est-à-dire,

$$\tfrac{1}{2}[(n+1)^2+n^2+\cdots+2^2+1^2]+\tfrac{1}{2}[(n+1)+n+\cdots+2+1].$$

Par l'application des formules du n° 85, cette expression se réduit à

$$\frac{(n+1)(n+2)(n+3)}{1\cdot 2\cdot 3}.$$

Ce sera le nombre de termes de la forme quaternaire de l'ordre n dont l'expression complète s'obtient en ajoutant des coefficients aux différents termes du développement qui précède. Conformément à cette loi, on écrit pour la forme quaternaire quadratique et cubique

$$\begin{aligned} f= &a_{11}x_1^2+a_{22}x_2^2+a_{33}x_3^2+a_{44}x_4^2+2a_{12}x_1x_2+2a_{13}x_1x_3\\ &+2a_{14}x_1x_4+2a_{23}x_2x_3+2a_{24}x_2x_4+2a_{34}x_3x_4.\end{aligned}$$

$$\begin{aligned} f= &a_{111}x_1^3+a_{222}x_2^3+a_{333}x_3^3+a_{444}x_4^3\\ &+3a_{112}x_1^2x_2+3a_{113}x_1^2x_3+3a_{114}x_1^2x_4\\ &+3a_{221}x_2^2x_1+3a_{223}x_2^2x_3+3a_{224}x_2^2x_4\\ &+3a_{331}x_3^2x_1+3a_{332}x_3^2x_2+3a_{334}x_3^2x_4\\ &+3a_{441}x_4^2x_1+3a_{442}x_4^2x_2+3a_{443}x_4^2x_3\\ &+6a_{123}x_1x_2x_3+6a_{124}x_1x_2x_4+6a_{134}x_1x_3x_4+6a_{234}x_2x_3x_4.\end{aligned}$$

Si on continue ainsi de proche en proche, on arrivera à l'expression générale d'une forme de l'ordre n à k variables dont le nombre de termes sera égal à

$$\frac{(n+1)(n+2)(n+3)\cdots(n+k-1)}{1.\,2.\,3\cdots k-1}.$$

Cette expression peut aussi se mettre sous la forme

$$\frac{k(k+1)(k+2)\cdots(k+n-1)}{1.\,2.\,3\cdots n}.$$

Il est inutile d'ajouter que l'on peut adopter la notation que l'on veut pour les coefficients d'une forme; mais, à cause de la symétrie des calculs et des résultats, on les écrit presque toujours avec les coefficients numériques du binôme.

197. *Transformation linéaire.* Transformer linéairement une fonction homogène donnée de l'ordre n

$$f\,(a_0, a_1, a_2, \cdots, x_1, x_2, \cdots x_k),$$

c'est remplacer les variables par des expressions de la forme

$$\begin{aligned} x_1 &= \alpha_1 X_1 + \alpha_2 X_2 + \cdots + \alpha_k X_k, \\ x_2 &= \beta_1 X_1 + \beta_2 X_2 + \cdots + \beta_k X_k, \\ &\cdots\cdots\cdots\cdots\cdots \\ x_k &= \lambda_1 X_1 + \lambda_2 X_2 + \cdots + \lambda_k X_k, \end{aligned}$$

où $X_1, X_2, \cdots X_k$ représentent des variables nouvelles en même nombre que les premières. On appelle *module* de la substitution le déterminant des constantes α, β $\cdots$; nous le désignerons toujours par r; on aura :

$$r = \begin{vmatrix} \alpha_1 & \alpha_2 & \cdots & \alpha_k \\ \beta_1 & \beta_2 & \cdots & \beta_k \\ \cdot & \cdot & \cdot & \cdot \\ \cdot & \cdot & \cdot & \cdot \\ \lambda_1 & \lambda_2 & \cdots & \lambda_k \end{vmatrix}.$$

On regarde les variables de la forme donnée comme indépendantes, et le module r est toujours supposé différent de zéro. Nous désignerons par

$$F\,(A_0, A_1, A_2, \cdots, X_1, X_2, \cdots, X_k)$$

ce que devient f par cette substitution; c'est la *fonction transformée.* En général, les coefficients A_0, A_1, A_2, ... de celle-ci seront des fonctions homogènes du premier degré des coefficients de f et du degré n par rapport aux constantes de la transformation. Soit, par exemple, à transformer la fonction suivante ;

$$f = a_0 x_1^2 + 2a_1 x_1 x_2 + a_2 x_2^2.$$

Les formules de substitution seront :

$$x_1 = \alpha_1 X_1 + \alpha_2 X_2, \quad x_2 = \beta_1 X_1 + \beta_2 X_2\,;$$

par suite il vient

$$F = a_0(\alpha_1 X_1 + \alpha_2 X_2)^2 + 2a_1(\alpha_1 X_1 + \alpha_2 X_2)(\beta_1 X_1 + \beta_2 X_2) + a_2(\beta_1 X_1 + \beta_2 X_2)^2.$$

F est de même degré que f et de la forme

$$F = A_0 X_1^2 + 2A_1 X_1 X_2 + A_2 X_2^2,$$

où

$$A_0 = a_0 \alpha_1^2 + 2a_1 \alpha_1 \beta_1 + a_2 \beta_1^2, \quad A_2 = a_0 \alpha_2^2 + 2a_1 \alpha_2 \beta_2 + a_2 \beta_2^2,$$
$$A_1 = a_0 \alpha_1 \alpha_2 + a_1(\alpha_1 \beta_2 + \alpha_2 \beta_1) + a_2 \beta_1 \beta_2.$$

La théorie des formes s'occupe spécialement des propriétés des fonctions qui ne sont pas altérées par une transformation linéaire; une fois vérifiées sur une forme donnée, elles se reproduisent sur toutes les transformées quelles que soient les formules employées pour passer de l'une à l'autre. Ces propriétés peuvent se rapporter à des fonctions de coefficients ou à des fonctions de coefficients et de variables. Il est nécessaire d'étudier, en premier lieu, un système de fonctions homogènes du premier degré à un nombre quelconque de variables.

198. *Système de formes linéaires.* Considérons le système de k formes linéaires

$$(1) \qquad \begin{aligned} f_1 &= a_{11}x_1 + a_{12}x_2 + \cdots + a_{1k}x_k, \\ f_2 &= a_{21}x_1 + a_{22}x_2 + \cdots + a_{2k}x_k, \\ &\dots\dots\dots\dots\dots \\ f_k &= a_{k1}x_1 + a_{k2}x_2 + \cdots + a_{kk}x_k. \end{aligned}$$

Soit δ leur déterminant; on a

$$\delta = \begin{vmatrix} a_{11} & a_{12} & \dots & a_{1k} \\ a_{21} & a_{22} & \dots & a_{2k} \\ . & . & . & . \\ . & . & . & . \\ a_{k1} & a_{k2} & \dots & a_{kk} \end{vmatrix}.$$

Lorsqu'il n'existe aucune relation spéciale entre les coefficients, on doit regarder ces formes comme indépendantes. Il n'en est plus ainsi lorsque l'on a, par exemple,

$$\delta = 0;$$

car, en les multipliant respectivement par les premiers mineurs A_{11}, A_{21}, ... A_{k1} de δ et en ajoutant, il vient

$$A_{11}f_1 + A_{21}f_2 + \ldots + A_{k1}f_k = 0.$$

On pourrait également multiplier par les mineurs d'une autre colonne quelconque; mais les relations que l'on obtiendrait seraient identiques, puisque, si un déterminant est égal à zéro, les mineurs d'une colonne sont proportionnels aux mineurs correspondants d'une autre colonne quelconque. On a donc cette proposition :

Quand le déterminant d'un système de formes linéaires en nombre égal aux variables s'annule, il existe entre elles une relation identique et une seule.

Cette propriété suppose que tous les premiers mineurs ne sont pas nuls en même temps que δ. Considérons le cas général où le déterminant du système s'annule ainsi que tous ses mineurs jusqu'à ceux de l'ordre $k-i+1$ inclusivement, tandis qu'un mineur au moins de l'ordre $k-i$ est différent de zéro. Prenons les $k-i$ dernières formes

$$(2)\qquad \begin{aligned} f_{i+1} &= a_{i+1,1}x_1 + \cdots + a_{i+1,k}x_k, \\ f_{i+2} &= a_{i+2,1}x_1 + \cdots + a_{i+2,k}x_k, \\ &\cdots\cdots\cdots\cdots\cdots \\ f_k &= a_{k1}x_1 + \cdots + a_{kk}x_k, \end{aligned}$$

et admettons que le mineur de l'ordre $k-i$

$$\begin{vmatrix} a_{i+1,i+1} & a_{i+1,i+2} & \cdots & a_{i+1,k} \\ a_{i+2,i+1} & a_{i+2,i+2} & \cdots & a_{i+2,k} \\ \cdot & \cdot & \cdot & \cdot \\ a_{k,i+1}, & a_{k,i+2} & \cdots & a_{kk} \end{vmatrix}$$

soit différent de zéro. C'est le mineur de δ obtenu en supprimant les i premières lignes horizontales et verticales.

Ajoutons au système (2) l'une quelconque des i premières fonctions, savoir :

$$(3)\qquad f_\lambda = a_{\lambda 1}x_1 + a_{\lambda 2}x_2 + \cdots a_{\lambda k}x_k,$$

λ pouvant prendre toutes les valeurs comprises entre 1 et i. Si l'on pose

$$\delta_{\lambda,1} = \begin{vmatrix} a_{\lambda,1} & a_{\lambda,i+1} & \cdots & a_{\lambda,k} \\ a_{i+1,1} & a_{i+1,i+1} & \cdots & a_{i+1,k} \\ \cdot & \cdot & \cdot & \cdot \\ \cdot & \cdot & \cdot & \cdot \\ a_{k,1}, & a_{k,i+1} & \cdots & a_{kk} \end{vmatrix},$$

on a un déterminant mineur de l'ordre $k-i+1$ qui, par hypothèse, est égal à zéro. Cela étant, multiplions respectivement les formes (2) et

(3) par les premiers mineurs $A_{i+1,1}$, $A_{i+2,1}$, ..., $A_{k,1}$, $A_{\lambda,1}$ des éléments de la première colonne de $\delta_{\lambda,1}$ et ajoutons ensuite; il viendra

$$A_{i+1,1}f_{i+1}+A_{i+2,1}f_{i+2}+\cdots,+A_{k,1}f_k+A_{\lambda,1}f_\lambda=0,$$

parce que, dans la somme, les coefficients des variables sont des mineurs de l'ordre $k-i+1$ de δ. On ne trouvera pas d'autre relation en multipliant par les premiers mineurs d'une autre colonne de $\delta_{\lambda,1}$. En posant $\lambda=1, 2, 3, \ldots i$, on obtiendra i relations distinctes. Donc,

Si le déterminant d'un système de formes linéaires en nombre égal aux variables s'annule ainsi que tous ses mineurs jusqu'à ceux de l'ordre $k-i+1$ inclusivement, tandis qu'un mineur au moins de l'ordre $k-i$ est différent de zéro, il existe entre elles i relations identiques distinctes.

Il en résulte que les premières fonctions s'expriment au moyen de $f_{i+1}, f_{i+2} \ldots f_k$ et ces dernières seulement sont indépendantes.

Revenons maintenant au système (1), dans le cas où δ est différent de zéro, pour lui appliquer la transformation suivante :

$$\begin{aligned}
x_1 &= \alpha_1X_1+\alpha_2X_2+\cdots+\alpha_kX_k,\\
x_2 &= \beta_1X_1+\beta_2X_2+\cdots+\beta_kX_k,\\
&\ldots\ldots\ldots\ldots\\
x_k &= \lambda_1X_1+\lambda_2X_2+\cdots+\lambda_kX_k.
\end{aligned}$$

Désignons par F_1 ce que devient f_1 par cette substitution; on aura

$$\begin{aligned}
F_1=(a_{11}\alpha_1+a_{12}\beta_1+\cdots+a_{1k}\lambda_1)X_1+(a_{11}\alpha_2+a_{12}\beta_2+\cdots+a_{1k}\lambda_2)X_2\\
+\cdots+(a_{11}\alpha_k+a_{12}\beta_k+\cdots+a_{1k}\lambda_k)X_k.
\end{aligned}$$

En posant

$$\begin{aligned}
b_{11}&=a_{11}\alpha_1+a_{12}\beta_1+\cdots+a_{1k}\lambda_1,\\
b_{12}&=a_{11}\alpha_2+a_{12}\beta_2+\cdots+a_{1k}\lambda_2,\\
&\ldots\ldots\ldots\ldots\\
b_{1k}&=a_{11}\alpha_k+a_{12}\beta_k+\cdots+a_{1k}\lambda_k,
\end{aligned}$$

il vient

$$F_1=b_{11}X_1+b_{12}X_2+\cdots+b_{1k}X_k.$$

On trouvera de même

$$\begin{aligned}
F_2&=b_{21}X_1+b_{22}X_2+\cdots+b_{2k}X_k,\\
F_3&=b_{31}X_1+b_{32}X_2+\cdots+b_{3k}X_k,\\
&\ldots\ldots\ldots\ldots\\
F_k&=b_{k1}X_1+b_{k2}X_2+\cdots+b_{kk}X_k.
\end{aligned}$$

Désignons par Δ le déterminant de ces fonctions transformées; d'après les valeurs des coefficients b, on a la relation $\Delta = r\delta$, r étant le module de la substitution. Par conséquent,

Le déterminant d'un système de formes linéaires transformées est égal au déterminant du système primitif multiplié par le module de la transformation.

Le déterminant δ est un exemple d'une fonction des coefficients d'un certain nombre de formes données qui, après une transformation linéaire, ne diffère de sa valeur primitive que par un facteur dépendant seulement des constantes de la substitution; si le module r était l'unité, la fonction δ resterait égale à elle-même.

En vertu de la relation précédente, le déterminant Δ s'annule en même temps que δ; s'il existe une relation entre les formes données, une relation semblable aura lieu entre les fonctions transformées.

199. *Transformation orthogonale.* Étant données les formules

$$
\begin{aligned}
x_1 &= \alpha_1 X_1 + \alpha_2 X_2 + \cdots + \alpha_k X_k,\\
x_2 &= \beta_1 X_1 + \beta_2 X_2 + \cdots + \beta_k X_k,\\
&\cdots\cdots\cdots\cdots\cdots\cdots\\
x_k &= \lambda_1 X_1 + \lambda_2 X_2 + \cdots + \lambda_k X_k,
\end{aligned}
$$

on dit que la transformation correspondante est *orthogonale*, si l'on a la relation fondamentale

$$x_1^2 + x_2^2 + \cdots + x_k^2 = X_1^2 + X_2^2 + \cdots + X_k^2.$$

Cette égalité entraîne diverses relations entre les constantes. En effet, remplaçons $x_1, x_2, \cdots, x_k$ par leurs valeurs et égalons les coefficients des mêmes produits des variables $X_1, X_2, \ldots, X_k$. Il viendra

$$
\begin{gathered}
\alpha_1^2 + \beta_1^2 + \cdots + \lambda_1^2 = 1,\\
\alpha_2^2 + \beta_2^2 + \cdots + \lambda_2^2 = 1,\\
\cdots\cdots\cdots\cdots\cdots\\
\alpha_k^2 + \beta_k^2 + \cdots + \lambda_k^2 = 1;\\
\alpha_1\alpha_2 + \beta_1\beta_2 + \cdots + \lambda_1\lambda_2 = 0,\\
\alpha_1\alpha_3 + \beta_1\beta_3 + \cdots + \lambda_1\lambda_3 = 0,\\
\cdots\cdots\cdots\cdots\cdots\cdots\cdots\\
\alpha_{k-1}\alpha_k + \beta_{k-1}\beta_k + \cdots + \lambda_{k-1}\lambda_k = 0.
\end{gathered}
$$

Leur nombre est égal à

$$k + \frac{k(k-1)}{1 . 2} = \frac{k(k+1)}{. 2}.$$

De plus, si on forme le carré du déterminant

$$r = \begin{vmatrix} \alpha_1 & \beta_1 & \ldots, & \lambda_1 \\ \alpha_2 & \beta_2 & \ldots, & \lambda_2 \\ . & . & . & . \\ \alpha_k & \beta_k & \ldots, & \lambda_k \end{vmatrix}$$

en tenant compte des égalités précédentes, on trouve

$$r^2 = 1.$$

Le carré du module d'une transformation orthogonale est donc égal à l'unité positive.

Une substitution orthogonale est aussi caractérisée par une autre propriété. Étant données les équations

$$\begin{aligned} x_1 &= \alpha_1 X_1 + \alpha_2 X_2 + \cdots + \alpha_k X_k, \\ x_2 &= \beta_1 X_1 + \beta_2 X_2 + \cdots + \beta_k X_k, \\ &\ldots\ldots\ldots\ldots \\ x_k &= \lambda_1 X_1 + \lambda_2 X_2 + \cdots + \lambda_k X_k, \end{aligned}$$

la transformation sera orthogonale, si on peut en déduire les formules suivantes :

$$\begin{aligned} X_1 &= \alpha_1 x_1 + \beta_1 x_2 + \cdots + \lambda_1 x_k, \\ X_2 &= \alpha_2 x_1 + \beta_2 x_2 + \cdots + \lambda_2 x_k, \\ &\ldots\ldots\ldots\ldots \\ X_k &= \alpha_k x_1 + \beta_k x_2 + \cdots + \lambda_k x_k, \end{aligned}$$

où les coefficients sont transposés, c'est-à-dire que les constantes disposées horizontalement sont les coefficients disposés verticalement dans les premières. En effet, il vient alors

$$\begin{aligned} x_1^2 + x_2^2 + \cdots + x_k^2 &= (\alpha_1 X_1 + \alpha_2 X_2 + \cdots \alpha_k X_k)\, x_1 \\ + (\beta_1 X_1 + \beta_2 X_2 + \cdots + \beta_k X_k)\, x_2 &+ \cdots (\lambda_1 X_1 + \lambda_2 X_2 + \cdots \lambda_k X_k)\, x_k, \end{aligned}$$

et

$$\begin{aligned} X_1^2 + X_2^2 + \cdots + X_k^2 &= (\alpha_1 x_1 + \beta_1 x_2 + \cdots + \lambda_1 x_k)\, X_1 \\ + (\alpha_2 x_1 + \beta_2 x_2 + \cdots + \lambda_2 x_k)\, X_2 &+ \cdots (\alpha_k x_1 + \beta_k x_2 + \cdots \lambda_k x_k)\, X_k. \end{aligned}$$

Or, il est facile de vérifier que les seconds membres de ces égalités sont identiques; par suite, on a

$$x_1^2 + x_2^2 + \cdots + x_k^2 = X_1^2 + X_2^2 + \cdots + X_k^2;$$

donc, la transformation est orthogonale.

Un exemple d'une substitution de cette espèce est donné par la transformation des coordonnées dans l'espace. On sait que les formules pour passer d'un système d'axes rectangulaires à un autre système de même nature sont de la forme

$$\begin{aligned} x &= ax' + by' + cz', \\ y &= a'x' + b'y' + c'z', \\ z &= a''x' + b''y' + c''z', \end{aligned}$$

avec les conditions

$$\begin{aligned} a^2 + a'^2 + a''^2 &= 1, \quad ab + a'b' + a''b'' = 0, \\ b^2 + b'^2 + b''^2 &= 1, \quad ac + a'c' + a''c'' = 0, \\ c^2 + c'^2 + c''^2 &= 1, \quad bc + b'c' + b''c'' = 0, \end{aligned}$$

et

$$\begin{vmatrix} a & b & c \\ a' & b' & c' \\ a'' & b'' & c'' \end{vmatrix}^2 = 1.$$

C'est donc une substitution orthogonale. Il y a neuf constantes dans les formules; en se donnant arbitrairement les valeurs de trois d'entre elles, toutes les autres seront déterminées par les relations précédentes. Dans le cas général, le nombre de constantes arbitraires se réduit à

$$k^2 - \frac{k(k+1)}{1.2} = \frac{k(k-1)}{1.2}.$$

§ 2.

Forme quadratique.

200. Une forme quadratique à k variables a pour expression

$$\begin{aligned} f = a_{11}x_1^2 &+ 2a_{12}x_1x_2 + 2a_{13}x_1x_3 + \ldots + 2a_{1k}x_1x_k \\ &+ a_{22}x_2^2 \quad + 2a_{23}x_2x_3 + \cdots + 2a_{2k}x_2x_k \\ &\qquad\qquad + a_{33}x_3^2 \quad + \cdots + 2a_{3k}x_3x_k \\ &\qquad\qquad\qquad\qquad + \cdots \\ &\qquad\qquad\qquad\qquad\qquad + a_{kk}x_k^2, \end{aligned}$$

ou, d'une manière abrégée,

$$f = \sum_{\lambda=1}^{\lambda=k} \sum_{\mu=1}^{\mu=k} a_{\lambda\mu} x_\lambda x_\mu,$$

avec la condition $a_{\lambda\mu} = a_{\mu\lambda}$.

Désignons par f_1, f_2, ... f_k, les demi-dérivées par rapport aux variables. On aura

(1)
$$\begin{aligned} f_1 &= a_{11}x_1 + a_{12}x_2 + a_{13}x_3 + \cdots + a_{1k}x_k, \\ f_2 &= a_{21}x_1 + a_{22}x_2 + a_{23}x_3 + \cdots + a_{2k}x_k, \\ &\cdots\cdots\cdots\cdots \\ f_k &= a_{k1}x_1 + a_{k2}x_2 + a_{k3}x_3 + \cdots + a_{kk}x_k. \end{aligned}$$

On sait que le déterminant

$$\delta = \begin{vmatrix} a_{11} & a_{12} & a_{13} & \ldots & a_{1k} \\ a_{21} & a_{22} & a_{23} & \ldots & a_{2k} \\ a_{31} & a_{32} & a_{33} & \ldots & a_{3k} \\ \cdot & \cdot & \cdot & \cdot & \cdot \\ a_{k1} & a_{k2} & a_{k3} & \ldots & a_{kk} \end{vmatrix}$$

de ces fonctions est le discriminant de f. De plus, en vertu d'une propriété des fonctions homogènes, on a aussi la relation

$$f = x_1 f_1 + x_2 f_2 + x_3 f_3 + \cdots x_k f_k.$$

Appliquons à la fonction quadratique la transformation suivante :

(2)
$$\begin{aligned} x_1 &= \alpha_1 X_1 + \alpha_2 X_2 + \cdots + \alpha_k X_k, \\ x_2 &= \beta_1 X_1 + \beta_2 X_2 + \cdots + \beta_k X_k, \\ &\cdots\cdots\cdots\cdots \\ x_k &= \lambda_1 X_1 + \lambda_2 X_2 + \cdots + \lambda_k X_k. \end{aligned}$$

Pour arriver à l'expression de la transformée F, substituons d'abord ces valeurs dans le système (1); il viendra

(3)
$$\begin{aligned} f_1 &= b_{11} X_1 + b_{12} X_2 + \cdots + b_{1k} X_k, \\ f_2 &= b_{21} X_1 + b_{22} X_2 + \cdots + b_{2k} X_k, \\ &\cdots\cdots\cdots\cdots \\ f_k &= b_{k1} X_1 + b_{k2} X_2 + \cdots + b_{kk} X_k. \end{aligned}$$

Si on représente par δ_1 le déterminant de ce système, nous avons vu que

$$\delta_1 = r\delta.$$

Nous arriverons à une forme quadratique ne renfermant que les variables nouvelles en multipliant les équations correspondantes des systèmes (2) et (3). Il vient ainsi

$$\begin{aligned} & x_1 f_1 + x_2 f_2 + \cdots + x_k f_k \\ = & (b_{11}X_1 + b_{12}X_2 + \cdots + b_{1k}X_k)(\alpha_1 X_1 + \alpha_2 X_2 + \cdots + \alpha_k X_k) \\ + & (b_{21}X_1 + b_{22}X_2 + \cdots + b_{2k}X_k)(\beta_1 X_1 + \beta_2 X_2 + \cdots + \beta_k X_k) \\ + & \cdots\cdots\cdots\cdots\cdots\cdots \\ + & (b_{k1}X_1 + b_{k2}X_2 + \cdots + b_{kk}X_k)(\lambda_1 X_1 + \lambda_2 X_2 + \cdots + \lambda_k X_k), \end{aligned}$$

ou bien

$$\begin{aligned} F = & (c_{11}X_1 + c_{12}X_2 + \cdots + c_{1k}X_k) X_1 \\ + & (c_{21}X_2 + c_{22}X_2 + \cdots + c_{2k}X_k) X_2 \\ + & \cdots\cdots\cdots\cdots \\ + & (c_{k1}X_1 + c_{k2}X_2 + \cdots + c_{kk}X_k) X_k, \end{aligned}$$

où

$$\begin{aligned} c_{11} &= b_{11}\alpha_1 + b_{11}\beta_1 + b_{31}\gamma_1 + \cdots + b_{k1}\lambda_1, \\ c_{12} &= b_{12}\alpha_1 + b_{22}\beta_1 + b_{32}\gamma_1 + \cdots + b_{k2}\lambda_1, \\ & \cdots\cdots\cdots\cdots\cdots\cdots \\ & \cdots\cdots\cdots\cdots\cdots\cdots \end{aligned}$$

Le discriminant Δ de la transformée est le déterminant formé avec les coefficients c; mais, d'après leurs valeurs, on doit avoir

$$\Delta = r\delta_1.$$

Si nous remplaçons δ_1 par sa valeur, il vient finalement

$$\Delta = r^2\delta.$$

De là cette proposition :

Si on transforme une fonction homogène quelconque du second degré, le discriminant de la transformée est égal au discriminant de la forme primitive multiplié par le carré du module de la transformation.

Pour une transformation orthogonale où $r = 1$, on aurait :

$$\Delta = \delta.$$

Le discriminant δ est donc un exemple d'une fonction des coefficients d'une forme unique qui reste invariable par une transformation linéaire.

201. *Fonction adjointe.* Gauss a introduit dans l'étude d'une forme quadratique une nouvelle fonction de même degré appelée *fonction adjointe.* Afin de la déterminer, transformons la forme donnée

$$f = \sum_{\lambda=1}^{\lambda=k} \sum_{\mu=1}^{\mu=k} a_{\lambda\mu} x_\lambda x_\mu,$$

en prenant pour nouvelles variables les demi-dérivées de f. Posons donc

$$X_1 = a_{11}x_1 + a_{12}x_2 + \cdots + a_{1k}x_k,$$
$$X_2 = a_{21}x_1 + a_{22}x_2 + \cdots + a_{2k}x_k,$$
$$\cdot\ \cdot\ \cdot\ \cdot\ \cdot\ \cdot\ \cdot\ \cdot\ \cdot\ \cdot$$
$$X_k = a_{k1}x_1 + a_{k2}x_2 + \cdots + a_{kk}x_k.$$

Le déterminant de ce système est le discriminant de f. Supposons-le différent de zéro et résolvons ces égalités par rapport à $x_1, x_2, x_3 \ldots$. En désignant par $\alpha_{11}, \alpha_{12}, \alpha_{13}$, etc. les premiers mineurs de δ, il viendra

$$\delta x_1 = \alpha_{11}X_1 + \alpha_{21}X_2 + \alpha_{31}X_3 + \cdots + \alpha_{k1}X_k,$$
$$\delta x_2 = \alpha_{12}X_1 + \alpha_{22}X_2 + \alpha_{32}X_3 + \cdots + \alpha_{k2}X_k,$$
$$\cdot\ \cdot\ \cdot\ \cdot\ \cdot\ \cdot\ \cdot\ \cdot\ \cdot\ \cdot\ \cdot\ \cdot\ \cdot\ \cdot\ \cdot$$
$$\delta x_k = \alpha_{1k}X_1 + \alpha_{2k}X_2 + \alpha_{3k}X_3 + \cdots + \alpha_{kk}X_k.$$

Si on multiplie ces égalités respectivement par $X_1, X_2, X_3, \ldots$, et si on les ajoute ensuite, on trouve

$$\begin{aligned}\delta . f = {} & (\alpha_{11}X_1 + \alpha_{21}X_2 + \alpha_{31}X_3 + \cdots + \alpha_{k1}X_k)X_1 \\ & + (\alpha_{12}X_1 + \alpha_{22}X_2 + \alpha_{32}X_3 + \cdots + \alpha_{k2}X_k)X_2 \\ & + (\alpha_{13}X_1 + \alpha_{23}X_2 + \alpha_{33}X_3 + \cdots + \alpha_{k3}X_k)X_3 \\ & + \cdot\ \cdot\ \cdot\ \cdot\ \cdot\ \cdot\ \cdot\ \cdot\ \cdot\ \cdot\ \cdot\ \cdot\ \cdot\ \cdot \\ & + (\alpha_{1k}X_1 + \alpha_{2k}X_2 + \alpha_{3k}X_3 + \cdots + \alpha_{kk}X_k)X_k.\end{aligned}$$

On sait que le discriminant δ est symétrique et on a la relation : $\alpha_{rs} = \alpha_{sr}$; par suite, en développant, on arrive à l'expression suivante :

$$\begin{aligned}\delta . f = \alpha_{11}X_1^2 & + 2\alpha_{12}X_1X_2 + 2\alpha_{13}X_1X_3 + \cdots + 2\alpha_{1k}X_1X_k \\ & + \alpha_{22}X_2^2 + 2\alpha_{23}X_2X_3 + \cdots + 2\alpha_{2k}X_2X_k \\ & \qquad + \alpha_{33}X_3^2 + \cdots + 2\alpha_{3k}X_3X_k \\ & \qquad + \cdot\ \cdot\ \cdot\ \cdot\ \cdot\ \cdot\ \cdot\ \cdot\ \cdot \\ & \qquad\qquad + \alpha_{kk}X_k^2.\end{aligned}$$

C'est ce produit du discriminant par la fonction donnée qui constitue la fonction adjointe. Son discriminant est le déterminant formé avec les premiers mineurs $\alpha_{11}, \alpha_{12}, \ldots$ de δ. En le représentant par Δ_1, on aura

$$\Delta_1 = \delta^{k-1}.$$

Donc, *le discriminant de la fonction adjointe d'une forme quadratique* *à k variables est égal à la $(k-1)^{\text{ième}}$ puissance du discriminant de cette forme.* Soit la forme à trois variables

$$f = a_{11}x_1^2 + a_{22}x_2^2 + a_{33}x_3^2 + 2a_{12}x_1x_2 + 2a_{13}x_1x_3 + 2a_{23}x_2x_3,$$

pour laquelle,

$$\delta = \begin{vmatrix} a_{11} & a_{12} & a_{13} \\ a_{21} & a_{22} & a_{23} \\ a_{31} & a_{32} & a_{33} \end{vmatrix}$$

La fonction adjointe aura pour expression

$$\begin{aligned}(a_{22}a_{33} - a_{23}^2)X_1^2 + (a_{11}a_{33} - a_{13}^2)X_2^2 + (a_{11}a_{22} - a_{12}^2)X_3^2 \\ + 2(a_{13}a_{23} - a_{12}a_{33})X_1X_2 + 2(a_{12}a_{23} - a_{13}a_{22})X_1X_3 \\ + 2(a_{12}a_{13} - a_{23}a_{11})X_2X_3.\end{aligned}$$

202. *Réduction d'une forme quadratique à une somme de carrés.* Étant donnée la forme générale quadratique à k variables, il est possible à priori de la ramener à une somme de carrés de k formes linéaires. En effet, supposons qu'elle soit complète et posons l'identité

$$\sum_{\lambda=1}^{\lambda=k} \sum_{\mu=1}^{\mu=k} a_{\lambda\mu}x_\lambda x_\mu = \sum_{i=1}^{i=k} (\lambda_{1i}x_1 + \lambda_{2i}x_2 + \cdots \lambda_{ki}x_k)^2.$$

Si on égale de part et d'autre les coefficients des carrés des variables et des doubles produits, on obtient un nombre d'équations égal à

$$k + \frac{k(k-1)}{1 \cdot 2} = \frac{k(k+1)}{2};$$

mais, dans k formes linéaires à k variables il y a k^2 coefficients; en retranchant de ce nombre celui qui précède, il reste

$$\frac{k(k-1)}{2}.$$

Parmi les constantes de la transformation, on peut en prendre arbitrairement $\frac{k(k-1)}{2}$ et les autres se déduiront ensuite des équations de condition. Le problème proposé est donc possible d'une infinité de manières.

Nous allons indiquer un procédé qui permet en allant de proche en proche d'arriver à une somme de carrés. Soit donc

$$\begin{aligned} f = a_{11}x_1^2 &+ 2a_{12}x_1x_2 + 2a_{13}x_1x_3 + \cdots + 2a_{1k}x_1x_k \\ &+ a_{22}x_2^2 + 2a_{23}x_2x_3 + \cdots + 2a_{2k}x_2x_k \\ &+ \cdots \\ &+ a_{kk}x_k^2. \end{aligned}$$

Supposons a_{11} différent de zéro; on peut écrire

$$f = a_{11}x_1^2 + 2(a_{12}x_2 + a_{13}x_3 + \cdots + a_{1k}x_k)x_1 + \varphi_1$$

ou bien

$$f = a_{11}x_1^2 + 2\varphi x_1 + \varphi_1$$

où φ représente une fonction linéaire et φ_1 une fonction quadratique qui renferment seulement l'une et l'autre les variables x_2, x_3 ...; on en déduit

$$f = \frac{1}{a_{11}}(a_{11}x_1 + \varphi)^2 + \varphi_1 - \frac{\varphi^2}{a_{11}},$$

et, en posant :

$$X_1 = a_{11}x_1 + \varphi,$$

$$f = \frac{1}{a_{11}}X_1^2 + \varphi_1 - \frac{\varphi^2}{a_{11}}.$$

On a ainsi introduit au second membre un premier carré d'une forme linéaire, et il y a en plus l'expression

$$\varphi_1 - \frac{\varphi^2}{a_{11}}$$

qui est une forme quadratique à $k - 1$ variables. En admettant que le coefficient de x_2^2 soit différent de zéro, on opère semblablement sur celle-ci pour introduire un second carré d'une forme linéaire à $k - 1$ variables plus une fonction quadratique à $k - 2$ variables; ainsi de suite. On arrivera nécessairement à un résultat final de la forme

$$f = p_1X_1^2 + p_2X_2^2 + p_3X_3^2 + \cdots + p_iX_i^2$$

où le nombre i est au plus égal à k et les quantités X_1, X_2, X_3 ... représentent des expressions comme suit:

$$\begin{aligned} X_1 &= a_{11}x_1 + \cdots \\ X_2 &= 0.x_1 + a'_{22}x_2 + \cdots \\ X_3 &= 0.x_1 + 0.x_2 + a'_{33}x_3 + \cdots \\ &\cdots \\ X_i &= 0.x_1 + \cdots + 0.x_{i-1} + a'_{ii}x_i + \cdots, \end{aligned}$$

car, on peut toujours désigner par $x_1, x_2, \ldots x_i$ les variables sur lesquelles on a opéré successivement. Le déterminant des coefficients de $x_1, x_2, \ldots x_i$ ne renferme que des zéros d'un côté de la diagonale et il se réduit à son terme principal

$$a'_{11}a'_{22}a'_{33}\ldots a'_{ii}.$$

Il est donc différent de zéro puisqu'aucun coefficient $a_{11}, a'_{22}, \ldots$ n'est égal à zéro. Il en résulte que les formes $X_1, X_2, \ldots, X_i$ sont indépendantes.

Cette méthode n'est plus applicable, lorsque l'on rencontre une forme quadratique ne renfermant aucun carré. Il est nécessaire, dans ce cas, d'opérer comme nous allons l'indiquer. Soit ψ une forme du second degré ne renfermant que des doubles produits; en admettant que le coefficient de x_1x_2 est différent de zéro, on peut écrire

$$\psi = ax_1x_2 + \psi_1x_1 + \psi_2x_2 + \pi,$$

où ψ_1, ψ_2 sont des formes linéaires et π une forme quadratique qui ne renferment plus x_1 et x_2. Or, on peut poser :

$$\psi = \frac{1}{a}(ax_1 + \psi_2)(ax_2 + \psi_1) + \pi - \frac{\psi_1\psi_2}{a},$$

et, par conséquent,

$$\psi = \frac{1}{4a}(ax_1 + ax_2 + \psi_1 + \psi_2)^2 - \frac{1}{4a}(ax_1 - ax_2 + \psi_2 - \psi_1)^2 + \pi - \frac{\psi_1\psi_2}{a}.$$

Si nous représentons par Y_1, Y_2 les expressions entre parenthèses, on a

$$\psi = \frac{1}{4a}Y_1^2 - \frac{1}{4a}Y_2^2 + \pi - \frac{\psi_1\psi_2}{a}.$$

Il y a de cette manière deux carrés au second membre et une forme quadratique qui contient deux variables en moins. On lui appliquera le même procédé, ou encore, si elle renferme un carré, on peut reprendre la première méthode. Il est à remarquer que les fonctions linéaires Y_1, Y_2 sont de la forme

$$Y_1 = ax_1 + ax_2 + \cdots$$
$$Y_2 = ax_1 - ax_2 + \cdots$$

En écrivant leurs coefficients sur deux lignes

$$\begin{matrix} a & a & \ldots \\ a & -a & \ldots \end{matrix}$$

et en retranchant la première de la seconde pour substituer à celle-ci les résultats, il vient

$$\begin{matrix} a & a & \dots \\ 0 & -2a & \dots \end{matrix}$$

Il en résulte que le déterminant relatif aux fonctions Y peut prendre la même forme que pour les fonctions X. Nous avons donc démontré la proposition suivante :

Une forme quadratique à k variables est égale à une somme de carrés de formes linéaires indépendantes dont le nombre est au plus égal à k.

Admettons que la forme f se ramène à une somme de k carrés et que l'on ait :

$$f = p_1 X_1^2 + p_2 X_2^2 + p_3 X_3^2 + \cdots + p_k X_k^2.$$

Regardons, pour un moment, cette expression comme une forme donnée à k variables $X_1, X_2, \dots X_k$ et ayant pour discriminant

$$\Delta = p_1 p_2 p_3 \dots p_k.$$

En remplaçant les quantités X par leurs valeurs, on retrouvera la forme primitive qui, dans notre hypothèse, sera la transformée de la précédente. Désignons par r le module de la substitution, c'est-à-dire, le déterminant des fonctions X; nous savons qu'il est différent de zéro. Si on se rappelle que le discriminant de la transformée est égal au discriminant de la forme primitive multiplié par le carré du module de la transformation, il vient la relation

$$\delta = r^2 . p_1 p_2 p_3 \dots p_k.$$

Or, le second membre étant différent de zéro, il en sera de même de δ; réciproquement, si δ n'est pas nul, aucune des constantes p ne sera égale au zéro; enfin, lorsque $\delta = 0$, il faut que l'un au moins des coefficients p soit nul. Par conséquent, *la condition nécessaire et suffisante pour qu'une forme quadratique se ramène à une somme d'autant de carrés qu'elle renferme de variables est que son discriminant soit différent de zéro; lorsque $\delta = 0$, le nombre de carrés sera moindre.*

203. Quand une forme quadratique est réelle, on peut toujours par une substitution orthogonale la ramener à la forme

$$f = s_1 X_1^2 + s_2 X_2^2 + \cdots + s_k X_k^2,$$

où les constantes $s_1, s_2, \dots s_k$ sont réelles. Afin de simplifier l'écriture, nous allons démontrer cette propriété pour une forme à trois variables; la méthode est la même dans le cas général. Soit

$$f = a_{11}x_1^2 + a_{22}x_2^2 + a_{33}x_3^2 + 2a_{12}x_1x_2 + 2a_{13}x_1x_3 + 2a_{23}x_2x_3$$

la forme donnée, et

$$(4)\qquad \begin{aligned} x_1 &= \alpha_1 X_1 + \alpha_2 X_2 + \alpha_3 X_3, \\ x_2 &= \beta_1 X_1 + \beta_2 X_2 + \beta_3 X_3, \\ x_3 &= \gamma_1 X_1 + \gamma_2 X_2 + \gamma_3 X_3 \end{aligned}$$

une substitution orthogonale. On a les formules inverses

$$(5)\qquad \begin{aligned} X_1 &= \alpha_1 x_1 + \beta_1 x_2 + \gamma_1 x_3, \\ X_2 &= \alpha_2 x_1 + \beta_2 x_2 + \gamma_2 x_3, \\ X_3 &= \alpha_3 x_1 + \beta_3 x_2 + \gamma_3 x_3. \end{aligned}$$

Il faut déterminer les constantes α, β, γ de manière à ramener la fonction à la forme

$$(6)\qquad f = s_1 X_1^2 + s_2 X_2^2 + s_3 X_3^2.$$

La fonction donnée peut s'écrire

$$\begin{aligned} f = (a_{11}x_1 + a_{12}x_2 + a_{13}x_3)x_1 &+ (a_{21}x_1 + a_{22}x_2 + a_{23}x_3)x_2 \\ &+ (a_{31}x_1 + a_{32}x_2 + a_{33}x_3)x_3, \end{aligned}$$

ou bien, d'après les formules (4)

$$(7)\qquad \begin{aligned} f = (a_{11}x_1 + a_{12}x_2 + a_{13}x_3)&(\alpha_1 X_1 + \alpha_2 X_2 + \alpha_3 X_3) \\ + (a_{21}x_1 + a_{22}x_2 + a_{23}x_3)&(\beta_1 X_1 + \beta_2 X_2 + \beta_3 X_3) \\ + (a_{31}x_1 + a_{32}x_2 + a_{33}x_3)&(\gamma_1 X_1 + \gamma_2 X_2 + \gamma_3 X_3). \end{aligned}$$

D'un autre côté, la fonction (6) devient par les formules (5),

$$(8)\qquad \begin{aligned} f = s_1(\alpha_1 x_1 + \beta_1 x_2 + \gamma_1 x_3)X_1 &+ s_2(\alpha_2 x_1 + \beta_2 x_2 + \gamma_2 x_3)X_2 \\ &+ s_3(\alpha_3 x_1 + \beta_3 x_2 + \gamma_3 x_3)X_3. \end{aligned}$$

Identifions les expressions (7) et (8) en égalant les coefficients des mêmes produits. Si on exprime d'abord que les coefficients de X_1x_1, X_1x_2, X_1x_3 sont égaux, il vient

$$\begin{aligned} a_{11}\alpha_1 + a_{21}\beta_1 + a_{31}\gamma_1 &= s_1\alpha_1, \\ a_{12}\alpha_1 + a_{22}\beta_1 + a_{32}\gamma_1 &= s_1\beta_1, \\ a_{13}\alpha_1 + a_{23}\beta_1 + a_{33}\gamma_1 &= s_1\gamma_1, \end{aligned}$$

ou bien

$$(9)\qquad \begin{aligned} (a_{11} - s_1)\alpha_1 + a_{21}\beta_1 + a_{31}\gamma_1 &= 0, \\ a_{12}\alpha_1 + (a_{22} - s_1)\beta_1 + a_{32}\gamma_1 &= 0, \\ a_{13}\alpha_1 + a_{23}\beta_1 + (a_{33} - s_1)\gamma_1 &= 0. \end{aligned}$$

En second lieu, l'égalité des coefficients de X_2x_1, X_2x_2 et X_2x_3 donne aussi

$$
(10) \qquad \begin{aligned}
&(a_{11}-s_2)\alpha_2+a_{21}\beta_2+a_{31}\gamma_2=0,\\
&a_{12}\alpha_2+(a_{22}-s_2)\beta_2+a_{32}\gamma_2=0,\\
&a_{13}\alpha_2+a_{23}\beta_2+(a_{33}-s_2)\gamma_2=0.
\end{aligned}
$$

Enfin, en égalant les coefficients de X_3x_1, X_3x_2, X_3x_3, on trouve encore

$$
(11) \qquad \begin{aligned}
&(a_{11}-s_3)\alpha_3+a_{21}\beta_3+a_{31}\gamma_3=0,\\
&a_{12}\alpha_3+(a_{22}-s_3)\beta_3+a_{32}\gamma_3=0,\\
&a_{13}\alpha_3+a_{23}\beta_3+(a_{33}-s_3)\gamma_3=0.
\end{aligned}
$$

Si on élimine successivement α_1, β_1, γ_1; α_2, β_2, γ_2; α_3, β_3, γ_3 dans les systèmes d'équations (9), (10) et (11), on arrive à ce résultat que les constantes s_1, s_2, s_3 sont les racines de l'équation du troisième degré

$$
\begin{vmatrix}
a_{11}-s & a_{12} & a_{13}\\
a_{21} & a_{22}-s & a_{23}\\
a_{31} & a_{32} & a_{33}-s
\end{vmatrix}=0,
$$

où s représente l'inconnue. On sait (N° 65) que les racines de cette équation sont toujours réelles. Après les avoir déterminées, on les substitue dans les égalités (9), (10), (11) qui, avec les relations

$$
\alpha_1^2+\beta_1^2+\gamma_1^2=1, \quad \alpha_2^2+\beta_2^2+\gamma_2^2=1, \quad \alpha_3^2+\beta_3^2+\gamma_3^2=1
$$

sont suffisantes pour calculer les valeurs des constantes d'une transformation orthogonale réelle propre à ramener la fonction donnée à une somme de trois carrés.

Dans le cas général d'une fonction quadratique à k variables, la réduction a la forme

$$
s_1X_1^2+s_2X_2^2+\cdots+s_kX_k^2
$$

dépendra de la résolution de l'équation du degré k

$$
\begin{vmatrix}
a_{11}-s & a_{12} & a_{13} & \dots & a_{1k}\\
a_{21} & a_{22}-s & a_{23} & \dots & a_{2k}\\
a_{31} & a_{32} & a_{33}-s & \dots & a_{3k}\\
\cdot & \cdot & \cdot & \cdot & \cdot\\
a_{k1} & a_{k2} & a_{k3} & \dots & a_{kk}-s
\end{vmatrix}=0.
$$

Nous avons donc la proposition suivante :

Une fonction quadratique réelle à k variables est susceptible de se ramener à la forme

$$s_1X_1^2 + s_2X_2^2 + \cdots + s_kX_k^2$$

par une substitution orthogonale et par la résolution d'une équation du degré k dont toutes les racines sont réelles.

Si on développe le déterminant qui précède (N° 28), on sait que le terme indépendant de l'inconnue s est le discriminant, savoir :

$$\delta = \begin{vmatrix} a_{11} & a_{12} & \dots & a_{1k} \\ a_{21} & a_{22} & \dots & a_{2k} \\ a_{31} & a_{32} & \dots & a_{3k} \\ \cdot & \cdot & \cdot & \cdot \\ a_{k1} & a_{k2} & \dots & a_{kk} \end{vmatrix}.$$

Lorsque δ est différent de zéro, il n'y a pas de racine nulle et le nombre de carrés de la forme réduite est égal à k; mais, si $\delta = 0$, il y a une racine nulle, et le nombre de carrés est alors $k - 1$. De plus, le coefficient de la première puissance de s est la somme des premiers mineurs de δ correspondants aux éléments de la diagonale; en les désignant par α_{11}, α_{22}, etc., il y aura deux racines nulles si l'on a :

$$\alpha_{11} = 0, \quad \alpha_{22} = 0, \quad \alpha_{33} = 0, \quad \dots, \quad \alpha_{kk} = 0;$$

dans ce cas, le nombre de carrés de la forme réduite sera $k - 2$. On peut remarquer que tous les autres premiers mineurs seront nuls; car, lorsqu'un déterminant symétrique s'annule, on sait que

$$\alpha_{12} = \sqrt{\alpha_{11}\alpha_{22}}, \quad \alpha_{13} = \sqrt{\alpha_{11}\alpha_{33}}, \quad \alpha_{23} = \sqrt{\alpha_{22}\alpha_{33}}, \text{ etc.}$$

Le coefficient de s^2 est la somme des mineurs de l'ordre $k - 2$ que l'on obtient en groupant diagonalement $k - 2$ à $k - 2$ les k éléments de la diagonale; lorsqu'ils sont tous nuls, l'équation en s possède trois racines égales à zéro. On peut continuer ainsi, en se basant sur le développement du premier membre de l'équation du degré k. Donc

Lorsque le discriminant d'une forme quadratique réelle est différent de zéro, il y a k carrés dans la forme réduite; il n'y en a que $k - 1$, si le discriminant est nul, $k - 2$, si les premiers mineurs relatifs aux éléments de la diagonale du discriminant sont nuls; etc.

Soit, par exemple, la forme quadratique à quatre variables

$$f = a_{11}x_1^2 + a_{22}x_2^2 + a_{33}x_3^2 + a_{44}x_4^2 + 2a_{12}x_1x_2 + 2a_{13}x_1x_3$$
$$+ 2a_{14}x_1x_4 + 2a_{23}x_2x_3 + 2a_{24}x_2x_4 + 2a_{34}x_3x_4.$$

On a :

$$\delta = \begin{vmatrix} a_{11} & a_{12} & a_{13} & a_{14} \\ a_{21} & a_{22} & a_{23} & a_{24} \\ a_{31} & a_{32} & a_{33} & a_{34} \\ a_{41} & a_{42} & a_{43} & a_{44} \end{vmatrix}.$$

Lorsque ce déterminant n'est pas égal à zéro, la forme réduite est

$$s_1X_1^2 + s_2X_2^2 + s_3X_3^2 + s_4X_4^2.$$

Si $\delta = 0$, elle devient :

$$s_1X_1^2 + s_2X_2^2 + s_3X_3^2.$$

Avec les conditions

$$\begin{vmatrix} a_{11} & a_{12} & a_{13} \\ a_{21} & a_{22} & a_{23} \\ a_{31} & a_{32} & a_{33} \end{vmatrix} = 0, \quad \begin{vmatrix} a_{11} & a_{12} & a_{14} \\ a_{21} & a_{22} & a_{24} \\ a_{41} & a_{42} & a_{44} \end{vmatrix} = 0,$$

$$\begin{vmatrix} a_{11} & a_{13} & a_{14} \\ a_{31} & a_{33} & a_{34} \\ a_{41} & a_{43} & a_{44} \end{vmatrix} = 0, \quad \begin{vmatrix} a_{22} & a_{23} & a_{24} \\ a_{32} & a_{33} & a_{34} \\ a_{42} & a_{43} & a_{44} \end{vmatrix} = 0,$$

la fonction donnée se ramène à la forme

$$s_1X_1^2 + s_2X_2^2.$$

Enfin, la même fonction se réduit à un carré parfait avec les conditions :

$$\begin{vmatrix} a_{11} & a_{12} \\ a_{21} & a_{22} \end{vmatrix} = 0, \quad \begin{vmatrix} a_{11} & a_{13} \\ a_{31} & a_{33} \end{vmatrix} = 0, \quad \begin{vmatrix} a_{11} & a_{14} \\ a_{41} & a_{44} \end{vmatrix} = 0,$$

$$\begin{vmatrix} a_{22} & a_{23} \\ a_{32} & a_{33} \end{vmatrix} = 0, \quad \begin{vmatrix} a_{22} & a_{24} \\ a_{42} & a_{44} \end{vmatrix} = 0, \quad \begin{vmatrix} a_{33} & a_{34} \\ a_{43} & a_{44} \end{vmatrix} = 0.$$

Observons encore que, *dans le cas où $\delta = 0$, la fonction adjointe est un carré parfait.* Pour l'exemple qui précède, elle a pour expression

$$\alpha_{11}X_1^2 + \alpha_{22}X_2^2 + \alpha_{33}X_3^2 + \alpha_{44}X_4^2 + 2\alpha_{12}X_1X_2 + 2\alpha_{13}X_1X_3$$
$$+ 2\alpha_{14}X_1X_4 + 2\alpha_{23}X_2X_3 + 2\alpha_{24}X_2X_4 + 2\alpha_{34}X_3X_4.$$

Or, on a les relations

$$\alpha_{12} = \sqrt{\alpha_{11}\alpha_{22}}, \quad \alpha_{13} = \sqrt{\alpha_{11}\alpha_{33}}, \quad \alpha_{14} = \sqrt{\alpha_{11}\alpha_{44}},$$

$$\alpha_{23} = \sqrt{\alpha_{22}\alpha_{33}}, \quad \alpha_{24} = \sqrt{\alpha_{22}\alpha_{44}}, \quad \alpha_{34} = \sqrt{\alpha_{33}\alpha_{44}}.$$

En substituant ces valeurs, la fonction adjointe devient :

$$(X_1\sqrt{\alpha_{11}} + X_2\sqrt{\alpha_{22}} + X_3\sqrt{\alpha_{33}} + X_4\sqrt{\alpha_{44}})^2.$$

Il est évident qu'il en est de même dans le cas général.

204. *Loi d'inertie des signes.* Quand une fonction quadratique réelle à k variables est ramenée à la forme

$$p_1X_1^2 + p_2X_2^2 + p_3X_3^2 + \cdots + p_kX_k^2,$$

les coefficients $p_1, p_2, \ldots$ peuvent être positifs ou négatifs et quelques uns d'entre eux égaux à zéro. Un terme positif tel que $+p_1X_1^2$ est équivalent à $(X_1\sqrt{p_1})^2$, et un terme négatif $-p_2X_2^2$ à $-(X_2\sqrt{p_2})^2$. La forme réduite peut donc s'écrire

$$f = Y_1^2 + Y_2^2 + \cdots + Y_h^2 - Y_{h+1}^2 - Y_{h+2}^2 - \cdots - Y_k^2$$

lorsqu'elle admet h carrés positifs et tous les autres négatifs. Supposons que, par un autre mode de décomposition, on trouve

$$f = Z_1^2 + Z_2^2 + \cdots + Z_i^2 - Z_{i+1}^2 - Z_{i+2}^2 - \cdots - Z_k^2\,;$$

on devra avoir $i = h$, c'est-à-dire, le même nombre de carrés positifs dans les formes réduites. En effet, admettons $h < i$; le nombre $h + k - i$ sera au plus égal à $k - 1$, et si on considère les équations linéaires

$$Y_1 = 0, \quad Y_2 = 0, \quad \ldots \quad Y_h = 0,$$

$$Z_{i+1} = 0, \quad Z_{i+2} = 0, \quad \ldots \quad Z_k = 0$$

dont le nombre $h + k - i$ ne peut pas dépasser $k - 1$, il est possible de trouver pour les k variables $x_1, x_2, \ldots x_k$ des valeurs qui vérifient ce système et pour lesquelles l'une au moins des fonctions $Y_{h+1}, Y_{h+2}, \ldots$ prenne une valeur différente de zéro choisie à volonté. Dans ces conditions la forme f se réduit à

$$f = -Y_{h+1}^2 - Y_{h+2}^2 \cdots - Y_k^2,$$

$$f = Z_1^2 + Z_2^2 + \cdots + Z_i^2,$$

et ces deux valeurs doivent être égales; ce qui est impossible, la première étant négative, puisque l'une au moins des fonctions Y_{h+1},

Y_{h+2} ... est différente de zéro, et l'autre positive. Ainsi h ne peut pas être plus petit que i; on démontre également que h ne peut pas être plus grand que i; donc, $h = i$ et l'on a ce théorème :

Quelle que soit la manière de ramener une forme quadratique réelle à une somme de carrés indépendants, le nombre de carrés positifs et le nombre de carrés négatifs restent invariables. C'est la loi d'inertie due à M. Hermite.

Nous avons démontré qu'une forme quadratique réelle se ramène, par une substitution orthogonale, à l'expression

$$s_1 X_1^2 + s_2 X_2^2 + \cdots + s_k X_k^2$$

où les coefficients sont réels. Lorsque toutes les racines de l'équation en s sont positives, la fonction restera positive quelles que soient les valeurs des variables; on dit alors que f est une *forme positive;* quand toutes les racines sont négatives, on dit que f est une *forme négative;* s'il y a en même temps des racines positives et négatives, on dit que f est une *forme indifférente.* On peut encore regarder deux formes quadratiques comme étant de même espèce, lorsque, dans leurs expressions réduites, il y a le même nombre de termes positifs et négatifs.

205. M. Hermite a profité de la loi d'inertie des signes pour résoudre le problème du nombre de racines réelles comprises entre deux limites données. Désignons par $a, b, c, \dots l$, les racines d'une équation de degré n $F(x) = 0$ et considérons la fonction homogène du second degré

$$\begin{aligned} f = & \frac{1}{a-t}(x_1 + ax_2 + a^2x_3 + \cdots + a^{n-1}x_n)^2 \\ & + \frac{1}{b-t}(x_1 + bx_2 + b^2x_3 + \cdots + b^{n-1}x_n)^2 \\ & + \cdots\cdots\cdots\cdots \\ & + \frac{1}{l-t}(x_1 + lx_2 + l^2x_3 + \cdots + l^{n-1}x_n)^2, \end{aligned}$$

dans laquelle $x_1, x_2, \dots x_n$ représentent les variables et t une indéterminée réelle. Posons :

$$(12) \qquad \begin{aligned} X_1 &= x_1 + ax_2 + a^2x_3 + \cdots + a^{n-1}x_n, \\ X_2 &= x_1 + bx_2 + b^2x_3 + \cdots + b^{n-1}x_n, \\ & \cdots\cdots\cdots\cdots \\ X_n &= x_1 + lx_2 + l^2x_3 + \cdots + l^{n-1}x_n. \end{aligned}$$

Il viendra

$$(13)\qquad f = \frac{1}{a-t}X_1^2 + \frac{1}{b-t}X_2^2 + \cdots + \frac{1}{l-t}X_n^2.$$

Quand toutes les racines sont réelles, la substitution (12) l'est aussi et le nombre de carrés dans (13) affectés de coefficients positifs est égal au nombre de racines plus grandes que t; toute autre substitution donnera le même résultat.

Supposons que deux racines a et b soient imaginaires et de la forme

$$a = r(\cos\alpha + \sqrt{-1}\sin\alpha), \quad b = r(\cos\alpha - \sqrt{-1}\sin\alpha).$$

Si on pose

$$X_1 = Y_1 + Y_2\sqrt{-1}, \quad X_2 = Y_1 - Y_2\sqrt{-1},$$

et si on remplace, dans X_1 et X_2, a et b par leurs valeurs, on trouve

$$Y_1 = x_1 + rx_2\cos\alpha + r^2x_3\cos 2\alpha + \cdots + r^{n-1}x_n\cos(n-1)\alpha,$$
$$Y_2 = x_1 + rx_2\sin\alpha + r^2x_3\sin 2\alpha + \cdots + r^{n-1}x_n\sin(n-1)\alpha.$$

La substitution (12) sera encore réelle en remplaçant X_1, X_2 par Y_1, Y_2. On fera la même chose pour chaque couple de racines imaginaires, s'il en existe plusieurs.

Dans la forme réduite, deux racines imaginaires fourniront les termes

$$\frac{1}{a-t}(Y_1 + Y_2\sqrt{-1})^2 + \frac{1}{b-t}(Y_1 - Y_2\sqrt{-1})^2.$$

Posons :

$$\frac{1}{a-t} = \rho(\cos\varphi + \sqrt{-1}\sin\varphi), \quad \frac{1}{b-t} = \rho(\cos\varphi - \sqrt{-1}\sin\varphi);$$

l'expression précédente revient à

$$\rho\left[\left(\cos\frac{\varphi}{2} + \sqrt{-1}\sin\frac{\varphi}{2}\right)\left(Y_1 + Y_2\sqrt{-1}\right)\right]^2$$
$$+\rho\left[\left(\cos\frac{\varphi}{2} - \sqrt{-1}\sin\frac{\varphi}{2}\right)\left(Y_1 - Y_2\sqrt{-1}\right)\right]^2,$$

ou

$$\rho\left[\left(Y_1\cos\frac{\varphi}{2} - Y_2\sin\frac{\varphi}{2}\right) + \sqrt{-1}\left(Y_1\sin\frac{\varphi}{2} + Y_2\cos\frac{\varphi}{2}\right)\right]^2$$
$$+\rho\left[\left(Y_1\cos\frac{\varphi}{2} - Y_2\sin\frac{\varphi}{2}\right) - \sqrt{-1}\left(Y_1\sin\frac{\varphi}{2} + Y_2\cos\frac{\varphi}{2}\right)\right]^2$$
$$= 2\rho\left(Y_1\cos\frac{\varphi}{2} - Y_2\sin\frac{\varphi}{2}\right)^2 - 2\rho\left(Y_1\sin\frac{\varphi}{2} + Y_2\cos\frac{\varphi^2}{2}\right).$$

Chaque couple de racines imaginaires donne lieu à un carré positif et à un carré négatif. Donc, toute substitution réelle ramènera f à une forme réduite dans laquelle le nombre de carrés positifs sera égal au nombre de couples de racines imaginaires augmenté du nombre de racines réelles plus grandes que t. Cela étant, désignons par t_0 et t_1 deux valeurs de t, $t_1 > t_0$; par C_0, C_1 les nombres de carrés positifs pour $t = t_0$ et $t = t_1$; par N_0 et N_1 les nombres de racines réelles respectivement plus grandes que t_0 et t_1 ; par $2R$ le nombre de racines imaginaires. On aura

$$C_0 = N_0 + R,$$

$$C_1 = N_1 + R;$$

d'où

$$C_0 - C_1 = N_0 - N_1;$$

par suite, la différence $C_0 - C_1$ sera égale au nombre de racines réelles comprises entre t_0 et t_1.

§ 3.

Formes canoniques.

206. Par une transformation linéaire, une forme quadratique peut se ramener à une expression ne renfermant que des carrés. On a cherché également pour une fonction homogène quelconque une expression typique plus simple à laquelle on donne le nom de *forme canonique*. Nous nous proposons de traiter cette question, mais en restant dans le domaine des formes binaires.

Soit d'abord une forme binaire d'ordre impair

$$(1)\qquad f = a_0 x_1^{2n+1} + (2n+1) a_1 x_1^{2n} x_2 + \frac{(2n+1)\,2n}{1.2} a_2 x_1^{2n-1} x_2^2 + \dots + a_{2n+1} x_2^{2n+1}.$$

Elle est susceptible de se ramener au type suivant :

$$(2)\quad f = b_0 (x_1 + \lambda_0 x_2)^{2n+1} + b_1 (x_1 + \lambda_1 x_2)^{2n+1} + \dots + b_n (x_1 + \lambda_n x_2)^{2n+1},$$

par une détermination convenable des coefficients b et λ, et cette expression est la forme canonique de la fonction donnée. Dans (1), il y a $2n + 2$ coefficients $a_0, a_1, \dots a_{2n+1}$; dans l'expression (2), il y a aussi $2n + 2$ constantes arbitraires $b_0, b_1, \dots b_n, \lambda_0, \lambda_1, \dots \lambda_n$. Le problème semble donc déterminé.

Afin de calculer les valeurs de ces dernières constantes, identifions les fonctions (1) et (2) en égalant les coefficients des mêmes puissances des variables. On aura :

$$
(3)\quad
\begin{aligned}
b_0 + b_1 + b_2 + \cdots + b_n &= a_0,\\
b_0\lambda_0 + b_1\lambda_1 + b_2\lambda_2 + \cdots + b_n\lambda_n &= a_1,\\
b_0\lambda_0^2 + b_1\lambda_1^2 + b_2\lambda_2^2 + \cdots + b_n\lambda_n^2 &= a_2,\\
\cdots\cdots\cdots\cdots\cdots\cdots\cdots\cdots\\
\cdots\cdots\cdots\cdots\cdots\cdots\cdots\cdots\\
b_0\lambda_0^{2n+1} + b_1\lambda_1^{2n+1} + b_2\lambda_2^{2n+1} + \cdots\, b_n\lambda_n^{2n+1} &= a_{2n+1}.
\end{aligned}
$$

Il s'agit de résoudre commodément ce système de $2n+2$ équations. Pour abréger, posons :

$$
\Delta = \begin{vmatrix} 1 & 1 & \ldots & 1 \\ \lambda_0 & \lambda_1 & \ldots & \lambda_n \\ \lambda_0^2 & \lambda_1^2 & \ldots & \lambda_n^2 \\ \cdot & \cdot & \cdot & \cdot \\ \lambda_0^n & \lambda_1^n & \ldots & \lambda_n^n \end{vmatrix},\qquad
\Delta_0 = \begin{vmatrix} a_0 & 1 & \ldots & 1 \\ a_1 & \lambda_1 & \ldots & \lambda_n \\ a_2 & \lambda_1^2 & \ldots & \lambda_n^2 \\ \cdot & \cdot & \cdot & \cdot \\ a_n & \lambda_1^n & \ldots & \lambda_n^n \end{vmatrix},
$$

$$
\Delta_1 = \begin{vmatrix} a_1 & 1 & \ldots & 1 \\ a_2 & \lambda_1 & \ldots & \lambda_n \\ a_3 & \lambda_1^2 & \ldots & \lambda_n^2 \\ \cdot & \cdot & \cdot & \cdot \\ a_{n+1} & \lambda_1^n & \ldots & \lambda_n^n \end{vmatrix},\qquad
\Delta_2 = \begin{vmatrix} a_2 & 1 & \ldots & 1 \\ a_3 & \lambda_1 & \ldots & \lambda_n \\ a_4 & \lambda_1^2 & \ldots & \lambda_n^2 \\ \cdot & \cdot & \cdot & \cdot \\ a_{n+2} & \lambda_1^n & \ldots & \lambda_n^n \end{vmatrix},\ \text{etc.}
$$

Développons ces déterminants suivant les éléments de la première colonne qui est la seule différente. En désignant par $A_0, A_1, A_2, \ldots A_n$ les premiers mineurs relatifs aux éléments de la première colonne de Δ, on trouve

$$
\begin{aligned}
\Delta &= A_0 + A_1\lambda_0 + A_2\lambda_0^2 + \cdots + A_n\lambda_0^n,\\
\Delta_0 &= A_0a_0 + A_1a_1 + A_2a_2 + \cdots + A_na_n,\\
\Delta_1 &= A_0a_1 + A_1a_2 + A_2a_3 + \cdots + A_na_{n+1},\\
\Delta_2 &= A_0a_2 + A_1a_3 + A_2a_4 + \cdots + A_na_{n+2},\\
&\cdots\cdots\cdots\cdots\cdots\cdots
\end{aligned}
$$

Cela étant, prenons les $n+1$ premières équations (3) et regardons $b_0, b_1, \ldots b_n$ comme les inconnues. Il viendra pour la première b_0,

$$b_0 = \frac{\Delta_0}{\Delta};$$

par suite,

$$-\Delta b_0 + A_0 a_0 + A_1 a_1 + \cdots + A_n a_n = 0.$$

Prenons, en second lieu, les $(n+1)$ équations (3) qui suivent la première en considérant $b_0\lambda_0, b_1\lambda_1, \ldots, b_n\lambda_n$ comme les inconnues. On aura également par la valeur de $b_0\lambda_0$,

$$-\Delta b_0\lambda_0 + A_0 a_1 + A_1 a_2 + \cdots + A_n a_{n+1} = 0.$$

Avec les $n+1$ équations suivantes, il viendra encore

$$-\Delta b_0\lambda_0^2 + A_0 a_2 + A_1 a_3 + \cdots + A_n a_{n+2} = 0.$$

Ainsi de suite; les $n+1$ dernières équations donneront

$$-\Delta b_0\lambda_0^{n+1} + A_0 a_{n+1} + A_1 a_{n+2} + \cdots + A_n a_{2n+1} = 0.$$

Ces dernières équations au nombre de $n+2$ sont homogènes relativement à $\Delta b_0, A_0, A_1, \ldots, A_n$; pour qu'elles soient compatibles, il faut que l'on ait :

$$(4) \qquad \begin{vmatrix} 1 & a_0 & a_1 & a_2 & \ldots & a_n \\ \lambda_0 & a_1 & a_2 & a_3 & \ldots & a_{n+1} \\ \lambda_0^2 & a_2 & a_3 & a_4 & \ldots & a_{n+2} \\ \cdot & \cdot & \cdot & \cdot & \cdot & \cdot \\ \lambda_0^{n+1} & a_{n+1} & a_{n+2} & a_{n+3} & \ldots & a_{2n+1} \end{vmatrix} = 0.$$

Dans la résolution des différents systèmes de $n+1$ équations, nous avons seulement considéré les premières inconnues $b_0, b_0\lambda_0, b_0\lambda_0^2, \ldots$; par les valeurs des autres inconnues $b_1, b_1\lambda_1, \ldots; b_2, b_2\lambda_2, \ldots,$ on arrive aussi à la même équation (4) où λ_0 est remplacé successivement par $\lambda_1, \lambda_2, \ldots, \lambda_n$. Il en résulte que les $n+1$ constantes λ sont les racines de l'équation

$$(5) \qquad \begin{vmatrix} 1 & a_0 & a_1 & a_2 & \ldots & a_n \\ \lambda & a_1 & a_2 & a_3 & \ldots & a_{n+1} \\ \lambda^2 & a_2 & a_3 & a_4 & \ldots & a_{n+2} \\ \cdot & \cdot & \cdot & \cdot & \cdot & \cdot \\ \lambda^{n+1} & a_{n+1} & a_{n+2} & a_{n+3} & \ldots & a_{2n+1} \end{vmatrix} = 0.$$

Celle-ci étant résolue, les $n+1$ premières équations (3) donneront les valeurs des coefficients $b_0, b_1, \ldots, b_n$. Par conséquent, *le passage d'une forme binaire d'ordre impair à sa forme canonique s'opère d'une seule manière et dépend de la résolution d'une équation du degré $n+1$.*

207. Appliquons cette méthode à la forme cubique et quintique. Soit, en premier lieu,

$$f = a_0x_1^3 + 3a_1x_1^2x_2 + 3a_2x_1x_2^2 + a_3x_2^3.$$

Pour la ramener à la forme

$$b_0(x_1+\lambda_0x_2)^3 + b_1(x_1+\lambda_1x_2)^3,$$

il faudra résoudre l'équation du second degré

$$\begin{vmatrix} 1 & a_0 & a_1 \\ \lambda & a_1 & a_2 \\ \lambda^2 & a_2 & a_3 \end{vmatrix} = 0$$

dont les racines seront λ_0 et λ_1. Les coefficients b_0, b_1 se déterminent ensuite par

$$b_0 + b_1 = a_0, \quad b_0\lambda_0 + b_1\lambda_1 = a_1.$$

Posons :

$$x_1 + \lambda_0x_2 = X_1, \quad x_1 + \lambda_1x_2 = X_2.$$

On en tire

$$x_1 = \frac{1}{\lambda_0-\lambda_1}(-\lambda_1X_1 + \lambda_0X_2), \quad x_2 = \frac{1}{\lambda_0-\lambda_1}(X_1 - X_2).$$

Par cette transformation, la fonction donnée se réduit à une expression de la forme

$$lX_1^3 + mX_2^3$$

qui est sa forme canonique.

Soit, en second lieu, la quintique

$$f = a_0x_1^5 + 5a_1x_1^4x_2 + 10a_2x_1^3x_2^2 + 10a_3x_1^2x_2^3 + 5a_4x_1x_2^4 + a_5x_2^5,$$

qui peut se ramener à la forme

$$b_0(x_1+\lambda_0x_2)^5 + b_1(x_1+\lambda_1x_2)^5 + b_1(x_1+\lambda_2x_2)^5$$

par la résolution de l'équation

$$\begin{vmatrix} 1 & a_0 & a_1 & a_2 \\ \lambda & a_1 & a_2 & a_3 \\ \lambda^2 & a_2 & a_3 & a_4 \\ \lambda^3 & a_3 & a_4 & a_5 \end{vmatrix} = 0,$$

λ_0, λ_1, λ_2 étant les racines. Les constantes b_0, b_1, b_2 se déduisent des équations

$$b_0 + b_1 + b_2 = a_0,$$
$$b_0\lambda_0 + b_1\lambda_1 + b_2\lambda_2 = a_1,$$
$$b_0\lambda_0^2 + b_1\lambda_1^2 + b_2\lambda_2^2 = a_2.$$

Si on pose

$$x_1 + \lambda_0 x_2 = \frac{\lambda_0 - \lambda_2}{\lambda_2 - \lambda_1} X_1, \quad x_1 + \lambda_1 x_2 = X_2,$$

on tire de ces égalités

$$(\alpha) \quad \begin{cases} x_1 = \dfrac{1}{\lambda_0 - \lambda_1}\left[\dfrac{\lambda_1(\lambda_2 - \lambda_0)}{\lambda_2 - \lambda_1} X_1 + \lambda_0 X_2\right], \\[2ex] x_2 = \dfrac{1}{\lambda_0 - \lambda_1}\left[\dfrac{\lambda_0 - \lambda_2}{\lambda_2 - \lambda_1} X_1 - X_2\right]; \end{cases}$$

par suite,

$$x_1 + \lambda_2 x_2 = \frac{\lambda_0 - \lambda_2}{\lambda_0 - \lambda_1}(X_1 + X_2).$$

Par conséquent, par la transformation linéaire (α), la quintique se ramène à une expression de la forme

$$lX_1^5 + mX_2^5 + n(X_1 + X_2)^5$$

qui est sa forme canonique. Souvent, on pose

$$X_3 = -(X_1 + X_2), \quad \text{ou} \quad X_1 + X_2 + X_3 = 0,$$

et l'on prend, pour la forme canonique de la quintique, l'expression

$$pX_1^5 + qX_2^5 + rX_3^5.$$

208. Considérons aussi le cas d'une forme binaire d'ordre pair

$$f = a_0 x_1^{2n} + 2na_1 x_1^{2n-1} x_2 + \frac{2n(2n-1)}{1.2} a_2 x_1^{2n-2} x_2 + \cdots + a_{2n} x_2^{2n},$$

et proposons-nous de la ramener au type suivant :

$$b_0(x_1 + \lambda_0 x_2)^{2n} + b_1(x_1 + \lambda_1 x_2)^{2n} + \cdots + b_n(x_1 + \lambda_n x_2)^{2n}.$$

Si on identifie ces deux expressions et si on opère comme dans le cas précédent, on arrive encore aux équations

$$\begin{aligned}
&-\Delta b_0 + A_0 a_0 + A_1 a_1 + \cdots + A_n a_n = 0,\\
&-\Delta b_0 \lambda_0 + A_0 a_1 + A_1 a_2 + \cdots + A_n a_{n+1} = 0,\\
&-\Delta b_0 \lambda_0^2 + A_0 a_2 + A_1 a_3 + \cdots + A_n a_{n+2} = 0,\\
&\cdots\cdots\cdots\cdots\cdots\cdots\\
&-\Delta b_0 \lambda_0^n + A_0 a_n + A_1 a_{n+1} + \cdots + A_n a_{2n} = 0.
\end{aligned}$$

Ce système renferme $n+1$ équations et $n+2$ inconnnes $-\Delta b_0$, A_0, $A_1, \ldots, A_n$; il manque une équation pour que le problème soit déterminé. Supposons $b_0 = 0$; il ne restera plus dans la forme canonique que n termes; mais alors les équations précédentes étant homogènes relativement à $A_0, A_1, \ldots, A_n$, il faut que l'on ait :

$$(\beta)\qquad \begin{vmatrix} a_0 & a_1 & a_2 & \ldots & a_n \\ a_1 & a_2 & a_3 & \ldots & a_{n+1} \\ a_2 & a_3 & a_4 & \ldots & a_{n+2} \\ \cdot & \cdot & \cdot & \cdot & \cdot \\ a_n & a_{n+1} & a_{n+2} & \ldots & a_{2n} \end{vmatrix} = 0.$$

Donc, *lorsque les coefficients d'une forme binaire d'ordre pair* $2n$ *satisfont à la relation* (β), *elle peut se ramener à une somme de* n *puissances* $2n$*; si le déterminant* (β) *est différent de zéro, il est possible d'une infinité de manières de la ramener à une somme de* $n+1$ *puissances* $2n$.

Il faut donc qu'une condition soit remplie pour passer de l'expression générale d'une forme d'ordre pair à sa forme canonique. A cause de cette circonstance, on a été amené à compléter la somme des n puissances $2n$ par un terme additionnel comme suit :

$$\begin{aligned}
&b_1(x_1+\lambda_1 x_2)^{2n} + b_2(x_1+\lambda_2 x_2)^{2n} + b_3(x_1+\lambda_3 x_2)^{2n} + \cdots\\
&+ k(x_1+\lambda_1 x_2)^2 (x_1+\lambda_2 x_2)^2 (x_1+\lambda_3 x_2)^2 \ldots (x_1+\lambda_n x_2)^2,
\end{aligned}$$

et cette expression constitue sa forme canonique.

On est parvenu avec assez de peine à trouver les expressions canoniques des formes du quatrième, du sixième et du huitième degré. Nous indiquerons ici la marche à suivre pour une quartique. Soit

$$f = a_0 x_1^4 + 4a_1 x_1^3 x_2 + 6a_2 x_1^2 x_2^2 + 4a_3 x_1 x_2^3 + a_4 x_2^4.$$

Posons :

$$f = b_1(x_1+\lambda_1 x_2)^4 + b_2(x_1+\lambda_2 x_2)^4 + 6k(x_1+\lambda_1 x_2)^2 (x_1+\lambda_2 x_2)^2.$$

En égalant les coefficients des mêmes termes de ces deux expressions, on trouve les égalités

$$(6)\qquad \begin{aligned} &b_1 + b_2 + 6k = a_0,\\ &b_1\lambda_1 + b_2\lambda_2 + 3k(\lambda_1 + \lambda_2) = a_1,\\ &b_1\lambda_1^2 + b_2\lambda_2^2 + k(\lambda_1^2 + \lambda_2^2 + 4\lambda_1\lambda_2) = a_2,\\ &b_1\lambda_1^3 + b_2\lambda_2^3 + 3k\lambda_1\lambda_2(\lambda_1 + \lambda_2) = a_3,\\ &b_1\lambda_1^4 + b_2\lambda_2^4 + 6k\lambda_1^2\lambda_2^2 = a_4.\end{aligned}$$

Posons :

$$\lambda_1 + \lambda_2 = s, \quad \lambda_1\lambda_2 = t.$$

Les quantités λ_1, λ_2 seront les racines de l'équation

$$(7)\qquad z^2 - sz + t = 0.$$

Avec ces valeurs les équations précédentes deviennent

$$(8)\qquad b_1 + b_2 + 6k - a_0 = 0,$$

$$(9)\qquad b_1\lambda_1 + b_2\lambda_2 + 3ks - a_1 = 0,$$

$$(10)\qquad b_1\lambda_1^2 + b_2\lambda_2^2 + k(s^2 + 2t) - a_2 = 0,$$

$$(11)\qquad b_1\lambda_1^3 + b_2\lambda_2^3 + 3kst - a_3 = 0,$$

$$(12)\qquad b_1\lambda_1^4 + b_2\lambda_2^4 + 6kt^2 - a_4 = 0.$$

Éliminons entre (8), (9) et (10) les coefficients b_1, b_2. On aura

$$\begin{vmatrix} 1 & 1 & 6k - a_0 \\ \lambda_1 & \lambda_2 & 3ks - a_1 \\ \lambda_1^2 & \lambda_2^2 & k(s^2 + 2t) - a_2 \end{vmatrix} = 0,$$

ou bien

$$(\lambda_1 - \lambda_2)\begin{vmatrix} 0 & 1 & 6k - a_0 \\ 1 & \lambda_2 & 3ks - a_1 \\ \lambda_1 + \lambda_2 & \lambda_2^2 & k(s^2 + 2t) - a_2 \end{vmatrix} = 0.$$

Multiplions les éléments de la première colonne par λ_2 et retranchons les produits des éléments de la deuxième colonne; en supprimant le facteur $\lambda_1 - \lambda_2$, on a la relation

$$(13)\qquad \begin{vmatrix} 0 & 1 & 6k - a_0 \\ 1 & 0 & 3ks - a_1 \\ s & -t & k(s^2 + 2t) - a_2 \end{vmatrix} = 0.$$

Éliminons encore $b_1\lambda_1$, $b_2\lambda_2$ des équations (9), (10), (11), et $b_1\lambda_1^2$, $b_2\lambda_2^2$ entre les équations (10), (11), (12); on trouve aussi :

$$(14)\qquad \begin{vmatrix} 0 & 1 & 3ks - a_1 \\ 1 & 0 & k(s^2+2t) - a_2 \\ s & -t & 3kst - a_3 \end{vmatrix} = 0,$$

$$(15)\qquad \begin{vmatrix} 0 & 1 & k(s^2+2t) - a_2 \\ 1 & 0 & 3kst - a_3 \\ s & -t & 6kt^2 - a_4 \end{vmatrix} = 0.$$

Par le développement de ces déterminants, il vient

$$a_0t - a_1s + a_2 - k(8t - 2s^2) = 0,$$
$$a_1t - a_2s + a_3 - ks(4t - s^2) = 0,$$
$$a_2t - a_3s + a_4 - kt(8t - 2s^2) = 0.$$

En posant :

$$k(8t - 2s^2) = \mu,$$

on peut écrire

$$(16)\qquad \begin{aligned} &a_0t - a_1s + a_2 - \mu = 0,\\ &a_1t - \left(a_2 + \frac{\mu}{2}\right)s + a_3 = 0,\\ &(a_2 - \mu)t - a_3s + a_4 = 0. \end{aligned}$$

Enfin, par l'élimination de s et de t, on arrive à l'équation du troisième degré en μ

$$\begin{vmatrix} a_0 & a_1 & a_2 - \mu \\ a_1 & a_2 + \frac{\mu}{2} & a_3 \\ a_2 - \mu & a_3 & a_4 \end{vmatrix} = 0.$$

Après avoir déterminé les racines de cette équation, on substitue l'une d'elles dans (16) pour en déduire les valeurs de s et de t. L'équation (7) donnera ensuite les constantes λ_1, λ_2; enfin, les égalités (8), (9), (10) permettront de calculer b_0, b_1, k, et le problème proposé est résolu. Comme l'équation cubique en μ admet trois racines, on arrive au but proposé de trois manières différentes.

En posant :

$$X_1 = \sqrt[4]{b_1}(x_1 + \lambda_1 x_2), \quad X_2 = \sqrt[4]{b_2}(x_1 + \lambda_2 x_2),$$

il est démontré que la quartique peut se ramener à la forme

$$X_1^4 + X_2^4 + 6\lambda X_1^2 X_2^2.$$

Il est utile de faire remarquer, en terminant, que le passage à la forme canonique n'est pas possible dans tous les cas; lorsqu'une fonction présente une certaine particularité, par exemple, si elle renferme un facteur au carré, le problème peut être impossible. Ainsi, dans cette hypothèse, une cubique ne peut pas prendre la forme $lX_1^3 + mX_2^3$, mais la forme $X_1^2X_2$.

CHAPITRE II.

INVARIANTS ET COVARIANTS.

§ 1.

DÉFINITIONS. PROPRIÉTÉS DES INVARIANTS.

209. Considérons la forme binaire quadratique

$$f = a_0 x_1^2 + 2a_1 x_1 x_2 + a_2 x_2^2.$$

Par la substitution

$$x_1 = \alpha_1 X_1 + \alpha_2 X_2,$$
$$x_2 = \beta_1 X_1 + \beta_2 X_2,$$

elle devient

$$F = A_0 X_1^2 + 2A_1 X_1 X_2 + A_2 X_2^2,$$

où

$$A_0 = a_0\alpha_1^2 + 2a_1\alpha_1\beta_1 + a_2\beta_1^2, \quad A_2 = a_0\alpha_2^2 + 2a_1\alpha_2\beta_2 + a_2\beta_2^2,$$
$$A_1 = a_0\alpha_1\alpha_2 + a_1(\alpha_1\beta_2 + \alpha_2\beta_1) + a_2\beta_1\beta_2.$$

Formons avec les coefficients de f différentes expressions telles que

$$a_0 + a_1 + a_2, \quad a_0 a_1 a_2, \quad a_0 a_1 - a_2^2, \quad a_0 a_2 - a_1^2, \quad \ldots$$

ainsi que les expressions correspondantes sur la transformée

$$A_0 + A_1 + A_2, \quad A_0 A_1 A_2, \quad A_0 A_1 - A_2^2, \quad A_0 A_2 - A_1^2, \quad \ldots$$

qui renferment à la fois les coefficients a_0, a_1, a_2 et les constantes de la transformation α_1, α_2, β_1, β_2. En comparant celles-ci aux premières, il arrive quelquefois que l'une d'elles ne diffère de l'expression correspondante que par une certaine puissance du module. Si on remarque, par exemple, que $a_0a_2 - a_1^2$, $A_0A_2 - A_1^2$ sont respectivement les discriminants de la fonction et de la transformée, on a la relation

$$A_0A_2 - A_1^2 = r^2 (a_0a_2 - a_1^2),$$

comme on le vérifie d'ailleurs facilement avec les valeurs de A_0, A_1, A_2; mais, il n'en est pas ainsi pour les autres expressions. L'idée que renferme cette équation s'exprime brièvement en disant que $a_0a_2 - a_1^2$ est un *invariant* de f. En général, *on appelle invariant, une expression des coefficients d'une forme telle, qu'après une transformation linéaire, l'expression analogue avec les nouveaux coefficients est égale à la première multipliée par une certaine puissance du module de la transformation.*

Soit une forme binaire de l'ordre n

$$f = a_0x_1^n + na_1x_1^{n-1}x_2 + \frac{n(n-1)}{1.2} a_2x_1^{n-2}x_2^2 + \cdots + a_nx_2^n$$

ayant pour transformée

$$F = A_0X_1^n + nA_1X_1^{n-1}X_2 + \cdots + A_nX_2^n,$$

toute fonction $\varphi(a_0, a_1, a_2, \ldots)$ des coefficients de f qui satisfait à l'égalité

$$\varphi(A_0, A_1, A_2, \ldots) = r^\lambda\varphi(a_0, a_1, a_2, \ldots)$$

est un invariant. Si $\lambda = 0$, on a

$$\varphi(A_0, A_1, A_2, \ldots) = \varphi(a_0, a_1, a_2, \ldots),$$

et l'invariant φ est alors une expression qui reste égale à elle-même pour toute transformation linéaire, même pour celles dont le module est différent de l'unité. On dit alors que φ est un *invariant absolu.*

Lorsqu'une forme admet plus d'un invariant, on peut toujours en déduire un invariant absolu. Supposons, par exemple, que f possède les deux invariants $\varphi(a_0, a_1, \ldots)$ et $\psi(a_0, a_1, \ldots)$; on aura les égalités

$$\varphi(A_0, A_1, \ldots) = r^\lambda\varphi(a_0, a_1, \ldots),$$
$$\psi(A_0, A_1, \ldots) = r^\mu\psi(a_0, a_1, \ldots),$$

par suite,

$$[\varphi(A_0, A_1, \ldots)]^\mu = r^{\mu\lambda}[\varphi(a_0, a_1, \ldots)]^\mu,$$
$$[\psi(A_0, A_1, \ldots)]^\lambda = r^{\lambda\mu}[\psi(a_0, a_1, \ldots)]^\lambda;$$

d'où

$$\frac{[\varphi(A_0, A_1, \ldots)]^\mu}{[\psi(A_0, A_1, \ldots)]^\lambda} = \frac{[\varphi(a_0, a_1, \ldots)]^\mu}{[\psi(a_0, a_1, \ldots)]^\lambda}.$$

La fraction du second membre doit être considérée comme un invariant absolu.

Afin de se rendre compte de l'existence de semblables expressions, il faut remarquer que la transformation linéaire introduit dans une forme binaire quatre constantes α_1, α_2, β_1, β_2; si, entre les $n+1$ égalités qui donnent les valeurs des coefficients A_0, A_1, ..., on élimine ces constantes, il restera $n-3$ relations entre a_0, a_1, a_2, ..., et A_0, A_1, A_2, ... Quand l'une d'elles peut se ramener à la forme

$$\varphi(a_0, a_1, a_2, \ldots) = \varphi(A_0, A_1, A_2, \ldots)$$

la fonction φ est un invariant absolu. Une forme binaire de l'ordre n ne peut donc admettre plus de $n-3$ relations de cette nature; les formes quadratique et cubique n'ont pas d'invariant absolu; elles ne peuvent avoir qu'un seul invariant qui est leur discriminant.

210. *Invariant simultané.* Soit un système de formes

$$f = a_0 x_1^n + \cdots, \quad f_1 = b_0 x_1^p + \cdots, \quad f_2 = c_0 x_1^r + \cdots, \quad \text{etc.}$$

En effectuant une transformation linéaire, il viendra

$$F = A_0 X_1^n + \cdots, \quad F_1 = B_0 X_1^p + \cdots, \quad F_2 = C_0 X_1^r + \cdots$$

Une fonction φ des coefficients de toutes ces formes qui satisfait à l'équation

$$\varphi(A_0 \ldots, B_0 \ldots, C_0 \ldots) = r^\lambda \varphi(a_0 \ldots, b_0 \ldots, c_0 \ldots)$$

s'appelle *invariant simultané* du système donné.

Nous avons déjà rencontré des fonctions de cette espèce. Quand on transforme un système de k formes linéaires à k variables, on a :

$$\Delta = r\delta,$$

Δ et δ étant respectivement les déterminants des formes transformées et des formes primitives; il en résulte que δ est une expression des coefficients des fonctions linéaires jouissant de la propriété de l'invariance; c'est un invariant simultané de ces formes.

On sait que δ est le résultant du système; une propriété semblable existe pour l'éliminant de deux formes binaires quelconques. Soit

$$f = a_0 x_1^m + m a_1 x_1^{m-1} x_2 + \cdots + a_m x_2^m,$$
$$f_1 = b_0 x_1^n + n b_1 x_1^{n-1} x_2 + \cdots + b_n x_2^n.$$

Désignons par (p_1q_1), (p_2q_2), ... (p_mq_m) les racines de $f=0$, et par (r_1s_1), (r_2s_2), ... (r_ns_n) les racines de $f_1=0$. On peut écrire

$$f=\begin{vmatrix} x_1 & x_2 \\ p_1 & q_1 \end{vmatrix} \cdot \begin{vmatrix} x_1 & x_2 \\ p_2 & q_2 \end{vmatrix} \cdots \begin{vmatrix} x_1 & x_2 \\ p_m & q_m \end{vmatrix},$$

$$f_1=\begin{vmatrix} x_1 & x_2 \\ r_1 & s_1 \end{vmatrix} \cdot \begin{vmatrix} x_1 & x_2 \\ r_2 & s_2 \end{vmatrix} \cdots \begin{vmatrix} x_1 & x_2 \\ r_n & s_n \end{vmatrix}.$$

Pour obtenir le résultant R, substituons dans f_1 les racines de $f=0$ et multiplions les résultats. On aura

$$R=\begin{vmatrix} p_1 & q_1 \\ r_1 & s_1 \end{vmatrix} \cdot \begin{vmatrix} p_1 & q_1 \\ r_2 & s_2 \end{vmatrix} \cdots \begin{vmatrix} p_m & q_m \\ r_n & s_n \end{vmatrix}.$$

Si on applique les formules de la transformation

$$x_1=\alpha_1X_1+\alpha_2X_2,$$
$$x_2=\beta_1X_1+\beta_2X_2,$$

le premier déterminant de f devient :

$$\begin{vmatrix} \alpha_1X_1+\alpha_2X_2 & \beta_1X_1+\beta_2X_2 \\ p_1 & q_1 \end{vmatrix}=(q_1\alpha_1-p_1\beta_1)X_1-(p_1\beta_2-q_1\alpha_2)X_2;$$

par suite, les valeurs de X_1 et de X_2 qui correspondent à ce facteur sont proportionelles à

$$p_1\beta_2-q_1\alpha_2, \quad q_1\alpha_1-p_1\beta_1;$$

de même, dans la transformée F_1, X_1 et X_2 seront proportionnels à

$$r_1\beta_2-s_1\alpha_2, \quad s_1\alpha_1-r_1\beta_1;$$

or, le déterminant de ces quantités a pour valeur

$$\begin{vmatrix} p_1\beta_2-q_1\alpha_2 & q_1\alpha_1-p_1\beta_1 \\ r_1\beta_2-s_1\alpha_2 & s_1\alpha_1-r_1\beta_1 \end{vmatrix}=\begin{vmatrix} \alpha_1 & \beta_1 \\ \alpha_2 & \beta_2 \end{vmatrix} \cdot \begin{vmatrix} p_1 & q_1 \\ r_1 & s_1 \end{vmatrix}.$$

Donc, chaque déterminant du résultant R' des transformées est égal au déterminant correspondant de R multiplié par le module, et comme il y a mn déterminants semblables, on a

$$R'=r^{mn}.R.$$

Par conséquent, *le résultant de deux formes binaires quelconques est un invariant simultané de ces formes.*

211. *Le discriminant d'une forme est un invariant.* Il a été démontré antérieurement que, pour une forme quadratique, on a :

$$\Delta=r^2\delta,$$

Δ étant le discriminant de la transformée et δ celui de la forme primitive; par définition, δ est donc un invariant. Cette propriété a lieu pour le discriminant d'une forme quelconque; nous allons le démontrer en considérant seulement une forme binaire de l'ordre n, savoir :

$$f = a_0 x_1^n + n a_1 x_1^{n-1} x_2 + \cdots + a_n x_2^n.$$

Si on désigne, comme ci-dessus, par $(p_1 q_1)$, $(p_2 q_2)$, ... $(p_n q_n)$ les racines de $f = 0$, on a :

$$f = \begin{vmatrix} x_1 & x_2 \\ p_1 & q_1 \end{vmatrix} \cdot \begin{vmatrix} x_1 & x_2 \\ p_2 & q_2 \end{vmatrix} \cdots \begin{vmatrix} x_1 & x_2 \\ p_n & q_n \end{vmatrix}.$$

On sait encore que le discriminant δ de f est représenté par

$$\delta = \begin{vmatrix} p_1 & q_1 \\ p_2 & q_2 \end{vmatrix}^2 \cdot \begin{vmatrix} p_1 & q_1 \\ p_3 & q_3 \end{vmatrix}^2 \cdots \begin{vmatrix} p_{n-1} & q_{n-1} \\ p_n & q_n \end{vmatrix}^2.$$

On vient de voir que, dans la forme transformée, les racines qui correspondent aux deux premiers facteurs sont proportionnelles à

$$p_1\beta_2 - q_1\alpha_2, \quad q_1\alpha_1 - p_1\beta_1;$$
$$p_2\beta_2 - q_2\alpha_2, \quad q_2\alpha_1 - p_2\beta_1;$$

or, on a :

$$\begin{vmatrix} p_1\beta_2 - q_1\alpha_2 & q_1\alpha_1 - p_1\beta_1 \\ p_2\beta_2 - q_2\alpha_2 & q_2\alpha_1 - p_2\beta_1 \end{vmatrix} = \begin{vmatrix} \alpha_1 & \alpha_2 \\ \beta_1 & \beta_2 \end{vmatrix} \cdot \begin{vmatrix} p_1 & q_1 \\ p_2 & q_2 \end{vmatrix}.$$

Ainsi, chaque déterminant du discriminant Δ de la transformée est égal au facteur correspondant de δ multiplié par le module; comme il renferme $\frac{n(n-1)}{2}$ déterminants semblables, il vient

$$\Delta = (r^2)^{\frac{n(n-1)}{2}} . \delta$$

ou bien,

$$\Delta = r^{n(n-1)} . \delta;$$

par suite, δ est un invariant de f.

Il résulte de cette démonstration qu'en représentant par $(P_1Q_2 - P_2Q_1)$ ce que devient $(p_1q_2 - p_2q_1)$ par la transformation, l'on a

$$P_1Q_2 - P_2Q_1 = r(p_1q_2 - q_2p_1).$$

Donc, une fonction quelconque des déterminants $(p_1q_2 - p_2q_1)$, $(p_1q_3 - p_3q_1)$, etc. où chacun d'eux entre d'une manière égale sera un invariant.

212. *Pour une forme binaire, une fonction symétrique des différences des racines est un invariant, lorsque chaque racine s'y trouve un même nombre de fois.*

On sait que les fonctions symétriques des racines sont des expressions rationnelles des coefficients. Dans la forme binaire

$$f = a_0 x_1^n + n a_1 x_1^{n-1} x_2 + \cdots + a_n x_2^n,$$

où a_0 est différent de l'unité, ces coefficients sont $\frac{a_1}{a_0}$, $\frac{a_2}{a_0}$, etc. Afin de rendre la fonction entière, il est nécessaire de multiplier par une puissance convenable de a_0 pour faire disparaître tous les dénominateurs. Supposons la fonction donnée décomposée en ses facteurs linéaires

$$f = \begin{vmatrix} x_1 & x_2 \\ p_1 & q_1 \end{vmatrix} \cdot \begin{vmatrix} x_1 & x_2 \\ p_2 & q_2 \end{vmatrix} \cdots \begin{vmatrix} x_1 & x_2 \\ p_n & q_n \end{vmatrix},$$

et posons

$$\rho_1 = \frac{p_1}{q_1}, \quad \rho_2 = \frac{p_2}{q_2}, \quad \cdots \quad \rho_n = \frac{p_n}{q_n}.$$

Les quantités ρ seront les racines de $f = 0$ où l'on considère $\frac{x_1}{x_2}$ comme l'inconnue.

Soit la fonction symétrique suivante :

$$a_0^\mu \Sigma(\rho_1 - \rho_2)^p (\rho_3 - \rho_4)^q \ldots$$

où chaque racine entre au degré μ. En remplaçant les racines par leurs valeurs, elle devient

$$a_0^\mu \Sigma \left(\frac{p_1}{q_1} - \frac{p_2}{q_2}\right)^p \left(\frac{p_3}{q_3} - \frac{p_4}{q_4}\right)^q \ldots$$

où bien

$$a_0^\mu \Sigma \frac{1}{q_1^p q_2^p q_3^q \ldots} (p_1 q_2 - p_2 q_1)^p (p_3 q_4 - p_4 q_3)^q \ldots$$

et puisque chaque racine entre également dans les termes de la somme, le dénominateur sera le même partout ; sa valeur étant

$$q_1^\mu q_2^\mu \ldots q_n^\mu = a_0^\mu,$$

la fonction symétrique donnée se réduit à

$$\Sigma(p_1 q_2 - p_2 q_1)^p (p_3 q_4 - p_4 q_3)^q \ldots$$

et nous venons de voir qu'une telle expression est un invariant.

Par exemple, la formule

$$a_0^2(\rho_1 - \rho_2)^2$$

représente l'invariant de la forme quadratique, et l'expression

$$a_0^4(\rho_1 - \rho_2)^2(\rho_1 - \rho_3)^2(\rho_2 - \rho_3)^2$$

celui de la cubique.

De même les sommes

$$a_0^2 \Sigma(\rho_1 - \rho_2)^2(\rho_3 - \rho_4)^2$$

$$a_0^3 \Sigma(\rho_1 - \rho_2)^2(\rho_3 - \rho_4)^2(\rho_1 - \rho_4)(\rho_2 - \rho_3)$$

correspondent à des invariants de la quartique.

212. Après ces définitions, nous allons démontrer les propriétés fondamentales des invariants d'une forme binaire de l'ordre n

$$f = a_0x_1^n + na_1x_1^{n-1}x_2 + \cdots + a_nx_2^n.$$

Première propriété. Un invariant est une fonction homogène des coefficients et de poids constant.

Appliquons à la forme f la transformation spéciale

$$x_1 = X_1, \quad x_2 = \lambda X_2$$

ayant pour module

$$r = \begin{vmatrix} 1 & 0 \\ 0 & \lambda \end{vmatrix} = \lambda.$$

Si φ est un invariant, on a

$$\varphi(A_0, A_1, A_2, \ldots) = \lambda^k\varphi(a_0, a_1, a_2, \ldots).$$

Remarquons que le changement de x_2 en λx_2 revient à multiplier chaque coefficient de la forme par une puissance de λ égale à son indice, de sorte que l'égalité précédente peut s'écrire

$$\varphi(a_0, a_1\lambda, a_2\lambda^2, \ldots) = \lambda^k\varphi(a_0, a_1, a_2 \ldots).$$

En vertu de cette relation, chaque terme du premier membre doit renfermer le facteur λ^k; ce qui exige que la fonction φ soit homogène et que la somme des indices dans chaque terme soit constante et égale à k; c'est précisément cette somme qui constitue le poids de l'invariant.

Deuxième propriété. Un invariant reste le même, en valeur absolue, si on échange les coefficients équidistants des extrêmes.

Effectuons la transformation

$$x_1 = X_2, \quad x_2 = X_1$$

dont le module est -1 ; on aura

$$\varphi(A_0, A_1, A_2, \ldots) = (-1)^k \varphi(a_0, a_1, a_2 \ldots),$$

k étant le poids de l'invariant. Or, une telle substitution donne une transformée où a_0 est remplacé par a_n, a_1 par a_{n-1} et, en général, a_i par a_{n-i} ; à cause de l'égalité précédente, cet échange laisse la fonction invariable si k est pair, et il y a seulement changement de signe, si k est impair. On appelle *invariants droits* ceux qui conservent leur signe par l'échange des coefficients équidistants des extrêmes, et *invariants gauches* ceux qui changent de signe.

On exprime encore la propriété qui précède en disant *qu'un invariant est symétrique par rapport aux coefficients à égale distance des extrêmes.*

Troisième propriété. Le poids d'un invariant du degré θ par rapport aux coefficients est $\frac{1}{2}n\theta$.

En effet, si dans chaque terme $a_r a_s a_t \ldots$, on remplace a_r par a_{n-r}, a_s par a_{n-s}, etc., l'invariant conserve la même valeur absolue ; il faut donc que l'on ait :

$$r + s + t + \cdots = n - r + n - s + n - t + \cdots$$

ou

$$2(r + s + t + \cdots) = n + n + n + \cdots = n\theta ;$$

par suite,

$$r + s + t + \cdots = \frac{n\theta}{2}.$$

Il en résulte que, pour une transformation de module r, il viendra

$$\varphi(A_0, A_1 \cdots) = r^{\frac{n\theta}{2}} \varphi(a_0, a_1, \cdots).$$

Le poids de l'invariant étant un nombre entier, on en conclut, pour n impair, que son dégré θ doit être pair ; ainsi, *une forme de degré impair ne peut posséder que des invariants de degré pair.*

Quatrième propriété. Un invariant satisfait aux équations différentielles:

$$a_0 \frac{d\varphi}{da_1} + 2a_1 \frac{d\varphi}{da_2} + 3a_2 \frac{d\varphi}{da_3} + \cdots\cdots + na_{n-1} \frac{d\varphi}{da_n} = 0,$$

$$na_1 \frac{d\varphi}{da_0} + (n-1)a_2 \frac{d\varphi}{da_1} + (n-2)a_3 \frac{d\varphi}{da_2} + \cdots\cdots + a_n \frac{d\varphi}{da_{n-1}} = 0.$$

Pour le démontrer effectuons la transformation

$$x_1 = X_1 + \lambda X_2,$$
$$x_2 = X_2,$$

dont le module est l'unité. L'invariant φ restera identique à lui-même. Or, on trouve, pour la transformée,

$$a_0 X_1^n + n(a_0\lambda + a_1) X_1^{n-1} X_2 + \frac{n(n-1)}{1.2}(a_0\lambda^2 + 2a_1\lambda + a_2) X_1^{n-2} X_2^2$$
$$+ \frac{n(n-1)(n-2)}{1.2.3}(a_0\lambda^3 + 3a_1\lambda^2 + 3a_2\lambda + a_3) X_1^{n-3} X_2^3 + \cdots ;$$

et l'invariant pris sur cette transformée a pour valeur

$$\varphi(a_0, a_1 + a_0\lambda, a_2 + 2a_1\lambda + a_0\lambda^2, a_3 + 3a_2\lambda + 3a_1\lambda^2 + a_0\lambda^3, \ldots)$$
$$= \varphi(a_0, a_1, a_2, \ldots) + a_0\lambda \frac{d\varphi}{da_1} + (a_0\lambda^2 + 2a_1\lambda)\frac{d\varphi}{da_2} + \cdots$$
$$= \varphi(a_0, a_1 \ldots) + \lambda\left(a_0 \frac{d\varphi}{da_1} + 2a_1 \frac{d\varphi}{da_2} + \cdots\right) + \lambda^2\left(a_0 \frac{d\varphi}{da_2} + \cdots\right) + \cdots$$

Comme la fonction φ reste invariable par la transformation, les coefficients des diverses puissances de λ doivent être nuls; en égalant à zéro celui de la première puissance, on obtient la première équation différentielle. La seconde se déduit immédiatement de l'autre en changeant a_i en a_{n-i} à commencer par le dernier terme. Toutes les autres équations provenant des coefficients de λ^2, λ^3 ..., égalés à zéro, expriment la même chose que la première et doivent être satisfaites en même temps; il est inutile de les écrire.

Cinquième propriété. Si f_1 et f_2 sont deux formes binaires de même degré et $\varphi(a_0, a_1, a_2, \ldots)$ un invariant de la première, l'expression

$$b_0 \frac{d\varphi}{da_0} + b_1 \frac{d\varphi}{da_1} + b_2 \frac{d\varphi}{da_2} + \cdots + b_n \frac{d\varphi}{da_n}$$

sera un invariant simultané de ces formes, $b_0, b_1, b_2, \ldots$ étant les coefficients de la seconde forme.

En effet, formons la fonction composée

$$f_1 + kf_2 = (a_0 + kb_0)x_1^n + n(a_1 + kb_1)x_1^{n-1}x_2$$
$$+ \frac{n(n-1)}{1.2}(a_2 + kb_2)x_1^{n-2}x_2^2 + \cdots$$

Quand $\varphi(a_0, a_1, a_2 \ldots)$ est un invariant de f_1, l'expression

$$\varphi(a_0 + kb_0, \quad a_1 + kb_1, \quad a_2 + kb_2, \quad \ldots)$$

sera un invariant de la forme $f_1 + kf_2$ quel que soit k. En développant, les coefficients des diverses puissances de k jouiront de la propriété de l'invariance et, en particulier, l'expression proposée qui est le coefficient de la première puissance; comme elle renferme à la fois les coefficients a et b, c'est un invariant simultané des deux formes. Par exemple, on sait que $a_0a_2 - a_1^2$ est un invariant de

$$f_1 = a_0x_1^2 + 2a_1x_1x_2 + a_2x_2^2.$$

Posons :

$$f_2 = b_0x_1^2 + 2b_1x_1x_2 + b_2x_2^2.$$

Si on effectue sur $\varphi = a_0a_2 - a_1^2$ l'opération

$$b_0\frac{d\varphi}{da_0} + b_1\frac{d\varphi}{da_1} + b_2\frac{d\varphi}{da_2}$$

on trouve l'expression

$$a_2b_0 - 2a_1b_1 + a_0b_2$$

qui sera un invariant simultané des deux formes quadratiques.

214. Il sera utile d'appliquer les principes que nous venons d'exposer à la recherche de quelques invariants. Après avoir choisi le degré θ de la fonction à déterminer, on calcule le poids par la formule

$$p = \tfrac{1}{2}n\theta,$$

n étant le degré de la forme. Il faut ensuite combiner les indices $0, 1, 2, \ldots n$ de la lettre a de manière à former une somme égale à p; ce qui permet d'écrire la partie littérale de l'invariant. On ajoute aux termes des coefficients A, B, C,... qui se déterminent par l'emploi des équations différentielles. D'après la manière de composer les termes, l'expression écrite sera symétrique, et il suffit dans la pratique de se servir d'une seule équation.

Forme quadratique. Elle ne possède qu'un invariant qui est son discriminant. On a : $\theta = 2$, $\frac{1}{2}n\theta = 2$; par suite, l'invariant est de la forme

$$Aa_0a_2 + Ba_1^2,$$

A et B étant des constantes numériques. En appliquant à cette expression la première équation différentielle, on trouve

$$a_0(2Ba_1) + 2a_1(Aa_0) = 0$$

ou bien

$$(A + B)\,a_0a_1 = 0.$$

On donne la valeur que l'on veut à l'un des coefficients; car l'invariant peut toujours être multiplié par un nombre quelconque. Prenons $A = 1$; la relation précédente donne ensuite $B = -1$. Donc, l'invariant cherché sera

$$a_0 a_2 - a_1^2.$$

En posant : $A = 2$, il viendrait : $B = -2$, et l'invariant se trouverait multiplié par 2; ce facteur est inutile; pour déterminer les constantes numériques, on prend toujours $A = 1$.

Forme cubique :

$$f = a_0 x_1^3 + 3a_1 x_1^2 x_2 + 3a_2 x_1 x_2^2 + a_3 x_2^3.$$

Son discriminant est un invariant et elle n'en a pas d'autre. On a ici : $\theta = 4$, $\frac{1}{2} n\theta = 6$. Il faut donc composer une expression du quatrième degré et telle que la somme des indices soit égale à 6 dans chaque terme. D'après cela, l'invariant sera de la forme

$$Aa_0^2 a_3^2 + Ba_0 a_2^3 + Ca_0 a_1 a_2 a_3 + Da_1^3 a_3 + Ea_1^2 a_2^2.$$

L'équation différentielle donne

$$a_0 (Ca_0 a_2 a_3 + 3Da_1^2 a_3 + 2Ea_1 a_2^2) + 2a_1 (3Ba_0 a_2^2 + Ca_0 a_1 a_3 + 2Ea_1^2 a_2)$$
$$+ 3a_2 (2Aa_0^2 a_3 + Ca_0 a_1 a_2 + Da_1^3) = 0,$$

on bien,

$$(C + 6A) a_0^2 a_2 a_3 + (2C + 3D) a_1^2 a_0 a_3 + (2E + 6B + 3C) a_0 a_1 a_2^2$$
$$+ (4E + 3D) a_1^3 a_2 = 0;$$

par suite, on a les relations

$$C + 6A = 0, \quad 2C + 3D = 0, \quad 2E + 6B + 3C = 0, \quad 4E + 3D = 0.$$

Avec la valeur $A = 1$, on trouve

$$C = -6, \quad D = 4, \quad E = -3, \quad B = 4.$$

Donc l'invariant de la cubique a pour valeur

$$a_0^2 a_3^2 + 4a_0 a_2^3 - 6a_0 a_1 a_2 a_3 + 4a_1^3 a_3 - 3a_1^2 a_2^2.$$

Forme quartique :

$$f = a_0 x_1^4 + 4a_1 x_1^3 x_2 + 6a_2 x_1^2 x_2^2 + 4a_3 x_1 x_2^3 + a_4 x_2^4.$$

Cherchons si elle admet un invariant du second degré. Si $\theta = 2$, $\frac{1}{2} n\theta = 4$, et la composition de l'invariant doit être

$$Aa_0 a_4 + Ba_1 a_3 + Ca_2^2.$$

Par l'équation différentielle, on trouve sans peine $A = 1$, $B = -4$, $C = 3$. L'invariant du second degré de la quartique est :

$$a_0 a_4 - 4a_1 a_3 + 3a_2^2.$$

Supposons, en second lieu, $\theta = 3$; alors $\frac{1}{2} n\theta = 6$. Si on combine les nombres 0, 1, 2, 3, 4 trois à trois de manière à former une somme égale à 6, on arrive à l'expression :

$$Aa_0 a_2 a_4 + Ba_0 a_3^2 + Ca_1^2 a_4 + Da_1 a_2 a_3 + Ea_2^3.$$

L'équation différentielle conduit aux valeurs :

$$A = 1, \quad B = -1, \quad C = -1, \quad D = 2, \quad E = -1,$$

et l'invariant sera :

$$a_0 a_2 a_4 - a_0 a_3^2 - a_1^2 a_4 + 2a_1 a_2 a_3 - a_2^3.$$

Pour la forme canonique

$$x_1^4 + x_2^4 + 6\lambda x_1^2 x_2^2$$

les deux invariants que l'on vient de trouver et que nous désignerons par i et j se réduisent à

$$i = 1 + 3\lambda^2, \quad j = \lambda - \lambda^3 = \lambda(1 - \lambda^2).$$

On sait que le discriminant de la quartique est un invariant, mais il n'est pas indépendant; il s'exprime au moyen de i et de j par la formule

$$\delta = i^3 - 27j^2.$$

On le démontre facilement par la forme canonique. Les équations dérivées étant :

$$x_1^2 + 3\lambda x_2^2 = 0, \quad x_2^2 + 3\lambda x_1^2 = 0,$$

si on pose $x_2 = 1$, la première donne

$$x_1 = +\sqrt{-3\lambda}, \quad x_1' = -\sqrt{-3\lambda}.$$

Substituons ces valeurs dans le premier membre de la seconde et multiplions les résultats; on aura

$$\delta = (1 - 9\lambda^2)(1 - 9\lambda^2) = (1 - 9\lambda^2)^2.$$

Or, on vérifie facilement que

$$(1 - 9\lambda^2)^2 = (1 + 3\lambda^2)^3 - 27(\lambda - \lambda^3)^2,$$

c'est-à-dire,

$$\delta = i^3 - 27j^2.$$

C'est là une relation invariante qui aura lieu aussi pour la forme générale.

REMARQUE. Comme moyen de vérification, on fait usage de cette propriété que : *la somme des coefficients numériques d'un invariant est toujours égale à zéro, lorsque la forme est écrite avec les coefficients du binôme.* Pour s'en rendre compte, il faut observer qu'en posant :

$$a_0 = a_1 = a_2 = \cdots = a_n = 1,$$

la forme f se réduit à une puissance exacte, savoir :

$$f = (x_1 + x_2)^n,$$

et l'équation $f = 0$ a toutes ses racines égales. Or, nous avons vu qu'un invariant s'exprime par une fonction symétrique des différences des racines qui s'annule quand les racines sont égales. Il en résulte que cet invariant est identiquement nul pour

$$a_0 = a_1 = \cdots = a_n = 1;$$

par conséquent, la somme de ses coefficients numériques doit être égale à zéro. Il n'en est pas ainsi, quand on écrit la forme comme suit :

$$f = a_0 x_1^n + a_1 x_1^{n-1} x_2 + a_2 x_1^{n-2} x_2^2 + \cdots;$$

car elle ne devient pas une puissance exacte lorsque tous les coefficients sont égaux à l'unité.

Nous vérifierons plus tard par d'autres méthodes que les expressions que l'on vient de trouver sont réellement des invariants. Lorsqu'une fonction rationnelle des coefficients d'une forme vérifie l'équation différentielle sans satisfaire aux autres conditions de poids et de symétrie d'un invariant, on l'appelle *semi-invariant* ou *péninvariant.*

§ 2.

PROPRIÉTÉS DES COVARIANTS.

215. *Un covariant est une expression des coefficients et des variables d'une forme telle, qu'après une substitution linéaire, la même expression prise sur la transformée est égale à la première multipliée par une puissance du module de la transformation.*

Soit

$$f = a_0 x_1^n + n a_1 x_1^{n-1} x_2 + \cdots + a_n x_2^n$$

une forme binaire de l'ordre n qui, par une substitution linéaire de module r, devient

$$F = A_0 X_1^n + n A_1 X_1^{n-1} X_2 + \cdots + A_n X_2^n;$$

toute fonction $\varphi(a_0, a_1, \ldots, x_1, x_2)$ qui satisfait à l'égalité

$$\varphi(A_0, A_1, \ldots, X_1, X_2) = r^k \varphi(a_0, a_1, \ldots, x_1, x_2)$$

est un covariant de f.

Soit une cubique

$$f = a_0 x_1^3 + 3a_1 x_1^2 x_2 + 3a_2 x_1 x_2^2 + a_3 x_2^3,$$

qui, égalée à zéro, admet les racines ρ_0, ρ_1, ρ_2; on peut obtenir immédiatement un covariant au moyen des différences des racines. Posons :

$$s = a_0^2 \Sigma (\rho_1 - \rho_2)^2 (x_1 - \rho_3 x_2)^2;$$

en remplaçant les racines par les rapports

$$\frac{p_1}{q_1}, \quad \frac{p_2}{q_2}, \quad \frac{p_3}{q_3}$$

elle devient

$$s = \Sigma (p_1 q_2 - p_2 q_1)^2 (x_1 q_3 - x_2 p_3)^2$$

et nous avons vu précédemment que ces déterminants jouissent de la propriété de l'invariance. La somme s se compose de trois termes résultant de la permutation des racines; en laissant le facteur a_0^2, on aura

$$\begin{aligned} s = {} & (\rho_1 - \rho_2)^2 (x_1 - \rho_3 x_2)^2 + (\rho_1 - \rho_3)^2 (x_1 - \rho_2 x_2)^2 + (\rho_2 - \rho_3)^2 (x_1 - \rho_1 x_2)^2 \\ = {} & x_1^2 [(\rho_1 - \rho_2)^2 + (\rho_1 - \rho_3)^2 + (\rho_2 - \rho_3)^2] \\ & - 2x_1 x_2 [\rho_1 (\rho_2 - \rho_3)^2 + \rho_2 (\rho_1 - \rho_3)^2 + \rho_3 (\rho_1 - \rho_2)^2] \\ & + x_2^2 [\rho_1^2 (\rho_2 - \rho_3)^2 + \rho_2^2 (\rho_1 - \rho_3)^2 + \rho_3^2 (\rho_1 - \rho_2)^2]. \end{aligned}$$

Si on substitue aux fonctions symétriques leurs valeurs, et si on multiplie ensuite par a_0^2, on trouve

$$(a_0 a_2 - a_1^2) x_1^2 + (a_0 a_3 - a_1 a_2) x_1 x_2 + (a_1 a_3 - a_2^2) x_2^2$$

qui est l'expression définitive du covariant du second degré de la cubique.

Comme nous l'avons fait remarquer pour les invariants, une expression composée avec les différences des racines et des facteurs linéaires renfermant les variables ne peut représenter un covariant qu'à la condition que toutes les racines y entrent un même nombre de fois. Ainsi,

$$a_0^3 \Sigma(\rho_1 - \rho_3)^2 (\rho_1 - \rho_2) (x_1 - \rho_2 x_2)^2 (x_1 - \rho_3 x_2)$$

est un invariant du troisième degré de la cubique, et

$$a_0^4\,\Sigma(\rho_1-\rho_2)^2(\rho_2-\rho_3)^2(\rho_3-\rho_1)^2(x_1-\rho_4x_2)^4$$

$$a_0^3\,\Sigma(\rho_1-\rho_2)(\rho_1-\rho_3)(\rho_1-\rho_4)(x_1-\rho_2x_2)^2(x_1-\rho_3x_2)^2(x_1-\rho_4x_2)^2$$

sont des covariants du quatrième et du sixième degré par rapport aux variables de la quartique. Les diverses expressions analogues que l'on pourrait former pour une fonction homogène quelconque à deux variables n'ont qu'une importance théorique. Il existe des méthodes plus faciles pour déterminer les covariants ; elles reposent sur diverses propriétés de ces fonctions que nous allons démontrer.

216. D'après l'identité fondamentale

$$\varphi(A_0, A_1, \ldots, X_1, X_2) = r^k\varphi(a_0, a_1, \ldots, x_1, x_2),$$

le coefficient de $X_1^i X_2^h$ dans le premier membre doit être égal au coefficient de $x_1^i x_2^h$ multiplié par r^k ; la puissance k se nomme *indice* ou *poids* du covariant.

Désignons par θ le degré du covariant par rapport aux coefficients et par ν son degré par rapport aux variables. Si, dans une forme quelconque de l'ordre n, on change x_1 en λx_1, et, en même temps, a_i en $a_i\lambda^i$, il se fait que λ^n est facteur dans tous les termes. Mais, par ces deux changements, un terme $a_\alpha a_\beta \ldots x_1^l x_2^q$ du covariant renfermera $\lambda^{l+\alpha+\beta+\cdots}$, et l'on aura

$$l+\alpha+\beta+\cdots = \text{constante.}$$

Or, si on effectue la transformation

$$x_1 = X_2, \quad x_2 = X_1$$

dont le module est -1, le covariant reste le même en valeur absolue, tandis que a_α devient $a_{n-\alpha}$, etc. et x_1^l, $x_1^{\nu-l}$; par suite, il faut que

$$l+\alpha+\beta+\cdots = \nu - l + (n-\alpha) + (n-\beta) + \cdots,$$

ou bien

$$2l + 2(\alpha+\beta+\cdots) = n\theta + \nu;$$

d'où

$$l+\alpha+\beta+\cdots = \frac{n\theta+\nu}{2}.$$

Par conséquent,

1° *La somme des indices des coefficients d'un terme du covariant augmenté de l'exposant de x_1 dans ce terme est constante et égale à*

$$\frac{n\theta+\nu}{2};$$

2° *Le poids du coefficient de x_1^l est représenté par*

$$\frac{n\theta + \nu}{2} - l.$$

Ces propriétés permettent d'écrire la partie littérale d'un covariant lorsqu'on donne son degré ν relativement aux variables et son degré θ par rapport aux coefficients. Par exemple, pour la cubique

$$f = a_0 x_1^3 + 3a_1 x_1^2 x_2 + 3a_2 x_1 x_2^2 + a_3 x_2^3,$$

le covariant du second degré relativement aux coefficients et aux variables est de la forme

$$C_0 x_1^2 + 2C_1 x_1 x_2 + C_2 x_2^2$$

où les poids de C_0, C_1, C_2 seront respectivement 2, 3, 4, puisque $\frac{n\theta + \nu}{2} = 4$; ce qui permet de poser

$$C_0 = Aa_0 a_2 + Ba_1^2,$$
$$C_1 = Ca_0 a_3 + Da_1 a_2,$$
$$C_2 = Ea_1 a_3 + Fa_2^2.$$

Il ne reste plus qu'à déterminer les constantes numériques A, B, ...; ce qui se fait par des équations différentielles que nous allons démontrer.

217. *Equations différentielles des covariants.* Appliquons à une forme binaire de l'ordre n la transformation

$$x_1 = X_1 + \lambda X_2,$$
$$x_2 = X_2.$$

pour laquelle $r = 1$. On aura

$$\varphi(A_0, A_1, \ldots, X_1, X_2) = \varphi(a_0, a_1, \ldots, x_1, x_2),$$

ou bien, en remplaçant X_1, X_2 par leurs valeurs

$$\varphi(A_0, A_1, \ldots, x_1 - \lambda x_2, x_2) = \varphi(a_0, a_1, \ldots, x_1, x_2).$$

Il résulte de cette identité, qu'en développant le premier membre, les coefficients des diverses puissances de λ doivent être nuls. Or, par la transformation, les coefficients A_0, A_1, A_2, ... ont pour valeurs

$$a_0, \; a_1 + a_0\lambda, \quad a_2 + 2a_1\lambda + a_0\lambda^2, \quad a_3 + 3a_2\lambda + 3a_1\lambda^2 + a_0\lambda^3, \; \ldots;$$

par suite, le coefficient de la première puissance de λ donne l'équation

$$-x_2\frac{d\varphi}{dx_1}+a_0\frac{d\varphi}{da_1}+2a_1\frac{d\varphi}{da_2}+\cdots+na_{n-1}\frac{d\varphi}{da_n}=0,$$

ou bien,

$$(\alpha)\qquad x_2\frac{d\varphi}{dx_1}=a_0\frac{d\varphi}{da_1}+2a_1\frac{d\varphi}{da_2}+3a_2\frac{d\varphi}{da_3}+\cdots+na_{n-1}\frac{d\varphi}{da_n}=0.$$

L'échange des variables ou la transformation

$$x_1=X_2,\quad x_2=X_1$$

n'altère pas le covariant, tandis qu'un coefficient a_i devient a_{n-i}; on aura aussi

$$(\alpha')\qquad x_1\frac{d\varphi}{dx_2}=a_n\frac{d\varphi}{da_{n-1}}+2a_{n-1}\frac{d\varphi}{da_{n-2}}+\cdots+na_1\frac{d\varphi}{da_0}.$$

Cela étant, écrivons le covariant φ à la manière ordinaire suivant les puissances décroissantes de x_1,

$$\varphi=C_0x_1^\nu+\nu C_1x_1^{\nu-1}x_2+\frac{\nu(\nu-1)}{1.2}C_2x_1^{\nu-2}x_2^2+\cdots+C_\nu x_2^\nu.$$

Il vient :

$$(\alpha'')\qquad x_2\frac{d\varphi}{dx_1}=\nu C_0x_1^{\nu-1}x_2+\nu(\nu-1)C_1x_1^{\nu-2}x_2^2+\cdots+\nu C_{\nu-1}x_2^\nu.$$

D'un autre côté, appliquons l'opération du second membre de (α) à φ, en observant que les coefficients C_0, C_1, ... sont des fonctions de a_0, a_1, a_2, ... Si on compare ensuite le résultat avec (α'') pour égaler les coefficients des mêmes puissances de x_1 et de x_2, on trouve

$$a_0\frac{dC_0}{da_1}+2a_1\frac{dC_0}{da_2}+\cdots+na_{n-1}\frac{dC_0}{da_n}=0,$$

$$a_0\frac{dC_1}{da_1}+2a_1\frac{dC_1}{da_2}+\cdots+na_{n-1}\frac{dC_1}{da_n}=C_0,$$

$$a_0\frac{dC_2}{da_1}+2a_1\frac{dC_2}{da_2}+\cdots+na_{n-1}\frac{dC_2}{da_n}=2C_1,$$

. . . .

$$a_0\frac{dC_\nu}{da_1}+2a_1\frac{dC_\nu}{da_2}+\cdots+na_{n-1}\frac{dC_\nu}{da_n}=\nu C_{\nu-1}.$$

Par le développement des deux membres de l'identité (α'), on arrive encore aux équations :

$$na_1 \frac{dC_\nu}{da_0} + (n-1)a_2 \frac{dC_\nu}{da_1} + \cdots + a_n \frac{dC_\nu}{da_{n-1}} = 0,$$

$$na_1 \frac{dC_{\nu-1}}{da_0} + (n-1)a_2 \frac{dC_{\nu-1}}{da_1} + \cdots + a_n \frac{dC_{\nu-1}}{da_{n-1}} = C_\nu,$$

$$na_1 \frac{dC_{\nu-2}}{da_0} + (n-1)a_2 \frac{dC_{\nu-2}}{da_1} + \cdots + a_n \frac{dC_{\nu-2}}{da_{n-1}} = 2C_{\nu-1},$$

$$\cdots\cdots\cdots\cdots\cdots\cdots$$

$$na_1 \frac{dC_0}{da_0} + (n-1)a_2 \frac{dC_0}{da_1} + \cdots + a_n \frac{dC_0}{da_{n-1}} = \nu C_1.$$

Ce sont les deux systèmes d'équations différentielles auxquelles doit satisfaire tout covariant φ de la forme donnée. Appliquons, par exemple, ces équations pour déterminer les coefficients C_0, C_1, C_2 du covariant du second degré de la cubique. On a

$$C_0 = Aa_0a_2 + Ba_1^2,$$
$$C_1 = Ca_0a_3 + Da_1a_2,$$
$$C_2 = Ea_1a_3 + Fa_2^2.$$

Par les équations du premier système, on trouve

$$a_0 \frac{dC_0}{da_1} + 2a_1 \frac{dC_0}{da_2} + 3a_2 \frac{dC_0}{da_3} = 2a_0a_1(A+B) = 0;$$

par suite, pour $A = 1$, il vient $B = -1$; donc

$$C_0 = a_0a_2 - a_1^2.$$

En second lieu

$$a_0 \frac{dC_1}{da_1} + 2a_1 \frac{dC_1}{da_2} + 3a_2 \frac{dC_1}{da_3} = a_0a_2 - a_1^2,$$

ou bien

$$a_0a_2(D + 3C) + 2a_1^2 D = a_0a_2 - a_1^2,$$

c'est-à-dire,

$$a_0a_2(D + 3C - 1) + a_1^2(2D + 1) = 0;$$

on en tire :

$$D = -\tfrac{1}{2}, \quad C = \tfrac{1}{2};$$

donc,

$$C_1 = \tfrac{1}{2}(a_0a_3 - a_1a_2).$$

Enfin, l'égalité

$$a_0 \frac{dC_2}{da_1} + 2a_1 \frac{dC_2}{da_2} + 3a_2 \frac{dC_2}{da_3} = a_0a_3 - a_1a_2$$

revient à

$$a_0a_3(E - 1) + a_1a_2(4F + 3E + 1) = 0.$$

En conséquence,

$$E = 1, \quad F = -1,$$

et

$$C_2 = a_1a_3 - a_2^2.$$

Le covariant du second degré de la cubique est complètement déterminé et il a pour expression

$$(a_0a_2 - a_1^2)\,x_1^2 + (a_0a_3 - a_1a_2)\,x_1x_2 + (a_1a_3 - a_2^2)\,x_2^2.$$

218. Le calcul d'un covariant se simplifie encore par le second système d'équations différentielles. On en tire, en commençant par la dernière,

$$C_1 = \frac{1}{\nu} \sum_{i=0}^{i=n-1} (n-i)a_{i+1} \frac{dC_0}{da_i},$$

$$C_2 = \frac{1}{\nu - 1} \sum_{i=0}^{i=n-1} (n-i)a_{i+1} \frac{dC_1}{da_i},$$

$$C_3 = \frac{1}{\nu - 2} \sum_{i=0}^{i=n-1} (n-i)\,a_{i+1} \frac{dC_2}{da_i},$$

$$\cdots\cdots\cdots\cdots\cdots\cdots$$

$$C_\nu = \sum_{i=0}^{i=n-1} (n-i)a_{i+1} \frac{dC_{\nu-1}}{da_i}.$$

Avec C_0, la première fait connaître C_1; avec C_1, la seconde donne C_2, et ainsi de suite. Désignons par d l'opération

$$na_1 \frac{d}{da_0} + (n-1)\,a_2 \frac{d}{da_1} + \cdots + a_n \frac{d}{da_{n-1}};$$

on aura simplement

$$C_1 = \frac{1}{\nu} dC_0, \quad C_2 = \frac{1}{\nu - 1} dC_1, \quad C_3 = \frac{1}{\nu - 2} dC_2, \quad \ldots, \quad C_\nu = dC_{\nu-1}.$$

Il suffit donc de connaître le premier terme C_0 pour en déduire tous les autres et, pour ce motif, nous appellerons C_0 *terme principal* du covariant.

Appliquons cette méthode à la recherche du covariant du troisième degré par rapport aux coefficients et aux variables de la cubique

$$f = a_0x_1^3 + 3a_1x_1^2x_2 + 3a_2x_1x_2^2 + a_3x_2^3.$$

On a :

$$n = 3, \quad \theta = 3, \quad \nu = 3 \quad \text{et} \quad \frac{n\theta + \nu}{2} = 6;$$

le poids du coefficient du premier terme du covariant est 3; il sera donc de la forme

$$C_0 = a_0^2a_3 + Aa_0a_1a_2 + Ba_1^3.$$

L'opération

$$a_0\frac{dC_0}{da_1} + 2a_1\frac{dC_0}{da_2} + 3a_2\frac{dC_0}{da_3}$$

donne

$$a_0^2a_2(A + 3) + a_0a_1^2(3B + 2A) = 0;$$

d'où $A = -3$, $B = 2$; par suite,

$$C_0 = a_0^2a_3 - 3a_0a_1a_2 + 2a_1^3.$$

Connaissant C_0, il vient successivement pour les autres coefficients

$$C_1 = \tfrac{1}{3}dC_0 = \tfrac{1}{3}[3a_1(2a_0a_3 - 3a_1a_2) + 2a_2(6a_1^2 - 3a_0a_2) + a_3(-3a_0a_1)]$$

c'est à dire,

$$C_1 = a_0a_1a_3 + a_1^2a_2 - 2a_0a_2^2.$$

De même

$$C_2 = \tfrac{1}{2}dC_1 = \tfrac{1}{2}[3a_1(a_1a_3 - 2a_2^2) + 2a_2(a_0a_3 + 2a_1a_2) + a_3(a_1^2 - 4a_0a_2)]$$

ou

$$C_2 = 2a_1^2a_3 - a_1a_2^2 - a_0a_2a_3.$$

Enfin,

$$C_3 = dC_2 = 3a_1(-a_2a_3) + 2a_2(4a_1a_3 - a_2^2) + a_3(-2a_1a_2 - a_0a_3)$$

c'est-à-dire,

$$C_3 = 3a_1a_2a_3 - 2a_2^3 - a_0a_3^2.$$

Il vient ainsi pour le covariant du troisième degré de la cubique,

$$(a_0^2a_3 - 3a_0a_1a_2 + 2a_1^3)x_1^3 + 3(a_0a_1a_3 + a_1^2a_2 - 2a_0a_2^2)x_1^2x_2$$
$$+ 3(2a_1^2a_3 - a_1a_2^2 - a_0a_2a_3)x_1x_2^2 + (3a_1a_2a_3 - 2a_2^3 - a_0a_3^2)x_2^3.$$

219. Dans le calcul des covariants, il faut encore utiliser la propriété suivante. La transformation

$$x_1 = X_2; \quad x_2 = X_1$$

revient à échanger les coefficients à égale distance des extrêmes dans la forme et le covariant se trouve simplement multiplié par $(-1)^k$, puisque le module de la substitution est -1. Il en résulte que le coefficient de $x_2^{\nu-i} x_1^i$ se déduit du coefficient de $x_1^{\nu-i} x_2^i$ par l'échange des coefficients de la forme équidistante des extrêmes ; on conserve les signes si k est pair, et on change le signe, si k est impair. Conformément à cette remarque, il suffit de calculer la moitié des coefficients du covariant ; les autres s'en déduisent comme nous venons de le dire. Par exemple, pour le covariant qui précède, le coefficient du premier terme étant

$$a_0^2 a_3 - 3a_0 a_1 a_2 + 2a_1^3 ;$$

on remplace a_0 par a_3, a_1 par a_2 et réciproquement ; ce qui donne

$$a_3^2 a_0 - 3a_3 a_2 a_1 + 2a_2^3 ;$$

c'est, au signe près, le coefficient du dernier terme.

Avant de terminer, indiquons la marche à suivre pour trouver les covariants du quatrième et du sixième degré relativement aux variables de la quartique

$$f = a_0 x_1^4 + 4a_1 x_1^3 x_2 + 6a_2 x_1^2 x_2^2 + 4a_3 x_1 x_2^3 + a_4 x_2^4,$$

le premier étant du deuxième degré et le second du troisième degré par rapport aux coefficients. Si on pose $n = 4$, $\theta = 2$, $\nu = 4$, il vient : $\frac{n\theta + \nu}{2} = 6$, et le poids du coefficient de x_1^4 dans le covariant sera égal à 2. Il faudra prendre

$$C_0 = a_0 a_2 + A a_1^2 ;$$

par l'équation différentielle, on trouve $A = -1$. Le premier terme du covariant est donc

$$(a_0 a_2 - a_1^2)\, x_1^4.$$

Il vient ensuite

$$C_1 = \tfrac{1}{4}\, dC_0 = \tfrac{1}{4}\,[4a_1 (a_2) + 3a_2 (-2a_1) + 2a_3 (a_0)]$$
$$= \tfrac{1}{2}\,(a_0 a_3 - a_1 a_2).$$
$$C_2 = \tfrac{1}{3}\, dC_1 = \tfrac{1}{3} \cdot \tfrac{1}{2}\,[4a_1 (a_3) + 3a_2 (-a_2) + 2a_3 (-a_1) + a_4 (a_0)]$$
$$= \tfrac{1}{6}\,(2a_1 a_3 + a_0 a_4 - 3a_2^2).$$

Par l'échange des coefficients à égale distance des extrêmes, on déduit ensuite de C_1 et de C_0 les valeurs

$$C_3 = \tfrac{1}{2}\,(a_4 a_1 - a_3 a_2), \quad C_4 = a_4 a_2 - a_3^2.$$

Le covariant cherché est ainsi :

$$(a_0 a_2 - a_1^2)\, x_1^4 + 2\,(a_0 a_3 - a_1 a_2)\, x_1^3 x_2 + (2a_1 a_3 + a_0 a_4 - 3a_2^2)\, x_1^2 x_2^2$$
$$+ 2\,(a_1 a_4 - a_2 a_3)\, x_1 x_2^3 + (a_2 a_4 - a_3^2)\, x_2^4.$$

Pour le second covariant, on a : $\nu = 6$, $\theta = 3$, $\frac{n\theta + \nu}{2} = 9$; par suite le poids du coefficient de x_1^6 sera égal à 3, et on pose :

$$C_0 = a_0^2 a_3 + A a_0 a_1 a_2 + B a_1^3,$$

car il doit être du troisième degré. L'équation différentielle conduit aux valeurs $A = -3$, $B = 2$; donc,

$$C_0 = a_0^2 a_3 - 3a_0 a_1 a_2 + 2a_1^3.$$

On trouve ensuite,

$$C_1 = \tfrac{1}{6} dC_0 = \tfrac{1}{6}(2a_0 a_1 a_3 + 6a_1^2 a_2 - 9a_0 a_2^2 + a_0^2 a_4),$$
$$C_2 = \tfrac{1}{5} dC_1 = \tfrac{1}{5}(a_0 a_1 a_4 - 3a_0 a_2 a_3 + 2a_1^2 a_3),$$
$$C_3 = \tfrac{1}{4} dC_2 = \tfrac{1}{2}(a_1^2 a_4 - a_0 a_3^2).$$

Après le calcul de ces coefficients les autres s'écrivent immédiatement en échangeant les coefficients à égale distance des extrêmes; ce qui donne :

$$C_4 = \tfrac{1}{5}(-a_0 a_3 a_4 + 3a_1 a_2 a_4 - 2a_1 a_3^2),$$
$$C_5 = \tfrac{1}{6}(9a_4 a_2^2 - a_4^2 a_0 - 2a_1 a_3 a_4 - 6a_3^2 a_2),$$
$$C_6 = 3a_2 a_3 a_4 - a_1 a_4^2 - 2a_3^3,$$

après avoir changé les signes. Avec ces valeurs on peut écrire le covariant du sixième degré de la quartique.

Nous verrons plus tard que les expressions que l'on vient de déterminer et qui satisfont aux propriétés démontrées sont réellement des covariants.

220. *Tout invariant d'un covariant est un invariant de la forme primitive; de même, tout covariant d'un covariant est aussi un covariant de la forme.*

Désignons par $c_0, c_1, \ldots$ les coefficients d'un covariant φ de f et par $C_0, C_1, \ldots$ ses coefficients après une transformation linéaire. Les coefficients c sont des fonctions de $a_0, a_1, a_2, \ldots$, et les coefficients C des fonctions de $A_0, A_1, A_2, \ldots$. Par définition, on a

$$\varphi(C_0, C_1, \ldots, X_1, X_2) = r^k \varphi(c_0, c_1, \ldots, x_1, x_2),$$

et, par conséquent, les coefficients C ne diffèrent des coefficients c que par une même puissance du module. Cela étant, représentons par $I(c_0, c_1, \ldots)$ un invariant de φ; à cause de cette propriété des coefficients c, on aura

$$I(C_0, C_1, C_2, \ldots) = r^h I(c_0, c_1, c_2, \ldots).$$

Si on remplace maintenant les coefficients C par leurs expressions en A_0, A_1, A_2, ..., ainsi que les coefficients c par leurs valeurs en a_0, a_1, a_2, ..., il viendra

$$I(A_0, A_1, A_2, \ldots) = r^h I(a_0, a_1, a_2 \ldots);$$

par suite, I est un invariant de f. On démontre de la même manière la seconde partie de la proposition.

Nous avons trouvé pour le covariant du second degré de la cubique

$$(a_0a_2 - a_1^2)x_1^2 + (a_0a_3 - a_1a_2)x_1x_2 + (a_1a_3 - a_2^2)x_2^2,$$

le discriminant de cette fonction, savoir :

$$4(a_0a_2 - a_1^2)(a_1a_3 - a_2^2) - (a_0a_3 - a_1a_2)^2$$

est l'invariant de la cubique sous une forme différente de celle que nous avons déjà rencontrée.

CHAPITRE III.

MÉTHODES DIVERSES POUR LA FORMATION DES INVARIANTS ET DES COVARIANTS. APPLICATION AUX FORMES BINAIRES.

---

§ 1.

Méthode des intermutants.

221. Si on résoud les équations

$$x_1 = \alpha_1 X_1 + \alpha_2 X_2,$$
$$x_2 = \beta_1 X_1 + \beta_2 X_2,$$

par rapport à X_1, X_2, on trouve

$$rX_1 = \beta_2 x_1 - \alpha_2 x_2,$$
$$rX_2 = -\beta_1 x_1 + \alpha_1 x_2;$$

par suite,

$$r\frac{dX_1}{dx_1} = \beta_2, \quad r\frac{dX_2}{dx_1} = -\beta_1,$$

$$r\frac{dX_1}{dx_2} = -\alpha_2, \quad r\frac{dX_2}{dx_2} = \alpha_1.$$

D'un autre côté, si on prend les dérivées en regardant x_1 et x_2 comme fonctions de X_1 et de X_2, il vient

$$\frac{d}{dx_1} = \frac{d}{dX_1}\frac{dX_1}{dx_1} + \frac{d}{dX_2}\frac{dX_2}{dx_1},$$
$$\frac{d}{dx_2} = \frac{d}{dX_1}\frac{dX_1}{dx_2} + \frac{d}{dX_2}\frac{dX_2}{dx_2},$$

ou bien,

$$-\frac{d}{dx_1} = \frac{1}{r}\left[\beta_1\left(\frac{d}{dX_2}\right) + \beta_2\left(-\frac{d}{dX_1}\right)\right],$$
$$\frac{d}{dx_2} = \frac{1}{r}\left[\alpha_1\left(\frac{d}{dX_2}\right) + \alpha_2\left(-\frac{d}{dX_1}\right)\right],$$

c'est-à-dire que, abstraction faite du facteur $\frac{1}{r}$, les symboles $-\frac{d}{dx_1}$, $\frac{d}{dx_2}$ s'expriment en $\frac{d}{dX_2}$ et $-\frac{d}{dX_1}$ par les mêmes formules que les variables x_2 et x_1. Si, par la transformation, $f(x_1, x_2)$ devient $F(X_1, X_2)$, l'expression

$$f\left(\frac{d}{dx_2}, -\frac{d}{dx_1}\right)$$

deviendra

$$\frac{1}{r^n}F\left(\frac{d}{dX_2}, -\frac{d}{dX_1}\right),$$

et l'on aura la relation

$$F\left(\frac{d}{dX_2}, -\frac{d}{dX_1}\right) = r^n f\left(\frac{d}{dx_2}, -\frac{d}{dx_1}\right).$$

Donc, *étant donnée une forme binaire* $f(x_1, x_2)$, *l'expression*

$$f\left(\frac{d}{dx_2}, -\frac{d}{dx_1}\right)$$

qui s'en déduit en remplaçant x_1 *par* $\frac{d}{dx_2}$ *et* x_2 *par* $-\frac{d}{dx_1}$ *jouit de la propriété de l'invariance.*

On donne le nom d'*intermutant* à ce symbole covariant. Nous allons montrer l'usage que l'on fait de cette formule. D'abord on peut s'en servir par rapport à la forme donnée. Si on l'applique à f, les dérivées étant de l'ordre n, on arrivera à un invariant. Par exemple, la forme quadratique

$$f = a_0 x_1^2 + 2a_1 x_1 x_2 + a_2 x_2^2$$

donne la formule

$$a_0 \frac{d^2}{dx_2^2} - 2a_1 \frac{d^2}{dx_1 dx_2} + a_2 \frac{d^2}{dx_1^2}$$

qui, appliquée à f, c'est-à-dire, en prenant les dérivées sur f, conduit à l'expression

$$2a_0 a_2 - 4a_1^2 + 2a_2 a_0 = 4(a_0 a_2 - a_1^2);$$

c'est l'invariant de la forme multiplié par 4.

La forme cubique

$$f = a_0 x_1^3 + 3a_1 x_1^2 x_2 + 3a_2 x_1 x_2^2 + a_3 x_2^3$$

fournit l'intermutant

$$a_0 \frac{d^3}{dx_2^3} - 3a_1 \frac{d^3}{dx_2^2 dx_1} + 3a_2 \frac{d^3}{dx_2 dx_1^2} - a_3 \frac{d^3}{dx_1^3}.$$

En opérant sur f, on trouve

$$6a_0 a_3 - 18a_1 a_2 + 18a_2 a_1 - 6a_3 a_0;$$

c'est un invariant identiquement nul.

En général, l'intermutant de l'ordre n

$$f\left(\frac{d}{dx_2}, -\frac{d}{dx_1}\right)$$

appliqué à la forme elle-même conduit à un invariant du second degré par rapport aux coefficients qui est identiquement nul, si le degré n est impair. Lorsque n est pair, on obtient une expression où les termes à égale distance des extrêmes sont égaux; en les réunissant pour diviser ensuite par 2, cet invariant sera :

$$a_0 a_n - n a_1 a_{n-1} + \frac{n(n-1)}{1.2} a_2 a_{n-2} - \frac{n(n-1)(n-2)}{1.2.3} a_3 a_{n-3} + \cdots$$
$$+ \cdots \pm \frac{1}{2} \frac{n(n-1)\cdots\left(\frac{n}{2}+1\right)}{1\cdot 2 \cdots \frac{n}{2}} a_{\frac{n}{2}}^2.$$

On néglige le facteur numérique provenant des dérivations. Ainsi, pour les formes du quatrième, du sixième et du huitième degré, on aurait :

$$a_0a_4 - 4a_1a_3 + 3a_2^2,$$
$$a_0a_6 - 6a_1a_5 + 15a_2a_4 - 10a_3^2$$
$$a_0a_8 - 8a_1a_7 + 28a_2a_6 - 56a_3a_5 + 35a_4^2.$$

Quand on connaît un covariant de f, on le change en intermutant et on opère ensuite, soit sur le covariant, soit sur f. On sait que la cubique possède le covariant

$$(a_0a_2 - a_1^2)\,x_1^2 + (a_0a_3 - a_1a_2)\,x_1x_2 + (a_1a_3 - a_2^2)\,x_2^2$$

qui donne l'intermutant

$$(a_0a_2 - a_1^2)\frac{d^2}{dx_2^2} - (a_0a_3 - a_1a_2)\frac{d^2}{dx_2dx_1} + (a_1a_3 - a_2^2)\frac{d^2}{dx_1^2}.$$

Appliqué au covariant lui-même, on trouve l'invariant de la cubique

$$4\,(a_0a_2 - a_1^2)(a_1a_3 - a_2^2) - (a_0a_3 - a_1a_2)^2,$$

tandis qu'en opérant sur f, il vient

$$(a_0a_2 - a_1^2)(a_2x_1 + a_3x_2) - (a_0a_3 - a_1a_2)(a_1x_1 + a_2x_2) +$$
$$(a_1a_3 - a_2^2)(a_0x_1 + a_1x_2);$$

c'est un covariant identiquement nul. La forme cubique ne possède pas de covariant linéaire.

Les intermutants sont surtout très utiles pour les formes d'un degré plus élevé que le quatrième. Après avoir trouvé quelques covariants, on les change en intermutants pour opérer sur les formations connues ; on transforme encore les nouveaux covariants en intermutants, et ainsi de suite.

222. Les intermutants sont aussi très utiles dans la recherche des covariants simultanés de deux formes. Soit, par exemple, deux formes quadratiques

$$f = a_0x_1^2 + 2a_1x_1x_2 + a_2x_2^2,$$
$$f_1 = b_0x_1^2 + 2b_1x_1x_2 + b_2x_2^2.$$

La première fournit l'intermutant

$$a_0\frac{d^2}{dx_2^2} - 2a_1\frac{d^2}{dx_1dx_2} + a_2\frac{d^2}{dx_1^2};$$

en l'appliquant à la seconde, on trouve l'invariant simultané

$$(a_0 b_2 - 2a_1 b_1 + a_2 b_0),$$

après avoir divisé par 2.

Pour deux formes de l'ordre n

$$f = a_0 x_1^n + n a_1 x_1^{n-1} x_2 + \cdots, f_1 = b_0 x_1^n + n b_1 x_1^{n-1} x_2 + \cdots$$

ce serait :

$$a_0 b_n - n a_1 b_{n-1} + \cdots + a_n b_0.$$

Soit encore le système d'une quadratique et d'une cubique

$$f = a_0 x_1^2 + 2a_1 x_1 x_2 + a_2 x_2^2,$$

$$f_1 = b_0 x_1^3 + 3b_1 x_1^2 x_2 + 3b_2 x_1 x_2^2 + b_3 x_2^3.$$

L'intermutant fourni par la première

$$a_0 \frac{d^2}{dx_2^2} - 2a_1 \frac{d^2}{dx_1 dx_2} + a_2 \frac{d^2}{dx_1^2}$$

appliqué à la cubique donne le covariant linéaire

$$a_0 (b_2 x_1 + b_3 x_2) - 2a_1 (b_1 x_1 + b_2 x_2) + a_2 (b_0 x_1 + b_1 x_2)$$

ou

$$(a_0 b_2 - 2a_1 b_1 + a_2 b_0) x_1 + (a_0 b_3 - 2a_1 b_2 + a_2 b_1) x_2.$$

Celui-ci fournit l'intermutant

$$(a_0 b_2 - 2a_1 b_1 + a_2 b_0) \frac{d}{dx_2} - (a_0 b_3 - 2a_1 b_2 + a_2 b_1) \frac{d}{dx_1},$$

et en opérant sur f, on arrive encore à un covariant linéaire, savoir :

$$[b_0 a_1 a_2 + 3b_2 a_0 a_1 - b_1 (a_0 a_2 + 2a_1^2) - b_3 a_0^2] x_1$$
$$+ [b_0 a_2^2 - 3b_1 a_1 a_2 + b_2 (a_0 a_2 + 2 a_1^2) - b_3 a_0 a_1] x_2.$$

Ces exemples suffisent pour mettre en évidence la facilité avec laquelle les intermutants conduisent à des covariants simultanés de deux formes.

§ 2.

Méthode des émanants.

223. Désignons par x_1, x_2; y_1, y_2 deux séries de variables qui se transforment par les mêmes formules, savoir :

$$x_1 = \alpha_1 X_1 + \alpha_2 X_2, \quad y_1 = \alpha_1 Y_1 + \alpha_2 Y_2,$$
$$x_2 = \beta_1 X_1 + \beta_2 X_2, \quad y_2 = \beta_1 Y_1 + \beta_2 Y_2.$$

On dit alors que ces variables sont *cogrédientes*. On en déduit

$$x_1 + \lambda y_1 = \alpha_1 (X_1 + \lambda Y_1) + \alpha_2 (X_2 + \lambda Y_2),$$
$$x_2 + \lambda y_2 = \beta_1 (X_1 + \lambda Y_1) + \beta_2 (X_2 + \lambda Y_2);$$

ce qui montre que les variables composées $x_1 + \lambda y_1$, $x_2 + \lambda y_2$ se transforment également par les mêmes formules en regardant $X_1 + \lambda Y_1$, $X_2 + \lambda Y_2$ comme les variables nouvelles. Donc, si la première substitution dans une forme $f(x_1, x_2)$ donne l'égalité

$$f(x_1, x_2) = F(X_1, X_2),$$

on aura aussi

$$f(x_1 + \lambda y_1, x_2 + \lambda y_2) = F(X_1 + \lambda Y_1, X_2 + \lambda Y_2),$$

quelle que soit la valeur de la constante λ. En développant pour égaler ensuite les coefficients des mêmes puissances de λ, on obtient les relations

$$y_1 \frac{df}{dx_1} + y_2 \frac{df}{dx_2} = Y_1 \frac{dF}{dx_1} + Y_2 \frac{dF}{dx_2},$$

$$y_1^2 \frac{d^2 f}{dx_1^2} + 2 y_1 y_2 \frac{d^2 f}{dx_1 dx_2} + y_2^2 \frac{d^2 f}{dx_2^2} = Y_1^2 \frac{d^2 F}{dX_1^2} + 2 Y_1 Y_2 \frac{d^2 F}{dX_1 dX_2} + Y_1^2 \frac{d^2 F}{dx_2^2},$$

. . . .

En général, on a

$$(\alpha) \qquad \left(y_1 \frac{d}{dx_1} + y_2 \frac{d}{dx_2}\right)^p f = \left(Y_1 \frac{d}{dX_1} + Y_2 \frac{d}{dX_2}\right)^p F.$$

Cette dernière égalité prouve que l'expression

$$(\beta) \qquad \left(y_1 \frac{d}{dx_1} + y_2 \frac{d}{dx_2}\right)^p f$$

jouit de la propriété de l'invariance; elle renferme à la fois les variables x et y et on doit la considérer comme un covariant à deux séries de variables. On l'appelle *émanant* de l'ordre p de f.

Considérons l'expression (β) comme une forme d'ordre p relativement à y_1, y_2, et soit

$$\varphi\left(\frac{d^p f}{dx_1^p}, \frac{d^p f}{dx_1^{p-1} dx_2}, \ldots\right)$$

un invariant de cette forme. Si on transforme les variables y_1, y_2, la fonction (β) deviendra, je suppose,

$$AY_1^p + pBY_1^{p-1} Y_2 + \cdots$$

et l'on doit avoir

$$\varphi(A, B, \ldots) = r^k \varphi\left(\frac{d^p f}{dx_1^p}, \frac{d^p f}{dx_1^{p-1} dx_2}, \ldots\right).$$

Or, à cause de l'égalité (α), les coefficients A, B,$\cdots$ sont tels, qu'en transformant x_1 et x_2, ils deviennent

$$\frac{d^p F}{dX_1^p}, \frac{d^p F}{dX_1^{p-1} dX_2}, \ldots,$$

et, après cette seconde transformation, on aura

$$\varphi\left(\frac{d^p F}{dX_1^p}, \frac{d^p F}{dX_1^{p-1} dX_2}, \ldots\right) = r^k \varphi\left(\frac{d^p f}{dx_1^p}, \frac{d^p f}{dx_1^{p-1} dx_2}, \ldots\right);$$

par suite, l'expression du second membre est un covariant de f. Par conséquent, *tout invariant d'un émanant considéré comme une fonction de* y_1, y_2 *est un covariant de la forme.*

224. Nous allons montrer par quelques applications l'utilité et la fécondité de ce principe. Considérons d'abord le second émanant

$$\left(y_1 \frac{d}{dx_1} + y_2 \frac{d}{dx_2}\right)^2 f = y_1^2 \frac{d^2 f}{dx_1^2} + 2 y_1 y_2 \frac{d^2 f}{dx_1 dx_2} + y_2^2 \frac{d^2 f}{dx_2^2}$$

par rapport à la cubique

$$f = a_0 x_1^3 + 3a_1 x_1^2 x_2 + 3a_2 x_1 x_2^2 + a_3 x_2^3.$$

Si on remplace les dérivées par leurs valeurs, il vient :

$$y_1^2 (a_0 x_1 + a_1 x_2) + 2y_1 y_2 (a_1 x_1 + a_2 x_2) + y_1^2 (a_2 x_1 + a_3 x_2),$$

en négligeant un facteur numérique; cette expression est une forme quadratique en y_1, y_2 qui admet comme invariant son discriminant, savoir :

$$(a_0 x_1 + a_1 x_2)(a_2 x_1 + a_3 x_2) - (a_1 x_1 + a_2 x_2)^2$$

ou

$$(a_0 a_2 - a_1^2) x_1^2 + (a_0 a_3 - a_1 a_2) x_1 x_2 + (a_1 a_3 - a_2^2) x_2^2.$$

Cette fonction des coefficients et des variables de f jouissant de la propriété de l'invariance est un covariant de la cubique.

Appliquons le même émanant à la quartique

$$f = a_0 x_1^4 + 4a_1 x_1^3 x_2 + 6a_2 x_1^2 x_2^2 + 4a_3 x_1 x_2^3 + a_4 x_2^4;$$

on trouve, en divisant par 12,

$$(a_0 x_1^2 + 2a_1 x_1 x_2 + a_2 x_2^2) y_1^2 + 2(a_1 x_1^2 + 2a_2 x_1 x_2 + a_3 x_2^2) y_1 y_2 + (a_2 x_1^2 + 2a_3 x_1 x_2 + a_4 x_2^2) y_2^2.$$

Le discriminant de cette forme, c'est-à-dire,

$$(a_0x_1^2+2a_1x_1x_2+a_2x_2^2)(a_2x_1^2+2a_3x_1x_2+a_4x_2^2)-(a_1x_1^2+2a_2x_1x_2+a_3x_2^2)^2,$$

ou bien

$$(a_0a_2-a_1^2)x_1^4+2(a_0a_3-a_1a_2)x_1^3x_2+(a_0a_4+2a_1a_3-3a_2^2)x_1^2x_2^2$$
$$+2(a_1a_4-a_2a_3)x_1x_2^3+(a_2a_4-a_3^2)x_2^4$$

est un covariant du quatrième degré de la quartique.

On pourrait continuer à opérer avec le même émanant sur les formes d'ordre plus élevé et l'on trouverait chaque fois des covariants de ces formes.

Considérons encore le quatrième émanant

$$\left(y_1\frac{d}{dx_1}+y_2\frac{d}{dx_2}\right)^4 f$$

ou

$$y_1^4\frac{d^4f}{dx_1^4}+4y_1^3y_2\frac{d^4f}{dx_1^3dx_2}+6y_1^2y_2^2\frac{d^4f}{dx_1^2dx_2^2}+4y_1y_2^3\frac{d^4f}{dx_1dx_2^3}+y_2^4\frac{d^4f}{dx_2^4}$$

pour l'appliquer à la quintique

$$f=a_0x_1^5+5a_1x_1^4x_2+10a_2x_1^3x_2^2+10a_3x_1^2x_2^3+5a_4x_1x_2^4+a_5x_2^5;$$

il viendra

$$y_1^4(a_0x_1+a_1x_2)+4y_1^3y_2(a_1x_1+a_2x_2)+6y_1^2y_2^2(a_2x_2+a_3x_3)$$
$$+4y_1y_2^3(a_3x_1+a_4x_2)+y_2^4(a_4x_1+a_5x_2).$$

C'est une quartique relativement à y_1 et y_2; or, la forme $f=a_0x_1^4+\cdots$, possède l'invariant

$$a_0a_4-4a_1a_3+3a_2^2;$$

si on remplace les coefficients par ceux de l'expression précédente, on trouve

$$(a_0x_1+a_1x_2)(a_4x_1+a_5x_2)-4(a_1x_1+a_2x_2)(a_3x_1+a_4x_2)+3(a_2x_1+a_3x_2)^2$$

ou

$$(a_0a_4-4a_1a_3+3a_2^2)x_1^2+(a_0a_5-3a_1a_4+2a_2a_3)x_1x_2$$
$$+(a_1a_5-4a_2a_4+3a_3^2)x_2^2.$$

C'est un covariant du second degré par rapport aux coefficients et aux variables de la quintique. On en déduit immédiatement un invariant du quatrième degré de la même forme, en formant le discriminant de ce covariant; ce qui donne

$$I=4(a_0a_4-4a_1a_3+3a_2^2)(a_1a_5-4a_2a_4+3a_3^2)-(a_0a_5-3a_1a_4+2a_2a_3)^2$$

c'est-à-dire,

$$I = -a_0^2a_5^2 + 10a_0a_1a_4a_5 - 4a_0a_2a_3a_5 - 16a_0a_2a_4^2 + 12a_0a_3^2a_4 - 16a_1^2a_3a_5 - 9a_1^2a_4^2 + 12\,a_1a_2^2a_5 + 76a_1a_2a_3a_4 - 48a_1a_3^3 - 48a_2^3a_4 + 32a_2^2a_3^2.$$

Appliquons encore le même émanant à la sextique

$$f = a_0x_1^6 + 6a_1x_1^5x_2 + 15a_2x_1^4x_2^2 + 20a_3x_1^3x_2^3 + 15a_4x_1^2x_2^4 + 6a_5x_1x_2^5 + a_6x_2^6;$$

on trouve

$$\begin{gathered} y_1^4(a_0x_1^2 + 2a_1x_1x_2 + a_2x_2^2) + 4y_1^3y_2(a_1x_1^2 + 2a_2x_1x_2 + a_3x_2^2) \\ + 6y_1^2y_2^2(a_2x_1^2 + 2a_3x_1x_2 + a_4x_2^2) + 4y_1y_2^3(a_3x_1 + 2a_4x_1x_2 + a_5x_2^2) \\ + y_1^4(a_4x_1^2 + 2a_5x_1x_2 + a_6x_2^2). \end{gathered}$$

On en déduit, comme tout-à-l'heure, le covariant du quatrième degré de la sextique

$$\begin{gathered} (a_0x_1^2 + 2a_1x_1x_2 + a_2x_2^2)(a_4x_1^2 + 2a_5x_1x_2 + a_6x_2^2) \\ - 4(a_1x_1^2 + 2a_2x_1x_2 + a_3x_2^2)(a_3x_1^2 + 2a_4x_1x_2 + a_5x_2^2) \\ + 3(a_2x_1^2 + 2a_3x_1x_2 + a_4x_2^2)^2, \end{gathered}$$

ou bien

$$\begin{gathered} (a_0a_4 - 4a_1a_3 + 3a_2^2)x_1^4 + 2(a_0a_5 - 3a_1a_4 + 2a_2a_3)x_1^3x_2 \\ + (a_0a_6 - 9a_2a_4 + 8a_3^2)x_1^2x_2^2 + 2(a_1a_6 - 3a_2a_5 + 2a_3a_4)x_1x_2^3 \\ + (a_2a_6 - 4a_3a_5 + 3a_4^2)x_2^4. \end{gathered}$$

L'invariant du second degré par rapport aux coefficients de ce covariant fournit aussi l'invariant du quatrième degré de la sextique; sa valeur est :

$$\begin{gathered} I = a_0a_2a_4a_6 - a_0a_2a_5^2 - a_0a_3^2a_6 + 2a_0a_3a_4a_5 - a_0a_4^3 - a_1^2a_4a_6 + a_1^2a_5^2 \\ + 2a_1a_2a_3a_6 - 2a_1a_2a_4a_5 + 2a_1a_3^2a_5 - 2a_1a_3a_4^2 - a_2^3a_6 + 2a_2^2a_3a_5 \\ + a_2^2a_4^2 - 3a_2a_3^2a_4 + a_3^4. \end{gathered}$$

225. Les applications précédentes consistent à remplacer dans les invariants

$$a_0a_2 - a_1^2, \quad a_0a_4 - 4a_1a_3 + 3a_2^2$$

les lettres par les coefficients différentiels; ce qui donne

$$\frac{d^2f}{dx_1^2}\cdot\frac{d^2f}{dx_2^2} - \left(\frac{d^2f}{dx_1dx_2}\right)^2$$

$$\frac{d^4f}{dx_1^4}\cdot\frac{d^4f}{dx_2^4} - 4\frac{d^4f}{dx_1^3dx_2}\cdot\frac{d^4f}{dx_1dx_2^3} + 3\left(\frac{d^4f}{dx_1^2dx_2^2}\right)^2.$$

La première expression constitue une formule covariante pour toutes les formes à partir du troisième degré, et la seconde pour toutes les formes à partir du cinquième degré. En général, d'après la nature de l'émanant, tout invariant d'une forme conduit de la même manière à une formule covariante pour les formes d'ordre plus élevé.

Supposons que le degré n de f soit impair, et posons : $p = n - 1$. L'émanant

$$\left(y_1 \frac{d}{dx_1} + y_2 \frac{d}{dx_2}\right)^{n-1} f$$

doit être considéré comme une forme binaire d'ordre pair par rapport à y_1, y_2 qui admet toujours un invariant du second degré; les coefficients

$$\frac{d^{n-1}f}{dx_1^{n-1}}, \frac{d^{n-1}f}{dx_1^{n-2}dx_2}, \text{ etc.}$$

étant des fonctions du premier ordre en x_1 et x_2, le covariant correspondant est du second degré. Donc, *toute forme binaire d'ordre impair possède un covariant du second degré par rapport aux coefficients et aux variables.*

Posons encore : $p = n - 3$; chaque terme de l'invariant renfermera les dérivées de l'ordre $n - 3$ qui représentent des fonctions du troisième degré en x_1 et x_2 ; l'émanant conduit, dans ce cas, à un covariant qui est toujours du second degré par rapport aux coefficients, mais du sixième degré relativement aux variables, c'est-à-dire, du degré $2n - 2p$. Ainsi, en général, *une forme binaire d'ordre impair admet une série de covariants du second ordre par rapport aux coefficients et du degré $2n - 2p$ par rapport aux variables, p étant le degré de l'émanant.*

Tous les covariants ainsi obtenus constituent des formes d'ordre pair ; ils possèdent un invariant du second degré par rapport à leurs coefficients et, par conséquent, du quatrième degré relativement à ceux de la forme primitive. Ceux-ci donneront lieu à des formules qui seront la source de covariants du quatrième degré par rapport aux coefficients. On peut faire un usage analogue de ces derniers, etc.

226. Le rôle de l'émanant que nous venons d'étudier dans les formes binaires est le même pour une forme à un nombre quelconque de variables. Soit $f(x_1 x_2, \cdots, x_k)$ une forme à k variables et

$$x_1 = \alpha_1 X_1 + \alpha_2 X_2 + \cdots + \alpha_k X_k,$$
$$x_2 = \beta_1 X_1 + \beta_2 X_2 + \cdots + \beta_k X_k,$$
$$\cdots\cdots\cdots\cdots$$
$$x_k = \lambda_1 X_1 + \lambda_2 X_2 + \cdots + \lambda_k X_k,$$

les formules de transformation linéaire. Si $y_1, y_2, \cdots, y_k$ représentent une seconde série de variables qui se transforment par les mêmes formules, il en sera encore ainsi pour la suite

$$x_1 + \lambda y_1,\ x_2 + \lambda y_2 \cdots x_k + \lambda y_k,$$

et l'on doit avoir l'égalité

$$f(x_1 + \lambda y_1, x_2 + \lambda y_2, \cdots) = \mathrm{F}(\mathrm{X}_1 + \lambda \mathrm{Y}_1, \mathrm{X}_2 + \lambda \mathrm{Y}_2, \cdots),$$

d'où résulte la formule générale

$$\left(y_1 \frac{d}{dx_1} + y_2 \frac{d}{dx_2} + \cdots + y_k \frac{d}{dx_k}\right)^p f$$
$$= \left(\mathrm{Y}_1 \frac{d}{d\mathrm{X}_1} + \mathrm{Y}_2 \frac{d}{d\mathrm{X}_2} + \cdots + \mathrm{Y}_k \frac{d}{d\mathrm{X}_k}\right)^p \mathrm{F};$$

elle exprime que la fonction du premier membre jouit de la propriété de l'invariance. Tout invariant de cette expression considérée comme une forme d'ordre p relativement aux variables y sera un covariant de la forme primitive. Le raisonnement est identiquement le même que pour les formes binaires.

Soit, par exemple, le second émanant

$$\left(y_1 \frac{d}{dx_1} + y_2 \frac{d}{dx_2} + y_3 \frac{d}{dx_3}\right)^2 f$$

pour une forme à trois variables. En le développant, il vient :

$$y_1^2 \frac{d^2f}{dx_1^2} + y_2^2 \frac{d^2f}{dx_2^2} + y_3^2 \frac{d^2f}{dx_3^2}$$
$$+ 2y_1y_2 \frac{d^2f}{dx_1dx_2} + 2y_1y_3 \frac{d^2f}{dx_1dx_3} + 2y_2y_3 \frac{d^2f}{dx_2dx_3};$$

c'est une forme quadratique relativement à y_1, y_2, y_3 ; elle admet, comme invariant, son discriminant, c'est-à-dire,

$$\begin{vmatrix} \dfrac{d^2f}{dx_1^2} & \dfrac{d^2f}{dx_1dx_2} & \dfrac{d^2f}{dx_1dx_3} \\ \dfrac{d^2f}{dx_2dx_1} & \dfrac{d^2f}{dx_2^2} & \dfrac{d^2f}{dx_2dx_3} \\ \dfrac{d^2f}{dx_3dx_1} & \dfrac{d^2f}{dx_3dx_2} & \dfrac{d^2f}{dx_3^2} \end{vmatrix}.$$

Ce déterminant sera une formule covariante pour toutes les formes ternaires d'ordre plus élevé que le second ; on l'appelle ***Hessien*** de f.

Un déterminant semblable existe évidemment pour la forme générale à k variables.

En second lieu, étant données trois formes ternaires f, φ, ψ, écrivons les premiers émanants relativement à chacune d'elles :

$$y_1 \frac{df}{dx_1} + y_2 \frac{df}{dx_2} + y_3 \frac{df}{dx_3},$$
$$y_1 \frac{d\varphi}{dx_1} + y_2 \frac{d\varphi}{dx_2} + y_3 \frac{d\varphi}{dx_3},$$
$$y_1 \frac{d\psi}{dx_1} + y_2 \frac{d\psi}{dx_2} + y_3 \frac{d\psi}{dx_3};$$

ils forment un système de trois fonctions linéaires homogènes relativement à y_1, y_2, y_3 ; leur déterminant est un invariant simultané de ces formes ; donc l'expression

$$\begin{vmatrix} \frac{df}{dx_1} & \frac{df}{dx_2} & \frac{df}{dx_3} \\ \frac{d\varphi}{dx_1} & \frac{d\varphi}{dx_2} & \frac{d\varphi}{dx_3} \\ \frac{d\psi}{dx_1} & \frac{d\psi}{dx_2} & \frac{d\psi}{dx_3} \end{vmatrix}$$

qui renferme les coefficients de f, φ et ψ ainsi que les variables sera un covariant simultané de ces formes. On l'appelle ***Jacobien*** ou ***déterminant fonctionnel*** de f, φ, ψ. Nous aurons l'occasion plus loin d'étudier les deux formules précédentes qui constituent à elles seules une méthode facile pour la recherche des invariants et des covariants.

§ 3.

Méthode des évectants.

227. Si l'on représente par x_1 et x_2, y_1 et y_2 deux séries de variables cogrédientes, les formules

$$x_1 = \alpha_1 X_1 + \alpha_2 X_2, \quad y_1 = \alpha_1 Y_1 + \alpha_2 Y_2,$$
$$x_2 = \beta_1 X_1 + \beta_2 X_2, \quad y_2 = \beta_1 Y_1 + \beta_2 Y_2,$$

donnent la relation

$$x_1y_2 - x_2y_1 = r(X_1Y_2 - X_2Y_1);$$

par suite, lorsque $f(x_1, x_2)$ devient, par la transformation, $F(X_1, X_2)$, l'expression

$$f(x_1, x_2) + \lambda(x_1y_2 - x_2y_1)^n$$

se changera en

$$F(X_1, X_2) + \lambda r^n(X_1Y_2 - X_2Y_1)^n,$$

et quel que soit λ, on aura l'égalité

$$f(x_1, x_2) + \lambda(x_1y_2 - x_2y_1)^n = F(X_1, X_2) + \lambda r^n(X_1Y_2 - X_2Y_1)^n.$$

Si on développe les deux membres, on trouve

$$(a_0 + \lambda y_2^n)x_1^n + n(a_1 - \lambda y_2^{n-1}y_1)x_1^{n-1}x_2 + \frac{n(n-1)}{1 \cdot 2}(a_2 + \lambda y_2^{n-2}y_1^2)x_1^{n-2}x_2^2 + \cdots$$
$$= (A_0 + \lambda r^n Y_2^n)X_1^n + n(A_1 - \lambda r^n Y_2^{n-1}Y_1)X_1^{n-1}X_2 + \cdots.$$

Cela étant, désignons par $\varphi(a_0, a_1, a_2, \ldots)$ un invariant de f. On aura

$$\varphi(A_0, A_1, \ldots) = r^k\varphi(a_0, a_1, \ldots).$$

En prenant l'invariant φ pour la fonction du premier membre de l'équation précédente, il vient aussi

$$\varphi(A_0 + \lambda r^n Y_2^n, A_1 - \lambda r^n Y_2^{n-1}Y_1, \ldots) = r^k\varphi(a_0 + \lambda y_2^n, a_1 - \lambda y_1^{n-1}y_2, \ldots),$$

et cette relation doit avoir lieu quel que soit λ; développons les deux membres et égalons les coefficients de la première puissance de λ. On aura

$$r^n\left(Y_2^n\frac{d\varphi}{dA_0} - Y_2^{n-1}Y_1\frac{d\varphi}{dA_1} + Y_2^{n-2}Y_1^2\frac{d\varphi}{dA_2} - \cdots \pm Y_1^n\frac{d\varphi}{dA_n}\right)$$
$$= r^k\left(y_2^n\frac{d\varphi}{da_0} - y_2^{n-1}y_1\frac{d\varphi}{da_1} + y_2^{n-2}y_1^2\frac{d\varphi}{da_2} - \cdots \pm y_1^n\frac{d\varphi}{da_n}\right).$$

Si on divise par r^n, on voit que, par définition, la formule

$$y_2^n\frac{d\varphi}{da_0} - y_2^{n-1}y_1\frac{d\varphi}{da_1} + y_2^{n-2}y_1^2\frac{d\varphi}{da_2} - \cdots \pm y_1^n\frac{d\varphi}{da_n}$$

jouit de la propriété de l'invariance. En égalant les coefficients de λ^p, on arriverait à la même conclusion pour l'expression

$$\left(y_2^n\frac{d}{da_0} - y_2^{n-1}y_1\frac{d}{da_1} + y_2^{n-1}y_1^2\frac{d}{da_2} - \cdots \pm y_1^n\frac{d}{da_n}\right)^p\varphi.$$

Il en résulte, qu'en remplaçant y_1 et y_2 par x_1 et x_2, on obtient la formule covariante

$$\left(x_2^n \frac{d}{da_0} - x_2^{n-1} x_1 \frac{d}{da_1} + x_2^{n-2} x_1^2 \frac{d}{da_2} - \cdots \pm x_1^n \frac{d}{da_n}\right)^p \varphi,$$

ou bien, en écrivant suivant les puissances décroissantes de x_1,

$$\left(x_1^n \frac{d}{da_n} - x_1^{n-1} x_2 \frac{d}{da_{n-1}} + x_1^{n-2} x_2^2 \frac{d}{da_{n-2}} - \cdots \pm x_2^n \frac{d}{da_0}\right)^p \varphi.$$

Cette expression se nomme *évectant* de l'ordre p de la forme f; elle donne immédiatement un covariant au moyen d'un invariant φ de f.

Comme application, soit d'abord la forme quadratique

$$f = a_0 x_1^2 + 2a_1 x_1 x_2 + a_2 x_2^2$$

qui possède l'invariant

$$\varphi = a_0 a_2 - a_1^2.$$

Le premier évectant

$$x_1^2 \frac{d\varphi}{da_2} - x_1 x_2 \frac{d\varphi}{da_1} + x_2^2 \frac{d\varphi}{da_0}$$

conduit à

$$a_0 x_1^2 + 2a_1 x_1 x_2 + a_2 x_2^2;$$

c'est la forme elle-même.

En second lieu, prenons l'invariant de la cubique

$$\varphi = a_0^2 a_3^2 + 4a_0 a_2^3 + 4a_1^3 a_3 - 3a_1^2 a_2^2 - 6a_0 a_1 a_2 a_3;$$

l'évectant

$$x_1^3 \frac{d\varphi}{da_3} - x_1^2 x_2 \frac{d\varphi}{da_2} + x_1 x_2^2 \frac{d\varphi}{da_1} - x_2^3 \frac{d\varphi}{da_0}$$

donne le covariant du troisième degré de cette forme :

$$(a_0^2 a_3 - 3a_0 a_1 a_2 + 2a_1^3) x_1^3 + 3(a_0 a_1 a_3 - 2a_0 a_2^2 + a_1^2 a_2) x_1^2 x_2$$
$$+ 3(2a_1^2 a_3 - a_0 a_2 a_3 - a_1 a_2^2) x_1 x_2^2 + (3a_1 a_2 a_3 - a_0 a_3^2 - 2a_2^3) x_2^3.$$

En troisième lieu, on sait que la quartique admet les invariants

$$a_0 a_4 - 4a_1 a_3 + 3a_2^2$$
$$a_0 a_2 a_4 - a_0 a_3^2 - a_1^2 a_4 + 2a_1 a_2 a_3 - a_2^3.$$

L'évectant

$$x_1^4 \frac{d\varphi}{da_4} - x_1^3 x_2 \frac{d\varphi}{da_3} + x_1^2 x_2^2 \frac{d\varphi}{da_2} - x_1 x_2^3 \frac{d\varphi}{da_1} + x_2^4 \frac{d\varphi}{da_0}$$

appliqué au premier ne fait que reproduire la forme elle-même; mais, si on opère sur le second, on arrive au covariant du quatrième degré de la quartique que nous avons rencontré précédemment (N° 224).

En quatrième lieu, au moyen de l'invariant du quatrième degré de la quintique (N° 224), l'évectant

$$x_1^5 \frac{d\varphi}{da_5} - x_1^4 x_2 \frac{d\varphi}{da_4} + x_1^3 x_2^2 \frac{d\varphi}{da_3} - x_1^2 x_2^3 \frac{d\varphi}{da_2} + x_1 x_2^4 \frac{d\varphi}{da_1} - x_2^5 \frac{d\varphi}{da_0}$$

conduit au covariant du cinquième degré de la quintique :

$$\begin{aligned}(a_0^2 a_5 &- 5a_0a_1a_4 + 2a_0a_2a_3 + 8a_1^2a_3 - 6a_1a_2^2)\, x_1^5 + (5a_0a_1a_5 - 16a_0a_2a_4 \\ &+ 6a_0a_3^2 - 9a_1^2a_4 + 38a_1a_2a_3 - 24a_2^3)\, x_1^4x_2 + (2a_0a_2a_5 - 12a_0a_3a_4 + 8a_1^2a_5 \\ &- 38a_1a_2a_4 + 72a_1a_3^2 - 32a_2^2a_3)\, x_1^3x_2^2 + (-2a_0a_3a_5 - 8a_0a_4^2 - 12a_1a_2a_5 \\ &+ 36a_1a_3a_4 + 72a_2^2a_4 - 32a_2a_3^2)\, x_1^2x_2^3 + (-5a_0a_4a_5 + 16a_1a_3a_5 + 9a_1a_4^2 \\ &- 6a_2^2a_5 - 38a_2a_3a_4 + 24a_3^3)\, x_1x_2^4 + (-a_0a_5^2 + 5a_1a_4a_5 - 2a_2a_3a_5 - 8a_2a_4^2 \\ &+ 6a_3^2a_4)\, x_2^5.\end{aligned}$$

En cinquième lieu, l'évectant

$$x_1^6 \frac{d\varphi}{da_6} - x_1^5 x_2 \frac{d\varphi}{da_5} + x_1^4 x_2^2 \frac{d\varphi}{da_4} - x_1^3 x_2^3 \frac{d\varphi}{da_3} + x_1^2 x_2^4 \frac{d\varphi}{da_2} - x_1 x_2^5 \frac{d\varphi}{da_1} + x_2^6 \frac{d\varphi}{da_0}$$

appliqué à l'invariant du quatrième degré de la sextique (N° 224) donne le covariant du sixième degré de cette forme, savoir :

$$\begin{aligned}(a_0a_2a_4 &+ 2a_1a_2a_3 - a_2^3 - a_1^2a_4 - a_0a_3^2)\, x_1^6 + (-2a_1^2a_5 + 2a_1a_2a_4 + 2a_1a_3^2 \\ &- 2a_2^2a_3 + 2a_0a_3a_4 + 2a_0a_2a_5)\, x_1^5x_2 + (2a_2^2a_4 - 2a_1a_2a_5 - 3a_2a_3^2 + a_0a_2a_6 \\ &+ 2a_0a_3a_5 - 3a_0a_4^2 + 4a_1a_3a_4 - a_1^2a_6)\, x_1^4x_2^2 + (-4a_3^3 + 4a_1a_3a_5 + 6a_2a_3a_4 \\ &- 2a_0a_4a_5 - 2a_2^2a_5 - 2a_1a_4^2 - 2a_1a_2a_6 + 2a_0a_3a_6)\, x_1^3x_2^3 + (2a_2a_4^2 - 2a_1a_4a_5 \\ &- 3a_3^2a_4 + a_0a_4a_6 + 2a_1a_3a_6 - 3a_2^2a_6 + 4a_2a_3a_5 - a_0a_5^2)\, x_1^2x_2^4 + (-2a_1a_5^2 \\ &+ 2a_2a_4a_5 + 2a_3^2a_5 - 2a_4^2a_3 - 2a_2a_3a_6 + 2a_1a_4a_6)\, x_1x_2^5 + (a_2a_4a_6 + 2a_3a_4a_5 \\ &- a_4^3 - a_2a_5^2 - a_3^2a_6)\, x_2^6.\end{aligned}$$

§ 4.

Méthode du Hessien et du Jacobien.

228. Etant donnée une forme f à k variables, le second émanant

$$\left(y_1 \frac{d}{dx_1} + y_2 \frac{d}{dx_2} + \cdots + y_k \frac{d}{dx_k}\right)^2 f$$

considéré comme une forme quadratique relativement aux variables y

possède un invariant qui est son discriminant; en le désignant par H, on a :

$$H = \begin{vmatrix} \frac{d^2f}{dx_1^2} & \frac{d^2f}{dx_1dx_2} & \frac{d^2f}{dx_1dx_3} & \cdots & \frac{d^2f}{dx_1dx_k} \\ \frac{d^2f}{dx_2dx_1} & \frac{d^2f}{dx_2^2} & \frac{d^2f}{dx_2dx_3} & \cdots & \frac{d^2f}{dx_2dx_k} \\ \cdot & \cdot & \cdot & \cdot & \cdot \\ \frac{d^2f}{dx_kdx_1} & \frac{d^2f}{dx_kdx_2} & \frac{d^2f}{dx_kdx_3} & \cdots & \frac{d^2f}{dx_k^2} \end{vmatrix}.$$

Ce déterminant est le covariant Hessien de la forme donnée; si n est le degré de f, celui de H sera $k(n-2)$; son degré par rapport aux coefficients est égal à l'ordre du déterminant. Le covariant Hessien est facile à obtenir; c'est toujours un des premiers à considérer dans l'étude d'une forme.

Pour une forme quadratique

$$f = \sum_{\lambda=1}^{\lambda=k} \sum_{\mu=1}^{\mu=k} a_{\lambda\mu} x_\lambda x_\mu,$$

les dérivées secondes se réduisent aux différents coefficients de la forme en négligeant un facteur numérique, et l'on a

$$H = \begin{vmatrix} a_{11} & a_{12} & \cdots & a_{1k} \\ a_{21} & a_{22} & \cdots & a_{2k} \\ a_{31} & a_{32} & \cdots & a_{3k} \\ \cdot & \cdot & \cdot & \cdot \\ a_{k1} & a_{k2} & \cdots & a_{kk} \end{vmatrix}.$$

Le Hessien est donc égal au discriminant.

Considérons seulement le Hessien pour les formes binaires. Soit d'abord la cubique

$$f = a_0x_1^3 + 3a_1x_1^2x_2 + 3a_2x_1x_2^2 + a_3x_2^3.$$

En laissant le facteur 6, on aura

$$H = \begin{vmatrix} a_0x_1 + a_1x_2 & a_1x_1 + a_2x_2 \\ a_1x_1 + a_2x_2 & a_2x_1 + a_3x_2 \end{vmatrix},$$

ou

$$H = (a_0x_1 + a_1x_2)(a_2x_1 + a_3x_2) - (a_1x_1 + a_2x_2)^2,$$

c'est-à-dire,

$$H = (a_0a_2 - a_1^2)\,x_1^2 + (a_0a_3 - a_1a_2)\,x_1x_2 + (a_1a_3 - a_2^2)\,x_2^2\,;$$

c'est le covariant du second degré de cette forme. Appelons H′ le Hessien de H; on aura

$$H' = 4\,(a_0a_2 - a_1^2)\,(a_1a_3 - a_2^2) - (a_0a_3 - a_1a_2)^2,$$

c'est-à-dire l'invariant de la cubique.

Pour la quartique

$$f = a_0x_1^4 + 4a_1x_1^3x_2 + 6a_2x_1^2x_2^2 + 4a_3x_1x_2^3 + a_4x_2^4,$$

il vient

$$H = \begin{vmatrix} a_0x_1^2 + 2a_1x_1x_2 + a_2x_2^2 & a_1x_1^2 + 2a_2x_1x_2 + a_3x_2^2 \\ a_1x_1^2 + 2a_2x_1x_2 + a_3x_2^2 & a_2x_1^2 + 2a_3x_1x_2 + a_4x_2^2 \end{vmatrix}$$

$$= (a_0x_1^2 + 2a_1x_1x_2 + a_2x_2^2)(a_2x_1^2 + 2a_3x_1x_2 + a_4x_2^2)$$
$$- (a_1x_1^2 + 2a_2x_1x_2 + a_3x_2^2)^2;$$

en développant, on trouve

$$(a_0a_2 - a_1^2)x_1^4 + 2\,(a_0a_3 - a_1a_2)x_1^3x_2 + (a_0a_4 + 2a_1a_3 - 3a_2^2)\,x_1^2x_2^2$$
$$+ 2\,(a_1a_4 - a_2a_3)\,x_1x_2^3 + (a_2a_4 - a_3^2)\,x_2^4.$$

Pour la forme canonique

$$f = x_1^4 + x_2^4 + 6\,\lambda\,x_1^2x_2^2,$$

il se réduit à

$$H = \begin{vmatrix} x_1^2 + \lambda\,x_2^2 & 2\,\lambda\,x_1x_2 \\ 2\,\lambda\,x_1x_2 & x_2^2 + \lambda\,x_1^2 \end{vmatrix},$$

ou

$$H = \lambda\,(x_1^4 + x_2^4) + (1 - 3\,\lambda^2)\,x_1^2x_2^2.$$

En posant :

$$6\,\lambda_1 = \frac{1 - 3\,\lambda^2}{\lambda},$$

on peut prendre

$$H = x_1^4 + x_2^4 + 6\,\lambda_1x_1^2x_2^2.$$

Si l'on calcule le Hessien H′ de H, on arrivera à une expression de la même forme :

$$H' = x_1^4 + x_2^4 + 6\,\lambda_2\,x_1^2x_2^2;$$

de sorte qu'en éliminant $x_1^4 + x_2^4$, $x_1^2x_2^2$ entre les expressions de ces trois fonctions, il vient :

$$\begin{vmatrix} f & 1 & \lambda \\ H & 1 & \lambda_1 \\ H' & 1 & \lambda_2 \end{vmatrix} = 0.$$

Cette relation prouve que le Hessien du Hessien d'une quartique peut s'exprimer au moyen de f et de H comme suit : $H' = \alpha f + \beta H$, α et β étant des constantes.

Nous aurons l'occasion de considérer le Hessien dans les formes binaires d'ordre plus élevé; nous allons maintenant démontrer une propriété générale de ce covariant.

229. Supposons que la forme binaire f se réduise à une puissance exacte :

$$f = (b_1x_1 + b_2x_2)^n.$$

Il vient, dans ce cas, pour les dérivées

$$\frac{d^2f}{dx_1^2} = n(n-1)\,b_1^2\,(b_1x_1 + b_2x_2)^{n-2}, \quad \frac{d^2f}{dx_2^2} = n(n-1)\,b_2^2\,(b_1x_1 + b_2x_2)^{n-2}$$

$$\frac{d^2f}{dx_1dx_2} = n(n-1)\,b_1b_2\,(b_1x_1 + b_2x_2)^{n-2};$$

par suite

$$H = n^2(n-1)^2(b_1x_1 + b_2x_2)^{2n-4}\begin{vmatrix} b_1^2 & b_1b_2 \\ b_1b_2 & b_2^2 \end{vmatrix}.$$

Le déterminant facteur étant égal à zéro, *le Hessien est identiquement nul.*

Réciproquement, *quand le Hessien d'une forme est identiquement nul, elle doit être une puissance parfaite.* Nous allons le vérifier dans quelques cas particuliers. D'après la valeur trouvée, si le Hessien d'une cubique est identiquement nul, on doit avoir les relations

$$a_0a_2 - a_1^2 = 0, \quad a_0a_3 - a_1a_2 = 0, \quad a_1a_3 - a_2^2 = 0.$$

Or, les dérivées étant

$$\frac{df}{dx_1} = 3(a_0x_1^2 + 2a_1x_1x_2 + a_2x_2^2), \quad \frac{df}{dx_2} = 3(a_1x_1^2 + 2a_2x_1x_2 + a_3x_2^2),$$

la première et la troisième relation expriment que ces dérivées se réduisent à un carré; ce qui exige que la forme primitive soit un cube.

De même, si le Hessien de la quartique est identiquement nul, on a

$$a_0a_2 - a_1^2 = 0, \quad a_0a_3 - a_1a_2 = 0, \quad a_0a_4 + 2a_1a_3 - 3a_2^2 = 0,$$
$$a_1a_4 - a_2a_3 = 0, \quad a_2a_4 - a_3^2 = 0.$$

Ces relations expriment que les dérivées

$$\frac{df}{dx_1} = 4(a_0x_1^3 + 3a_1x_1^2x_2 + 3a_2x_1x_2^2 + a_3x_2^3),$$
$$\frac{df}{dx_2} = 4(a_1x_1^3 + 3a_2x_1^2x_2 + 3a_3x_1x_2^2 + a_4x_2^3),$$

se réduisent à des cubes; par conséquent, la quartique doit être une quatrième puissance. En allant ainsi de proche en proche, on vérifie l'exactitude de la proposition énoncée.

230. *Covariant Jacobien.* Nous avons vu (N° **225**) que le Jacobien de plusieurs formes est le déterminant formé avec leurs dérivées premières par rapport à toutes les variables. Soient f et φ deux formes binaires de l'ordre n et J leur Jacobien. On aura

$$J = \begin{vmatrix} \frac{df}{dx_1} & \frac{d\varphi}{dx_1} \\ \frac{df}{dx_2} & \frac{d\varphi}{dx_2} \end{vmatrix}.$$

Le déterminant J est un covariant simultané de f et de φ dont le degré est $2(n-1)$. Il jouit de la propriété spéciale de se reproduire, si on remplace f et φ par des expressions linéaires de ces formes. En effet, cherchons le Jacobien des fonctions composées

$$\lambda f + \mu\varphi, \quad \lambda' f + \mu'\varphi,$$

λ, μ, λ', μ' étant des constantes quelconques. Il a pour expression

$$\begin{vmatrix} \lambda\frac{df}{dx_1} + \mu\frac{d\varphi}{dx_1} & \lambda'\frac{df}{dx_1} + \mu'\frac{d\varphi}{dx_1} \\ \lambda\frac{df}{dx_2} + \mu\frac{d\varphi}{dx_2} & \lambda'\frac{df}{dx_2} + \mu'\frac{d\varphi}{dx_2} \end{vmatrix},$$

c'est-à-dire,

$$\begin{vmatrix} \lambda & \mu \\ \lambda' & \mu' \end{vmatrix} \cdot \begin{vmatrix} \frac{df}{dx_1} & \frac{d\varphi}{dx_1} \\ \frac{df}{dx_2} & \frac{d\varphi}{dx_2} \end{vmatrix}.$$

Le Jacobien reste donc invariable dans ces conditions, abstraction faite d'un facteur qui dépend seulement des constantes des fonctions composées. On donne le nom de *combinant* à un covariant qui jouit de cette propriété.

Supposons que les formes f et φ aient un facteur linéaire commun de telle sorte que leur résultant R soit égal à zéro. D'après une propriété des déterminants, on peut écrire

$$J = \begin{vmatrix} \frac{df}{dx_1} & \frac{df}{dx_2} \\ \frac{d\varphi}{dx_1} & \frac{d\varphi}{dx_2} \end{vmatrix} = \frac{1}{x_1} \begin{vmatrix} x_1 \frac{df}{dx_1} + x_2 \frac{df}{dx_2} & \frac{df}{dx_2} \\ x_1 \frac{d\varphi}{dx_1} + x_2 \frac{d\varphi}{dx_2} & \frac{d\varphi}{dx_2} \end{vmatrix} = \frac{1}{x_1} \begin{vmatrix} nf & \frac{df}{dx_2} \\ n\varphi & \frac{d\varphi}{dx_2} \end{vmatrix};$$

par suite,

$$(\alpha) \qquad x_1 J = n\left(f \frac{d\varphi}{dx_2} - \varphi \frac{df}{dx_2}\right).$$

En opérant de la même manière sur la seconde colonne, on trouve aussi

$$(\beta) \qquad x_2 J = n\left(\varphi \frac{df}{dx_1} - f \frac{d\varphi}{dx_1}\right).$$

Il résulte de ces expressions que le Jacobien s'annule en même temps que f et φ. Si l'on prend la dérivée de (α) par rapport à x_2 et celle de (β) par rapport à x_1, il vient encore

$$x_1 \frac{dJ}{dx_2} = n\left(f \frac{d^2\varphi}{dx_2^2} - \varphi \frac{d^2 f}{dx_2^2}\right),$$

$$x_2 \frac{dJ}{dx_1} = n\left(\varphi \frac{d^2 f}{dx_1^2} - f \frac{d^2\varphi}{dx_1^2}\right);$$

les premières dérivées de J s'annulent encore avec f et φ; le facteur linéaire commun à ces fonctions doit se trouver au carré dans J. On a donc cette proposition : *lorsque les formes f et φ ont un facteur commun, le Jacobien renferme ce facteur au carré.* Le discriminant de J doit donc s'annuler en même temps que le résultant R de f et de φ.

Remarquons encore que l'on a :

$$\begin{vmatrix} \frac{df}{dx_1} & \frac{d\varphi}{dx_1} \\ \frac{df}{dx_2} & \frac{d\varphi}{dx_2} \end{vmatrix} = \begin{vmatrix} \frac{df}{dx_1} + k\frac{d\varphi}{dx_1} & \frac{d\varphi}{dx_1} \\ \frac{df}{dx_2} + k\frac{d\varphi}{dx_2} & \frac{d\varphi}{dx_2} \end{vmatrix},$$

et si la fonction composée $f + k\varphi$ renferme un facteur linéaire à une puissance k, le Jacobien doit renfermer le même facteur à la puissance $k - 1$; car la première colonne contient les dérivées de $f + k\varphi$ dans lesquelles le facteur entre à cette puissance.

231. Le déterminant fonctionnel ou le Jacobien est extrêmement utile, lorsqu'on veut dresser la liste des formations invariantes d'une fonction homogène donnée. Après avoir déterminé par d'autres méthodes quelques covariants, on les combine entre eux ou avec la forme elle-même pour former des Jacobiens; on arrive de cette manière, par une règle commode et facile, à d'autres covariants. Ainsi pour la cubique, après avoir calculé le Hessien

$$H = (a_0a_2 - a_1^2)\, x_1^2 + (a_0a_3 - a_1a_2)\, x_1x_2 + (a_1a_3 - a_2^2)\, x_2^2,$$

on cherche le Jacobien de f et de H qui est, à un facteur numérique près,

$$\begin{vmatrix} a_0x_1^2 + 2a_1x_1x_2 + a_2x_2^2 & a_1x_1^2 + 2a_2x_1x_2 + a_3x_2^2 \\ 2(a_0a_2 - a_1^2)x_1 + (a_0a_3 - a_1a_2)x_2 & (a_0a_3 - a_1a_2)x_1 + 2(a_1a_3 - a_2^2)x_2 \end{vmatrix}$$

et l'on trouve le covariant du troisième degré de la cubique dont nous avons déjà donné la valeur précédemment.

De même, pour la quartique qui possède le covariant du quatrième degré

$$\begin{aligned} H = (a_0a_2 - a_1^2)\, x_1^4 + 2\,(a_0a_3 - a_1a_2)\, x_1^3x_2 + (a_0a_4 + 2a_1a_3 - 3a_2^2)\, x_1^2x_2^2 \\ + 2\,(a_1a_4 - a_2a_3)\, x_1x_2^3 + (a_2a_4 - a_3^2)\, x_2^4, \end{aligned}$$

le Jacobien de f et de H :

$$\frac{df}{dx_1} \cdot \frac{dH}{dx_2} - \frac{df}{dx_2} \cdot \frac{dH}{dx_1}$$

fournira le covariant du sixième degré de cette forme.

Le Jacobien est surtout indispensable dans l'étude d'un système de formes. Il donne immédiatement des covariants du système comme nous allons le montrer par quelques exemples. Pour deux quadratiques

$$f = a_0x_1^2 + 2a_1x_1x_2 + a_2x_2^2,$$
$$\varphi = b_0x_1^2 + 2b_1x_1x_2 + b_2x_2^2,$$

le Jacobien fournit le covariant simultané

$$\begin{vmatrix} a_0x_1 + a_1x_2 & a_1x_1 + a_2x_2 \\ b_0x_1 + b_1x_2 & b_1x_1 + b_2x_2 \end{vmatrix}$$

$$= (a_0b_1 - a_1b_0)\, x_1^2 + (a_0b_2 - a_2b_0)\, x_1x_2 + (a_1b_2 - a_2b_1)\, x_2^2.$$

Pour le système d'une cubique et d'une quadratique :

$$f = a_0x_1^3 + 3a_1x_1^2x_2 + 3a_2x_1x_2^2 + a_3x_2^3,$$
$$\varphi = b_0x_1^2 + 2b_1x_1x_2 + b_2x_2^2,$$

le Jacobien a pour valeur

$$(a_0x_1^2 + 2a_1x_1x_2 + a_2x_2^2)(b_1x_1 + b_2x_2) - (a_1x_1^2 + 2a_2x_1x_2 + a_3x_2^2)(b_0x_1 + b_1x_2)$$
$$= (a_0b_1 - a_1b_0)\,x_1^3 + (a_0b_2 + a_1b_1 - 2a_2b_0)\,x_1^2x_2$$
$$+ (2a_1b_2 - a_2b_1 - a_3b_0)\,x_1x_2^2 + (a_2b_2 - a_3b_1)\,x_2^3.$$

Il est inutile de multiplier les exemples. Les applications qui vont suivre mettront suffisamment en lumière le rôle important du Jacobien dans la théorie des formes.

§ 5.

Application aux formes binaires.

232. Nous nous proposons d'appliquer les méthodes précédentes aux formes binaires des six premiers degrés pour arriver à leurs invariants et covariants indépendants; tous les autres que l'on pourrait encore obtenir par un procédé quelconque s'expriment rationnellement au moyen des premiers. Nous désignerons par $C_{\lambda,\mu}$ un covariant du degré λ par rapport aux variables et du degré μ par rapport aux coefficients. De même I_μ sera un invariant du degré μ.

a) *Forme quadratique :*

$$f = a_0x_1^2 + 2a_1x_1x_2 + a_2x_2^2.$$

Elle n'a pas de covariant; le seul invariant qu'elle possède est son Hessien ou son discriminant :

$$I_2 = a_0a_2 - a_1^2.$$

b) *Forme cubique :*

$$f = a_0x_1^3 + 3a_1x_1^2x_2 + 3a_2x_1x_2^2 + a_3x_2^3.$$

Elle admet deux covariants, l'un du second et l'autre du troisième degré relativement aux variables. Le premier est son Hessien :

$$C_{2,2} = (a_0a_2 - a_1^2)x_1^2 + (a_0a_3 - a_1a_2)x_1x_2 + (a_1a_3 - a_2^2)x_2^2.$$

Le second est le Jacobien de f et de $C_{2,2}$; sa valeur est :

$$C_{3,3} = (a_0^2a_3 - 3a_0a_1a_2 + 2a_1^3)x_1^3 + 3(a_0a_1a_3 - 2a_0a_2^2 + a_1^2a_2)x_1^2x_2$$
$$+ 3(2a_1^2a_3 - a_0a_2a_3 - a_1a_2^2)x_1x_2^2 + (3a_1a_2a_3 - a_0a_3^2 - 2a_2^3)x_2^3.$$

Son invariant est le discriminant de $C_{2,2}$, c'est-à-dire,

$$I_4 = 4(a_0a_2 - a_1^2)(a_1a_3 - a_2^2) - (a_0a_3 - a_1a_2)^2$$
$$= a_0^2a_3^2 + 4a_0a_2^3 + 4a_1^3a_3 - 3a_1^2a_2^2 - 6a_0a_1a_2a_3.$$

c) *Forme quartique* :

$$f = a_0x_1^4 + 4a_1x_1^3x_2 + 6a_2x_1^2x_2^2 + 4a_3x_1x_2^3 + a_4x_2^4.$$

Le Hessien est un covariant du quatrième degré savoir :

$$C_{4,2} = (a_0a_2 - a_1^2)x_1^4 + 2(a_0a_3 - a_1a_2)x_1^3x_2 + (a_0a_4 + 2a_1a_3 - 3a_2^2)x_1^2x_2^2$$
$$+ 2(a_1a_4 - a_2a_3)x_1x_2^3 + (a_2a_4 - a_3^2)x_2^4.$$

Ensuite le Jacobien de f et de $C_{4,2}$ fournit l'invariant du sixième degré :

$$C_{6,3} = (a_0^2a_3 - 3a_0a_1a_2 + 2a_1^3)x_1^6 + (a_0^2a_4 + 2a_0a_1a_3 - 9a_0a_2^2 + 6a_1^2a_2)x_1^5x_2$$
$$+ 5(a_0a_1a_4 - 3a_0a_2a_3 + 2a_1^2a_3)x_1^4x_2^2 + 10(a_1^2a_4 - a_0a_3^2)x_1^3x_2^3$$
$$+ 5(-a_0a_3a_4 + 3a_1a_2a_4 - 2a_1a_3^2)x_1^2x_2^4 + (9a_4a_2^2 - a_4^2a_0 - 2a_1a_3a_4 - 6a_3^2a_2)x_1x_2^5$$
$$+ (3a_2a_3a_4 - a_1a_4^2 - 2a_3^3)x_2^6.$$

La quartique possède deux invariants fondamentaux, l'un du second et l'autre du troisième degré. Le premier s'obtient en transformant f en intermutant et en opérant sur la forme elle-même; le second résulte de l'application du même intermutant sur $C_{4,2}$ ou le Hessien. Ce sont :

$$I_2 = a_0a_4 - 4a_1a_3 + 3a_2^2,$$
$$I_3 = a_0a_2a_4 - a_0a_3^2 - a_1^2a_4 + 2a_1a_2a_3 - a_2^3.$$

Le discriminant est aussi un invariant, mais il n'est pas indépendant; on sait que

$$\delta = I_2^3 - 27I_3^2.$$

d) *Forme quintique :*

$$f = a_0x_1^5 + 5a_1x_1^4x_2 + 10a_2x_1^3x_2^2 + 10a_3x_1^2x_2^3 + 5a_4x_1x_2^4 + a_5x_2^5.$$

Formons d'abord le Hessien qui sera un covariant du sixième degré relativement aux variables :

$$(1)\ C_{6,2} = (a_0a_2 - a_1^2)x_1^6 + 3(a_0a_3 - a_1a_2)x_1^5x_2 + 3(a_0a_4 + a_1a_3 - 2a_2^2)x_1^4x_2^2$$
$$+ (a_0a_5 + 7a_1a_4 - 8a_2a_3)x_1^3x_2^3 + 3(a_1a_5 + a_2a_4 - 2a_3^2)x_1^2x_2^4$$
$$+ 3(a_2a_5 - a_3a_4)x_1x_2^5 + (a_3a_5 - a_4^2)x_2^6.$$

Soit le quatrième émanant

$$\left(y_1\frac{d}{dx_1} + y_2\frac{d}{dx_2}\right)^4 f.$$

C'est une fonction du quatrième degré en y_1, y_2, ayant pour coefficients les dérivées quatrièmes ; elle admet un invariant du second degré qui fournira un covariant du second degré par rapport aux coefficients et aux variables ; son invariant du troisième degré donnera aussi un covariant du troisième degré relativement aux coefficients et aux variables. Ce sont :

$$(2)\quad C_{2,2} = (a_0a_4 - 4a_1a_3 + 3a_2^2)\,x_1^2 + (a_0a_5 - 3a_1a_4 + 2a_2a_3)\,x_1x_2 + (a_1a_5 - 4a_2a_4 + 3a_3^2)x_2^2 ;$$

$$(3)\,C_{3,3} = (a_0a_2a_4 - a_0a_3^2 - a_1^2a_4 + 2a_1a_2a_3 - a_2^3)x_1^3 + (a_0a_2a_5 - a_0a_3a_4 - a_1^2a_5 + a_1a_2a_4 + a_1a_3^2 - a_2^2a_3)\,x_1^2x_2 + (a_0a_3a_5 - a_0a_4^2 - a_1a_2a_5 + a_1a_3a_4 + a_2^2a_4 - a_2a_3^2)\,x_1x_2^2 + (a_1a_3a_5 - a_1a_4^2 - a_2^2a_5 + 2a_2a_3a_4 - a_3^3)\,x_2^3.$$

Une forme cubique possède un covariant du troisième degré relativement aux variables et aux coefficients; formons ce covariant pour $C_{3,3}$; il sera du 9e degré par rapport aux coefficients de la quintique. On trouve

$$(4)\;C_{3,9} = (9a_0^4a_2a_4a_5^3 + 21a_0^4a_3^2a_5^3 + 78a_0^4a_3a_4^2a_5^2 + 48a_0^4a_4^4a_5 + 9a_0^4a_2a_4a_5^3 - 162a_0^3a_1^2a_4a_5^3 + 99a_0^3a_1a_2a_4^2a_5^2 + \cdots)\,x_1^3 + \cdots$$

Nous ne voulons pas écrire tout le coefficient de x_1^3 à cause de sa longueur ; il renferme à lui seul 93 termes.

Avec les formations précédentes, on peut trouver les covariants des différents ordres par rapport aux variables. Cherchons, en premier lieu, les covariants linéaires. Si on transforme $C_{2,2}$ en intermutant pour opérer sur $C_{3,3}$, on trouve le covariant linéaire $C_{1,5}$; en l'appliquant à $C_{3,9}$, il en résultera le covariant $C_{1,11}$. Changeons $C_{1,5}$ et $C_{1,11}$ en intermutants pour opérer sur $C_{2,2}$; on trouvera encore deux covariants linéaires $C_{1,7}$, $C_{1,13}$. On a :

$$(5)\,C_{1,5} = (a_0^2a_2a_5^2 - 2a_0^2a_3a_4a_5 + a_0^2a_4^3 - a_0a_1^2a_5^2 - 4a_0a_1a_2a_4a_5 + 8a_0a_1a_3^2a_5 - 2a_0a_1a_3a_4^2 - 2a_0a_2^2a_3a_5 + 14a_0a_2^2a_4^2 + 22a_0a_2a_3^2a_4 + 9a_0a_3^4 + 6a_1^3a_4a_5 - 12a_1^2a_2a_3a_5 - 15a_1^2a_2a_4^2 + 10a_1^2a_3^2a_4 + 6a_1a_2^3a_5 + 30a_1a_2^2a_3a_4 - 20a_1a_2a_3^3 - 15a_2^4a_4 + 10a_2^3a_3^2)\,x_1 + \cdots$$

$$(6)\qquad C_{1,7} = (a_0^3a_2a_5^3 - 4a_0^3a_3a_4a_5^2 + 3a_0^3a_4^3a_5 + \cdots)\,x_1 + \cdots$$

$$(7)\quad C_{1,11} = (- a_0^4a_2^2a_3a_5^4 + a_0^4a_2^2a_4^2a_5^3 + 7a_0^4a_2a_3^2a_4a_5^3 + \cdots)\,x_1 + \cdots$$

$$(8)\;C_{1,13} = (- 2a_0^5a_2^2a_3a_5^5 + 2a_0^5a_2^2a_4^2a_5^4 + 10a_0^5a_2a_3^2a_4a_5^4 + \cdots)\,x_1 + \cdots$$

Le second terme de $C_{1,5}$ se déduit du premier par la loi de symétrie. Le coefficient de x_1 dans $C_{1,7}$ renferme 49 termes, dans $C_{1,11}$, 177 et dans $C_{1,15}$, 306.

Passons aux covariants du second ordre relativement aux variables. Nous avons déjà $C_{2,2}$; on en trouve un autre en formant le Hessien de $C_{3,3}$; c'est :

$$(9)\quad \begin{aligned} C_{2,6} = (&- a_0^2a_3^2a_4^2 - 2a_0^2a_2^2a_5^2 + 5a_0^2a_2a_3a_4a_5 - 3a_0^2a_3^3a_5 - 5a_0a_1^2a_3a_4a_5 \\ &- a_0a_2^3a_3a_5 + 7a_0a_1a_2a_3^2a_5 - 3a_0^2a_2a_4^3 + 3a_0a_1^2a_4^3 - a_0a_1a_2a_5a_4^2 + 6a_0a_2^3a_4^2 \\ &- 5a_0a_1a_2^2a_4a_5 - a_0a_1a_3^3a_4 - 8a_0a_2^2a_3^2a_4 + 3a_0a_2a_3^4 + 2a_0a_1^2a_2a^2 + 5a_1^3a_2a_4a_5 \\ &- 8a_1^2a_2^2a_3a_5 + 3a_1a_2^4a_5 + 7a_1^2a_2a_3^2a_4 + 5a_1a_2^3a_3a_4 - 3a_1^3a_3a_4^2 - 4a_1^2a_2^2a_4^2 \\ &- 3a_2^5a_4 - 4a_1a_2^2a_3^3 + 2a_2^4a_3^2 + 2a_1^3a_3^2a_5 - a_1^4a_5^2 - a_1^2a_3^4)\, x_1^2 + \cdots \end{aligned}$$

Le Jacobien de ce dernier et de $C_{2,2}$ sera aussi un covariant du second ordre, savoir :

$$(10)\quad C_{2,8} = (- a_0^3a_2^2a_5^3 + 6a_0^3a_2a_3a_4a_5^2 - 4a_0^3a_2a_4^3a_5 + \cdots)\, x_1^2 + \cdots$$

Le coefficient de x_1^2 renferme 65 termes.

Nous avons déjà deux covariants du troisième degré relativement aux variables; ce sont : $C_{3,3}$ et $C_{3,9}$; on en trouve un troisième, en calculant le Jacobien de $C_{2,2}$ et de $C_{3,3}$; c'est :

$$(11)\quad \begin{aligned} C_{3,5} = (&a_0^2a_2a_4a_5 - 3a_0^2a_3^2a_5 + 2a_0^2a_3a_4^2 - a_0a_1^2a_4a_5 + 14a_0a_1a_2a_3a_5 \\ &- 11a_0a_1a_2a_4^2 - a_0a_1a_3^2a_4 - 9a_0a_2^3a_5 + 14a_0a_2^2a_3a_4 - 6a_0a_2a_3^3 - 8a_1^3a_3a_5 \\ &+ 9a_1^3a_4^2 + 6a_1^2a_2^2a_5 - 16a_1^2a_2a_3a_4 + 8a_1^2a_3^3 + 3a_1a_2^3a_4 - 2a_1a_2^2a_3^2)\, x_1^3 + \cdots \end{aligned}$$

Afin d'obtenir un covariant du quatrième degré, transformons $C_{2,2}$ en intermutant pour l'appliquer au Hessien $C_{6,2}$; on trouve ainsi

$$(12)\quad \begin{aligned} C_{4,4} = (&a_0^2a_3a_5 - 3a_0a_1a_2a_5 - 5a_0a_1a_3a_4 + 10a_0a_2^2a_4 - 4a_0a_2a_3^2 \\ &+ 2a_1^3a_5 - 5a_1^2a_2a_4 + 14a_1^2a_3^2 - 16a_1a_2^2a_3 + 6a_2^4)\, x_1^4 + \cdots \end{aligned}$$

Le Jacobien de ce dernier avec $C_{2,2}$ sera également un covariant du quatrième ordre; sa valeur est :

$$(13)\quad \begin{aligned} C_{4,6} = (&- a_0^3a_3a_5^2 + a_0^3a_4^2a_5 + 3a_0^2a_1a_2a_5^2 + 2a_0^2a_1a_3a_4a_5 - 5a_0^2a_1a_4^3 \\ &- 8a_0^2a_2^2a_4a_5 + 2a_0^2a_2a_3^2a_5 + 12a_0^2a_2a_3a_4^2 - 6a_0^2a_3^3a_4 - 2a_0a_1^3a_5^2 \\ &- 2a_0a_1^2a_2a_4a_5 - 6a_0a_1^2a_3^2a_5 + 13a_0a_1^2a_3a_4^2 + 20a_0a_1a_2^2a_3a_5 - 4a_0a_1a_2^2a_4^2 \\ &- 52a_0a_1a_2a_3^2a_4 - 24a_0^4a_1a_3^4 - 9a_0a_2^4a_5 - 20a_0a_2^3a_3a_4 - 10a_0a_2^2a_3^3 \\ &+ 6a_1^4a_4a_5 - 12a_1^3a_2a_3a_5 - 15a_1^3a_2a_4^2 - 10a_1^3a_3^2a_4 - 6a_1^2a_2^3a_5 + 30a_1^2a_2^2a_3a_4 \\ &- 20a_1^2a_2a_3^3 - 15a_1a_2^4a_4 + 10a_1a_2^3a_3^2)\, x_1^4 + \cdots \end{aligned}$$

On arrive à un covariant du 5ᵉ ordre en formant le Jacobien de $C_{2,2}$ avec la quintique. C'est :

$$(14)\quad C_{5,3} = (a_0^2 a_5 - 5a_0 a_1 a_4 + 2a_0 a_2 a_3 + 8a_1^2 a_3 - 6a_1 a_2^2)\, x_1^5 + \cdots$$

De même, le Jacobien de la quintique et de $C_{2,6}$ fournit un covariant du cinquième ordre. On a

$$\begin{aligned}(15)\quad C_{5,7} = (&a_0^3 a_2 a_3 a_5^2 - 2a_0^3 a_2 a_4^2 a_5 + 2a_0^3 a_3^2 a_4 a_5 - a_0^3 a_3 a_4^3 - a_0^2 a_1^2 a_3 a_5^2 \\ &+ 2a_0^2 a_1^2 a_4^2 a_5 - 3a_0^2 a_1 a_2^2 a_5^2 - 6a_0^2 a_1 a_2 a_3 a_4 a_5 + 13a_0^2 a_1 a_2 a_4^3 - 8a_0^2 a_1 a_3^3 a_5 \\ &+ 2a_0^2 a_1 a_3^2 a_4^2 + 16a_0^2 a_2^3 a_4 a_5 - 2a_0^2 a_2^2 a_3^2 a_5 - 38a_0^2 a_2^2 a_3 a_4^2 + 34a_0^2 a_2 a_3^3 a_4 \\ &- 9a_0^2 a_3^5 + 5a_0 a_1^3 a_2 a_5^2 + 2a_0 a_1^3 a_3 a_4 a_5 - 12a_0 a_1^3 a_4^3 - 24a_0 a_1^2 a_2^2 a_4 a_5 \\ &+ 52a_0 a_1^2 a_2 a_3^2 a_5 + 7a_0 a_1^2 a_2 a_3 a_4^2 - 22a_0 a_1^2 a_3^3 a_4 - 52a_0 a_1 a_2^3 a_3 a_5 \\ &+ 34a_0 a_1 a_2^3 a_4^2 + 8a_0 a_1 a_2^2 a_3^2 a_4 - a_0 a_1 a_2 a_3^4 + 18a_0 a_2^5 a_5 - 25a_0 a_2^4 a_3 a_4 \\ &+ 10a_0 a_2^3 a_3^3 - 2a_1^5 a_5^2 + 10a_1^4 a_2 a_4 a_5 - 28a_1^4 a_3^2 a_5 - 30a_1^4 a_3 a_4^2 + 32a_1^3 a_2^2 a_3 a_5 \\ &- 35a_1^3 a_2^2 a_4^2 - 50a_1^3 a_2 a_3^2 a_4 + 30a_1^3 a_3^4 - 12a_1^2 a_2^4 a_5 + 70a_1^2 a_2^3 a_3 a_4 \\ &- 40a_1^2 a_2^2 a_3^3 - 15a_1 a_2^5 a_4 + 10a_1 a_2^4 a_3^2)\, x_1^5 + \cdots.\end{aligned}$$

On obtient un covariant du sixième ordre comme le Hessien par le Jacobien de $C_{2,2}$ et de $C_{6,2}$; c'est :

$$\begin{aligned}(16)\quad C_{6,4} = (&a_0^2 a_2 a_5 - a_0^2 a_3 a_4 - a_0 a_1^2 a_5 - 2a_0 a_1 a_2 a_4 + 4a_0 a_1 a_3^2 - a_0 a_2^2 a_3 \\ &+ 3a_1^3 a_4 - 6a_1^2 a_2 a_3 + 3a_1 a_2^3)\, x_1^6 + \cdots\end{aligned}$$

Il existe aussi un covariant du septième ordre ; c'est le Jacobien de $C_{4,4}$ et de la quintique ; sa valeur est :

$$\begin{aligned}(17)\quad C_{7,5} = (&a_0^2 a_2^2 a_5 - 5a_0^2 a_2 a_3 a_4 + 3a_0^2 a_3^3 - 4a_0 a_1^2 a_2 a_5 + 5a_0 a_1^2 a_3 a_4 \\ &+ 5a_0 a_1 a_2^2 a_4 - 7a_0 a_1 a_2 a_3^2 + a_0 a_2^3 a_3 + 2a_1^4 a_5 - 5a_1^3 a_2 a_4 - 2a_1^3 a_3^2 + 8a_1^2 a_2^2 a_3 \\ &- 3a_1 a_2^4)\, x_1^7 + \cdots\end{aligned}$$

Enfin, il existe encore un covariant du 9ᵉ ordre ; c'est le Jacobien de la quintique et du Hessien $C_{6,2}$. On a

$$(18)\qquad C_{9,3} = (a_0^2 a_3 - 3a_0 a_1 a_2 + 2a_1^3)\, x_1^9 + \cdots$$

Nous n'avons écrit généralement que le coefficient du premier terme d'un covariant ; on sait que tous les autres peuvent s'en déduire.

Il reste à faire connaître les invariants fondamentaux de la quintique. Il y en a quatre des degrés 4, 8, 12, 18 dont les poids ($\frac{1}{2} n\theta$) sont respectivement 10, 20, 30, 45.

Le premier I_4 est l'invariant de la forme quadratique $C_{2,2}$; sa valeur est :

$$I_4 = -a_0^2a_5^2 + 10a_0a_1a_4a_5 - 4a_0a_2a_3a_5 - 16a_0a_2a_4^2 + 12a_0a_3^2a_4$$
$$-16a_1^2a_3a_5 - 9a_1^2a_4^2 + 12a_1a_2^2a_5 + 76a_1a_2a_3a_4 - 48a_1a_3^3 - 48a_2^3a_4$$
$$+ 32a_2^2a_3^2.$$

Le second I_8 se déduit du covariant $C_{4,4}$ en prenant son invariant du second degré. On a :

$$I_8 = a_0^3a_2a_3a_5^3 - a_0^3a_2a_4^2a_5^2 - 3a_0^3a_3^2a_4a_5^2 + 5a_0^3a_3a_4^3a_5 - 2a_0^3a_4^5 + a_0^2a_1^2a_3a_5^3$$
$$+ a_0^2a_1^2a_4^2a_5^2 - 3a_0^2a_1a_2^2a_5^3 + \cdots$$

Il renferme 68 termes.

Le troisième I_{12} est le discriminant du covariant $C_{8,8}$. On a :

$$I_{12} = -a_0^4a_2^2a_3^2a_5^4 + 2a_0^4a_2^2a_3a_4^2a_5^3 - a_0^4a_2^2a_4^4a_5^2 + 6a_0^4a_2a_3^3a_4a_5^3$$
$$- 16a_0^4a_2a_3^2a_4^3a_5^2 + 14a_0^4a_2a_3a_4^5a_5 + \cdots.$$

Il contient 228 termes.

Enfin, l'invariant I_{18} est égal à l'invariant cubique du covariant $C_{4,6}$. On a :

$$I_{18} = a_0^7a_3^5a_5^6 - 5a_0^7a_3^4a_4^2a_5^5 + 10a_0^7a_3^3a_4^4a_5^4 - 10a_0^7a_3^2a_4^6a_5^3$$
$$+ 5a_0^7a_3a_4^8a_5^2 - a_0^7a_4^{10}a_5 - 15a_0^6a_1a_2a_3^4a_5^6 + \cdots$$

Il contient près de 900 termes.

e) *Forme sextique* :

$$f = a_0x_1^6 + 6a_1x_1^5x_2 + 15a_2x_1^4x_2^2 + 20a_3x_1^3x_2^3 + 15a_4x_1^2x_2^4 + 6a_5x_1x_2^5 + a_6x_2^6.$$

Commençons la liste des covariants par le Hessien ou le déterminant des dérivées secondes. On trouve le covariant du huitième ordre

$$(1)\ C_{8,2} = (a_0a_2 - a_1^2)x_1^8 + 4(a_0a_3 - a_1a_2)x_1^7x_2 + 2(3a_0a_4 + 2a_1a_3 - 5a_2^2)x_1^6x_2^2$$
$$+ 4(a_0a_5 + 4a_1a_4 - 5a_2a_3)x_1^5x_2^3 + (a_0a_6 + 14a_1a_5 + 5a_2a_4 - 20a_3^2)x_1^4x_2^4$$
$$+ 4(a_1a_6 + 4a_2a_5 - 5a_3a_4)x_1^3x_2^5 + 2(3a_2a_6 + 2a_3a_5 - 5a_4^2)x_1^2x_2^6$$
$$+ 4(a_3a_6 - a_4a_5)x_1x_2^7 + (a_4a_6 - a_5^2)x_2^8.$$

Si l'on considère le quatrième émanant

$$\left(y_1\frac{d}{dx_1} + y_2\frac{d}{dx_2}\right)^4 f,$$

son invariant du second degré donnera un covariant du quatrième ordre et du second degré relativement aux coefficients, tandis que son invariant du troisième degré correspondra à un covariant du sixième ordre et du troisième degré par rapport aux coefficients. Ce sont :

(2) $$C_{4,2} = (a_0a_4 - 4a_1a_3 + 3a_2^2)\,x_1^4 + 2\,(a_0a_5 - 3a_1a_4 + 2a_2a_3)\,x_1^3x_2 + (a_0a_6 - 9a_2a_4 + 8a_3^2)\,x_1^2x_2^2 + 2\,(a_1a_6 - 2a_2a_5 + 2a_3a_4)\,x_1x_2^3 + (a_2a_6 - 4a_3a_5 + 3a_4^2)\,x_2^4;$$

(3) $$C_{6,3} = (a_0a_2a_4 + 2a_1a_2a_3 - a_2^3 - a_1^2a_4 - a_0a_3^2)\,x_1^6 + \cdots.$$

Voir N° **226**.

Formons le Hessien de $C_{4,2}$; il en résultera un covariant du quatrième ordre et du quatrième degré savoir :

(4) $$C_{4,4} = (18a_0a_1a_4a_5 - 18a_0a_2a_4^2 + 16a_0a_3^2a_4 + 108a_1a_2a_3a_4 - 64a_1a_3^3 - 54a_2^3a_4 + 36a_2^2a_3^2 - 3a_0^2a_5^2 - 12a_0a_2a_3a_5 - 27a_1^2a_4^2 + 2a_0^2a_4a_6 - 8a_0a_1a_3a_6 + 6a_0a_2^2a_6)\,x_1^4 + \cdots.$$

Si on change le covariant $C_{4,2}$ en intermutant pour l'appliquer à la sextique, on arrive à un covariant du second ordre et du troisième degré; c'est :

(5) $$C_{2,3} = (a_0a_2a_6 - a_1^2a_6 - 3a_0a_3a_5 + 3a_1a_2a_5 + 2a_0a_4^2 - 3a_2^2a_4 + 2a_2a_3^2)\,x_1^2 + \cdots$$

En appliquant le même intermutant au covariant $C_{6,3}$, on obtient encore un covariant du second ordre qui a pour valeur

(6) $$C_{2,5} = (74a_0a_2a_4^3 - 8a_0a_1a_4^2a_5 - 52a_0a_3^2a_4^2 - 2a_0^2a_4^2a_6 + 21a_0a_1a_3a_4a_6 + 8a_0a_2^2a_4a_6 - 127a_0a_2a_3a_4a_5 + 2a_0^2a_4a_5^2 + 59a_1a_2a_3a_4^2 + 106a_1^2a_3a_4a_5 + 6a_1a_3^3a_4 - 26a_1^2a_3^2a_6 + 64a_1a_2^2a_3a_6 - 134a_1a_2a_3^2a_5 - 2a_0a_1a_3a_5^2 - 57a_2^3a_4^2 + 33a_1a_2^2a_4a_5 + 36a_2^2a_3^2a_4 - 24a_2^4a_6 + 48a_2^3a_3a_5 + 30a_0a_2^2a_5^2 + 82a_0a_3^3a_5 - a_0^2a_3a_5a_6 - 54a_1^2a_4^3 - 25a_1^2a_2a_4a_6 - 12a_2a_3^4 - 16a_0a_2a_3^2a_6 - 9a_0a_1a_2a_5a_6 + a_0^2a_2a_6^2 - a_0a_1^2a_6^2 + 10a_1^3a_5a_6 - 30a_1^2a_2a_5^2)\,x_1^2 + \cdots$$

Transformons $C_{4,4}$ en intermutant pour l'appliquer à $C_{6,3}$; on aura

(7) $$C_{2,7} = \text{Intermutant de } C_{4,4} \text{ sur } C_{6,3}.$$

Toutes les autres formations se déduisent des précédentes en les combinant deux à deux pour former leurs Jacobiens, savoir :

(8) $$C_{12,3} = \text{Jacobien de } f \text{ et } C_{8,2};$$

(9) $$C_{2,8} = \text{id. } C_{2,3} \text{ et } C_{2,5};$$

(10) $$C_{2,10} = \text{id. } C_{2,3} \text{ et } C_{2,7};$$

(11) $$C_{2,12} = \text{id. } C_{2,5} \text{ et } C_{2,7};$$

(12) $C_{4,5}$ = Jacobien de $C_{2,3}$ et $C_{4,2}$;
(13) $C_{4,7}$ = id. $C_{2,3}$ et $C_{4,4}$;
(14) $C_{4,9}$ = id. $C_{2,5}$ et $C_{4,4}$;
(15) $C_{6,4}$ = id. f et $C_{2,3}$;
(16) $C_{6,6}$ = id. $C_{4,4}$ et $C_{4,2}$;
(17) $C_{6,6}$ = id. $C_{2,5}$ et f;
(18) $C_{8,3}$ = id. f et $C_{4,2}$;
(19) $C_{8,5}$ = id. $C_{4,2}$ et $C_{6,3}$;
(20) $C_{10,4}$ = id. $C_{4,2}$ et $C_{8,2}$;

Il est à remarquer qu'il y a deux covariants du sixième degré par rapport aux coefficients et aux variables qui sont distincts.

La sextique possède cinq invariants fondamentaux des degrés 2, 4, 6, 10, 15, et dont les poids respectifs sont 6, 12, 18, 30, 45.

Le premier s'obtient en changeant f en intermutant pour l'appliquer à la forme elle-même; sa valeur est :

$$I_2 = a_0a_6 - 6a_1a_5 + 15a_2a_4 - 10a_3^2$$

Le second I_4 est l'invariant du second degré de la forme $C_{4,2}$. On a

$$I_4 = a_0a_2a_4a_6 - a_0a_2a_5^2 - a_0a_3^2a_6 + 2a_0a_3a_4a_5 - a_0a_4^3 - a_1^2a_4a_6 + a_1^2a_5^2$$
$$+ 2a_1a_2a_3a_6 - 2a_1a_2a_4a_5 + 2a_1a_3^2a_5 - 2a_1a_3a_4^2 - a_2^3a_6 + 2a_2^2a_3a_5$$
$$+ a_2^2a_4^2 - 3a_2a_3^2a_4 + a_3^4.$$

Le troisième I_6 est l'invariant du second degré de la forme $C_{6,3}$; c'est :

$$I_6 = a_0^2a_3^2a_6^2 - 6a_0^2a_3a_4a_5a_6 + 4a_0^2a_3a_5^3 + 4a_0^2a_4^3a_6 - 3a_0^2a_4^2a_5^2$$
$$- 6a_0a_1a_2a_3a_6^2 + 18a_0a_1a_2a_4a_5a_6 - 12a_0a_1a_2a_5^3 + \cdots;$$

il contient 45 termes.

Le quatrième I_{10} est l'invariant du second degré de la forme $C_{2,5}$, et le cinquième I_{15}, l'invariant du troisième degré de la forme $C_{4,5}$. Ils possèdent un très grand nombre de termes.

Nous avons maintenant énuméré les formations invariantes fondamentales pour les formes binaires des six premiers degrés; leur ensemble constitue ce que l'on appelle le système complet de ces formes; toutes les autres peuvent s'exprimer rationnellement au moyen des fonctions de ce système et on ne les regarde pas comme distinctes des premières.

C'était une question difficile à résoudre que d'établir le système complet d'une fonction homogène donnée, c'est-à-dire, de faire d'une manière exacte le choix des covariants et des invariants indépendants ; elle a été résolue par Clebsch, et l'honneur en revient à la méthode symbolique allemande dont nous nous proposons d'exposer les principes avant de terminer cette introduction à l'étude des formes algébriques.

CHAPITRE IV.

PRINCIPES DE LA MÉTHODE SYMBOLIQUE ALLEMANDE.

§ 1.

EXPRESSIONS SYMBOLIQUES DES INVARIANTS ET DES COVARIANTS D'UNE FORME BINAIRE.

233. Comparons l'expression de la forme binaire de degré n

$$f = \alpha_0 x_1^n + n\alpha_1 x_1^{n-1} x_2 + \frac{n(n-1)}{1 \cdot 2} \alpha_2 x_1^{n-2} x_2 + \cdots + \alpha_n x_2^n$$

à la $n^{\text{ième}}$ puissance d'une forme linéaire

$$(a_1 x_1 + a_2 x_2)^n$$
$$= a_1^n x_1^n + n a_1^{n-1} a_2 x_1^{n-1} x_2 + \frac{n(n-1)}{1 \cdot 2} a_1^{n-2} a_2^2 x_1^{n-2} x_2^2 + \cdots + a_2^n x_2^n,$$

et posons :

$$a_1^n = \alpha_0, \quad a_1^{n-1} a_2 = \alpha_1, \quad a_1^{n-2} a_2^2 = \alpha_2, \quad \cdots, \quad a_2^n = \alpha_n.$$

Avec ces relations, ces deux expressions sont identiques; en désignant par a_x la forme linéaire $a_1 x_1 + a_2 x_2$, il vient

$$f = a_x^n.$$

Cette formule constitue la représentation symbolique de f. Au lieu d'employer la lettre a dans la forme linéaire, on peut se servir des lettres b, c, d, $\cdots$, et en posant :

$$b_x = b_1 x_1 + b_2 x_2, \quad c_x = c_1 x_1 + c_2 x_2, \quad d_x = d_1 x_1 + d_2 x_2, \cdots$$

on a de même

$$f = b_x^n = c_x^n = d_x^n = \cdots$$

On doit regarder $a, b, c, d, \ldots$ comme des symboles équivalents de telle sorte que les mêmes produits des a, des b, des c, etc. représentent le même coefficient de f et l'on a :

$$a_1^{n-i} a_2^i = b_1^{n-i} b_2^i = c_1^{n-i} c_2^i = \cdots = \alpha_i .$$

Les constantes $a_1, a_2, b_1, \ldots$ des formes linéaires n'ont aucune signification en elles-mêmes ; ce sont seulement leurs produits de $n^{\text{ième}}$ dimension qui sont susceptibles de représenter les divers coefficients de la forme. La multiplicité des symboles est indispensable ; car, pour représenter le produit $\alpha_1 \alpha_2$, par exemple, on ne peut prendre

$$a_1^{n-1} a_2 \cdot a_1^{n-2} a_2^2 = a_1^{2n-3} a_2^3 ,$$

parce que le terme $a_1^{2n-3} a_2^3$ pourrait provenir de

$$a_1^n \cdot a_1^{n-3} a_2^3 = \alpha_0 \alpha_3$$

et il y aurait ambiguité en repassant des symboles aux coefficients de la forme ; tandis qu'en adoptant pour représenter $\alpha_1 \alpha_2$ le produit

$$a_1^{n-1} a_2 \cdot b_1^{n-2} b_2^2$$

il n'y a aucune méprise possible.

Cette représentation symbolique s'étend à une fonction homogène à plusieurs séries de variables. Soit

$$\begin{aligned} \mathrm{F} = {} & a_0 y_1^n (\alpha_0 x_1^m + m \alpha_1 x_1^{m-1} x_2 + \cdots + \alpha_m x_2^m) + n a_1 y_1^{n-1} y_2 (\alpha'_0 x_1^m + m \alpha'_1 x_1^{m-1} x_2 \\ & + \cdots + \alpha'_m x_2^m) + \frac{n(n-1)}{1 . 2} a_2 y_1^{n-2} y_2^2 (\alpha''_0 x_1^m + m \alpha''_1 x_1^{m-1} x_2 + \cdots + \alpha''_m x_2^m) \\ & + \cdots + a_n y_2^n (\alpha_0^{(n)} x_1^m + m \alpha_1^{(n)} x_1^{m-1} x_2 + \cdots + \alpha_m^{(n)} x_2^m) \end{aligned}$$

une forme homogène à deux suites de variables, du degré n par rapport à y et du degré m par rapport à x. Le nombre des termes est :

$$(m + 1)(n + 1).$$

On peut, dans l'expression de F, faire rentrer les coefficients $a_0, a_1, \cdots$ dans les constantes α ou les supposer égaux à l'unité.

Chaque terme de cette fonction renferme un produit de la forme

$$x_1^{m-\lambda} x_2^\lambda \, y_1^{n-\mu} y_2^\mu ;$$

prenons pour le coefficient correspondant

$$r_1^{m-\lambda} r_2^\lambda \, s_1^{n-\mu} s_2^\mu$$

les symboles r et s devant être pris ensemble et tels que les produits seuls, où la somme des exposants de r_1 et r_2 est m et celle de s_1 et s_2 n, jouissent de la propriété de représenter un coefficient de la forme. Si, dans le terme

$$r_1^{m-\lambda} r_2^{\lambda} s_1^{n-\mu} s_2^{\mu} x_1^{m-\lambda} x_2^{\lambda} y_1^{n-\mu} y_2^{\mu}$$

on attribue à λ et μ toutes leurs valeurs, en ajoutant les coefficients binomiaux correspondants, on arrive à l'expression

$$F = (r_1 x_1 + r_2 x_2)^m (s_1 y_1 + s_2 y_2)^n,$$

ou bien

$$F = r_x^m s_y^n$$

qui constitue la représentation symbolique de F.

234. Considérons, maintenant, un invariant

$$I(\alpha_0, \alpha_1, \alpha_2 \cdots)$$

de $f(x_1, x_2)$. Pour fixer les idées, supposons qu'il soit du troisième degré; désignons par $\beta_0, \beta_1, \beta_2, \cdots, \gamma_0, \gamma_1, \gamma_2, \cdots$, les coefficients de deux autres formes de même ordre. On sait que

$$K = \beta_0 \frac{dI}{d\alpha_0} + \beta_1 \frac{dI}{d\alpha_1} + \cdots + \beta_n \frac{dI}{d\alpha_n}$$

est une expression invariante; elle renferme encore les coefficients α au second degré et les coefficients β au premier degré. De même

$$L = \gamma_0 \frac{dK}{d\alpha_0} + \gamma_1 \frac{dK}{d\alpha_1} + \cdots + \gamma_n \frac{dK}{d\alpha_n}$$

jouit de la même propriété; mais, dans L, les coefficients α, β, γ n'entrent plus qu'au premier degré. Quel que soit le degré de I, par un certain nombre d'opérations semblables, on arrivera nécessairement à une expression invariante qui contient les divers coefficients au premier degré; de plus, par une propriété des fonctions homogènes, la même expression reproduira l'invariant primitif, abstraction faite d'un facteur numérique, si l'on identifie toutes les formes à la première. De là, cette proposition :

Un invariant de degré k d'une forme d'ordre n est susceptible d'être représenté par un invariant qui renferme au premier degré les coefficients de k formes de même ordre, et celui-ci se transforme, à un facteur numérique près, en l'invariant primitif, si l'on fait toutes les formes égales à la première.

Cela étant, supposons que les k formes soient représentées symboliquement par

$$a_x^n = (a_1x_1 + a_2x_2)^n,$$
$$b_x^n = (b_1x_1 + b_2x_2)^n,$$
$$c_x^n = (c_1x_1 + c_2x_2)^n,$$
$$\cdots\cdots\cdots$$

Au lieu des coefficients α, β, γ, ..., on substitue les produits des a, des b, des c, etc., de dimension n qui les représentent. L'invariant I se change ainsi en une fonction des constantes a_1, a_2, b_1, ... des k formes linéaires; c'est cette expression que l'on prend pour représenter symboliquement l'invariant I.

Soit la forme quadratique

$$f = \alpha_0 x_1^2 + 2\alpha_1 x_1 x_2 + \alpha_2 x_2^2$$

qui possède l'invariant

$$I = \alpha_0\alpha_2 - \alpha_1^2;$$

β_0, β_1, β_2 étant les coefficients d'une seconde forme de même ordre, on a :

$$K = \beta_0 \frac{dI}{d\alpha_0} + \beta_1 \frac{dI}{d\alpha_1} + \beta_2 \frac{dI}{d\alpha_2} = \beta_0\alpha_2 - 2\beta_1\alpha_1 + \beta_2\alpha_0;$$

mais, si l'on prend symboliquement pour les deux formes

$$a_x^2 = (a_1x_1 + a_2x_2)^2, \quad b_x^2 = (b_1x_1 + b_2x_2)^2,$$

il vient :

$$a_1^2 = \alpha_0, \quad a_1a_2 = \alpha_1, \quad a_2^2 = \alpha_2,$$
$$b_1^2 = \beta_0, \quad b_1b_2 = \beta_1, \quad b_2^2 = \beta_2;$$

par suite,

$$K = b_1^2a_2^2 - 2b_1b_2a_1a_2 + b_2^2a_1^2,$$

c'est-à-dire,

$$K = (a_1b_2 - a_2b_1)^2 = (ab)^2.$$

On prend donc $(ab)^2$ pour représenter symboliquement l'invariant de la quadratique.

Soit encore

$$I = \alpha_0\alpha_4 - 4\alpha_1\alpha_3 + 3\alpha_2^2$$

l'invariant du second degré de la quartique

$$f = \alpha_0x_1^4 + 4\alpha_1x_1^3x_2 + 6\alpha_2x_1^2x_2^2 + 4\alpha_3x_1x_2^3 + \alpha_4x_2^4;$$

on trouve

$$K = \beta_0\alpha_4 - 4\beta_1\alpha_3 + 6\alpha_2\beta_2 - 4\beta_3\alpha_1 + \beta_4\alpha_0$$

$\beta_0, \beta_1, \beta_2, \beta_3$ étant les coefficients d'une seconde quartique. Posons symboliquement

$$a_x^4 = (a_1x_1 + a_2x_2)^4; \quad b_x^4 = (b_1x_1 + b_2x_2)^4;$$

en remplaçant les coefficients α et β par les produits des a et des b correspondants, il vient :

$$K = b_1^4a_2^4 - 4b_1^3b_2a_1a_2^3 + 6b_1^2b_2^2a_1^2a_2^2 - 4b_1b_2^3a_1^3a_2 + b_2^4a_1^4$$

ou

$$K = (a_1b_2 - a_2b_1)^4 = (ab)^4.$$

Par conséquent, $(ab)^4$ est la formule symbolique de l'invariant du second degré de la quartique.

Réciproquement, toute expression invariante qui renferme les coefficients de k formes linéaires, les a, les b, les c, etc. à la $n^{ième}$ dimension doit être considéré comme la représentation symbolique d'un invariant de degré k d'une forme de l'ordre n. Pour déterminer sa valeur, on regarde a, b, c, ... comme des symbôles équivalents pour la représentation de f et on remplace leurs produits par les coefficients correspondants de la forme. On fait l'opération inverse de celle qui précède.

235. Les covariants rentrent dans les invariants par la remarque suivante. Les déterminants (ab), (ac), etc. de deux formes linéaires jouissent de la propriété de se reproduire par une transformation. Substituons dans une forme linéaire

$$a_x = a_1x_1 + a_2x_2$$

les valeurs

$$x_1 = l_1\xi_1 + m_1\xi_2, \quad x_2 = l_2\xi_1 + m_2\xi_2;$$

il viendra

$$a_x = a'_1\xi_1 + a'_2\xi_2 = a'_\xi$$

où

$$a'_1 = l_1a_1 + l_2a_2,$$
$$a'_2 = m_1a_1 + m_2a_2.$$

La fonction a_x se transforme en une expression semblable relativement à ξ_1, ξ_2, les constantes nouvelles étant a'_1, a'_2. Or, si on résoud les égalités précédentes par rapport à a_1, a_2, on trouve

$$r(-a_2) = l_1(-a'_2) + m_1(a'_1),$$
$$r(a_1) = l_2(-a'_2) + m_2(a'_1).$$

Abstraction faite du module r, on voit que les coefficients primitifs

$-a_2$, a_1 s'expriment en $-a'_2$ et $+a'_1$ par les mêmes formules que les variables x_1 et x_2, c'est-à-dire que ces quantités sont cogrédientes à x_1 et x_2. Par conséquent, on ne changera pas la propriété invariante d'une expression en remplaçant $-a_2$ et $+a_1$ par x_1 et x_2; mais alors les déterminants tels que (ab), (ac) qui renferment a deviennent

$$(ab) = (a_1b_2 - a_2b_1) = b_x,$$
$$(ac) = (a_1c_2 - a_2c_1) = c_x.$$

Donc l'expression invariante se change en une formule contenant les variables, c'est-à-dire que l'invariant devient un covariant. Réciproquement, si, dans la formule covariante, on pose $x_1 = -a_2$, $x_2 = a_1$, on retombe sur l'invariant.

Il est utile de remarquer que l'on peut encore écrire

$$r(a_2) = l_1(a'_2) + m_1(-a'_1),$$
$$r(-a_1) = l_2(a'_2) + m_2(-a'_1),$$

et substituer à $+a_2$ et $-a_1$ les variables x_1 et x_2. Il vient dans ce cas,

$$(ab) = -(a_2b_1 - a_1b_2) = -b_x.$$

Il résulte de ces diverses observations préliminaires que la possibilité d'une représentation symbolique générale des formations invariantes d'une forme donnée dépend uniquement de l'expression générale des invariants d'un système de formes linéaires; c'est ce qu'il importe de déterminer.

236. Soit un système de k formes linéaires

$$a_x = a_1x_1 + a_2x_2,$$
$$b_x = b_1x_1 + b_2x_2,$$
$$c_x = c_1x_1 + c_2x_2,$$
$$d_x = d_1x_1 + d_2x_2,$$
. . . .

Regardons x_1 et x_2 comme les coordonnées homogènes d'un point M d'une droite rapporté à une origine fixe O de cette droite. Toutes ces formes égalées à zéro définissent k points que nous représenterons par

$$M_1, M_2, M_3, \ldots M_k.$$

Un invariant simultané des fonctions linéaires égalé à zéro doit prixemer une propriété du système indépendante du changement de l'origine.

Or, lorsqu'il s'agit de points sur une droite, une telle relation ne peut se rapporter qu'à la coïncidence des points ou à une situation anharmonique spéciale des différents points du système; mais, si deux points viennent à coïncider le déterminant du second ordre des équations qui les représentent est nul; d'un autre côté, si on forme le rapport anharmonique de quatre points, on trouve

$$\frac{-\frac{a_2}{a_1}+\frac{c_2}{c_1}}{-\frac{b_2}{b_1}+\frac{c_2}{c_1}}:\frac{-\frac{a_2}{a_1}+\frac{d_2}{d_1}}{-\frac{b_2}{b_1}+\frac{d_2}{d_1}},$$

ou bien,

$$\frac{(ac)(bd)}{(bc)(ad)};$$

c'est aussi une expression qui ne renferme que des déterminants du second ordre. Nous pouvons donc admettre que tout invariant simultané d'un système de formes linéaires est un composé de déterminants semblables, c'est-à-dire, un composé d'invariants de ces formes prises deux à deux.

Comme les covariants se déduisent des invariants en remplaçant, par exemple, une série de coefficients $-a_2$, $+a_1$ par x_1 et x_2, ils auront en plus des facteurs de la forme b_x. Les formations invariantes des formes binaires quelconques qui dépendent de ces dernières devront renfermer les mêmes facteurs. On a donc la proposition suivante :

Tout invariant d'une forme binaire se représente symboliquement par un composé de produits de déterminants du type (ab), *et tout covariant par un composé de produits du type* (ab) *et du type* b_x.

Si on écrit une formule symbolique conformément à cette loi et dans laquelle les a, les b, les c, etc. entrent à une dimension égale au degré de la forme, elle représentera un invariant ou un covariant dont le degré par rapport aux coefficients est donné par le nombre de symboles a, b, c, .. , et le degré par rapport aux variables par le nombre de facteurs analogues à b_x. Il est bien entendu que, parfois, ces formules correspondent à des invariants ou à des covariants identiquement nuls. Il en est ainsi, par exemple, lorsque la permutation de deux symboles équivalents change le signe d'un produit symbolique. La formule $(ab)^3$ qui est propre à représenter un invariant de la cubique, change de signe en permutant

a et b ; donc cet invariant sera nul, comme on le vérifie facilement. On a

$$(ab)^3 = (a_1b_2 - a_2b_1)^3 = a_1^3b_2^3 - 3a_1^2a_2b_1b_2^2 + 3a_1a_2^2b_1^2b_2 - a_2^3b_1^3$$

c'est-à-dire,

$$\alpha_0\alpha_3 - 3\alpha_1\alpha_2 + 3\alpha_2\alpha_1 - \alpha_3\alpha_0 = 0.$$

Il en sera ainsi pour toute puissance impaire de (ab) ; les formes d'ordre impair n'ont pas d'invariant du second degré par rapport aux coefficients ; mais bien les formes d'ordre pair, parce que les formules

$$(ab)^4, \quad (ab)^6, \quad (ab)^8, \ldots$$

restent invariables par l'échange de a et de b.

Les formules

$$(ab)^2\, a_xb_x, \quad (ab)^2\, (cb)\, c_x^2a_x$$

réunissent les conditions voulues pour représenter des covariants de la cubique ; car les a, les b, les c s'y trouvent à la troisième dimension, et ces expressions jouissent de la propriété de l'invariance. La première est un covariant du second degré, et la seconde, un covariant du troisième degré relativement aux coefficients et aux variables.

De même les produits symboliques

$$(ab)^2\, a_x^2b_x^2, \quad (ab)^2\, (cb)\, a_x^2b_xc_x^3$$

représentent des covariants du quatrième et du sixième degré de la quartique.

Indiquons les calculs à effectuer pour trouver la valeur du covariant

$$(ab)^2\, a_xb_x$$

de la cubique. On a :

$$(ab)^2\, a_xb_x = (a_1b_2 - a_2b_1)^2\, (a_1x_1 + a_2x_2)\, (b_1x_1 + b_2x_2)$$
$$= (a_1^2b_2^2 - 2a_1a_2b_1b_2 + a_2^2b_1^2)\, [a_1b_1x_1^2 + (a_1b_2 + a_2b_1)\, x_1x_2 + a_2b_2x_2^2]$$

ou bien

$$(a_1^3b_1b_2^2 - 2a_1^2a_2b_1^2b_2 + a_1a_2^2b_1^3)\, x_1^2$$
$$+ [a_1^2b_2^2(a_1b_2 + a_2b_1) - 2a_1a_2b_1b_2(a_1b_2 + a_2b_1) + a_2^2b_1^2(a_1b_2 + a_2b_1)]\, x_1x_2$$
$$+ (a_1^2a_2b_2^3 - 2a_1a_2^2b_1b_2^2 + a_2^3b_1^2b_2)\, x_2^2.$$

Or, on sait que

$$a_1^3 = b_1^3 = \alpha_0, \quad a_1^2a_2 = b_1^2b_2 = \alpha_1, \quad a_1a_2^2 = b_1b_2^2 = \alpha_2, \quad a_2^3 = b_2^3 = \alpha_3 ;$$

par la substitution, on trouve

$$2\, [(\alpha_0\alpha_2 - \alpha_1^2)\, x_1^2 + (\alpha_0\alpha_3 - \alpha_1\alpha_2)\, x_1x_2 + (\alpha_1\alpha_3 - \alpha_2^2)\, x_2^2].$$

Le calcul que nous venons de développer pour trouver la valeur d'un covariant qui répond à une formule symbolique montre suffisamment combien il serait pénible de déterminer les invariants et les covariants par cette voie. Aussi, cette détermination n'est qu'accessoire dans la méthode des symboles. Sa grande utilité est de représenter par des formules très simples des fonctions très compliquées; il est bien vrai que ces produits ne donnent pas immédiatement la valeur des formations invariantes; mais leur aspect indique suffisamment leur nature. Enfin, à cause de cette simplicité, elle se prête mieux à l'étude des relations qui existent entre elles ainsi qu'à la solution des questions multiples qui s'y rattachent.

237. *Le nombre des invariants du degré p d'une forme de l'ordre n est égal au nombre d'invariants du degré n d'une forme de l'ordre p.*

Soit

$$P = (ab)^\alpha (ac)^\beta (bc)^\gamma \ldots$$

un produit symbolique représentant un invariant d'ordre p d'une forme de degré n; il doit contenir p lettres a, b, c, ..., et chacune d'elles s'y trouve à la $n^{ième}$ puissance. D'un autre côté, représentons par φ une forme d'ordre p et par α_1, α_2, ... α_p les racines de l'équation

$$\varphi = 0.$$

Faisons correspondre les racines aux symboles a, b, c, ..., et remplaçons chaque déterminant facteur par la différence des racines pour former l'expression symétrique

$$\Sigma (\alpha_1 - \alpha_2)^\alpha (\alpha_1 - \alpha_3)^\beta (\alpha_2 - \alpha_3)^\gamma \ldots$$

où il y a p racines et chacune d'elles y est élevée à la puissance n. Dans ces conditions, nous avons vu que c'est là l'expression d'un invariant du degré n de la forme φ; par conséquent, il y a pour la forme d'ordre p un invariant du degré n pour tout invariant du degré p de la forme de l'ordre n, et la proposition est démontrée.

Cette loi s'applique aussi aux covariants, c'est-à-dire qu'une forme de l'ordre n admet autant de covariants du degré p relativement aux coefficients qu'une forme d'ordre p possède de covariants du degré n.

238. *Représentation symbolique du Hessien et du Jacobien.* On sait que le Jacobien de deux formes d'ordres m et n est le déterminant

$$J = \begin{vmatrix} \frac{df}{dx_1} & \frac{df}{dx_2} \\ \frac{d\varphi}{dx_1} & \frac{d\varphi}{dx_2} \end{vmatrix}.$$

Soient, symboliquement,

$$f = (a_1x_1 + a_2x_2)^m = a_x^m, \quad \varphi = (b_1x_1 + b_2x_2)^n = b_x^n$$

où a et b sont des symboles différents. Il vient

$$\frac{df}{dx_1} = ma_x^{m-1}a_1, \quad \frac{df}{dx_2} = ma_x^{m-1}a_2,$$

$$\frac{d\varphi}{dx_1} = nb_x^{n-1}b_1, \quad \frac{d\varphi}{dx_2} = nb_x^{n-1}b_2;$$

en substituant, on trouve

$$J = \begin{vmatrix} ma_x^{m-1}a_1 & ma_x^{m-1}a_2 \\ nb_x^{n-1}b_1 & nb_x^{n-1}b_2 \end{vmatrix} = mna_x^{m-1}b_x^{n-1} \begin{vmatrix} a_1 & a_2 \\ b_1 & b_2 \end{vmatrix},$$

c'est-à-dire,

$$J = (ab)\, a_x^{m-1}b_x^{n-1}$$

en laissant le facteur numérique mn; telle est la formule symbolique du Jacobien.

En second lieu, supposons que

$$f = a_x^n = b_x^n = c_x^n$$

soit une forme de l'ordre n, les symboles a, b, c étant équivalents; cherchons la valeur du Hessien représenté par

$$H = \begin{vmatrix} \frac{d^2f}{dx_1^2} & \frac{d^2f}{dx_1dx_2} \\ \frac{d^2f}{dx_2dx_1} & \frac{d^2f}{dx_2^2} \end{vmatrix}.$$

On a

$$\frac{d^2f}{dx_1^2} = n(n-1)\, a_x^{n-2}a_1^2, \quad \frac{d^2f}{dx_2^2} = n(n-1)\, b_x^{n-2}b_2^2,$$

$$\frac{d^2f}{dx_1dx_2} = \frac{d^2f}{dx_2dx_1} = n(n-1)\, a_x^{n-2}a_1a_2 = n(n-1)\, b_x^{n-2}b_1b_2.$$

Avec ces valeurs, il vient

$$H = n^2 (n-1)^2 a_x^{n-2} b_x^{n-2} \begin{vmatrix} a_1^2 & a_1 a_2 \\ b_1 b_2 & b_2^2 \end{vmatrix};$$

par suite,

$$H = n^2 (n-1)^2 (ab)\, a_x^{n-2} b_x^{n-2} \,.\, a_1 b_2.$$

Si on échange a et b, on aura aussi

$$H = -n^2 (n-1)^2 (ab)\, a_x^{n-2} b_x^{n-2} \,.\, a_2 b_1.$$

En faisant la somme de ces expressions, on trouve

$$2H = n^2 (n-1)^2 (ab)^2\, a_x^{n-2} b_x^{n-2}.$$

On néglige les facteurs numériques et l'on prend pour la formule symbolique du Hessien

$$H = (ab)^2\, a_x^{n-2} b_x^{n-2}.$$

Ainsi, les expressions

$$(ab)^2, \quad (ab)^2\, a_x b_x, \quad (ab)^2\, a_x^2 b_x^2,$$

représentent respectivement le Hessien des formes du second, du troisième et du quatrième degré.

Combinons maintenant H avec f pour en déduire par leur Jacobien d'autres covariants. Nous venons de voir que

$$H = (ab)^2\, a_x b_x$$

est le Hessien de la cubique

$$f = a_x^3 = b_x^3 = c_x^3.$$

Cherchons le Jacobien de f et de H. On a :

$$\frac{dH}{dx_1} = (ab)^2 (a_1 b_x + b_1 a_x), \quad \frac{dH}{dx_2} = (ab)^2 (a_2 b_x + b_2 a_x).$$

Les symboles a et b se trouvant dans ces dérivées, il faut prendre le symbole c pour f et écrire

$$\frac{df}{dx_1} = 3 c_x^2 c_1, \quad \frac{df}{dx_2} = 3 c_x^2 c_2.$$

Il vient donc

$$J = (ab)^2 \begin{vmatrix} 3 c_x^2 c_1 & 3 c_x^2 c_2 \\ a_1 b_x + b_1 a_x & a_2 b_x + b_2 a_x \end{vmatrix}$$

ou bien

$$J = 3\, (ab)^2 c_x^2 \left[c_1 (a_2 b_x + b_2 a_x) - c_2 (a_1 b_x + b_1 a_x) \right].$$

c'est-à-dire,

$$J = 3\,(ab)^2\,(ca)\,c_x^2 b_x + 3\,(ab)^2\,(cb)\,c_x^2 a_x.$$

Comme les symboles sont équivalents, on peut échanger a et b et le premier terme devient le second; ces termes sont donc identiques; par suite, on a :

$$J = 6\,(ab)^2\,(cb)\,c_x^2 a_x.$$

En négligeant le facteur 6, l'expression $(ab)^2\,(cb)\,c_x^2 a_x$ représentera le covariant du troisième degré de la cubique.

Si on fait le même calcul pour le déterminant fonctionnel du Hessien

$$H = (ab)^2\,a_x^2 b_x^2$$

de la quartique

$$f = a_x^4 = b_x^4 = c_x^4,$$

on trouve aussi

$$J = 8\,(ab)^2\,c_x^3 a_x b_x \begin{vmatrix} c_1 & c_2 \\ a_1 b_x + b_1 a_x & a_2 b_x + b_2 a_x \end{vmatrix}$$

ou

$$J = 8\,(ab)^2\,(ca)\,c_x^3 a_x b_x^2 + 8\,(ab)^2\,(cb)\,c_x^3 a_x^2 b_x$$

et ces deux termes sont les mêmes, car le premier devient le second en permutant les symboles identiques a et b. En laissant le facteur numérique, l'expression $(ab)^2\,(cb)\,c_x^3 a_x^2 b_x$ représentera le covariant du sixième degré de la quartique.

§ 2.

Opérations diverses du calcul symbolique.

239. *Opération* F (*Faltungsprocess*). Étant donné un produit symbolique

$$P = (ab)^\lambda\,(ac)^\mu\,(bc)^\nu \ldots a_x^\alpha b_x^\beta c_x^\gamma \ldots,$$

séparons deux facteurs de la seconde espèce, par exemple, $a_x b_x$ pour les remplacer par le déterminant (ab). On peut répéter cette opération sur deux autres facteurs quelconques et toutes les expressions qui en résultent conservent leur caractère invariant. Il y a aussi le procédé inverse qui consiste à remplacer un facteur tel que (ab) par $a_x b_x$. Soit

$$P = a_x^3 b_x^3.$$

Une première application du procédé donne $(ab)\,a_x^2 b_x^2$; une seconde $(ab)^2\,a_x b_x$; et une troisième $(ab)^3$.

La première et la dernière formule changent de signe en permutant a et b; elles ne donnent rien; la deuxième représente le Hessien de la cubique.

Formons, en second lieu, le produit du Hessien de la cubique par la forme elle-même; on aura

$$P = (ab)^2 a_x b_x c_x^3 .$$

En opérant sur a et c, il vient

$$(ab)^2 (ac) b_x c_x^2,$$

et en opérant sur b et c

$$(ab)^2 (bc) a_x c_x^2 .$$

Ces deux expressions rentrent l'une dans l'autre par l'échange de a et b; elles représentent le covariant du troisième degré de la cubique.

Formons encore le produit du Hessien de la quartique par la forme elle-même. On aura

$$P = (ab)^2 a_x^2 b_x^2 . c_x^4 .$$

Par l'application du procédé sur a et c, il vient successivement

$$(ab)^2 (ac) a_x b_x^2 c_x^3, \quad (ab)^2 (ac)^2 b_x^2 c_x^2 ;$$

ensuite, en séparant les facteurs $b_x c_x$,

$$(ab)^2 (ac)^2 (bc) b_x c_x, \quad (ab)^2 (ac)^2 (bc)^2 .$$

La première formule est le covariant du sixième degré de la quartique, et la dernière l'invariant du troisième degré de la même forme.

240. *Opération des polaires.* Si on applique l'opération

$$y_1 \frac{df}{dx_1} + y_2 \frac{df}{dx_2}$$

à une forme $f = a_x^n$, et si on divise en même temps par le degré n, on obtient une fonction des variables x et y, du degré $n - 1$ par rapport à x et du premier degré par rapport à y, que l'on appelle *première polaire* de f. On la désigne par Δf. On a, par définition,

$$\Delta f = \frac{1}{n}\left(y_1 \frac{df}{dx_1} + y_2 \frac{df}{dx_2}\right).$$

Or,

$$\frac{df}{dx_1} = n a_x^{n-1} a_1 , \quad \frac{df}{dx_2} = n a_x^{n-1} a_2 ;$$

par suite,

$$\Delta f = a_x^{n-1}(a_1 y_1 + a_2 y_2) = a_x^{n-1} a_y :$$

ce qui nous apprend que la première polaire s'obtient en remplaçant un facteur a_x par le facteur a_y.

La seconde polaire de f est l'expression

$$\Delta^2 f = \frac{1}{n-1}\left(y_1 \frac{d\Delta f}{dx_1} + y_2 \frac{d\Delta f}{dx_2}\right),$$

c'est-à-dire, en effectuant les opérations,

$$\Delta^2 f = a_x^{n-2} a_y^2 .$$

Par chaque opération, le degré diminue d'une unité par rapport à x au profit de y; si l'on continue ainsi, on trouve successivement :

$$\Delta^3 f = a_x^{n-3} a_y^3 , \quad \Delta^4 f = a_x^{n-4} a_y^4 , \quad \Delta^5 f = a_x^{n-5} a_y^5 ,$$

et, en général,

$$\Delta^k f = a_x^{n-k} a_y^k .$$

La dernière polaire sera

$$\Delta^n f = a_y^n ;$$

c'est la forme elle-même où la variable x est remplacée par y.

Les différentes polaires se déduisent du développement

$$(a_x + \lambda a_y)^n = a_x^n + n\lambda a_x^{n-1} a_y + \frac{n(n-1)}{1 \cdot 2} \lambda^2 a_x^{n-2} a_y^2 + \cdots + \lambda^n a_y^n .$$

On voit, en effet, que la $k^{ième}$ polaire de f est le coefficient de λ^k divisé par

$$\frac{n(n-1)(n-2)\cdots(n-k+1)}{1 \cdot 2 \cdot 3 \ldots k}.$$

241. La définition précédente des polaires est générale; lorsque la fonction est un produit de deux formes, on différentie conformément à la règle connue pour un produit. Cherchons, par exemple, la première polaire de

$$f = a_x^3 b_x^3 .$$

Puisque la fonction est du sixième degré, il faut diviser par 6. On aura

$$\Delta f = \tfrac{1}{6}(3a_x^2 a_y b_x^3 + 3a_x^3 b_x^2 b_y) = \tfrac{1}{2}(a_x^2 a_y b_x^3 + a_x^3 b_x^2 b_y).$$

Si les symboles a et b sont équivalents, cette première polaire se réduit à $a_x^2 a_y b_x^3$; car les deux termes se déduisent l'un de l'autre en permutant a et b.

La fonction Δf n'étant plus que du cinquième degré relativement à x, il vient pour la seconde polaire

$$\Delta^2 f = \tfrac{1}{2} \cdot \tfrac{1}{5} (2a_x a_y^2 b_x^3 + 3a_x^2 a_y b_x^2 b_y + 3a_x^2 a_y b_x^2 b_y + 2a_x^3 b_x b_y^2)$$

ou bien

$$\Delta^2 f = \tfrac{1}{5} (a_x^3 b_x b_y^2 + 3a_x^2 a_y b_x^2 b_y + a_x a_y^2 b_x^3),$$

et lorsque les symboles a et b sont équivalents, on aurait :

$$\tfrac{2}{5} a_x^3 b_x b_y^2 + \tfrac{3}{5} a_x^2 b_x^2 a_y b_y.$$

Il arrive quelquefois que la forme f renferme deux séries de variables ; il faut alors distinguer les polaires suivant qu'on dérive par rapport à x ou par rapport à y ; dans le premier cas, nous désignerons encore les polaires par la caractéristique Δ et, dans le second, par D. En admettant que f soit du degré m relativement à x et du degré n relativement à y, on aura :

$$\Delta f = \frac{1}{m}\left(y_1 \frac{df}{dx_1} + y_2 \frac{df}{dx_2}\right), \quad Df = \frac{1}{n}\left(x_1 \frac{df}{dy_1} + x_2 \frac{df}{dy_2}\right);$$

$$\Delta^2 f = \frac{1}{m-1}\left(y_1 \frac{d\Delta f}{dx_1} + y_2 \frac{d\Delta f}{dx_2}\right), \quad D^2 f = \frac{1}{n-1}\left(x_1 \frac{dDf}{dy_1} + x_2 \frac{dDf}{dy_2}\right);$$

$$\Delta^3 f = \frac{1}{m-2}\left(y_1 \frac{d\Delta^2 f}{dx_1} + y_2 \frac{d\Delta^2 f}{dx_2}\right), \quad D^3 f = \frac{1}{n-2}\left(x_1 \frac{dD^2 f}{dy_1} + x_2 \frac{dD^2 f}{dy_2}\right);$$

. . . .

Par exemple, si

$$f = a_x^m b_y^n,$$

on aura

$$\Delta f = a_x^{m-1} a_y b_y^n, \quad \Delta^2 f = a_x^{m-2} a_y^2 b_y^n, \quad \Delta^3 f = a_x^{m-3} a_y^3 b_y^n, \cdots$$
$$Df = a_x^m b_y^{n-1} b_x, \quad D^2 f = a_x^m b_y^{n-2} b_x^2, \quad D^3 f = a_x^m b_y^{n-3} b_x^3, \cdots$$

Il est encore utile de remarquer que toutes les polaires d'une forme

$$f = a_x^n$$

satisfont à l'équation différentielle

$$\frac{d^2}{dx_1 dy_2} - \frac{d^2}{dx_2 dy_1} = 0.$$

Soit, en effet, la $k^{ième}$ polaire

$$\Delta^k f = a_x^{m-k} a_y^k.$$

On a

$$\frac{d\Delta^k f}{dx_1} = (n-k)\, a_x^{n-k-1} a_1 a_y^k,$$

$$\frac{d\Delta^k f}{dx_2} = (n-k)\, a_x^{n-k-1} a_2 a_y^k;$$

ensuite,

$$\frac{d^2\Delta^k f}{dx_1 dy_2} = k\,(n-k)\, a_x^{n-k-1} a_y^{k-1} a_1 a_2,$$

$$\frac{d^2\Delta^k f}{dx_2 dy_1} = k\,(n-k)\, a_x^{n-k-1} a_y^{k-1} a_2 a_1;$$

on voit que ces deux valeurs sont identiques.

242. *Opération* Ω (*Omegaprocess*). Étant donnée une forme $f(x_1, x_2, y_1, y_2)$ à deux séries de variables du degré m par rapport à x et du degré n par rapport à y, l'opération Ω est définie par

$$\Omega f = \frac{1}{mn}\left(\frac{d^2 f}{dx_1 dy_2} - \frac{d^2 f}{dx_2 dy_1}\right);$$

par conséquent, elle a pour effet de diminuer d'une unité les degrés de f par rapport aux variables. En répétant la même opération, on aura

$$\Omega^2 f = \frac{1}{m-1} \cdot \frac{1}{n-1}\left(\frac{d^2\Omega f}{dx_1 dy_2} - \frac{d^2\Omega f}{dx_2 dy_1}\right),$$

et, ainsi de suite.

Soit la fonction

$$\begin{aligned} f = {} & y_1^2\,(a_0 x_1^3 + 3a_1 x_1^2 x_2 + 3a_2 x_1 x_2^2 + a_3 x_2^3) \\ & + 2y_1 y_2\,(a'_0 x_1^3 + 3a'_1 x_1^2 x_2 + 3a'_2 x_1 x_2^2 + a'_3 x_2^3) \\ & + y_2^2\,(a''_0 x_1^3 + 3a''_1 x_1^2 x_2 + 3a''_2 x_1 x_2^2 + a''_3 x_1^3). \end{aligned}$$

On a :

$$\frac{d^2 f}{dx_1 dy_2} = 2y_1(3a'_0 x_1^2 + 6a'_1 x_1 x_2 + 3a'_2 x_2^2) + 2y_2(3a''_0 x_1^2 + 6a''_1 x_1 x_2 + 3a''_2 x_2^2),$$

$$\frac{d^2 f}{dx_2 dy_1} = 2y_1(3a_1 x_1^2 + 6a_2 x_1 x_2 + 3a_3 x_2^2) + 2y_2(3a'_1 x_1^2 + 6a'_2 x_1 x_2 + 3a'_3 x_2^2);$$

par suite,

$$\Omega f = y_1 [(a'_0 - a_1) x_1^2 + 2 (a'_1 - a_2) x_1 x_2 + (a'_2 - a_3) x_2^2] + y_2 [(a''_0 - a'_1) x_1^2 + 2 (a''_1 - a'_2) x_1 x_2 + (a''_2 - a'_3) x_2^2].$$

Une seconde application donne aussi

$$\Omega^2 f = (a''_0 + a_2 - 2a'_1) x_1 + (a''_1 + a_3 - 2a'_2) x_2.$$

Soit, encore, une forme à deux séries de variables représentée symboliquement par

$$f = r_x^m s_y^n;$$

on aura

$$\Omega f = \frac{1}{mn} (mnr_x^{m-1} r_1 s_y^{n-1} s_2 - mnr_x^{m-1} r_2 s_y^{n-1} s_1)$$

ou

$$\Omega f = (rs)\, r_x^{m-1} s_y^{n-1}.$$

On trouve également

$$\Omega^2 f = (rs)^2\, r_x^{m-2} s_y^{n-2},$$
$$\Omega^3 f = (rs)^3\, r_x^{m-3} s_y^{n-3},$$

et, en général,

$$\Omega^k f = (rs)^k\, r_x^{m-k} s_y^{n-k}.$$

Il existe entre les opérations Ωf et Df la relation

$$\Omega D f = \frac{m}{m+1} D\Omega f.$$

En effet, il vient successivement :

$$\Omega D f = \frac{1}{(m+1)(n-1)} \cdot \frac{1}{n} \left[\frac{d^2}{dx_1 dy_2} \left(x_1 \frac{df}{dy_1} + x_2 \frac{df}{dy_2} \right) - \frac{d^2}{dx_2 dy_1} \left(x_1 \frac{df}{dy_1} + x_2 \frac{df}{dy_2} \right) \right],$$

ou bien

$$\Omega D f = \frac{1}{(m+1)(n-1) n}$$

$$\left[\frac{d^2 f}{dy_1 dy_2} + x_1 \frac{d^3 f}{dx_1 dy_1 dy_2} + x_2 \frac{d^3 f}{dx_1 dy_2^2} - x_1 \frac{d^3 f}{dx_2 dy_1^2} - \frac{d^2 f}{dy_1 dy_2} - x_2 \frac{d^3 f}{dx_2 dy_1 dy_2} \right]$$

$$= \frac{1}{(m+1)(n-1) n} \left[x_1 \frac{d}{dy_1} \left(\frac{d^2 f}{dx_1 dy_2} - \frac{d^2 f}{dx_2 dy_1} \right) + x_2 \frac{d}{dy_2} \left(\frac{d^2 f}{dx_1 dy_2} - \frac{d^2 f}{dx_2 dy_1} \right) \right],$$

c'est-à-dire,

$$\Omega \mathrm{D} f=\frac{1}{(m+1)(n-1) n}\left(x_1 \frac{d}{d y_1} m n \Omega f+x_2 \frac{d}{d y_2} m n \Omega f\right)$$
$$=\frac{m}{m+1} \cdot \frac{1}{n-1}\left(x_1 \frac{d \Omega f}{d y_1}+x_2 \frac{d \Omega f}{d y_2}\right).$$

Cette dernière expression est égale à $\frac{m}{m+1} \mathrm{D} \Omega f$.

On prouve de la même manière que

$$\Omega \Delta f=\frac{n}{n+1} \Delta \Omega f.$$

Abstraction faite d'un facteur numérique, on peut intervertir l'ordre des opérations Ω, D et Ω, Δ.

243. *Opération d'Aronhold ou procédé* δ. Étant données deux formes de même ordre

$$f=r_0 x_1^n+n r_1 x_1^{n-1} x_2+\cdots, \quad \mathrm{F}=\alpha_0 x_1^n+n \alpha_1 x_1^{n-1} x_2+\cdots$$

et $\varphi(r_0, r_1, r_2, \ldots)$ un invariant de la première, l'opération d'Aronhold consiste dans la formule

$$\delta \varphi=\alpha_0 \frac{d \varphi}{d r_0}+\alpha_1 \frac{d \varphi}{d r_1}+\alpha_2 \frac{d \varphi}{d r_2}+\cdots$$

qui possède le caractère d'invariance. Si on applique l'opération au résultat obtenu, on aura $\delta(\delta \varphi)=\delta^2 \varphi$; de même, $\delta(\delta^2 \varphi)$ sera $\delta^3 \varphi$, et ainsi de suite. Cette opération se présente, lorsqu'il faut calculer la valeur de φ pour la fonction composée $f+\lambda \mathrm{F}$; on doit remplacer les coefficients $r_0, r_1, r_2, \ldots$, par $r_0+\lambda \alpha_0, r_1+\lambda \alpha_1, r_2+\lambda \alpha_2, \ldots$; en développant ensuite par la formule de Taylor, il vient

$$\varphi(r_0+\lambda \alpha_0, r_1+\lambda \alpha_1, \cdots)=\varphi(r_0, r_1, \cdots)+\lambda \delta \varphi+\frac{\lambda^2}{1.2} \delta^2 \varphi+\cdots$$

Par exemple, soient les formes quadratiques

$$f=r_0 x_1^2+2 r_1 x_1 x_2+r_2 x_2^2, \quad \mathrm{F}=\alpha_0 x_1^2+2 \alpha_1 x_1 x_2+\alpha_2 x_2^2,$$

et $\varphi=r_0 r_2-r_1^2$ l'invariant de la première. En désignant par φ' sa valeur pour $f+\lambda \mathrm{F}$, on aura

$$\varphi'=\varphi+\lambda \delta \varphi+\frac{\lambda^2}{1.2} \delta^2 \varphi.$$

Or, on trouve successivement

$$\delta \varphi=\alpha_0 r_2-2 \alpha_1 r_1+\alpha_2 r_0,$$
$$\delta^2 \varphi=\alpha_0 \alpha_2-2 \alpha_1^2+\alpha_2 \alpha_0=2(\alpha_0 \alpha_2-\alpha_1^2);$$

par suite, il vient :

$$\varphi' = r_0 r_2 - r_1^2 + (\alpha_0 r_2 - 2\alpha_1 r_1 + \alpha_2 r_0)\lambda + (\alpha_0 \alpha_2 - \alpha_1^2)\lambda^2.$$

Il est essentiel d'observer que, suivant l'esprit de la formule de Taylor, on passe de $\delta\varphi$ à $\delta^2\varphi$ en dérivant par rapport aux coefficients primitifs, même si α_0, α_1, α_2 étaient les coefficients d'un covariant, c'est-à-dire des fonctions de a_0, a_1, a_2 ; on doit, dans la seconde opération, regarder comme constants les coefficients introduits par la première.

Le procédé δ s'applique aussi aux covariants. Considérons les deux cubiques

$$f = r_0 x_1^3 + 3r_1 x_1^2 x_2 + 3r_2 x_1 x_2^2 + r_3 x_2^3,$$
$$F = \alpha_0 x_1^3 + 3\alpha_1 x_1^2 x_2 + 3\alpha_2 x_1 x_2^2 + \alpha_3 x_2^3 ;$$

on sait que la première possède le covariant

$$H = (r_0 r_2 - r_1^2) x_1^2 + (r_0 r_3 - r_1 r_2) x_1 x_2 + (r_1 r_3 - r_2^2) x_2^2.$$

Si l'on veut obtenir le covariant correspondant H' pour la fonction composée $f + \lambda F$, il est nécessaire de substituer aux coefficients r_0, r_1, r_2, r_3 les valeurs

$$r_0 + \lambda\alpha_0, \quad r_1 + \lambda\alpha_1, \quad r_2 + \lambda\alpha_2, \quad r_3 + \lambda\alpha_3 ;$$

comme H est du second degré par rapport aux coefficients, on aura

$$H' = H + \lambda\delta H + \frac{\lambda^2}{1 . 2}\delta^2 H.$$

En appliquant successivement le procédé δ, on trouve facilement

$$\delta H = (r_2\alpha_0 - 2r_1\alpha_1 + r_0\alpha_2) x_1^2 + (r_3\alpha_0 - r_2\alpha_1 - r_1\alpha_2 + r_0\alpha_3) x_1 x_2$$
$$+ (r_3\alpha_1 - 2r_2\alpha_2 + r_1\alpha_3) x_2^2 ,$$
$$\delta^2 H = 2 [(\alpha_0\alpha_2 - \alpha_1^2) x_1^2 + (\alpha_0\alpha_3 - \alpha_1\alpha_2) x_1 x_2 + (\alpha_1\alpha_3 - \alpha_2^2) x_2^2] .$$

Par la substitution de ces résultats, on obtiendra la valeur de H'.

Il importe maintenant d'indiquer l'effet de l'opération d'Aronhold sur un produit symbolique. Afin de fixer les idées, supposons que f soit une forme du quatrième degré qui possède un invariant φ du troisième ordre. Représentons, pour un moment, la forme f par les expressions équivalentes

$$f = a_0 x_1^4 + 4a_1 x_1^3 x_2 + \cdots, \quad f = b_0 x_1^4 + 4b_1 x_1^3 x_2 + \cdots, \quad f = c_0 x_1^4 + \cdots.$$

Par le procédé δ, on peut introduire les coefficients a, b, c dans φ de manière que cet invariant soit linéaire par rapport à $a_0, a_1, \ldots,$ $b_0, b_1, \ldots, c_0, c_1, \ldots$. Cela étant, on a

$$\delta\varphi = \sum_0^4 \alpha_i \frac{d\varphi}{dr_i} = \sum_0^4 \alpha_i \frac{d\varphi}{da_i} + \sum_0^4 \alpha_i \frac{d\varphi}{db_i} + \sum_0^4 \alpha_i \frac{d\varphi}{dc_i}.$$

Or, la première opération

$$\sum_0^4 \alpha_i \frac{d\varphi}{da_i}$$

a pour effet de remplacer les coefficients a par les coefficients α, et, au point de vue symbolique, de substituer au symbole a de f, le symbole α de φ. On sait qu'en posant :

$$f = a_x^4 = b_x^4 = c_x^4, \quad F = \alpha_x^4,$$

l'invariant φ est représenté par

$$\varphi = (ab)^2 (ac)^2 (bc)^2.$$

Donc, après cette première opération, on aura $(\alpha b)^2 (\alpha c)^2 (bc)^2$. De même, pour les deux autres

$$\sum_0^4 \alpha_i \frac{d\varphi}{db_i}, \quad \sum_0^4 \alpha_i \frac{d\varphi}{dc_i},$$

on devra remplacer les symboles b et c par α ; ce qui donne

$$(a\alpha)^2 (ac)^2 (\alpha c)^2, \quad (ab)^2 (a\alpha)^2 (b\alpha)^2.$$

Puisque les symboles a, b, c sont équivalents, les trois résultats sont identiques et l'on a :

$$\sum_0^4 \alpha_i \frac{d\varphi}{dr_i} = 3\,(\alpha b)^2 (\alpha c)^2 (bc)^2.$$

De là, cette règle : *l'opération δ appliquée à un produit symbolique revient à remplacer successivement chaque symbole de f par un symbole de φ et à faire ensuite la somme des résultats.*

Les produits symétriques de symboles donnent chaque fois le même résultat ; il suffit, dans ce cas, de multiplier l'un d'eux par k, k étant le nombre de symboles.

Après cette première application, il ne reste plus que deux symboles ; une seconde donnera

$$\delta^2\varphi = 2.3\,(\alpha\beta)^2 (\alpha c)^2 (\beta c)^2$$

et une troisième

$$\delta^3\varphi = 2.3\,(\alpha\beta)^2 (\alpha\gamma)^2 (\beta\gamma)^2,$$

où β et γ sont des symboles équivalents à α pour la seconde forme.

Le procédé δ s'applique de la même manière aux covariants. Le Hessien de la quartique étant

$$H = (ab)^2 a_x^2 b_x^2,$$

posons :

$$H_x^4 = H_x'^4 = (ab)^2 a_x^2 b_x^2.$$

On aura

$$\delta H = 2 (aH)^2 a_x^2 H_x^2, \quad \delta^2 H = 2 (HH')^2 H_x^2 H_x'^2.$$

La première opération introduit le symbole H au lieu de b ; on passe de δH à $\delta^2 H$ en regardant H comme constant, et en remplaçant le symbole a par H'.

La règle précédente suppose que les produits symboliques ne contiennent que des symboles de f. Dans le cas contraire, il faudrait la modifier. Pour la quartique, par exemple, le Jacobien de f et de H est :

$$t = (aH) a_x^3 H_x^3.$$

Or, les symboles H représentent les coefficients du covariant H qui sont des fonctions des coefficients de f ; dans la dérivation, il faut tenir compte de cette circonstance et la règle se complique ; mais, généralement, on peut transformer le produit symbolique de manière qu'il ne renferme que des symboles de la forme primitive. Si l'on avait $\delta H = 0$, on pourrait encore se servir de la première règle, puisque l'effet de l'opération sur H est nul.

244. *Opération* U (*Ueberschiebungsprocess*). Étant données deux formes différentes

$$f = a_x^m, \quad \varphi = b_x^n$$

où n est plus petit que m, formons leur produit : $a_x^m . b_x^n$.

Remplaçons maintenant deux facteurs a_x, b_x de chaque forme par le déterminant (ab) ; il viendra $(ab) a_x^{m-1} b_x^{n-1}$.

En répétant cette opération k fois, on arrive à l'expreseion

$$(ab)^k a_x^{m-k} b_x^{n-k}.$$

Cette formule fournit une série de covariants simultanés des deux formes en donnant à k les valeurs 1, 2, 3, ... n. Nous les appellerons *composés de f avec φ*, et nous adopterons la notation $(f, \varphi)^k$ pour représenter le $k^{ième}$ composé. Par définition, on aura

$$(f, \varphi)^k = (ab)^k a^{m-k} b^{n-k},$$

Si on échange les formes, le composé change de signe lorsque k est impair. Pour les composés extrêmes, il vient

$$(f, \varphi)^0 = a_x^m . b_x^n, \quad (f, \varphi)^n = (ab)^n a_x^{m-n}.$$

Enfin remarquons encore que le premier composé est le Jacobien des deux formes.

Soient f_1 et φ_1 deux autres formes ; pour trouver les composés de $f + \lambda_1 f_1$ avec $\varphi + \mu_1\varphi_1$, λ_1 et μ_1 étant des constantes, on effectue d'abord le produit :

$$(f + \lambda_1 f_1)(\varphi + \mu_1\varphi_1) = f\varphi + \lambda_1 f_1\varphi + \mu_1 f\varphi_1 + \lambda_1\mu_1 f_1\varphi_1,$$

pour appliquer ensuite l'opération à chaque terme, et l'on a :

$$(f + \lambda_1 f_1, \varphi + \mu_1\varphi_1)^k = (f, \varphi)^k + \lambda_1 (f_1, \varphi)^k + \mu_1 (f, \varphi_1)^k + \lambda_1\mu_1 (f_1, \varphi_1)^k.$$

Les divers composés s'expriment aussi au moyen des dérivées des deux formes. On sait, par la valeur du Jacobien que

$$(ab)\, a_x^{m-1} b_x^{n-1} = \frac{1}{mn}\left(\frac{df}{dx_1} \cdot \frac{d\varphi}{dx_2} - \frac{df}{dx_2}\frac{d\varphi}{dx_1}\right).$$

Pour le second composé, on a

$$(ab)^2\, a_x^{m-2} b_x^{n-2} = a_x^{m-2} b_x^{n-2} (a_1^2 b_2^2 - 2a_1 a_2 \cdot b_1 b_2 + a_2^2 b_1^2)$$

c'est-à-dire

$$(ab)^2\, a_x^{m-2} b_x^{n-2}$$

$$= \frac{1}{m(m-1)\, n(n-1)} \cdot \left(\frac{d^2 f}{dx_1^2} \cdot \frac{d^2\varphi}{dx_2^2} - 2\,\frac{d^2 f}{dx_1 dx_2} \cdot \frac{d^2\varphi}{dx_1 dx_2} + \frac{d^2 f}{dx_2^2} \cdot \frac{d^2\varphi}{dx_1^2}\right).$$

Le second membre s'écrit, d'une manière abrégée, comme suit :

$$\frac{1}{m(m-1)\, n(n-1)}\left(\frac{df}{dx_1}\frac{d\varphi}{dx_2} - \frac{df}{dx_2}\frac{d\varphi}{dx_1}\right)^2.$$

En général, on a

$$(ab)^k\, a_x^{m-k} b_x^{n-k}$$

$$= \frac{1}{m(m-1)\cdots(m-k+1)}\;\frac{1}{n(n-1)\cdots(n-k+1)}\left(\frac{df}{dx_1}\frac{d\varphi}{dx_2} - \frac{df}{dx_2}\frac{d\varphi}{dx_1}\right)^k.$$

Dans le développement, les exposants indiquent l'ordre des dérivées.

Supposons que les symboles a et b soient équivalents et $n = m$; l'expression

$$(f, f)^k = (ab)^k\, a_x^{m-k} b_x^{m-k}$$

fournira les composés de la fonction f avec elle-même; ceux qui correspondent aux valeurs impaires de k seront identiquement nuls, car le produit change de signe en permutant a et b ; mais tous les autres, tels que

$$(ab)^2 a_x^{m-2} b_x^{m-2}, \quad (ab)^4 a_x^{m-4} b_x^{m-4}, \quad (ab)^6 a_x^{m-6} b_x^{m-6}, \text{ etc.}$$

seront des covariants de f dont le premier est le Hessien de la forme.

245. Il est important d'observer que les composés de deux formes s'obtiennent aussi par les polaires. On sait que la $k^{ième}$ polaire de f a pour expression

$$\Delta^k f = a_x^{m-k} a_y^k.$$

Remplaçons, dans cette formule, y_1 par b_2, y_2 par $-b_1$ et multiplions par b_x^{n-k} ; il viendra $(ab)^k a_x^{m-k} b_x^{n-k}$, c'est-à-dire le $k^{ième}$ composé de f avec φ. Donc, *pour former le $k^{ième}$ composé de f avec φ, on substitue, dans la $k^{ième}$ polaire de f, aux variables y_1, y_2 les symboles b_2, $-b_1$ de φ et on multiplie ensuite par b_x^{n-k}.*

En second lieu, on peut encore procéder de la manière suivante. On a

$$\Delta^k f = a_x^{m-k} a_y^k, \quad \Delta^k \varphi = b_x^{n-k} b_y^k.$$

En multipliant ces polaires, il vient $a_x^{m-k} b_x^{n-k} a_y^k b_y^k$.

Si on applique à ce produit k fois le procédé F en opérant sur les facteurs en y, on arrive à l'expression $(ab)^k a_x^{m-k} b_x^{n-k}$; c'est encore le $k^{ième}$ composé de f avec φ.

Appliquons ces règles à quelques exemples. La cubique

$$f = a_x^3 = b_x^3 = c_x^3$$

possède l'invariant

$$\mathrm{H} = (ab)^2 a_x b_x ;$$

cherchons les composés de f avec H. On a

$$f.\mathrm{H} = (ab)^2 a_x b_x . c_x^3.$$

En séparant les facteurs $b_x c_x$ pour les remplacer par (bc), il vient, pour le premier composé,

$$(f, \mathrm{H})^1 = (ab)^2 (bc) a_x c_x^2.$$

C'est le covariant du troisième degré de cette forme. En séparant les facteurs $a_x c_x$ au lieu de $b_x c_x$, on arrive à une expression équivalente.

Le second composé sera

$$(f, \mathrm{H})^2 = (ab)^2 (bc) (ac) c_x.$$

Autrement; formons la première polaire de H; on trouve

$$\tfrac{1}{2}(ab)^2(a_x b_y + a_y b_x),$$

mais, comme les symboles sont équivalents, elle se réduit à $(ab)^2 a_x b_y$.

Si on remplace y_1 par c_2 et y_2 par $-c_1$ et si on multiplie par c_x^2, il vient

$$(f, \text{H})^1 = (ab)^2 (bc)\, a_x c_x^2.$$

La seconde polaire étant $(ab)^2 a_y b_y$, la même substitution et la multiplication par c_x fournit le second composé

$$(f, \text{H})^2 = (ab)^2 (ac)(bc)\, c_x.$$

Cherchons encore les composés de H avec lui-même. On a

$$\text{H} = (ab)^2 a_x b_x = (cd)^2 c_x d_x,$$

c et d étant des symboles équivalents à a et b. Il faut d'abord former le produit $(ab)^2 a_x b_x . (cd)^2 c_x d_x$.

On prend ensuite un facteur de chaque côté, par exemple, b_x et d_x et on remplace leur produit par (bd); il vient ainsi

$$(\text{H}, \text{H})^1 = (ab)^2 (cd)^2 (bd)\, a_x c_x.$$

On en tire, pour le second composé,

$$(\text{H}, \text{H})^2 = (ab)^2 (cd)^2 (bd)(ac)$$

qui représente l'invariant du quatrième degré de la cubique. Pour faire la séparation de deux facteurs, on pourrait adopter les combinaisons $a_x c_x$, $a_x d_x$, $b_x c_x$, mais on arrive toujours à une formule ayant même signification, à cause de l'identité des symboles.

On trouve le même résultat, en faisant le produit $(ab)^2 a_x b_y . (cd)^2 c_x d_y$ des premières polaires de H, et en séparant $b_y d_y$; ce qui donne

$$(f, \text{H})^1 = (ab)^2 (cd)^2 (bd)\, a_x c_x.$$

De même, le produit des secondes polaires $(ab)^2 a_y b_y . (cd)^2 c_y d_y$ conduit au second composé

$$(\text{H}, \text{H})^2 = (ab)^2 (cd)^2 (bd)(ac)$$

en lui appliquant deux fois le procédé F.

Cette manière de former les composés par les polaires est très importante. Nous aurons l'occasion d'en faire de nombreuses applications.

246. *Identités du calcul symbolique.* Il existe quelques relations identiques qui sont très utiles pour la transformation des produits symboliques et qu'il est indispensable de connaître. D'abord les égalités

$$a_x = a_1x_1 + a_2x_2,$$
$$b_x = b_1x_1 + b_2x_2,$$
$$c_x = c_1x_1 + c_2x_2,$$

par l'élimination des variables, conduisent à l'identité

$$\begin{vmatrix} a_x & a_1 & a_2 \\ b_x & b_1 & b_2 \\ c_x & c_1 & c_2 \end{vmatrix} = 0,$$

ou bien,

(1) $$(bc)\,a_x + (ca)\,b_x + (ab)\,c_x = 0,$$

qu'on peut aussi écrire

$$(ab)\,c_x - (ac)\,b_x = (cb)\,a_x.$$

En élevant au carré, on trouve

$$(ab)^2\,c_x^2 + (ac)^2\,b_x^2 - 2\,(ab)\,(ac)\,b_xc_x = (bc)^2\,a_x^2;$$

d'où

(2) $$(ab)\,(ac)\,b_xc_x = \tfrac{1}{2}\,[(ab)^2\,c_x^2 + (ac)^2\,b_x^2 - (bc)^2\,a_x^2].$$

Si on élève de nouveau au carré et si on transpose, il vient aussi

(3) $$(ab)^2\,(ac)^2\,b_x^2c_x^2 + (ba)^2\,(bc)^2\,a_x^2c_x^2 + (ca)^2\,(cb)^2\,a_x^2b_x^2$$
$$= \tfrac{1}{2}\,[a_x^4\,(bc)^4 + b_x^4\,(ca)^4 + c_x^4\,(ab)^4].$$

Posons, dans l'identité (1), $c_2 = y_1$ et $c_1 = -y_2$; on aura

(4) $$a_xb_y - a_yb_x = (ab)\,(xy).$$

Enfin, d_1 et d_2 étant les coefficients d'une quatrième forme linéaire, en remplaçant dans (1) et (2) x_1, x_2 par d_2 et $-d_1$, on trouve encore

(5) $$(bc)\,(ad) + (ca)\,(bd) + (ab)\,(cd) = 0.$$

(6) $$(ab)\,(ac)\,(db)\,(dc) = \tfrac{1}{2}\,[(ab)^2\,(cd)^2 + (ac)^2\,(bd)^2 - (ad)^2\,(bc)^2].$$

En vertu de la première identité, toute formule qui renferme un déterminant (ab) à une puissance impaire peut être transformée en une autre où ce déterminant est élevé à une puissance paire. En effet, supposons qu'elle renferme le produit

$$(ab)^{2m-1}\,(ac)\,b_xc_x^{2m-1}.$$

Il est égal à

$$-(ab)^{2m-1}(ca)\,b_x c_x^{2m-1};$$

en permutant a et b, il devient

$$(ab)^{2m-1}(cb)\,a_x c_x^{2m-1};$$

par suite, en faisant la somme et en divisant par 2, on trouve

$$(ab)^{2m-1}(ac)\,b_x c_x^{2m-1}=\tfrac{1}{2}(ab)^{2m-1}c_x^{2m-1}[(cb)\,a_x-(ca)\,b_x]=\tfrac{1}{2}(ab)^{2m}c_x^{2m}.$$

247. *Expression du carré du déterminant fonctionnel.* Comme application de ces identités, proposons-nous de former le carré du Jacobien des deux formes

$$f=a_x^m=b_x^m,\quad \varphi=\alpha_x^n=\beta_x^n.$$

On a

$$J=(a\alpha)\,a_x^{m-1}\alpha_x^{n-1}=(b\beta)\,b_x^{m-1}\beta_x^{n-1},$$

et

$$J^2=(a\alpha)\,a_x^{m-1}\alpha_x^{n-1}.(b\beta)\,b_x^{m-1}\beta_x^{n-1}=(a\alpha)\,a_x^{m-1}\alpha_x^{n-2}b_x^{m-1}\beta_x^{n-1}(b\beta)\,\alpha_x.$$

Or, par la première identité, on a

$$(b\beta)\,\alpha_x=(\alpha\beta)\,b_x-(\alpha b)\,\beta_x;$$

par suite,

$$J^2=(a\alpha)(\alpha\beta)\,a_x^{m-1}b_x^m\alpha_x^{n-2}\beta_x^{n-1}-(a\alpha)(\alpha b)\,a_x^{m-1}b_x^{m-1}\alpha_x^{n-2}\beta_x^n.$$

Si on remarque que $f=b_x^m$, $\varphi=\beta_x^n$, l'expression précédente est de la forme

$$J^2=Af+B\varphi$$

où

$$A=(a\alpha)(\alpha\beta)\,a_x^{m-1}\alpha_x^{n-2}\beta_x^{n-1},\quad B=(a\alpha)(b\alpha)\,a_x^{m-1}b_x^{m-1}\alpha_x^{n-2}.$$

Il faut calculer les valeurs de A et B. On peut écrire

$$A=\tfrac{1}{2}(\alpha\beta)\,\alpha_x^{n-2}\beta_x^{n-2}a_x^{m-1}[(a\alpha)\,\beta_x-(a\beta)\,\alpha_x],$$

car le second terme se déduit du premier en permutant les symboles identiques α et β. A cause de l'identité (1), la différence entre crochets est égale à

$$(\beta\alpha)\,a_x=-(\alpha\beta)\,a_x;$$

par suite,

$$A=-\tfrac{1}{2}(\alpha\beta)^2\alpha_x^{n-2}\beta_x^{n-2}.a_x^m,$$

c'est-à-dire

$$A=-\tfrac{1}{2}(\varphi,\varphi)^2 f,$$

$(\varphi,\varphi)^2$ étant le second composé de φ avec lui-même.

D'un autre côté, si on écrit

$$B = a_x^{m-2}\, b_x^{m-2}\, \alpha_x^{n-2}\, (a\alpha)\,(b\alpha)\, a_x b_x,$$

par l'usage de l'identité (2), il viendra

$$B = a_x^{m-2}\, b_x^{m-2}\, \alpha_x^{n-2} . \tfrac{1}{2}\, [(a\alpha)^2 b_x^2 + (b\alpha)^2 a_x^2 - (ab)^2 \alpha_x^2].$$

Les deux premiers termes ont la même signification; on passe de l'un à l'autre en permutant a et b; par suite, on a

$$B = (a\alpha)^2\, a_x^{m-2}\, \alpha_x^{n-2} . b_x^m - \tfrac{1}{2}\, (ab)^2\, a_x^{m-2}\, b_x^{m-2} . \alpha_x^n,$$

ou bien

$$B = (f, \varphi)^2 f - \tfrac{1}{2}\, f, f)^2 \varphi.$$

En remplaçant A et B par leurs valeurs, on arrive à la formule définitive

$$J^2 = -\tfrac{1}{2}\, [(\varphi, \varphi)^2 f^2 - 2\, (f, \varphi)^2 f\varphi + (f, f)^2\, \varphi^2].$$

De là, cette proposition importante :

Le carré du Jacobien de deux formes est une fonction de ces formes et de leurs seconds composés.

248. Considérons encore trois formes différentes

$$f = a_x^m, \quad \varphi = b_x^n, \quad \psi = c_x^p.$$

Le premier composé de f avec φ a pour expression

$$(f, \varphi)^1 = (ab)\, a_x^{m-1}\, b_x^{n-1}.$$

Combinons cette nouvelle formation avec ψ pour former leur Jacobien. Dans ce but, il est nécessaire de calculer la première polaire de cette expression. On trouve

$$\frac{(ab)}{m+n-2}\left[(m-1)\, a_x^{m-2} a_y b_x^{n-1} + (n-1)\, a_x^{m-1} b_y b_x^{n-2}\right].$$

On obtiendra maintenant le premier composé de $(f, \varphi)^1$ avec ψ, en remplaçant y_1, y_2 par c_2, $-c_1$ et en multipliant par c_x^{p-1}. En le désignant par j, nous aurons

$$j = \frac{1}{m+n-2}\, [(m-1)\,(ab)\,(ac)\, a_x^{m-2} b_x^{n-1} c_x^{p-1} + (n-1)\,(ab)\,(bc)\, a_x^{m-1} b_x^{n-2} c_x^{p-1}],$$

ou bien

$$j = \frac{a_x^{m-2} b_x^{n-2} c_x^{p-2}}{m+n-2}\, [(m-1)\,(ab)\,(ac)\, b_x c_x - (n-1)\,(ba)\,(bc)\, a_x c_x].$$

D'après l'identité (2), la quantité entre parenthèses est égale à

$$\frac{m-1}{2}[(ab)^2 c_x^2 + (ac)^2 b_x^2 - (bc)^2 a_x^2]$$
$$-\frac{n-1}{2}[(ba)^2 c_x^2 + (bc)^2 a_x^2 - (ac)^2 b_x^2].$$

Si on multiplie cette expression par le facteur extérieur de j et si on pose :

$$(f,\varphi)^2 = (ab)^2 a_x^{m-2} b_x^{n-2}, \quad (f,\psi)^2 = (ac)^2 a_x^{m-2} c_x^{p-2}, \quad (\varphi,\psi)^2 = (bc)^2 b_x^{n-2} c_x^{p-2},$$

il viendra

$$j = \frac{m-1}{2(m+n-2)}[(f,\varphi)^2\psi + (f,\psi)^2\varphi - (\varphi,\psi)^2 f]$$
$$-\frac{n-1}{2(m+n-2)}[(f,\varphi)^2\psi + (\varphi,\psi)^2 f - (f,\psi)^2\varphi].$$

En faisant les réductions, on trouve

$$j = \frac{1}{2}\left[\frac{m-n}{m+n-2}(f,\varphi)^2\psi + (f,\psi)^2\varphi - (\varphi,\psi)^2 f\right].$$

Comme cas particuliers, si on pose $\psi = f$, il vient

$$[(f,\varphi)^1, f]^1 = \frac{1}{2}(f,f)^2\varphi - \frac{n-1}{m+n-2}(f,\varphi)^2 f,$$

et, si on pose $\psi = \varphi$, on a encore

$$[(f,\varphi)^1, \varphi]^1 = -\frac{1}{2}(\varphi,\varphi)^2 f + \frac{m-1}{m+n-2}(f,\varphi)^2\varphi.$$

Ces formules sont très remarquables; elles démontrent cette propriété :

Le Jacobien d'une forme avec le Jacobien de deux autres est une fonction des trois formes et de leurs seconds composés.

§ 3.

Formule de Clebsch-Gordan. Formation systématique des invariants et des covariants.

249. Considérons une forme à deux séries de variables, du degré m par rapport à x_1, x_2 et du degré n par rapport à y_1, y_2; elle est représentée symboliquement par $f = r_x^m s_y^n$.

Par l'application successive des opérations D et Δ, il vient :

$$Df = r_x^m s_y^{n-1} s_x.$$

$$\Delta Df = \frac{1}{m+1}\left[m r_x^{m-1} r_y s_y^{n-1} s_x + r_x^m s_y^n\right];$$

d'où

$$(m+1)\,\Delta Df = r_x^m s_y^n + m r_x^{m-1} r_y s_y^{n-1} s_x.$$

On a aussi

$$(m+1)\,f = r_x^m s_y^n + m r_x^m s_y^n.$$

En retranchant de cette équation la précédente, on trouve

$$(m+1)(f - \Delta Df) = m r_x^{m-1} s_y^{n-1}(r_x s_y - r_y s_x),$$

et, à cause de l'identité (4),

$$(m+1)(f - \Delta Df) = m\,(xy)\,(rs)\,r_x^{m-1} s_y^{n-1}.$$

Si on remarque que

$$\Omega f = (rs)\,r_x^{m-1} s_y^{n-1},$$

il vient la relation fondamentale

$$(k) \quad f = \Delta Df + \frac{m}{m+1}(xy)\,\Omega f.$$

Supposons que f soit linéaire par rapport à y ; on aura

$$f = r_x^m s_y, \quad Df = r_x^m s_x, \quad \Omega f = (rs)\,r_x^{m-1};$$

par suite,

$$r_x^m s_y = \Delta(r_x^m s_x) + \frac{m}{m+1}(xy)\,(rs)\,r_x^{m-1},$$

et, comme cas particuliers,

$$r_x s_y = \Delta(r_x s_x) + \tfrac{1}{2}(xy)(rs), \quad r_x^2 s_y = \Delta(r_x^2 s_x) + \tfrac{2}{3}(xy)(rs)\,r_x;$$

ainsi de suite. La fonction f est donc égale, dans ce cas, à la première polaire d'une fonction de x plus un terme renfermant le déterminant (xy).

Remplaçons dans (k) f par Df qui est du degré $m+1$ relativement à x_1 et x_2. On aura

$$Df = \Delta D^2 f + \frac{m+1}{m+2}(xy)\,\Omega Df;$$

par suite

$$\Delta Df = \Delta^2 D^2 f + \frac{m+1}{m+2}\Delta\left[(xy)\,\Omega Df\right].$$

Or, en désignant par φ une fonction du degré μ en x, il vient

$$\Delta[(xy)\varphi] = \frac{\varphi}{\mu+1}\left[y_1\frac{d(xy)}{dx_1} + y_2\frac{d(xy)}{dx_2}\right] + \frac{(xy)}{\mu+1}\left[y_1\frac{d\varphi}{dx_1} + y_2\frac{d\varphi}{dx_2}\right].$$

La première parenthèse équivaut à $y_1y_2 - y_2y_1 = 0$; la seconde est égale à $\mu\Delta\varphi$; donc,

$$\Delta[(xy)\varphi] = \frac{\mu}{\mu+1}(xy)\,\Delta\varphi,$$

et comme conséquence

$$\Delta[(xy)\,\Omega Df] = \frac{m}{m+1}(xy)\,\Delta\Omega Df.$$

En substituant cette valeur, on trouve

$$\Delta Df = \Delta^2 D^2 f + \frac{m}{m+2}(xy)\,\Delta\Omega Df.$$

D'un autre côté, si on remplace dans (k) f par Ωf, il vient

$$\Omega f = \Delta D\Omega f + \frac{m-1}{m}(xy)\,\Omega^2 f.$$

En vertu de ces deux égalités, l'expression de f prend la forme

$$f = \Delta^2 D^2 f + \frac{m}{m+2}(xy)\,\Delta\Omega Df + \frac{m}{m+1}(xy)\,\Delta D\Omega f + \frac{m-1}{m+1}(xy)^2\,\Omega^2 f.$$

Les deux termes du milieu peuvent se réunir par la relation

$$\Omega Df = \frac{m}{m+1} D\Omega f,$$

et on obtient alors la formule

$$(k_1) \quad f = \Delta^2 D^2 f + \frac{2m}{m+2}(xy)\,\Delta D\Omega f + \frac{m-1}{m+1}(xy)^2\,\Omega^2 f.$$

Posons

$$f = r_x^m s_y^2;$$

on aura

$$D^2 f = r_x^m s_x^2, \quad \Omega f = (rs)\,r_x^{m-1}s_y, \quad D\Omega f = (rs)\,r_x^{m-1}s_x, \quad \Omega^2 f = (rs)^2\,r_x^{m-2}.$$

Avec ces valeurs, il vient la formule

$$r_x^m s_y^2 = \Delta^2(r_x^m s_x^2) + \frac{2m}{m+2}(xy)(rs)\,\Delta(r_x^{m-1}s_x) + \frac{m-1}{m+1}(xy)^2(rs)^2\,r_x^{m-2},$$

et, comme cas particuliers,

$$r_x^2 s_y^2 = \Delta^2 (r_x^2 s_x^2) + (xy)(rs)\,\Delta\,(r_x s_x) + \tfrac{1}{3}(xy)^2 (rs)^2,$$

$$r_x^3 s_y^2 = \Delta^2 (r_x^3 s_x^2) + \tfrac{6}{5}(xy)(rs)\,\Delta\,(r_x^2 s_x) + \tfrac{1}{2}(xy)^2 (rs)^2\, r_x,$$

$$r_x^4 s_y^2 = \Delta^2 (r_x^4 s_x^2) + \tfrac{4}{3}(xy)(rs)\,\Delta\,(r_x^3 s_x) + \tfrac{3}{5}(xy)^2 (rs)^2\, r_x^2,$$

. . . .

Donc, lorsque la fonction f est du second degré en y, elle est égale à une expression renfermant les polaires Δ^2, Δ^1 et Δ^0 de certaines fonctions de x ainsi que les puissances 0, 1, 2 de (xy).

Appliquons encore l'équation fondamentale aux fonctions

$$D^2f, \quad D\Omega f, \quad \Omega^2 f$$

dont les degrés par rapport à x sont respectivement $m+2$, m, $m-2$. On aura

$$D^2 f = \Delta D^3 f + \frac{m+2}{m+3}(xy)\,\Omega D^2 f,$$

$$D\Omega f = \Delta D^2 \Omega f + \frac{m}{m+1}(xy)\,\Omega D \Omega f,$$

$$\Omega^2 f = \Delta D \Omega^2 f + \frac{m-2}{m-1}(xy)\,\Omega^3 f.$$

On en déduit

$$\Delta^2 D^2 f = \Delta^3 D^3 f + \frac{m+2}{m+3}\Delta^2\,[(xy)\,\Omega D^2 f];$$

mais,

$$\Delta^2\,[(xy)\,\Omega D^2 f] = \Delta\,.\,\Delta\,[(xy)\,\Omega D^2 f] = \Delta\left[\frac{m+1}{m+2}(xy)\,\Delta\Omega D^2 f\right]$$

$$= \frac{m+1}{m+2}\cdot\frac{m}{m+1}(xy)\,\Delta^2 \Omega D^2 f.$$

Donc, il vient

$$\Delta^2 D^2 f = \Delta^3 D^3 f + \frac{m}{m+3}(xy)\,\Delta^2 \Omega D^2 f.$$

On a aussi

$$\Delta D\Omega f = \Delta^2 D^2 \Omega f + \frac{m}{m+1}\Delta\,[(xy)\,\Omega D \Omega f]$$

$$= \Delta^2 D^2 \Omega f + \frac{m}{m+1}\cdot\frac{m-1}{m}(xy)\,\Delta\Omega D\Omega f.$$

Si on substitue dans (k_1) les valeurs $\Delta^2 D^2 f$, $\Delta D\Omega f$ et $\Omega^2 f$, on trouve

$$f = \Delta^3 D^3 f + \frac{m}{m+3}(xy)\,\Delta^2\Omega D^2 f + \frac{2m}{m+2}(xy)\,\Delta^2 D^2\Omega f$$
$$+\frac{2m}{m+2}\cdot\frac{m}{m+1}\cdot\frac{m-1}{m}(xy)^2\Delta\Omega D\Omega f + \frac{m-1}{m+1}(xy)^2\Delta D\Omega^2 f + \frac{m-2}{m+1}(xy)^3\Omega^3 f.$$

Il faut remarquer que

$$\Omega D^2 f = \Omega D\,(Df) = \frac{m+1}{m+2} D\Omega D f = \frac{m+1}{m+2}\cdot\frac{m}{m+1} D^2\Omega f,$$
$$\Omega D\,(\Omega f) = \frac{m-1}{m} D\Omega^2 f.$$

En tenant compte de ces valeurs, l'expression de f devient après les réductions

$$f = \Delta^3 D^3 f + \frac{3m}{m+3}(xy)\,\Delta^2 D^2\Omega f + \frac{3m\,(m-1)}{(m+1)\,(m+2)}(xy)^2\,\Delta D\Omega^2 f$$
$$+\frac{m-2}{m+1}(xy)^3\,\Omega^3 f.$$

Posons $f = r_x^m s_y^3$; on aura successivement

$$D^3 f = r_x^m s_x^3, \quad D^2\Omega f = (rs)\, r_x^{m-1} s_x^2,$$
$$D\Omega^2 f = (rs)^2\, r_x^{m-2} s_x, \quad \Omega^3 f = (rs)^3\, r_x^{m-3},$$

et la formule devient :

$$f = \Delta^3\,(r_x^m s_x^3) + \frac{3m}{m+3}(xy)\,(rs)\,\Delta^2\,(r_x^{m-1} s_x^2)$$
$$+\frac{3m\,(m-1)}{(m+1)\,(m+2)}(xy)^2\,(rs)^2\,\Delta\,(r_x^{m-2} s_x) + \frac{m-2}{m+1}(xy)^3\,(rs)^3\, r_x^{m-3}.$$

Pour les valeurs particulières $m = 3, 4, 5$, on trouve

$$r_x^3 s_y^3 = \Delta^3(r_x^3 s_x^3) + \tfrac{3}{2}(xy)(rs)\,\Delta^2(r_x^2 s_x^2) + \tfrac{9}{10}(xy)^2(rs)^2\,\Delta\,(r_x s_x) + \tfrac{1}{4}(xy)^3(rs)^3,$$
$$r_x^4 s_y^3 = \Delta^3(r_x^4 s_x^3) + \tfrac{12}{7}(xy)(rs)\,\Delta^2(r_x^3 s_x^2) + \tfrac{6}{5}(xy)^2(rs)^2\,\Delta(r_x^2 s_x) + \tfrac{2}{5}(xy)^3(rs)^3 r_x,$$
$$r_x^5 s_y^3 = \Delta^3(r_x^5 s_x^3) + \tfrac{15}{8}(xy)(rs)\,\Delta^2(r_x^4 s_x^2) + \tfrac{10}{7}(xy)^2(rs)^2\,\Delta\,(r_x^3 s_x) + \tfrac{1}{2}(xy)^3(rs)^3 r_x^2.$$

Donc, toute fonction à deux séries de variables du troisième degré par rapport à y est égale à une expression qui renferme les puissances 0, 1, 2, 3 de (xy) ainsi que les polaires Δ^3, Δ^2, Δ^1, Δ^0 de certaines fonctions de x.

En continuant ainsi de proche en proche, on arrivera nécessairement pour une fonction du degré n en y à un développement de la forme

$$f = \Delta^n D^n f + \alpha_1^{(n)} (xy)\, \Delta^{n-1} D^{n-1} \Omega f + \alpha_2^{(n)} (xy)^2\, \Delta^{n-2} D^{n-2} \Omega^2 f + \alpha_3^{(n)} (xy)^3\, \Delta^{n-3} D^{n-3} \Omega^3 f + \cdots + \alpha_n^{(n)} (xy)^n\, \Omega^n f.$$

Ce développement renferme les diverses polaires de certaines fonctions de x ainsi que les puissances croissantes du déterminant (xy). C'est la formule de Clebsch-Gordan ; elle est très remarquable au point de vue de l'analyse et d'une importance capitale dans la méthode symbolique. Ces géomètres en ont donné une démonstration rigoureuse avec la loi de formation des coefficients qui est :

$$\alpha_\lambda^{(n)} = \frac{\binom{m}{\lambda}\binom{n}{\lambda}}{\binom{m+n-\lambda+1}{\lambda}},$$

où la notation $\binom{\mu}{\lambda}$ représente l'expression

$$\frac{\mu(\mu-1)\ldots(\mu-\lambda+1)}{1.2.3\ldots\lambda}.$$

Par exemple, pour $n = 4$, on trouve

$$\alpha_1 = \frac{4m}{m+4}, \quad \alpha_2 = \frac{6m(m-1)}{(m+3)(m+2)},$$
$$\alpha_3 = \frac{4(m-1)(m-2)}{(m+2)(m+1)}, \quad \alpha_4 = \frac{m-3}{m+1},$$

et la formule précédente se réduit à

$$f = \Delta^4 D^4 f + \frac{4m}{m+4} (xy)\, \Delta^3 D^3 \Omega f + \frac{6m(m-1)}{(m+3)(m+2)} (xy)^2\, \Delta^2 D^2 \Omega^2 f + \frac{4(m-1)(m-2)}{(m+2)(m+1)} (xy)^3\, \Delta D \Omega^3 f + \frac{m-3}{m+1} (xy)^4\, \Omega^4 f.$$

Si $f = r_x^4 s_y^4$, on a

$$r_x^4 s_y^4 = \Delta^4 (r_x^4 s_x^4) + 2\,(xy)(rs)\, \Delta^3 (r_x^3 s_x^3) + \tfrac{12}{7} (xy)^2 (rs)^2\, \Delta^2 (r_x^2 s_x^2) + \tfrac{4}{5} (xy)^3 (rs)^3\, \Delta (r_x s_x) + \tfrac{1}{5} (xy)^4 (rs)^4,$$

et pour $f = r_x^5 s_y^4$, il vient

$$r_x^5 s_y^4 = \Delta^4 (r_x^5 s_x^4) + \tfrac{20}{9} (xy)(rs)\, \Delta^3 (r_x^4 s_x^3) + \tfrac{15}{7} (xy)^2 (rs)^2\, \Delta^2 (r_x^3 s_x^2) + \tfrac{8}{7} (xy)^3 (rs)^3\, \Delta (r_x^2 s_x) + \tfrac{1}{3} (xy)^4 (rs)^4\, r_x.$$

250. Cette formule étant connue, considérons un covariant

$$P = (ab)^h (ac)^k (bc)^l \ldots a_x^\alpha b_x^\beta c_x^\gamma \ldots$$

du degré m relativement aux coefficients d'une forme f représentée symboliquement par

$$f = a_x^n = b_x^n = c_x^n \ldots.$$

Supposons que a entre ν fois dans les déterminants facteurs; alors $\alpha = n - \nu$. Remplaçons a_1, a_2 par y_2, $-y_1$: le facteur a_x^α deviendra $(xy)^\alpha$; laissons cette puissance, et appelons θ l'expression restante. La fonction θ ne sera plus que du degré $m - 1$ relativement aux coefficients; elle renfermera la variable y au degré ν, puisqu'un facteur tel que (ab) devient b_y après la substitution; soit μ son degré par rapport à x. Conformément à la formule précédente, on peut écrire

$$\theta = \Delta^\nu D^\nu \theta + \beta_1 (xy)\, \Delta^{\nu-1} D^{\nu-1} \Omega\theta + \beta_2 (xy)^2\, \Delta^{\nu-2} D^{\nu-2} \Omega^2\theta + \ldots$$

Les fonctions

$$D^\nu\theta,\quad D^{\nu-1}\Omega\theta,\quad D^{\nu-2}\Omega^2\theta, \ldots$$

contiennent respectivement x aux degrés

$$\mu + \nu,\quad \mu + \nu - 2,\quad \mu + \nu - 4, \ldots.$$

On peut poser

$$D^\nu\theta = p_x^{\mu+\nu},\quad D^{\nu-1}\Omega\theta = q_x^{\mu+\nu-2},\quad D^{\nu-2}\Omega^2\theta = r_x^{\mu+\nu-4}, \ldots.$$

Par la formation polaire, il viendra

$$\begin{aligned} \Delta^\nu D^\nu\theta &= p_x^\mu p_y^\nu, \\ \Delta^{\nu-1} D^{\nu-1}\Omega\theta &= q_x^{\mu-1} q_y^{\nu-1}, \\ \Delta^{\nu-2} D^{\nu-2}\Omega^2\theta &= r_x^{\mu-2} r_y^{\nu-2}, \\ \ldots & \ldots \end{aligned}$$

En substituant ces valeurs, on trouve

$$\theta = p_x^\mu p_y^\nu + \beta_1 (xy)\, q_x^{\mu-1} q_y^{\nu-1} + \beta_2 (xy)^2\, r_x^{\mu-2} r_y^{\nu-2} + \ldots.$$

Pour transformer P en θ on a négligé le facteur $(xy)^\alpha$ où $\alpha = n - \nu$. Si, maintenant, on veut repasser de θ à P, il faut remplacer y_1, y_2 par $-a_2$, $+a_1$ et multiplier par $a_x^{n-\nu}$. La formation invariante P prend alors la forme

$$P = (ap)^\nu p_x^\mu a_x^{n-\nu} + \beta_1 (aq)^{\nu-1} q_x^{\mu-1} a_x^{n-\nu+1} + \beta_2 (ar)^{\nu-2} r_x^{\mu-2} a_x^{n-\nu+2} + \ldots.$$

ou bien,

$$P = (f, p)^\nu + \beta_1 (f, q)^{\nu-1} + \beta_2 (f, r)^{\nu-2} + \ldots$$

La formule symbolique P se trouve ainsi ramenée à une expression qui renferme uniquement des composés de f avee les covariants $p, q, r\ldots$ du degré $m - 1$ par rapport aux coefficients. Donc, *une formation invariante P de f, du degré m par rapport aux coefficients, peut s'obtenir par les composés de cette forme avec des covariants qui sont seulement du degré $m - 1$ relativement aux coefficients.*

Le composé de l'ordre le plus élevé est ν ou le nombre de fois que le symbole a se trouve dans les déterminants facteurs.

Il en résulte qu'étant donnée une forme :

$$f = a_x^n = b_x^n = \cdots,$$

pour trouver ses invariants et ses covariants, on commence par déterminer les composés de la fonction f avec elle-même ; ils sont renfermés dans la formule générale $(ab)^k a_x^{n-k} b_x^{n-k}$ et du second degré par rapport aux coefficients ; il n'y a pas de covariants du premier degré relativement aux coefficients, si ce n'est la forme elle-même. Désignons par $A_1, A_2, A_3, A_4, \ldots$ les formations ainsi obtenues. Pour s'élever aux fonctions invariantes du troisième degré relativement aux coefficients, il faut déterminer les composés de f avec $A_1, A_2, A_3, \ldots$; ce qui conduit à la nouvelle série

$$\begin{array}{llll} f.A_1, & f.A_2, & f.A_3, & \ldots \\ (f, A_1)^1, & (f, A_2)^1, & (f, A_3)^1, & \ldots \\ (f, A_1)^2, & (f, A_2)^2, & (f, A_3)^2, & \ldots \\ \ldots & \ldots & \ldots & \ldots \end{array}$$

On cherchera de nouveau les composés de f avec ces dernières formations, et ainsi de suite. Parmi les invariants et les covariants que l'on obtient de cette manière, on laisse ceux qui sont identiquement nuls ; il y aura ensuite à distinguer les formations fondamentales ou indépendantes qui doivent constituer le système complet de la forme. Il n'y a pas de méthode générale à ce sujet ; il faut, dans chaque cas, par des transformations de produits symboliques et l'application des principes que nous avons exposés, démontrer que le système admis est complet. Nous allons maintenant employer la méthode symbolique pour étudier les formes binaires des quatre premiers degrés.

CHAPITRE V.

FORMES BINAIRES DU SECOND, DU TROISIÈME ET DU QUATRIÈME DEGRÉ.

---

§ 1.

Formes du second degré.

251. La forme quadratique binaire est définie symboliquement par

$$f = a_x^2 = b_x^2.$$

Les composés de cette fonction avec elle-même sont :

$$(ab)a_x b_x, \quad (ab)^2.$$

La première expression change de signe en permutant a et b; elle ne donne rien; la deuxième représente l'invariant du second degré de f; désignons-le par D. On aura

$$D = (f, f)^2 = (ab)^2.$$

Il n'y a pas d'autre formation à considérer. En effet, un invariant ou un covariant P de f qui renferme un déterminant tel que (ab) à une puissance impaire peut être transformé de manière que cette puissance devienne paire. La formation P renfermera donc l'invariant D accompagné d'un facteur qui ne contient plus de déterminant du type (ab); ce qui ne peut être que f ou une puissance de f.

Considérons, en second lieu, le système de deux quadratiques

$$f = a_x^2 = b_x^2, \quad \varphi = k_x^2 = l_x^2.$$

En appelant D_{11}, D_{22} leur invariant, on a

$$D_{11} = (ab)^2, \quad D_{22} = (kl)^2.$$

Le premier composé de f et de φ fournit un covariant simultané du second degré que nous représenterons par θ; c'est :

$$\theta = (f, \varphi)^1 = (ak) a_x k_x = (bl) b_x l_x.$$

Le second composé est l'invariant : $D_{12} = (ak)^2 = (bl)^2$.

En vertu d'une propriété démontrée (N° 248), la combinaison de θ avec f et φ ne peut donner une formation nouvelle. Il existe entre les fonctions invariantes du système une relation qui s'obtient par la formule du carré du déterminant fonctionnel (N° 247). On trouve

$$\theta^2 = -\tfrac{1}{2} (D_{11}\varphi^2 - 2D_{12} f\varphi + D_{22} f^2).$$

Posons symboliquement

$$\theta = \theta_x^2 = \theta_x'^2 = (ak) a_x k_x = (bl) b_x l_x.$$

En remplaçant dans $\theta_x'^2$ les variables x_1, x_2 par θ_2 et $-\theta_1$, il vient

$$(\theta\theta')^2 = (ak)(\theta a)(\theta k);$$

c'est l'invariant du covariant θ. Or, d'après la formule de Clebsch-Gordan, on a

$$(bl) b_x l_y = \Delta[(bl) b_x l_x] + \tfrac{1}{2} (xy)(bl)^2.$$

Le premier terme du second membre est la première polaire de θ, c'est-à-dire, $\theta_x \theta_y$ tandis que $(bl)^2$ est D_{12}. Il vient donc

$$\theta_x \theta_y = (bl) b_x l_y - \tfrac{1}{2} (xy) D_{12}.$$

Remplaçons les x par a_2, $-a_1$ et les y par k_2, $-k_1$, pour multiplier ensuite par (ak); on aura

$$(ak)(\theta a)(\theta k) = (bl)(ba)(lk)(ak) - \tfrac{1}{2} D_{12}^2.$$

Mais,

$$\begin{aligned}(bl)(ba)(lk)(ak) &= \tfrac{1}{2} (ab)(kl) [(ak)(bl) - (bk)(al)] \\ &= \tfrac{1}{2} (ab)^2 (kl)^2 = \tfrac{1}{2} D_{11} D_{22};\end{aligned}$$

par suite, il vient la relation

$$(\theta\theta')^2 = \tfrac{1}{2} (D_{11} D_{22} - D_{12}^2).$$

Supposons que les deux formes données possèdent un facteur linéaire commun; dans ce cas, leur Jacobien renferme ce facteur au carré (N° 230), c'est-à-dire que θ est un carré parfait; par suite, son discriminant est nul, et l'on a :

$$D_{11}D_{22} - D_{12}^2 = 0.$$

Dans la même hypothèse, le résultant R de f et de φ est égal à zéro; comme il est du second degré par rapport aux coefficients des formes, il doit être égal, à un facteur numérique près, au premier membre de la relation précédente.

Dans le cas où θ n'est pas un carré, on ramène f et φ à leur forme canonique de la manière suivante. Exprimons que la fonction composée $f + \lambda\varphi$ est un carré parfait en égalant le second composé de cette forme à zéro; il vient

$$(f + \lambda\varphi, f + \lambda\varphi)^2 = 0,$$

ou

$$(f, f)^2 + 2\lambda (f, \varphi)^2 + \lambda^2 (\varphi, \varphi)^2 = 0,$$

c'est-à-dire,

$$D_{11} + 2\lambda D_{12} + \lambda^2 D_{22} = 0.$$

Cette équation admet deux racines différentes λ_1, λ_2 puisque $D_{11}D_{22} - D_{12}^2$ n'est pas égal à zéro. Posons

$$f + \lambda_1\varphi = m_x^2, \quad f + \lambda_2\varphi = n_x^2,$$

m_x et n_x étant deux formes linéaires. En résolvant ces égalités par rapport f et φ, il vient :

$$f = \frac{\lambda_2}{\lambda_2 - \lambda_1} m_x^2 - \frac{\lambda_1}{\lambda_2 - \lambda_1} n_x^2,$$

$$\varphi = \frac{1}{\lambda_1 - \lambda_2} m_x^2 - \frac{1}{\lambda_1 - \lambda_2} n_x^2.$$

Soit encore le système de trois formes quadratiques

$$f = a_x^2 = b_x^2, \quad \varphi = k_x^2 = l_x^2, \quad \psi = r_x^2 = s_x^2.$$

Les seconds composés de ces formes combinées deux à deux ainsi que leurs invariants prises isolément sont :

$$D_{12} = (ak)^2, \quad D_{13} = (ar)^2, \quad D_{23} = (kr)^2,$$
$$D_{11} = (ab)^2, \quad D_{22} = (kl)^2, \quad D_{33} = (rs)^2.$$

Ensuite, il y aura trois covariants du second degré savoir :

$$\theta_1 = (ak)\, a_x k_x, \quad \theta_2 = (ar)\, a_x r_x, \quad \theta_3 = (kr)\, k_x r_x.$$

Il est inutile de considérer les premiers composés de f, φ, ψ avec ces covariants (N° 248); mais le second composé de l'un d'eux, de θ_1, par exemple, avec la troisième forme ψ fournit encore un invariant simultané. La seconde polaire de θ_1 étant

$$(ak)\,a_y k_y,$$

remplaçons y_1, y_2 par r_2 et $-r_1$, et appelons D_{123} la formation correspondante; on aura

$$D_{123} = (ak)(ar)(kr).$$

Cet invariant est du premier degré relativement aux coefficients des trois formes. Si l'on pose

$$\begin{aligned} f &= \alpha_0 x_1^2 + 2\alpha_1 x_1 x_2 + \alpha_2 x_2^2, \\ \varphi &= \beta_0 x_1^2 + 2\beta_1 x_1 x_2 + \beta_2 x_2^2, \\ \psi &= \gamma_0 x_1^2 + 2\gamma_1 x_1 x_2 + \gamma_2 x_2^2, \end{aligned}$$

l'invariant D_{123} est représenté par

$$D_{123} = \begin{vmatrix} \alpha_0 & \alpha_1 & \alpha_2 \\ \beta_0 & \beta_1 & \beta_2 \\ \gamma_0 & \gamma_1 & \gamma_2 \end{vmatrix}.$$

En effet, remplaçons les coefficients par les produits symboliques correspondants; ce déterminant deviendra :

$$\begin{vmatrix} a_1^2 & a_1 a_2 & a_2^2 \\ k_1^2 & k_1 k_2 & k_2^2 \\ r_1^2 & r_1 r_2 & r_2^2 \end{vmatrix} = a_1^2 k_1^2 r_1^2 \begin{vmatrix} 1 & \dfrac{a_2}{a_1} & \left(\dfrac{a_2}{a_1}\right)^2 \\ 1 & \dfrac{k_2}{k_1} & \left(\dfrac{k_2}{k_1}\right)^2 \\ 1 & \dfrac{r_2}{r_1} & \left(\dfrac{r_2}{r_1}\right)^2 \end{vmatrix}$$

$$= -a_1^2 k_1^2 r_1^2 \left(\frac{a_2}{a_1} - \frac{k_2}{k_1}\right)\left(\frac{a_2}{a_1} - \frac{r_2}{r_1}\right)\left(\frac{k_2}{k_1} - \frac{r_2}{r_1}\right) = (ak)(ar)(kr).$$

Si l'on considère en même temps plus de trois formes quadratiques, le nombre des invariants et des covariants augmente, mais ils ne sont pas différents de ceux qui précèdent.

§ 2.

Forme du troisième degré.

252. Les composés de la forme cubique

$$f = a_x^3 = b_x^3 = c_x^3 = d_x^3$$

avec elle-même sont :

$$(ab)\, a_x^2 b_x^2, \quad (ab)^2 a_x b_x, \quad (ab)^3.$$

Le premier et le troisième changent de signe en permutant a et b; il suffit de conserver le second qui est le Hessien de f. En le représentant par H, on a :

$$H = (ab)^2 a_x b_x.$$

C'est le seul covariant du second degré de la cubique. Posons symboliquement

$$H = H_x^2 = H_x'^2.$$

Le Hessien est une forme quadratique dont le premier composé est nul; le second

$$R = (HH')^2$$

fournit l'invariant de f. On peut l'exprimer au moyen des symboles de la cubique. Si on substitue dans

$$H_x'^2 = (ab)^2 a_x b_x$$

aux x les symboles H, on trouve

$$(HH')^2 = (ab)^2\, (aH)\, (bH).$$

D'un autre côté, la première polaire de

$$H_x^2 = (cd)^2\, c_x d_x$$

étant

$$H_x H_y = (cd)^2\, c_x d_y$$

en remplaçant les x par les a, les y par les b, il vient

$$(aH)\, (bH) = (cd)^2\, (ac)\, (bd)\,;$$

par suite,

$$(ab)^2\, (aH)\, (bH) = (ab)^2\, (cd)^2\, (ac)\, (bd)\,;$$

donc,

$$R = (ab)^2\, (cd)^2\, (ac)\, (bd).$$

On voit que cet invariant est du quatrième degré.

Le premier composé de f avec H est représenté par

$$Q = (cH)\, c_x^2 H_x$$

ou bien, en le tirant du produit

$$f.H = c_x^3 . (ab)^2 a_x b_x , \quad Q = (ab)^2 (cb)\, a_x c_x^2 .$$

Les formations

$$f = a_x^3, \quad H = (ab)^2 a_x b_x ,$$
$$R = (HH')^2 = (ab)^2 (aH)(bH) = (ab)^2 (cd)^2 (ac)(bd) ,$$
$$Q = (cH)\, c_x^2 H_x = (ab)^2 (cb)\, a_x c_x^2$$

constituent le système complet de la cubique. Il existe entre elles une relation qui s'obtient en appliquant à Q la formule du carré du Jacobien. On a (N° 247)

$$Q^2 = -\tfrac{1}{2}[(f,f)^2 H^2 - 2 (f,H)^2 fH + (H,H)^2 f^2].$$

Or,

$$(f,f)^2 = H , \quad (H,H)^2 = R$$
$$(f,H)^2 = (cH)^2 c_x = (ab)^2 (cb)(ac)\, c_x .$$

En permutant les symboles, cette dernière expression devient encore

$$(cb)^2 (ab)(ca)\, a_x \quad (ac)^2 (ba)(cb)\, b_x ;$$

par suite

$$(f, H)^2 = -\tfrac{1}{3}(ab)(ac)(bc)\,[(ab)\, c_x + (bc)\, a_x + (ca)\, b_x] = 0 ,$$

en vertu de l'identité (1). On a donc

$$Q^2 = -\tfrac{1}{2}(Rf^2 + H^3).$$

253. Nous allons vérifier qu'en combinant les formes du système entre elles, on ne rencontre aucun covariant distinct de ceux qui précèdent. On peut laisser les composés de f avec H qui sont connus. Cherchons les composés de f avec Q, de H avec Q et de Q avec lui-même.

a) *Composés de f avec* Q. D'après la formule du numéro 248, on a

$$[f, (f, H)^1]^1 = -\frac{1}{2}(f, f)^2 H + \frac{n-1}{m+n-2}(f, H)^2 f,$$

c'est-à-dire,

$$(f, Q)^1 = -\tfrac{1}{2} H^2,$$

à cause de $(f, H)^2 = 0$.

On peut d'ailleurs calculer directement ce composé de la manière suivante. La première polaire de $Q = Q_x^3$ a pour expression

$$Q_x^2 Q_y = \tfrac{1}{3}[(cH)\, c_x^2 H_y + 2 (cH)\, c_x H_x c_y].$$

Or,

$$(cH)\,c_x^2 H_y = \Delta\,[(cH)\,c_x^2 H_x] + \tfrac{1}{2}(xy)\,(cH)^2\,c_x;$$

comme $(cH)^2\,c_x = 0$, il vient

$$(cH)\,c_x^2 H_y = \tfrac{1}{3}\,[(cH)\,c_x^2 H_y + 2\,(cH)\,c_x H_x c_y];$$

par suite,

$$(cH)\,c_x^2 H_y = (cH)\,c_x H_x c_y$$

et on peut prendre pour la première polaire de Q

$$Q_x^2 Q_y = (cH)\,c_x^2 H_y = (cH)\,c_x H_x c_y.$$

Remplaçons les y par les b et multiplions par b_x^2; il vient

$$(bQ)\,Q_x^2 b_x^2 = (cH)\,(bc)\,c_x H_x b_x^2.$$

Si on permute b et c, on aura

$$(f, Q)^1 = \tfrac{1}{2}(bc)c_x H_x b_x\,[(cH)b_x - (bH)\,c_x] = -\tfrac{1}{2}\,(bc)^2 b_x c_x H_x^2 = -\tfrac{1}{2}\,H^2.$$

Afin de calculer $(f, Q)^2$, substituons dans la formule

$$Q_x^2 Q_y = (cH)\,c_x^2 H_y,$$

aux x les symboles b et multiplions par b_y; on trouve

$$(Qb)^2\,Q_y b_y = (cb)^2\,(cH)\,b_y H_y.$$

De même, dans l'égalité,

$$H_x H_y = (ab)^2 a_x b_y$$

remplaçons les x par H'_2, $-\,H'_1$ et multiplions par H'_y; on aura

$$(HH')\,H_y H'_y = (ab)^2\,(aH')\,b_y H'_y = (cb)^2\,(cH)\,b_y H_y;$$

donc,

$$(f, Q)^2 = (Qb)^2 Q_y b_y = (HH')\,H_y H'_y = 0,$$

puisque le premier composé de H avec lui-même est nul.

Le troisième composé $(f, Q)^3$ se déduit de l'expression

$$Q_x^3 = (cH)\,c_x^2 H_x$$

en remplaçant les x par les b; il vient

$$(bQ)^3 = (cH)(cb)^2(bH) = (ab)^2(aH)(bH),$$

c'est-à-dire,

$$(f, Q)^3 = R.$$

b) Composés de H *avec* Q. Dans la formule

$$Q_x^2 Q_y = (cH) c_x^2 H_y,$$

substituons à y_1, y_2 les symboles $-$ H'_2, H'_1 et multiplions par H'_x; on trouve

$$(H'Q) Q_x^2 H'_x = (cH)(H'H) c_x^2 H'_x = \tfrac{1}{2}(H'H) c_x^2 [(cH)H'_x - (cH')H_x] = \tfrac{1}{2}(HH')^2 c_x^3;$$

par suite,

$$(H, Q)^1 = \tfrac{1}{2} Rf.$$

Dans la même formule, remplaçons les x par les symboles H′; on aura

$$(QH')^2 Q_y = (cH)(cH')^2 H_y.$$

Le premier membre est $(H.Q)^2$; le second contient $(cH')^2$; or, un produit symbolique qui renferme $(cH')^2$ provient d'un composé du covariant $(cH')^2 c_x$ qui est nul avec d'autres formes; par suite,

$$(H, Q)^2 = 0.$$

c) Composés de Q *avec lui-même.* La forme Q étant du troisième degré le premier et le troisième composé sont nuls; il suffit de calculer $(Q, Q)^2$. Dans ce but, remplaçons dans la formule

$$Q_x^2 Q_y = (cH) c_x^2 H_y$$

les x par les symboles Q′ et multiplions par Q'_y; il viendra

$$(QQ')^2 Q_y Q'_y = (cH)(cQ')^2 H_y Q'_y = (aH)(aQ)^2 H_y Q_y;$$

mais,

$$(aQ)^2 a_x Q_y = \Delta [(aQ)^2 a_x Q_x] + \tfrac{1}{2} (aQ)^3 (xy).$$

Le produit entre crochets représente $(f, Q)^2$ qui est égal à zéro, de sorte qu'en remplaçant les x par H_2, $-H_1$ et en multipliant par H_y, on aura

$$(aQ)^2 (aH) Q_y H_y = \tfrac{1}{2} (aQ)^3 . H_y^2 = \tfrac{1}{2} RH.$$

Ainsi, d'après l'égalité ci-dessus, il vient

$$(Q, Q)^2 = \tfrac{1}{2} RH.$$

On voit donc que *le covariant* Q *admet le même Hessien que f au facteur $\frac{R}{2}$ près.*

254. Avant de terminer l'étude de la cubique, considérons encore la fonction composée $f + \lambda Q$ et appelons H_λ, R_λ, Q_λ les valeurs de H, R, Q pour cette forme. En supposant

$$f = a_0 x_1^3 + \cdots, \quad Q = \alpha_0 x_1^3 + \cdots,$$

on passe de f à $f + \lambda Q$ en remplaçant les coefficients

$$a_0, \quad a_1, \quad a_2, \quad a_3$$

par

$$a_0 + \lambda\alpha_0, \quad a_1 + \lambda\alpha_1, \quad a_2 + \lambda\alpha_2, \quad a_3 + \lambda\alpha_3.$$

Par cette substitution, on aura

$$H_\lambda = H + \lambda\delta H + \frac{\lambda^2}{1.2}\delta^2 H.$$

Or,

$$H = (ab)^2 a_x b_x, \quad Q = Q_x^3,$$

et en appliquant le procédé δ, on trouve

$$\delta H = 2\,(aQ)^2 a_x Q_x = (f, Q)^2 = 0$$
$$\delta^2 H = 2\,(QQ')^2 Q_x Q'_x = 2\,(Q, Q)^2 = RH;$$

par suite, il vient

$$H_\lambda = H + \frac{\lambda^2}{2} RH = \left(1 + \frac{\lambda^2}{2} R\right) H.$$

Les coefficients du Hessien de la forme composée ne diffèrent de ceux de H que par le facteur

$$\theta = \left(1 + \frac{\lambda^2}{2} R\right).$$

Il en résulte que le discriminant R_λ de H_λ contiendra le carré de θ, et l'on aura

$$R_\lambda = \theta^2 R.$$

Enfin, si on développe Q_λ, il vient

$$Q_\lambda = Q + \lambda\delta Q + \frac{\lambda^2}{1.2}\delta^2 Q + \frac{\lambda^3}{1.2.3}\delta^3 Q.$$

De l'expression

$$Q = (cH)\, c_x^2 H_x,$$

on déduit

$$\delta Q = (QH)\, Q_x^2 H_x = (Q, H)^1 = -\tfrac{1}{2} Rf;$$

car $\delta H = 0$ et l'effet de l'opération δ sur H est nul (N° 243).

Le covariant Q, d'après sa valeur, renferme les coefficients de H; de même, Q_λ doit contenir les coefficients de H_λ et, par suite, le facteur θ; comme ce dernier est du second degré en λ, on peut poser

$$Q_\lambda = \left(1 + \frac{\lambda^2}{2} R\right)(Q + \lambda\delta Q)$$

c'est-à-dire,

$$Q_\lambda = \left(1 + \frac{\lambda^2}{2} R\right)\left(Q - \frac{\lambda}{2} Rf\right).$$

On arrive plus rapidement aux valeurs précédentes par l'application directe du procédé U. On a

$$H_\lambda = (f + \lambda Q, f + \lambda Q)^2 = (f,f)^2 + 2\lambda (f,Q)^2 + \lambda^2 (Q,Q)^2$$

ou

$$H_\lambda = H + \frac{\lambda^2}{2} RH = \left(1 + \frac{\lambda^2}{2} R\right) H.$$

Ensuite,

$$R_\lambda = \left[\left(1 + \frac{\lambda^2}{2} R\right) H, \left(1 + \frac{\lambda^2}{2} R\right) H\right]^2 = \left(1 + \frac{\lambda^2}{2} R\right)^2 (H,H)^2$$

ou

$$R_\lambda = \left(1 + \frac{\lambda^2}{2} R\right)^2 R.$$

Enfin,

$$Q_\lambda = \left[f + \lambda Q, \left(1 + \frac{\lambda^2}{2} R\right) H\right]^1 = \left(1 + \frac{\lambda^2}{2} R\right)\left[(f,H)^1 + \lambda (Q,H)^1\right]$$

ou

$$Q_\lambda = \left(1 + \frac{\lambda^2}{2} R\right)\left(Q - \frac{\lambda}{2} Rf\right).$$

§ 3.

Système d'une quadratique et d'une cubique.

255. Considérons les deux formes simultanées

$$f = a_x^2 = b_x^2, \quad \varphi = \alpha_x^3 = \beta_x^3 = \gamma_x^3 = \delta_x^3;$$

prises séparément, on a les formations

$$D = (ab)^2,$$
$$H = H_x^2 = (\alpha\beta)^2 \alpha_x \beta_x,$$
$$Q = Q_x^3 = (\alpha H)\, \alpha_x^2 H_x = (\alpha\beta)^2 (\gamma\beta)\, \gamma_x^2 \alpha_x,$$
$$R = (HH')^2 = (\alpha\beta)^2 (\gamma\delta)^2 (\alpha\gamma)(\beta\delta).$$

Il faut combiner ces diverses formes entre elles pour en déduire les invariants et covariants simultanés du système. Il vient d'abord pour les composés de f avec φ

$$k = (a\alpha)\, a_x \alpha_x^2, \quad p = (a\alpha)^2\, \alpha_x.$$

Si on forme les polaires de H

$$(\alpha\beta)^2\, \alpha_x\beta_y, \quad (\alpha\beta)^2\, \alpha_y\beta_y,$$

on en déduit immédiatement les composés de f avec H.

$$J = (a\text{H})\, a_x\text{H}_x = (\alpha\beta)^2\, (a\beta)\, a_x\alpha_x, \quad E = (a\text{H})^2 = (\alpha\beta)^2\, (a\alpha)\, (a\beta).$$

On sait que la formation Q est le déterminant fonctionnel de φ et de H; son premier composé avec f peut s'exprimer au moyen de ces formes; le second composé de f avec Q est le covariant linéaire

$$q = (a\text{Q})^2\, \text{Q}_x.$$

Nous avons vu que la seconde polaire de Q a pour valeur

$$\text{Q}_y^2\text{Q}_x = (\alpha\text{H})\, \alpha_y^2\text{H}_x.$$

Remplaçons les y par les a; il vient

$$q = (a\text{Q})^2\, \text{Q}_x = (\alpha\text{H})\, (a\alpha)^2\, \text{H}_x.$$

Pour l'exprimer par les symboles de f et de φ, remarquons que

$$(\alpha\beta)^2\, (\gamma\beta)\, \gamma_x^2\alpha_y = \Delta\, [(\alpha\beta)^2\, (\gamma\beta)\, \gamma_x^2\alpha_x] + \tfrac{1}{2}\, (xy)\, (\alpha\beta)^2\, (\gamma\beta)\, (\alpha\gamma)\, \gamma_x$$

Or, la forme du dernier terme est nulle et celle qui accompagne la caractéristique Δ est Q; il vient donc pour la première polaire de Q

$$\text{Q}_x^2\text{Q}_y = (\alpha\beta)^2\, (\gamma\beta)\, \gamma_x^2\alpha_y;$$

par suite, la seconde polaire sera

$$\text{Q}_x\text{Q}_y^2 = (\alpha\beta)^2\, (\gamma\beta)\, \gamma_x\gamma_y\alpha_y.$$

On en déduit pour la forme q

$$q = (\alpha\beta)^2\, (\gamma\beta)\, (a\gamma)\, (a\alpha)\, \gamma_x.$$

La forme k étant le déterminant fonctionnel de f et de φ, il est inutile de considérer ses premiers composés avec f ou φ.

On trouve encore deux covariants linéaires par les composés de f avec p et q; ce sont :

$$r = (a\alpha)^2\, (b\alpha)\, b_x, \quad s = (a\text{Q})^2\, (b\text{Q})\, b_x = (a\alpha)^2\, (\alpha\text{H})\, (b\text{H})\, b_x$$

ou encore

$$s = (\alpha\beta)^2\, (\gamma\beta)\, (a\gamma)\, (a\alpha)\, (b\gamma) b_x.$$

D'après les valeurs de p et de q, on peut remplacer les coefficients des variables $(a\alpha)^2\alpha_1$, $(a\alpha)^2\alpha_2$ par p_1, p_2 ainsi que $(aQ)^2 Q_1$, $(aQ)^2 Q_2$ par q_1, q_2; il vient ainsi plus simplement

$$r=(bp)b_x=(ap)a_x, \quad s=(bq)b_x=(aq)a_x.$$

Les covariants linéaires p, q, r donnent lieu à des invariants que l'on obtient en formant les déterminants de ces formes prises deux à deux. Posons

$$\begin{aligned} p_x &= (a\alpha)^2\alpha_x=(c\beta)^2\beta_x,\\ r_x &= (ap)a_x=(a\alpha)^2(b\alpha)b_x,\\ q_x &= (aQ)^2Q_x. \end{aligned}$$

On aura

$$F=(rp)=(r_1p_2-r_2p_1)=(ap)\,a_1p_2-(ap)\,a_2p_1=(ap)^2.$$

On pourrait prendre aussi pour F, le déterminant

$$F=\begin{vmatrix} (a\alpha)^2(b\alpha)b_1 & (a\alpha)^2(b\alpha)b_2 \\ (c\beta)^2\beta_1 & (c\beta)^2\beta_2 \end{vmatrix}=(a\alpha)^2(c\beta)^2(b\alpha)(b\beta).$$

Ensuite,

$$M=(rq)=r_1q_2-r_2q_1=(ap)\,a_1q_2-(ap)\,a_2q_1=(ap)(aq).$$

Si on écrit

$$q_x=(\beta\gamma)^2(\delta\gamma)(c\delta)(c\beta)\,\delta_x$$

il vient encore

$$M=\begin{vmatrix} (a\alpha)^2(b\alpha)b_1 & (a\alpha)^2(b\alpha)b_2 \\ (\beta\gamma)^2(\delta\gamma)(c\delta)(c\beta)\delta_1 & (\beta\gamma)^2(\delta\gamma)(c\delta)(c\beta)\delta_2 \end{vmatrix},$$

c'est-à-dire

$$M=(a\alpha)^2(\beta\gamma)^2(\delta\gamma)(b\alpha)(c\delta)(c\beta)(b\delta).$$

En réunissant tous ces résultats, on trouve que le système d'une quadratique et d'une cubique donne lieu à quinze formes différentes, savoir :

1° Cinq invariants :

$$D=(ab)^2, \quad R=(\alpha\beta)^2(\gamma\delta)^2(\alpha\gamma)(\beta\delta), \quad E=(\alpha\beta)^2(a\alpha)(a\beta),$$
$$F=(a\alpha)^2(c\beta)^2(b\alpha)(b\beta),$$
$$M=(a\alpha)^2(\beta\gamma)^2(\delta\gamma)(b\alpha)(b\delta)(c\beta)(c\delta).$$

2° Quatre covariants linéaires :

$$p=(a\alpha)^2\alpha_x, \quad q=(\alpha\beta)^2(\gamma\beta)(a\gamma)(a\alpha)\gamma_x,$$
$$r=(a\alpha)^2(b\alpha)b_x, \quad s=(\alpha\beta)^2(\gamma\beta)(a\gamma)(a\alpha)(b\gamma)b_x.$$

3° Trois covariants quadratiques :

$$f = a_x^2, \quad H = (\alpha\beta)^2\alpha_x\beta_x, \quad J = (\alpha\beta)^2(a\beta)\alpha_x a_x.$$

4° Trois covariants cubiques :

$$\varphi = \alpha_x^3, \quad Q = (\alpha\beta)^2(\gamma\beta)\gamma_x^2\alpha_x, \quad k = (a\alpha)a_x\alpha_x^2.$$

Pour démontrer que ce système est complet, il faudrait de trop grands développements pour trouver place dans ce cours. Nous allons seulement signaler quelques relations remarquables entre les fonctions de ce tableau. En premier lieu, J étant le déterminant fonctionnel de f et de H, on a :

$$J^2 = -\tfrac{1}{2}[(H, H)^2 f^2 - 2(f, H)^2 fH + (f, f)^2 H^2]$$

c'est-à-dire,

$$J^2 = -\tfrac{1}{2}[Rf^2 - 2EfH + DH^2].$$

Posons, dans cette relation, $x_1 = p_2$, $x_2 = -p_1$, et cherchons ce que deviennent les différents termes par cette substitution. On aura

$$f = (ap)^2 = F, \quad H = (\alpha\beta)^2(\alpha p)(\beta p) = (pH)^2;$$

mais, on a vu que

$$q = (\alpha H)(a\alpha)^2 H_x = (pH)H_x.$$

Substituons dans

$$q_x = (pH)H_x$$

aux x les quantités p ; il viendra

$$(pq) = (pH)^2.$$

Donc, si on désigne par L le déterminant des covariants p et q, la fonction H se change en L par la substitution proposée.

La forme J elle-même se transforme en

$$(aH)(ap)(Hp).$$

Or, si on remplace les x par les a dans l'égalité

$$q_x = (pH)H_x,$$

on trouve

$$(aq) = (pH)(aH).$$

Donc,

$$(aH)(ap)(Hp) = -(ap)(aq) = -M.$$

En substituant ces diverses valeurs, la première relation devient :

$$M^2 = -\tfrac{1}{2}(RF^2 - 2EFL + DL^2).$$

§ 4.

Forme du quatrième degré.

256. Une forme du quatrième degré étant définie symboliquement par

$$f = a_x^4 = b_x^4 = c_x^4,$$

elle admet comme second et quatrième composés les formations

$$H = (ab)^2 a_x^2 b_x^2, \quad i = (ab)^4.$$

La première est le Hessien de f et la deuxième représente un invariant du second degré. Pour s'élever aux covariants du troisième degré par rapport aux coefficients, on doit chercher les composés de f avec H. Dans ce but, calculons les diverses polaires de

$$H = H_x^4 = (ab)^2 a_x^2 b_x^2.$$

Il vient, pour la première,

$$H_x^3 H_y = \frac{(ab)^2}{4} (2a_x^2 b_x b_y + 2a_x a_y b_x^2),$$

et comme les symboles a et b sont équivalents, on a simplement

(1) $$H_x^3 H_y = (ab)^2 a_x^2 b_x b_y.$$

La seconde polaire s'obtient plus facilement par la formule de Clebsch-Gordan que par la méthode ordinaire. On a

$$(ab)^2 a_x^2 b_y^2 = \Delta^2 [(ab)^2 a_x^2 b_x^2] + (xy) \Delta [(ab)^3 a_x b_x] + \tfrac{1}{3} (xy)^2 (ab)^4.$$

Le terme du milieu au second membre est nul, et cette égalité se réduit à

$$(ab)^2 a_x^2 b_y^2 = \Delta^2 H + \frac{i}{3} (xy)^2;$$

d'où

(2) $$H_x^2 H_y^2 = (ab)^2 a_x^2 b_y^2 - \frac{i}{3} (xy)^2.$$

La troisième polaire se déduit de la première en échangeant les variables; il vient ainsi

(3) $$H_x H_y^3 = (ab)^2 a_y^2 b_y b_x.$$

Enfin, la quatrième sera :

(4) $$H_y^4 = (ab)^2 a_y^2 b_y^2.$$

Cela étant, remplaçons dans la première polaire les y par $-c_2$, c_1 et multiplions par c_x^3; on trouve

(5) $$t = (f, \mathrm{H})^1 = (c\mathrm{H})\, c_x^3 \mathrm{H}_x^3 = (ab)^2 (cb)\, a_x^2 b_x c_x^3;$$

c'est le covariant du sixième degré de la quartique.

La formule (2) donne pour le second composé de f avec H

$$(f, \mathrm{H})^2 = (c\mathrm{H})^2 c_x^2 \mathrm{H}_x^2 = (ab)^2 (bc)^2 a_x^2 c_x^2 - \frac{i}{3} c_x^2 . c_x^2.$$

Or l'identité

$$\begin{aligned}(ab)^2 (ac)^2 b_x^2 c_x^2 + (ba)^2 (bc)^2 a_x^2 c_x^2 + (ca)^2 (cb)^2 a_x^2 b_x^2 \\ = \tfrac{1}{2} [(bc)^4 a_x^4 + (ac)^4 b_x^4 + (ab)^4 c_x^4]\end{aligned}$$

se réduit à

$$(ab)^2 (bc)^2 a_x^2 c_x^2 = \tfrac{1}{2} (bc)^4 a_x^4$$

si les symboles sont identiques; par suite, il vient

$$(f, \mathrm{H})^2 = \tfrac{1}{2} (bc)^4 a_x^4 - \frac{i}{3} c_x^4,$$

c'est-à-dire,

$$(f, \mathrm{H})^2 = (c\mathrm{H})^2 c_x^2 \mathrm{H}_x^2 = \tfrac{1}{2} if - \frac{i}{3} f = \frac{1}{6} if.$$

Le second composé n'est donc pas une forme distincte de f. Cette formule permet de calculer immédiatement le quatrième composé de H avec lui-même. On peut écrire

$$\frac{i}{6} a_x^4 = (a\mathrm{H})^2 a_x^2 \mathrm{H}_x^2;$$

si on remplace les x par les b, on trouve

$$\frac{i}{6} (ab)^4 = \frac{i^2}{6} = (a\mathrm{H})^2 (ab)^2 (b\mathrm{H})^2;$$

mais, si on pose $x_1 = \mathrm{H}_2$ et $x_2 = -\mathrm{H}_1$, dans l'expression

$$\mathrm{H}_x'^4 = (ab)^2 a_x^2 b_x^2,$$

il vient

$$(\mathrm{HH}')^4 = (ab)^2 (a\mathrm{H})^2 (b\mathrm{H})^2;$$

donc, en comparant, on aura

$$(\mathrm{HH}')^4 = (\mathrm{H}, \mathrm{H})^4 = \frac{i^2}{6},$$

et cet invariant n'est pas distinct de i.

Remplaçons encore dans (3) les y par les c et multiplions par c_x. Il vient

$$(f, \mathrm{H})^3 = (c\mathrm{H})^3 c_x \mathrm{H}_x = (ab)^2 (ac)^2 (bc) b_x c_x = 0,$$

car ce produit change de signe en permutant b et c.

Enfin, la dernière polaire fournit l'invariant

$$j = (f, \mathrm{H})^4 = (c\mathrm{H})^4 = (ab)^2 (ac)^2 (bc)^2.$$

Si on réunit les formations indépendantes que l'on vient d'obtenir, on a le tableau suivant :

$$f = a_x^4, \quad \mathrm{H} = (f, f)^2 = (ab)^2 a_x^2 b_x^2,$$
$$t = (f, \mathrm{H})^1 = (a\mathrm{H})\, a_x^3 \mathrm{H}_x^3 = (ab)^2 (cb)\, c_x^3 a_x^2 b_x,$$
$$i = (f, f)^4 = (ab)^4, \quad j = (f, \mathrm{H})^4 = (a\mathrm{H})^4 = (ab)^2 (ac)^2 (bc)^2.$$

C'est le système complet de la quartique. Il existe entre ces fonctions une relation fondamentale qui s'obtient en appliquant à t la formule du numéro 247. On a

$$t^2 = -\tfrac{1}{2}[(f, f)^2 \mathrm{H}^2 - 2 (f, \mathrm{H})^2 f\mathrm{H} + (\mathrm{H}, \mathrm{H})^2 f^2].$$

Or

$$(f, f)^2 = \mathrm{H}, \quad (f, \mathrm{H})^2 = \tfrac{1}{6} i f;$$

il reste à calculer $(\mathrm{H}, \mathrm{H})^2$ ou le Hessien du Hessien. Soit le dévelopement

$$(ab)\, a_x^3 b_y^3 = \Delta^3 [(ab)\, a_x^3 b_x^3] + \tfrac{3}{2} (xy)\, \Delta^2 [(ab)^2 a_x^2 b_x^2]$$
$$+ \tfrac{9}{10} (xy)^2 \Delta [(ab)^3 a_x b_x] + \tfrac{1}{4} (xy)^3 (ab)^4.$$

Le premier et le troisième terme du second membre sont nuls; on peut écrire

$$(ab)\, a_x^3 b_y^3 = \tfrac{3}{2} (xy)\, \mathrm{H}_x^2 \mathrm{H}_y^2 + \frac{i}{4} (xy)^3.$$

Remplaçons les y par les symboles $\mathrm{H}'_2, -\mathrm{H}'_1$ et multiplions par H'_x. Il viendra

$$(ab)(b\mathrm{H}')^3 a_x^3 \mathrm{H}'_x = \tfrac{3}{2} (\mathrm{HH}')^2 \mathrm{H}_x^2 \mathrm{H}_x'^2 + \frac{i}{4} \mathrm{H}_x'^4,$$

ou bien

$$(k) \qquad (ab)(b\mathrm{H}')^3 a_x^3 \mathrm{H}'_x = \tfrac{3}{2} (\mathrm{H}, \mathrm{H})^2 + \frac{i}{4} \mathrm{H}.$$

D'un autre côté, on a aussi

$$(b\mathrm{H}')^3 \mathrm{H}'_x b_y = \Delta [(b\mathrm{H}')^3 \mathrm{H}'_x b_x] + \tfrac{1}{2} (xy) (b\mathrm{H}')^4$$

et comme

$$(f, \mathrm{H})^3 = (b\mathrm{H}')^3 \mathrm{H}'_x b_x = 0,$$

il reste

$$(bH')^3 H'_x b_y = \frac{j}{2}(xy).$$

Remplaçons les y par les a et multiplions par a_x^3. On trouve

$$(bH')^3 (ab) H'_x a_x^3 = \frac{j}{2} a_x a_x^3 = \frac{j}{2} f.$$

Si on substitue cette valeur dans (k), on aura finalement

$$(H,H)^2 = \tfrac{1}{3} jf - \tfrac{1}{6} iH.$$

D'après ce résultat, la relation entre les formes du système sera

$$t^2 = -\tfrac{1}{2}(H^3 - \tfrac{1}{2} iHf^2 + \tfrac{1}{3} jf^3).$$

257. Nous avons déja calculé les composés de H avec lui-même; il faut maintenant combiner les formes f, H, t et montrer que les invariants et les covariants qui en résultent sont des fonctions rationnelles des formations du système de la quartique. Si on applique la méthode ordinaire pour déterminer les composés de f et de H avec t, on trouve des résultats compliqués et difficiles à interpréter. On arrive plus rapidement au but au moyen de la fonction suivante à deux séries de variables

$$\varphi = a_x^4 H_y^4 - a_y^4 H_x^4.$$

En lui appliquant la formule de Clebsch, il vient

$$a_x^4 H_y^4 - a_y^4 H_x^4 = \Delta^4 D^4 \varphi + 2(xy)\,\Delta^3 D^3 \Omega\varphi$$
$$+ \tfrac{12}{7}(xy)^2\,\Delta^2 D^2 \Omega^2 \varphi + \tfrac{4}{5}(xy)^3\,\Delta D \Omega^3 \varphi + \tfrac{1}{5}(xy)^4 \Omega^4 \varphi.$$

L'emploi du procédé Ω conduit aux résultats :

$$\Omega\varphi = (aH)\,a_x^3 H_y^3 - (Ha)\,a_y^3 H_x^3 = (aH)\,(a_x^3 H_y^3 + a_y^3 H_x^3),$$
$$\Omega^2\varphi = (aH)^2\,(a_x^2 H_y^2 - a_y^2 H_x^2),$$
$$\Omega^3\varphi = (aH)^3\,(a_x H_y + a_y H_x),$$
$$\Omega^4\varphi = 0.$$

Il faut encore se rappeler que, dans le développement, l'opération D a pour effet de remplacer y par x; il s'ensuit que

$$D^4\varphi = 0, \quad D^3\Omega\varphi = 2\,(aH)\,a_x^3 H_x^3 = 2t_x^6,$$
$$D^2\Omega^2\varphi = 0, \quad D\Omega^3\varphi = 2(aH)^3\,a_x H_x = 0.$$

Par conséquent, le développement se réduit à

$$a_x^4 H_y^4 - a_y^4 H_x^4 = 4\,(xy)\,\Delta^3 t_x^6,$$

ou

(6) $$a_x^4 H_y^4 - a_y^4 H_x^4 = 4\,(xy)\,t_x^3 t_y^3.$$

Si on applique l'opération D à cette égalité en tenant compte de la relation

$$D\,[(xy)\,\psi] = \frac{\mu}{\mu+1}(xy)\,D\psi,$$

ψ étant une fonction du degré μ par rapport à y, on trouve

$$(7)\qquad a_x^4 H_y^3 H_x - a_y^3 a_x H_x^4 = 3\,(xy)\,t_x^4 t_y^2,$$

$$(8)\qquad a_x^4 H_y^2 H_x^2 - a_y^2 a_x^2 H_x^4 = 2\,(xy)\,t_x^5 t_y.$$

Ces équations, à commencer par la dernière, donnent la première, la seconde et la troisième polaire de la forme

$$t_x^6 = (aH)\,a_x^3 H_x^3.$$

Il sera facile d'en déduire les composés correspondants de f et de H avec t.

En premier lieu, posons dans (8), $y_1 = b_2$, $y_2 = -b_1$ et multiplions par b_x^2 ; il vient

$$f.(bH)^2\,b_x^2 H_x^2 - (ab)^2\,a_x^2 b_x^2 H_x^4 = 2\,(bt)\,b_x^3 t_x^5 = 2\,(f, t)^1\,;$$

par suite,

$$(9)\qquad (f, t)^1 = \tfrac{1}{2}\left(\frac{i}{6}f^3 - H^3\right).$$

Dans la même égalité substituons aux y les symboles H'_2, $-H'_1$ et multiplions par $H_x'^2$; on trouve aussi

$$f.(HH')^2\,H_x^2 H_x'^2 - (aH')^2\,a_x^2 H_x'^2 H_x^4 = 2\,(H, t)^1,$$

ou bien

$$f\left(\tfrac{1}{3}jf - \tfrac{1}{6}iH\right) - \frac{i}{6}fH = 2\,(H, t)^1$$

et, par conséquent,

$$(10)\qquad (H, t)^1 = \tfrac{1}{6}f(jf - iH).$$

En second lieu, remplaçons dans (7) les y par les b et les H'; multiplions, dans le premier cas, par b_x et, dans le second, par H'_x. On obtient

$$f\,(bH)^3\,b_x H_x + (ab)^3\,a_x b_x H_x^4 = 3\,(f, t)^2,$$

$$f\,(HH')^3\,H_x H'_x - (aH')^3\,a_x H'_x H_x^4 = 3\,(H, t)^2\,;$$

les produits symboliques des premiers membres étant nuls, on a

$$(11)\qquad (f, t)^2 = 0, \quad (H, t)^2 = 0.$$

En troisième lieu, substituons dans (6) aux y les symboles b et H'; il vient

$$f(bH)^4 - (ab)^4 H = 4(f, t)^3,$$
$$f(HH')^4 - (aH')^4 H = 4(H, t)^3;$$

d'où

$$(f, t)^3 = \tfrac{1}{4}(jf - iH),$$
$$(H, t)^3 = \tfrac{1}{4}(\tfrac{1}{6}i^2 f - jH).$$

Afin d'arriver aux derniers composés $(f, t)^4$, $(H, t)^4$, considérons le développement

$$(aH)\, H_x^3 a_y^3 = \Delta^3 [(aH)\, H_x^3 a_x^3] + \alpha_1 (xy)\, \Delta^2 [(aH)^2 H_x^2 a_x^2]$$
$$+ \alpha_2 (xy)^2\, \Delta [(aH)^3 H_x a_x] + \alpha_3 (xy)^3 (aH)^4.$$

Appliquons l'opération Δ aux deux membres; en remarquant que le produit symbolique du troisième terme au second membre est nul et que : $\Delta (xy)^3 = 0$, il vient

$$(aH)\, a_y^3 H_x^2 H_y = \Delta^4 t_x^6 + \alpha_1 \Delta \left[(xy)\, \Delta^2 \frac{i}{6} f\right],$$

c'est-à-dire,

$$(aH)\, a_y^3 H_x^2 H_y = t_x^2 t_y^4 + \frac{i}{6}\beta_1 (xy)\, a_x a_y^3.$$

Remplaçons les y par les symboles b; on aura

$$(aH)\, (ab)^3 (bH)\, H_x^2 = (f, t)^4 + \frac{i}{6}\beta_1 (f, f)^3;$$

mais $(f, f)^3 = 0$ et la forme du premier membre change de signe en permutant a et b; donc

$$(f, t)^4 = 0.$$

Par la substitution des symboles H', on trouve également que

$$(H, t)^4 = 0.$$

258. *Composés du covariant t avec lui-même.* La forme t étant du sixième degré, les premier, troisième et cinquième composés sont nuls. Afin de déterminer le second, remplaçons dans (7) les y par les symboles t' et multiplions par $t_x'^3$; on aura

$$a_x^4 (Ht')^3 H_x t_x'^3 - H_x^4 (at')^3 a_x t_x'^3 = -3\, (tt')^2\, t_x^4 t_x'^4,$$

ou

$$f.(H, t)^3 - H.(f, t)^3 = -3\, (t, t)^2,$$

c'est-à-dire,

$$\frac{f}{4}\left(\tfrac{1}{6}i^2f - jH\right) - \frac{H}{4}(jf - iH) = -3(t, t)^2.$$

On tire de cette égalité

$$(t, t)^2 = -\tfrac{1}{12}\left(iH^2 - 2jHf + \frac{i^2}{6}f^2\right).$$

En second lieu, pour trouver $(t, t)^4$, permutons les variables dans (7); il vient

$$a_y^4 H_x^3 H_y - a_x^3 a_y H_y^4 = 3(yx)\, t_y^4 t_x^2.$$

Si on substitue aux y les symboles t', et si on multiplie par t'_x, on trouve

$$(at')^4 (Ht) H_x^3 t'_x - a_x^3 (at)(Ht)^4 t'_x = 3(tt')^4 t_x^2 t_x'^2.$$

Les produits du premier membre sont nuls; car on peut les regarder comme provenant de certains composés avec les formes : $(f, t)^4 = 0$, $(H, t)^4 = 0$. Donc

$$(t, t)^4 = 0.$$

Enfin, la sixième polaire de

$$t_x^6 = (aH)\, a_x^3 H_x^3$$

étant

$$t_y^6 = (aH) a_y^3 H_y^3,$$

par la substitution aux y des symboles t', on aura

$$(tt')^6 = (aH)(at')^3 (Ht')^3 = -(at)^3 (aH)(tH)^3.$$

Or, le produit du second membre est le quatrième composé de H avec la forme

$$(f, t)^3 = (at)^3 a_x t_x^3 ;$$

par suite, il vient

$$(t, t)^6 = -[(f, t)^3, H]^4 = -\tfrac{1}{4}[jf - iH, H]^4$$
$$= -\tfrac{1}{4}[j(f, H)^4 - i(H, H)^4],$$

c'est-à-dire,

$$(t, t)^6 = \tfrac{1}{4}\left(\frac{i^3}{6} - j^2\right).$$

On voit donc que tous les invariants et les covariants que l'on obtient par les composés de f, H, t sont des fonctions rationnelles des diverses formations du système de la quartique.

259. Considérons, pour terminer, la forme quartique composée

$$f + \lambda H$$

et désignons par H_λ, t_λ, i_λ, j_λ les valeurs de H, t, i, j pour cette nouvelle fonction. On peut les calculer avantageusement par le procédé d'Aronhold (N° 243), comme nous allons l'indiquer. Il faut remplacer dans les formations premières les coefficients a_0, a_1, a_2, a_3 par

$$a_0 + \lambda\alpha_0, \quad a_1 + \lambda\alpha_1, \quad a_2 + \lambda\alpha_2, \quad a_3 + \lambda\alpha_3,$$

α_0, α_1, α_2, α_3 étant les coefficients de la forme H.

On aura, en premier lieu, par la formule de Taylor,

$$H_\lambda = H + \lambda\delta H + \frac{\lambda^2}{1.2}\delta^2 H.$$

Or,

$$H = (ab)^2 a_x^2 b_x^2;$$

par l'application du procédé δ, on trouve

$$\delta H = 2\,(aH)^2\, a_x^2 H_x^2 = \tfrac{2}{6}\, if = \frac{i}{3} f,$$

$$\delta^2 H = 2\,(HH')^2\, H_x'^2 H_x^2 = 2\left(\tfrac{1}{3} jf - \tfrac{1}{6} iH\right).$$

En substituant, il vient

$$H_\lambda = H + \tfrac{1}{3} if\lambda + \left(\tfrac{1}{3} jf - \tfrac{1}{6} iH\right)\lambda^2,$$

ou

$$H_\lambda = H\left(1 - \tfrac{1}{6} i\lambda^2\right) + f\left(\tfrac{1}{3} i\lambda + \tfrac{1}{3} j\lambda^2\right).$$

On sait que t est le déterminant fonctionnel de f et de H ; t_λ sera également le Jacobien de $f + \lambda H$ et de H_λ ; par suite, on a

$$t_\lambda = \begin{vmatrix} \dfrac{df}{dx_1} + \lambda\dfrac{dH}{dx_1}, & \left(\tfrac{1}{3} i\lambda + \tfrac{1}{3} j\lambda^2\right)\dfrac{df}{dx_1} + \left(1 - \tfrac{1}{6} i\lambda^2\right)\dfrac{dH}{dx_1} \\ \dfrac{df}{dx_2} + \lambda\dfrac{dH}{dx_2}, & \left(\tfrac{1}{3} i\lambda + \tfrac{1}{3} j\lambda^2\right)\dfrac{df}{dx_2} + \left(1 - \tfrac{1}{6} i\lambda^2\right)\dfrac{dH}{dx_2} \end{vmatrix}$$

$$= \begin{vmatrix} 1 & \lambda \\ \tfrac{1}{3} i\lambda + \tfrac{1}{3} j\lambda^2, & 1 - \tfrac{1}{6} i\lambda^2 \end{vmatrix} \cdot \begin{vmatrix} \dfrac{df}{dx_1} & \dfrac{dH}{dx_1} \\ \dfrac{df}{dx_2} & \dfrac{dH}{dx_2} \end{vmatrix}.$$

D'où on tire

$$t_\lambda = \left(1 - \tfrac{1}{2} i\lambda^2 - \tfrac{1}{3} j\lambda^3\right) t.$$

La forme nouvelle t_λ ne diffère de t que par un facteur constant.

Pour calculer i_λ, on prend le développement

$$i_\lambda = i + \lambda\delta i + \frac{\lambda^2}{2}\delta^2 i.$$

Or,

$$i = (ab)^4,$$

et, on en déduit

$$\delta i = 2\,(aH)^4 = 2j,$$

$$\delta^2 i = 2\,(HH')^4 = 2\frac{i^2}{6};$$

donc, on aura

$$i_\lambda = i + 2j\lambda + \tfrac{1}{6}i^2\lambda^2.$$

Enfin, pour déterminer j_λ, on écrit d'abord

$$j_\lambda = j + \lambda\delta j + \frac{\lambda^2}{1.2}\delta^2 j + \frac{\lambda^3}{1.2.3}\delta^3 j,$$

car j est du troisième degré, et il est représenté symboliquement par

$$j = (ab)^2\,(ac)^2\,(bc)^2.$$

Une première opération δ donne

$$\delta j = 3\,(ab)^2\,(aH)^2\,(bH)^2;$$

mais, si dans l'expression

$$H_x'^4 = (ab)^2\,a_x^2 b_x^2;$$

on remplace les x par les symboles H, on obtient :

$$(HH')^4 = (ab)^2\,(aH)^2\,(bH)^2;$$

par suite,

$$\delta j = 3\,(HH')^4 = 3 : \frac{i^2}{6} = \frac{i^2}{2}.$$

Une seconde application du procédé de δ conduit à la valeur

$$\delta^2 j = 3.2\,(aH')^2\,(aH)^2\,(HH')^2.$$

On sait que

$$(aH)^2\,a_x^2 H_x^2 = \tfrac{1}{6}\,if = \frac{i}{6}a_x^4,$$

et, en introduisant les symboles H' au lieu des x, on a

$$(a\mathrm{H})^2 (a\mathrm{H}')^2 (\mathrm{HH}')^2 = \frac{i}{6}(a\mathrm{H}')^4 = \frac{ij}{6};$$

par conséquent,

$$\delta^2 j = ij.$$

Enfin, il vient encore d'après l'expression ci-dessus

$$\delta^3 j = 3 \cdot 2\, (\mathrm{H}''\mathrm{H}')^2 (\mathrm{H}''\mathrm{H})^2 (\mathrm{HH}')^2.$$

Remarquons que l'expression

$$(\mathrm{H}''\mathrm{H}')^2 (\mathrm{H}''\mathrm{H})^2 (\mathrm{HH}')^2$$

représente le j de H. On sait que

$$j = (a\mathrm{H})^4,$$

c'est-à-dire que j s'obtient en substituant aux x les symboles a de f dans H_x^4; de même, pour trouver le j de H, prenons le Hessien du Hessien :

$$\tfrac{1}{3} jf - \tfrac{1}{6} i\mathrm{H} = \tfrac{1}{3} j a_x^4 - \tfrac{1}{6} i \mathrm{H}_x^4,$$

et remplaçons les x par les symboles H' de H; il vient

$$\tfrac{1}{3} j\, (a\mathrm{H}')^4 - \tfrac{1}{6} i\, (\mathrm{HH}')^4 = \tfrac{1}{3} j^2 - \tfrac{1}{36} i^3.$$

Conformément à ces résultats, on trouve finalement

$$j_\lambda = j + \tfrac{1}{2} i^2 \lambda + \tfrac{1}{2} ij\lambda^2 + (\tfrac{1}{3} j^2 - \tfrac{1}{36} i^3)\, \lambda^3.$$

On arrive encore aux valeurs que l'on vient d'obtenir par la formation directe des composés. Par définition, on a :

$$\mathrm{H}_\lambda = [f + \lambda\mathrm{H}, f + \lambda\mathrm{H}]^2 = (f, f)^2 + 2\lambda\, (f, \mathrm{H})^2 + \lambda^2\, (\mathrm{H}, \mathrm{H})^2,$$

ou bien,

$$\mathrm{H}_\lambda = \mathrm{H} + \tfrac{1}{3} if\lambda + (\tfrac{1}{3} jf - \tfrac{1}{6} i\mathrm{H})\, \lambda^2 = \mathrm{H}\, (1 - \tfrac{1}{6} i\lambda^2) + f\, (\tfrac{1}{3} i\lambda + \tfrac{1}{3} j\lambda^2).$$

En second lieu,

$$\begin{aligned} t_\lambda = [f + \lambda\mathrm{H}, \mathrm{H}_\lambda]^1 &= [f + \lambda\mathrm{H}, \mathrm{H}\, (1 - \tfrac{1}{6} i\lambda^2) + f(\tfrac{1}{3} i\lambda + \tfrac{1}{3} j\lambda^2)]^1 \\ &= (1 - \tfrac{1}{6} i\lambda^2)\, (f, \mathrm{H})^1 + (\tfrac{1}{3} i\lambda + \tfrac{1}{3} j\lambda^2)\, (f, f)^1 \\ &\quad + \lambda\, (1 - \tfrac{1}{6} i\lambda^2)\, (\mathrm{H}, \mathrm{H})^1 + \lambda\, (\tfrac{1}{3} i\lambda + \tfrac{1}{3} j\lambda^2)\, (\mathrm{H}, f)^1; \end{aligned}$$

mais,

$$(f, f)^1 = 0, \quad (\mathrm{H}, \mathrm{H})^1 = 0, \quad (f, \mathrm{H})^1 = t, \quad (\mathrm{H}, f)^1 = -t;$$

donc

$$t_\lambda = (1 - \tfrac{1}{6} i\lambda^2)\, t - \lambda\, (\tfrac{1}{3} i\lambda + \tfrac{1}{3} j\lambda^2)\, t = (1 - \tfrac{1}{2} i\lambda^2 - \tfrac{1}{3} j\lambda^3)\, t.$$

En troisième lieu,

$$i_\lambda = [f + \lambda H, f + \lambda H]^4 = (f, f)^4 + 2\lambda (f, H)^4 + \lambda^2 (H, H)^4,$$

ou

$$i_\lambda = i + 2j\lambda + \tfrac{1}{6} i^2\lambda^2.$$

Enfin,

$$\begin{aligned} j_\lambda &= [f + \lambda H, H(1 - \tfrac{1}{6} i\lambda^2) + f(\tfrac{1}{3} i\lambda + \tfrac{1}{3} j\lambda^2)]^4 \\ &= (1 - \tfrac{1}{6} i\lambda^2)(f, H)^4 + (\tfrac{1}{3} i\lambda + \tfrac{1}{3} j\lambda^2)(f, f)^4 \\ &+ \lambda(1 - \tfrac{1}{6} i\lambda^2)(H, H)^4 + \lambda(\tfrac{1}{3} i\lambda + \tfrac{1}{3} j\lambda^2)(H, f)^4, \end{aligned}$$

ou bien,

$$j_\lambda = (1 - \tfrac{1}{6} i\lambda^2) j + (\tfrac{1}{3} i\lambda + \tfrac{1}{3} j\lambda^2) i + \lambda(1 - \tfrac{1}{6} i\lambda^2)\frac{i^2}{6} + \lambda(\tfrac{1}{3} i\lambda + \tfrac{1}{3} j\lambda^2) j,$$

c'est-à-dire,

$$j_\lambda = j + \tfrac{1}{2} i^2\lambda + \tfrac{1}{2} ij\lambda^2 + (\tfrac{1}{3} j^2 - \tfrac{1}{36} i^3)\lambda^3.$$

Il est temps de terminer cette introduction à la théorie des formes algébriques. Les principes de la méthode symbolique que nous venons d'exposer, en restant dans le domaine des formes binaires, se généralisent d'eux-mêmes pour une forme à un nombre quelconque de variables. On peut comprendre maintenant l'utilité et l'avantage de cette méthode pour l'étude des fonctions algébriques en général; elle constitue une des idées les plus fécondes émises depuis peu dans la science. Les développements considérables qu'elle a reçus aujourd'hui occupent déjà une place importante dans l'analyse mathématique.

FIN.

www.ingramcontent.com/pod-product-compliance
Ingram Content Group UK Ltd.
Pitfield, Milton Keynes, MK11 3LW, UK
UKHW020150250726
13967UKWH00002B/974

9 782011 955326